牡丹江水质保障关键技术及工程示范研究

MUDANJIANG SHUIZHI BAOZHANG GUANJIAN JISHUJI GONGCHENG SHIFAN YANJIU

马云　李晶　等编著

化学工业出版社
·北京·

本书立足于“以防为主，防治结合”的基本思路，通过解析牡丹江流域水环境污染特征等水环境问题，研发了底泥疏浚及处置关键技术、疏浚后河道水体生态修复强化技术、引水工程运行与水质保障耦合技术、水栉霉控制环境风险防控关键技术等，并采用科学系统的方法对牡丹江流域梯级开发的水环境和水生生态效应进行研究，最终构建了牡丹江水质保障集成技术示范工程，从而有效保障了松花江流域的水质安全，为北方寒冷地区河流型和湖库型水体水污染防治提供了技术借鉴。

本书可供从事河流水质处理及修复的相关管理人员、技术人员参考。

图书在版编目（CIP）数据

牡丹江水质保障关键技术及工程示范研究/马云，李晶等编著. —北京：化学工业出版社，2015.10

ISBN 978-7-122-24886-2

Ⅰ.①牡… Ⅱ.①马…②李… Ⅲ.①牡丹江-流域-水环境-水质管理-研究②牡丹江-流域-水污染防治-研究 Ⅳ.①X143②X522.06

中国版本图书馆CIP数据核字（2015）第185662号

责任编辑：左晨燕　　　　装帧设计：张　辉

责任校对：边　涛

出版发行：化学工业出版社（北京市东城区青年湖南街13号　邮政编码100011）

印　　刷：北京永鑫印刷有限责任公司

装　　订：三河市宇新装订厂

787mm×1092mm　1/16　印张22¼　字数552千字　　2015年11月北京第1版第1次印刷

购书咨询：010-64518888（传真：010-64519686）　售后服务：010-64518899

网　　址：http://www.cip.com.cn

凡购买本书，如有缺损质量问题，本社销售中心负责调换。

定　　价：98.00元

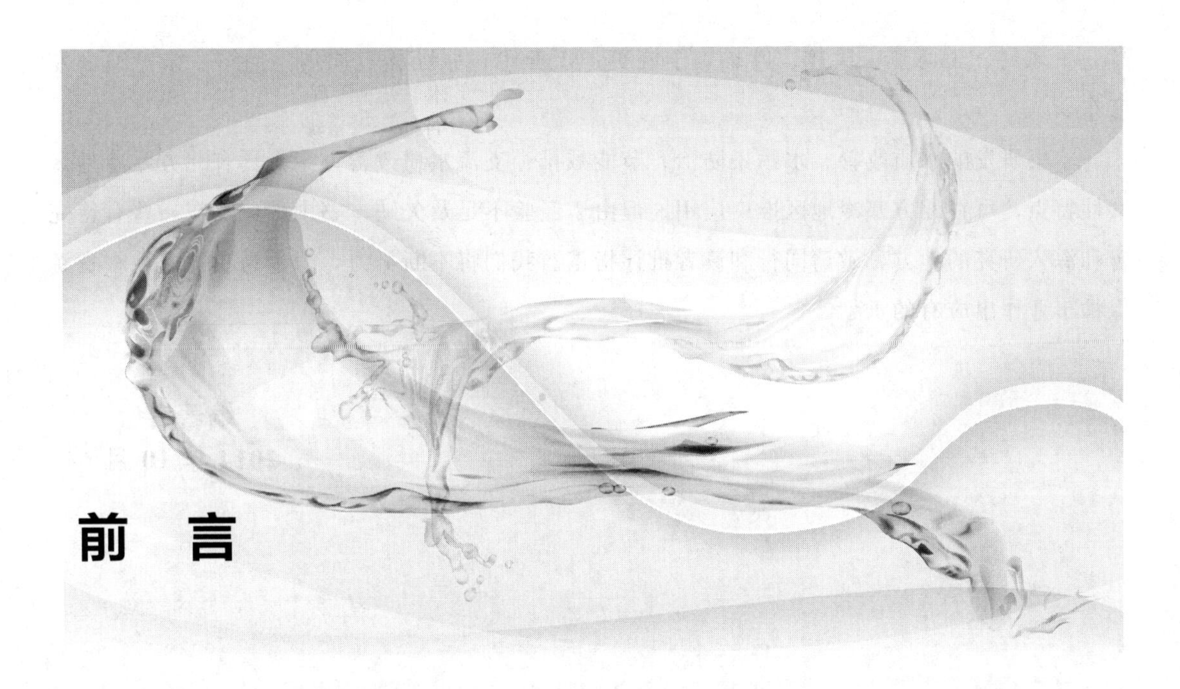

前　言

牡丹江是松花江流域的第二大支流，全长 726km，总落差 1007m，平均坡降为 1.39‰，流域面积约占松花江流域总面积的 7%，是全面反映松花江流域水环境问题的重要支流。松花江所在地正处于经济新一轮高速增长时期，城镇是新的经济增长点，支流的污染必将进一步加重松花江的污染并影响其水质。

本书根据北方寒冷地区河流型和湖库型水体的特征，针对牡丹江流域水质超标、水质安全受到威胁、水资源保障性差、环保基础设施薄弱等现状问题，全面系统地解析牡丹江流域水环境问题，在此基础上开展技术研发集成、工程示范，构建牡丹江水质保障关键技术示范工程。研究成果已应用于《松花江流域牡丹江市优先控制单元水污染防治“十二五”综合治污方案》、《牡丹江市“十二五”环境保护规划》和《黑龙江省松花江流域水污染防治规划（2011—2015 年）》，体现了环境优化促进经济发展的理念，为相关管理部门控制污染物提供了科学依据。

本书是在国家水体污染控制与治理科技重大专项“松花江水污染防治与水质安全保障关键技术及综合示范”项目下设的“牡丹江水质保障关键技术及工程示范”课题（课题编号 2008ZX07207-010）研究成果基础上，加以凝练、补充和完善而成的。

本书是课题组集体智慧的结晶。在课题研究和专著撰写过程中，得到了中国环境科学研究院王业耀研究员、周岳溪研究员、孟凡生博士的精心指导，在此深表谢意。课题组成员在课题组长马云的领导和李晶的统一组织安排下，怀着对我国水环境和水污染控制问题的责任心，完成了课题的研究和本书的撰写工作。本书其他编写人员还包括（按拼音排序）：曹利静、陈永灿、迟晓德、杜慧玲、段颖、范元国、耿峰、侯文华、姜兵、姜瑞、李冬茹、李艳霞、刘侨博、刘妍、刘昭伟、马鸿志、潘保原、宋春晖、宋利臣、孙伟光、孙杨平、汪群慧、王凤鹭、王海燕、吴越、叶珍、于晓英、于亚玲、张茹松、周浩、周军、朱德军、左彦东。

本书研发的水质改善、水污染防治、节能减排、支流水质改善方案等具有北方寒冷地区共性特点，可在北方寒冷地区推广应用。但由于经验不足及欠缺，书中难免存在一些有待完善和深入研究的地方，敬请同行和读者批评指正。我们将不断努力，力争为我国流域水资源保护事业作出应有的贡献。

编著者

2014 年 10 月

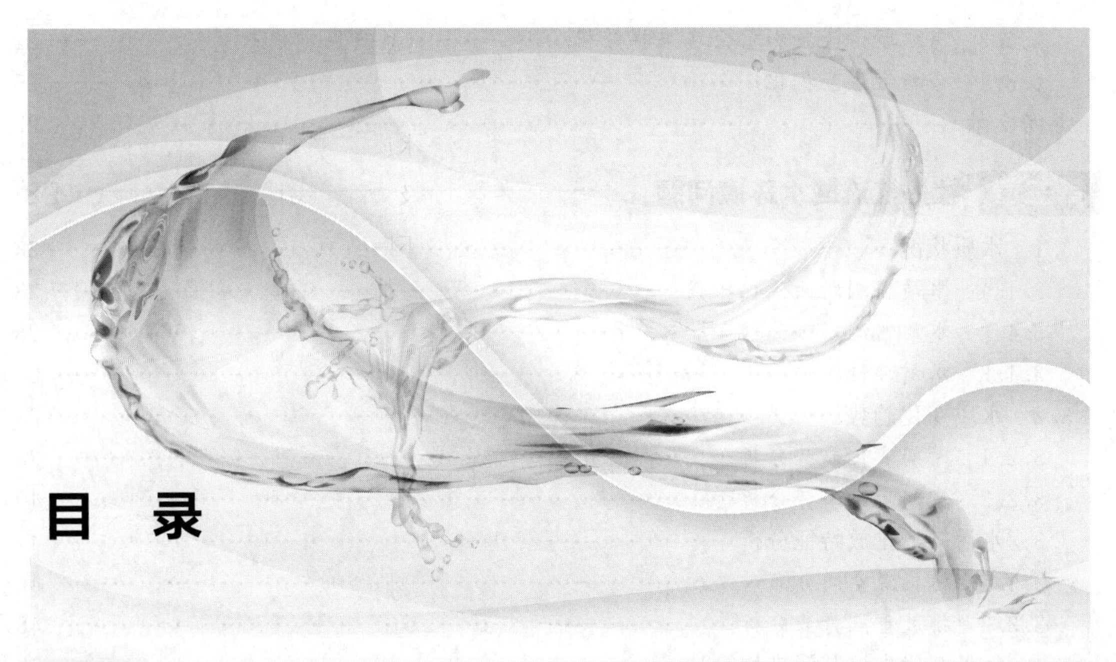

目 录

第三章 牡丹江流域水环境问题 28

第四章 牡丹江水栉霉对水环境的影响及控制对策研究 71

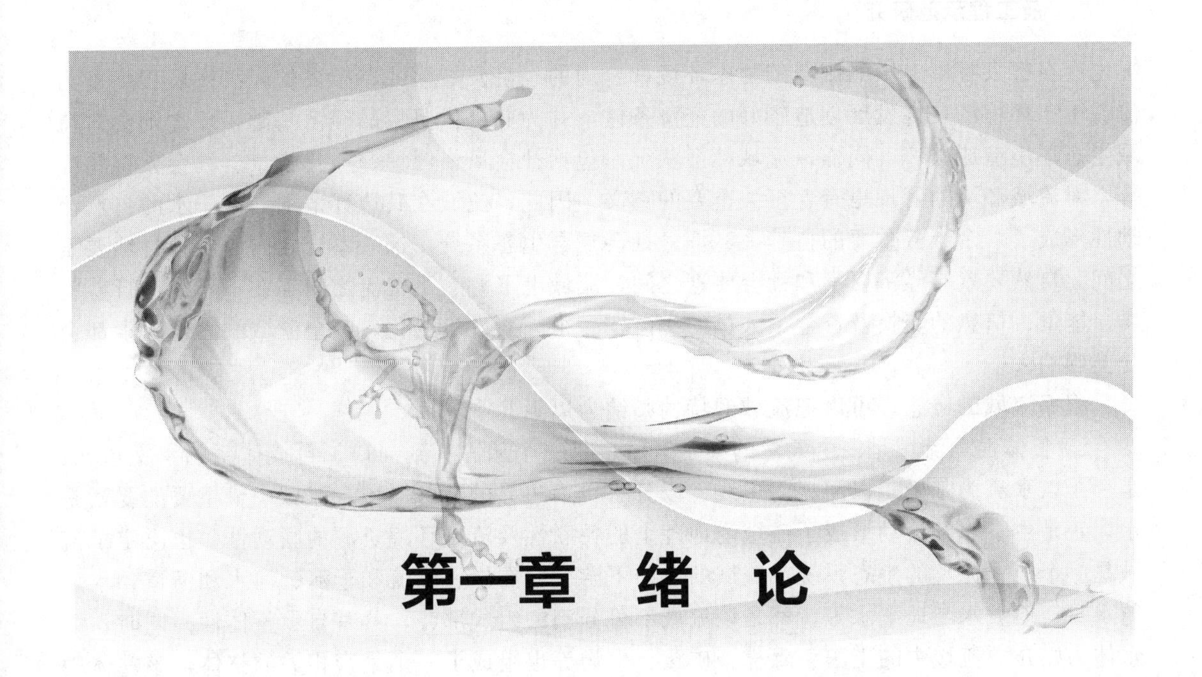

第一章 绪论

1.1 流域概述

流域是指由分水线所包围的河流集水区，分为地面集水区和地下集水区两类。如果地面集水区和地下集水区相重合，称为闭合流域；如果不重合，则称为非闭合流域。平时所称的流域，一般都指地面集水区。每条河流都有自己的流域，一个大流域可以按照水系等级分成数个小流域，小流域又可以分成更小的流域等。另外，也可以截取河道的一段，单独划分为一个流域。

流域之间的分水地带称为分水岭，分水岭上最高点的连线为分水线，即集水区的边界线。处于分水岭最高处的大气降水，以分水线为界分别流向相邻的河系或水系。例如，中国秦岭以南的地面水流向长江水系，秦岭以北的地面水流向黄河水系。分水岭既可以是山岭，又可以是高原，也可以是平原或湖泊。山区或丘陵地区的分水岭明显，在地形图上容易勾绘出分水线。平原地区分水岭不显著，仅利用地形图勾绘分水线有困难，有时需要进行实地调查确定。

流域中最主要的要素是水，没有水，也就无所谓流域，但流域毕竟是一个集水区域，因而流域的概念还应包括水流经的土地以及土地上的植被、森林和土地中的矿藏、水中以及水所流经的土地上的生物等。因此，流域中的水体、地貌、土壤和植被等各因素都是一个紧密相关的整体。流域植物群落的构成受到了气候、土壤的结构和构造及其化学特征的影响，而植物又影响了水体的径流率、蒸发损失和土壤侵蚀。而且，由于任何水体都依赖于源区的水流，受制于源水的流向，故流域内的水体不仅在物质和能量的迁移上具有方向性，而且上中下游、干支流、左右岸之间相互制约、相互影响。

同时，流域不仅是一个从源头到河口的完整、独立、自成系统的水文单元，其所在的自然区域又是人类经济、文化等一切活动的重要社会场所。人类为了生存，必须开发利用流域中的各种自然资源，包括水、土地、矿藏、植被、动物等。流域内的经济政策和经济发展状况也会在很大程度上影响流域的生态环境，合理的经济发展模式、较高的经济发展程度可为流域生态环境的良性发展创造较好的经济条件，并为其提供坚实的经济基础，反之则会对流域生态环境造成破坏。同样，流域社会状况，包括社会风俗习惯、文化背景、社会人口状况等，对流域环境的管理也有着至关重要的意义。因此，流域在其边界范围内由于水的自然流动性形成了一个十分重要的自然—经济—社会复合生态系统。这一系统之内的各种自然要素之间，自然要素与经济要素和社会要素之间，流域上下游、干支流之间都在不断地进行着物质、能量、信息的交换及资金、人员的交流，一个因素发生变化，整个流域的其他因素都会受其影响。

根据流域的概念，可以把流域的特性归纳为以下几个方面。

① 整体性　流域是一个天然的集水区域，是一个从源头到河口、自成体系的水文单元；是一个以水流为基础、以河流为主线、以分水岭为边界的特殊区域。流域中最主要的要素是水，正是由于水的流动形成了流域内地理上的关联性及流域环境资源的联动性，也决定了流域是一个统一完整的生态系统。流域的上中下游、左右岸、支流和干流、河水和河道、水质与水量、地表水与地下水等，都是该流域不可分割的组成部分，具有自然整体性。同时，以水体为媒介，流域中的土壤、森林、矿藏、生物等也组成了一个紧密相关的整体，该整体中的任一要素发生变化都会对整个流域产生重大的影响。另外，流域又是人们经济、社会生活的重要场所，人们的活动会对流域生态系统产生极大的影响。流域的整体性特点要求流域管理应该根据流域上、中、下游地区的社会经济情况、自然资源和环境条件，以及流域的物理和生态方面的作用和变化，从流域生态系统整体出发来考虑其开发、利用和保护方面的问题，这无疑是最科学、最适合流域可持续发展客观需要的一种选择。

② 公共性　流域环境资源是一种公共资源，它具有公共资源的一般属性，如有限性、外部性和使用的分散性，相互依存性与不可分性。作为共同财富和公共产品，对流域环境资源的使用必须是集体行动，个体对公共资源的自由选择与利用以及社会对公共资源的分散管理，必将产生破坏性竞争。根据决策理论，在公共管理中，管理主体越多越分散，管理责任就越趋于松弛，对资源的保护就越无力，资源的状况则越坏。反之，权力越统一，责任就越大，权力越集中并趋向单一中心，责任就越明确，权力主体之间的破坏性竞争和摩擦就越小。因此，流域的公共性要求流域管理应该设定一个统一的流域机构实行整体管理和调控。

③ 复杂性　流域（尤其是大流域）经度和纬度上的跨度大，上、中、下游表现出明显的区段性和差异性，这就导致上下游、左右岸和干支流在自然条件、地理位置、经济技术基础和历史背景等方面有所不同。因此，流域生态系统覆盖了不同的自然地理单元，具有多样性的自然景观、森林植被和气候特征。即使流域中最主要的要素——水，其本身也是一个很复杂的问题。要维持河流的正常功能，必须使其保证一定的径流量，这是对水量的要求。人们从河流中取水用来饮用、灌溉等，则需要河流的水质要满足人们的生活及其他需要，这必然要求水体的污染程度不能超过一定标准，这是对水质的要求。我国水资源时空分布极不均匀，每年汛期来临时，各大流域的中下游往往会出现水灾，严重危及人民的生命财产安全，给国家财政造成巨大的损失，这必然要求要对水灾作出应对措施，以尽可能地减小灾害发生的可能，减轻灾害所造成的损失，这是对防洪的要求。各流域泥沙淤积，又要要求防止水土流失。同时，人类开发利用流域资源的方式多种多样，从农业生产活动到城市生态系统，从矿产资源开发到工矿业加工，由此所产生的生态环境影响也是复杂多样的。

④ 生态的不可逆性　流域生态系统内任何人类生产活动所产生的生态效应都是不可逆

的，生态系统一旦遭到破坏，不会自行恢复到原来的生态面貌。

1.2 水环境质量标准

水环境质量标准，也称水质量标准，是指为保护人体健康和水的正常使用而对水体中污染物或其他物质的最高容许浓度所作的规定。按照水体类型，可分为地面水环境质量标准、地下水环境质量标准和海水环境质量标准；按照水资源的用途，可分为生活饮用水水质标准、渔业用水水质标准、农业用水水质标准、娱乐用水水质标准、各种工业用水水质标准等；按照制定的权限，可分为国家水环境质量标准和地方水环境质量标准。

水环境质量直接关系着人类生存和发展的基本条件，水环境质量标准是制定污染物排放标准的根据，同时也是确定排污行为是否造成水体污染及是否应当承担法律责任的依据。

1.2.1 我国水质标准

《中华人民共和国水污染防治法》规定，国务院环境保护部门制定国家水环境质量标准，省、自治区、直辖市人民政府可以对国家水环境质量标准中未规定的项目，制定地方补充标准，并报国务院环境保护部门备案。我国于 1988 年制定了地面水水质标准，后来经过两次修订，在 2002 年公布了最新版的《中华人民共和国地表水环境质量标准》（GB 3838—2002）。该标准适用于中华人民共和国领域内江河、湖泊、运河、渠道、水库等具有使用功能的地表水水域。依据地表水水域环境功能和保护目标，按功能高低依次划分为五类：

Ⅰ类　主要适用于源头水、国家自然保护区；

Ⅱ类　主要适用于集中式生活饮用水地表水源地一级保护区、珍稀水生生物栖息地、鱼虾类产卵场、仔稚幼鱼的索饵场等；

Ⅲ类　主要适用于集中式生活饮用水地表水源地二级保护区、鱼虾类越冬场、洄游通道、水产养殖区等渔业水域及游泳区；

Ⅳ类　主要适用于一般工业用水区及人体非直接接触的娱乐用水区；

Ⅴ类　主要适用于农业用水区及一般景观要求水域。

对应地表水上述五类水域功能，将地表水环境质量标准基本项目标准值分为五类，不同功能类别分别执行相应类别的标准值。水域功能类别高的标准值严于水域功能类别低的标准值。同一水域兼有多类使用功能的，执行最高功能类别对应的标准值。实现水域功能与达标功能类别标准为同一含义。

标准中规定了 24 个控制指标：水温、pH 值、溶解氧、高锰酸盐指数、化学需氧量（COD）、五日生化需氧量（BOD_5）、氨氮（NH_3-N）、总磷、总氮（湖、库，以 N 计）、铜、锌、氟化物、硒、砷、汞、镉、铅、铬（六价）、氰化物、挥发酚、石油类、阴离子表面活性剂、硫化物、粪大肠菌群。

1.2.2 国外水质标准

随着经济的高速发展和工业化进程的加快，流域水质污染不断加剧，水环境正面临着严重的威胁。为了控制水污染，保护和改善水环境质量，世界各国已普遍采用水质标准作为防治水污染的主要管理手段。科学合理的水质管理体系能够有效控制和改善地表水的水质状况。水质标准是科学管理水质、执行水资源保护的法规，也是从事环境保护和制定社会发展决策的依据。

（1）美国

美国清洁水法中规定水质标准由水质基准、指定用途和反降级政策三部分组成。

① 水质基准　指环境中污染物对特定对象（人或其他生物）不产生有害影响的最大剂量（无作用剂量）或浓度。目前，美国 EPA 共提出了 165 种污染物的基准，包括保护水生生物的水质基准、保护人体健康的水质基准、防止水体富营养化的营养物基准和生物基准等，其中涉及了合成有机物（106 项）、农药（30 项）、金属（17 项）、无机物（7 项）、基本物理化学特性（4 项）和细菌（1 项）等。根据基准的制定特点，水质基准划分为毒理学基准和生态学基准。前者是在大量科学实验和研究的基础上制定出来的，根据保护目标的不同，分为人体健康基准和水生生物基准；后者是在大量的现场调查的基础上通过统计学分析制定出来的，包括营养物基准和生态完整性评价基准。

② 指定用途　清洁水法要求各州和被授权的印第安部落详细规定水体的适当用途，即必须识别与指定州内各水体是如何使用的。考虑用于公众供水，保护鱼类、贝类和野生生物以及用于娱乐、农业、工业和航行等功能的使用价值来确定对水域的合理利用。各州和部落为某一水域指定各种用途时，根据水体的物理、化学和生物特性，地理位置和风景以及社会经济状况检查其是否适合于这些用途。无须为每一个特定的水体指定用途，只需确定支持某种用途水体应有的特性，进而将具有这些特性的水体作为支持该用途的群体归为一类。

某水体的水质标准所指定的用途少于现有实际用途的，州和部落必须根据现有实际的用途修订水质标准。指定用途中不包含清洁水法所规定的可钓鱼、可游泳用途的任何水体，必须对其进行力所能及的分析，且每三年进行一次重检，判定是否具备进行水质标准修订的新信息，如果该新信息表明水质已达到可钓鱼、可游泳用途标准，则必须将该用途列入指定用途。

③ 反降级政策　是为保护水体和参照状态并防止现有状况良好的水质恶化而制定的。目的是通过限制排放（防止新的或增加的污染源排放引起水质不必要的进一步降级）以及其他对水质有负面影响或威胁地表水指定用途的活动，维持和提高现有地表水质，以保证现有的有益用途得以充分保护。

对于所有水体，应确保维护现有用途所需的水质水平。确定对点源与非点源污染的控制，确保水质达到基准，保护下游水体的一切指定用途。水质不支持指定用途的水体或周边污染物浓度超过该水体水质基准的，应禁止由于污染物排放引起水质降低。对于高品质水域，应确保无不合理人类活动导致水质降低发生，除非具有完整的反降级证明能充分支持降低水质的理由。对于显著的国家战略水资源，应通过适当控制污染源确保水质得以维持和保护，可准许短期、暂时（数周或数月）水质降低的情况发生。

美国水质标准规章中规定的反降级计划分为 3 级。1 级要求保护“现有用途”，不准许任何忽略、阻止或降低水质的行为活动，禁止可能使水质降低至低于保持现有用途所需水质要求的活动。2 级要求维护高品质水（Hows），包括水质超过清洁水法 101（a）（2）章目标（适合钓鱼和游泳）保护的水体（不论其用途是否属指定），应避免任何超过标准的水质降低或者将其最小化。3 级要求严格保护显著国内水资源（ONRWs），即全国范围内最高品质的水域，如国家公园与州公园、野生动物保护区和著名渔场的水以及其他具有独特的娱乐或生态价值的水域。美国制定了详细的实施框架，美国环保局要求各州必须依此框架采用有效的反降级政策及其执行方法，使地表水状况得以持续改善。

美国以环境法规的形式颁布环境标准，而我国的环境标准与法规管理是分开的两个体系。美国的水质标准是由美国环保局制定联邦水质基准，各州和部落根据联邦水质基准制定适合本地区的水质标准，然后由美国环保局审核批准，以确保各州和部落水质标准的协调性，例如，多个州或部落位于同一流域内时，就需要上下游水质标准具有一致性。我国应借鉴美国的经验，在跨地域的流域问题上，应真正的执行同一标准。

与美国相比，我国水质基准的研究极为薄弱。目前尚缺乏充分的科学数据说明我国现行的水质标准可以为大多数水生生物提供适当的保护。我国水质标准制定的主要依据是美国、日本、前苏联、欧盟及韩国的水质标准和美国的部分水生生态基准数据，基本上没有我国的水生生态毒理学数据。

截至 2002 年，美国已经颁布了 120 种优先控制以及 45 种非优先控制化学品和环境因子的水生生态基准（Water Quality Criteria）。我国的《地表水环境质量标准》（GB 3838—2002）只涉及 24 个污染物和环境因子，而且主要考虑的是耗氧有机污染物、植物营养盐和重金属类污染物，对于已成为全球性环境问题、对水生生态质量造成严重破坏的有毒有机污染物几乎未能顾及。另外，标准忽视了沉积物和生物等介质及物理条件对污染效应的影响，使得标准中缺少沉积物指标、生物指标、物理指标，而这些指标对于保护水质来说是必要的。

（2）日本

环境质量标准是日本政府为保护人类健康和生存环境而制定的，是环境行政的重要组成部分，也是环境行政的管理目标。从 20 世纪 70 年代起日本开始制定地表水质量标准，至今为止已经建立起具有其本国特色的地表水环境质量标准体系。即根据环境基本法的规定，由政府根据环境条件，为保护人类健康以及生存环境制定的标准。标准分为保护人类健康项目（简称“健康项目”）的环境标准和保护生活环境项目（简称“生活环境项目”）的环境标准，政府必须采取有效措施以保证环境质量达标。

日本水环境质量标准项目分为环境质量标准项目、必要监视项目和需要调查项目三个层次。不是由单一的质量标准项目构成，而是由三种不同监控要求、不同监测频次和不同控制力度和手段构成的从防患于未然到由国家严格控制的不同级别和层次的污染物监测项目种类构成。

① 环境质量标准项目　分为健康项目和生活环境项目。健康项目属于国家严格控制，通过法律法规监测的项目，监测频次多，必须随时保持达标，不得出现超标情况；生活环境项目也属于国家质量标准范围，但允许通过制定达标期限等措施，逐步治理和防范的污染物。

② 必要监视项目　虽然不是法定质量标准，但作为需要监视和监控的污染物，属于必测项目，也纳入国家监测体系进行监测，监测频次少于质量标准项目，但有可能会根据科学发展和污染物的风险程度及检出情况补充到质量标准项目中。

③ 需要调查项目　从防患于未然的角度出发，每年对选择的 300 种水环境污染的化学风险物质开展调查和监测。除此之外，消毒副产物作为特定项目也纳入日本公共用水域的监测项目体系之中。

日本的水环境标准主要依赖行政指导来控制污染，美国等国家是通过经济政策干预污染控制，还有一些国家采用引入市场机制的办法来控制污染。日本采取的是水污染浓度控制标准与总量控制结合的方式，取得了良好效果。我国目前一直提倡总量控制，但忽视了两者的结合。我国可借鉴日本的方法，通过行政指导政策，形成污染控制路线的方式，运用已有的行政体制，落实各级环保部门的职责，完善监督制度。同时，将浓度控制标准与总量控制进行有机结合，形成具有我国特色的水质管理体系。

（3）韩国

韩国的水质管理体系发展较快，形成了比较合理的地表水水质标准体系。采用风险评价的方法制定有毒物质的水质标准，并根据美国EPA推导环境水质基准的公式，对制定水质基准的方法进行了改进。2009年，韩国发布了新的水质标准，新标准包括两个部分：一部分是保护人体健康的水质标准，对所有水域（河流和湖泊）设定全国统一的标准，规定了重金属（镉、砷、汞、铅、六价铬）、有机磷及多氯联苯等17项污染物的标准值；另一部分是保护生存环境的水质标准，根据水生生态系统状态与特征对河流进行分级，分别设定标准限值，标准项目主要包括pH、BOD、SS、DO、总大肠菌群、粪大肠菌群6项参数。韩国环境部计划于2015年将水质标准扩展到30种化学物质，同时将推导得出的生态风险基准纳入水质标准。

韩国在制定水质标准时综合考虑了分析方法、处理技术、经济因素和现行饮用水标准等影响因素。现阶段我国在水质标准的研究方面，应对水质标准实施所造成的经济影响进行分析，并给环保决策者提供该水质标准对现在和将来产生的经济影响的信息。同时，在制定标准的过程中还应考虑地表水质标准与饮用水标准等水质标准的衔接，避免出现标准相互混淆、相互冲突和增加执行难度的问题。我国还应根据区域水环境的污染特征筛选优先控制污染物，研究确定优先污染物的水质基准，在此基础上建立水质标准控制项目扩充模式。

我国应建立适合的风险评价模型，提高评价方法的适用性。与此同时，将风险评价政策作为法律措施来贯彻实施，能更有效、科学地指引水质标准的发展方向。韩国依据国情建立的水质标准，主要措施包括水质模型参数的本土化和主要水域监测项目的实施，取得了较好的成效，值得借鉴。水质基准的制定限定在一定环境条件内，根据区域水环境特性的差异建立符合我国水质管理的水质标准也是重中之重。

一个完整的水质标准体系应当同时考虑保护人体健康和生物资源安全这两大因素。我国水质基准研究起步较晚，水质标准主要参考欧美的相关水质基准、标准，并根据我国水体的主要功能来制定，更侧重于保护人体健康，难以适合我国实际的水生生态系统特征。韩国在不断完善保护人体健康的水质基准的过程中，兼顾发展生态风险基准，这一做法十分可取。

1.3 我国流域水质研究

我国江河众多，河流总长度约为420000km，流域面积在1000km^{2}以上的河流约有1500条，其中长江、黄河、珠江、松花江、淮河、海河、辽河为我国七大水系。受地形、气候的影响，河流在地区上分布很不均匀，绝大多数河流分布在我国东部气候湿润、多雨的季风区。从大兴安岭西麓沿东北-西南向，经内蒙古高原南缘，阴山、贺兰山、祁连山、巴彦喀拉山、念青唐古拉山、冈底斯山直至我国西部国境一线形成我国西北内陆区，这一区域气候干燥，少雨、河流很少。另外有由雅鲁藏布江、澜沧江、怒江组成的西南大水量区和由浙闽台诸河形成的东南丰水区。

我国流域水污染主要分布在北方缺水地区，水资源较少的辽河、黄河、淮河和海河超标比例较高，而水资源相对较丰富的松花江、珠江、长江等则超标率相对较低。重点流域总体污染比较严重，超标断面以超Ⅴ类为主，主要超标因子为氨氮和高锰酸盐指数。尽管重金属、氰化物、砷等超标断面相对较少，但其超标断面的污染程度均比较严重，均为超Ⅴ类。

“九五”以来，为了遏制全国水污染加剧的态势，国家实行了突出重点流域的环境治理政策，国务院先后批准实施了“三河三湖”、三峡库区、渤海地区、南水北调沿线等重点流域的水污染防治规划。《重点流域水污染防治规划（2006—2010年）》在“九五”、“十五”期间的重点流域基础上，将黄河流域、松花江流域、珠江流域、三峡库区、南水北调东线区等流域纳入规划范围。《规划》实施以来，重点流域水质得到改善，国家对重点流域水污染防治的投入不断增加，主要污染物排放总量继续降低，部分河湖水质有所改善。但是从总体上看，重点流域主要污染物排放明显超过环境容量，部分治污工程建设和运营还存在一些问题，水污染防治形势仍然十分严峻。2012年5月17日，环保部等四部委在北京发布《重点流域水污染防治规划（2011—2015年）》，明确规定到2015年全国重点流域总体水质由重度污染改善到轻度污染。

根据《国家中长期科学和技术发展规划纲要（2006—2020年）》，为实现中国经济社会又好又快发展，调整经济结构，转变经济增长方式，缓解我国能源、资源和环境瓶颈的制约，国家设立了水体污染控制与治理科技重大专项（以下简称水专项）作为十六个专项之一旨在为中国水体污染控制与治理提供强有力的科技支撑，为中国“十一五”期间主要污染物排放总量、化学需氧量减少10%的约束性指标的实现提供科技支撑。

“十一五”期间，水专项重点围绕“控源减排”的阶段目标，在重污染行业减排、城镇污水高效脱氮除磷、农业面源污染控制、饮用水安全净化处理、流域水质目标管理等关键技术领域取得突破，结合“三河三湖”（淮河、海河、辽河、太湖、巢湖、滇池）等重点流域水污染防治规划及重点工程的实施，取得了阶段性成果，示范区水质明显改善。

2011年，长江、黄河、珠江、松花江、淮河、海河、辽河、浙闽片河流、西南诸河和内陆诸河十大水系监测的469个国控断面中，Ⅰ～Ⅲ类、Ⅳ～Ⅴ类和劣Ⅴ类水质断面比例分别为61.0%、25.3%和13.7%。主要污染指标为化学需氧量、五日生化需氧量和总磷。湖泊（水库）富营养化问题仍突出。2011年，全国废水排放量659.2亿吨。其中，工业废水排放量230.9亿吨，占废水排放总量的35.0%；生活污水排放量427.9亿吨，占废水排放总量的64.9%；集中式污染治理设施废水（不含城镇污水处理厂）排放量0.4亿吨，占废水排放总量的0.1%。自2001年以来，生活污水排放量始终呈增长趋势，而工业废水排放量近年来总体上稳中有降。

下面分别介绍长江、黄河、珠江、松花江、淮河、海河、辽河七大流域水环境状况。

（1）长江流域

长江全长6397km，长度仅次于非洲的尼罗河与南美洲的亚马孙河，位居世界第三。它发源于青藏高原唐古拉山的主峰各拉丹冬雪峰，年径流量近10000亿立方米，占全国河流年径流量的37%。长江支流众多，长江流域从西到东约3219km，由北至南966km，面积180万平方千米。

长江流域水质总体良好，流域水量丰富，干流稀释容量大。2011年，干流32个国控断面中，Ⅰ～Ⅲ类和Ⅳ类水质断面比例分别为96.9%和3.1%。但干流城市江段污染较为严重，干流污染趋势是下游重于中游，中游重于上游。长江支流总体为轻度污染，主要污染指标为总磷、氨氮和五日生化需氧量。支流62个国控断面中，Ⅰ～Ⅲ类、Ⅳ～Ⅴ类和劣Ⅴ类水质断面比例分别为72.6%、19.3%和8.1%。

长江流域船舶等流动源的污染问题突出。长江是航道的重要通道，船舶排放和突发性污染事故发生也是危害水体的因素。治理船舶垃圾污染已成为全面治理长江水域污染亟待解决的首要问题。

长江流域水环境污染，对水生生物造成明显的影响。长江水生生物资源及水域生态环境面临诸多方面的威胁，水生生物资源严重衰退，水域生态不断恶化并呈“荒漠化”趋势。长江大部分水域均已受到不同程度的污染，部分江段及支流富营养化现象严重，渔业水域污染事故频繁发生，导致水生生物生境被破坏，生物总量减少，生产力不断下降。人类活动增多使长江流域的水生生物栖息地及生境遭到破坏。水电工程建设、围湖造田、采砂作业、疏浚航道等人类活动对水生生物资源的影响日益加大。近年来，随着长江流域水电梯级开发的升级，这些水电工程建设在创造巨大的经济和社会效益的同时，对长江生态环境的影响也不容忽视。

长江流域湖泊生态遭到破坏，湖面持续缩小。长江流域的鄱阳湖、洞庭湖、洪湖、太湖等众多湖泊是重要饮用水源和农业灌溉水源，也是调蓄洪水、水生生物栖息和繁殖的场所。由于上游生态恶化，泥沙大量入湖沉积和长期人工围垦，长江流域湖泊面积不断缩小，据有关数据统计，长江流域湖泊面积比新中国成立初期减少了大约3000km^2。长江流域大部分湖泊，尤其是城郊湖泊，已受到不同程度的富营养化、藻毒素及有机微污染，许多湖泊已失去饮用水源的功能。

（2）黄河流域

黄河全长约5464km，是世界第五大长河、中国第二长河。它发源于青海省青藏高原的巴颜喀拉山脉北麓约古宗列盆地的玛曲，呈“几”字形。自西向东分别流经青海、四川、甘肃、宁夏、内蒙古、陕西、山西、河南及山东9个省区，最后流入渤海。黄河中上游以山地为主，中下游以平原、丘陵为主。由于河流中段流经中国黄土高原地区，因此夹带了大量的泥沙，所以它也被称为世界上含沙量最多的河流。在中国历史上，黄河及沿岸流域给人类文明带来了巨大的影响，是中华民族最主要的发源地，中国人称其为“母亲河”。

黄河流域面积达752443km^2，占国土面积的8.3%。河源至河口落差4830m，黄河流域平均径流量580亿立方米，在国内河流中位列第八位，仅占全国河流径流总量的2%，却承担着全国15%的耕地、12%的人口、50多座中等城市的供水任务，为流域内外广大城市和农村生活、生产、生态提供水资源保障，具有战略性、全局性重要意义。

2011年，黄河水系总体为轻度污染。黄河干流水质为优，21个国控断面均为Ⅰ～Ⅲ类水质。支流总体为中度污染，主要污染指标为氨氮、化学需氧量和石油类。22个国控断面中，Ⅰ～Ⅲ类、Ⅳ～Ⅴ类和劣Ⅴ类水质断面比例分别为40.9%、22.7%和36.4%。沁河和洛河水质为优；伊河和伊洛河水质良好；湟水和北洛河为轻度污染；大黑河为中度污染；其余河流均为重度污染。

黄河流域水量贫缺，水资源供需矛盾尖锐。由于水资源的大量开发利用，加之近年来降雨偏少、气温偏高等因素影响，流域内主要河流实测径流量有日趋减少的趋势，支流的中下游，甚至上游河段，均处于或正在呈现出比较严重的缺水、断流状态，黄河断流频繁发生，水资源和水环境已成为黄河上中游地区生态环境的核心问题。由于断流导致的生态环境的巨大变化，足以成为水环境恶化的标志之一。随着供水范围的不断扩大和供水要求的持续增长，黄河承担的供水任务已超过其承载能力。

黄河流域水质严重恶化，可用水资源量严重不足。黄河流域是我国污染最为严重的地域之一，已超出了黄河水环境的承载能力。特别是近年来水污染发展迅猛，同时断流问题也越来越突出。断流使沿岸城市河道内无径流，变成了接纳污水的黑河，河中鱼类大量死亡，给黄河下游的农业造成了极大的危害。

农业水环境恶化，生态环境问题突显。黄河流域由于土质松散，暴雨后形成的泥石流直接或间接融入黄河，使黄河中每年输入的泥沙逐年增加，黄河流域土壤侵蚀量占区域总侵蚀量的50%～60%，水土流失导致缺水加剧，旱涝灾害频率加大，生态环境恶化，不利农业持续发展。同时，由于严重的水土流失带来了农药、化肥和畜禽粪便的污染，农田中的土壤颗粒、化肥、农药、病菌及其他污染物在降雨或灌溉过程中，随着地表径流、农田排水、土壤渗漏进入水体，对地表水和地下水造成潜在的污染。不合理的农业用水，不仅浪费水资源而且加重了土壤次生盐碱化。土壤灌水定额过大，灌溉地的土壤盐碱化将十分严重，仅黄土高原耕地盐碱化面积就达8360km^2，占水浇地面积的22%，已造成土地生产力持续下降。农业水资源短缺，干旱少雨，温差大，大风多，沙尘暴越来越频繁，也加快了土地沙漠化的进程。

(3) 珠江流域

珠江流域由西江、北江、东江和珠江三角洲水系组成，经八大口门注入南海，素有“三江会流、八口入海”的特征，全长2400km，流域面积453690km^2，其中我国境内面积442100km^2。

珠江多年平均径流量为6230亿立方米，仅次于长江居全国第二，珠江也是目前我国水质最好的江河之一，其主要干流水质常年保持在Ⅱ～Ⅲ类。其中，西江是珠江的主干流，全长2214km。发源于云南曲靖市境内的马雄山，依次经过南盘江、红水河、黔江、浔江，在广西梧州于桂江汇合后称西江。

2011年，珠江水系干流及支流水质总体良好。珠江广州段为轻度污染，深圳段污染严重，主要污染指标为氨氮、总磷和五日生化需氧量。

珠江流域气候温和多雨，生物多样性丰富，雨量和水资源丰富，含沙量是我国七大河流中最小的河流。然而，随着社会经济的快速发展，对水环境的忽视、对水资源的无序利用和管理模式的落后，导致珠江流域的水环境急剧恶化，水资源短缺和水体污染的问题日趋突出，对经济社会的持续健康发展产生了严重的负面影响。

珠江流域形成复合型污染。近年来，珠江流域范围内已经出现了大气、水体、土壤污染相互影响的格局，点源污染和面源污染日益加剧、生活污染和工业污染相互叠加、新旧污染与二次污染问题突出，逐渐形成了复合型污染，对人体健康及食品安全构成了严重的威胁。

生活污染日益严重。政府通过调整和优化工业结构，使工业污染逐渐得到控制。但是，随着城市的扩张、人口的增加、城市生活水平的提高，生活污染越来越严重，生活污水的排放数量和污染负荷迅速上升，甚至已经超过了工业污染。

面源污染问题日益突出。来自于农业方面的面源污染已经成为珠江流域水污染的一个重要特征，农业面源污染在各类环境污染中的比重已经达到30%～60%，污水中化学需氧量排放超过了城市和工业污染的排放总量。由于传统的施肥和灌溉技术相当落后，导致化肥的利用率偏低，造成大量的化肥通过不同途径进入水环境，使农田中的水域富营养化或饮用水源硝酸盐含量超标，这种面源污染已经成为危害水质的“第一隐形杀手”。

流域性水污染问题日益严重。近年来，珠江流域从局部的点污染逐渐变成全流域的污染，并且污染从河流下游向上游转移，从干流向支流转移，水污染问题早已超越局部和“点源”的范围，发展成为越来越严重的流域性问题。

水污染引发珠江流域水资源短缺和水生生态问题。由于水污染程度的加剧，导致珠江流域内区域水质性缺水，引发水资源短缺。不仅如此，日益严重的水污染还导致水体中和周围地区的动植物大量死亡，使水域的生态物种退化、生物多样性减少，并引发了一系列的水生生态问题，导致了严重的生态系统健康风险。

（4）松花江流域

松花江流域全长约 1900km，流域总面积约 545600km^2，占黑龙江流域总面积的 29.4%，占东北三省总面积的 69.32%，径流总量 759 亿立方米。松花江有两个源头，北源嫩江发源于内蒙古自治区大兴安岭伊勒呼里山，南源第二松花江发源于吉林省长白山天池，两江在三岔河汇合后称松花江，于同江附近注入黑龙江。松花江流经黑龙江、内蒙古、吉林三省（区），是黑龙江右岸最大的支流。

松花江流域属北温带季风气候区，大陆性气候特征明显。春季干旱多风；夏季受太平洋高压控制，高温多雨；秋季晴冷，温差大；冬季受内蒙古高压控制，严寒漫长，最冷地区冰雪覆盖多达 210 天。松花江流域绝大部分河流属于降水补给型河流，河水的年内变化主要受降水的季节变化支配，兼有融雪水补给影响。每年有春、夏两次汛期，春汛短且量小，夏汛长且量大。径流量年内分配极不均匀。一般汛期 6～9 月径流量占年径流量的 60%～80%，其中，7～8 月两个月占 50%～60%，4～5 月径流量仅占年径流量的 10%左右。

“十一五”期间，国家大力投入松花江流域水污染防治工作，松花江流域总体水质得到明显改善。“十一五”期间，松花江水系 42 个国控监测断面中，Ⅰ～Ⅲ类水质的断面所占比例从 2006 年的 24%到 2010 年的 48.6%，升高了一倍。Ⅳ～Ⅴ类和劣Ⅴ类水质所占比例有所下降。流域内主要污染指标为高锰酸盐指数、氨氮、石油类和五日生化需氧量。部分水域和城市水体的污染仍然严重。松花江干流上黑龙江省的嫩江口内、肇源和佳木斯 3 个断面未达到规划目标要求，主要污染因子是氨氮和石油类。城市区域中，长春市杨家崴子大桥断面和哈尔滨市阿什河口内断面污染严重。其中，杨家崴子大桥断面水质类别为劣Ⅴ类，主要超标因子为生化需氧量、氨氮、化学需氧量和粪大肠菌群 4 项；阿什河口内断面为劣Ⅴ类，主要超标因子为高锰酸盐指数、生化需氧量、氨氮、石油类、挥发酚、化学需氧量、总磷、粪大肠菌群 8 项。

由于历史和社会的原因，我国最大的化工企业建立在松花江上游，松花江流域形成了机械、石油、石化、电力、煤炭、食品、医药、森工、冶金、建材、造纸等主要行业门类的工业体系，造成了严重水环境问题。

污水排放量加大，污水处理厂处理能力有待提高。由于流域经济的发展、人口的增加，城市工业化进程的加快，工业废水排放大量增加，原有污水处理厂已不能满足当前污水处理要求，且污水处理设备简陋、污水管网建设滞后、生产工艺落后，使得大量的工业废水得不到有效处理和处置，严重影响了松花江流域水质。大部分的城市生活污水直接排入河流，造成河流污染加剧。

有机物污染为主，水源地安全受到威胁。松花江流域有机污染严重，检测出有机物有 100～400 种，“三致”有机毒物数量最高检出 46 种。这些有机物主要来自沿江城市工业废水、城市生活污水排放和面源污染。工业废水和城市生活污污水是有机污染物的主要来源，沿江城市工业废水排放也是有机毒物的重要来源。松花江流域分布着众多造纸和石油化工企业，造成的有机污染物的严重程度超过全国其他流域。河流中致癌物质增多，饮用水水源地受到污染，使松花江流域的缺水形式更加严峻。

流域面源污染严重。面源污染主要来自农业生产、畜禽养殖污染、农村生活污染及地表径流。松花江流域沿江存在大量的村镇，农村人口多，耕地面积大。种植业的发展，导致农药、化肥、化学除草剂、作物生长调节剂等农用化学物质残留物随雨水进入江中；畜禽养殖业产生的畜禽粪便、尿液等，以及农村居民的生活污水和垃圾等是面源污染的另一主要来源。

冰封期污染严重。松花江流域冰封期长，冰封期流量为丰水期的20%左右，有机物污染降解缓慢，水体水质较差。低温环境下微生物降解有机毒物的功能下降，导致污水处理厂处理效率大大降低，而且冰封期形成的冰层使有机毒物难于挥发和光解，冰封期期间小水量也使有机毒物浓度增大。

水环境监管及预警能力有待提升。流域内水环境监测、监察等建设不足，沿江化工企业风险防范体系建设难以适应松花江流域重污染产业比重高、水污染风险防控复杂的要求。

(5) 淮河流域

淮河流域地处中国东部，介于长江和黄河两流域之间，位于东经112°～121°，北纬31°～36°，流域面积187000km^2。流域西起桐柏山、伏牛山，东临黄海，南以大别山、江淮丘陵、通扬运河及如泰运河南堤与长江分界，北以黄河南堤和沂蒙山与黄河流域毗邻。流域地跨河南、安徽、江苏、山东及湖北5省，由于历史上黄河曾夺淮入海，现状淮河分为淮河水系及沂沭泗水系，废黄河以南为淮河水系，以北为沂沭泗水系。整个淮河流域多年平均径流量为621亿立方米，其中淮河水系453亿立方米，沂沭泗水系168亿立方米。淮河发源于河南省南部的桐柏县与湖北省随州市随县的淮河镇的交界处，全长1000km，总落差196m，平均比降0.2‰。

淮河流域水资源总量严重不足，而且水资源开发率已经超过国际公认的合理限度。流域内人口众多，社会经济发展需水量很大，水资源的供需状况不容乐观。由于缺水，农业灌溉用水得不到保证，由旱灾造成的损失日益严重，20世纪70年代以来年均旱灾面积已超过了水灾面积。流域内部分工业生产设备落后，单位产量耗水量偏高，水的重复利用率很低，且工业万元产值用水指标远远高出发达国家水平。农业生产大多采用大水漫灌，灌溉水利用率仅为30%，有1/2以上的水资源未被很好利用。粗放的用水模式进一步加剧了水资源的紧张状况。

淮河流域水环境日趋恶化，水体污染严重。随着淮河流域工业生产的快速发展、都市化进程的加快和人口的增长，以及人们对水环境保护认识和治理力度不够、管理不善，一些工艺落后、技术水平低、污染严重的乡镇工业企业快速发展，大量未经过处理的工业污水直接排入河道，加上农业生产过程中大量使用化肥和农药，造成了河、湖水体的严重污染。

淮河流域水污染已由局部发展到整个流域，众多城市因地表水水质严重污染，城市地下水过度开采导致部分城市的浅层地下水趋于疏干，造成沿海咸水入侵，加重了水资源短缺和生态系统失衡。淮河出现多次断流现象，1999年淮河断流50天，其支流颍河断流达246天。河道有水无流的现象比较普遍，河湖干涸的现象也时有发生，由此造成的水土流失、土地沙化、盐碱化等生态环境问题日趋严重，制约了社会经济的可持续发展。

(6) 海河流域

海河由北运河、永定河、大清河、子牙河、南运河5条河流，自北、西、南三面汇流至天津后，东流到大沽口入渤海，故又称沽河。其干流自金钢桥以下长73km，河道狭窄多弯。海河流域东临渤海，南界黄河，西起太行山，北倚内蒙古高原南缘，地跨京、津、冀、晋、鲁、豫、辽、内蒙古8省区。流域面积为31.78万平方千米，占全国总面积的3.3%，其中山区约占54.1%，平原占45.9%。全流域河道呈扇形分布，具有水系分散、河系复杂、支流众多、过渡带短、源短流急的特点。海河流域属于温带半湿润、半干旱大陆性季风气候区，具有水资源总量少、降雨时空分布不均、经常出现连续枯水年和水资源量明显减少的特点。全流域多年平均降水量仅为548mm，且汛期降雨量占全年的70%～80%，是我国水资源短缺最为严重的地区。干旱缺水，导致地下水严重超采、水资源供需矛盾和生态环境恶化，严重制约着流域经济社会的可持续发展。

海河流域水资源过度开发，造成生态环境问题。海河流域水污染主要是由于工矿企业的废水和城镇生活污水携带大量污染物进入河流水体造成的。随着点源污染源污（废）水排放量的不断增加和面污染源缺乏控制，河流水体污染不断加重。海河流域河道断流、河口淤积退化、湿地消失，水土流失严重。

海河流域地下水开采利用严重超标，地下水水位下降严重。地下水资源量和补给量不断减少，使得已经十分紧张的水资源供需矛盾日趋尖锐。同时流域浅层地下水资源和深层地下水资源都处于严重的超采状态，使地质环境逐渐恶化，影响海河流域社会经济的可持续发展。

（7）辽河流域

辽河发源于河北平泉县，流经河北、内蒙古、吉林和辽宁4个省区，在辽宁盘山县注入渤海，全长1345km，流域面积219631km^2，地处中国东北地区南部，东西宽、南北窄，整体呈倒悬“胃”的形状。辽河水系主要由西辽河、东辽河、柳河、浑河和太子河等支流组成；上下游河流疏密程度不同，上游西辽河地区河流较少，河网密度稀疏，中下游地区河流相对较多。

根据1956—1979年资料统计，辽河全流域多年平均年径流量为126亿立方米。辽河年径流的地区分布不均，西辽河面积占全流域的64%，水量仅占21.6%，下游沿海一带面积占31%，而水量占73%。辽河流域年降水量区域变化很大，东部约为西部的2.5倍，比东北其他流域大得多。从年降水量地区分布来看，辽河流域的供水条件最差。

辽河流域人均地表水资源量为535立方米，为全国平均水平的1/4，近40年降水量呈下降趋势，水资源开发利用率70%以上，中下游地区年缺水11亿立方米，流域内大中型城市大部分都是严重缺水城市。

2011年，辽河水系总体为轻度污染。主要污染指标为五日生化需氧量、石油类和氨氮。37个国控断面中，Ⅰ～Ⅲ类、Ⅳ～Ⅴ类和劣Ⅴ类水质断面比例分别为40.5%、48.7%和10.8%。干流为轻度污染，Ⅰ～Ⅲ类水质断面比上年提高7.7个百分点，劣Ⅴ类水质断面比例降低15.4个百分点，水质明显好转。辽河支流3个国控断面中，Ⅳ类、Ⅴ类和劣Ⅴ类水质断面各1个。主要污染指标为氨氮、总磷和化学需氧量。与上年相比，通江口断面水质由劣Ⅴ类好转为Ⅴ类。与上年相比，大辽河及其支流总体由重度污染变为中度污染，水质有所好转。

辽河流域水污染严重，流域主要河流化学需氧量、氨氮分别超过受纳水体环境容量。城市河段污染严重，检出新型的有毒有害、难降解、特征污染物，辽河流域特征污染物共7类60种，其中多环芳烃、取代苯类、酚类和有机氯农药为主要特征污染物。农业面源在整个流域污染物中所占比重越来越大。长期以来，水污染严重破坏了辽河流域水生生态系统健康，鱼类物种丰度锐减。鱼类群落结构简单化、渔业资源小型化现象严重，而养殖导致的外来物种入侵比例明显增加。化学需氧量、氨氮等污染指标对水生生物群落组成产生限制作用，敏感物种分布范围狭窄，而耐污型藻类、大型底栖动物等水生生物分布广泛。辽河流域70%以上河段处于亚健康状态，水生生态系统健康状况总体较差。

1.4 北方寒冷地区流域水质研究

寒冷地区是指最冷月平均气温在−60～−10℃的地区。我国东北地区、西北大陆、华北北部、青藏高原北部地区都属于寒冷地区。地处寒冷地区的流域，冬季会出现封冻现象。在我国松花江流域、黄河流域、辽河流域、海河流域、西北诸流域和青藏高原北部诸流域每年冬季都会出现程度不同的封冻现象，且纬度较高地区，冬季十分寒冷且冰封期较长，最长可达150天，冰层最厚可达1.2m。

冰封型水域是一种典型而复杂的封闭式生态系统，这个时期水体流量较小，水污染问题十分突出，水体自净能力下降，加剧了北方地区和城市的缺水问题，成为流域可持续发展的障碍之一。同时，冰封期也是一年中最容易出现水污染事故的时段。冰封期是北方寒冷地区特有的水体特征，寒冷地区承负着巨大的水环境压力，水污染防治任重道远，如何解决水环境问题已经成为该区域协调资源供求、经济发展与环境保护的核心问题。加强冰封期水环境特征的研究，对北方寒冷地区的水环境污染防治具有重要意义。

松花江流域是国内冰封期最长的河流，冰封期长达5个月。受冰雪覆盖的松花江流域水质具有典型的冰封期特征。随着环境科学的发展，有关松花江流域冰封期水环境特征的报道也逐年增多。马万里等对松花江流域冰封期水中多环芳烃（PAHs）的污染特征进行了研究，松花江流域水体中PAHs具有明显的空间分布特征，城市下游浓度高于上游，说明沿岸城市污水排放可能是松花江水体中PAHs的主要污染源，通过主要成分分析得出，PAHs的主要来源是化石燃料的燃烧源，通过商值法生态风险评估结果显示，相对分子质量低的PAHs会对松花江水体造成一定的危害。松花江流域冰封期有机污染明显高于明水期，刘玉萍等对松花江流域冰封期有机污染的原因进行了分析，认为主要原因是：水温低不易于有机污染物的微生物降解；冰层覆盖使有机污染物失去挥发和光解途径；冰封期水量少，有机污染物浓度相对增高；污水处理厂冬季处理效率低。王宪恩等对冰封期河流中有机污染物消减模式进行了研究，结果表明冰封期消减的影响程度为沉淀作用＞冻结作用＞生物降解作用。

1.5 北方寒冷地区流域水环境特征

（1）冰封期点源污染为主

北方寒冷流域冬季冰层覆盖，此时地面封冻，地表径流大幅度减少，基本没有地表径流带入污染物，农业面源污染贡献相对较小，主要以点源污染为主。松花江流域冰封期时间长，由于温度过低以及枯水期和冰封期的共同作用，造成河流流量大大下降，形成冰盖，河流流速降低。污染物在冰盖作用下难于降解和挥发，导致水体自净能力低。

（2）冰封期有机污染加重

冰封期河流有机污染加重，特别是有毒有机物污染在冰封期突出。冰封期水温低，冰层下水中微生物活性降低，江水中的微生物存在数量也很低，微生物对污染物的降解作用明显降低。

冰封期流域被冰层覆盖，使有机污染物失去了挥发和光解途径。一方面冰层覆盖，导致江水复氧能力比较差，同时影响了水中易挥发有机污染物向大气挥发迁移的过程，使江水中有机污染物在类似管道的环境中向下游迁移。另一方面冰层和覆盖在冰层上的积雪，阻碍了太阳光线的照射，削弱了冰层下有机污染物的光解作用。冰封期水量小，高浓度污水进入水体后，污染物被稀释的程度与丰水期相比要小很多。

污水处理厂冬季处理效率低。温度偏低对生物法处理污水有一定影响，导致冬季污水处理厂对有机污染物的去除效率低，使得进入冰封期河流的有机污染物相对增多。

松花江流域冰封期水体自净能力差，有机污染负荷增高，是松花江流域最主要的环境污染特征。

参考文献

[1] IowaEnvironmental Council. Antidegradation Overview. Des Moines，Iowa，50309—1939，2007 [EB/OL]. http：//www. iaenvironment. org.
[2] Antidegradation Implementation：Federal Framework and Indiana Process. Mar 7，2008 [EB/OL]. http：//www. in. gov/idem/files/antideg _ overview. ppt.
[3] 杨波，尚秀莉. 日本环境保护立法及污染物排放标准的启示 [J]. 环境污染与防治，2010，32 (6)：94-97.
[4] 井翼，金兆丰，黄建元等. 日本的水质标准与水质评价指标 [J]. 中国给水排水，2002，18 (10)：90-92.
[5] 赵庆，查金苗，许宜平. 中国水质标准之间的链接与差异性思考 [J]. 环境污染与防治，2009，31 (6)：104-108.
[6] 孟伟，张远，郑丙辉. 水环境质量基准、标准与流域水污染物总量控制策略 [J]. 环境科学研究，2006，19 (3)：1-6.
[7] 夏青，陈艳卿，刘宪兵. 水质基准与水质标准 [M]. 北京：中国标准出版社，2004.
[8] 霍尚涛，陆志明. 长江流域水污染的现状以及相关立法建议和完善 [J]. 科技信息，2006，3：183-185.
[9] 胡必彬. 我国十大流域片水污染现状及主要特征 [J]. 重庆环境科学，2003，25 (6)：15-18.
[10] 郭鹏，邹春辉，王旭. 淮河流域水资源与水环境问题及对策研究 [J]. 气象与环境科学，2011，34 (S1)：96-99.
[11] 朱晓春，曹祎，张勇. 海河流域水资源现状分析与研究 [J]. 海河水利，2007，6：16-22.
[12] 孟伟. 辽河流域水污染治理和水环境管理技术体系构建—国家重大水专项在辽河流域的探索与实践 [J]. 中国工程科学，2013，15 (3)：4-10.
[13] 马万里，刘丽艳，齐虹等. 松花江流域冰封期水体中多环芳烃的污染特征 [J]. 环境科学，2012，33 (12)：4220-4225.
[14] 刘玉萍，王东辉. 加强冰封期的污染防治是松花江治理的关键 [J]. 环境科学与管理，2006，31 (7)：37-40.
[15] 王宪恩，董德明，赵文晋等. 冰封期河流中有机物消减模式 [J]. 吉林大学学报，2003，41 (7)：392-395.
[16] 金陶陶，马放，林泉. 寒冷地区流域水污染防治问题 [J]. 城市环境与城市生态，2011，24 (3)：43-46.
[17] 沈玉昌，龚国元. 河流地貌学概论 [M]. 北京：科学出版社，1986.
[18] 童娟. 珠江流域概况及水文特征分析 [J]. 水利科技与经济，2007，13 (1)：31-33.
[19] 王赫. 我国流域水环境管理现状与对策建议 [J]. 环境保护与循环经济，2011，7：62-65.
[20] 席北斗，霍守亮，陈奇等. 美国水质标准体系及其对我国水环境保护的启示 [J]. 环境科学与技术，2011，34 (5)：100-103.
[21] 陈秋玲. 我国主要流域水体污染评价、预警管理及污染原因探究 [J]. 上海大学学报，2004，10 (4)：420-425.
[22] 王瑞红. 黄河流域水质变化趋势及防治对策 [J]. 运城学院学报，2006，24 (2)：66-70.

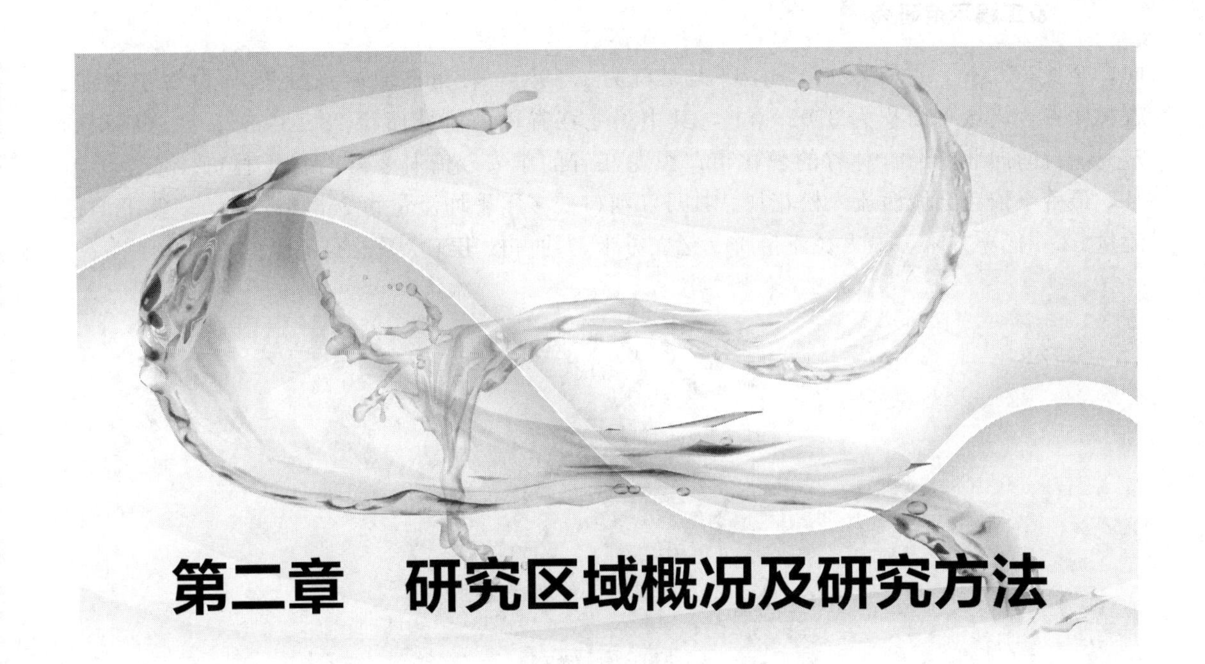

第二章　研究区域概况及研究方法

2.1　牡丹江流域概况

2.1.1　基本概况

牡丹江（图 2-1）为松花江第二大支流，发源于吉林省长白山的牡丹岭。河流呈南北走

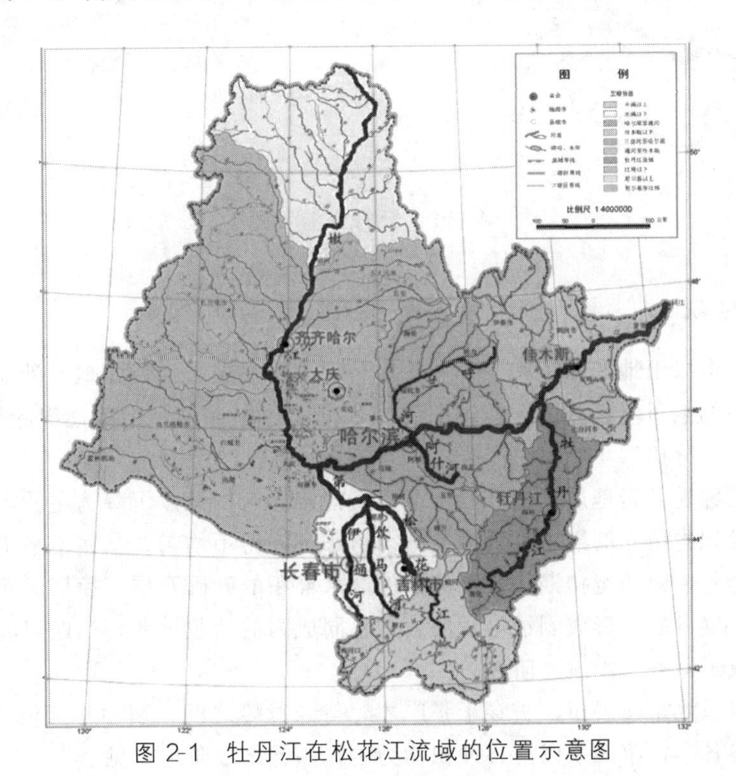

图 2-1　牡丹江在松花江流域的位置示意图

向，全长726km，总落差1007m，平均坡降为1.39‰。牡丹江流域（图2-2）分属黑龙江、吉林两省，流域总面积为37023km^2，其中黑龙江省境内流域面积28543km^2，占总面积的77%。自南向北流经吉林省的敦化市，黑龙江省的宁安、海林、牡丹江、林口、依兰等市县，最后于依兰县城西流入松花江。牡丹江河口处多年平均流量为258.5m^3/s，多年平均径流量52.6亿立方米，最大径流量149亿立方米，约占松花江水系总径流量的10%。

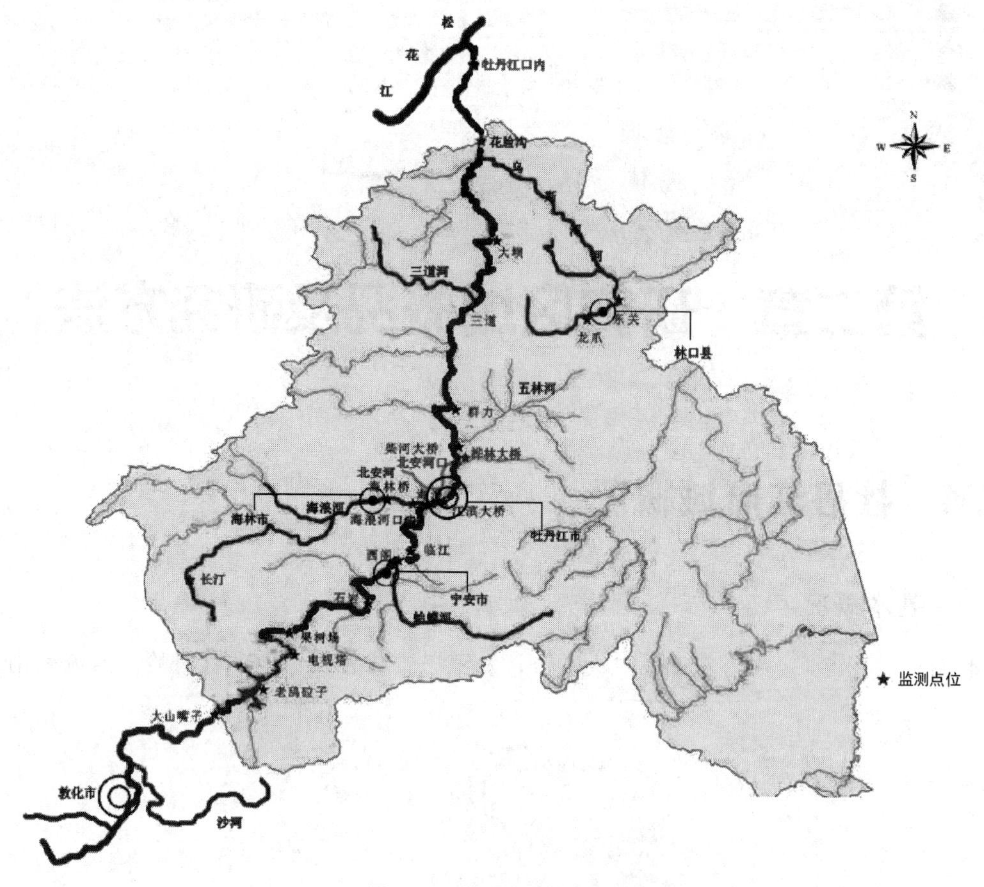

图2-2 牡丹江流域图

2.1.2 地形地貌

牡丹江市地形以山地和丘陵为主，呈中山、低山、丘陵、河谷盆地4种地貌类型，东西两侧为长白山系的老爷岭和张广才岭，中部为牡丹江河谷盆地，山势连绵起伏，河流纵横，俗称“七山一水二分田”。

区域地貌轮廓受基岩地质构造和新构造运动控制。第四纪以沉降为主的震荡运动，形成一个被第四纪堆积物填充的继承性沉降盆地。由于沉降得不均匀，基底不平坦形成了不连续的洼地和小的隆起，第四纪初期接受了大量的冰水堆积的砂砾石层，后期沉积了较厚的黄土黏土，构成了土壤母质，形成剥蚀堆积的两种不同成因的地貌单元，第四纪以后，受流水作用的侵蚀，形成了河谷、漫滩、阶地。

牡丹江干流呈北东向展布，贯穿于张广才岭与老爷岭之间，属中年河流，“V形”河谷和“箱形”河谷各半，第四系以河谷冲积物为主，一、二级阶地少见。

2.1.3 水文水资源

牡丹江市2009年地表水资源量86.8亿立方米，工业生产用水量17850.08万立方米，城镇生活用水量5264.15万立方米，农村生活用水量12733.1万立方米。

牡丹江市区2009年地表水资源量1.7亿立方米，工业生产用水量13644.1万立方米，城镇生活用水量2970万立方米。牡丹江地区供水管道长度448km，人均日生活用水量63.1L，用水普及率94.2%。牡丹江市区供水管道长592km，地下管网长度为387km，排水沟管网密度为4.5km/km^2。

宁安市2009年地表水资源量18.2亿立方米，工业生产用水量2309.23万立方米，城镇生活用水量645.68万立方米；海林市2009年地表水资源量33.3亿立方米，工业生产用水量435.72万立方米，城镇生活用水量1093.71万立方米；林口县2009年地表水资源量13.4亿立方米，工业生产用水量1361.03万立方米，城镇生活用水量554.76万立方米。牡丹江市水资源状况见表2-1。

表2-1 牡丹江市水资源状况（2009年） 单位：亿立方米

市（县）	水资源总量	地表水资源量	地下水资源量	地表水与地下水重复计算量	年降水量	产水系数	计算单元面积/km^2	产水模数/(10^4 m^3/km^2)
全市	91.4	86.8	25.2	20.6	207.0	0.4	40583	22.5
市区	2.0	1.7	0.9	0.6	7.8	0.3	1354	14.8
林口县	14.5	13.4	3.8	2.7	34.6	0.4	7185	20.2
海林市	34.4	33.3	9.8	8.7	55.3	0.6	9837	35.0
宁安市	19.3	18.2	5.5	4.4	44.9	0.4	7924	24.3

2.1.4 水系概况

牡丹江干流沿程纳入较大支流7条（见图2-3），牡丹江市以上有沙河、珠尔多河、蛤蟆河、海浪河，牡丹江市以下有五虎林河、三道河、乌斯浑河。牡丹江的最大支流是海浪河，全长218km，流域面积5251km^2，多年平均径流量约占牡丹江水系径流量的20%～30%。流域面积37600km^2，流域内山地占89%（其中森林占46%），平均比降为1.39‰，最小流量为4.13 m^3/s，最大流量7289m^3/s，年平均径流量52.5亿立方米，枯水期12月、1月、2月、3月，平水期4月、5月、6月和11月，其他月份为丰水期，该河流丰、平、枯比较明显，年平均含砂量135 g/m^3。

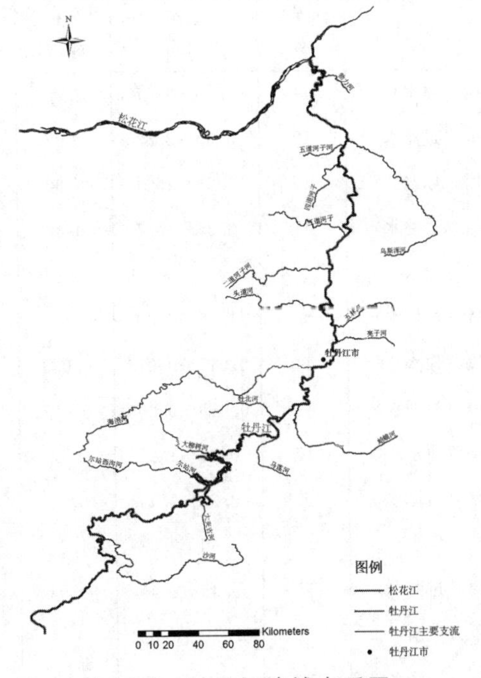

图2-3 牡丹江流域水系图

2.1.5 水化学特征

1985年12月，国家环境保护局和中国科学院联合主持并完成了国家“六五”科技攻关项目“环境保护与污染防治技术”的重大课题“环境背景值调查研究”。该课题对松花江水系的环境背景值进行了详尽地调查。在调查研究牡丹江水系的环境背景值中，共布设了水质、沉积物采样点位15个。其中海浪河5个断面、乌斯浑河3个断面、河源区2个断面、珠尔多河2个断面、黄泥河2个断面和沙河1个断面。

研究结果表明：牡丹江背景水质良好，氧化能力强，矿化度低，水质软，呈中性。指标见表2-2和表2-3。

表2-2　牡丹江水系地表水背景区理化性质

项目	样本数/个	全距/km	均值	标准差	变异系数	分布类型	检出率/%
溶解氧	15	7.7～10.8	9.7mg/L	0.876	0.090	正态	
化学需氧量	15	4.1～9.5	6.1mg/L	1.369		对数正态	
pH	15	6.6～7.5	7.0				
电导率	15	33～134	75μs/cm	30.08	0.400	正态	
氧化还原电位	15	121～474	323mV	152	0.469	正态	
硬度	15	0.86～4.71	1.89德国度	1.529	0.444	对数正态	
悬浮物	15	4.1～35.2	9.85mg/L	2.159	0.899	对数正态	
矿化度	15	22～122	70mg/L	27.02	0.387	正态	
硝酸盐氮	15	0.021～0.37	0.17mg/L	0.196	1.553	正态	
氨氮	30	＜0.05～0.45	0.09mg/L				72

表2-3　牡丹江水系微量元素背景值

项目	样本数/个	全距/km	均值/(μg/L)	标准差	变异系数	中位数	含量范围/(μg/L)	分布类型	检出率/%
铜（原水）	11	1.00～3.77	2.29	1.052	0.458	2.17	0.94～3.65	正态	
铜（过滤水）	12	0.60～3.82	2.07	1.101	0.533	2.18	0.64～3.49	正态	
铅（原水）	10	0.28～2.04	0.90	0.541	0.600	0.86	0.22～1.60	正态	
铅（过滤水）	11	0.25～1.77	0.86	0.527	0.610	0.73	0.21～1.54	正态	
锌（原水）	9	1.80～13.50	6.22	3.911	0.629	5.00	1.17～11.27		
锌（过滤水）	8	1.55～6.60	4.55	2.001	0.439	2.90	1.97～7.13		
镉（原水）	11	0.015～0.073	0.033	1.748	0.605	0.030	0.016～0.068	对数正态	
镉（过滤水）	11	0.015～0.065	0.027	1.631	0.520	0.025	0.014～0.051	对数正态	
铬（原水）	12	0.30～1.91	0.81	2.067	0.833	0.98	0.32～2.07	对数正态	
铬（过滤水）	12	0.22～1.44	0.75	0.417	0.557	0.72	0.21～1.29	对数正态	
镍（原水）	11	0.60～2.63	1.37	0.571	0.417	1.23	0.63～2.10	正态	
镍（过滤水）	12	0.45～1.45	0.94	0.319	0.339	0.94	0.53～1.35	正态	
汞（原水）	11	0.010～0.034				0.016	0.01～0.032	偏态	73
汞（过滤水）	10	0.01～0.028				0.012	0.01～0.027	偏态	70

续表

项目	样本数/个	全距/km	均值/(μg/L)	标准差	变异系数	中位数	含量范围/(μg/L)	分布类型	检出率/%
砷（原水）	30	0.3～1.40				0.51	0.3～1.28	偏态	80
砷（过滤水）	27	0.3～1.14				0.32	0.3～0.92	偏态	56
铁（原水）	19	75～730	214	2.034	0.810	183	85～534	对数正态	
铁（过滤水）	19	50～253				75	50～245	偏态	65
氟（原水）	27	50～1500				200	50～1380	偏态	75

2.2 流域重要支流介绍

2.2.1 北安河

北安河为牡丹江左岸的一级支流，发源于牡丹江市城区北部大砬子山，在牡丹江市城区穿过，在五公里水源地西500m处汇入牡丹江。北安河流域的形状为树叶状，由长约10km的金龙溪、10km的银龙溪和暗溪青龙溪汇合而成，银龙溪从北往南汇入干流，而金龙溪则从西往东汇入干流，干流从西北往东南汇入牡丹江。北安河全长20.8km，干支流总长度为58.8km，其中干流长度7.34km，城区内干支流长度为24.9km，北安河行洪宽度19～40m，主槽宽度5～8m，河道平均比降0.9‰，流域总面积208km^2。

2.2.2 南湖水系

牡丹江市南湖水系是牡丹江江水改道而形成，由牛角湖、青年湖、三角湖、月牙湖、南湖和6个湖泡组成（即1～6号泡）。总水域面积23.6万平方米，是牡丹江市南部区域雨水调节池。上述湖泡分别由管道和暗渠连接，最终由牛角湖入提升泵站，排入牡丹江。

2.2.3 海浪河

海浪河是牡丹江11条支流之一，也是牡丹江的最大支流，发源于海林市西部张广才岭东麓，全长218km，流域面积5251km^2，落差1090m，由西向东横穿整个海林市，流经海林市长汀、旧街、石河、海南等乡镇，在牡丹江上游约2km处左岸注入牡丹江。海浪河多年平均径流量约占牡丹江水系径流量的20%～30%，其较大的支流有二道海浪河、山市河与密江河。

2.3 主要研究方法

2.3.1 技术路线

针对牡丹江的水环境问题，从水污染特征、主要污染源减排及水质保障出发，研发北安河生境修复关键技术、牡丹江南湖水系水质保障集成技术、水栉霉控制关键技术等，进行集成与创新，并通过相应的工程示范，研究与建立松花江支流水质保障技术体系；通过技术的示范工程，实现支流牡丹江水质功能恢复的目标，技术路线见图 2-4。

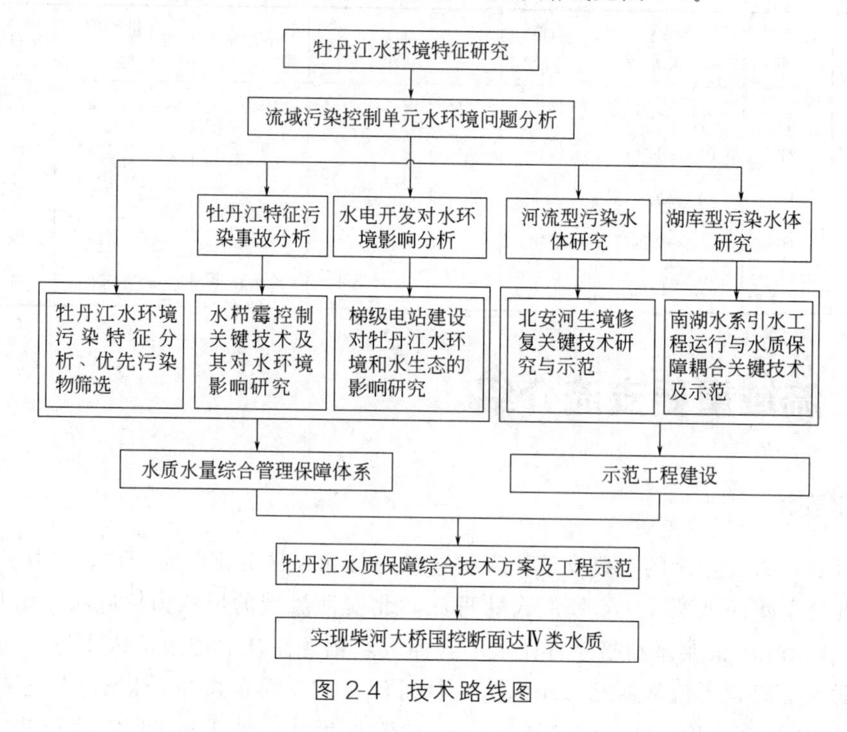

图 2-4 技术路线图

2.3.2 常规监测指标数据收集和分析

综合分析国内外筛选优先控制污染物的各种方法，结合牡丹江的特点，采用优化的评分法，对牡丹江各水期各断面和沿江排污口检测到的全部 155 种痕量/微量级挥发性和半挥发性有机污染物进行排序。

牡丹江流域优化布设了 21 个常规水质监测断面（见表 2-4）。全年采样 8 次（除 3 月、4 月、11 月、12 月外一个月一次）。监测项目包括地表水环境质量标准基本项目 24 项，西阁、海林桥两个水源地增测 5 项补充项目。采样、检测按照国家标准进行（见表 2-5）。

表 2-4 牡丹江流域监测断面布设表

编号	水域名称	断面名称	断面性质	断面含义	水体功能区类别
1	牡丹江干流	大山嘴子	省控断面	吉林省出境断面，代表吉林省来水水质	Ⅲ
2	镜泊湖	老鸪砬子	国控断面	代表镜泊湖来水水质	Ⅲ
3		电视塔	国控断面	代表镜泊湖水质	Ⅱ
4		果树场	国控断面	代表镜泊湖出水水质	Ⅱ
5	牡丹江干流	西阁	市控断面	代表西阁水源地水质	Ⅲ
6		温春大桥	市控断面	代表牡丹江市区来水水质	Ⅲ
7	海浪河	长汀	研究断面	海浪河上游水功能区划控制断面	Ⅱ
8		海林桥	市控断面	代表海林市水源地水质	Ⅱ
9		海浪河口内	省控断面	代表海浪河入牡丹江水质	Ⅲ

续表

编号	水域名称	断面名称	断面性质	断面含义	水体功能区类别
10	牡丹江干流	海浪	省控断面	代表海浪河与牡丹江混合水质	Ⅲ
11		江滨大桥	省控断面	工业用水控制断面	Ⅲ
12	北安河	北安河口内	研究断面	代表北安河入牡丹江水质	—
13	牡丹江干流	桦林大桥	研究断面	代表北安河与牡丹江混合水质	Ⅲ
14		柴河大桥	国控断面	代表牡丹江市区出水水质	Ⅲ
15	莲花水库	群力	市控断面	代表莲花湖来水水质	Ⅱ
16		三道	市控断面	代表莲花湖水质	Ⅱ
17		大坝	市控断面	代表莲花湖出水水质	Ⅱ
18	乌斯浑河	龙爪	市控断面	代表林口县上游来水水质	Ⅱ
19		东关	市控断面	代表林口县下游出水水质	Ⅲ
20	牡丹江干流	花脸沟	省控断面	代表牡丹江市出境水质	Ⅲ
21		牡丹江口内	国控断面	代表牡丹江入松花江水质	Ⅲ

表 2-5　常规水质指标检测方法及主要仪器

序号	检测项目	检测方法	主要仪器
1	水温	水温计法	水温计
2	pH 值	玻璃电极法	pH 计
3	溶解氧（DO）	溶解氧测定仪法	溶解氧测定仪
4	化学需氧量（COD_{Cr}）	COD 快速消解分光光度法	COD 快速测定仪
5	高锰酸盐指数	酸性法	酸式滴定管/水浴锅
6	生化需氧量	微生物传感器快速测定法	BOD-220A
7	氨氮（NH_3-N）	纳氏试剂分光光度法	可见光分光光度计
8	总氮	碱性过硫酸钾消解分光光度法	紫外分光光度计
9	总磷（TP）	钼酸铵分光光度法	紫外分光光度计
10	六价铬	二苯碳酰二肼分光光度法	可见光分光光度计
11	镉	原子吸收分光光度法	原子吸收分光光度计
12	铅	原子吸收分光光度法	原子吸收分光光度计
13	铜	原子吸收分光光度法	原子吸收分光光度计
14	锌	原子吸收分光光度法	原子吸收分光光度计
15	砷	原子荧光法	原子荧光光度计
16	硒	原子荧光法	原子荧光光度计
17	汞	原子荧光法	原子荧光光度计
18	氟化物	离子色谱法	离子色谱仪
19	挥发酚	流动注射法	FIA6000＋流动注射仪

续表

序号	检测项目	检测方法	主要仪器
20	石油类	红外分光光度法	红外分光光度计
21	氰化物	流动注射法	FIA6000＋流动注射仪
22	硫化物	流动注射法	FIA6000＋流动注射仪
23	阴离子表面活性剂	流动注射法	FIA6000＋流动注射仪
24	粪大肠菌群	高压灭菌法	高压灭菌锅

2.3.3 有机物污染物和重金属采样分析

（1）有机污染物分析

为了全面评价牡丹江水体的污染现状，进行了牡丹江流域特征有机物监测断面的优化布设，布设了14个有机物监测断面（见表2-6）。有机物监测包括全部挥发性、半挥发性有机污染物，检测方法及仪器设备见表2-7。

表2-6 牡丹江流域有机物监测断面布设表

编号	断面名称	断面性质	断面含义	采样次数与频次
1	大山嘴子	市控断面	吉林省出境断面，代表吉林省来水水质	采样次数为每年丰、平、枯水期各一次
2	果树场	国控断面	代表镜泊湖出水水质	
3	西阁	市控断面	代表西阁水源地水质	
4	海浪河口内	省控断面	代表海浪河入牡丹江水质	
5	温春大桥	市控断面	代表牡丹江市区来水水质	
6	海浪	省控断面	代表海浪河与牡丹江混合水质	
7	江滨大桥	省控断面	工业用水控制断面	
8	北安河口内	研究断面	代表北安河入牡丹江水质	
9	桦林大桥	研究断面	代表北安河与牡丹江混合水质	
10	柴河大桥	国控断面	代表牡丹江市区出水水质	
11	群力	市控断面	代表莲花湖来水水质	
12	大坝	市控断面	代表莲花湖出水水质	
13	花脸沟	省控断面	代表牡丹江市出境水质	
14	牡丹江口内	国控断面	代表牡丹江入松花江水质	

表2-7 有机物检测方法及主要仪器

序号	检测项目	检测方法	主要仪器
1	挥发性有机物	气相色谱质谱法	气相色谱-质谱联机（吹扫捕集）
2	半挥发性有机物	气相色谱质谱法	气相色谱-质谱联机

（2）重金属采样分析

① 采样点的选取　选取三个点作为污泥的取样点（见图2-5）：a. 两溪汇口处下游30m，此取样点代表河流上游和所有工业截污排污口之前的底泥特性；b. 北安桥下游50m，

此处为牡丹江比较繁华的地段，此取样点代表河流中游的底泥特性；c. 北安河与牡丹江汇口上游 100m，此取样点代表河流下游和所有工业截污排污口之后的底泥特性。

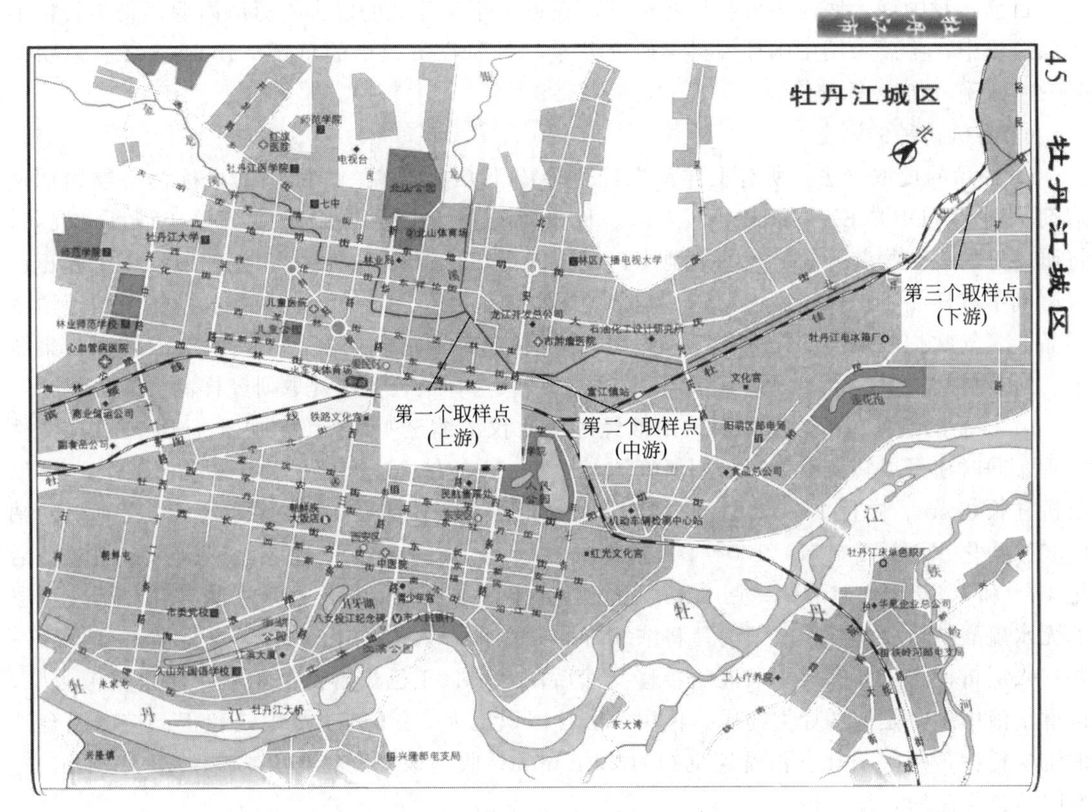

图 2-5　北安河底泥采样点分布图

② 底泥性质分析　底泥的取样工具应该采用荷兰生产的 Beeker 型沉积物原状采样器（柱状底泥采样器，型号：04.23.SA/SB），该采样器可以对底泥样品进行分段采样，并且可以对上覆水进行有效的分层保存和分析。但是本研究中北安河底泥为沙石性质，此种采样器不能有效采样，在实际工作中采用抓斗式采样器（荷兰生产，型号：04.30.x）。采用手提式抓斗采集表层沉积物，将采集后的底泥样品剔除砾石、木棍等杂物，装入聚乙烯塑料袋中带回实验室分析。将采集的样品于阴凉处风干，用玻璃棒压碎，经玛瑙研钵研碎，混匀后全部过 100 目筛，装袋，置于冰箱冷藏，备用。

③ 含水率的测定　水分含量测定（真空烘箱法）按 GB/T 8576 进行，分别测定鲜样含水量和风干样含水量。

④ 有机质的测定　首先在加热条件下，使样品中的有机碳氧化，用定量的重铬酸钾-硫酸溶液进行滴定，多余的重铬酸钾用硫酸亚铁溶液去除，同时以二氧化硅为添加物作空白实验。根据氧化前后氧化剂消耗量的差值，计算有机碳含量，并乘以系数 1.724，即为有机质含量。

⑤ 总氮、总磷含量的测定

a. 总氮的测定：首先将样品中的有机氮经硫酸-过氧化氢消煮，转化为氨态氮，碱化后蒸馏出来的氨用硼酸溶液吸收，以标准酸溶液滴定，计算样品中全氮含量。

b. 总磷的测定：试样首先使用硫酸和过氧化氢消煮，在一定酸度下，待测液中的磷酸根离子与偏钒酸和钼酸反应形成黄色三元杂多酸。在一定浓度范围（1～20mg/L）内，黄色溶液的吸光度与含磷量呈正比例关系，用分光光度法测定总磷的含量。

目前，我国尚无底泥污染物控制标准，在近十年来开展的以去除氮磷内源污染为目标的环保疏浚中，主要采用中国环境科学研究院金相灿研究员提出的总氮＞1000mg/L、总磷＞500mg/L 作为疏浚标准。

⑥ 有机物种的测定

a. 样品的提取方法：所有土样首先经过冷冻干燥及研磨。样品中的目标污染物用加速溶剂萃取仪（DIONEX ASE-300）萃取。称量 10g 清洁土样再加入 3g 硅藻土研磨，混匀。将研磨好的混合物装入 33mL 萃取池中，压强固定在 1500psi，使用 1∶1 的二氯甲烷和正己烷溶剂萃取样品，提取温度为 100～180℃，提取时间为 3～7min。其后用相应溶剂快速清洗样品，氮气吹扫收集全部提取液。研钵用 5mL 相应溶剂清洗两次，把该清洗液转入收集瓶中。每个样品重复 3 次，并取其平均值。根据结果选择最佳方法提取研究样品。

b. 样品的制作方法：萃取后的溶液经过氮吹仪浓缩至 1～2mL，加入 4mL 环戊烷清洗试管，同时还可以转换溶剂，再用氮气浓缩至 2mL 左右，浓缩液用柱层析方法净化。玻璃层析柱长 35cm、内径 10mm，柱底层垫一层玻璃棉，干法装柱，依次装入 1.5g 无水硫酸钠（600℃活化 6h）、6g 硅胶（100～200 目，130℃活化 16h）、4g 中性氧化铝（150～160℃活化 4h）和 1.5g 无水硫酸钠。用 20mL 正己烷预淋洗层析柱，将淋洗液去除。在层析柱顶层的无水硫酸钠将要暴露于空气前，将浓缩好的萃取液移入，并用 2mL 环戊烷清洗试管后一并移入层析柱，从而完成萃取液的转移。然后用 30mL 正己烷淋洗层析柱，将淋洗液去除，该淋洗液中主要是饱和烃类物质。再用 30mL 体积比为 2∶1 的二氯甲烷和正己烷的混合液淋洗层析柱，每次 5mL，淋洗速度约为 2mL/min。收集该淋洗液并用氮吹仪吹至 1.0mL 左右时装进样品瓶，待分析。

c. 样品的测试方法：采用 GC-MS 分析样品中有机物质的种类（Agilent 7890A-5975C），毛细管色谱柱 HP-5，升温程序为：120℃（2min），－5℃/min 升温至 200℃，恒温 3min，－5℃/min 升温至 300℃，恒温 5min。EI 源温度为 250℃，70eV，进样口温度为 230℃，进样量为 1μL，不分流进样，氦气（99.999%）为载气，载气流量为 1.0mL/min，扫描范围为 35～500m/s，扫描模式为全扫描。

⑦ 重金属含量的测定　首先准确称取 1.0000g（精确至 0.1mg）处理后的底泥样品，用 HCl、HNO_3、HF 和 $HClO_4$ 混合酸消解并定容，其后采用 ICP-MS（Agilent 7500CX）对重金属元素如铜（Cu）、锌（Zn）、铬（Cr）、铅（Pb）、镉（Cd）和铁（Fe）的含量分别进行测定。

⑧ 各种不同形态重金属的测定方法　Pb、Cd、Cu、Fe 的提取采用五态分级法，即 Tessier 形态分类法进行提取，提取步骤如下。

a. 可交换态：取底泥样品 1.0000g，加入 10mL，1mol/L，$MgCl_2$（pH＝7.0），在 25℃恒温水浴振荡器中振荡 1h 后离心，将上层清液和固体沉淀分离，取上层清液测定可交换态。

b. 碳酸盐结合态：在沉淀中加入 10mL，1.0mol/L，NaAc（pH＝5），在 25℃恒温水浴振荡器中振荡 16h，离心，取上层清液测定碳酸盐结合态。

c. 铁（锰）氧化物结合态：在沉淀中加入 0.04mol/L，$NH_2OH \cdot HCl$ 的 HAc 溶液 20mL，在 96℃的恒温箱中保持 3h，离心后取上层清液测定铁（锰）氧化物结合态。

d. 有机态结合态：在沉淀中加入 3mL HNO_3（0.02mol/L），再加入 8mL H_2O_2，在83℃的恒温箱中保持 2.5h，冷却至室温后加入 5mL NH_4Ac（3.2mol/L），再稀释到 25mL，于 20℃恒温水浴中静置 10h，离心后取上层清液测定有机态。

e. 残渣态：将经过上述步骤得到的沉淀转移到聚四氟乙烯坩埚中，用 HF、HCl、HNO_3 和 $HClO_4$ 混酸溶解，定容后测残渣态。

2.3.4 分析方法和优化

（1）重金属污染的评价

对于底泥修复、挖深或拓宽河湖等水域，底泥中污染物的监测与研究都变得越来越严格并且至关重要。目前我国还没有建立相应的底泥质量标准，但是国外已有许多国家制定了底泥质量标准（SQGs），并应用于底泥监测、修复方案评价和疏浚底泥研究中，这些标准主要建立在底泥中污染物含量和负面生物效应产生概率的关系上。因此，北安河底泥重金属评价以美国和加拿大建立的相关质量标准（见表 2-8）为依据。

表 2-8 美国底泥质量标准表

金属元素	参考值		环境风险		
	低值	中值	<低值	低值—中值	>中值
砷	7.2	70	5.0	11.1	53.0
镉	1.2	9.5	5.5	35.5	55.7
铬	71	370	2.9	21.1	95.0
铜	34	270	9.4	29.1	73.7
铅	45.7	217	7.0	35.7	90.2
汞	0.15	0.71	7.3	23.5	42.3
锌	150	410	5.1	47.0	59.7

底泥质量标准一般制定了两个临界值，低于第一个值则危害很少发生，高于第二个值则危害极有可能发生。目前应用最为广泛的是低污染下的临界效应含量（Threshold Effect Level，TEL）、风险评价低值（Effect Range-Low，ERL）和高污染下的风险较大值（Probable Effect Level，PEL）、风险评价中值（Effect Range-Medium，ERM）。SQGs 可用于根据潜在毒性对底泥进行分类，并根据超标情况确定主要污染物及首要污染区域。其中，ERL 和 ERM 为美国标准，低于 ERL 时发生风险的概率低于 10%，高于 ERM 时发生风险的概率高于 50%。临界值（TEL）和高危值（PEL）则为加拿大制定的底泥质量标准（见表 2-9），低于 TEL 时风险很少发生，高于 PEL 时风险则经常发生。

表 2-9 加拿大底泥质量标准

金属元素	单位	临界值	高危值	环境风险		
				<临界	临界—高危	>高危
砷	mg/kg	7.24	41.5	3	13	47
镉	mg/kg	0.7	4.2	5	20	71
铬	mg/kg	52.3	150	4	15	53

续表

金属元素	单位	临界值	高危值	环境风险		
				<临界	临界—高危	>高危
铜	mg/kg	17.7	107	9	22	55
铅	mg/kg	30.2	112	5	25	57
汞	mg/kg	0.13	0.7	7	24	37
锌	mg/kg	124	271	4	27	55

虽然SQGs方法考虑了污染物的风险性，但是没有考虑到底泥中的本底值，有可能会产生一定程度的偏差。地积累指数法（index of geoaccumulation，简称 I_{geo}）是1979年由德国学者Müler提出的。地累积指数是利用某一种重金属的总含量与其地球化学背景值的关系来确定重金属污染程度的定量指标。该法比较直观地反映了外源重金属在沉积物底泥中的富集程度，数据具有较高的可比性，可用于研究底泥中重金属污染的评价，在欧洲被广泛地用于进行底泥中重金属污染的评价，其计算公式如式（2-1）所示：

$$I_{geo} = \log_2 [C_n / (k \times B_n)] \tag{2-1}$$

式中，C_n为元素n在底泥中的实测含量；B_n为普通页岩中该元素的地球化学背景值；k为考虑各地岩石岩性差异可能引起背景值的变动而取的系数，一般取值1.5。

地累积指数分为七个级别，分别用来表示污染程度。表2-10是底泥地累积指数分级标准与污染程度之间的相互关系。

表2-10 底泥地累积指数与污染程度分级

I_{geo}	<0	0～1	1～2	2～3	3～4	4～5	>5
级数	0	1	2	3	4	5	6
污染程度	无污染	无～中	中污染	中～重	重污染	重～极重	极重

采用地累积指数法评价时，参比值的选择是计算 I_{geo}值的关键，不同的参比体系会使计算结果产生较大的偏差。本研究采用全国土壤环境背景值调查成果中松嫩平原的重金属背景值，各金属的背景值分别如下：Cr=42.45mg/kg，Cd=0.073mg/kg，Pb=20.23mg/kg，Zn=52.05mg/kg，Cu=17.77mg/kg。

综合比较，SQGs虽然能评价底泥污染程度，说明负面生物效应发生概率，但是这种评价方法忽视了各区域污染物的背景值。由于特殊地质地貌的影响，即使在没有任何外源污染的条件下，一些河流底泥中重金属含量都有可能高于其他污染河流，地累积指数法考虑了各区域重金属背景值的不同，侧重于重金属含量与背景值的对比评价，主要反映外源重金属的富集程度，这是对SQGs评价方法的进一步补充及合理化，在进行底泥重金属污染评价时，两者可相互参考与借鉴，再得出结果。

（2）化学法控制水栉霉关键技术分析方法

仪器、设备及试剂：$KMnO_4$、ClO_2、$CuSO_4$、CaO（AR，北京化学试剂三厂）。COD_{Cr}：CTL-12型化学需氧量速测仪（承德市汇通化工装备有限公司）。pH：pHS-25型实验室pH计（上海智光仪器仪表有限公司）。固体悬浮物、浊度：DR/2000HACH水质测定仪（美国哈希公司）。电子天平：AL-104（上海梅特勒-托利多仪器有限公司）。离心机：

TD5A（盐城凯特实验仪器有限公司）。鼓风干燥机：101-1AB（天津市泰斯特仪器有限公司）。冷藏柜：YC-300L（中美科菱低温科技有限责任公司）。真空泵：SHB-3（郑州杜甫仪器厂）。

水栉霉共生体采集：水栉霉共生体现场采样于东北某河流，带回实验室后，置于4℃冰箱中保存。

水栉霉共生体生物量测定方法：采用细胞湿重测量法来测定水溶液中水栉霉共生体的含量。具体操作步骤：水栉霉共生体水溶液以2000r/min的速度离心3min后倒掉上清液，将水溶液中水栉霉共生体置于平板筛网（网眼孔径2mm）上，于4℃阴干（至0.5min内不滴水），称重。

化学控制试验方法：在17个500mL烧杯中配置COD浓度为100mg/L的水栉霉共生体培养液（葡萄糖0.0389g、蛋白胨0.0307g、Na_2HPO_4 0.0001g、NH_4Cl 0.0269g），然后在各个烧杯中放入10g的湿态水栉霉共生体，调节DO为12mg/L，pH为6，置于4℃冰箱培养。进行高锰酸钾、硫酸铜、二氧化氯、生石灰四种化学药剂投加的静态烧杯对比实验，除一个空白对照外，其他各烧杯做四种化学药剂的浓度梯度实验。每隔三天更换水栉霉共生体培养液，每隔两周对烧杯中水栉霉共生体进行称重，通过湿重来反映其生物量变化，即水溶液中水栉霉共生体的含量。水栉霉生长周期为45～60d，实验共进行8周，约为水栉霉的一个生长周期。

用水栉霉共生体生长量降低率来表示化学药剂对水栉霉共生体的去除效果，计算公式见式（2-2）。

$$\text{水节霉共生体生长量降低率}=\frac{\text{原水溶液水节霉共生体生物量}-\text{药剂处理后水溶液中水节霉共生体生物量}}{\text{原水溶液水节霉共生体生物量}}\times 100\% \tag{2-2}$$

计算得到各个烧杯中水栉霉共生体的生长量降低率，即反映化学药剂对水栉霉共生体的去除效果。

参考文献

[1] 马春昌，王新友，赵宝连等. 牡丹江流域典型年洪水形成原因分析［J］. 黑龙江水利科技，1999，(2)：86.

[2] 崔官，姜哲石，李东日等. 牡丹江流域地表水资源可利用量研究［J］. 东北水利水电，2010，28（8）：46-47.

[3] 李文雯. 氧化还原法测定土壤样品中有机碳的含量［J］. 黑龙江科技信息，2013，(11)：7.

[4] 姬勇，桑灵，陈霞. 基准物质法测定有机肥料中的全氮［J］. 农村科技，2006，(4)：18-19.

[5] 王爱萍，刘立君，梁秀丽等. 钒钼黄分光光度法测定有机化合物中的微量磷［J］. 化学分析计量，2007，16（2）：49-50.

[6] 徐玉霞，彭囿凯，汪庆华等. 应用地积累指数法和生态危害指数法对关中西部某铅锌冶炼区周边土壤重金属污染评价［J］. 四川环境，2013，32（4）：79-82.

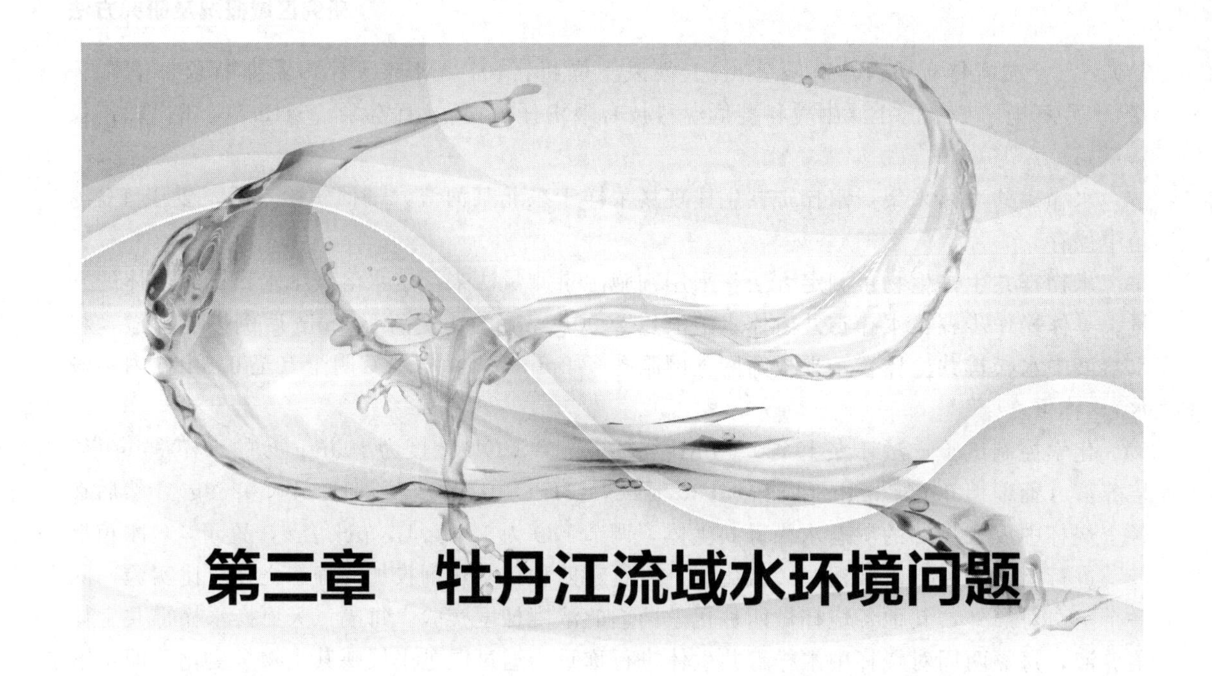

第三章　牡丹江流域水环境问题

本章利用2000—2010年牡丹江流域常规监测数据，分析了常规水质参数的变化，重点分析了高锰酸盐指数、氨氮的时空变化及污染特征。依据环境统计数据和污染源普查数据分析了牡丹江流域水污染物排放特征，重点分析了污染源的空间排放特征和流域重点工业污染源排污情况。对牡丹江流域沿江排污口、重点污染源有机污染物进行系统监测分析，统计牡丹江各断面和沿江排污口检测到的全部挥发性和半挥发性有机污染物，对牡丹江有机污染物进行排序，筛选出优先控制的有机污染物。对牡丹江流域进行了控制单元的划分，对控制单元内的水环境问题进行了分析。

3.1　水质状况

3.1.1　水质监测断面优化布设

为系统监测牡丹江不同空间和时间尺度的水质环境情况，全面评价牡丹江水体的污染现状，研究牡丹江的水环境与水污染特征，在全面考虑水环境功能分区及沿江污染源分布的基础上，对牡丹江流域常规水质监测断面和特征有机物监测断面进行了优化布设。为明确水质监测目标，对此次监测断面进行了优化布设，共布设了21个常规水质监测断面和14个有机物监测断面。全年采样8次（除3月、4月、11月、12月外每月一次）。监测项目包括地表水环境质量标准基本项目24项，西阁、海林桥两个水源地增测5项补充项目，有机物监测断面包括全部挥发性、半挥发性有机污染物。采样、监测均按照国家标准进行。

3.1.2　水质监测

根据所设置的监测断面，进行了2009年、2010年两个完整水文年枯水期（1月、2月）、平水期（5月、6月、10月）、丰水期（7月、8月、9月）常规水质监测和全部挥发性、半挥发性有机污染物监测。同时进行沿江排污口、重点污染源监测。

3.1.3 水质评价

根据2009年、2010年水质监测结果和收集的2008年监测数据，进行断面单项污染指数评价、环境功能区达标评价、有机污染综合指数水质评价，计算各断面污染分担率、污染负荷比，得出牡丹江水环境污染特征。

(1) 水质评价方法

① 单项污染指数评价法 评价牡丹江丰水期、平水期、枯水期水质现状，给出超标项目与超标倍数。计算污染分担率、污染负荷比。

② 功能区达标评价法 根据水质现状监测结果和《黑龙江省地表水功能区标准》(DB 23/T740—2003) 要求，结合单项污染指数评价结果，进行水环境功能区达标评价。

③ 有机污染综合指数水质评价法 由于牡丹江是以有机物污染为主的河流，故采用有机污染综合指数评价法，评价各种有机污染物（溶解氧、高锰酸盐指数、五日生化需氧量、氨氮）对河流水质的共同影响。

有机污染综合指数评价法是针对水体有机污染的一种综合评价方法，它根据溶解氧、氨氮、高锰酸盐指数、五日生化需氧量这4项指标的等标污染指数的和来判断水质的综合指标。其计算方法见式(3-1)。

$$A=\frac{BOD_i}{BOD_o}+\frac{COD_i}{COD_o}+\frac{NH_3-N_i}{NH_3-N_o}-\frac{DO_i}{DO_o} \tag{3-1}$$

式中，下标i的代表实际监测值，下标o的代表标准值。

根据牡丹江水质监测结果，评价牡丹江丰水期、平水期、枯水期有机污染现状。A值越大，说明有机污染程度越严重，反之则说明有机污染较轻。

(2) 评价结果

牡丹江水质评价结果见表3-1～表3-6。

表3-1 2008年牡丹江各断面水质单项污染指数和功能区达标评价

序号	断面名称	水期	水质评价	功能区类别	超标项目
1	大山嘴子	丰水期	Ⅳ	Ⅲ	高锰酸盐指数
		枯水期	Ⅱ		无超标项目
		平水期	Ⅲ		无超标项目
2	老鸪砬子	丰水期	Ⅳ		高锰酸盐指数
		枯水期	Ⅳ		高锰酸盐指数、总磷
		平水期	Ⅳ		高锰酸盐指数、总磷
3	电视塔	丰水期	Ⅲ	Ⅱ	高锰酸盐指数、总氮
		枯水期	Ⅳ		高锰酸盐指数、总氮
		平水期	Ⅲ		高锰酸盐指数、总氮
4	果树场	丰水期	Ⅲ		高锰酸盐指数、总氮
		枯水期	Ⅲ		高锰酸盐指数、总氮
		平水期	Ⅲ		高锰酸盐指数、总氮

续表

序号	断面名称	水期	水质评价	功能区类别	超标项目
5	西阁	丰水期	Ⅲ		无超标项目
		枯水期	Ⅲ		无超标项目
		平水期	Ⅲ		无超标项目
6	温春大桥	丰水期	Ⅲ		无超标项目
		枯水期	Ⅳ		高锰酸盐指数
		平水期	Ⅲ		无超标项目
7	海浪河口内	丰水期	Ⅲ		无超标项目
		枯水期	劣Ⅴ	Ⅲ	氨氮
		平水期	Ⅲ		无超标项目
8	海浪	丰水期	Ⅳ		高锰酸盐指数
		枯水期	Ⅳ		氨氮
		平水期	Ⅲ		无超标项目
9	柴河大桥	丰水期	Ⅳ		高锰酸盐指数
		枯水期	Ⅲ		无超标项目
		平水期	Ⅳ		高锰酸盐指数
10	群力	丰水期	Ⅳ		高锰酸盐指数、总磷、总氮
		枯水期	Ⅴ		高锰酸盐指数、挥发酚、氨氮、总磷、总氮
		平水期	Ⅳ		高锰酸盐指数、氨氮、总磷、总氮
11	三道	丰水期	Ⅲ		高锰酸盐指数、总磷、总氮
		枯水期	Ⅴ	Ⅱ	高锰酸盐指数、挥发酚、总磷、总氮
		平水期	Ⅲ		高锰酸盐指数、总磷、总氮
12	大坝	丰水期	Ⅲ		高锰酸盐指数、总磷、总氮
		枯水期	Ⅳ		高锰酸盐指数、挥发酚
		平水期	Ⅲ		高锰酸盐指数、总磷、总氮
13	花脸沟	丰水期	Ⅳ		高锰酸盐指数
		枯水期	劣Ⅴ		高锰酸盐指数、氨氮
		平水期	Ⅳ		高锰酸盐指数
14	牡丹江口内	丰水期	Ⅲ	Ⅲ	无超标项目
		枯水期	Ⅲ		无超标项目
		平水期	Ⅳ		高锰酸盐指数、石油类

由表3-1可以得出，2008年牡丹江大部分断面多数水期的水质未能达到水环境功能区划的要求，超标指标多为高锰酸盐指数、总氮和总磷。

表 3-2 2009 年牡丹江各断面水质单项污染指数和功能区达标评价

序号	断面名称	水期	水质评价	功能区类别	超标因子及倍数
1	大山嘴子	丰水期	Ⅳ	Ⅲ	高锰酸盐指数
		枯水期	Ⅱ		无超标项目
		平水期	Ⅲ		无超标项目
2	老鸪砬子	丰水期	Ⅳ		高锰酸盐指数
		枯水期	Ⅴ		总磷
		平水期	Ⅲ		无超标项目
3	电视塔	丰水期	Ⅲ	Ⅱ	高锰酸盐指数、总氮
		枯水期	Ⅲ		高锰酸盐指数、总磷、总氮
		平水期	Ⅲ		高锰酸盐指数、总磷、总氮
4	果树场	丰水期	Ⅲ	Ⅱ	高锰酸盐指数、总氮
		枯水期	Ⅲ		高锰酸盐指数、总氮、总磷
		平水期	Ⅲ		高锰酸盐指数、总氮、总磷
5	西阁	丰水期	Ⅲ	Ⅲ	无超标项目
		枯水期	Ⅲ		无超标项目
		平水期	Ⅲ		无超标项目
6	温春大桥	丰水期	Ⅳ		高锰酸盐指数
		枯水期	Ⅲ		无超标项目
		平水期	Ⅲ		无超标项目
7	长汀	丰水期	Ⅳ	Ⅱ	高锰酸盐指数、总磷
		枯水期	Ⅲ		高锰酸盐指数、总磷
8	海林桥	平水期	Ⅱ	Ⅱ	无超标项目
		丰水期	Ⅱ		无超标项目
		枯水期	Ⅱ		无超标项目
9	海浪河口内	平水期	Ⅲ	Ⅲ	无超标项目
		丰水期	Ⅴ		氨氮
		枯水期	Ⅲ		无超标项目
10	海浪	平水期	Ⅳ		高锰酸盐指数
		丰水期	Ⅲ		无超标项目
		枯水期	Ⅲ		无超标项目
11	江滨大桥	平水期	Ⅲ		无超标项目
		丰水期	Ⅲ		无超标项目
		枯水期	Ⅲ		无超标项目
12	桦林大桥	平水期	Ⅴ		高锰酸盐指数、氨氮
		丰水期	Ⅳ		高锰酸盐指数、氨氮、总磷
		枯水期	Ⅳ		氨氮
13	柴河大桥	平水期	Ⅳ		高锰酸盐指数
		丰水期	Ⅴ		高锰酸盐指数、氨氮、总磷
		枯水期	Ⅲ		无超标项目

续表

序号	断面名称	水期	水质评价	功能区类别	超标因子及倍数
14	群力	平水期	Ⅳ	Ⅱ	高锰酸盐指数、氨氮、总磷、总氮
		丰水期	Ⅴ		高锰酸盐指数、氨氮、总磷、总氮
		枯水期	Ⅳ		高锰酸盐指数、氨氮、总磷、总氮
15	三道	平水期	Ⅳ		高锰酸盐指数、总氮
		丰水期	Ⅳ		高锰酸盐指数、总磷、总氮
		枯水期	Ⅲ		高锰酸盐指数、总磷、总氮
16	大坝	平水期	Ⅳ		高锰酸盐指数、总氮
		丰水期	Ⅳ		高锰酸盐指数、总氮、总磷
		枯水期	Ⅲ		高锰酸盐指数、总氮、总磷
17	龙爪	平水期	Ⅳ		高锰酸盐指数、总磷
		丰水期	Ⅴ		挥发酚
		枯水期	Ⅲ		高锰酸盐指数
18	东关	平水期	Ⅳ	Ⅲ	高锰酸盐指数
		丰水期	劣Ⅴ		高锰酸盐指数、挥发酚、氨氮、总磷、石油类、阴离子表面活性剂
		枯水期	Ⅲ		无超标项目
19	花脸沟	平水期	Ⅳ		高锰酸盐指数
		丰水期	Ⅲ		无超标项目
		枯水期	Ⅳ		高锰酸盐指数
20	牡丹江口内	平水期	Ⅳ		高锰酸盐指数
		丰水期	Ⅲ		无超标项目
		枯水期	Ⅲ		无超标项目

由表 3-2 可以得出，2009 年牡丹江水质较 2008 年有明显好转，上中游部分断面多数水期的水质能达到水环境功能区划的要求，下游大部分断面多数水期未能达到水环境功能区划的要求。水源地监测断面西阁和海林桥的水质均达到水环境功能区划的要求，饮水安全可以得到保障。部分断面超标指标多为高锰酸盐指数、总氮、总磷和氨氮。但是龙爪和东关断面水质超标现象比较严重，龙爪断面的挥发酚超标 12.90 倍，东关断面的氨氮超标 33.70 倍、总磷超标 16.60 倍、石油类超标 26.70 倍。

表 3-3　2010 年牡丹江流域各断面水质单项污染指数和功能区达标评价

序号	断面	水期	水质评价	功能区类别	超标因子及倍数
1	大山咀子	丰水期	Ⅳ	Ⅲ	高锰酸盐指数
		枯水期	Ⅲ		无超标项目
		平水期	Ⅳ		高锰酸盐指数

续表

序号	断面	水期	水质评价	功能区类别	超标因子及倍数
2	老鸪砬子	丰水期	Ⅳ	Ⅲ	总磷
		枯水期	Ⅲ		无超标项目
		平水期	Ⅲ		无超标项目
3	电视塔	丰水期	Ⅲ	Ⅱ	高锰酸盐指数、总磷、总氮
		枯水期	Ⅲ		高锰酸盐指数、总磷、总氮
		平水期	Ⅳ		高锰酸盐指数、总磷、总氮
4	果树场	丰水期	Ⅳ		高锰酸盐指数、总磷、总氮
		枯水期	Ⅲ		高锰酸盐指数、总磷、总氮
		平水期	Ⅳ		高锰酸盐指数、总磷、总氮
5	西阁	丰水期	Ⅲ	Ⅲ	无超标项目
		枯水期	Ⅲ		无超标项目
		平水期	Ⅲ		无超标项目
6	温春大桥	丰水期	Ⅳ		高锰酸盐指数、氨氮
		枯水期	Ⅲ		无超标项目
		平水期	Ⅳ		高锰酸盐指数
7	海林桥	丰水期	Ⅲ	Ⅱ	高锰酸盐指数
		枯水期	Ⅲ		高锰酸盐指数
8	海浪河口内	平水期	Ⅲ	Ⅲ	无超标项目
		丰水期	Ⅲ		无超标项目
		枯水期	Ⅳ		高锰酸盐指数
9	海浪	平水期	Ⅲ		无超标项目
		丰水期	Ⅲ		无超标项目
		枯水期	Ⅲ		无超标项目
10	江滨大桥	平水期	Ⅲ		无超标项目
		丰水期	Ⅲ		无超标项目
		枯水期	Ⅳ		高锰酸盐指数
11	桦林大桥	平水期	Ⅳ		高锰酸盐指数
		丰水期	Ⅲ		无超标项目
12	柴河大桥	枯水期	Ⅳ		高锰酸盐指数、氨氮
		平水期	Ⅳ		氨氮
		丰水期	Ⅳ		高锰酸盐指数
13	群力	枯水期	Ⅴ	Ⅱ	高锰酸盐指数、氨氮、总磷、总氮
		平水期	Ⅴ		高锰酸盐指数、氨氮、总磷、总氮
		丰水期	Ⅳ		高锰酸盐指数、氨氮、总磷、总氮

续表

序号	断面	水期	水质评价	功能区类别	超标因子及倍数
14	三道	枯水期	劣Ⅴ	Ⅱ	高锰酸盐指数、氨氮、总磷、总氮
		平水期	Ⅴ		高锰酸盐指数、总磷、总氮
		丰水期	Ⅳ		高锰酸盐指数、总磷、总氮
15	大坝	枯水期	劣Ⅴ		高锰酸盐指数、氨氮、总磷、总氮
		平水期	Ⅴ		高锰酸盐指数、总磷、总氮、汞
		丰水期	Ⅳ		高锰酸盐指数、氨氮、总磷、总氮
16	龙爪	枯水期	Ⅲ		溶解氧、高锰酸盐指数
		平水期	Ⅲ		高锰酸盐指数
		丰水期	Ⅲ		高锰酸盐指数、总磷
17	东关	枯水期	劣Ⅴ	Ⅲ	阴离子表面活性剂、石油类、挥发酚、硫化物、高锰酸盐指数、总磷
		平水期	Ⅲ		无超标项目
		丰水期	Ⅴ		石油类、氨氮、总磷
18	花脸沟	枯水期	Ⅲ		无超标项目
		平水期	Ⅲ		无超标项目
		丰水期	Ⅲ		无超标项目
19	牡丹江口内	枯水期	劣Ⅴ		五日生化需氧量
		平水期	Ⅲ		无超标项目
		丰水期	Ⅳ		五日生化需氧量

由表3-3可以得出，2010年牡丹江水质较2009年变差，主要原因是降水量大，面源污染加重造成的。牡丹江上中游部分断面多数水期的水质能达到水环境功能区划的要求，下游大部分断面多数水期未能达到水环境功能区划的要求。水源地监测断面西阁的水质达到水环境功能区划的要求，但海林桥断面水质未能达到水环境功能区划的要求，应加强对海林水源地的保护。部分断面超标指标多为高锰酸盐指数、总氮、总磷和氨氮，普遍超标倍数较低。龙爪和东关断面水质超标现象较2009年有所减轻。

表3-4　2008年有机污染综合指数评价

序号	断面名称	水期	A值				水质评价	功能区类别
			1类	2类	3类	4类		
1	大山嘴子	丰水期	4.339444	1.147722	−0.08989	−1.97922	Ⅱ	Ⅲ
		枯水期	2.3065	0.288083	−0.53933	−1.96817	Ⅱ	
		平水期	3.591222	0.880056	−0.16633	−1.77278	Ⅱ	
2	老鸪砬子	丰水期	4.090667	1.087778	−0.06178	−1.788	Ⅱ	
		枯水期	4.133833	1.241917	0.1165	−1.54283	Ⅱ	
		平水期	4.010222	1.069333	−0.02944	−1.63578	Ⅱ	

续表

序号	断面名称	水期	A 值				水质评价	功能区类别
			1类	2类	3类	4类		
3	电视塔	丰水期	3.238111	0.697056	−0.31167	−1.93389	Ⅱ	Ⅱ
		枯水期	3.852833	1.12725	0.046833	−1.58483	Ⅱ	
		平水期	3.737	0.975944	−0.06833	−1.61833	Ⅱ	
4	果树场	丰水期	3.365667	0.6825	−0.38844	−2.13833	Ⅱ	
		枯水期	3.003167	0.735417	−0.194	−1.6895	Ⅱ	
		平水期	3.252667	0.718278	−0.26922	−1.82433	Ⅱ	
5	西阁	丰水期	3.505167	0.719083	−0.35861	−2.07183	Ⅱ	Ⅲ
		枯水期	3.798833	0.90175	−0.19817	−1.87583	Ⅱ	
		平水期	4.055	0.884889	−0.2745	−2.013	Ⅱ	
6	温春大桥	丰水期	3.594278	0.824639	−0.23828	−1.88406	Ⅱ	
		枯水期	4.034333	0.9855	−0.15658	−1.86883	Ⅱ	
		平水期	4.607333	1.115611	−0.10883	−1.832	Ⅱ	
7	海浪	丰水期	4.307222	0.926278	−0.28033	−2.05411	Ⅱ	
		枯水期	22.218	6.263333	2.380333	−0.20867	Ⅳ	
		平水期	4.869667	1.083278	−0.19011	−1.937	Ⅱ	
8	柴河大桥	丰水期	4.164056	1.087861	−0.04117	−1.67228	Ⅱ	Ⅲ
		枯水期	7.417083	2.023542	0.409167	−1.37008	Ⅲ	
		平水期	5.405056	1.44975	0.127667	−1.58461	Ⅱ	
9	群力	丰水期	4.769333	1.381556	0.199778	−1.36533	Ⅱ	Ⅱ
		枯水期	15.26167	4.385833	1.533333	−0.825	Ⅲ	
		平水期	7.440222	2.003889	0.330333	−1.61378	Ⅲ	
10	三道	丰水期	3.692778	0.945611	−0.08678	−1.61589	Ⅱ	
		枯水期	2.982667	0.52	−0.45183	−2.049	Ⅱ	
		平水期	3.046222	0.342444	−0.72944	−2.57044	Ⅱ	
11	大坝	丰水期	3.461889	0.768833	−0.25233	−1.82278	Ⅱ	
		枯水期	2.883333	0.456667	−0.50833	−2.11933	Ⅱ	
		平水期	3.18	0.492444	−0.54989	−2.266	Ⅱ	
12	花脸沟	丰水期	5.2735	1.45325	0.131667	−1.63917	Ⅱ	Ⅲ
		枯水期	17.77058	5.432292	2.236917	−0.14008	Ⅳ	
		平水期	6.532667	1.759333	0.211722	−1.72233	Ⅱ	
13	牡丹江口内	丰水期	7.638222	2.026111	0.394833	−1.353	Ⅲ	
		枯水期	4.064333	0.816667	−0.506	−2.61733	Ⅱ	
		平水期	7.947222	2.238611	0.503056	−1.42244	Ⅲ	

由表3-4可以得出，2008年牡丹江流域有机污染不严重，绝大部分断面的多数水期水质均能达到水环境功能区划要求。

表3-5　2009年各断面分水期有机污染综合指数评价

序号	断面	水期	A值	水质评价	功能区类别
1	大山嘴子	丰水期	0.554	Ⅱ	Ⅱ
		平水期	−0.05383		
2	老鸪砬子	丰水期	0.468167		
		平水期	0.1295		
3	电视塔	丰水期	0.255056		Ⅱ
		平水期	−0.11656		
4	果树场	丰水期	0.264944		
		平水期	−0.1665		
		枯水期	−0.56992		
5	西阁	丰水期	−0.45583		Ⅲ
		平水期	0.190222		
		枯水期	0.252583		
6	温春大桥	丰水期	0.5635		
		平水期	0.433611		
7	长汀	丰水期	5.641667		Ⅱ
8	海林桥	丰水期	−0.11761	Ⅰ	
		枯水期	−0.07675	Ⅱ	
9	海浪河口内	丰水期	0.9535		Ⅲ
		平水期	0.955667		
10	海浪	丰水期	1.125944		
		平水期	0.880722		
		枯水期	1.153583		
11	江滨大桥	丰水期	−0.11556		
		平水期	−0.22344		
		枯水期	−0.10113		
12	桦林大桥	丰水期	1.232444	Ⅲ	
		枯水期	0.712667		
13	柴河大桥	丰水期	0.371222	Ⅱ	
		平水期	0.062778		
		枯水期	1.13825	Ⅲ	

续表

<table>
<tr><th>序号</th><th>断面</th><th>水期</th><th>A 值</th><th>水质评价</th><th>功能区类别</th></tr>
<tr><td rowspan="3">14</td><td rowspan="3">群力</td><td>丰水期</td><td>0.040667</td><td rowspan="2">Ⅱ</td><td rowspan="12">Ⅱ</td></tr>
<tr><td>平水期</td><td>−0.00656</td></tr>
<tr><td>枯水期</td><td>0.892667</td><td>Ⅲ</td></tr>
<tr><td rowspan="3">15</td><td rowspan="3">三道</td><td>丰水期</td><td>−0.31633</td><td rowspan="11">Ⅱ</td></tr>
<tr><td>平水期</td><td>−0.37756</td></tr>
<tr><td>枯水期</td><td>−0.846</td></tr>
<tr><td rowspan="3">16</td><td rowspan="3">大坝</td><td>丰水期</td><td>−0.13644</td></tr>
<tr><td>平水期</td><td>−0.34967</td></tr>
<tr><td>枯水期</td><td>−0.83825</td></tr>
<tr><td rowspan="3">17</td><td rowspan="3">龙爪</td><td>丰水期</td><td>1.132361</td></tr>
<tr><td>平水期</td><td>0.852667</td></tr>
<tr><td>枯水期</td><td>−0.16817</td></tr>
<tr><td rowspan="3">18</td><td rowspan="3">东关</td><td>丰水期</td><td>−0.00117</td><td rowspan="7">Ⅲ</td></tr>
<tr><td>平水期</td><td>−0.26111</td></tr>
<tr><td>枯水期</td><td>65.32725</td><td>劣Ⅴ类</td></tr>
<tr><td rowspan="3">19</td><td rowspan="3">花脸沟</td><td>丰水期</td><td>0.019</td><td rowspan="2">Ⅱ</td></tr>
<tr><td>平水期</td><td>−0.23689</td></tr>
<tr><td>枯水期</td><td>−1.11983</td><td>Ⅰ</td></tr>
<tr><td>20</td><td>牡丹江口内</td><td>丰水期</td><td>0.136556</td><td>Ⅱ</td></tr>
</table>

由表3-5可以得出，2009年牡丹江有机污染较轻，绝大部分断面的多数水期水质均能达到水环境功能区划要求。但是，东关断面枯水期水体有机污染严重，主要原因是枯水期乌斯浑河水流量很小，几乎处于断流状态。

表3-6　2009年牡丹江干流各断面污染分担率和污染负荷比

序号	断面	污染分担率/%				污染负荷比/%
		高锰酸盐指数	氨氮	总氮	总磷	
1	大山嘴子	70.87	14.56	—	14.56	3.91
2	老鸪砬子	46.28	10.00	29.62	14.11	4.30
3	电视塔	40.24	11.88	36.87	11.01	6.31
4	果树场	38.40	12.27	39.05	10.28	6.19
5	西阁	52.73	15.99	—	31.28	5.09
6	温春大桥	58.29	23.19	—	18.53	4.80
7	海浪	54.59	25.46	—	19.95	5.16
8	江滨大桥	49.53	25.55	—	24.92	5.45
9	桦林大桥	31.32	43.56	—	25.13	10.08

续表

序号	断面	污染分担率/%				污染负荷比/%
		高锰酸盐指数	氨氮	总氮	总磷	
10	柴河大桥	42.00	33.26	—	24.74	7.94
11	群力	20.12	39.42	27.07	13.39	15.77
12	三道	36.11	15.02	37.36	11.52	7.61
13	大坝	36.25	15.43	37.19	11.12	7.41
14	花脸沟	64.76	17.31	—	17.93	4.34
15	牡丹江口内	60.46	20.60	—	18.94	5.66

注：总氮为湖库监测项目，不参与牡丹江干流污染负荷比计算。

由表3-6可见，2009年牡丹江水体污染中高锰酸盐指数的污染贡献最大，氨氮次之，总磷最低。水库水体污染中高锰酸盐指数和总氮的污染贡献最大，氨氮次之，总磷最低。从断面污染负荷比来看，群力和桦林大桥断面污染负荷高，柴河大桥、三道、大坝、电视塔、果树场、牡丹江口内、江滨大桥、海浪和西阁等断面污染负荷较高，温春大桥、花脸沟、老鸪砬子和大山嘴子断面污染负荷较低。

3.2 水质变化趋势

3.2.1 时间变化趋势分析

（1）水质类别的年际变化趋势

牡丹江2000—2010年各类水质统计结果见表3-7，各类水质所占比例的年际变化趋势见图3-1。

表3-7 牡丹江各类水质统计表

单位：%

水质	2000年	2001年	2002年	2003年	2004年	2005年	2006年	2007年	2008年	2009年	2010年
Ⅱ	8.33	0	0	3.03	0	0	0	0	2.38	8.33	0
Ⅲ	37.50	11.11	14.81	6.06	33.33	21.21	36.36	42.42	59.52	27.08	52.63
Ⅳ	50	77.78	51.85	51.52	42.42	66.67	45.45	27.27	30.95	52.08	31.58
Ⅴ	0	11.11	22.22	27.27	12.12	9.09	6.06	18.18	2.38	12.50	15.79
劣Ⅴ	4.17	0	11.11	12.12	12.12	3.03	12.12	12.12	4.76	0	0

由表3-7和图3-1可以得出，牡丹江Ⅱ～Ⅲ类水质所占比例呈波动变化，到2010年有所升高；Ⅳ类水质所占比例也呈波动变化，2010年比2000年有所降低；Ⅴ类水质所占比例亦呈波动变化；劣Ⅴ类水质比例呈波动下降。在城市发展和经济增长的同时，牡丹江加大了污染治理的力度，近十年牡丹江各断面水质变化趋势显示牡丹江流域水体污染有所减轻，但还没有达到水体功能区划的要求。

（2）重点断面水质年际变化趋势

① 柴河大桥断面　柴河大桥断面高锰酸盐指数、氨氮浓度的年际变化趋势见图3-2和图3-3。

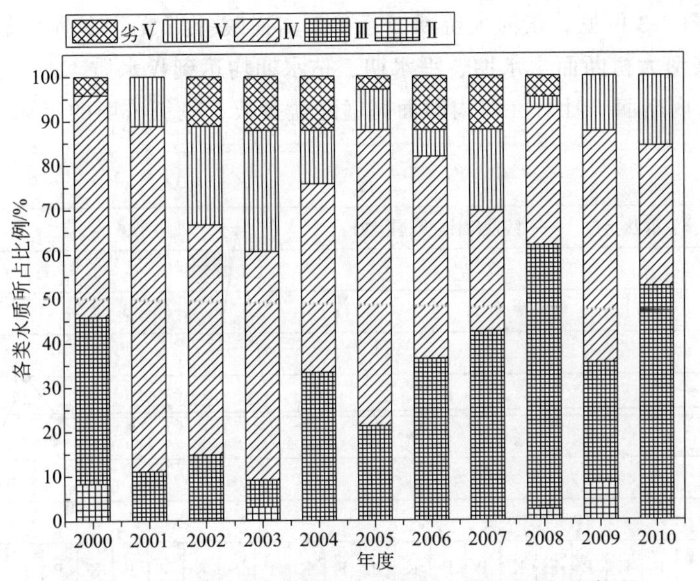

图 3-1 牡丹江干流各类水质所占比例年际变化趋势

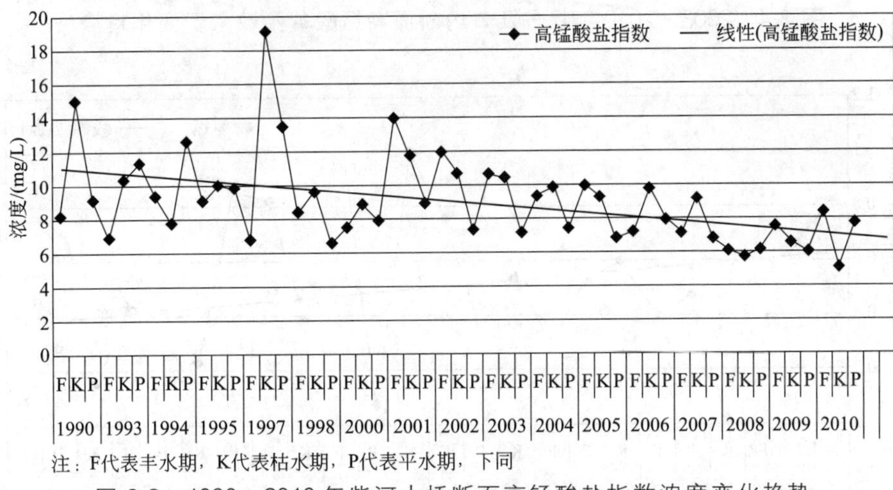

图 3-2 1990—2010 年柴河大桥断面高锰酸盐指数浓度变化趋势

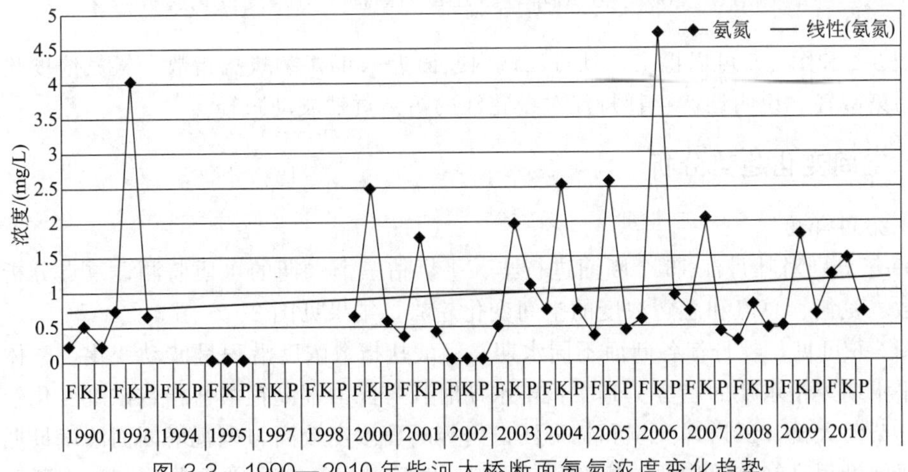

图 3-3 1990—2010 年柴河大桥断面氨氮浓度变化趋势

由图 3-2 和图 3-3 可见，柴河大桥断面近十年高锰酸盐指数呈波动下降，氨氮呈波动上升。但 2010 年柴河大桥断面丰水期、平水期、枯水期均达到Ⅳ水质。

② 牡丹江口内断面　牡丹江口内断面高锰酸盐指数、氨氮浓度的年际变化趋势见图 3-4 和图 3-5。

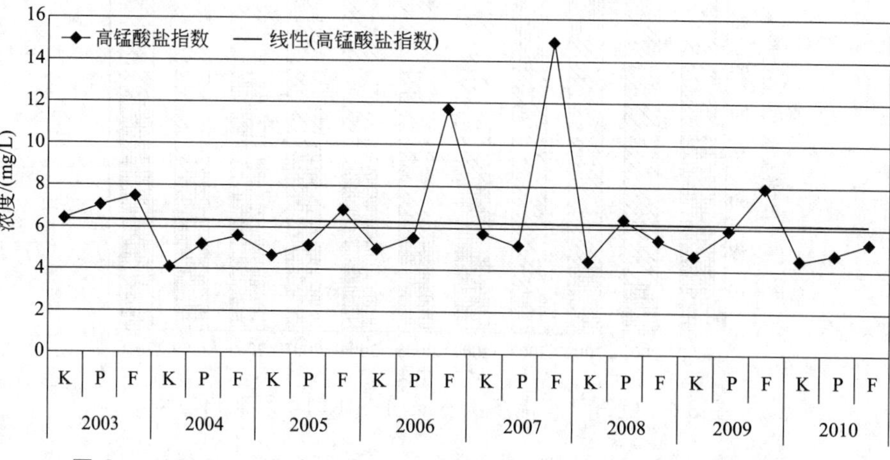

图 3-4　2003—2010 年牡丹江口内断面高锰酸盐指数浓度变化趋势

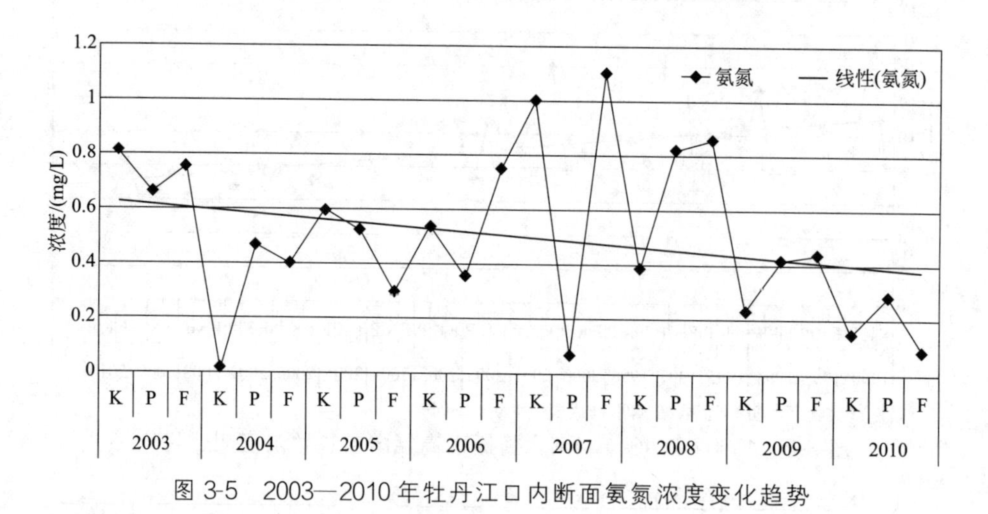

图 3-5　2003—2010 年牡丹江口内断面氨氮浓度变化趋势

由图 3-4 和图 3-5 可以得出，牡丹江口内断面近八年高锰酸盐指数、氨氮浓度均呈波动下降，污染减轻。说明近八年牡丹江对松花江的污染贡献波动减轻。

3.2.2　空间变化趋势分析

（1）2009 年度

2009 年分别对牡丹江 15 个断面进行丰、平、枯三个水期的水质监测，重点分析了高锰酸盐指数、氨氮、总氮和总磷浓度的空间变化趋势，结果见图 3-6～图 3-9。

由图 3-6 可见，牡丹江各断面不同水期高锰酸盐指数浓度沿程呈波动变化，整体呈现丰水期＞平水期＞枯水期的趋势。其中：丰水期时牡丹江沿程高锰酸盐指数浓度变化较大，大山嘴子、柴河大桥、三道、大坝和牡丹江口内等断面浓度较高，电视塔断面浓度最低；平水期时牡丹江沿程高锰酸盐指数浓度变化较平缓，柴河大桥、花脸沟和牡丹江口内断面浓度较

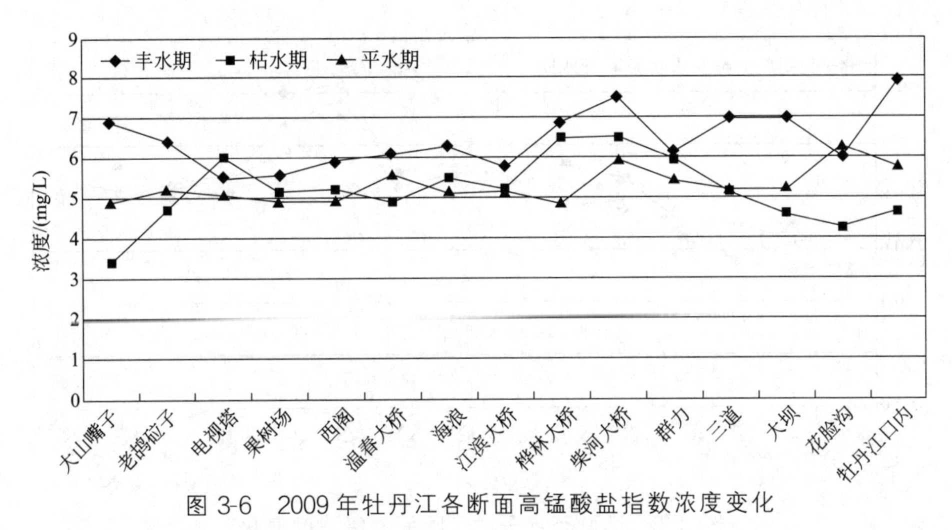

图 3-6　2009 年牡丹江各断面高锰酸盐指数浓度变化

高，桦林大桥断面浓度最低；枯水期时牡丹江沿程高锰酸盐指数浓度变化很大，桦林大桥和柴河大桥断面浓度较高，大山嘴子断面浓度最低。

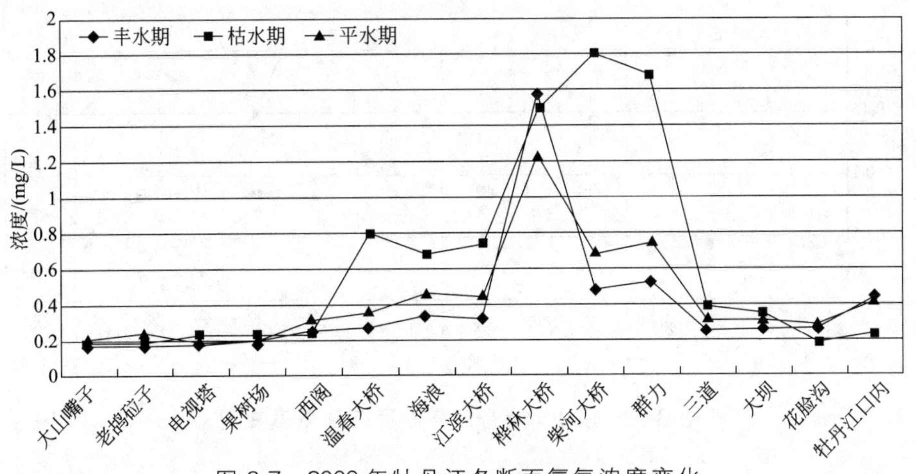

图 3-7　2009 年牡丹江各断面氨氮浓度变化

由图 3-7 可见，牡丹江各断面不同水期氨氮浓度沿程呈波峰状变化，整体呈现枯水期＞平水期＞丰水期。不同水期均呈现江滨大桥、桦林大桥、柴河大桥、群力等断面氨氮浓度较高，其他断面浓度很低且变化不大。

由图 3-8 可见，牡丹江各断面不同水期总氮浓度沿程呈先上升后下降的变化趋势，不同水期间浓度变化不大，均是柴河大桥和群力断面浓度较高，大山嘴子、老鸪砬子、电视塔断面浓度较低。

由图 3-9 可见，牡丹江各断面不同水期总磷浓度沿程呈波动变化，且枯水期＞平水期＞丰水期。其中：丰水期时牡丹江沿程总磷浓度变化较大，西阁、桦林大桥断面浓度较高，果树场、三道、大坝断面浓度较低；平水期时牡丹江沿程总磷浓度变化较平缓，桦林大桥和牡丹江口内等断面浓度较高，大山嘴子、老鸪砬子、大坝断面浓度较低；枯水期时牡丹江沿程总磷浓度变化很大，桦林大桥和柴河大桥断面浓度较高，牡丹江口内断面浓度最低。

（2）2010 年度

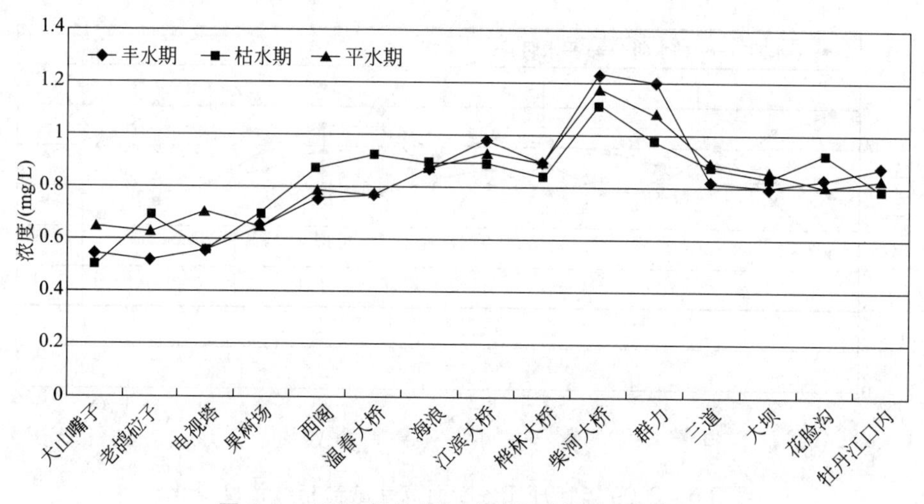

图 3-8　2009 年牡丹江各断面总氮浓度变化

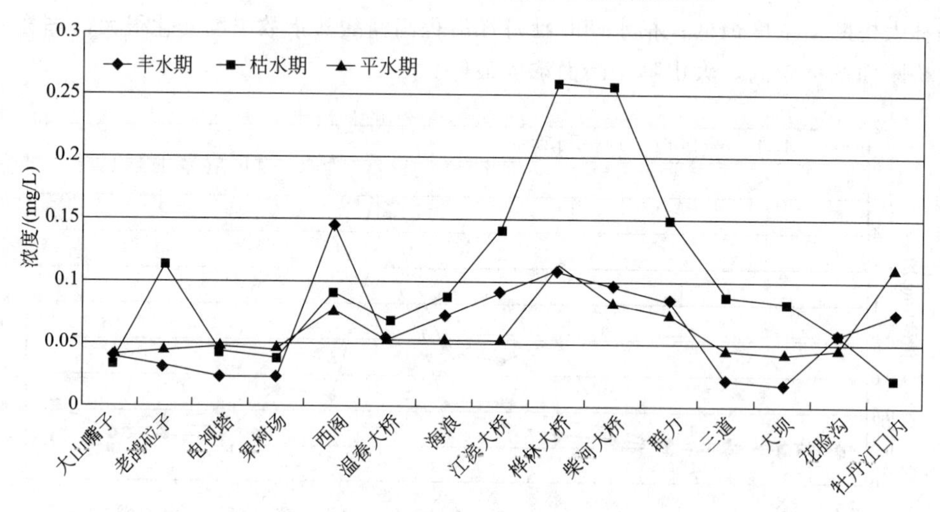

图 3-9　2009 年牡丹江各断面总磷浓度变化

2010 年分别对牡丹江 15 个断面进行丰、平、枯三个水期的水质监测，重点分析了高锰酸盐指数和氨氮浓度的空间变化趋势，结果见图 3-10 和图 3-11。

由图 3-10 可见，牡丹江各断面不同水期高锰酸盐指数浓度沿程呈波动变化，且平水期＞丰水期＞枯水期。其中：丰水期时牡丹江沿程高锰酸盐指数浓度变化较大，温春大桥和柴河大桥断面浓度较高，果树场、西阁、江滨大桥、花脸沟断面浓度较低；平水期时牡丹江沿程高锰酸盐指数浓度变化较大，柴河大桥和群力断面浓度较高，果树场、花脸沟和牡丹江口内断面浓度较低；枯水期时牡丹江沿程高锰酸盐指数浓度变化较平缓，电视塔、柴河大桥和大坝断面浓度较高，大山嘴子、海浪和花脸沟断面浓度较低。

由图 3-11 可见，牡丹江各断面不同水期氨氮浓度沿程呈波动变化，整体呈现平水期＞丰水期＞枯水期。其中：丰水期时牡丹江沿程氨氮浓度变化很大，温春大桥和柴河大桥断面浓度较高，牡丹江口内断面浓度最低；平水期时牡丹江沿程氨氮浓度变化较大，柴河大桥和群力断面浓度较高，大山嘴子断面浓度最低；枯水期时牡丹江沿程氨氮浓度变化很大，柴河大桥和群力断面浓度较高，牡丹江口内断面浓度最低。

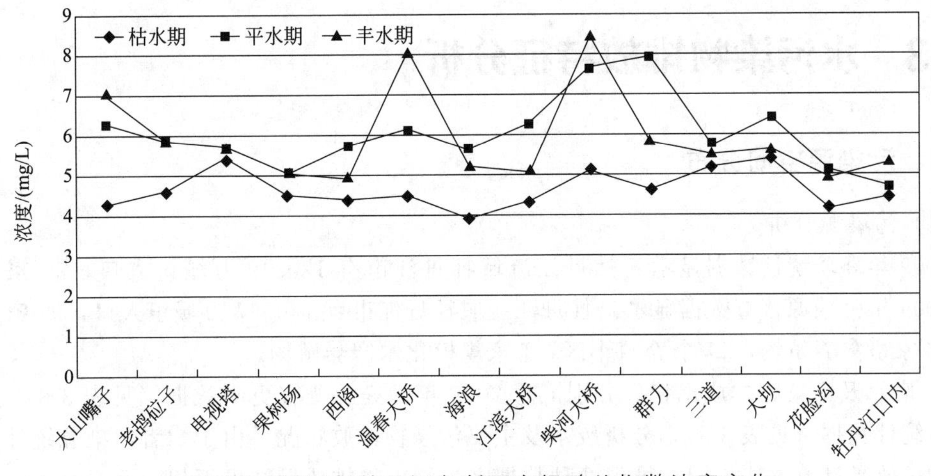

图 3-10　2010 年牡丹江各断面高锰酸盐指数浓度变化

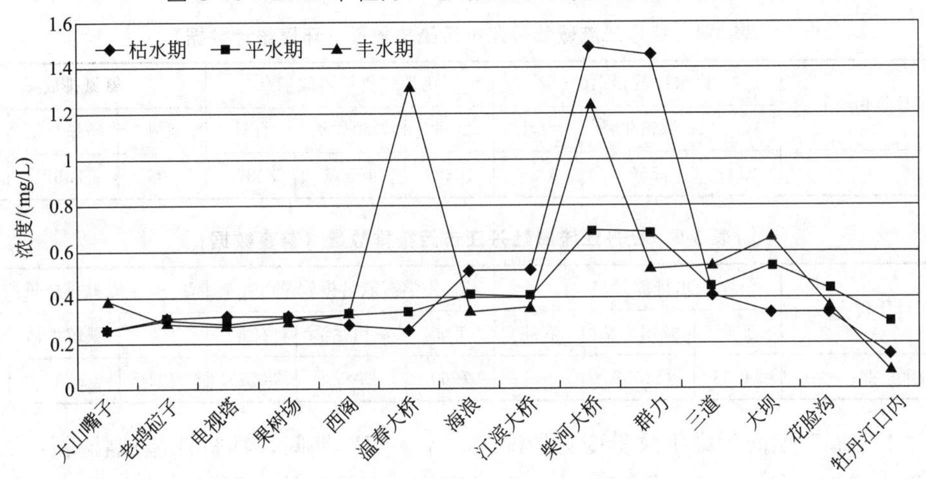

图 3-11　2010 年牡丹江各断面氨氮浓度变化

(3) 牡丹江流域水污染特征

① 牡丹江背景水质良好，氧化能力强，矿化度低，水质软，呈中性。

② 牡丹江为有机污染河流，主要污染物为高锰酸盐指数、氨氮、总磷、总氮（湖、库)，单项污染指数评价表明多数断面不能达到水体功能区划要求。2008—2010 年，牡丹江干流为轻度污染，2009 年牡丹江干流消灭了劣Ⅴ类水体。

③ 牡丹江水体 BOD_5、DO 两项指标优于水质功能类别。

④ 各城市上游断面的水质好于城市下游断面水质。

⑤ 牡丹江Ⅱ～Ⅲ类水质比例呈波动变化，到 2010 年有所升高；Ⅳ类水质比例呈波动变化，2010 年比 2000 年有所降低；Ⅴ类水质比例呈波动变化；劣Ⅴ类水质比例呈波动下降。

⑥ 柴河大桥断面近十年高锰酸盐指数呈波动下降，氨氮呈波动上升。但 2010 年柴河大桥断面丰水期、平水期、枯水期均达到Ⅳ水质。

⑦ 近八年牡丹江对松花江的污染贡献逐步减轻。

⑧ 随着城市发展和经济的增长，牡丹江加大了污染治理的力度，近十年各断面水质有所好转，但还没有达到水体功能区划的要求。

3.3 水污染物排放特征分析

3.3.1 污染源空间分布

（1）污染源分析

2009年环境统计数据显示，牡丹江流域牡丹江市有120.49万城镇人口，59家工业企业。2009年污染源普查数据显示，牡丹江流域牡丹江市有120.67万城镇人口，97家工业企业，87家畜禽养殖场，17个养殖小区，1家规模化水产养殖场。

① 废水及污染物排放现状　分别汇总2009年污染源普查更新数据（见表3-8）和2009年环境统计数据（见表3-9），分析废水及主要污染物排放状况。由于二者污染源统计范围和污染物排放量计算方法不同，导致两种数据来源污染物排放量结果不相一致。

表3-8　牡丹江流域牡丹江市污染排放量（环境统计数据）

统计年份	废水排放量/10^4t			化学需氧量排放量/t			氨氮排放量/t		
	工业	城镇生活	合计	工业	城镇生活	合计	工业	城镇生活	合计
2009年	2747	5509	8256	16822	17556	34378	908	2452	3360

表3-9　牡丹江流域牡丹江市污染排放量（普查数据）

统计年份	废水排放量/10^4t			化学需氧量排放量/t			氨氮排放量/t		
	工业	城镇生活	农业	工业	城镇生活	农业	工业	城镇生活	农业
2009年	24933	53002	—	7960	27052	30233	722	3383	895

②“十一五”期间污染排放量变化情况　“十一五”期间，牡丹江流域牡丹江市废水排放量呈逐年增加的趋势，但由于“十一五”松花江水污染防治规划项目的实施，化学需氧量和氨氮的排放量呈逐年下降的趋势，见图3-12。

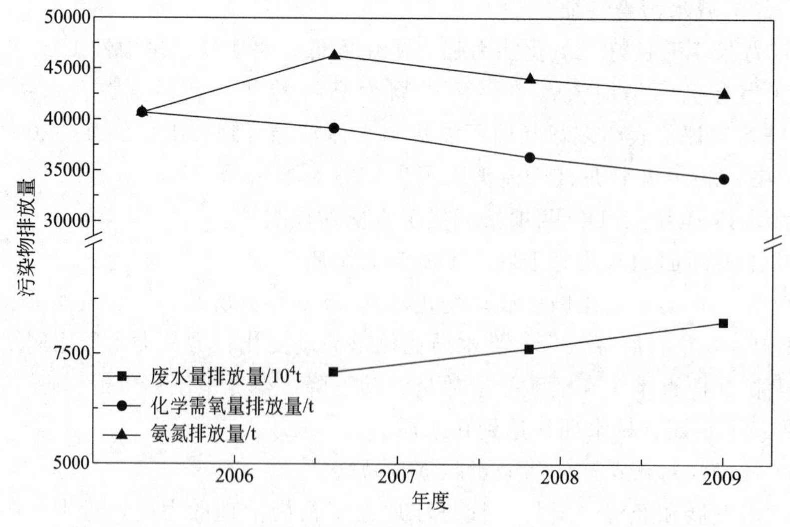

图3-12　牡丹江流域牡丹江市“十一五”期间污染物变化量

③ 污染源结构分析　分别采用 2009 年环境统计数据和 2009 年污染源普查数据对牡丹江市流域的工业、生活、农业污染源污染物排放量进行统计，分析污染源结构，分别见图 3-13 和图 3-14。

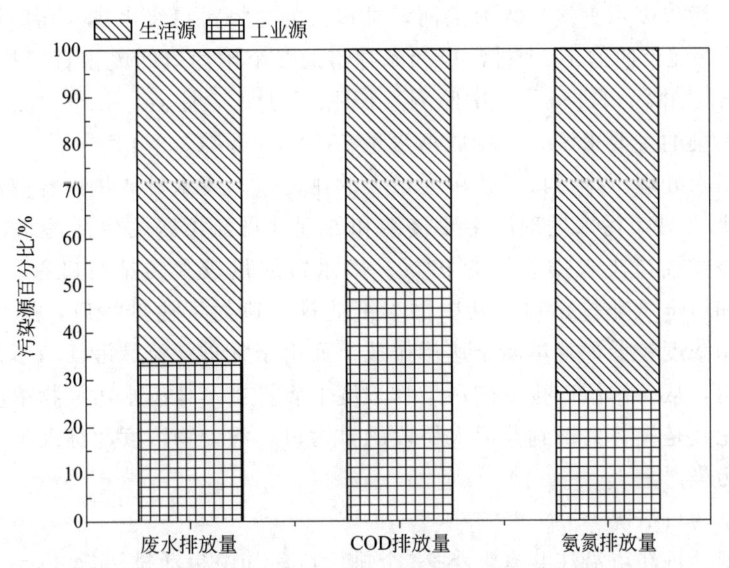

图 3-13　2009 年牡丹江流域污染源结构图(环境统计数据)

由图 3-13 可见，牡丹江流域废水排放量和氨氮排放量主要来源于生活源，工业源与生活源比例约为 3∶7，而两种污染物来源中，COD 排放量各占 50%，氨氮排放量为 1∶3。

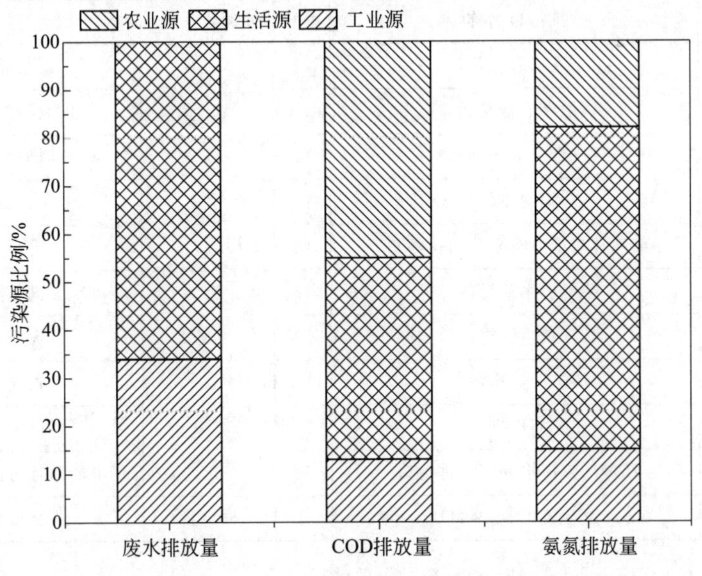

图 3-14　2009 年牡丹江流域污染源结构图(普查数据)

由图 3-14 可见，由于生活源所包含的范围有所增加，因此生活源的比例相应增加。农业源 COD∶生活源 COD∶工业源 COD＝3∶3∶1；农业源氨氮∶生活源氨氮∶工业源氨氮＝1∶3∶1。

(2) 牡丹江入江排污口分布

对沿江排污口调查的结果显示，牡丹江沿江共有大小22个排污口，其中排入牡丹江干流的排污口19个，排入支流海浪河的排污口2个，排入支流乌斯浑河的排污口1个。各排污口分别接纳宁安市、海林市、牡丹江市区和林口县四个县（市）的生活污水和工业废水。海林市的2个排污口废水直接排入海浪河，林口县的总排污口废水排入乌斯浑河，宁安市的3个排污口、牡丹江市区的14个排污口和海林市的2个排污口的废水直接排入牡丹江干流。2009年对重要沿江排污口进行了7次监测（1月、2月、7月、8月、9月、10月、11月），它们是牡丹江污染的主要来源，年排放污水量7550.29万吨。

牡丹江市污水处理厂排污口是该单元最大的排污口，废水排放量占各排污口废水排放总量的50%，牡丹江城市污水处理厂主要接纳和处理牡丹江市区的生活污水，处理后的生活污水排放量占该排放口废水排放量的99%。废水排放量较大的排污口有宁安市政排污口、六湖泡排污口和恒丰纸业排污口，其中恒丰纸业排污口为工业排污口，虽然废水排放量较大，但是污染物浓度较低，基本属于达标排放。而由于牡丹江流域沿江城镇污水处理厂未建或尚未投入使用，从各排污口排放的污染物浓度上看，排污口出水污染物浓度超标的主要是生活排污口，尤其是桦林大桥到柴河大桥段的排污口，污染物浓度超标现象严重，导致柴河大桥断面水质污染严重。

（3）入河排污口概况

牡丹江流域牡丹江市沿江共有大小22个排污口，其中生活排污口6个，工业排污口12个，生活和工业共用的排污口4个。对应工业污染源55家，生活污染源13处，各县入河排污口对应关系详见表3-10，主要排污口水质情况见表3-11。

表3-10　污染源与入河排污口对应表

序号	所属县（市）	排污口名称	序号	所属县（市）	排污口名称
1	宁安市	宁安市政排污口	12	牡丹江市辖区	温春镇生活排污口
2		镜泊湖农业排污口	13		桦林工业排污口
3		三合工业排污口	14		桦林生活排污口
4	海林市	斗银河排污口	15		六湖泡排污口
5		柴河林海纸业有限公司排污口	16		南小屯排污口
6		柴河镇生活排污口	17		高信石油排污口
7		长汀镇生活排污口	18		大湾畜牧排污口
8	牡丹江市辖区	恒丰纸业排污口	19		富通汽车排污口
9		北安河口排污口	20		黑宝药业排污口
10		牡丹江市污水处理厂排污口	21		华电能源牡丹江第二发电厂排污口
11		温春镇工业排污口	22	林口县	林口县总排污口

（4）入河量分析

根据牡丹江市环境监测站的《牡丹江水环境容量研究与探讨》中对入河排污量的调查，同时结合各污染源的位置、排污管道的距离、管网覆盖率（表3-12）等实际情况，确定控制单元中各类污染源的入河系数：工业源入河系数为1；生活源入河系数为0.8；由于牡丹江的冰封期不存在非点源污染情况，因此参考全国范围内较低的入河系数为0.01。2009年污染物入河量见表3-13。

表 3-11 2009 年牡丹江沿江主要排污口水质监测一览表

序号	所属城市	排污口名称	排放水域范围	主要污染物监测值范围/(mg/L)		污水排放量/(10^4 t/a)	地理位置
				COD_{Cr}	NH_3-N		
1	宁安市	镜泊湖农业排污口	果树场—西阁	38.7～103	1.05～59.6	35	E129°47.99′ N44°37.085′
2		三合工业排污口	西阁—临江	348	26.6	173.4	E 129°29.230′ N 44°22.024′
3		宁安市政排污口		79.6～198	24.1～38.0	383.25	E 129°28.795′ N 44°22.251′
4	牡丹江市区	温春镇工业和生活排污口	温春大桥—海浪	70～413	19.9～48.2	245	E129°48.23′ N44°42.322′
5		六湖泡排污口	江滨—桦林大桥	19.4～64.1	11.4～22.0	480	E129°62.29′ N44°57.335′
6		南小屯排污口		51	17.5	54.75	E 129°39.485′ N 44°35.766′
7		恒丰纸业排污口		42.1～94.0	0.37～1.98	416.65	E 129°39.476′ N 44°35.755′
8		牡丹江市污水处理厂排污口		32.8～66.7	7.5～9.9	3714.60	E 129°39.201′ N 44°38.357′
		华电能源牡丹江第二发电厂排污口		67.2	6.73	60	E 129°39.201′ N 44°38.357′
9		北安河口排污口		44.5～214	13.5～19.7	147.6	E 129°39.352′ N 44°58.426′
10	牡丹江市区	桦林镇生活	桦林大桥—柴河大桥	413	48	49.56	E129°39.822′ N 44°41.056′
11		桦林工业		38.43	15	199.41	E 129°40.182′ N 44°41.206′
12	海林市	柴河镇生活		312	58.5	292	E 129°40.539′ N 44°45.885′
13		海林市柴河林海纸业有限公司排口		99.4～1406	1.24～67.75	123	E129°67.23′ N44°74.962′
14		斗银河口	海浪河	10.4～89.6	5.6～9.5	548	E 129°23.602′ N 44°33.433′
15		长汀镇生活	海浪河			146	E 128°56.647′ N 44°28.418′
16	林口县	林口县总排	乌斯浑河	168.5～172	21.8～45.6	392.07	E 130°17.796′ N 45°18.768′
17	依兰县	南强排站	花脸沟—牡丹江口内	136	20	90	E 129°33.757′ N 46°18.633′
合计						7550.29	

表 3-12 牡丹江市城市管网覆盖情况统计

市（县）	城市供水管网覆盖率/%	城市排水管网覆盖率/%	城市雨水管网覆盖率/%	雨污分流管网覆盖率/%
牡丹江市区	95	85.5	85.5	0
宁安市	95	80		0
海林市	85	80		0
林口县	70	65	2（长度仅为 800m）	0

表 3-13 牡丹江市优先控制单元污染排放量（普查数据）

污染源类型	工业源		生活源		农业源		合计	
污染物种类	COD	氨氮	COD	氨氮	COD	氨氮	COD	氨氮
入河量/t	7960	722	24346.8	3044.7	302.33	8.95	32609.13	3775.65

3.3.2 排放重点行业分析

牡丹江流域（黑龙江省境内）共有 41 家重点工业企业，包括宁安市 8 家，海林市 3 家，牡丹江市区 27 家和林口县 3 家。据统计，这些重点工业企业排放的废水量及 COD、氨氮的排放量均达到了全流域工业污染源排放总量的 90%以上。重点企业分布见图 3-15，详细情况见表 3-14。

图 3-15 2008—2009 年牡丹江流域重点企业分布图

经分析，牡丹江流域主要排污行业为化学原料及化学制品制造业，造纸及纸制品业，煤炭开采和洗选业，石油加工、炼焦及核燃料加工业，水的生产和供应业，电力、热力的生产和供应业，酒的制造业，屠宰及肉类加工业八大行业。重点行业废水和 COD 排放量情况见表 3-15。

表 3-14　2008—2009 年牡丹江流域重点工业污染源排污情况

序号	污染源名称	年度	污水排放量/(10^4t/a)	COD 排放量/(t/a)	COD 排放浓度/(mg/L)	NH_3-N 排放量/(t/a)	氨氮排放浓度/(mg/L)	污水处理工艺	设计处理能力/(t/d)	排放去向
宁安市										
1	黑龙江倍丰农业生产资料集团宁安化工有限公司	2008	367.8	399.16	108.53	93	25.28	低压水解隔油池除尘废水全闭路循环	288	经三合排污口入牡丹江
		2009	116.64	1581.82	1356.16	75.3	64.56			
2	宁安市和丰酿酒有限责任公司	2008	50.1	3252.5	6492.02			DDGS+UASB	408	经氧化塘收集后灌溉农田
		2009	48	3252.5	6776.04	230.46	480.125			
3	宁安市镜泊湖糖业有限责任公司	2008	40	3128.96	7822.4	660	1650	A^2/O	3600	经三合排污口入牡丹江
		2009	43	430	1000	154.8	360			
4	黑龙江省镜泊湖农业开发股份有限公司	2008	33	70.65	214.09	1.66	5.03	生物法 A/O 法	1200	牡丹江
		2009	35	70.65	201.857	14	40			
5	宁安市益昕钢铁有限公司	2008	7.2	5.04	70			多级沉淀池	2880	经三合排污口入牡丹江
		2009	0.0119	0.02	168.067	0.001	8.403361			
6	牡丹江市鑫鹏肉业有限责任公司	2008	1.7121	1.92	112.14	0.24	14.02	SBR 一体提升式活性污泥处理法	350	经三合排污口入牡丹江
		2009	1.7121	19.2	1141.43	0.24	14.018			
7	宁安市光明物业有限公司	2008	1.6383	3.314	202.28					经三合排污口入牡丹江
		2009	3.476	5.53	159.091	0.3476	10			
8	牡丹江正大实业有限公司	2009	7.65	6.12	80	1.1475	15			
海林市										
1	哈尔滨卷烟厂海林分厂	2008	7.68	3.917	51			A/O 工艺	240	海浪河
		2009	7.12	3.29	46.17					
2	海林市柴河林海纸业有限公司	2008	144.8	520	359			气浮法 生化法	10000 3000	牡丹江
		2009	123	1729.38	1406	18.45	15			

续表

序号	污染源名称	年度	污水排放量/(10^4t/a)	COD排放量/(t/a)	COD排放浓度/(mg/L)	NH_3-N排放量/(t/a)	氨氮排放浓度/(mg/L)	污水处理工艺	设计处理能力/(t/d)	排放去向
3	海林市海峰供热有限责任公司	2008	7.559	5.2913	70					海浪河
		2009	8.8794	5.327	59.99	0.887	9.989			
牡丹江市区										
1	牡丹江市自来水公司	2008	517.93	203.28	39.25	5.08	0.98	物化法	14000	牡丹江
		2009	480.00	203.28	42.35	70.70	14.73			
2	牡丹江恒丰纸业集团有限责任公司	2008	397.27	275.62	69.38	2.40	0.60	物化+生物	30000	牡丹江
		2009	313.25	312.65	99.81	46.00	14.68			
3	大宇制纸股份有限公司	2008	90.34	67.76	75.01	0.34	0.38	物化+生物	3000	牡丹江
		2009	103.40	77.55	75.00	15.51	15.00			
4	桦林佳通轮胎有限公司	2008	270.18	98.93	36.62			沉淀分离	6000	牡丹江
		2009	199.41	76.63	38.43	29.91	15.00			
5	哈尔滨啤酒(牡丹江镜泊)有限公司	2008	61.96	34.28	55.33	0.23	0.37	厌氧/好氧生物	3500	牡丹江
		2009	57.67	28.84	50.01	8.07	13.99			
6	牡丹江白酒(厂)有限公司	2008	0.90	28.35	3150.00			厌氧/好氧生物	200	牡丹江
		2009	0.90	1.80	200.00	0.27	30.00			
7	牡丹江市大湾畜牧有限责任公司	2008	19.43	152.33	784.00	67.62	348.00	生化法	600	牡丹江
		2009	6.00	47.04	784.00	20.88	348.00			
8	中煤牡丹江焦化有限责任公司	2009	18.40	125.00	679.35	51.00	277.17	A^2/O	800	牡丹江
9	圣戈班陶瓷材料(牡丹江)有限公司	2008	62.00	68.00	109.68			沉淀分离 过滤	4100	牡丹江
		2009	42.00	46.20	110	4.10	9.76			
10	华电能源牡丹江第二发电厂	2008	60.00	30.00	50.00			沉淀分离	2400	牡丹江
		2009	60.00	30.00	50.00					

续表

序号	污染源名称	年度	污水排放量/(10^4t/a)	COD排放量/(t/a)	COD排放浓度/(mg/L)	NH_3-N排放量/(t/a)	氨氮排放浓度/(mg/L)	污水处理工艺	设计处理能力/(t/d)	排放去向
11	牡丹江东北高新化工有限责任公司	2008	10.00	10.65	106.50	0.51	5.10	过滤	200	牡丹江
		2009	37.40	46.20	123.53	7.48	20.00			
12	黑龙江中奥毯业股份有限公司	2008	12.24	12.24	100.00	0.08	0.65	物理化学处理法	720	牡丹江
		2009	10.20	9.60	94.12	1.53	15.00			
13	黑龙江省牡丹江新材料科技股份有限公司	2008	10.20	7.14	70.00	0.24	2.35	物理法		牡丹江
		2009	86.53	60.57	70.00	17.3	19.99			
14	牡丹江首控石油化工有限公司	2008	6.76	6.09	90.09	3.38	50.00	物化+生物	2760	牡丹江
		2009	39.42	30.10	76.36	17.90	45.41			
15	黑龙江北方工具有限公司	2008	21.26	14.89	70.04			A/O 化学沉淀法 化学混凝法	180.40	牡丹江
		2009	1.01	0.71	70.30	3.52	348.51			
16	牡丹江黑宝药业股份有限公司	2008	5.80	9.74	168.00	1.24	21.40	生化法	500	牡丹江
		2009	1.00	5.20	520.00	0.21	21.00			
17	牡丹江高信石油添加剂有限责任公司	2008	1.01	4.90	485.15	0.13	12.87	厌氧折流板反应	100	牡丹江
		2009	2.54	8.13	320.08	0.33	12.99			
18	牡丹江富通汽车空调有限公司	2008	4.88	5.68	116.30	3.09	63.23	化学混凝气浮法	180	牡丹江
		2009	5.30	5.68	107.17	0.79	14.90			
19	牡丹江鸿利化工有限责任公司	2009	6.80	6.66	97.94			物理处理法	1150	牡丹江
20	牡丹江金钢钻碳化硼细陶瓷有限责任公司	2008	6.62	5.16	77.95	0.77	11.63	过滤	300	牡丹江
		2009	3.21	1.93	60.12	0.37	11.53			
21	牡丹江灵泰药业股份有限公司	2008	0.32	0.30	93.75	0.003	0.94	SBR	180	牡丹江
		2009	1.40	0.68	48.57	0.01	0.71			

续表

序号	污染源名称	年度	污水排放量/(10^4t/a)	COD排放量/(t/a)	COD排放浓度/(mg/L)	NH_3-N排放量/(t/a)	氨氮排放浓度/(mg/L)	污水处理工艺	设计处理能力/(t/d)	排放去向
22	牡丹江友博药业有限有限责任公司	2008	1.30	1.00	76.92	0.41	31.54	化学沉淀	300	牡丹江
		2009	1.40	1.00	71.43	0.45	32.14			
23	哈尔滨铁路局牡丹江机务段	2008	1.30	0.82	63.08	0.002	0.15	物理处理法	1600	牡丹江
		2009	1.28	0.72	56.25	0.002	0.16			
24	牡丹江东北化工有限公司	2008	生产不正常					板框过滤	350	牡丹江
		2009								
25	牡丹江市红林化工有限责任公司	2008	生产不正常					沉淀分离	35	牡丹江
		2009								
26	牡丹江斯达造纸有限公司	2008	生产不正常					活性污泥法	14000	牡丹江
		2009								
27	牡丹江高科生化有限公司	2008	生产不正常					活性污泥法	2500	牡丹江
		2009								
林口县										
1	沈阳煤业(集团)青山有限责任公司	2009	60	810	1350	70.5	117.5	循环池、氧化池	100	乌斯浑河
2	林口县宏大供热有限公司	2008	1.8	1.26	70	0.54	30	无		乌斯浑河
		2009	2	0.98	49	0.42	21			
3	林口县富源油脂有限公司	2008	0.1	0.35	350	0.21	210			
		2009	0.4	0.84	210	0.42	105			

表 3-15　2009 年牡丹江流域八大重点行业废水和 COD 排放量情况

序号	行业	废水排放量 /（10^4t/a）	占重点行业比例/%	COD 排放量 /（t/a）	占重点行业比例/%
1	化学原料及化学制品制造业	571.00	30.25	2321.37	40.10
2	造纸及纸制品业	539.65	28.59	2119.58	36.61
3	煤炭开采和洗选业	60.00	3.18	810.00	13.99
4	水的生产和供应业	480.00	25.43	203.28	3.51
5	石油加工、炼焦及核燃料加工业	60.36	3.20	163.23	2.82
6	屠宰及肉类加工业	8.11	0.43	67.08	1.16
7	电力、热力的生产和供应业	74.36	3.94	41.84	0.72
8	酒的制造业	58.57	3.10	30.64	0.53
9	八大行业合计	1852.05	98.13	5757.02	99.44
10	所有重点企业	1887.41	100	5789.33	100

由表 3-15 可见，2009 年八大重点行业的污水和 COD 排放量分别占全流域重点工业企业污水和 COD 总排放量的 98.13%和 99.44%。废水排放量排在前 3 位的是化学原料及化学制品制造业、造纸及纸制品业、水的生产和供应业，所占比例为 84.27%。COD 排放量排在前 3 位的是化学原料及化学制品制造业、造纸及纸制品业、煤炭开采和洗选业，所占比例为 90.7%。

3.4 牡丹江优先控制污染物筛选

利用 GC-MS 等分析手段（岛津公司独特的质谱数据库软件）对牡丹江流域丰、平、枯水期水质及沿江排污口、重点污染源水质进行系统监测分析，并进行源解析，进而对牡丹江有机污染物进行排序，筛选出优先控制的有机污染物，对其进行重点监测与控制，获得流域水环境优先控制污染物的筛选原则和方法。

统计分析牡丹江各断面和沿江排污口检测到的全部挥发性和半挥发性有机污染物，按照确定的筛选原则和方法，对筛选出的 155 种有机污染物进行排序，得出排序名单。

3.4.1 筛选原则

① 检出频率高及浓度大的污染物。

② 影响范围广，在江水中难降解的、具有“三致”毒性、生物累积性、对人健康危害大的污染物。

③ 属于松花江优先污染物、中国优先污染物或 EPA 优先污染物名单中的污染物。

④ 属于国家地表水环境质量标准或国家生活饮用水卫生标准控制的污染物。

⑤ 属于污水排放标准控制的污染物。

⑥ 有源可控。

3.4.2 筛选方法

综合分析国内外筛选优先控制污染物的各种方法，结合牡丹江的特点，提出筛选环境优先污染物的方法——优化的评分法，对牡丹江各水期各断面和沿江排污口检测到的全部155种痕量/微量级挥发性和半挥发性有机污染物进行排序。考虑以下四个指标对其进行评分：①有机物的潜在危害指数；②所有丰、平、枯水期各断面监测过程中的检出总平均浓度；③全部监测过程中断面检出频次；④全部监测过程中沿江排污口检出频次。其中第一项指标来自文献，后三项是实测数据的统计结果。有机物的潜在危害指数、平均浓度、断面检出频次、排污口检出频次这四项指标都是定量的，可以对其进行分级处理。分级时既要概括相似的数据信息，又要分离出有一定差别的数据，同时要考虑数据的分布情况等。

筛选环境优先污染物时，首先要考虑化学物质自身的毒性和环境行为，同时还要考虑污染物在环境中的残留现状。化学物质的一般毒性、“三致性”，以及累积性和慢性毒性效应可用美国环保局工业环境实验室提出的化学物质的“潜在危害指数”来表征，即通过一个简单的运算公式，用数字表示污染物对环境的潜在毒性值。而污染物在环境中的残留，可用现状平均浓度和检出频次来反映。

（1）各指标的分级

① 潜在危害指数计算及分级　筛选环境优先污染物要考虑的方面很多，但根本原则是要把对环境潜在危害最大的化学物质列为优先考虑对象。因此，需要有一种能根据化学物质对环境的潜在危害大小给其排序的方法，这就是潜在危害指数法。潜在危害指数法是利用统一模式的计算结果，快速简便又具有一定科学性的筛选方法，即利用“化学物质潜在危害指数”来筛选环境优先污染物。本方法的特点是抓住化学物质对人和生物的毒效应这个主要参数，利用各种毒性数据通过模式运算来估计化学物质的潜在危害大小，并据此予以排序和筛选。

化学物质潜在危害指数是依据其最基本的毒理学数据（如阈限值、推荐值、LD_{50}等）按公式推算出来的，计算公式见式（3-2）。

$$N = 2aa'A + 4bB \tag{3-2}$$

式中，N为潜在危害指数；A为化学物质的AMEGAH所对应的值；B为潜在“三致”化学物质的AMEGAC所对应的值；a、a'、b为常数项。

A、B值的确定原则见3-16。

表3-16　A、B的取值

一般化学物的AMEGAH/（$\mu g/m^3$）	A值	潜在“三致”物的AMEGAC/（$\mu g/m^3$）	B值
>200	1	>20	1
<200	2	<20	2
<40	3	<2	3
<2	4	<0.2	4
<0.02	5	<0.02	5

a、a'、b的确定原则：可以找到B值时，$a=1$，无B值时，$a=2$；某化学物质有蓄积或慢性毒性时，$a'=1.25$，仅有急性毒性时，$a'=1$；可以找到A值时，$b=1$，找不到A值时，$b=1.5$。

a. AMEG及一般化学物质的AMEGAH计算：AMEG即周围多介质环境目标（Ambiet

Multimedia Environmental Goals），是美国环境保护局工业环境实验室推算出来的化学物质或其降解产物在环境介质中的限定值。AMEGAH 计算模式有以下两种。

第一种：AMEGAH（$\mu g/m^3$）＝阈限值（或推荐值）/420×10^3

式中，阈限值为化学物质在车间空气中的允许浓度，mg/m^3，时间加权值；推荐值为化学物质在车间空气中最高浓度推荐值，mg/m^3，推荐值在没有阈限值或推荐值低于阈限值时使用。

第二种：AMEGAH（$\mu g/m^3$）＝0.107×LD_{50}（mg/kg）

LD_{50}的数据主要以大白鼠经口给毒为依据。若没有大鼠经口给毒的 LD_{50}，也可用小鼠经口给毒的 LD_{50} 等其他毒理学数据来代替。

b. 潜在“三致”化学物质的 AMEGAC 及其计算：AMEGAC 即空气中以“三致”影响为依据的 AMEG，AMEGAC 的计算公式也有两种。

第一种：AMEGAC（$\mu g/m^3$）＝阈限值（或推荐值）/420×10^3

式中，阈限值为“三致”物质或“三致”可疑物在车间空气中的允许浓度，mg/m^3。

第二种：AMEGAC（$\mu g/m^3$）＝10^3/（6×调整序码）

式中，调整序码为反映化学物质“三致”潜力的指标。

由于调整序码很难找到，因此常不用此公式。

对确定检出物进行阈限值、鼠经口给毒的 LD_{50} 等进行资料查询，根据现有资料，查出本次检出物中 155 种痕量/微量化合物的有关信息而计算其潜在危害指数。

经统计，155 种痕量/微量化合物的潜在危害指数数值范围为 4～23.5，分为 5 个区间：指数 4～6 为 1 分；指数 6.5～8 为 2 分，此区间的化合物有“三致”毒性和慢性毒性；指数 9～13 为 3 分，包括许多国内外确定的“优先污染物”，14～19.5 为 4 分，20～23.5 为 5 分。

② 平均检出浓度的分级　对定量检出的数据进行统计，除去个别异常值，平均检出浓度最大值为 68.055$\mu g/L$，最小值为 0.0001$\mu g/L$，浓度差距较大，且有机物浓度的分布不均匀，多数化合物的平均检出浓度都较小，因此采用几何分级法，利用等比级数定义分级标准，共分为 5 级（1～5），即利用式（3-3）将三期水样中定量组分的平均检出浓度区[68.055，0.0001] 几何分为 5 个区间，0.0001～0.0015 为 1 分，0.0016～0.0215 为 2 分，0.0216～0.3160 为 3 分，0.3161～4.6375 为 4 分，4.6376～68.055 为 5 分。

$$a_n = a_1 q^{n-1} \tag{3-3}$$

式中，a_n 为平均检出浓度最大值；a_1 为平均浓度最小值；q 为等比常数；n 为自然数，且 $n \leqslant 6$。

③ 流域水总检出频次的分级　丰、平、枯三期水样中组分平均检出率最高为 100%，最低为 3.45%，将最大、最小检出频次区间 [100，3.45] 平均分为 5 个区间，3.45～22.76 为 1 分，22.77～42.07 为 2 分，42.08～61.38 为 3 分，61.39～80.69 为 4 分，80.70～100 为 5 分，以此确定分级标准。

④ 流域所有排污口总检出频次的分级　对应整个流域丰、平、枯水期同步监测所有排污口，平均检出率最高为 100%，最低为 16.7%，将最大、最小检出频次区间 [100，16.7] 平均分为 5 个区间，16.7～33.36 为 1 分，33.37～50.02 为 2 分，50.03～66.68 为 3 分，66.69～83.34 为 4 分，83.35～100 为 5 分，以此确定分级标准。

（2）总分值（R）的加权计算

在计算总分值时，要确定各因子的权重。对重要的因子要指定最大的权，使之在确定最后结果时能产生最大的影响。在某流域地表水有毒有机物筛选时，化合物的潜在危害性应是最重要的因子，所以将潜在危害指数（N）的权重定义为3；而有机污染物的实际检出数据相对而言权重较小，将水质平均浓度（C）、流域水检出频次（F_1）、流域排污口总检出频次（F_2）的权重分别定义为2、1、1，则总分值 $R=3N+2C+F_1+F_2$。

3.4.3 筛选结果

根据上述评分标准和总分计算方法对牡丹江流域检出的痕量/微量级有机污染物评分，按总分值的大小排序，得出排序表3-17。

表3-17 牡丹江流域有机污染物排序

序号	中文名称	潜在危害指数	潜在危害指数评分	浓度分值	断面检出率分值	污染源检出率分值	总分
1	苯胺	14	4	4	5	5	30
2	邻苯二甲酸二辛酯	15.5	4	4	4	5	29
3	蒽	14	4	3	5	5	28
4	仲丁威	14	4	4	3	5	28
5	4-甲氧基苯胺	16	4	3	4	5	27
6	敌菌丹	14	4	3	4	5	27
7	邻苯二甲酸二丁酯（驱蚊叮）	10	3	4	5	5	27
8	苯酚	10	3	4	5	5	27
9	氰戊菊酯1	18	4	5	1	4	27
10	克菌丹	16	4	2	5	5	26
11	除虫菊酯2	14	4	3	3	5	26
12	除虫菊酯1	14	4	3	3	5	26
13	萘	9	3	4	5	4	26
14	氯仿	9	3	4	5	4	26
15	三氯磷酸酯（敌百虫）	16	4	5	3	1	26
16	除虫菊酯3	14	4	3	2	5	25
17	2-硝基苯酚	14	4	3	3	4	25
18	芘	10.5	3	3	5	5	25
19	荧蒽	20	5	2	2	3	24
20	狄氏剂（氧桥氯甲桥萘）	19.5	4	2	3	5	24
21	除虫菊酯4	14	4	2	3	5	24
22	3-&4-氯苯酚	14	4	3	1	5	24
23	丙草丹（茵草敌）	12	3	3	5	4	24
24	[化] 杀螟松，杀螟硫磷	12	3	3	4	5	24

续表

序号	中文名称	潜在危害指数	潜在危害指数评分	浓度分值	断面检出率分值	污染源检出率分值	总分
25	2-甲基苯酚	10	3	2	5	5	24
26	甲苯	9	3	3	5	4	24
27	禾草特	12	3	4	2	5	24
28	除草定	8	2	4	5	5	24
29	地散磷	8	2	4	5	5	24
30	对苯二甲酸二甲酯	14	4	2	4	3	23
31	马拉硫磷	14	4	3	3	2	23
32	邻甲苯胺	12	3	3	3	5	23
33	联苯	10	3	3	5	3	23
34	邻苯二甲酸二乙酯	10.5	3	4	4	2	23
35	杀虫剂哒草特	4	1	5	5	5	23
36	2-叔丁基对甲苯酚	4	1	5	5	5	23
37	六氯丁二烯	19.5	4	2	3	3	22
38	3-&4-甲基苯酚	10	3	2	4	5	22
39	1，2-二氯苯	9	3	2	5	4	22
40	多灭磷（甲胺磷）	16	4	3	1	3	22
41	苯	13	3	3	4	3	22
42	苊	9	3	3	3	4	22
43	氟唑虫清（虫螨腈）	8	2	3	5	5	22
44	α-萜品烯醇	8	2	3	5	5	22
45	4-甲基-2，6-二叔丁基苯酚	8	2	3	5	5	22
46	3，5-二甲酚	8	2	3	5	5	22
47	磷酸三丁酯	10	3	4	1	4	22
48	二氯甲烷	6.5	2	4	5	3	22
49	对硫磷	22	5	2	1	1	21
50	2-甲氧基苯胺	16	4	3	1	2	21
51	乙酰苯（苯乙酮，海卜能）	9	3	3	4	2	21
52	异丙威	8	2	3	4	5	21
53	四氯化碳	6.5	2	4	5	2	21
54	正十六烷	4	1	4	5	5	21
55	正十四烷	4	1	4	5	5	21
56	特丁硫磷	16	4	1	2	4	20
57	蒽醌	17	4	2	3	1	20
58	1，2-苯并［a］蒽	16	4	2	1	3	20

续表

序号	中文名称	潜在危害指数	潜在危害指数评分	浓度分值	断面检出率分值	污染源检出率分值	总分
59	1，2，3-三氯丙烷	11.5	3	2	3	4	20
60	氯草定	8	2	2	5	5	20
61	硝基苯	13	3	3	2	3	20
62	2，3-&3，4-二甲基苯胺	12	3	3	1	4	20
63	1，2-二甲苯	8	2	3	4	4	20
64	3-苯甲胺	8	2	3	3	5	20
65	联苯胺	23.5	5	1	1	1	19
66	2-硝基甲苯	16	4	2	1	2	19
67	二甲基二氯乙烯基磷酸酯（敌敌畏）	14	4	2	1	2	19
68	2-叔丁基苯酚	12	3	2	2	4	19
69	一溴二氯甲烷	10	3	2	3	3	19
70	邻仲丁基苯酚	10	3	2	2	4	19
71	2，4，6-三硝基甲苯	13	3	3	3	1	19
72	嗪草酮	12	3	3	1	3	19
73	二苯胺	8	2	3	5	2	19
74	莰烯	8	2	3	4	3	19
75	辛醇	4	1	3	5	5	19
76	正十二烷	4	1	3	5	5	19
77	乐果（有机磷杀虫、杀螨剂）	14	4	2	1	1	18
78	1，1，1-三氯乙烷	14	4	2	1	1	18
79	苯甲醇	13	3	2	3	2	18
80	三氯杀螨婷	12	3	2	4	1	18
81	1，1，2，2-四氯乙烷	11.5	3	2	3	2	18
82	1，4-二氯苯	9	3	2	3	2	18
83	*N*-亚硝基二正丁胺	8	2	2	3	5	18
84	苯甲苯胺	8	2	2	3	5	18
85	异佛尔酮	6.5	2	2	3	5	18
86	1，2，4-三甲苯	6.5	2	2	4	4	18
87	三溴甲烷（溴仿）	10.5	3	3	2	1	18
88	乙苯	6.5	2	3	3	3	18
89	苯并［*a*］芘	18	4	0	1	4	17
90	噻唑膦2	12	3	2	2	2	17
91	噻唑膦1	12	3	2	2	2	17

续表

序号	中文名称	潜在危害指数	潜在危害指数评分	浓度分值	断面检出率分值	污染源检出率分值	总分
92	1，4-二氯（代）苯	12	3	2	3	1	17
93	三氯氟甲烷	11.5	3	2	2	2	17
94	1，2，4-三氯苯	9	3	2	1	3	17
95	1，1，2-三氯乙烷	9	3	2	1	3	17
96	异丙基苯	8	2	2	3	4	17
97	腈菌唑	8	2	2	2	5	17
98	西草净	8	2	2	2	5	17
99	4-对异丙基甲烷	6	1	2	5	5	17
100	氯苯氧基二甲乙基三唑乙醇 2	4	1	2	5	5	17
101	氯苯氧基二甲乙基三唑乙醇 1	4	1	2	5	5	17
102	3-/4-叔丁基苯酚	4	1	2	5	5	17
103	二苄醚	4	1	2	5	5	17
104	间/对-二甲苯	6	1	3	4	4	17
105	正十烷	4	1	3	3	5	17
106	草灭特	8	2	1	3	5	16
107	2，6-二甲基苯胺	13	3	2	2	1	16
108	二氯二氟甲烷	11.5	3	2	1	2	16
109	氟菌唑	8	2	2	2	4	16
110	噻嗪酮	4	1	2	4	5	16
111	乙酰甲胺磷	8	2	3	2	2	16
112	环庚草醚	4	1	2	3	5	15
113	邻苯二甲酸二甲酯	10.5	3	0	2	4	15
114	三环唑	12	3	2	1	1	15
115	硫线磷	12	3	2	1	1	15
116	1，1，1，2-四氯乙烷	12	3	2	1	1	15
117	*N*-乙基苯胺	8	2	2	2	3	15
118	1，2-二氯乙烷	6.5	2	2	1	4	15
119	苯乙烯	6	1	2	5	3	15
120	1，3，5-三甲苯	6	1	2	4	4	15
121	2，4-二甲基苯酚	4	1	2	3	5	15
122	一氯甲烷	6.5	2	3	1	2	15
123	七氯	19.5	4	0	1	1	14
124	2-硝基苯胺	16	4	0	1	1	14
125	喹硫磷	12	3	0	1	4	14

续表

序号	中文名称	潜在危害指数	潜在危害指数评分	浓度分值	断面检出率分值	污染源检出率分值	总分
126	苯并噻唑	8	2	2	2	2	14
127	反式十氢化萘	6	1	2	4	3	14
128	禾草畏	4	1	2	4	3	14
129	地茂散	4	1	4	1	2	14
130	硫逐磷酸酯	18	4	0	0	1	13
131	蝇毒磷	16	4	0	0	1	13
132	2-硝基苯甲醚	12	3	1	1	1	13
133	4-仲丁基苯酚	6	1	1	3	5	13
134	氯乙烯	8	2	2	1	2	13
135	1，2-二氯（代）苯	8	2	2	2	1	13
136	三氯乙烯	6.5	2	2	1	2	13
137	四氯乙烯	6.5	2	2	1	2	13
138	嘧菌胺	4	1	2	2	4	13
139	乙霉威	4	1	2	2	4	13
140	氰戊菊酯 2	8	2	0	2	4	12
141	1，2-二溴乙烷	6.5	2	2	1	1	12
142	丙基苯	4	1	2	3	2	12
143	1，3-二氯丙烷	4	1	2	2	2	11
144	氯苯胺灵	12	3	0	0	1	10
145	丙环唑 1	8	2	0	2	2	10
146	丙环唑 2	8	2	0	2	2	10
147	氯菊酯 2	8	2	0	1	1	8
148	甲氧滴滴涕	8	2	0	1	1	8
149	溴氰菊酯	8	2	0	1	1	8
150	苯并蒽酮	8	2	0	0	2	8
151	顺-1，2-二氯乙烯	6.5	2	0	0	2	8
152	4-异丙基甲苯	6	1	2	1	2	8
153	3，3′-二氯联苯胺	5	1	0	1	1	5
154	3-&4-硝基苯甲醚	4	1	0	0	2	5
155	多氯联苯	6	1	0	0	1	4

由表 3-17 可见，牡丹江优先控制污染物的筛选范围包括 155 种有机污染物，分别对其进行打分，分值区间为 4～30 分。将总分在 23 分以上的有机污染物列为牡丹江流域重点关注有机污染物（表 3-17 中前 36 项）。由表可见，牡丹江重点关注的有机污染物包括多环芳烃类、苯胺类、酚类、酞酸酯类、杀虫剂、苯系物等。其中大多数是国内外确定的优先控制

污染物，杀虫剂、除草剂占了将近一半，说明牡丹江流域面源污染来源广泛。

3.4.4 优先控制污染物迁移转化分析

根据污染物排序表和有源可控的原则，确定牡丹江3种主要优先控制污染物为邻苯二甲酸二丁酯、苯酚、苯胺。

为了更好地研究优先控制污染物邻苯二甲酸二丁酯、苯酚、苯胺在江水中的迁移转化规律，进行了江水中各断面浓度变化趋势的分析，结果见图3-16～图3-18。

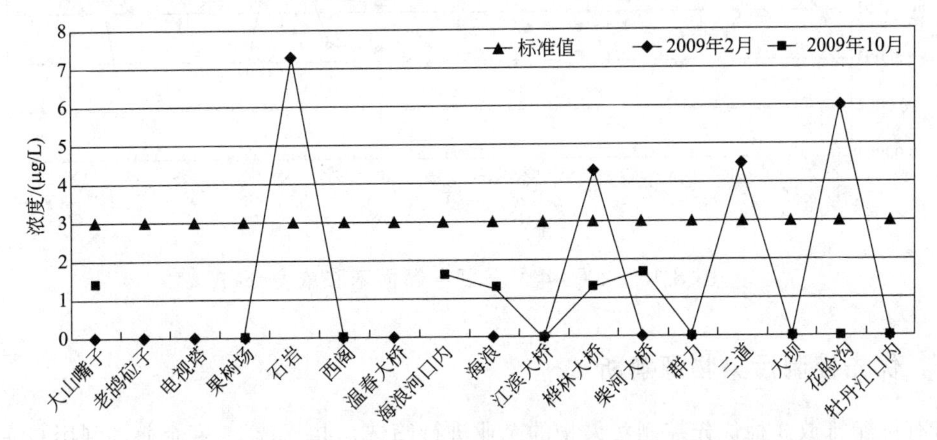

图3-16 2009年牡丹江各断面邻苯二甲酸二丁酯浓度分布

由图3-16可见，邻苯二甲酸二丁酯的国家集中式生活饮用水地表水源地特定项目浓度标准限值为3μg/L，参考此标准，虽然石岩、柴河大桥、三道、花脸沟断面监测浓度高于国家标准，但这些断面不是集中式生活饮用水地表水源地，所以这些断面为优先关注断面。牡丹江口内断面浓度已降为零，对松花江无影响。

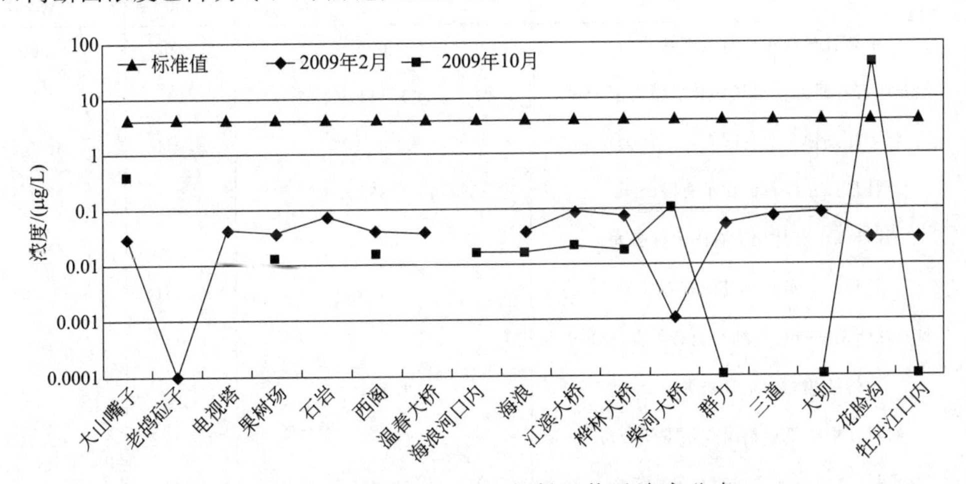

图3-17 2009年牡丹江各断面苯酚浓度分布

由图3-17可见，苯酚的国家集中式生活饮用水地表水源地特定项目浓度标准限值为4μg/L，参考此标准，虽然花脸沟断面监测浓度高于此标准，但花脸沟断面不是生活饮用水水源地，所以为优先关注断面。牡丹江入口断面浓度较低，对松花江影响很小。

由图3-18可见，苯胺的国家集中式生活饮用水地表水源地特定项目浓度标准限值为

100μg/L，参考此标准，各断面监测浓度远远低于国家标准。牡丹江入断面浓度很低，对松花江几乎无影响。

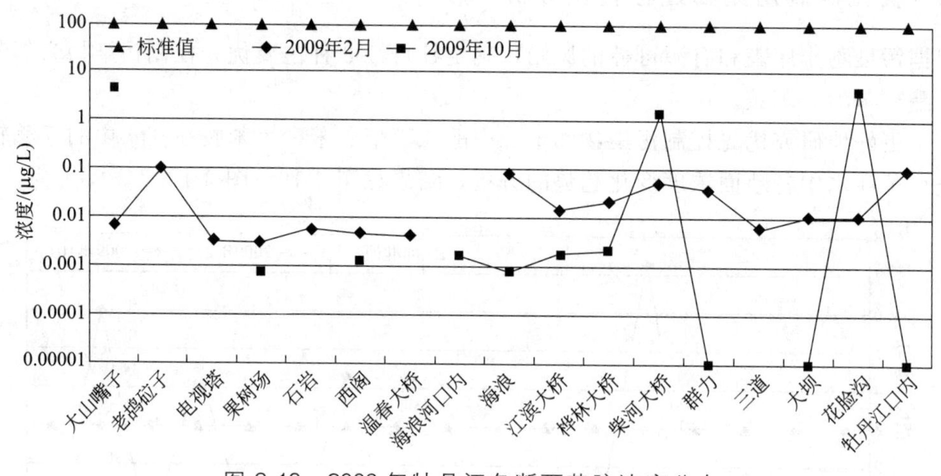

图 3-18 2009 年牡丹江各断面苯胺浓度分布

3.4.5 优先控制污染物源解析

对有可能排放 3 种优先控制污染物的企业进行筛选，共筛选 16 家企业，利用 GC-MS 等分析手段对这 16 家企业排放废水进行检测，检测结果见表 3-18。分别按排放浓度大小对企业进行排序，结果见表 3-19～表 3-21。

表 3-18 排放优先控制污染物企业浓度一览表

序号	企业名称	邻苯二甲酸二丁酯/（μg/L)	苯酚 /（μg/L)	苯胺 /（μg/L)
1	中煤牡丹江焦化有限责任公司	0	0.102	0.002
2	黑龙江省牡丹江新材料科技股份有限公司	1.111	0	0
3	牡丹江友博药业有限有限责任公司	0	0.041	0.002
4	牡丹江首控石油化工有限公司	1.358	0	0
5	牡丹江市红林化工有限责任公司	6500	3.43	0
6	牡丹江灵泰药业股份有限公司	2.5378	66.5514	44.3986
7	牡丹江金钢钻碳化硼细陶瓷有限责任公司	0	0	0
8	牡丹江鸿利化工有限责任公司	1.152	0	0
9	牡丹江恒丰纸业集团有限责任公司	0	0.3122	0.0109
10	牡丹江高信石油添加剂有限责任公司	53.75	3960	691.89
11	牡丹江富通汽车空调有限公司	0.0306	0	0.1856
12	牡丹江东北高新化工有限责任公司	2.4606	0.7688	0.0284
13	桦林佳通轮胎有限公司	110	0	0
14	黑龙江中奥毯业股份有限公司	0	202.7722	0

续表

序号	企业名称	邻苯二甲酸二丁酯/（μg/L）	苯酚/（μg/L）	苯胺/（μg/L）
15	黑龙江倍丰农业生产资料集团宁安化工有限公司	4.26	0.0685	0.007
16	哈尔滨铁路局牡丹江机务段	0.627	20.6644	3.3018

表 3 19　排放邻苯二甲酸二丁酯企业排序表

序号	企业名称	邻苯二甲酸二丁酯浓度/（μg/L）
1	牡丹江市红林化工有限责任公司	6500
2	桦林佳通轮胎有限公司	110
3	牡丹江高信石油添加剂有限责任公司	53.75
4	黑龙江倍丰农业生产资料集团宁安化工有限公司	4.26
5	牡丹江灵泰药业股份有限公司	2.5378
6	牡丹江东北高新化工有限责任公司	2.4606
7	牡丹江首控石油化工有限公司	1.358
8	牡丹江鸿利化工有限责任公司	1.152
9	黑龙江省牡丹江新材料科技股份有限公司	1.111
10	哈尔滨铁路局牡丹江机务段	0.627
11	牡丹江富通汽车空调有限公司	0.0306
12	中煤牡丹江焦化有限责任公司	0
13	牡丹江友博药业有限有限责任公司	0
14	牡丹江金钢钻碳化硼细陶瓷有限责任公司	0
15	牡丹江恒丰纸业集团有限责任公司	0
16	黑龙江中奥毯业股份有限公司	0

表 3-20　排放苯酚企业浓度排序表

序号	企业名称	苯酚浓度/（μg/L）
1	牡丹江高信石油添加剂有限责任公司	3960
2	黑龙江中奥毯业股份有限公司	202.7722
3	牡丹江灵泰药业股份有限公司	66.5514
4	哈尔滨铁路局牡丹江机务段	20.6644
5	牡丹江市红林化工有限责任公司	3.43
6	牡丹江东北高新化工有限责任公司	0.7688
7	牡丹江恒丰纸业集团有限责任公司	0.3122
8	中煤牡丹江焦化有限责任公司	0.102
9	黑龙江倍丰农业生产资料集团宁安化工有限公司	0.0685

续表

序号	企业名称	苯酚浓度/（μg/L）
10	牡丹江友博药业有限有限责任公司	0.041
11	牡丹江富通汽车空调有限公司	0
12	牡丹江鸿利化工有限责任公司	0
13	桦林佳通轮胎有限公司	0
14	牡丹江金钢钻碳化硼细陶瓷有限责任公司	0
15	牡丹江首控石油化工有限公司	0
16	黑龙江省牡丹江新材料科技股份有限公司	0

表 3-21　排放苯胺企业排序表

序号	企业名称	苯胺浓度/（μg/L）
1	牡丹江高信石油添加剂有限责任公司	691.89
2	牡丹江灵泰药业股份有限公司	44.3986
3	哈尔滨铁路局牡丹江机务段	3.3018
4	牡丹江富通汽车空调有限公司	0.1856
5	牡丹江东北高新化工有限责任公司	0.0284
6	牡丹江恒丰纸业集团有限责任公司	0.0109
7	黑龙江倍丰农业生产资料集团 宁安化工有限公司	0.007
8	牡丹江友博药业有限有限责任公司	0.002
9	中煤牡丹江焦化有限责任公司	0.002
10	牡丹江市红林化工有限责任公司	0
11	牡丹江鸿利化工有限责任公司	0
12	桦林佳通轮胎有限公司	0
13	牡丹江金钢钻碳化硼细陶瓷有限责任公司	0
14	牡丹江首控石油化工有限公司	0
15	黑龙江省牡丹江新材料科技股份有限公司	0
16	黑龙江中奥毯业股份有限公司	0

由表 3-19～表 3-21 可见：

① 工业废水中排放邻苯二甲酸二丁酯的企业共有 11 家，其中主要为牡丹江市红林化工有限责任公司、桦林佳通轮胎有限公司、牡丹江高信石油添加剂有限责任公司、黑龙江倍丰农业生产资料集团宁安化工有限公司、牡丹江灵泰药业股份有限公司、牡丹江东北高新化工有限责任公司等 9 家企业。邻苯二甲酸二丁酯的污水综合排放标准为 200μg/L，只有牡丹江市红林化工有限责任公司超标，为优先控制企业。

② 工业废水中排放苯酚的企业共有10家，其中主要为牡丹江高信石油添加剂有限责任公司、黑龙江中奥毯业股份有限公司、牡丹江灵泰药业股份有限公司、哈尔滨铁路局牡丹江机务段、牡丹江市红林化工有限责任公司等7家企业。苯酚的污水综合排放标准为300μg/L，只有牡丹江高信石油添加剂有限责任公司超标，为优先控制企业。

③ 工业废水中排放苯胺的企业共有9家，其中主要为牡丹江高信石油添加剂有限责任公司、牡丹江灵泰药业股份有限公司、哈尔滨铁路局牡丹江机务段、牡丹江富通汽车空调有限公司。苯胺的污水综合排放标准为1000μg/L，所有企业全部达标排放。

④ 排放邻苯二甲酸二丁酯的超标企业牡丹江市红林化工有限责任公司、排放苯酚的超标企业牡丹江高信石油添加剂有限责任公司必须对其超标优先控制污染物进行处理，达标排放。其他排放优先控制污染物浓度较高的企业也应该积极处理其污染物，减少对牡丹江水质的污染贡献。

3.5 控制单元水环境问题分析

3.5.1 控制单元划分原则

牡丹江控制单元的划分主要依据以下原则：

① 以水利部门的1055个水利计算单元划分为主要参考，将行政区（地市和区县）与水体衔接；

② 以国控、省控或市控断面的位置为节点，建立行政区（地市和区县）-水体-断面的对应关系，原则上每个河流断面均对应一个控制单元；

③ 一条河流对应多个控制单元的，名称按照某河某段进行命名，其中该河段为地市级行政区名称；

④ 如现有断面不能涵盖所有行政区的范围，或一个国控断面对应的行政区范围过大或者过小，需要提出国控断面的调整建议；

⑤ 湖泊及平原河网地区的控制单元划分可根据实际情况从简，不要求每个国控断面均对应控制单元，但必须保证行政区的完整性，不能出现空白。

根据上述控制单元划分原则和方法，将牡丹江流域划分6个控制单元，划分结果见表3-22和图3-19。

表3-22 牡丹江流域控制单元划分表

序号	控制单元名称	所在城市	控制断面	水质功能要求
1	敦化	敦化市	大山嘴子	Ⅲ
2	宁安	宁安市	温春大桥	Ⅲ
3	海林	海林市	海浪河口内、大坝	Ⅲ、Ⅱ
4	牡丹江市区	牡丹江市	柴河大桥	Ⅲ
5	林口	林口县	花脸沟	Ⅲ
6	依兰	依兰县	牡丹江口内	Ⅲ

控制单元	控制断面
敦化市	大山嘴子
宁安市	温春大桥
海林市	海浪河口内、大坝
牡丹江市	柴河公路桥
林口县	花脸沟
依兰县	牡丹江口内

图 3-19　牡丹江流域控制单元区划图

3.5.2　控制单元环境问题识别与水环境问题分析

在单元分类基础上，从单元水质情况、城镇污水处理设施完善性、工业废水治理达标率、面源污染严重性、产业结构合理性、存在污染风险的程度、水资源构成及开发利用程度、水体使用功能敏感性（饮用水源地分布、服务人口及其他重点使用功能等）、生态环境脆弱性等方面，全面分析控制单元存在的水环境问题，筛选出几个优先控制单元（排放优先控制污染物，水质污染严重，需要削减 COD、氨氮的控制单元）。

对 5 个重点控制单元主要污染源、污染治理设施情况、城市污水处理情况、沿江排污口纳污情况、面源污染、总量核定等进行调研。

牡丹江流域存在的水环境问题：①重要支流北安河、南湖水系、东村河、兴隆河等污染严重，对牡丹江干流污染贡献较大，急需研究和治理；②城镇污水处理厂建设起步较晚，污水管网覆盖率和污水集中处理率较低；③部分重点企业处理设施不能稳定运行，中小型企业处理设施不健全或直接排放小溪、小河，最后进入牡丹江。牡丹江流域牡丹江市规模化以上禽畜养殖场 103 家，基本无序发展，农村地区生活污水和沿河滩堆放大量垃圾等污染地表水和地下水。饮用水源地目前虽然可以达到Ⅲ类标准，但水源保护区内的畜禽养殖、生活污染源仍对饮用水水质存在威胁，亟待解决。

（1）水源地

牡丹江市区生活饮用水水源保护区划分工作已完成，一级保护区内有农田、蔬菜大棚约 $0.53km^2$，两个沙坑未有安全防护装置；二级保护区内有自然村 9 个，人口约 1.2 万人，农田、水田、畜禽养殖、村屯企业、居民生活污水均散排。

《宁安市水源地保护区划分技术报告》已完成，保护区有养鸡场 3 处，农户大棚 $4000m^2$，化肥及农药大量施用，生产及生活产生的粪便和垃圾随意倾倒，水源地受到严重威胁。

《海林市饮用水水源地保护区划分技术报告》已完成，一级保护区内无居民区，有农田 0.4km^2；二级保护区内有村屯，生活污水散排，且各村屯内养殖业发达，但牲畜养殖环境保护投入较少，大部分牲畜排泄物在雨季来临时汇入海浪河。

（2）工业与生活

① 宁安控制单元　宁安控制单元的范围为宁安市地区。该地区承接了上游吉林敦化段的来水，并进入国内著名的风景区镜泊湖，水质敏感性高。

宁安市主要工业行业为化学原料及化学制品制造业、农副食品加工业、黑色金属冶炼及压延加工业、饮料制造业、木材加工等。宁安市区内有 8 家重点企业，2009 年重点工业企业废水排放量为 256.40 万吨，非重点工业企业废水排放量为 40.0 万吨，医疗废水排放量为 1.8 万吨。虽然大部分企业具有污水处理设施，但部分重点企业废水仍然不能稳定达标。宁安市工业企业废水一部分经预处理后进入城镇污水处理厂，另一部分直接进入小溪、沟渠，最后进入牡丹江，据统计数据，宁安市工业 COD 去除率仅为 30%，氨氮去除率为 21%。

宁安地区城镇人口为 15 万，生活污水年排放量为 556.99 万吨。宁安市污水处理厂实际日处理 1.5 万吨，于 2010 年 9 月正式运行，排污口设于西阁水源地下游。

宁安地区有规模化畜禽养殖场 31 家。

由于点源、面源的共同影响，造成该控制单元控制断面温春大桥达不到水质功能区划要求，超标因子为高锰酸盐指数。

② 海林控制单元　海林控制单元的范围包括海浪河流经地区及牡丹江下游部分地区，水质功能区划分为Ⅱ、Ⅲ类。

该地区内有 3 家重点企业，2009 年重点工业向牡丹江排入废水 133.52 万吨，COD 排放量为 1732.9 吨。重点企业主要排污情况见表 3-16。部分重点企业不能稳定达标排放。非重点工业企业废水排放量为 1.0 万吨，医疗废水排放量为 8.15 万吨。

海林地区城镇人口为 24.98 万，年排放废水 911.77 多万吨，污水处理厂年处理 548 万吨污水，城镇生活污水处理率为 60.1%。

海林地区有规模化畜禽养殖场 25 家，日排放废水量 259t，年粪便产生量 95620t，尿液产生量 47835t，基本属无序排放。

由于点源、面源的共同影响，造成该控制单元控制断面海浪河口内、大坝达不到水质功能区划要求。海浪河口内超标因子为氨氮，大坝超标因子为高锰酸盐指数、总氮、总磷。

③ 牡丹江市区控制单元　牡丹江市区现辖 4 个市辖区：爱民区、东安区、阳明区和西安区，人口 90 万人，面积 2386km^2，2007 年工业总产值 17.53 亿元，2009 年重点工业企业废水排放量为 1904.72 万吨，非重点工业企业废水排放量为 394.95 万吨，医疗废水排放量为 45.62 万吨，生活污水排放量为 3579 万吨，城镇生活污水处理率为 54%。

牡丹江市区主要工业行业为电力、热力的生产和供应业，造纸及纸制品业，化学原料及化学制品制造业，橡胶制品制造业，通用设备制造业，专业设备制造业。27 家重点企业中牡丹江东北高新化工有限责任公司、牡丹江市大湾畜牧有限责任公司、牡丹江富通汽车空调有限公司、牡丹江黑宝药业股份有限公司等 19 家重点工业企业废水不能稳定达标排放，需要提高企业污水处理设施的处理能力和处理效果。

牡丹江市区有规模化畜禽养殖场 37 家。

由于点源、面源的共同影响，造成该控制单元控制断面柴河大桥达不到水质功能区划要求，超标因子为高锰酸盐指数、氨氮、总磷。

④ 林口控制单元　林口控制单元位于牡丹江流域下游地区，对应的行政区域为林口县。该区域不仅囊括了牡丹江重要支流乌斯浑河，同时还包含着大坝断面至花脸沟断面的牡丹江干流区域。林口县有城镇人口 12 万，生活污水排放量为 460.63 万吨，2010 年末建成污水处理厂，目前处于试运行阶段。

林口地区 3 家重点企业，2 家重点工业企业废水不能稳定达标排放。虽然重点工业排放废水量较上面三个控制单元少，仅为 63.57 万吨，但由于乌斯浑河流量小，因此仍然对河流产生较大影响。

林口地区有规模化畜禽养殖场 10 家，日排放废水量 100t，年粪便产生量 4819t，尿液产生量 10155t，基本属无序排放。

由于点源、面源的共同影响，造成该控制单元控制断面花脸沟达不到水质功能区划要求，超标因子为高锰酸盐指数。

⑤ 依兰控制单元　依兰控制单元位于牡丹江流域的最下游，对应的行政区域为依兰县。该区域是牡丹江和松花江交汇处，地理位置十分特殊。该区域虽有部分重点企业，但主要排污去向为松花江，点源为依兰县生活污水南强排站，年排放污水 90 万吨，但 2011 年南强排站废水截污到城市污水处理厂后排到松花江，因此该单元对牡丹江的污染贡献相对较低。

由于点源、面源、上游来水的共同影响，造成该控制单元控制断面牡丹江口内达不到水质功能区划要求，超标因子为高锰酸盐指数。

⑥ 各控制单元排污比例分析　根据 2009 年牡丹江市环境统计数据，分别统计四个控制单元的废水排放量、化学需氧量和氨氮排放量，结果见图 3-20。分析各单元排污所占比例，结果见图 3-21。

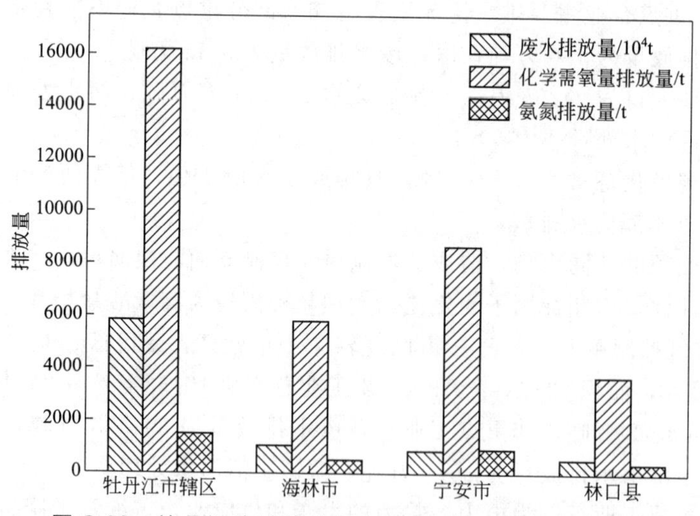

图 3-20　牡丹江流域优先控制单元污染物空间分布图

由图 3-20 和图 3-21 可见，牡丹江流域污染物排放量主要集中在牡丹江市区和宁安市两个控制单元。其中，牡丹江市区污废水和污染物排放量分别占到排放总量的 60%和 45%左右；宁安市废水排放量仅占总排放量的 10%左右，但污染物排放量却占总排放量的 25%；海林市和林口县控制单元由于工业企业不多，人口较少，故排污量较少。

（3）面源

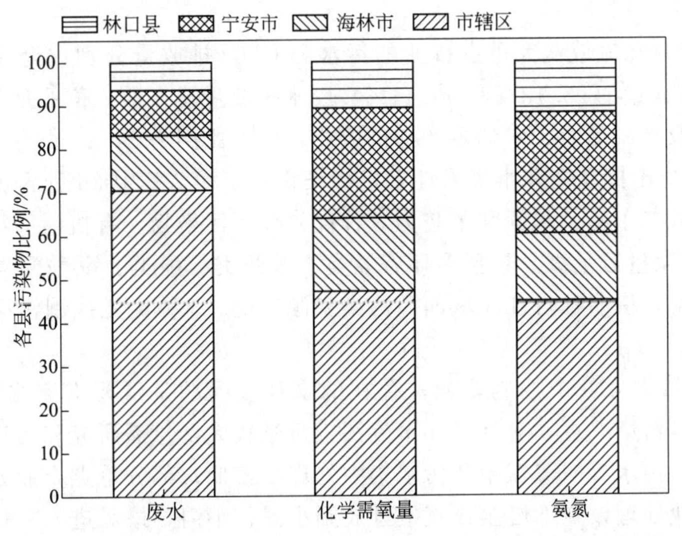

图 3-21 牡丹江流域优先控制单元污染物空间分布比例图

① 养殖污染源 据 2009 年污染源普查，牡丹江市牡丹江流域规模化以上禽畜养殖场 103 家，排放废水量 1968 t/d，折合年排放废水 71.8 万吨，基本属无序排放，污染地表水和地下水。

② 种植业污染 人口增加，耕作面积扩大，农业增产，化肥、农药施用量增加，导致水污染负荷增加。农田灌溉技术落后，大量抽取地下水，使地下水水位下降，水质变差，部分农业区地下水不能饮用，而农田退水污染较大，造成河流有机污染物升高，水质变差。

③ 农村生活污水和垃圾 牡丹江流域内农村人口所占比重较大，农村生活污水没有处理，随意散排，形成面源污染。沿河道随意倾倒垃圾、畜禽粪便，这也成为农村具有普遍性的问题。由此形成的面源污染不易计量，但对水质影响也是最直接的。

3.6 本章小结

① 通过牡丹江近十年水质监测、评价及变化趋势研究，认为牡丹江为有机污染河流，主要污染物为高锰酸盐指数、氨氮、总磷、总氮（湖、库）。单项污染指数评价表明多数断面不能达到水体功能区划要求。2008—2010 年，牡丹江干流为轻度污染，2009 年牡丹江干流消灭了劣Ⅴ类水体。

② 对 2008 年、2009 年各断面丰、平、枯三个水期的高锰酸盐指数、氨氮、BOD_5、DO 四项指标进行的有机污染综合指数评价结果表明，仅极个别断面枯水期达不到水质功能要求，牡丹江水体 BOD_5、DO 两项指标优于水质功能类别。

③ 通过对 2000—2010 年近十年各类水质比例变化趋势分析可以看出，牡丹江Ⅱ～Ⅲ类水质所占比例呈波动变化，到 2010 年有所升高；Ⅳ类水质所占比例呈波动变化，2010 年比 2000 年有所降低；Ⅴ类水质所占比例呈波动变化；劣Ⅴ类水质所占比例呈波动下降。

④ 从空间变化趋势即各断面来看，各城市上游断面的水质好于下游断面水质。柴河大桥断面近十年高锰酸盐指数呈波动下降，氨氮呈波动上升，但 2010 年柴河大桥断面丰水期、平水期、枯水期均达到Ⅳ水质。牡丹江口内断面近八年高锰酸盐指数、氨氮浓度均呈波动下

降，污染减轻。

⑤ 2009年牡丹江流域八大重点行业的污水和COD排放量分别占全流域重点工业企业污水和COD总排放量的98.13%和99.44%。废水排放量排在前3位的是化学原料及化学制品制造业、造纸及纸制品业、水的生产和供应业，所占比例为84.27%。

⑥ 牡丹江共检出挥发性和半挥发性有机污染物155种，其中36种为重点关注的有机污染物，邻苯二甲酸二丁酯、苯酚和苯胺为3种优先控制污染物。有机污染物的检出浓度都很低，全部为痕量/微量数量级。包括多环芳烃类、苯胺类、酚类、酞酸酯类等，杀虫剂、除草剂占了将近一半，说明牡丹江流域面源污染来源广泛。3种优先控制污染物的工业来源包括16家企业。

⑦ 牡丹江流域划分6个控制单元，存在的水环境问题是重要支流北安河、南湖水系、东村河、兴隆河等污染严重，对牡丹江干流污染贡献较大，急需研究和治理；城镇污水处理厂建设起步较晚，污水管网覆盖率和污水集中处理率较低；部分重点企业处理设施不能稳定运行，中小型企业处理设施不健全或直接排放到小溪、小河，最后进入牡丹江。牡丹江流域牡丹江市规模化以上禽畜养殖场103家，基本呈无序发展，农村地区生活污水和沿河滩堆放大量垃圾等污染地表水和地下水。饮用水源地目前虽然可以达到Ⅲ类标准，但水源保护区内的畜禽养殖、生活污染源仍对饮用水水质造成威胁，亟待解决。

参考文献

[1] 王道，程水源. 环境有害化学品实用手册 [M]. 北京：中国环境科学出版社，2007.
[2] 欧洲共同体委员会. 国际化学品安全署、国际化学品安全卡手册 [M]. 北京：化学工业出版社，1995.
[3] 王自齐. 有毒化学品卫生与安全实用手册 [M]. 北京：化学工业出版社，1993.
[4] 王自齐. 有毒化学品卫生与安全实用手册（续集）[M]. 北京：化学工业出版社，1995.
[5] Lori P. Andrews P. E. Emergency Responder Training Manual for the Hazardous Materials Technician [M]. New York：Van Nostrand Reinhold，1992.
[6] Plunkett E. R. Handbook of Industrial Toxicology [M]. 3rd ed. New York：Chemical Publishing Co. Inc.，1987.
[7] 冯肇瑞，杨有启. 化工安全技术手册 [M]. 北京：化学工业出版社，1993.

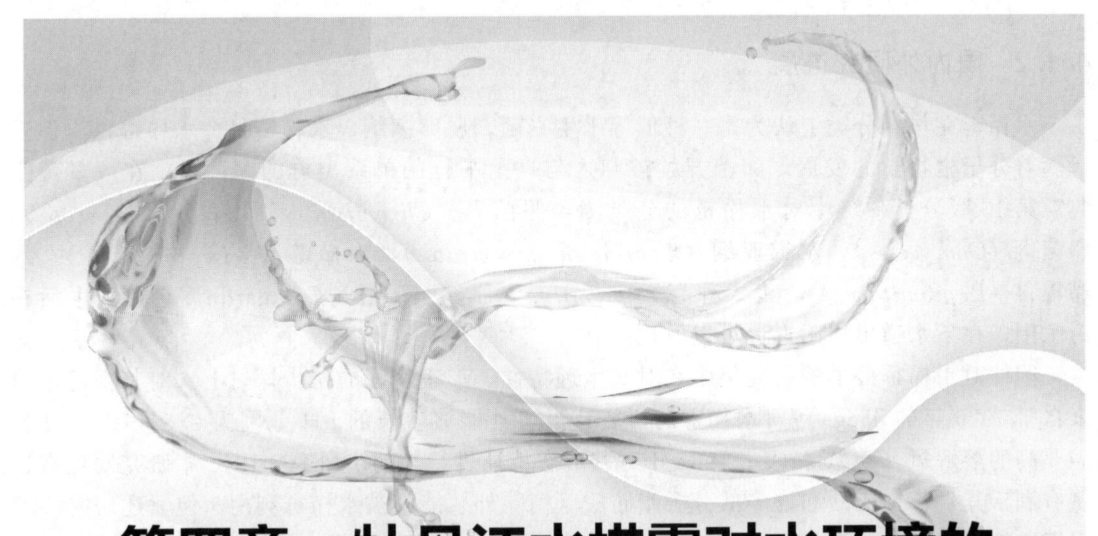

第四章　牡丹江水栉霉对水环境的影响及控制对策研究

4.1　水栉霉事故回顾及研究进展

4.1.1　水栉霉事故回顾

海浪河是牡丹江的最大支流，发源于海林市西部山区，全长 218km，流域面积 $5251km^2$，落差 1090m，由西向东横穿整个海林市，在牡丹江市上游约 2km 处左岸注入牡丹江。海浪河多年平均径流量占牡丹江的 20％～30％，其较大的支流有二道海浪河、山市河与密江河。

2006 年 2 月，牡丹江市西水源地取水口发现大量繁生的黄黏絮状物，引起部分市民的恐慌。牡丹江市环保局会同监测站立即启动应急预案，对水源地上游河段进行全面排查，最终确定污染源来自牡丹江最大的支流海浪河，经会同省环保专家的共同研究分析，确定不明水生生物为一种水生真菌——水栉霉及其共生体。每年 1～2 月水栉霉在海浪河的海南桥下等河段有少量存在，因此防止水栉霉在海浪河流域大规模爆发是亟待解决的问题，是关系民生的大事，也是保障牡丹江水质安全的需要。水栉霉在松花江流域的大量繁衍历史上已经不是第一次了，在东北地区低温条件下，这种水生生物为什么能够大量繁衍，值得深入研究。同时由于对水栉霉生长条件及群落特性缺乏了解，导致难以提供预防控制水栉霉大面积爆发的手段，因此有必要对水栉霉控制关键技术、水栉霉群落特性及其对水环境的影响进行深入的研究。目前国内外对水栉霉的研究仅仅停留在形态、生理生化特征等初步研究上，对于该类真菌对水环境的影响，尤其是对水质的影响研究还处于空白状态，因此急需对水栉霉生长特性进行研究，找出造成其大规模爆发的主要原因；同时初步研究其对水质的影响，在此基础上提出水栉霉控制关键技术和应急处理对策，从而全面保障牡丹江饮用水的水质安全。

4.1.2 国内外研究进展

水栉霉在早期分类上认为是一种低等水生真菌，属卵菌纲，水栉霉目，水栉霉科，但近代随着分子生物学的发展，卵菌开始被归入与真菌平行的单系类群的假菌界，在《真菌字典》第10版分类系统中对水栉霉的分类为：假菌界（*Chromista*），卵菌门（*Oomycota*），卵菌纲（*Oomycetes*），水霉亚纲（*Saprolegniomycetidae*），水栉霉目（*Leptomitales*），水栉霉科（*Leptomitaceae*），模式种为 *Leptomitus lacteus*（Roth）C. Agardh。它常常生活在污水中，在下水道出口附近也可以发现。

国外对水栉霉最早的研究集中在对其生理特性、形态特征的初步探讨上。对其报道最早来自于1926年的Tiegs等对水栉霉的研究，报道其能够生长的pH范围为2.5～7.5，并且需要高的溶解氧（DO）浓度；1932年对其形态特征进行了初步研究，1940年研究发现有机氮有利于其生长，乙酸和许多低分子脂肪酸（糖除外）能够被水栉霉利用。但上述研究多局限于定性研究，并且多是初步探讨。

水栉霉作为污水真菌，对其研究主要集中在污染源与水栉霉分布关系方面，欧洲曾报道呈酸性pH的较大河流中常见水栉霉的出现。英国曾报道水栉霉生长的许多地点，但在WPRL 1967年的调查中，认为它发生的概率较小。德国曾发现在造纸厂废水排水口下游水栉霉会代替更常见的球衣菌（*Sphaerotilus*）。英国河流中曾有污水真菌的出现，且报道水栉霉是一种污水真菌。1973年英国也曾报道在被垃圾渗滤液污染的小河中，有大量的水栉霉孳生，并且和寡毛纲后生动物仙女虫共生，孳生在淤泥和石头缝隙中，使无脊椎动物大大减少。加拿大研究人员研究造纸废水对河流水质影响时，在0.5km范围内发现大量的水栉霉和少量不能活动的杆状细菌、连成链的黏滑丝状菌共生在河流表层、石头和木桩上。英国报道了接纳造纸厂和造船厂污水的河流中污水真菌发生的原因和阻止方法，并研究了在接纳造纸厂和造船厂污水的河流中水栉霉的分布。2006年德国研究了水栉霉在湖泊和河流水体中的季节性分布，以揭示其与湖泊富营养化程度及河流水质的关系，但该研究没有进行定量化研究，只是进行了定性说明。

国内研究仅分析了水栉霉发生的范围和数量、污染源优势比较、简单生长条件等，并未详细解析团絮体群落发生范围和生物结构、群落中水栉霉数量和比例、季节分布变化、水质与发生状况联系等。国内关于水栉霉的报道出现于1965年，1965年以来，嫩江齐齐哈尔段冰封期产生了大量的水栉霉，水栉霉堵塞了热电厂、钢厂、重型机械厂和黑龙江化工厂吸水泵站的滤网及管道，严重影响机组的正常运转，仅1984年造成的直接经济损失达37.9万元。水栉霉大量生长繁殖，还可使江水中DO迅速降低，死鱼现象随之发生；严重时，下游每平方米死鱼达十几尾。1986年对该河段水栉霉成因进行了初步调查，结果表明嫩江齐齐哈尔段水栉霉过度生长、繁殖主要是由糖厂污水影响所致。1989年采用微生物分离培养方法曾进行松花江哈尔滨段冰封期制糖废水污染区微生物调查及水质评价的初步研究，污染区真菌大量孳生，DO迅速减少，水栉霉和囊轴霉形成优势种群，监测江段污染严重。1991—1993年对松花江哈尔滨段制糖废水污染区冰封期进行了6次微生物调查，采用传统的琼脂培养基平板表面涂抹法等传统方法对微生物种类组成、生物群落及其分布进行了初步研究，表明真菌大量孳生，水栉霉和囊轴霉形成优势种群，水质被制糖废水严重污染。

2006年2月牡丹江发生了水栉霉事件，对河流漂浮的污染团进行了物种的初步鉴定，认为其主要由水栉霉组成，中国环境科学研究院在应急事件中也做了大量的初步研究，从形态观察上初步认定污染事件发生时的不明水生生物是由不同种属的真菌组成的共生体，主要包括水栉霉科和酵母菌，但对于其进一步分离鉴定工作没有深入进行。在污染事件处理过程中，通过现场调查和实验室测试，分析得出海林某白酒厂向海浪河大量排放酒糟是产生该事件的主要因素之一，但对于水栉霉的发生机制还不清楚，事件后每年 1～2 月在海浪河海南桥下等地仍有发现，存在再次大面积爆发的安全隐患。

4.2 监测断面的设置和意义

2006 年水栉霉污染事件后，水栉霉主要发生在海浪河海南大桥附近，如图 4-1 中黑色框内区域所示。

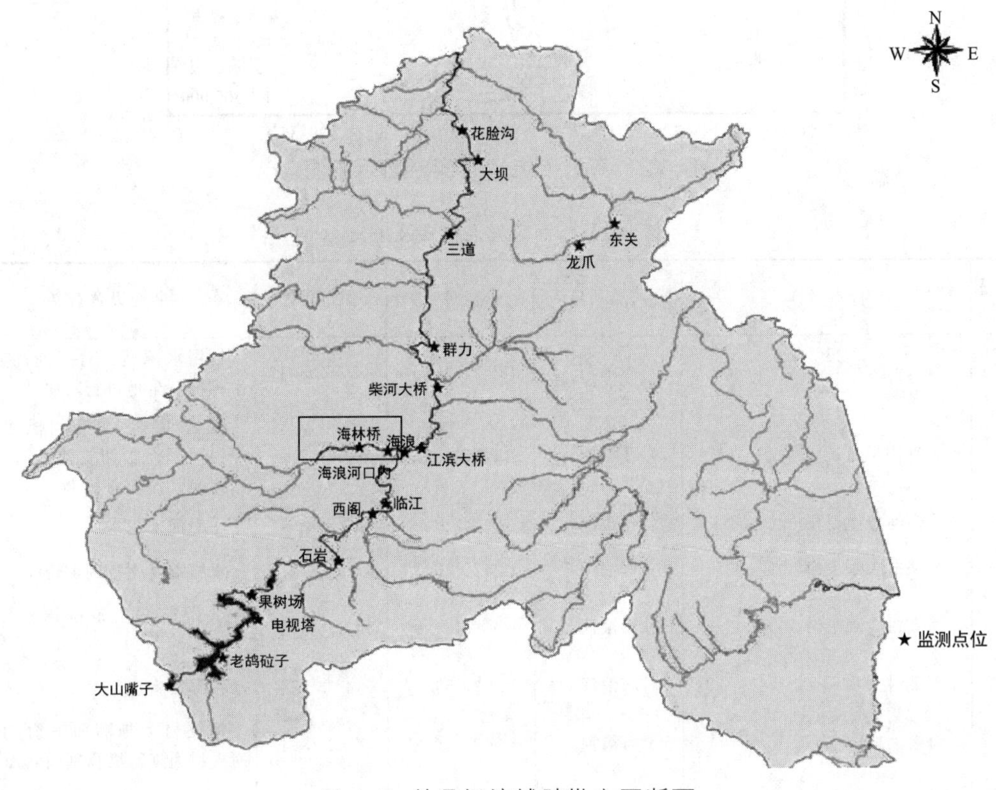

图 4-1 牡丹江流域踏勘主要断面

在研究过程中针对海浪河的流域状况和水栉霉的分布规律，在海浪河和牡丹江流域设置了 10 个断面，具体的监测断面及采样点位置如图 4-1 和图 4-2 所示。

2008 年 12 月在海浪河和牡丹江进行了全流域踏勘，确定了水栉霉主要发生在海浪河流域河夹村大坝 300m 以内的范围。为研究水栉霉控制关键技术及其对水环境的影响，围绕水栉霉发生地河夹村大坝断面，增设了 5 个采样点（表 4-1），主要为了跟踪监测污染源及水质条件对水栉霉发生的作用机制。11# ～14# 为海林市某白酒厂有关的采样点，现场踏勘发现白酒厂有散排污水排出，同时其排污口下 14# 总汇污沟也有散排的污水及暗排的 12# 污水井和 13# 暗口，同时冬季在河夹村大坝左岸有污水沟汇入，在该处设置采样点 15#。采样断面设置意义如表 4-1 所示。

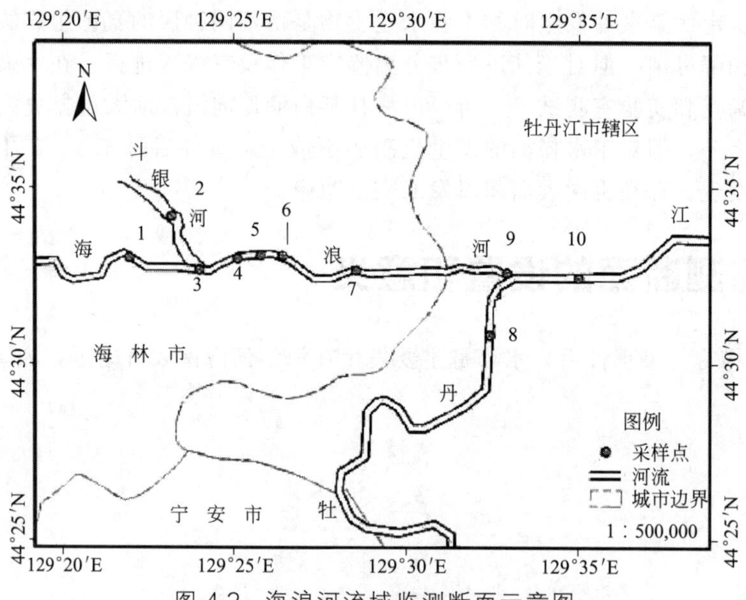

图 4-2 海浪河流域监测断面示意图

表 4-1 断面采样点位置及意义

采样点编号	样点名称	所属河流	经度	纬度	断面设置意义
1#	海浪河大桥	海浪河	129°23′28.6″	44°33′03.1″	饮用水源地，对照断面，与水栉霉发生地进行对照
2#	英雄桥	斗银河	129°23′13.6″	44°34′13.5″	代表斗银河城市河段水质，斗银河是海浪河支流，海林市纳污河，流经海林市
3#	斗银河口上游 100m	斗银河	129°24′1.8″	44°32′48.4″	斗银河来水水质
4#	河夹村大坝上游 300m	海浪河	129°25′30.7″	44°33′42.1″	水栉霉发生范围上边缘
5#	河夹村大坝上游 100m	海浪河	129°25′51.9″	44°33′48.4″	水栉霉发生范围内遗留挖沙坑
6#	河夹村大坝	海浪河	129°25′59.9″	44°33′52″	水栉霉发生地
7#	海南大桥	海浪河	129°28′38.8″	44°32′48.4″	河夹村大坝断面下约 5km，河夹村大坝污染物削减断面
8#	海浪河入口牡丹江上游 2km	牡丹江	129°32′29.7″	44°33′35.1″	海浪河汇入牡丹江处牡丹江上游 2km 来水水质
9#	海浪河口内	海浪河	129°32′08.0″	44°32′57.2″	海浪河汇入牡丹江处海浪河来水水质
10#	牡丹江市西水源地	牡丹江	129°35′02.1″	44°32′48.2″	海浪河汇入牡丹江处下游 2km 牡丹江水质
11#	海林市某白酒厂排污口	排污口处	44°33′29″	129°23′26″	斗银河污水沟 1
12#	污水井	排污口附近	44°33′26″	129°23′29″	斗银河污水沟 1
13#	暗口	排污口处附近	44°33′25″	129°23′31″	斗银河污水沟 1
14#	总汇污沟	排污口处	44°33′21″	129°23′35″	斗银河污水沟 1
15#	河夹村大坝上游水沟（附近垃圾厂排出）	水栉霉发生地排污沟	44°33′54″	129°25′2″	海浪河污水沟 2

1#海浪河大桥断面位于海浪河和斗银河交汇处上游2km处，该断面是海林市的饮用水源地，代表未受污染的海浪河来水水质；斗银河是海浪河的支流，流经海林市，2#英雄桥断面位于海林市区的斗银河上，该断面基本可以反映斗银河流经海林市段的水质；3#斗银河口上游100m断面位于斗银河和海浪河交汇处上游100m，该断面代表斗银河来水水质，海林市部分未经有效处理的生活污水和工业废水排入斗银河，斗银河携带污染物汇入海浪河，该断面可以反映海浪河的主要污染来源之一；围绕水栉霉发生地河夹村大坝，4#河夹村大坝上游300m断面是水栉霉孳生范围最上边缘处；5#河夹村大坝上游100m断面是历史遗留挖沙沙坑所在地，可能有沉积物的积累，推测可能是水栉霉孳生的污染来源之一；6#河夹村大坝断面位于海浪河和斗银河交汇处下游2km，由于大坝的拦截作用，2006年污染事件发生时此地水栉霉生物量较多，造成局部地区水栉霉大量堆积，也是污染事件后水栉霉主要发生地；7#海南大桥断面位于河夹村大坝下游约5km，可以作为河夹村大坝污染物的削减断面，能够反映河流水体的自净作用，该断面的水质和河夹村大坝对比，能够得出主要污染物的变化规律；其余断面为参考断面，8#海浪河入口牡丹江上游2km断面代表牡丹江上游来水水质，9#海浪河口内断面代表海浪河汇入牡丹江时水质状况，10#牡丹江市西水源地代表海浪河汇入牡丹江处下游2km处水质，该断面同时也是牡丹江市西水源地，水栉霉爆发时是否对该处水源地有影响是关系民生的问题。

4.3 水栉霉在牡丹江流域的分布、发生机制及群落特性

4.3.1 水栉霉在牡丹江流域分布规律

（1）水栉霉在牡丹江流域高发区的分布

2008年12月在海浪河和牡丹江流域进行了全流域踏勘，牡丹江流域踏勘主要断面如图4-1中监测点位所示，踏勘结果表明水栉霉主要发生在海浪河流域6#河夹村大坝断面以上300m以内的范围。同时在牡丹江源头果树场、石岩、西阁、临江断面、6#河夹村大坝断面、1#海浪河大桥、1#附近海林市自来水厂排污口、3#河夹村大坝上游100m等处进行底泥采样，带回实验室模拟培养，模拟培养条件是4℃连续流和间歇流方式下，以蛋白胨和绵白糖为混合基质（二者COD比为1∶1，COD值100mg/L），结果表明，只有6#河夹村大坝断面附近采样点培养出了水栉霉，其他采样点均未培养出水栉霉，表明水栉霉主要分布在6#河夹村大坝断面附近，与现场踏勘结果一致。2008年6#河夹村大坝断面水栉霉孳生情况如图4-3所示。

图4-3　6#河夹村大坝处2008年12月的水栉霉

2009年3月在水栉霉发生地6#河夹村大坝断面采集到水栉霉共生体，6#河夹村大坝左岸处水栉霉共生体最多，湿重为2120g/m³，干重为59.44g/m³，其次在6#河夹村大坝中侧

湿重为 2000g/m³，干重为 78.20g/m³，6# 河夹村大坝右侧水流最急处水栉霉较少，湿重为 400g/m³，干重为 29.40g/m³。

2009 年 10 月在 6# 河夹村大坝断面处未观察到水栉霉的产生，2009 年 11 月在 6# 河夹村大坝左岸处观察到了水栉霉的生长，但生长范围约在 6# 河夹村大坝断面上 100m 以内范围，同时只有左岸生长，与去年相比，生长面积缩减了约一半，生物量约为去年的一半，如图 4-4 所示。

2010 年 10 月～2011 年 1 月在 6# 河夹村大坝处未观察到水栉霉的产生，但 2011 年 2 月在 6# 河夹村大坝左岸处观察到了水栉霉的生长，但生长范围仅在 6# 河夹村大坝附近，生长范围进一步缩小，仅在 6# 河夹村大坝断面左岸处生长，约 10m 范围，从外观形态上，生物量约为去年的 1/5，如图 4-5 所示。

图 4-4　6# 河夹村大坝处
2009 年 11 月的水栉霉

图 4-5　6# 河夹村大坝断面处
2011 年 2 月水栉霉

(2) 高发期水栉霉发生地 6# 河夹村大坝水栉霉生长变化

为了解水栉霉的生长及形态变化，从 2009 年 11 月至 2010 年 3 月，在 6# 河夹村大坝水栉霉发生地对水栉霉进行每周一次的实验室显微镜观察。

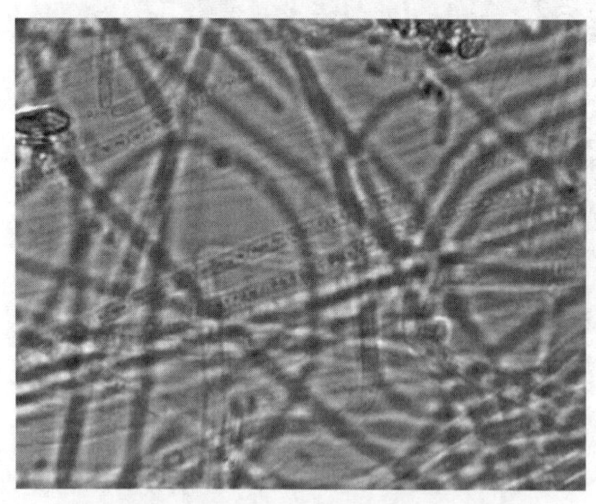

图 4-6　2009 年 11 月 6# 河夹村大坝
左岸水栉霉共生体(1000×)

2009 年 11 月 24～25 日第一次采样时，在 6# 河夹村大坝左岸河床底部发现有较多的乳白色絮状菌丝体，经显微镜观察，未发现明显成熟态“缩缢”水栉霉的出现（如图 4-6），推测可能为水栉霉的幼体。该乳白色絮状菌丝体主要集中在 6# 河夹村大坝左岸，当时气温为－6℃左右，水温为 0℃，此时 6# 河夹村大坝附近冰厚达 27cm。

图 4-7～图 4-13 是自 2009 年 11 月底至 2010 年 1 月中旬 6# 河夹村大坝处水栉霉的形态变化，采样过程中并未发现河床底部水栉霉共生体外观形态有明显变化；但从数量看逐渐减少，显微镜观察没有发现明显“缩缢”态特征的成熟水栉霉菌丝体。

2009 年 1 月 26 日在 6# 河夹村大坝采样，经显微镜镜检，发现水栉霉共生体样品中部分发生“缩缢”，可以断定为水栉霉，但只占其中一部分，并没有形成优势种群，其余的丝

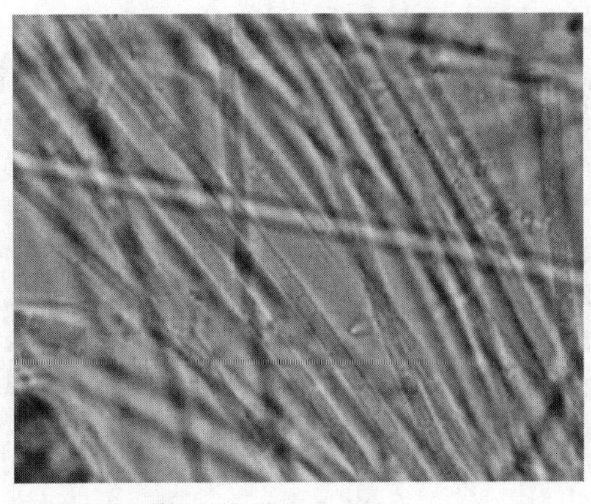

图 4-7　2009 年 12 月 6# 河夹村大坝左岸水栉霉共生体分布(1000×)

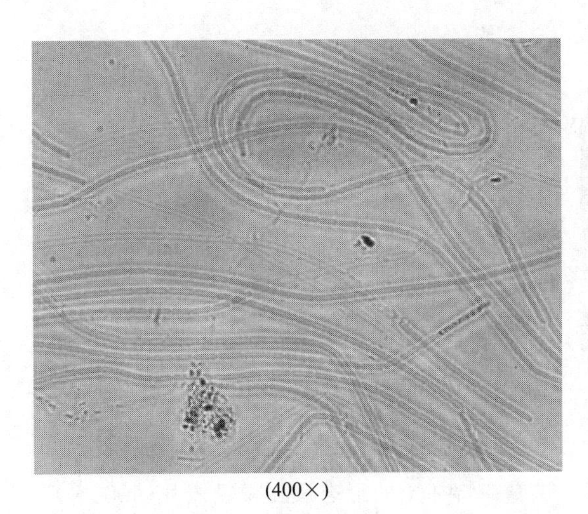
(400×)

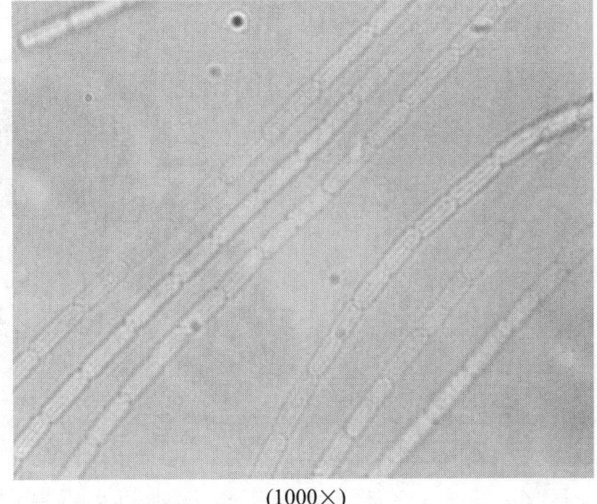
(1000×)

图 4-8　2009 年 12 月中旬 6# 河夹村大坝左岸水栉霉共生体

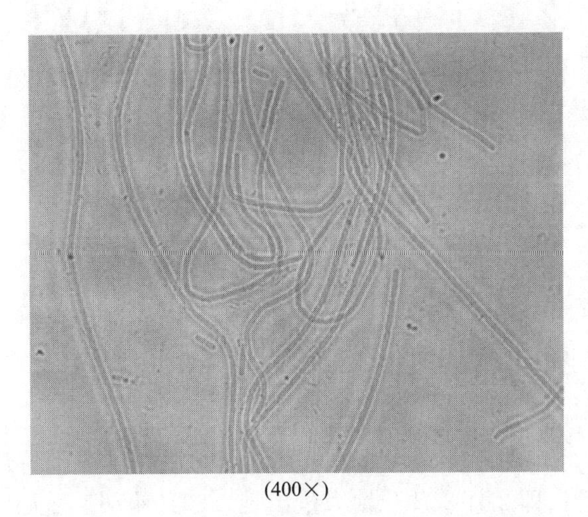
(400×)

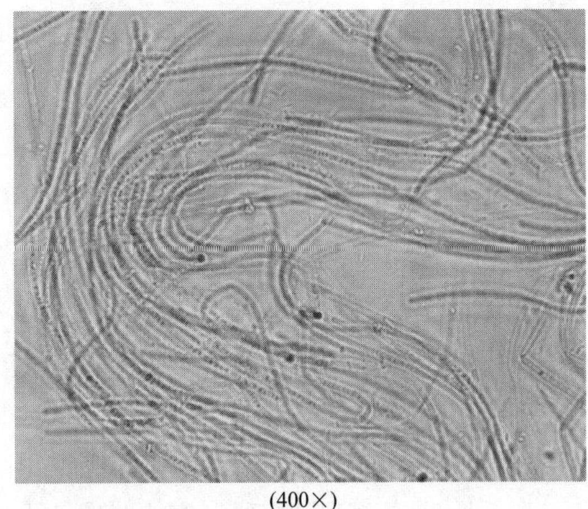
(400×)

图 4-9　2009 年 12 月下旬 6# 河夹村大坝左岸水栉霉共生体

状菌体还和以前一样，并未发现明显的“缩缢”。此时河床底部乳白色的丝状菌体明显减少，变为浅黄褐色，如图 4-14～图 4-16 所示。

图 4-10　2010 年 1 月 5 日 6# 河夹村大坝左岸底部水栉霉分布

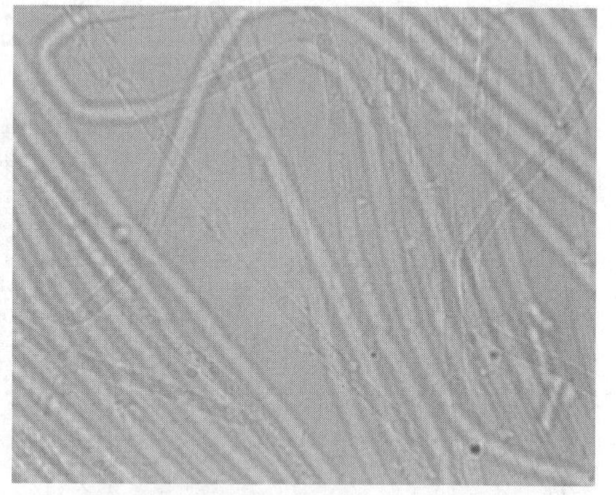

图 4-11　2010 年 1 月 5 日 6# 河夹村大坝左岸水栉霉在烧杯里的形态及显微镜照片（1000×）

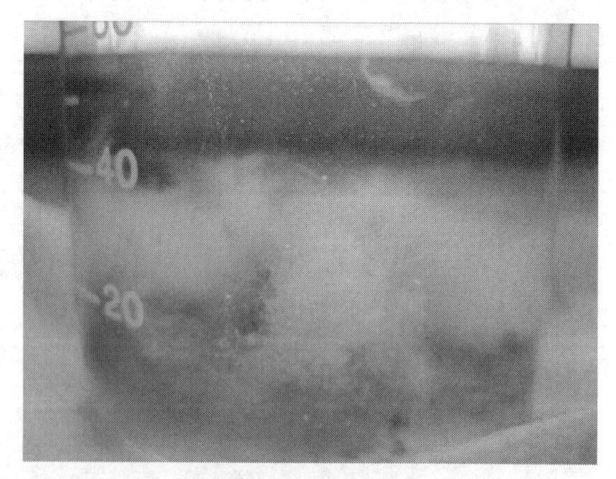

图 4-12　2010 年 1 月中旬 6# 河夹村大坝左岸底部水栉霉分布及形态

从 1 月 26 日发现“缩缢”态水栉霉 7 天后，即 2 月 3 日开始大量出现，2010 年 6# 河夹村大坝断面左岸所采的样品经显微镜观察大部分已经出现明显的“缩缢”结构，如图 4-17 和图 4-18 所示，显微镜观察水栉霉已形成优势种群，在整个群落中占有 50% 以上。从数量上来说丝状菌体在河床底部进一步减少，颜色从浅黄褐色进一步加深变为黄褐色。

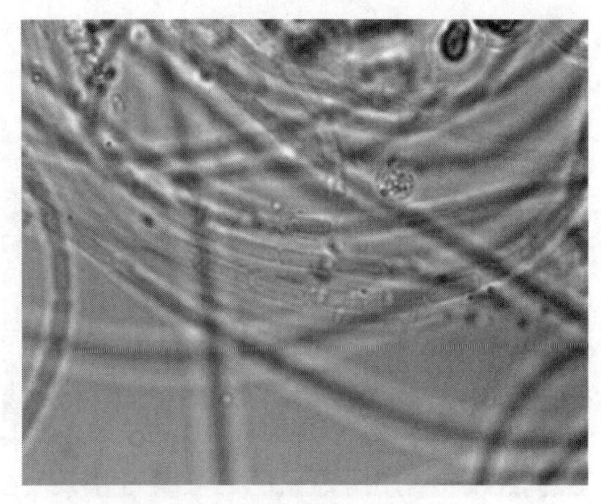

图 4-13　2010 年 1 月 19 日 6# 河夹村大坝水栉霉形态及显微镜观察(1000×)

图 4-14　2010 年 1 月 26 日 6# 河夹村大坝河床底部水栉霉情况及在烧杯里的形态

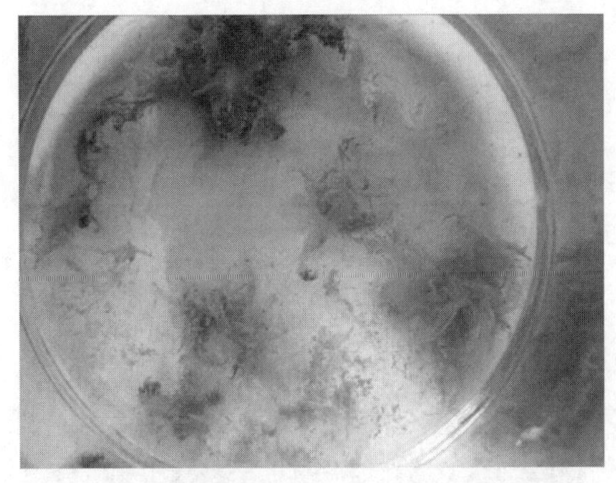

图 4-15　2010 年 1 月 26 日 6# 河夹村大坝水栉霉共生体形态

从 1 月 26 日“缩缢”态水栉霉开始出现 4 周后，即 2010 年 2 月 24 日，发现 6# 河夹村大坝断面附着在河床底部的丝状菌体进一步减少（很难找到）。显微镜观察水栉霉共生体，发现其仍具有明显“缩缢”态细胞结构，但已经由占优势转化为占劣势，在整个显微镜的视

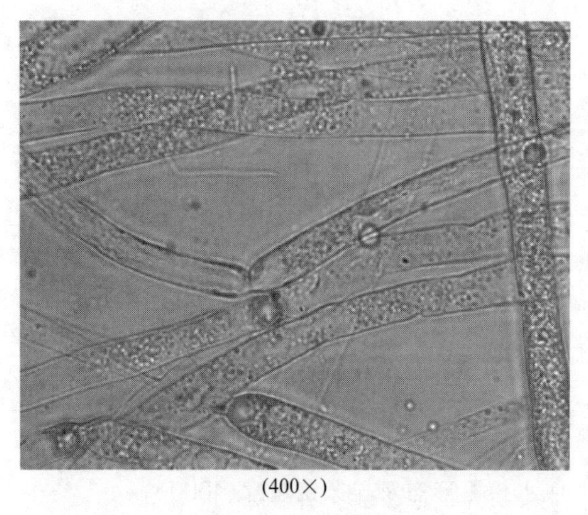
(400×)

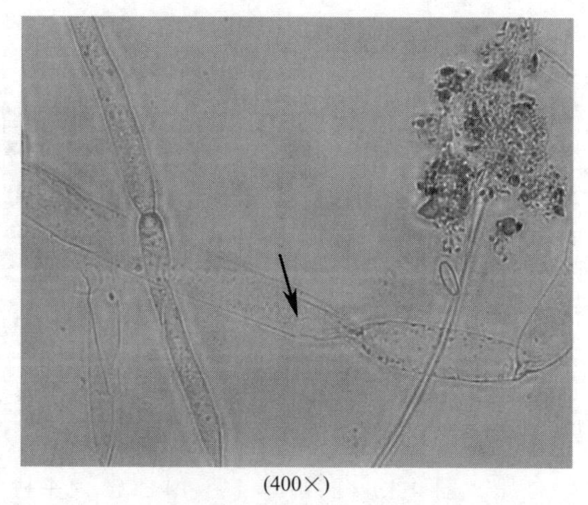
(400×)

图 4-16　2010 年 1 月 26 日 6# 河夹村大坝水栉霉显微镜照片

图 4-17　2010 年 2 月 3 日 6# 河夹村大坝断面河床底部水栉霉共生体及其形态

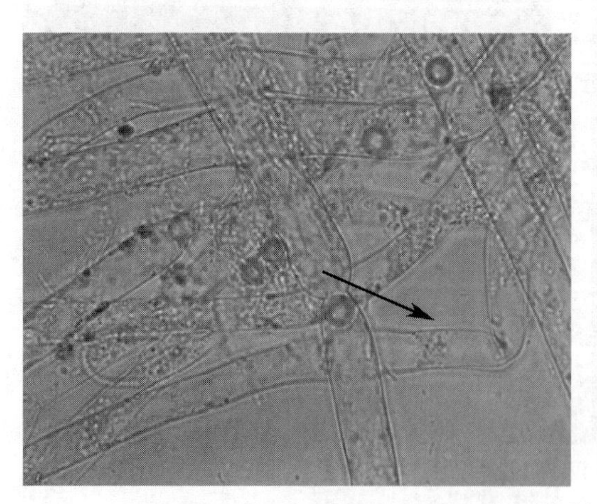

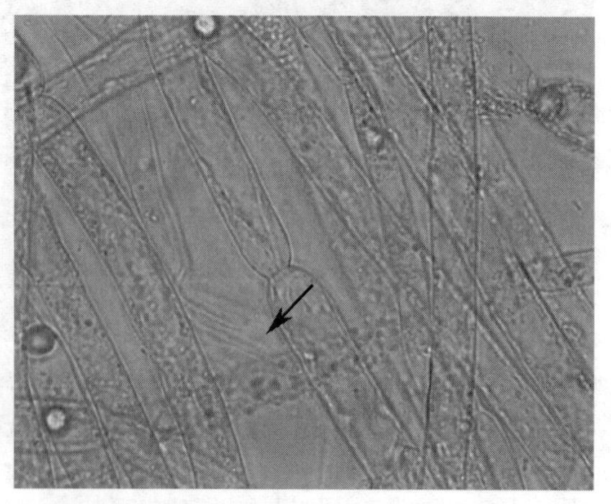

图 4-18　2010 年 2 月 3 日 6# 河夹村大坝断面现场水栉霉共生体(400×)

野范围内占 30%左右，且“缩缢”比较明显，推测细胞结构已经开始老化，颜色与 2 月 3 日即 3 周前相比变为深黄褐色。如图 4-19 和图 4-20 所示。将采集的水栉霉共生体用超纯水冲洗后放在烧杯中静置一段时间后，烧杯内壁附着有一定量的气泡，但并未发现水栉霉样品在烧杯内漂浮，河流现场也没有发现水栉霉共生体的漂浮。

成熟“缩缢”态水栉霉出现时间段为 1 月 26 日～2 月 24 日，约 1 个月，是水栉霉防治的重点时段，尤其是 1 月 26 日～2 月 3 日是其占优势的时段，也是其大面积爆发的重点监控时段。

图 4-19　2010 年 2 月 24 日 $6^{\#}$ 河夹村大坝断面现场情况及水栉霉烧杯里形态

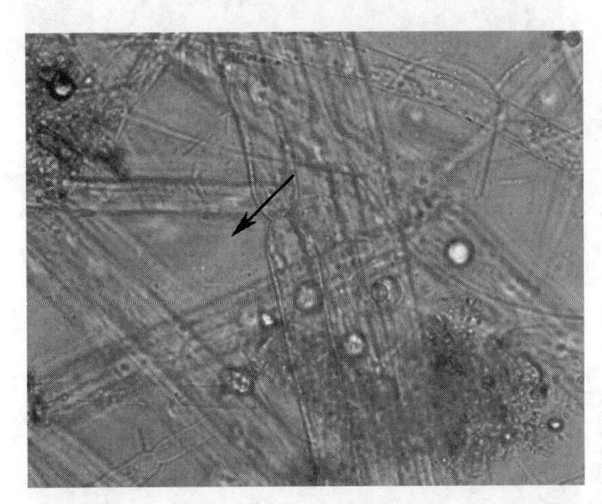
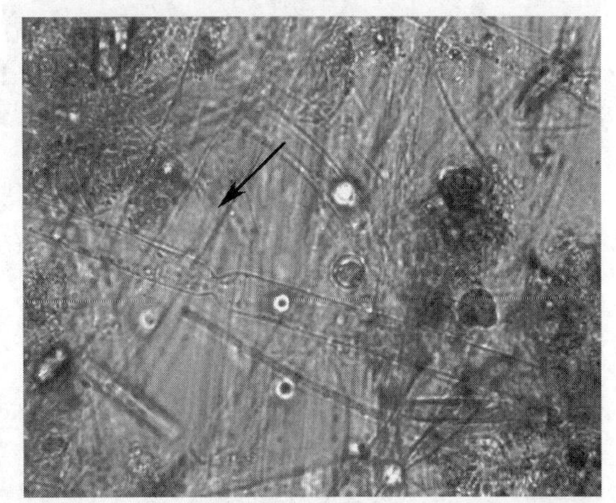

图 4-20　2010 年 2 月 24 日 $6^{\#}$ 河夹村大坝断面现场采样水栉霉显微镜照片(400×)

2010 年 3 月 8 日在 $6^{\#}$ 河夹村大坝断面采样，没有发现水栉霉样品，河床底部也没有发现乳白色的丝状菌体。如图 4-21 所示。2010 年 3 月 24 日，$6^{\#}$ 河夹村大坝断面左岸附近水面冰已经开始融化，在融化的水域河床底部也没有发现乳白色或黄褐色的丝状菌体，河流表面也没有成熟的丝状体漂浮。进入 4 月以后，天气进一步转暖，整个流域冰雪开始融化，水体变浑浊，径流量变大，此时已经无法观察到河床底部水栉霉的生长状况，如图 4-22 和图 4-23 所示。

4.3.2　水栉霉在牡丹江流域发生机制

(1) 外来污染源诱发水栉霉的作用机制

斗银河作为海浪河的支流，流经海林市市区，是整个海林市的纳污河流，部分未经有效

图 4-21　2010 年 3 月 8 日 6# 河夹村大坝断面现场情况和河床底部情况

图 4-22　2010 年 4 月初 6# 河夹村大坝断面现场情况

图 4-23　2010 年 4 月下旬 6# 河夹村大坝断面现场情况

处理的生活污水和工业废水排入斗银河，海林市污水处理厂的排水也进入斗银河，斗银河汇入海浪河处下游 2km 处即为水栉霉发生地，因此是水栉霉发生的主要污染来源之一。

2008 年 12 月，3# 斗银河口上游 100m 采样点 COD 高达 67.7mg/L、氨氮为 28.5mg/L，属于劣Ⅴ类（表 4-2）。2009 年 4 月～2010 年 3 月该采样点长期月监测数据如图 4-24 所示，

3# 斗银河口上游 100m 处 COD 为 18.4～112.2mg/L，除 2009 年 8 月和 9 月外，COD 值均超出地表水Ⅴ类水质。氨氮为 1.8～12.7mg/L，除 2009 年 12 月外，氨氮值均超出地表水Ⅴ类水质。由于斗银河入口位于水栉霉主要发生地河夹村大坝上游 2km 左右，表明斗银河是海浪河的主要污染来源之一，同时也是水栉霉发生地 6# 河夹村大坝断面的主要污染来源。

表 4-2　2008 年 12 月部分断面水质

断面编号及名称	pH	COD /（mg/L）	氨氮 /（mg/L）	NO_3^- /（mg/L）	NO_2^- /（mg/L）	PO_4^{3-} /（mg/L）	Cl^- /（mg/L）
3# 斗银河口上游 100m	7.9	67.7	28.5	86.5	1.17	4.9	65.8
6# 河夹村大坝	7.8	285.1	0.9	22.8	—	7.3	5.1
7# 海南大桥	8.1	23	0.8	24.0	—	7.7	6.0

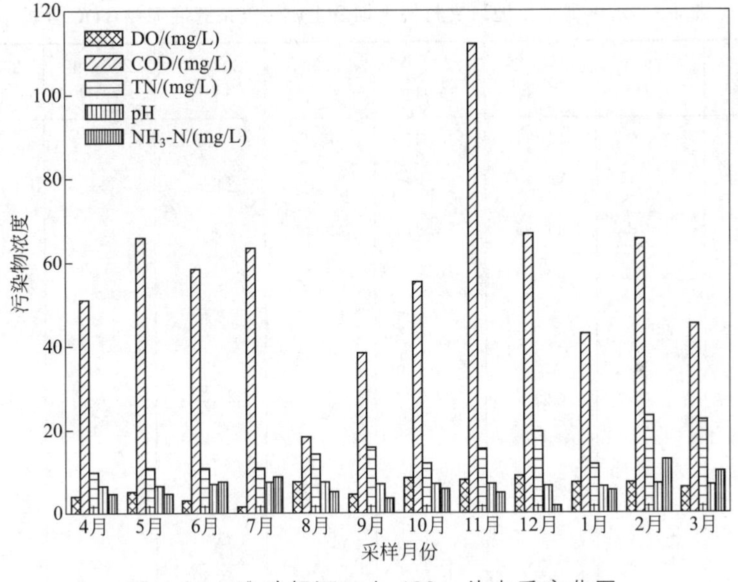

图 4-24　3# 斗银河口上 100m 处水质变化图

2010 年 1 月、2 月、4 月、12 月和 2011 年 1 月、2 月 11# 酒厂排污口、12# 污水井、13# 暗口和 14# 总汇污沟 4 个采样点 COD 为 25～330mg/L，氨氮为 0.07～21.6mg/L，总氮为 1.3～26.3mg/L；14# 总汇污沟 COD 为 25～99mg/L，氨氮为 0.07～1.23mg/L，总氮为 1.3～4.3mg/L，属于Ⅳ类及劣Ⅴ类水，其总长约 500m，后汇入斗银河，距离 3# 斗银河口上游 100m 采样点约 1km，表明海林市点源排放是造成斗银河污染的原因之一。

在水栉霉发生地的 6# 河夹村大坝断面，2008 年 12 月 COD 高达 285.1mg/L，氨氮却低至 0.9mg/L，如表 4-2，推测大坝附近有污染源，调研发现大坝左岸水栉霉发生地旁边有一污水沟间歇汇入，污水沟污水来自附近某垃圾填埋场。此时，水栉霉在水坝处孳生严重，沿河流有 300m 左右。2011 年 2 月 6# 河夹村大坝断面监测到了 46.8ng/L 的苯并芘，超出 10ng/L 的生活饮用水卫生标准（GB 5749—2006），也侧面反映出 6# 河夹村大坝污水沟来水中混有垃圾渗滤液。杨晓忠等在 2006 年测定某卫生填埋场垃圾渗滤液中苯并芘达到 170ng/L。2010 年 12 月和 2011 年 2 月，15# 污水沟采样点 COD 分别为 16.8mg/L 和

36.1mg/L，属于Ⅴ类水质。

在监测期内，每年12月到次年2月，河夹村大坝附近村民把大量生活垃圾和食用菌种植废料堆放在冰面上，由于大量废料堆积发酵发热，造成冰面融化，垃圾产生的渗滤液流入水中，对河夹村大坝水体水质也会造成一定的影响，是造成该断面COD较高的原因之一，也是诱发水栉霉大规模爆发的因素之一，为水栉霉的大量繁殖提供了丰富的营养源。

（2）内源污染诱发水栉霉的作用机制

由于河夹村大坝的拦截作用，在大坝断面附近的水体流速降低，并且在大坝断面前面有历史遗留的大沙坑，水体中大量悬浮物和污染物沉积在6#河夹村大坝断面前的河床底部，形成河流沉积物。沉积物是河流生态系统的重要组成部分，是入河污染物特别是营养物质的主要蓄积场所，这些底泥将在很长一段时间内释放营养物质，形成了水体的内源污染。

① 内源有机物分析　水栉霉发生地6#河夹村大坝断面及其他断面采样点底泥的有机物含量如表4-3所示。

表4-3　水栉霉发生地河夹村桥大坝及上游污染来源底泥中TOC含量　单位：mg/g

采样点位	2009年3月	2009年5月	2009年7月	2009年8月	2009年11月	2009年12月	2010年1月	2010年4月
1#	—	14.31	10.01	0.17	—	—	—	—
2#	—	16.33	40.82	—	24.54	—	—	57.10
3#	—	26.55	83.81	49.84	—	—	35.01	36.12
4#	—	—	—	22.79	—	—	—	—
河夹村桥大坝上游200m	16.47	—	—	—	—	—	—	—
5#左	—	20.52	—	—	27.52	—	12.63	—
5#右	—	—	—	—	—	—	27.34	—
6#左	—	28.70	28.17	—	—	—	—	19.55
6#右	—	—	—	18.59	—	—	—	16.17
7#	—	0.48	0.50	0.320	0.30	—	—	—
8#	—	—	30.88	—	—	—	—	26.52
10#	—	—	22.23	18.68	—	—	—	—

由表4-3可见，在6#河夹村大坝断面水栉霉发生的位置，底泥中TOC含量为16.17～28.70mg/g，有机物含量占1.6%～2.8%，表明在6#河夹村大坝断面水栉霉发生地，底泥中含有的有机质能为水栉霉的生长提供必备的营养源，曾报道淮河受污染河段底泥有机质含量为1.3%～1.4%。在4#河夹村大坝上游300m处，测定底泥中TOC含量22.79mg/g，有机物含量达2.3%；5#河夹村大坝上游100m TOC含量为12.63～27.52mg/g，有机物含量为1.2 %～2.7%，初步判定在6#河夹村大坝断面上300m范围（历史遗留有挖沙坑）存在底泥的有机物污染，上述范围内各断面处有机质能为水栉霉的生长持续提供营养基质，是水栉霉发生的营养物质来源之一。

该河流上的2#英雄桥、3#斗银河口上游100m断面底泥TOC含量明显高于其他断面（表4-3）。2009年7月，3#斗银河口上游100m断面底泥TOC含量高达83.81mg/g，这是因为斗银河为海林市的纳污河流，反映斗银河污染较重，是引发水栉霉污染的来源之一。

② 内源重金属分析　6#河夹村大坝断面位于斗银河入海浪河口下游2km、10#牡丹江市西水源地上游10km。斗银河收纳了海林市城市污水厂排水、海林市部分未经有效处理的生活污水和工业排水后汇入海浪河，斗银河与海浪河相比流量较小，污染物浓度得到一定程度的稀释和降解，浓度明显降低。由于大坝上游有大量挖沙坑的存在，导致河流流速降低，大量悬浮物在6#河夹村大坝断面上游300m范围内沉积。自2006年水栉霉污染事件后，每年冬季在6#河夹村大坝断面附近都发现有水栉霉的存在。

对6#河夹村大坝断面河床底泥重金属的分析主要集中在2009年7月、10月、12月，具体的变化趋势如图4-25所示。

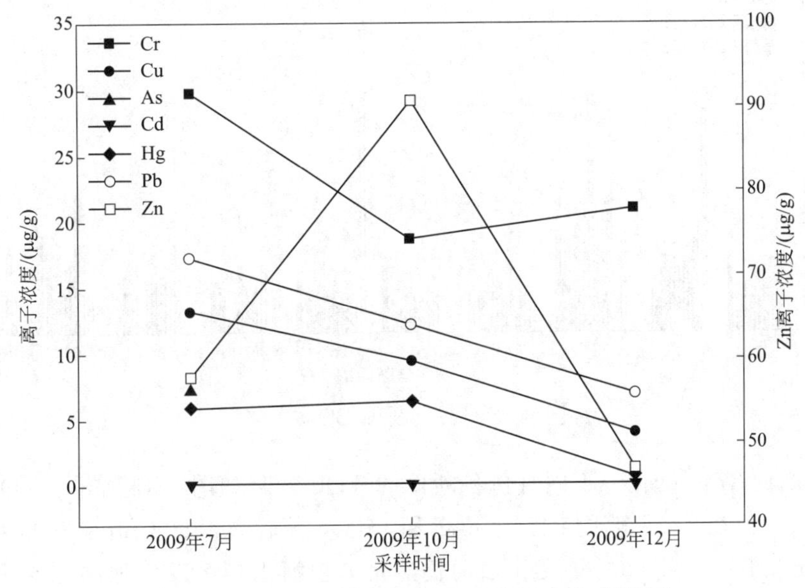

图4-25　6#河夹村大坝断面重金属变化规律图

由图4-25可见，6#河夹村大坝断面底泥重金属含量总体趋势是下降的，这与水栉霉污染事件后当地加强环境监督、切实减少污染物排放有关。该断面的重金属全部满足《土壤环境质量标准》(GB 15618—1995) 二级标准规定的限值，河夹村大坝底泥不存在重金属污染问题，水栉霉的生长未对水体中的重金属含量产生影响，重金属并不是造成水栉霉大量繁殖的因素。

(3) 河流水质现状及其诱发对水栉霉的作用机制

① 各个断面COD变化　不同月份各断面的COD变化如图4-26所示，代表6#河夹村大坝断面上游来水的1#海浪河大桥、2#英雄桥、3#斗银河口上游100m、4#河夹村大坝上游300m、5#河夹村大坝上游100m五个采样点的COD为10～112.2mg/L，多数都低于水栉霉发生地6#河夹村大坝断面处的COD。需要说明的是3#斗银河口上游100m点COD明显高于其他采样点，其代表斗银河来水水质，侧面反映出斗银河来水是水栉霉发生的主要污染源之一，但斗银河汇入海浪河后，水质逐渐变好，4#河夹村大坝上游300m、5#河夹村大坝上游100m表现出污染逐渐削减的趋势。同时各采样点在冰封期（枯水期）12月、1月、2月COD较高，水质较差，尤其在水栉霉发生地6#河夹村大坝断面处，2008年12月监测COD高达285.1mg/L，冰封期较高的COD也为水栉霉高发期（10月至次年2月）水

栉霉孳生提供了较好的碳物质营养源。

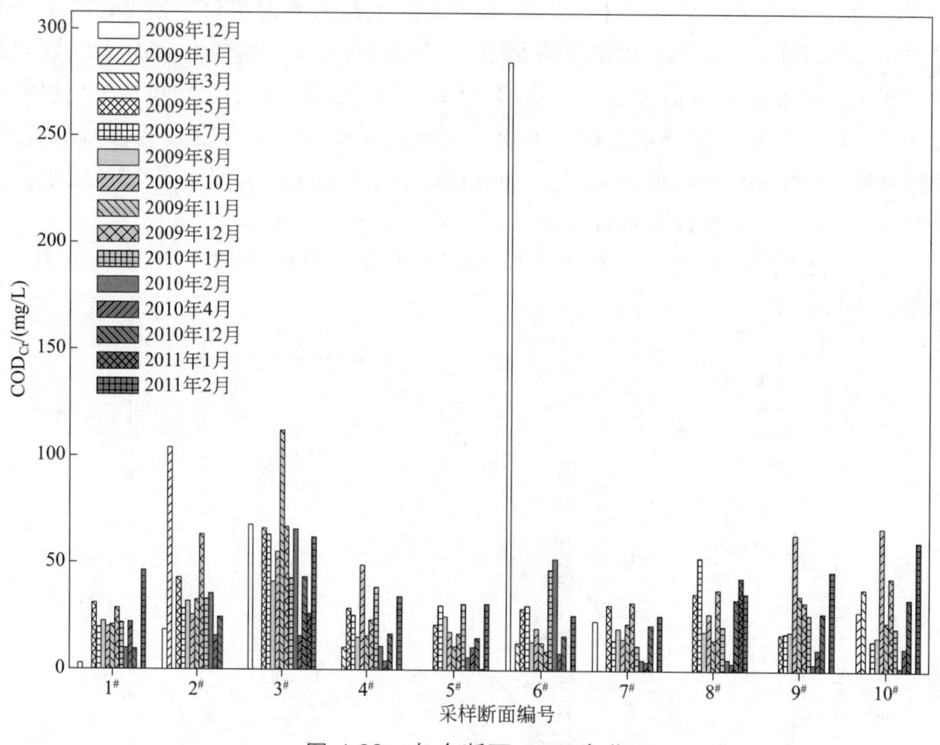

图 4-26　各个断面 COD 变化

② 各个断面 TOC 变化　不同月份各断面的 TOC 变化如图 4-27 所示。TOC 值在各个断面变化不大，但在 3# 斗银河口上 100m 断面，TOC 值较高，TOC 值在 2009 年 11 月采样时高达 43.8mg/L，表明 2009 年度斗银河仍然是海浪河水栉霉发生地的主要污染源之一。但 2009 年 10 月随着海林市污水厂处理设施的正常运转，斗银河的水质呈现逐渐好转趋势，污染来源逐渐被削减。

③ 各个断面氨氮变化　不同月份各断面的氨氮变化如图 4-28 所示。

由图 4-28 可见，氨氮浓度在 6# 河夹村大坝以上 2# 英雄桥、3# 斗银河口上游 100m 断面较高，4# 河夹村大坝上游 300m 到 6# 河夹村大坝氨氮浓度开始降低，同时 4# 河夹村大坝上游 300m 到 6# 河夹村大坝采样点氨氮浓度值较为接近。氨氮浓度变化表明，斗银河仍然是海浪河水栉霉发生地的主要来源。2009 年 1 月 2# 英雄桥氨氮浓度高达 30mg/L，但 2010 年 1 月降至 2.3mg/L，表明海林市的生活污水收集率和处理率都在逐步提高。

④ 各个断面 DO 变化　不同月份各断面的 DO 变化如图 4-29 所示。

由图 4-29 可见，DO 随不同月份温度的升高而降低，其值在 1.6～14.1mg/L，在温度较低的 10 月至次年 2 月 DO 较高，为 5.9～14.1mg/L。6# 河夹村大坝处的 DO 多数高于其他采样点，10 月至次年 2 月高达 9.9～13.0mg/L，主要是由于河夹水坝水流流速较快，从而增大了水中的 DO 浓度。

⑤ 各个断面钙镁铁离子变化　不同月份各断面的钙镁铁离子变化如图 4-30～图 4-32 所示。

由图 4-30 和图 4-31 可知，钙镁离子在各个断面变化不大，但河夹村大坝以上的 2# 英

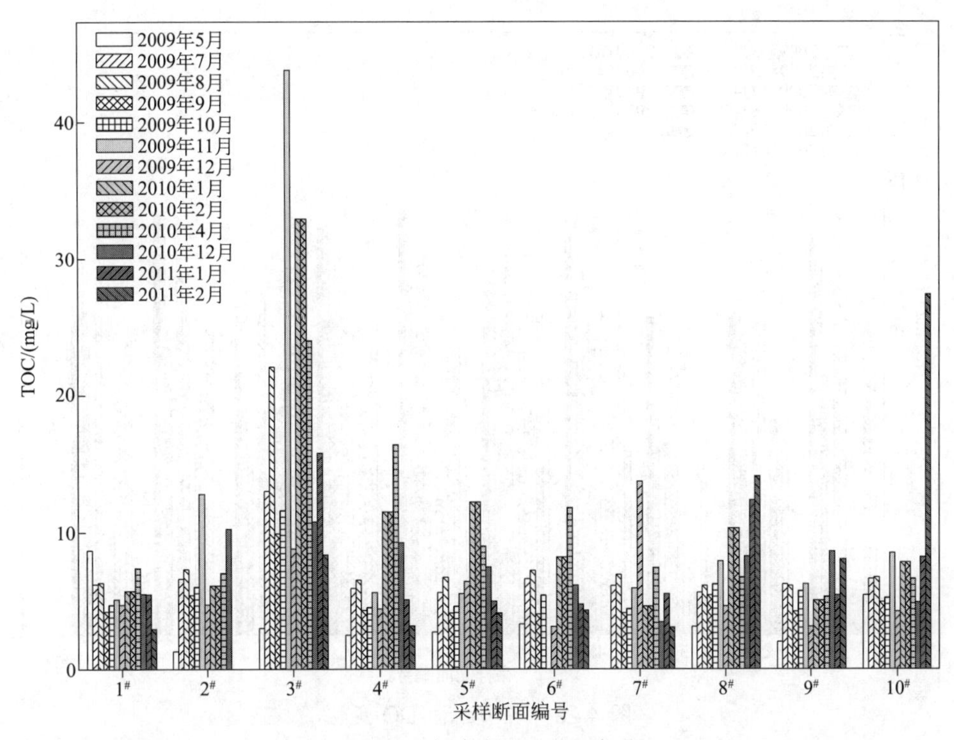

图 4-27　各个断面 TOC 变化

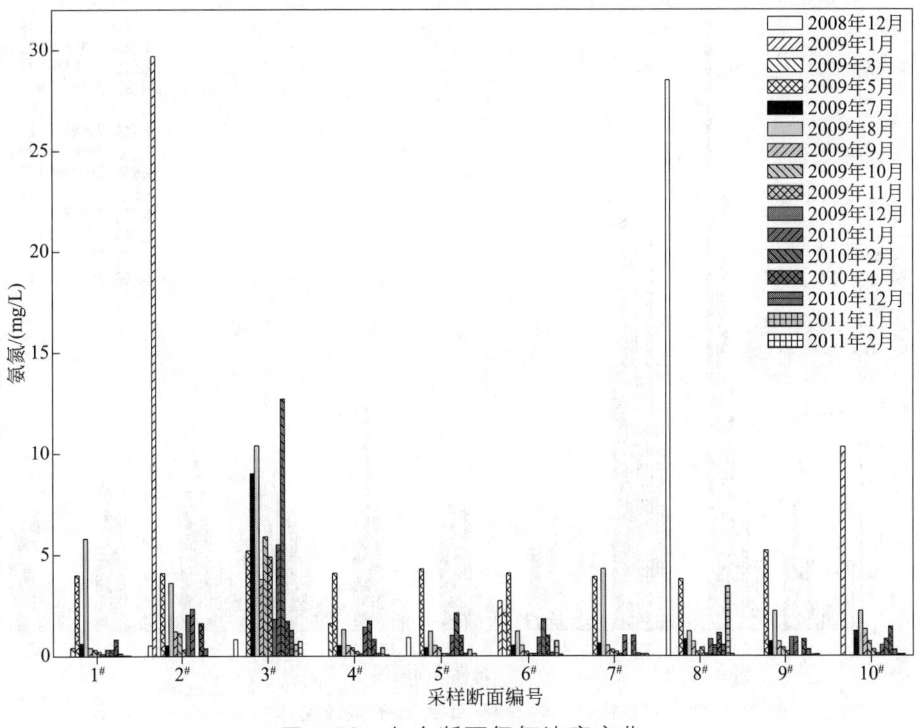

图 4-28　各个断面氨氮浓度变化

雄桥、3# 斗银河口上游 100m 断面浓度值较高，这与其他水质指标监测结果一致。

根据《地表水环境质量标准》(GB 3838—2002)，集中式生活饮用水地表水源地补充项

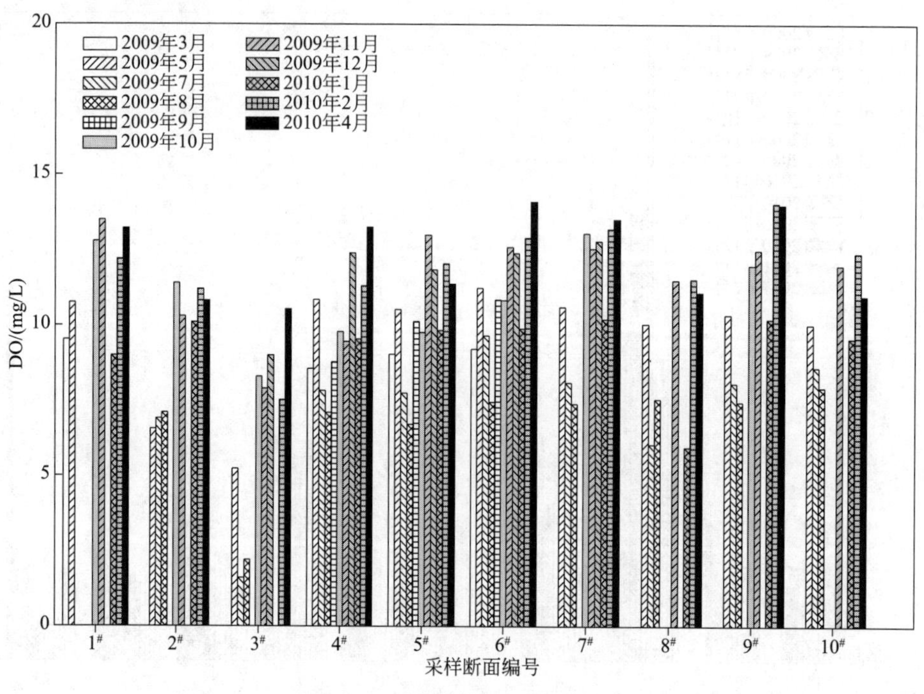

图 4-29 各个断面 DO 变化

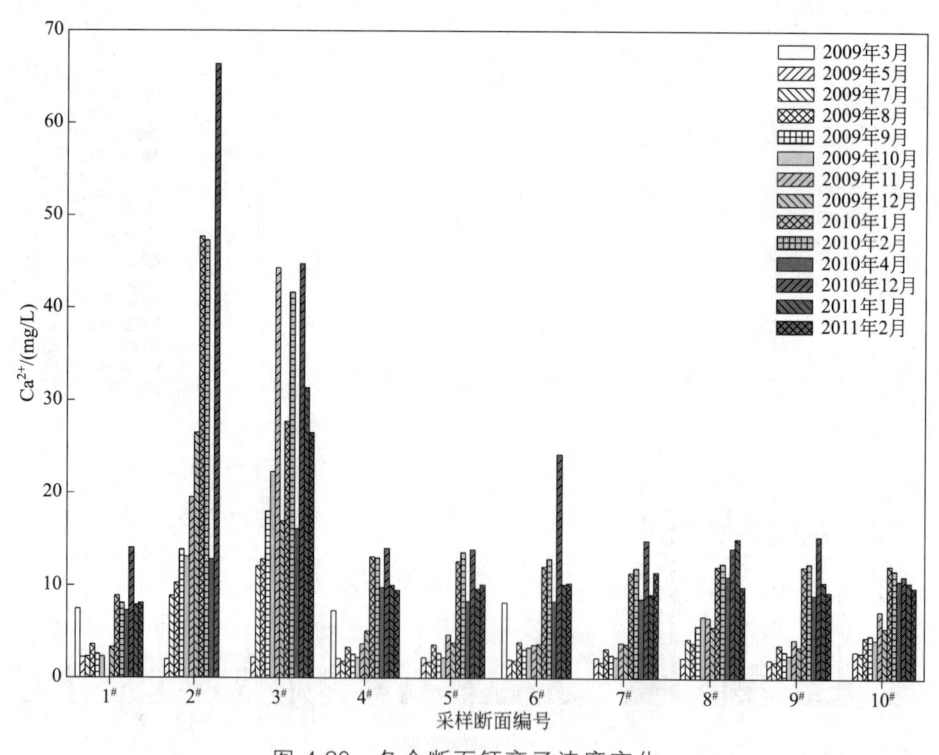

图 4-30 各个断面钙离子浓度变化

目标准限值规定 Fe 离子含量为 0.3mg/L，其中 1# 海浪河大桥是海林市的饮用水源地，10# 为牡丹江市西水源地，这两个断面按此标准进行评价，其他断面按Ⅱ类水体评价，不存在

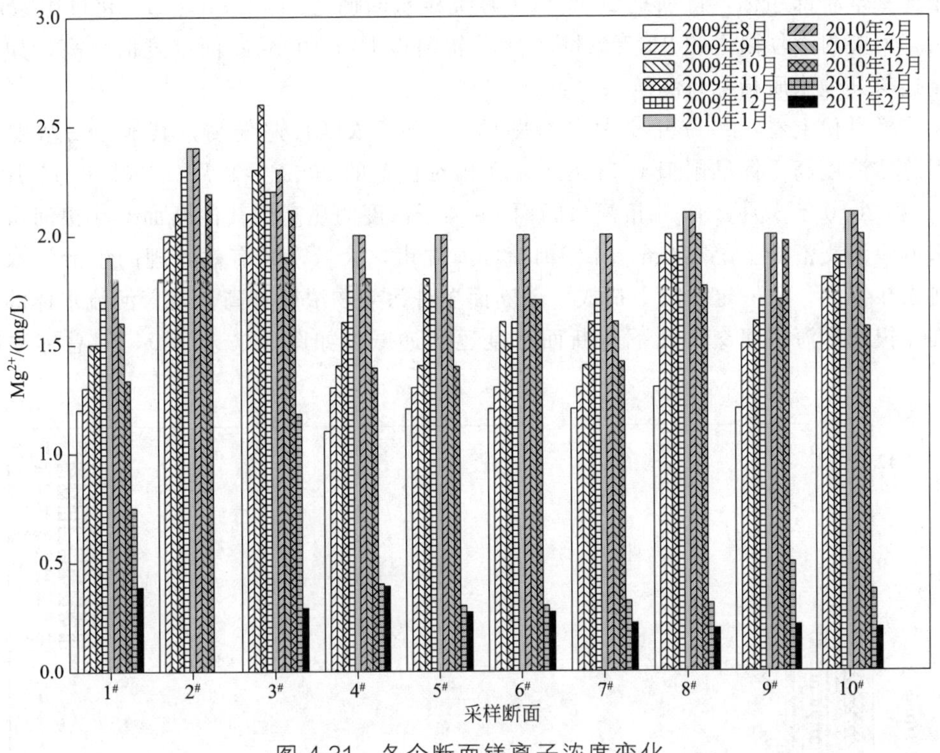

图 4-31 各个断面镁离子浓度变化

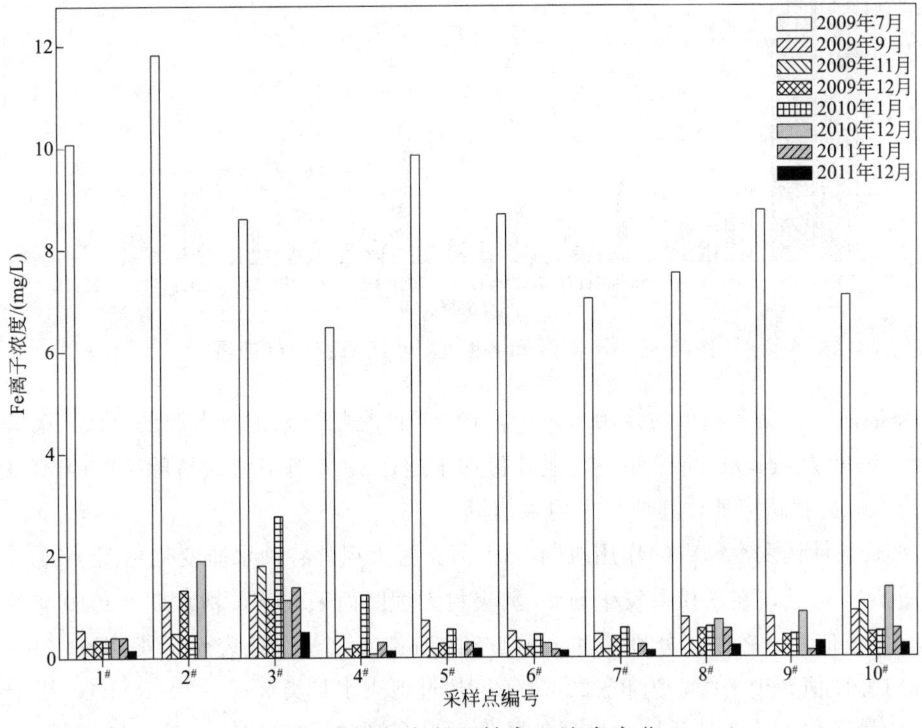

图 4-32 各个断面铁离子浓度变化

Fe 离子含量指标的考核。各个月份不同监测断面按 Fe 含量为 0.3mg/L 标准进行评价，Fe

离子浓度基本全部超标，特别是 2009 年 7 月英雄桥断面达到 11.8mg/L，超过国家标准 40 倍左右，河夹村大坝以上的 2# 英雄桥、3# 斗银河口上游 100m 断面浓度值较高，如图 4-32 所示，这与其他水质指标监测结果一致。

从采样月份上看，2009 年 7 月各个断面 Fe 离子浓度普遍偏高，其他月份浓度相对稳定，但总体浓度高于标准限值 0.3mg/L。在相对稳定的 2009 年 9 月、2009 年 11 月、2009 年 12 月和 2010 年 1 月，3# 斗银河口断面 Fe 离子浓度明显高于其他断面。斗银河口位于斗银河和海浪河交汇处上游 100m，斗银河流经海林市，大量未经有效处理的生活污水和工业废水排入斗银河，从一定程度上造成了该断面多种污染物浓度较高。随着河流水体的净化作用，在斗银河和海浪河交汇处下游断面浓度逐渐递减（如图 4-33 所示），但总体浓度依然超标。

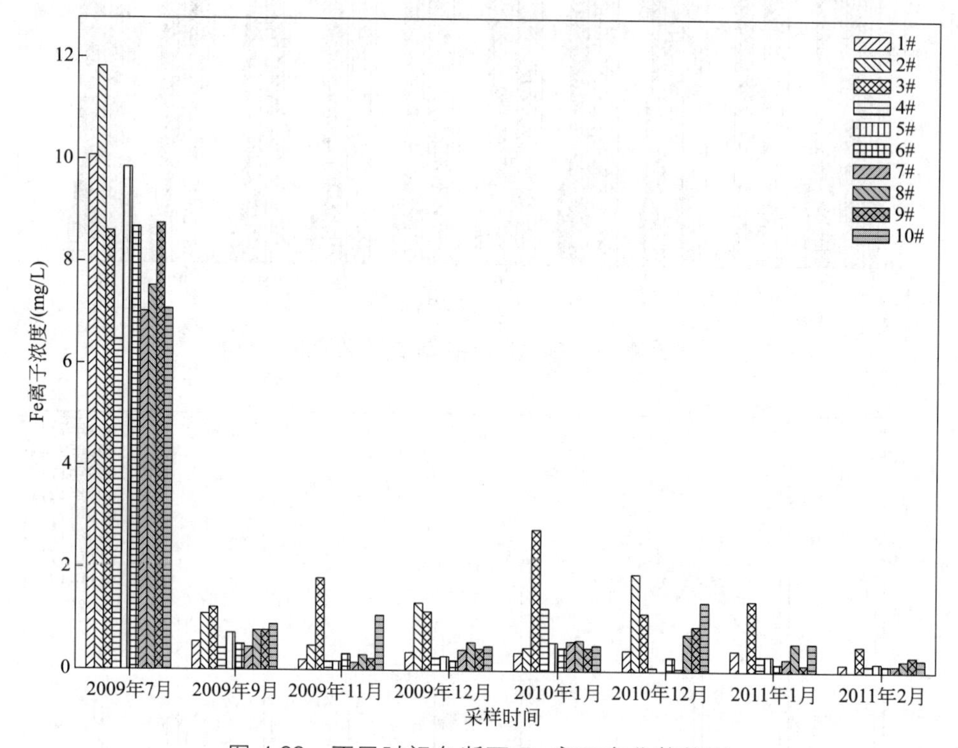

图 4-33　不同时间各断面 Fe 离子变化趋势图

1# 海浪河大桥是海林市的饮用水源地，10# 断面是牡丹江市西水源地，10# 除 2009 年 7 月 Fe 离子浓度为 7mg/L 超标外，其他月份均未超标。1# 海浪河大桥除 2009 年 7 月 Fe 离子浓度为 10mg/L 超标外，其他月份均未超标。

⑥ 水质条件诱发水栉霉的作用机制　6# 河夹村大坝处各种水质变化见图 4-34。

由图 4-34 可见，在水栉霉发生地 6# 河夹村大坝断面采样点，枯水期（2010 年的 1 月和 2 月）COD 数值相对较高，分别为 47mg/L 和 52mg/L，超过地表水Ⅴ类标准（40mg/L），其他月份 COD 值趋于平缓，为 8～22mg/L，超过地表水Ⅲ类标准（20mg/L），属于Ⅳ类水体；TC 含量变化，从 3 月开始，呈现先降低后升高现象，2009 年 8 月、11 月及 2010 年 4 月含量较高，分别为 10.5mg/L、8.8mg/L 和 18.2mg/L；TOC 含量从 5 月开始，也呈现增加趋势，2009 年 8 月、4 月水质 TOC 值相对较高，分别为 7.2mg/L 和 16.7mg/L，4 月水

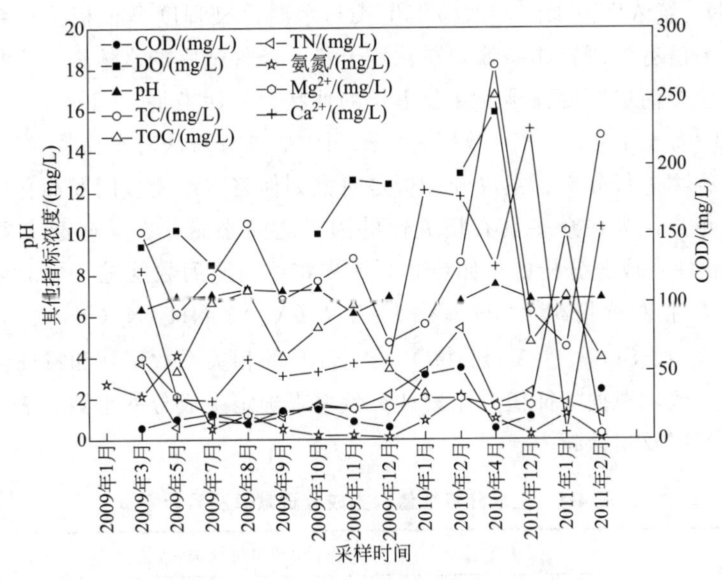

图 4-34 6# 河夹村大坝处各种水质变化

体 TC 和 TOC 含量高与冰雪融化期有关；TN 含量从 3 月开始，呈下降趋势，后趋于平缓，10 月又稍微升高，至 2010 年 2 月达最高值 5.4mg/L；氨氮从 3 月开始，呈现下降趋势，8 月增至 1.2mg/L；2010 年 2 月增至最高值 2.1mg/L，超过地表水Ⅴ类标准（2.0mg/L），调研结果表明，这与附近污水沟汇入 6# 河夹村大坝断面有关，同时也侧面反映出水栉霉生长与氮含量关系密切。钙镁离子从 3 月开始，呈先下降后升高的变化，上述离子的变化与夏季河夹村大坝处的原生动物、浮游植物等生长旺盛有关。

河夹村大坝处水质变化见图 4-35。

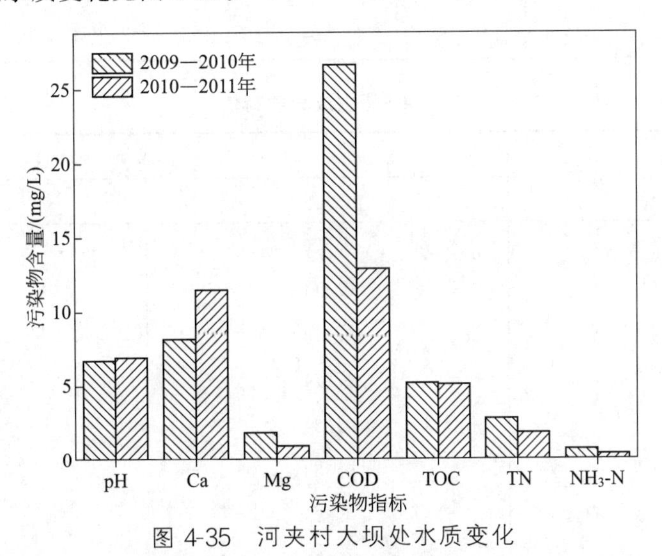

图 4-35 河夹村大坝处水质变化

由图 4-35 可见，对比水栉霉高发期（12 月至次年 2 月）6# 河夹村大坝断面左岸处的平均水质变化，2009—2010 年与 2010—2011 年相比，COD 由 33.3mg/L（Ⅴ类）下降到 12.9mg/L（Ⅰ类），下降了 61.3%；TN 由 3.6mg/L（劣Ⅴ类）下降到 1.8mg/L（Ⅴ类），下降了 51.0%；NH_3-N 由 0.7mg/L（Ⅲ类）下降到 0.3mg/L（Ⅱ类），下降了 55.0%；表

明在一定的COD、氮浓度范围内，水栉霉生长与水质污染程度呈正相关关系，水栉霉是污水指示生物，这与已有的研究相一致。在营养丰富、条件适宜的水体中，水栉霉会严重过度繁殖，形成占据整个河道宽度并延绵几公里长的絮状生物污染带。

以2009年10月至2010年3月数据为例采用主成分分析法对水栉霉发生地6#河夹村大坝断面的主要污染物进行分析。主成分分析是研究如何将多维变量问题简化为较少的综合变量问题。基本思想是认为在众多具有相关性的因子之间必然存在某些起主要作用的共同因子。根据SPSS软件主成分分析的具体步骤，首先将原始监测数据进行标准化并求出相关系数矩阵，分别对8个评价指标COD（X_1）、TN（X_2）、NH_3-N（X_3）、TP（X_4）、Cl^-（X_5）、NO_2^-（X_6）、SO_4^{2-}（X_7）、NO_3^-（X_8）的相关系数矩阵和特征值进行计算，以确定评价的主因子数，根据特征值方差累计贡献率来确定主成分的个数。表4-4为主成分特征值、主成分贡献率及累计频率。

表4-4　主成分特征值、主成分贡献率及累计频率

主成分	初始特征值		
	特征值	特征值贡献率/%	特征值累计贡献率/%
1	5.201	65.01	65.01
2	1.604	20.05	85.06
3	0.524	6.55	91.61
4	0.482	6.02	97.63
5	0.190	2.37	100.000
6	6.84×10^{-17}	8.55×10^{-16}	100.000
7	3.55×10^{-17}	4.43×10^{-16}	100.000
8	-1.26×10^{-16}	-1.57×10^{-15}	100.000

表4-5　主成分载荷值

项目	主成分	
	1	2
X_1	0.376	−0.028
X_2	0.414	−0.180
X_3	0.393	−0.211
X_4	0.274	−0.535
X_5	0.324	0.483
X_6	0.333	0.432
X_7	0.323	0.368
X_8	0.371	−0.283

由表4-5的主成分载荷值上看，第一主成分中TN（X_2）、NH_3-N（X_3）、COD（X_1）、NO_3^-（X_8）四个指标在第一主成分中占有较大的载荷，表明河流水质在监测期内含有碳氮的有机物含量较多；第二主成分中Cl^-（X_5）、NO_2^-（X_6）相对较高，反映了水体中

Cl^-、NO_2^-超标等，综合两个主成分，基本上反映了整个冰封期内6#河夹村大坝断面水质变化。同时由于第一主成分特征值贡献率为65.02%，远大于第二主成分20.0%的贡献率。所以整个冰封期内河夹村大坝水质污染主要由第一主成分决定，表现为含氮有机物含量超标，与整个海浪河流域污染特征相似。

根据主成分分析的计算步骤，计算出冰封期6#河夹村大坝断面水质评价的模型函数，见式（4-1）和式（4-2）：

$$F_1 = 0.376Z_{X1} + 0.414Z_{X2} + 0.393Z_{X3} + 0.274Z_{X4} + 0.324Z_{X5} + 0.333Z_{X6} + 0.323Z_{X7} + 0.371Z_{X8} \tag{4-1}$$

$$F_2 = -0.028Z_{X1} - 0.180Z_{X2} - 0.211Z_{X3} - 0.535Z_{X4} + 0.483Z_{X5} + 0.432Z_{X6} + 0.368Z_{X7} - 0.283Z_{X8} \tag{4-2}$$

综合评价函数如式（4-3）：

$$F = 0.764F_1 + 0.236F_2 \tag{4-3}$$

根据综合模型函数式（4-3），得出每个月份水质评价的最后得分，综合得分是用定量化的手段来描述水质污染程度，得分越高，污染就越严重，如表4-6所示。

表4-6　河夹村大坝冰封期水质综合评价结果

监测月份	第一主成分得分F_1	第一主成分排名	第二主成分得分F_2	第二主成分排名	综合得分F	综合排名
10月	−2.825	6	2.337	1	−1.606	6
11月	−1.880	5	1.306	3	−1.128	5
12月	−1.141	4	1.326	2	−0.559	4
次年1月	1.715	2	−1.720	5	0.904	2
次年2月	2.992	1	−2.477	6	1.702	1
次年3月	1.139	3	−0.771	4	0.688	3

由表4-6可见，在发现明显缩缢态水栉霉存在的1月和2月，河夹村大坝水质与冰封期其他月份相比污染相对较重，主要的污染物由第一主成分决定，是与碳氮有关的有机物。所以，从一定程度上可以说明含碳氮的有机物超标是造成水栉霉大量繁殖的主要因素之一，同时只有有机物保持在一定浓度范围时，才可以造成水栉霉形成优势种群，造成水栉霉大量孳生。

⑦ 河流重金属现状分析　为了确保牡丹江水质安全，同时了解水栉霉高发区海浪河流域水样和底泥的重金属Cr、Mn、Fe、Cu、Zn、Se、Cd、Hg、Pb、As等现状浓度，对其进行了采样和监测，根据《地表水环境质量标准》（GB 3838—2002）和《土壤环境质量标准》（GB 15618—1995）对其污染物特性进行分析。对海浪河流域的水质和底泥重金属含量分析均采用二级标准来衡量。

根据海浪河水质和流域特点，结合水栉霉污染事件发生时水栉霉大规模爆发的地点和高发期水栉霉生长的断面，对1#～10#采样断面的水样和底泥样进行了重金属监测。以水栉霉高发期（每年10月至次年2月）为重点监测时间段，重点监测水体中Cu、Cr、Fe、Pb、Zn、Cd、As、Hg、Se、Mn等；同时对河床底泥重点监测Cd、Hg、As、Cu、Cr、Zn、Pb的含量。

上述断面除2#英雄桥和3#斗银河口上游100m断面外，其他断面水环境功能区划均为Ⅱ类。

水样和底泥中的重金属Cr、Mn、Fe、Cu、Zn、As、Se、Cd、Hg、Pb监测结果表明，所有指标均能满足《地表水环境质量标准》(GB 3838—2002) 中的二级标准，未对牡丹江市西水源地水质安全造成威胁。

对海浪河 1# ～10# 底泥进行重金属分析，根据《土壤环境质量标准》(GB 15618—1995) 重点关注的重金属，选取 Cd、Hg、As、Cu、Cr、Zn、Pb 等金属做了重点分析。从 2009 年 7 月和 2009 年 10 月两个月份的数据对比来看，大部分断面都能满足《土壤环境质量标准》(GB 15618—1995) 二级标准要求。但在 2# 英雄桥断面存在 Zn、Cd 超标，在 8# 海浪河口牡丹江上游 2km 断面 2009 年 7 月存在 Cd 超标 (0.475μg/g 泥)。由于英雄桥位于海林市区，斗银河流经海林市，大量未经有效处理的生活污水和工业废水排水斗银河，还有部分城市生活垃圾直接堆放在河床底部，多方面因素导致英雄桥断面重金属超标，所以为了保障海浪河流域水质的安全，确保斗银河水质达标是关键，避免大量工业废水、生活污水和生活垃圾进入斗银河，从而保障海浪河水质安全。8# 海浪河入口牡丹江上游 2km 位于牡丹江水源地上游，2009 年 7 月该断面底泥 Cd 含量为 0.475μg/g，超过国家二级标准 0.3μg/g，必须引起有关部门的重视，加强对该断面的监控。

(4) 水文气象条件诱发水栉霉发生及分布的作用机制

为期 2 年的现场观察及 4.3.1 节研究表明，水栉霉在每年 10 月至次年 2 月发生，气温为－28～13℃，水温为 0～18.8℃，具有季节性特点，同时发生在河流湍急的地方，流动状态的水流和较高 DO (12.4～14.1mg/L) 是诱发水栉霉爆发的关键水文条件。

在水栉霉发生地河夹村大坝，10 月至次年 2 月水深为 0.16～0.51m，如表 4-7 所示，水栉霉发生地的水深在高发期低于 0.51m。

表 4-7　水栉霉发生地河夹村大坝高发期水深

时间	2009 年 3 月	2009 年 7 月	2009 年 11 月	2009 年 12 月	2010 年 1 月	2010 年 2 月
水深/m	0.37	0.4	0.51	0.16	0.43	0.18

4.3.3 水栉霉生长条件及群落特性

4.3.3.1 水栉霉实验室模拟生长系统

水栉霉实验室模拟培养的连续流有机玻璃反应装置有效容积为 2 L，由蠕动泵实现连续进出水；水栉霉实验室模拟培养的间歇流培养装置由 1.8 L 的有机玻璃制得 (图 4-36)。

图 4-36　水栉霉实验室培养模拟系统

将从河夹村大坝处取得的水栉霉共生体置于平板筛网（网眼孔径 2mm）上，于 4℃阴干（至 0.5min 内不滴水），称重。

在冰箱中的 18 个 2L 反应器里，放入高压杀菌消毒过的 50g 鹅卵石，鹅卵石直径为3～5cm，然后每个反应器中放入 5g 湿态的水栉霉，用除氯自来水分别配置不同浓度梯度的绵白糖和蛋白胨培养液以及低分子脂肪酸（乙酸、丙酸、丁酸）培养液，并用蠕动泵由反应器底部泵入，出水由顶部自然溢流出，用曝气泵间歇供给充足的氧气，每 3min 曝气 1min，保持反应器内 DO 含量为 10～14mg/L。

4.3.3.2 水栉霉生长条件研究

利用水栉霉实验室模拟系统，研究碳、氮、磷等营养元素对水栉霉共生体生长的影响，结果表明，碳对其影响最大，氮、磷对其影响较小。

(1) 蛋白胨对水栉霉生长的影响

① 以蛋白胨为基质时水栉霉对碳（COD）的消耗　图 4-37～图 4-41 为各反应器中进出水 COD 浓度变化以及 COD 去除率。

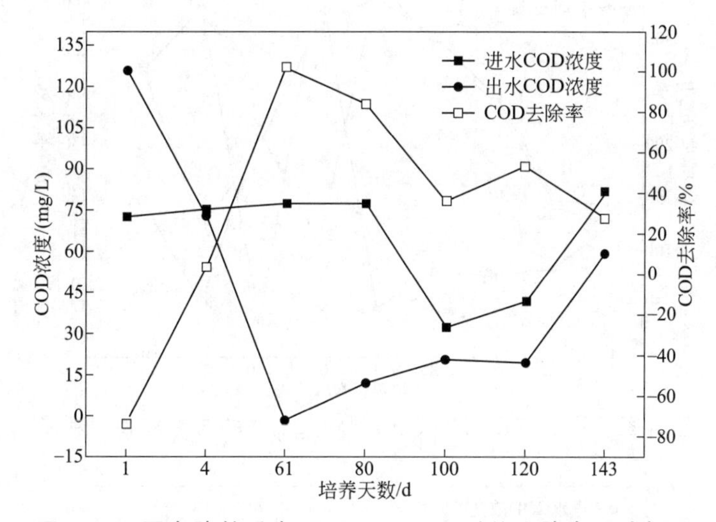

图 4-37　蛋白胨基质中 COD 100mg/L 时的去除率和消耗量

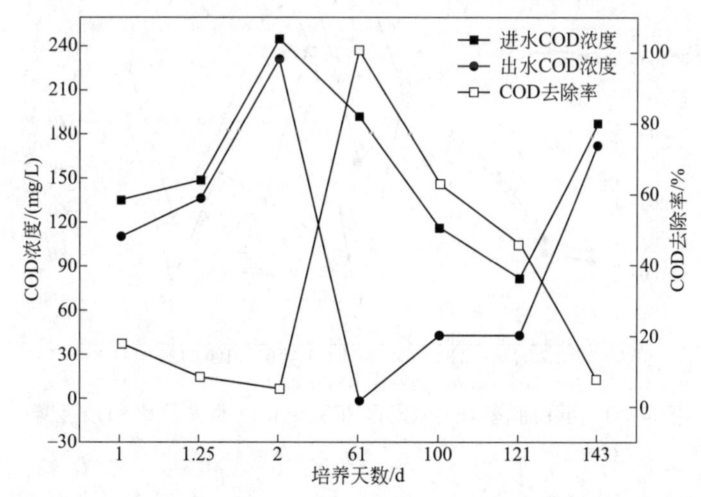

图 4-38　蛋白胨基质中 COD 300mg/L 时的去除率和消耗量

由图4-37～图4-41可见，多数情况下出水COD有所降低，表明水栉霉在一定程度上对水中有机污染物起到降解作用。当培养液为蛋白胨时，进水COD为100mg/L、300mg/L、500mg/L、700mg/L、900mg/L时的平均去除率分别为34.1%、37.2%、22.4%、7.4%和4.2%，水栉霉在COD浓度较低时（100～500mg/L）对水体中有机物的去除率明显高于COD浓度较高的时候（700～900mg/L），水栉霉在低中浓度蛋白胨培养液中，当COD为100mg/L、300mg/L、500mg/L时，对COD平均去除率达34.1%、37.2%和22.4%，而在高浓度蛋白胨培养液中，当COD为700mg/L和900mg/L时对蛋白胨的消耗很少，COD平均去除率为7.4%和4.2%，表明水栉霉在一定浓度范围的蛋白胨溶液中能够生长，当蛋白胨浓度较高时，对其生长具有抑制作用，经显微镜观察，COD为700mg/L、900mg/L的反应器中，生成大量的藻状菌，而且有机物浓度过高，超过了水栉霉所能承受的浓度，在一定程度上不利于水栉霉的生长，蛋白胨培养液COD浓度为300mg/L以下时，有利于水栉霉的生长。

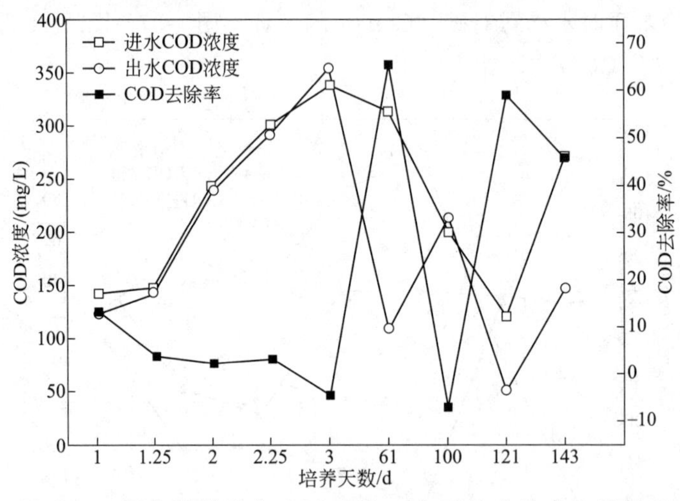

图4-39　蛋白胨基质中COD 500mg/L时的去除率和消耗量

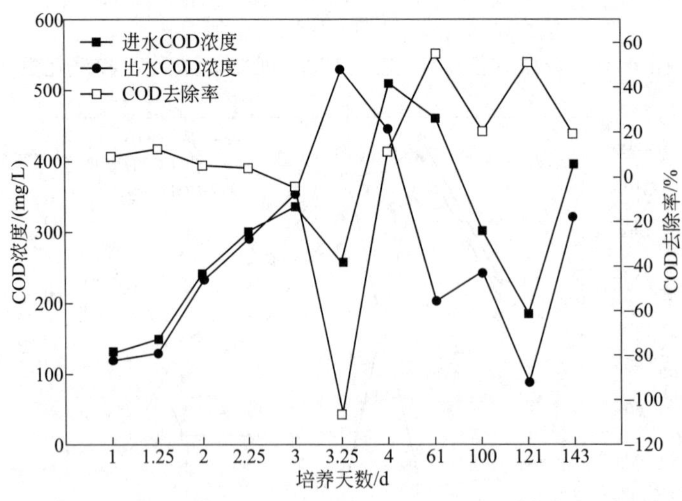

图4-40　蛋白胨基质中COD 700mg/L时的去除率和消耗量

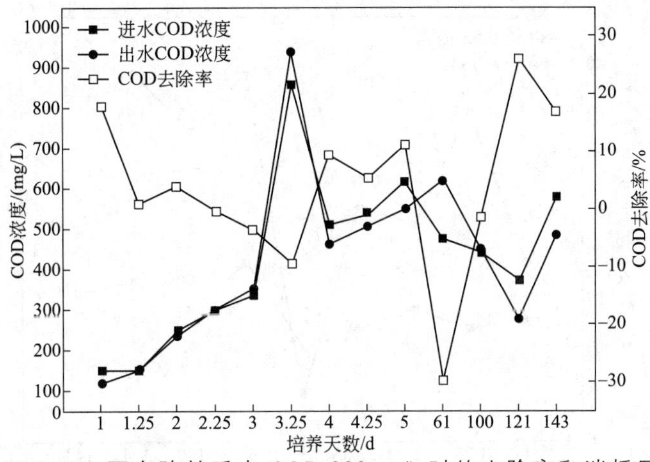

图 4-41 蛋白胨基质中 COD 900mg/L 时的去除率和消耗量

②以蛋白胨为基质时水栉霉对 SS 的影响 在蛋白胨培养液中几乎所有反应器出水 SS 的浓度都要高于进水（图 4-42～图 4-46），表明随着水栉霉的生长繁殖，水体中固体悬浮物会增多，浊度会增高，在一定程度上恶化了水质。

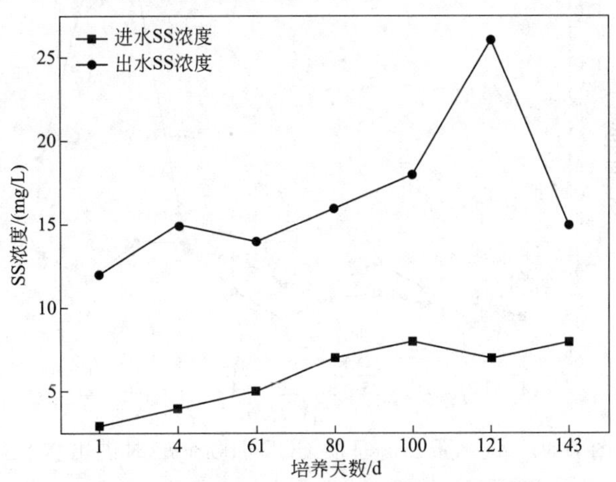

图 4-42 进水蛋白胨基质 COD 100mg/L 时进出水 SS

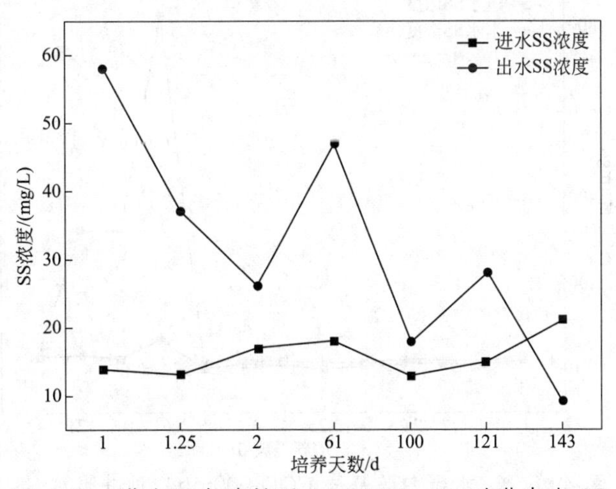

图 4-43 进水蛋白胨基质 COD 300mg/L 时进出水 SS

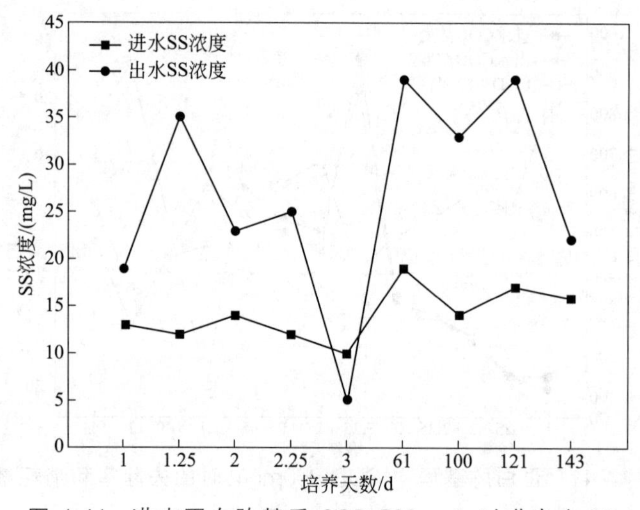

图 4-44　进水蛋白胨基质 COD 500mg/L 时进出水 SS

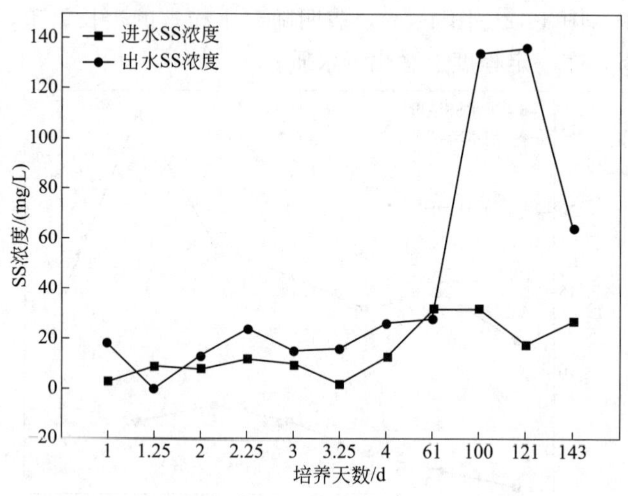

图 4-45　进水蛋白胨基质 COD 700mg/L 时进出水 SS

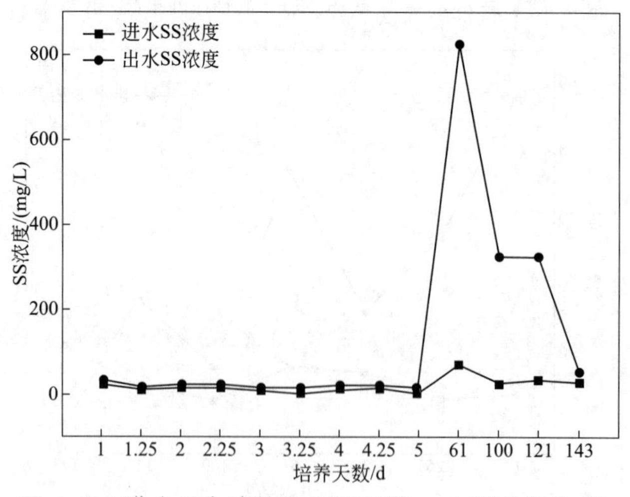

图 4-46　进水蛋白胨基质 COD 900mg/L 时进出水 SS

③以蛋白胨为基质时水栉霉共生体对氨氮的影响　当营养物质为蛋白胨时，氨氮没有去除，出水氨氮几乎都比进水氨氮高，主要是反应器中微生物死亡释放氨氮，与进水氨氮浓度相比，以去除率计，各反应器氨氮平均去除率分别为－131.9%、－72.9%、－127.2%、－108%、－63.1%（图4-47～图4-51）；表明氮物质被水栉霉共生体利用的较少，氮不是水栉霉的限制生长条件。

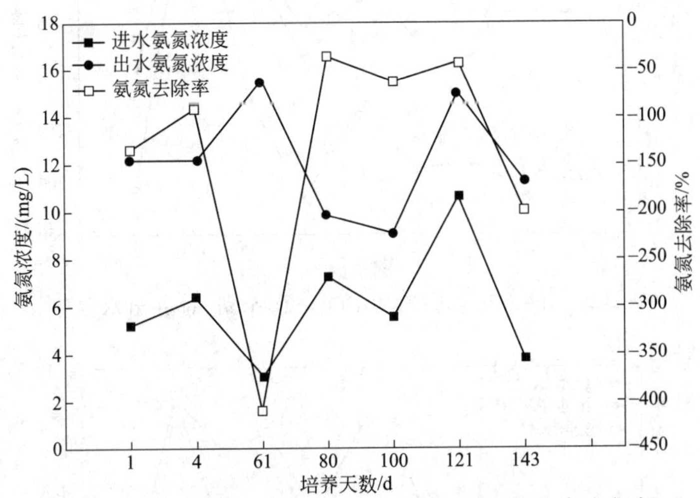

图4-47　进水蛋白胨基质COD 100mg/L时进出水氨氮

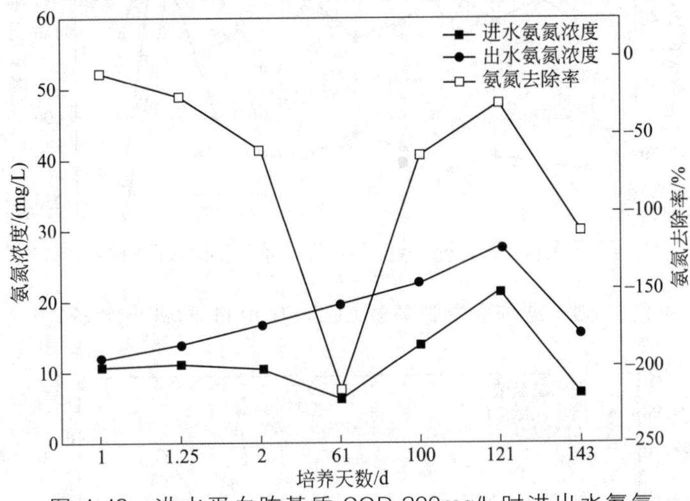

图4-48　进水蛋白胨基质COD 300mg/L时进出水氨氮

（2）绵白糖对水栉霉共生体生长的影响

① 以绵白糖为基质生长时水栉霉对COD的消耗　当培养液为绵白糖时，COD为100mg/L、300mg/L、500mg/L、700mg/L和900mg/L时COD平均去除率分别为28.4%、2.3%、9.7%、9.7%和4.1%（图4-52～图4-56），水栉霉在COD浓度较低时（100mg/L）对水体中有机物的消耗明显高于COD浓度较高的时候（300～900mg/L），表明水栉霉在较低浓度绵白糖培养液中（COD浓度为100mg/L），对绵白糖有一定的消耗，COD平均去除率达到28.4%，而在较高浓度绵白糖培养液中（即COD浓度为300mg/L、500mg/L、700mg/L、900mg/L）对绵白糖的消耗很少，平均去除率分别为2.3%、9.7%、9.7%和4.1%，也说明绵白糖COD浓度在100mg/L以下有利于水栉霉的生长。

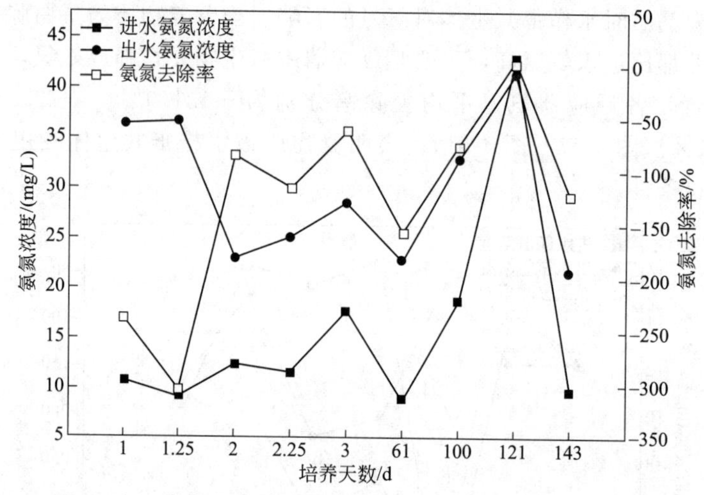

图 4-49 进水蛋白胨基质 COD 500mg/L 时进出水氨氮

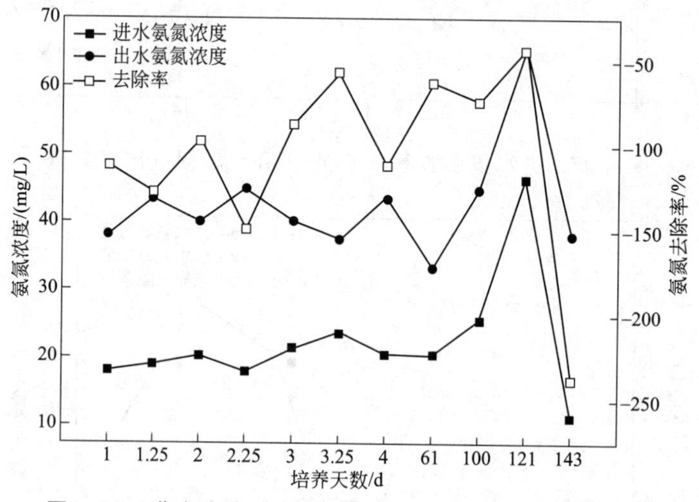

图 4-50 进水蛋白胨基质 COD 700mg/L 时进出水氨氮

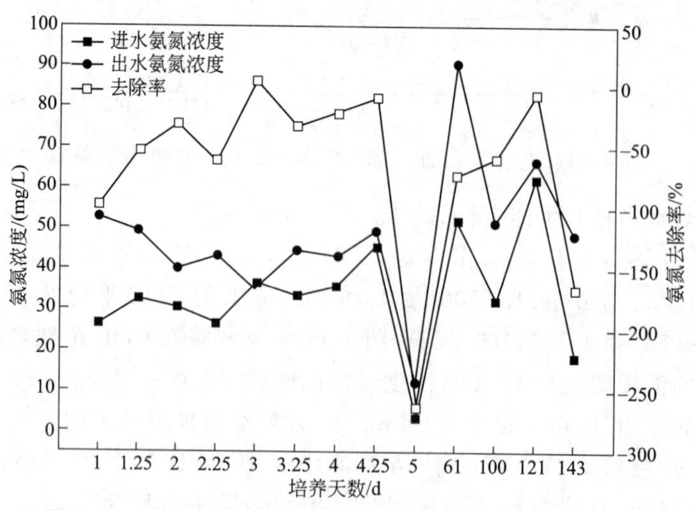

图 4-51 进水蛋白胨基质 COD 900mg/L 时进出水氨氮

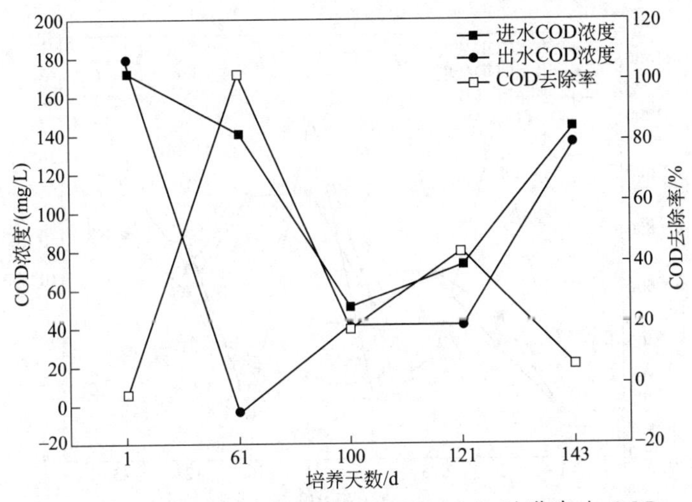

图 4-52 进水绵白糖基质 COD 100mg/L 时进出水 COD

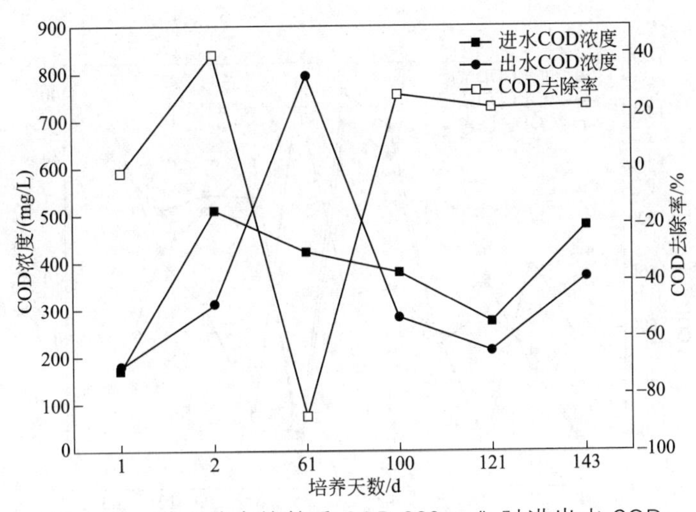

图 4-53 进水绵白糖基质 COD 300mg/L 时进出水 COD

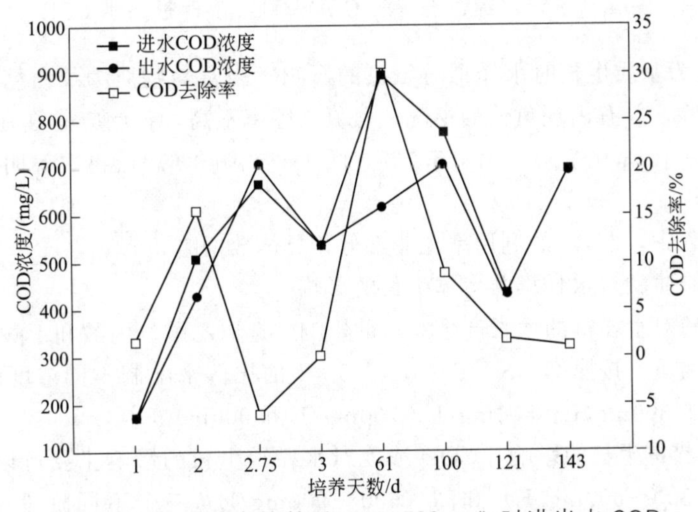

图 4-54 进水绵白糖基质 COD 500mg/L 时进出水 COD

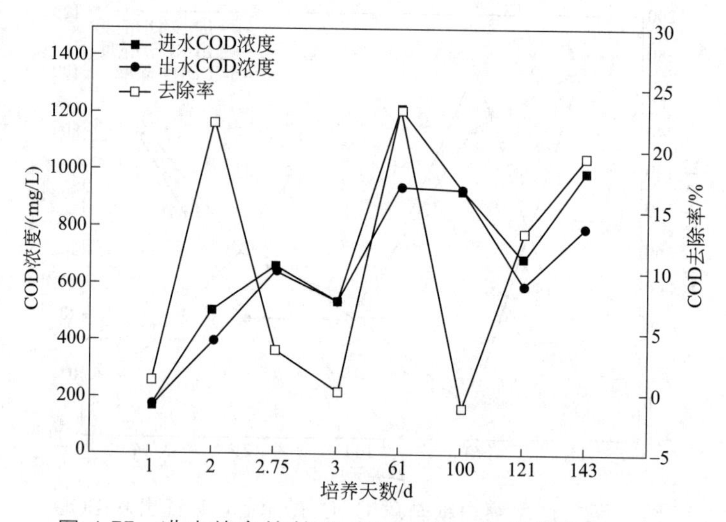

图 4-55 进水绵白糖基质 COD 700mg/L 时进出水 COD

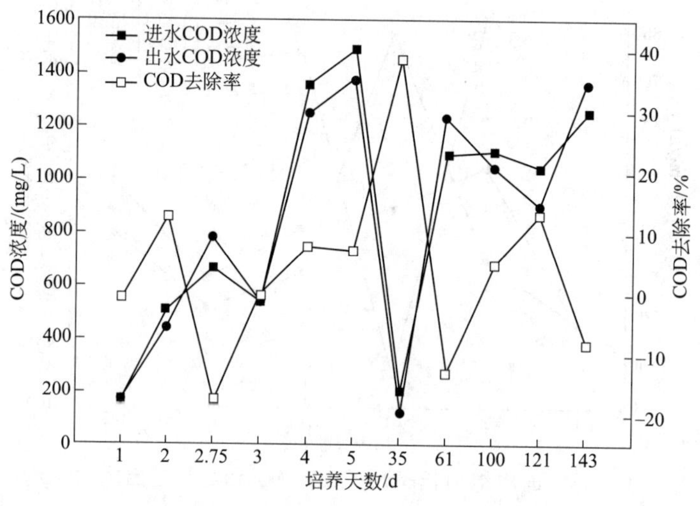

图 4-56 进水绵白糖基质 COD 900mg/L 时进出水 COD

② 以绵白糖为基质生长时水栉霉对氨氮的影响 当营养物质为绵白糖时，氨氮变化不大，几乎没有去除，并有出现负值的情况，氨氮去除率不高，各反应器氨氮平均去除率分别为－75.3％、1.8％、3.0％、5.5％、5.1％（图 4-57～图 4-61），再次表明水栉霉对氮的利用率不高。

整个试验过程中，PO_4^{3-} 的利用率也非常低，具体数据略。

（3）低分子脂肪酸对水栉霉共生体生长的影响

低分子脂肪酸对水栉霉的生长产生一定的影响。选取乙酸、丙酸和丁酸三种低分子脂肪酸作为主要营养物质，按照 C∶N∶P＝100∶5∶1 的比例来配制不同浓度的营养液，COD 含量为 100mg/L、300mg/L、500mg/L、700mg/L 和 900mg/L。

① 乙酸对水栉霉生长的影响 COD 浓度对水栉霉生长的影响主要可以分为低（100～300mg/L）、中（300～500mg/L）和高（600～900mg/L）三个不同阶段（图 4-62～图 4-66）。在乙酸基质低 COD 浓度条件下，水栉霉有一定的生长，该反应器内的水栉霉对营养

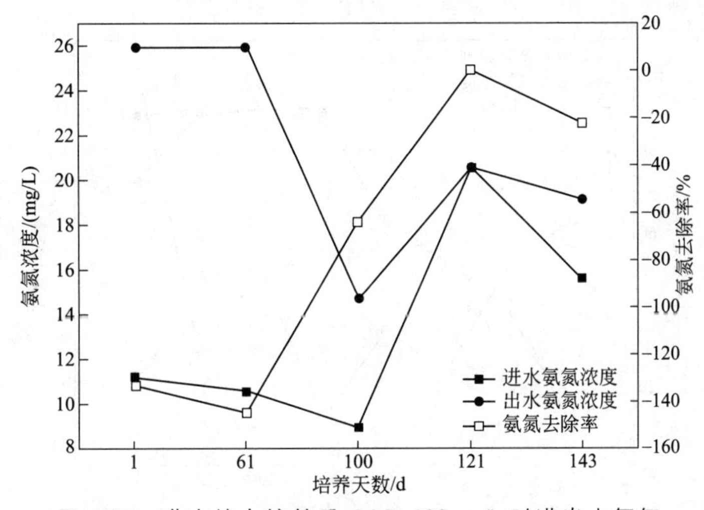

图 4-57 进水绵白糖基质 COD 100mg/L 时进出水氨氮

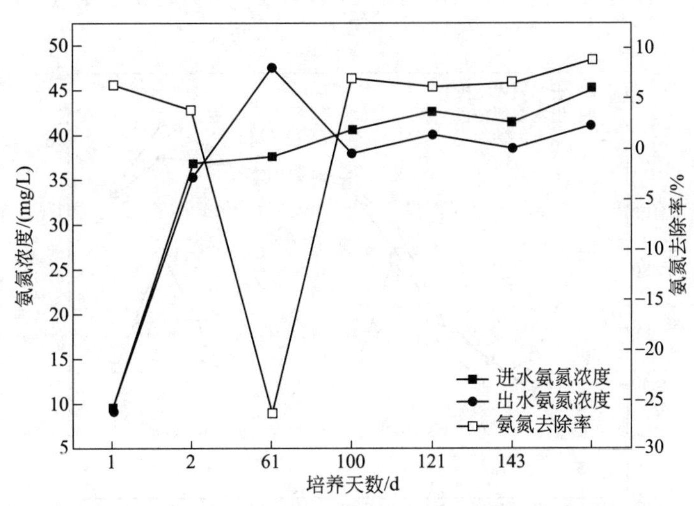

图 4-58 进水绵白糖基质 COD 300mg/L 时进出水氨氮

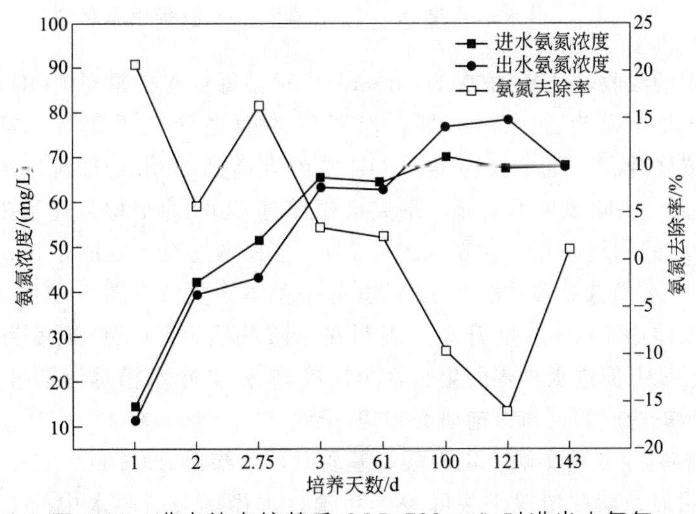

图 4-59 进水绵白糖基质 COD 500mg/L 时进出水氨氮

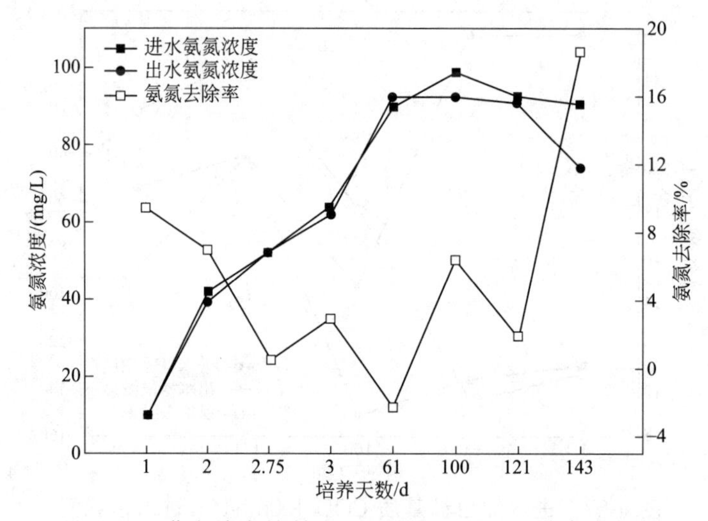

图 4-60　进水绵白糖基质 COD 700mg/L 时进出水氨氮

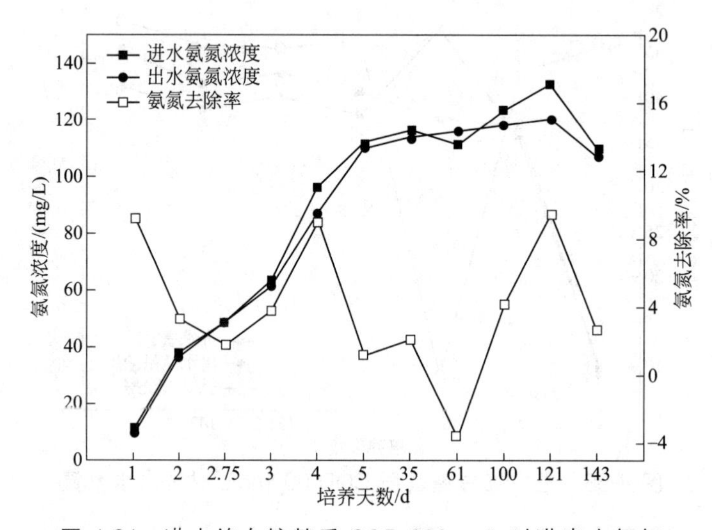

图 4-61　进水绵白糖基质 COD 900mg/L 时进出水氨氮

液中的碳源有一定的吸收，COD 浓度为 100mg/L 时，每克水栉霉对 COD 的平均消耗量为 5.96mg/h，COD 去除率为 20%～40%；但对氮磷的去除几乎为零，甚至会引起水中 NH_3-N和 PO_4^{3-} 浓度升高（图 4-62）。当 COD 浓度升高到 300mg/L 时，系统变得不稳定，COD 去除率波动大，去除效果不明显，每克水栉霉对 COD 的平均消耗量为 2.66mg/h，而对 NH_3-N 和 PO_4^{3-} 的利用率几乎为零（图 4-63），水栉霉还有一定的生长；当 COD 浓度升高到 700mg/L 时，水栉霉对营养液 COD 的去除率基本为负值（图 4-65），由于自身菌丝体死亡腐烂，引起水体中 COD 浓度升高。表明在乙酸基质下，COD 浓度为 100～500mg/L 时，可以在一定程度上促进水栉霉的生长，再次推测 2006 年水栉霉污染事件可能是由酒厂偷排酿酒废水等污染造成的，与以前研究报道一致。

② 丙酸对水栉霉生长的影响　以丙酸为基质时，水栉霉对 COD、NH_3-N 和 PO_4^{3-} 的去除率和利用率不明显，某些情况下去除率为负值，水栉霉会引起水中的 COD、NH_3-N 和 PO_4^{3-} 浓度升高（图 4-67）。经过长时间的培养，反应器内水栉霉丝状菌体明显减少，说明

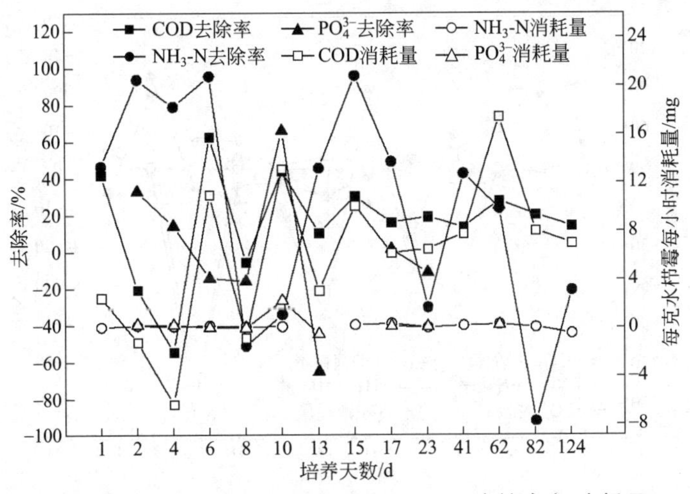

图 4-62　乙酸基质 COD 100mg/L 时去除效率与消耗量

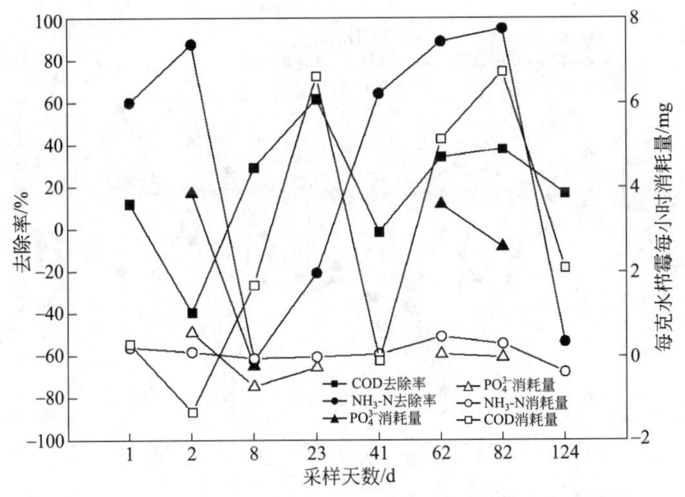

图 4-63　乙酸基质 COD 300mg/L 时去除效率与消耗量

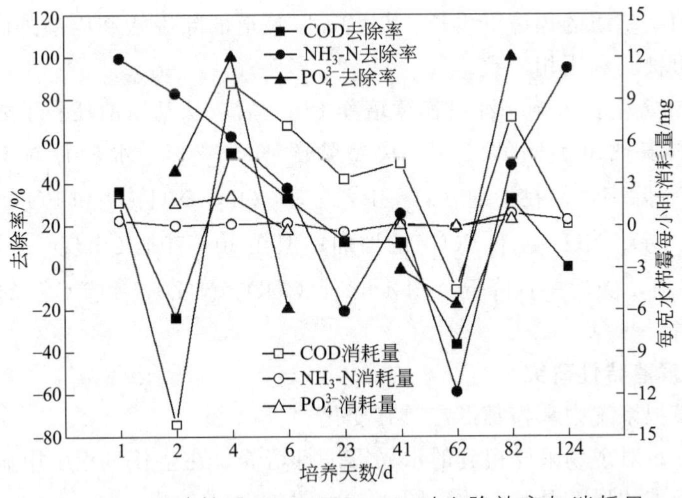

图 4-64　乙酸基质 COD 500mg/L 时去除效率与消耗量

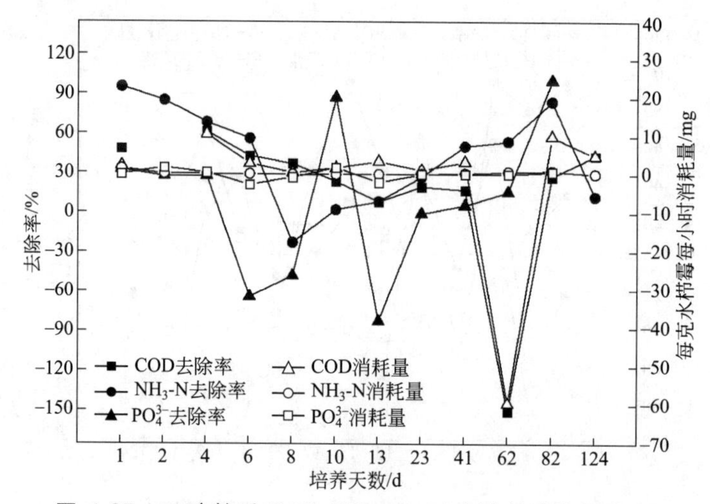

图 4-65　乙酸基质 COD 700mg/L 时去除效率与消耗量

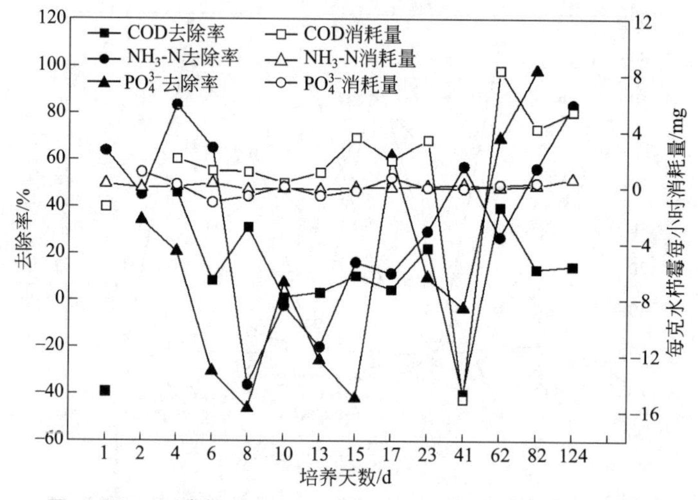

图 4-66　乙酸基质 COD 900mg/L 时去除效率与消耗量

水栉霉不适合在丙酸基质的环境下生长。与 Shade 报道的除甲酸和丙酸外碳原子数不大于 6 的直链脂肪酸都可被其利用相一致。

③ 丁酸对水栉霉生长影响　经过连续培养 124 d 后，从基质消耗看丁酸也不适合水栉霉的生长，但与丙酸表现出不同的特性，初始阶段（2～20d）水栉霉对 COD、NH_3-N 和 PO_4^{3-} 保持较高的去除率，但在中期（21～40d）对 COD、NH_3-N 和 PO_4^{3-} 的去除率出现负值，引起水体中 COD、NH_3-N 和 PO_4^{3-} 的增加；但在 50～70d 又出现一个对 COD、NH_3-N 和 PO_4^{3-} 去除的峰值，随后一直降低（图 4-68），COD、NH_3-N 和 PO_4^{3-} 的去除率和消耗量一直维持在 0 左右。

4.3.3.3　水栉霉群落特性研究

（1）实验室模拟系统中水栉霉形态及其变化

在模拟系统中，对现场采样得到的水栉霉进行培养，在生长过程中用显微镜观察其结构变化，了解了水栉霉的形态及其变化（图 4-69～图 4-71）。

（2）水栉霉共生体群落特性研究

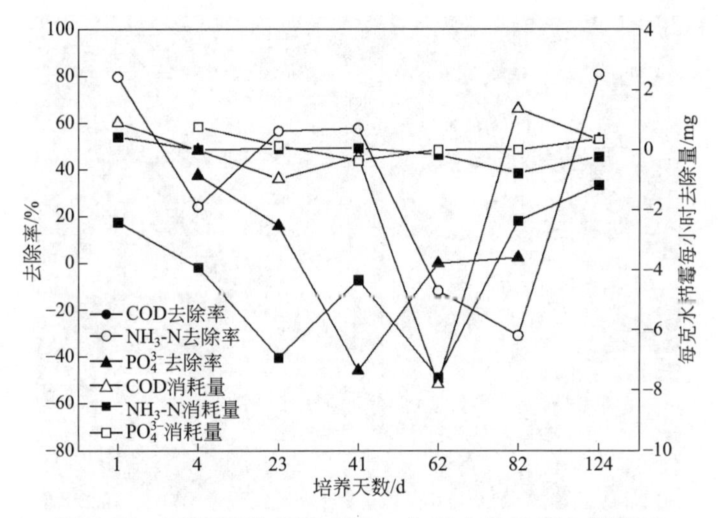

图 4-67　丙酸基质 COD 100mg/L 时去除效率与消耗量

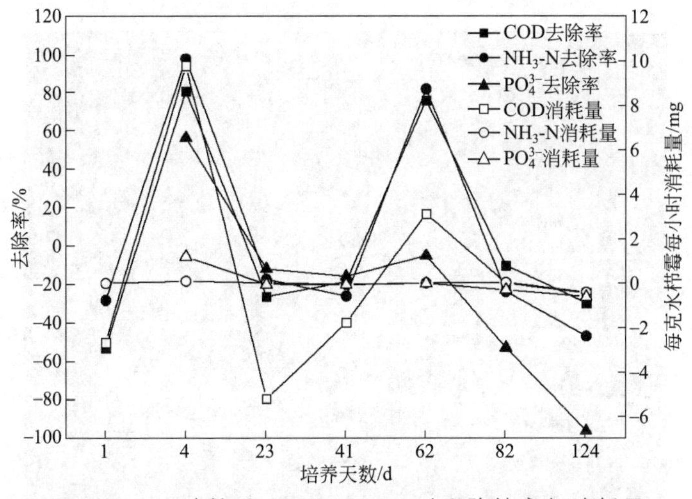

图 4-68　丁酸基质 COD100mg/L 时去除效率与消耗量

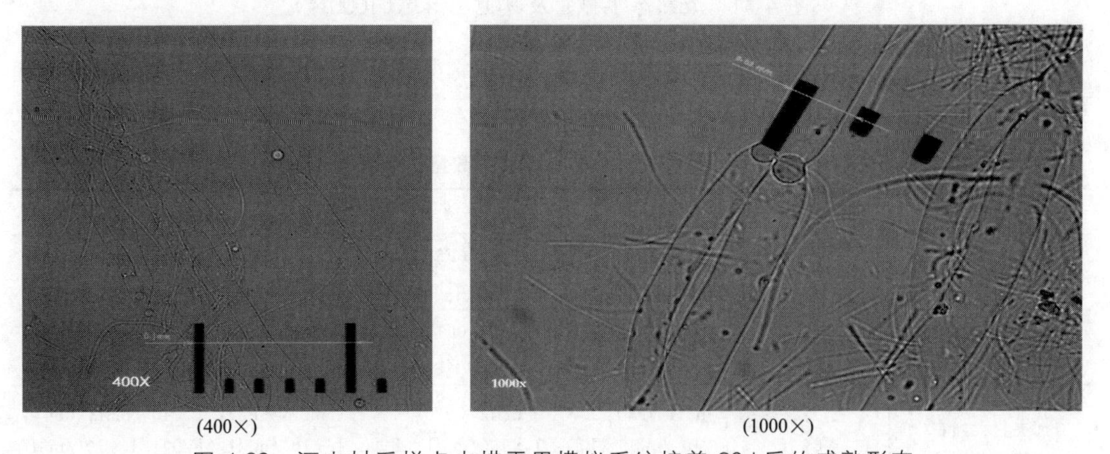

(400×)　(1000×)

图 4-69　河夹村采样点水栉霉用模拟系统培养 20d 后的成熟形态

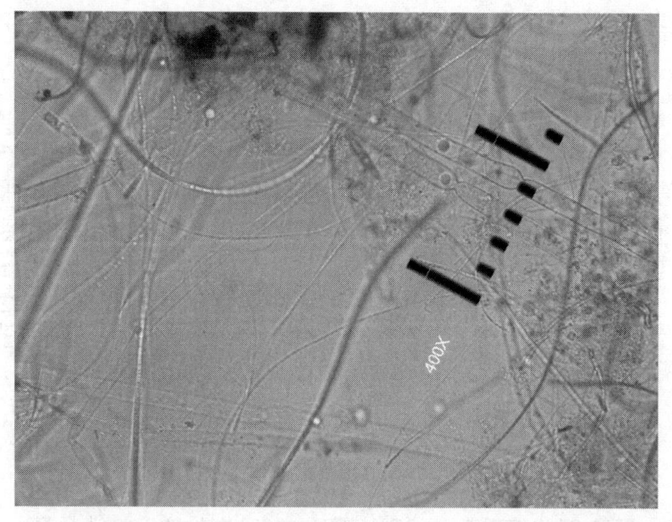

图 4-70　河夹村采样点水栉霉用模拟系统培养 4 个月后的形态（400×）

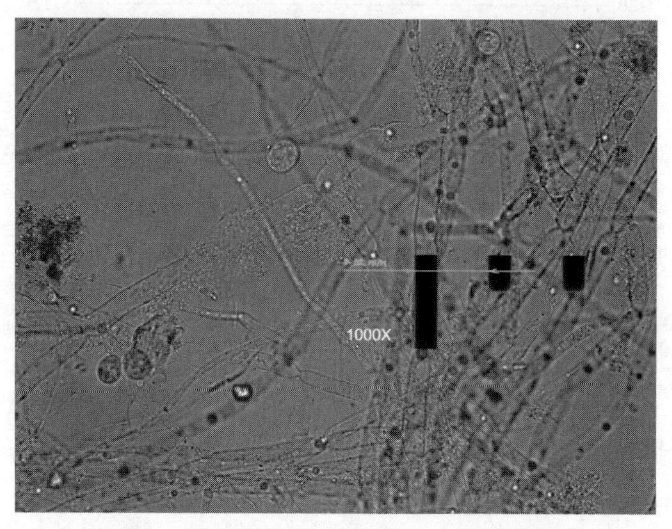

图 4-71　成熟态水栉霉及其孢子形态（1000×）

①水栉霉共生体真菌种类　对河夹村大坝的水栉霉共生体进行纯化分离，得到的真菌菌种数量如表 4-8 所示。

表 4-8　河夹村大坝水栉霉共生体真菌菌落数量统计表（2009 年 3 月）

样品编号	菌种数量	菌落数量/（cfu/g）
河夹村大坝左水栉霉共生体	7	m1f1（F9）：1×10^{2}/m1f2（F5）：1×10^{3}/m1f3（F4）：1×10^{3}/m1f4（F6）：1×10^{3}/m1f5（F2）：1×10^{2}/m1f6（F1）：1×10^{2}/m1f7（F1）：1×10^{2}
河夹村大坝中水栉霉共生体	6	m2f6（F1）：1×10^{2}/m2f2（F1）：1×10^{2}/m2f5（F2）：1×10^{3}/m2f3（F3）：1×10^{3}/m2f1（F9）：1×10^{4}/m2f4（F17）：1×10^{3}/m2f7（F31）：1×10^{2}
河夹村大坝右水栉霉共生体	8	m3f4（F1）：1×10^{2}/ m3f2（F2）：1×10^{2}/m3f6（F3）：1×10^{3}/m3f3（F4）：1×10^{2}/m3f5（F5）：1×10^{2}/m3f1（F9）：1×10^{2}/m3f1（F20）：1×10^{2}/m3f7（F21）：1×10^{3}

由表 4-8 可见，在河夹村大坝左岸水栉霉共生体中的真菌种类为 7 种，优势菌种为 F5（初步鉴定为塔宾曲霉）、F4（初步鉴定为曲霉属）和 F6；河夹村大坝中间采样点水栉霉共生体中的真菌种类为 6 种，优势种为 F2、F3（初步鉴定为曲霉属，烟色组）、F9（初步鉴定为半知菌纲丛梗孢目）和 F17；河夹村大坝右岸水栉霉共生体中的真菌种类为 8 种，优势真菌菌种为 F3 和 F21；表明在河夹村大坝左、中、右 3 个采样点中水栉霉共生体中真菌种类不完全相同。

② 水栉霉共生体细菌种类　细菌的形态鉴定主要观察菌株的菌落、细胞形态、革兰染色、有无鞭毛等；细菌的生理生化鉴定参照《伯杰细菌鉴定手册》，选取微生物鉴定常用的方法进行鉴定，然后进行细菌数量计量。水栉霉共生细菌种类见表 4-9。

表 4-9　水栉霉共生细菌种类

细菌类型	种　属
杆菌（*bacillus*）	假单胞菌属（*Pseudomonas*）、动胶菌属（*zoogloeaitzigsohn*）
球菌（*cocci*）	微球菌属（*Micrococcus*）
弧菌（*vibrio*）	蛭弧菌属（*Bdellovibrio*）、螺菌属（*Spirillum*）

表 4-9 中三类细菌在数量上以球菌为优势物种。

③ 水栉霉共生体细菌、真菌分子生物学研究

a. 共生体样品 DNA 提取结果。河夹村大坝采获的水栉霉共生体的细菌 DNA 和真菌 DNA 提取结果（图 4-72 和图 4-73）较好，大小在 20～22 kb 之间。

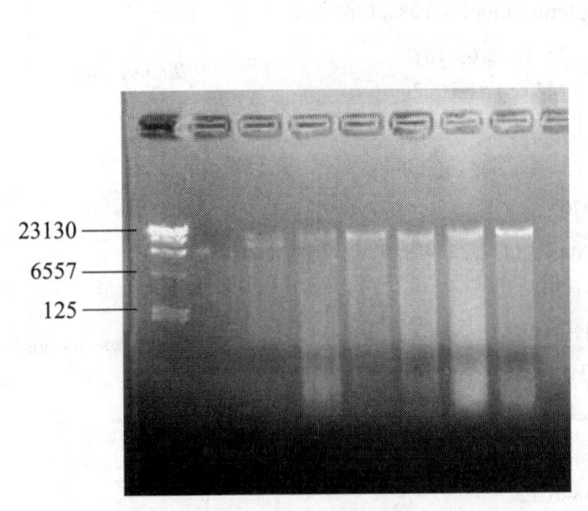

图 4-72　共生体内真菌 DNA 的琼脂糖凝胶（1%）电泳

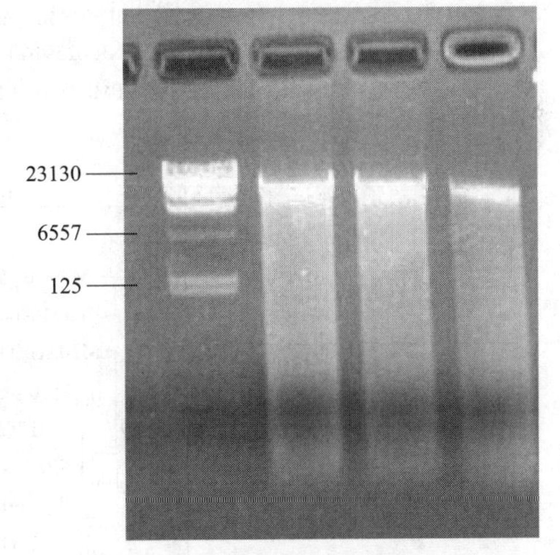

图 4-73　共生体内细菌 DNA 的琼脂糖凝胶（1%）电泳

b. 河夹村大坝 1 月份共生体细菌群落系统发育。从河夹村大坝 1 月份共生体 16S rDNA 克隆库中随机挑选 45 个克隆子做菌液 PCR，产物经 1%琼脂糖凝胶电泳，紫外灯下检测。选取带有目的条带的 45 个克隆子进行测序，对获得的 32 个双向序列，以 Chromas 软件进行序列拼接及载体去除。32 个克隆转化子的 16S rDNA 序列的 BLAST 结果见表 4-10。河夹村大坝处 1 月份（2010 年）共生体细菌系统发育树见图 4-74。

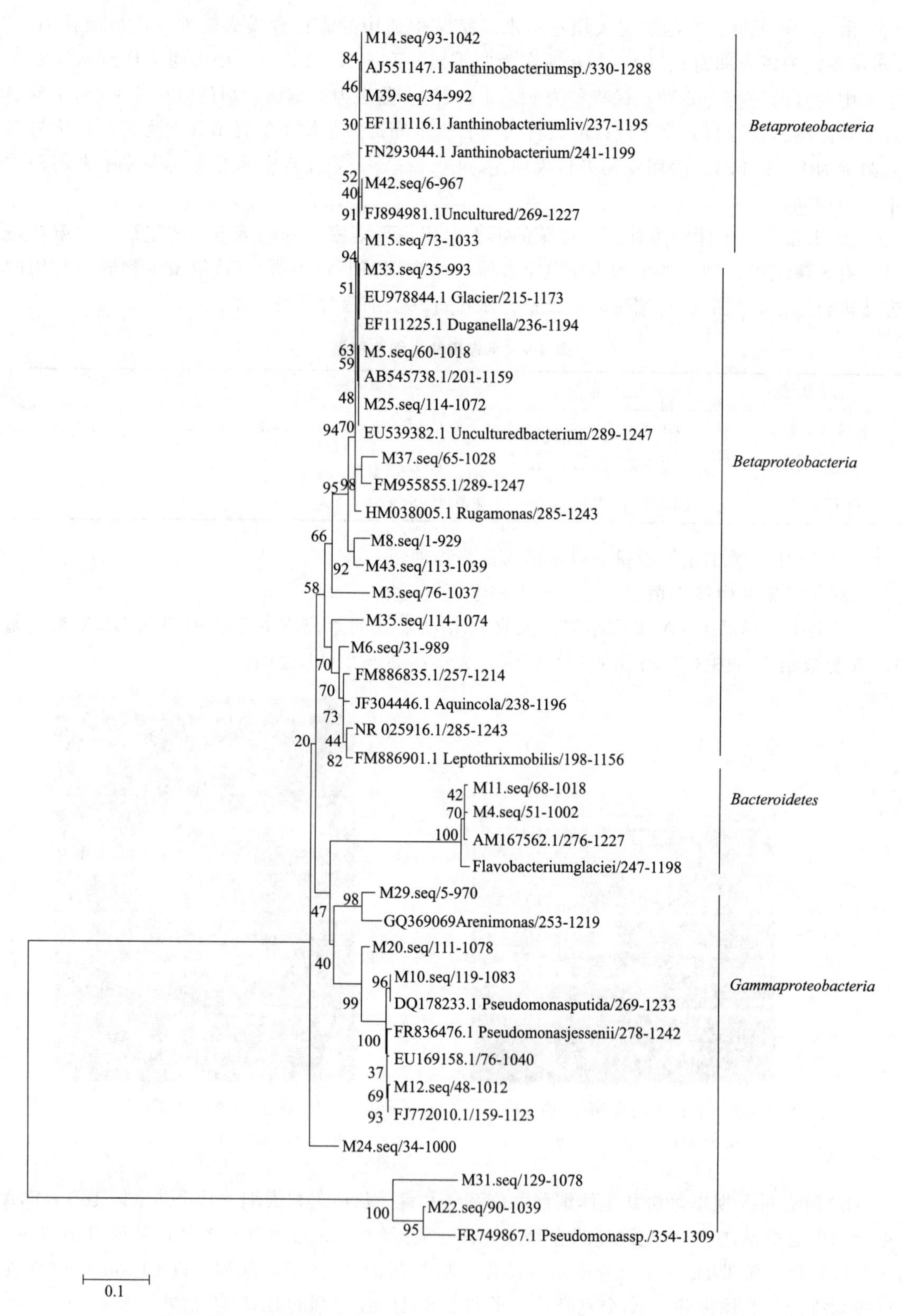

图 4-74 河夹村大坝处 1 月份（2010 年）共生体细菌系统发育树

表 4-10 河夹村大坝处共生体 1 月（2010 年）细菌克隆文库结果

克隆子	OTU/%	最相似菌及 GenBank 序列号	相似性/%	类群/%
M42	3.13	*Uncultured bacterium clone nbt*188*d*10 16*S ribosomal RNA gene*, *partial sequence* FJ894981.1	99	Environmental samples (6.25%)
M25	3.13	*Uncultured bacterium clone nbt*238*a*05 16*S ribosomal RNA gene*, *partial sequence* EU539382.1	99	
M29	3.13	*Arenimonas oryziterrae strain YC*6267 16*S ribosomal RNA gene*, *partial sequence* GQ369069.1	99	γ-*proteobacteria* (21.88%)
M3	3.13	*Pseudomonas frederiksbergensis strain B*62 16*S ribosomal RNA gene*, *partial sequence* EU169158.1	99	
M10	3.13	*Pseudomonas putida strain PC*36 16*S ribosomal RNA gene*, *complete sequence* DQ178233.1	99	
M12	3.13	*Pseudomonas mandelii strain IMER-B*2-32 16*S ribosomal RNA gene*, *partial sequence* FJ772010.1	100	
M20	3.13	*Pseudomonas jessenii partial* 16*S rRNA gene*, *strain M*1/32 FR836476.1	100	
M22	3.13	*Pseudomonas sp*. *CNE* 19 *partial* 16*S rRNA gene*, *strain CNE* 19 FR749867.1	100	
M43	3.13	*Rugamonas rubra ATCC*: 43154 16*S ribosomal RNA gene*, *partial sequence* HM038005.1	98	
M5, M30	6.26	*Oxalobacteraceae bacterium Gu-R-*4 *gene for* 16*S ribosomal RNA*, *partial sequence* AB545738.1	99	β-*proteobacteria* (59.38%)
M31	3.13	*Janthinobacterium sp*. *E*107 *partial* 16*S rRNA gene*, *isolate E*107 FN293044.1	99	
M9, M13, M39, M40, M44, M19, M21	18.9	*Janthinobacterium lividum strain BR*01 16*S ribosomal RNA gene*, *partial sequence* EU330448.1	99	
M14	3.13	*Janthinobacterium sp*. *An*8 *partial* 16*S rRNA gene*, *isolate An*8 AJ551147.1	99	
M6, M17	6.26	*Leptothrix discophora strain SS-*1 16*S ribosomal RNA*, *partial sequence* NR _ 025916.1	99	
M24	3.13	*Leptothrixmobilis partial* 16*S rRNA gene*, *strain OTSz _ M _* 242 FM886901.1	99	
M8	3.13	*Aquincola tertiaricarbonis strain C*93 16*S ribosomal RNA gene*, *partial sequence* JF304446.1	99	
M15	3.13	*Duganella sp*. *RBE*2*CD*-43 16*S ribosomal RNA gene*, *partial sequence* EF111225.1	99	
M35, M36	6.26	*Leptothrix sp*. *OTSz _ A*003 *partial* 16*S rRNA gene*, *strain OTSz _ A*003 FM886835.1	97	
M37	3.13	*Massilia sp*.*Asd M*1*A*2 16*S rRNA gene*, *strain Asd M*1*A*2 FM955855.1	99	

续表

克隆子	OTU/%	最相似菌及 GenBank 序列号	相似性/%	类群/%
M33，M34	6.26	*Glacier ice bacterium sp. glbI3 16S ribosomal RNA gene, partial sequence* EU978844.1	99	*Bacteria* (6.25%)
M4	3.13	*Flavobacterium sp. WB 2.3-35 partial 16S rRNA gene, strain WB* 2.3-35. AM167562.1	99	*Bacteroidetes* (6.25%)
M11	3.13	*Flavobacterium glaciei strain* 0499 *16S ribosomal RNA gene, partial sequence* DQ515962.1	99	

由表 4-10 可见，主要类群为 *β-proteobacteria*（51.4%）、*γ-proteobacteria*（18.9%）、*Bacteroidetes*（6.26%）等。

c. 河夹村大坝 1 月份共生体真菌群落系统发育。从河夹村大坝 1 月份共生体 18S rDNA 克隆库中随机挑选 85 个克隆子做菌液 PCR，产物经 1%琼脂糖凝胶电泳，紫外灯下检测。选取带有目的条带的 85 个克隆子进行测序，对获得的 55 个双向序列，以 Chromas 软件进行序列拼接及载体去除。55 个克隆转化子的 16S rDNA 序列的 BLAST 结果见表 4-11。河夹村大坝处 1 月份（2010 年）共生体真菌系统发育树见图 4-75。

表 4-11　河夹村大坝处 1 月份（2010 年）共生体真菌克隆文库结果

克隆子	OTU/%	最相似菌及 GenBank 序列号	相似性/%	类群 /%
S8	1.82	*Uncultured alveolate clone G40 18S small subunit ribosomal RNA gene, partial sequence* EU910606.1	99	Environmental samples (5.45%)
S3	1.82	*Uncultured fungus clone FRPA5 _ H05 18S ribosomal RNA gene, partial sequence* FJ482886.1	99	
S26	1.82	*Uncultured eukaryote clone Amb _ 18S _ 712 18S ribosomal RNA gene, partial sequence* EF023379.1	99	
S10	1.82	*Candida pseudolambica strain NRRL Y-17318 18S ribosomal RNA gene, partial sequence* EF550373.1	100	*Ascomycota* (40.04%)
S51	1.82	*Candida palmioleophila 18S rRNA gene, strain JCM* 5218, *partial sequence* AB013520.1	98	
S81	1.82	*Cadophora luteo-olivacea culture-collection ICMP*: 18096 *18S ribosomal RNA gene, partial sequence* HM116765.1	100	
S6	1.82	*Dimorphospora foliicola strain UMB* 172.01 *18S ribosomal RNA gene, partial sequence* AY357274.1	98	
S40	1.82	*Debaryomyces hansenii strain J26 18S ribosomal RNA gene, partial sequence* HQ717147.1	99	
S4	1.82	*Cystotheca wrightii gene for 18S ribosomal RNA, specimen _ voucher: MUMH137* AB120747.1	99	
S45，S38	3.64	*Lemonniera terrestris strain ccm-F125 18S ribosomal RNA gene, partial sequence* AY204607.1	99	
S74，S69	3.64	*Fusarium merismoides 18S ribosomal RNA, partial sequence* AF141950.1	99	

续表

克隆子	OTU/%	最相似菌及 GenBank 序列号	相似性/%	类群/%
S73	1.82	*Saccharomyces cerevisiae strain HTY06 18S ribosomal RNA gene, partial sequence* HQ174900.1	99	*Ascomycota* (40.04%)
S36	1.82	*Sagenomella sclerotialis gene for 18S rRNA, strain: CBS* 366.77 AB024592.1	99	
S84，S64	3.64	*Leptodontidium orchidicola strain UAMH* 8152 *18S ribosomal RNA gene, partial sequence* DQ521603.1	99	
S75	1.82	*Bulgaria inquinans isolate* 208 *18S small subunit ribosomal RNA gene, partial sequence* EU107260.1	98	
S80	1.82	*Geotrichum citri-aurantii isolate TU-GM12 18S ribosomal RNA gene, partial sequence* DQ325447.1	99	
S35	1.82	*Geotrichum cucujoidarum strain Y-27732 18S ribosomal RNA gene, partial sequence* AY520261.1	100	
S67	1.82	*Cyathicula microspora isolate* M267 *18S small subunit ribosomal RNA gene, partial sequence* EU940015.1	100	
S60，S53	3.64	*Meliniomyces variabilisstrain shf-3 18S ribosomal RNA gene, partial sequence* GU206875.1	99	*Ascomycota* (40.0%)
S62	1.82	*Kazachstania exigua strain NRRL Y-12640 18S ribosomal RNA gene, partial sequence* FJ153135.1	99	
S59	1.82	*Pichia guilliermondii strain CXF-1 18S ribosomal RNAgene, partial sequence* EU784644.1	99	
S5	1.82	*Cryptococcus albidus strain WY-1 18S ribosomal RNA gene, partial sequence* HQ231895.1	99	*Basidiomycota* (14.55%)
S72，S50，S27，S13，S11	9.09	*Mrakia frigida AFTOL-ID* 1818 *18S small subunit ribosomal RNA gene, partial sequence* DQ831017.1	99	
S56	1.82	*Mrakia psychrophilia*, 18S *rRNA gene, strain* Y18 AJ223490.1	99	
S70	1.82	*Cryptococcus flavescens gene for 18S rRNA, partial sequence, strain: JCM* 9909 AB085797.1	99	
S83，S28	3.64	*Entophlyctis helioformis isolate AFTOL-ID* 40 *18S ribosomal RNA gene, partial sequence* AY635826.1	98	*Chytridiomycota* (23.60%)
S15	1.82	*Gaertneriomyces semiglobifer strain BK91-10 18S ribosomal RNA gene, partial sequence* AF164247.2	100	

续表

克隆子	OTU/%	最相似菌及 GenBank 序列号	相似性/%	类群/%
S78	1.82	*Polychytrium aggregatum strain JEL* 109 *18S ribosomal RNA, partial sequence* NG_017168.1	100	*Chytridiomycota* (23.60%)
S31	1.82	*Monoblepharis insignis strain BK*59-7 *18S ribosomal RNA gene, partial sequence* F164333.1	99	
S66	1.82	*Uncultured Chytridiomycota clone T5P1AeH*09 *18S ribosomal RNA gene, partial sequence* GQ995421.1	99	
S43	1.82	*Rhizophlyctis rosea strain JEL* 318 *18S ribosomal RNA, partial sequence* NG_017175.1	99	
S29	1.82	*Spizellomyces punctatus strain ATCC* 48900 *18S ribosomal RNA, partial sequence* NG_017173.1	99	
S24	1.82	*Spizellomyces sp. NBRC* 105423 *gene for 18S ribosomal RNA, partial sequence* AB586075.1	99	
S61, S48, S47, S16	7.27	*Rozella sp. JEL*347 *isolate AFTOL-ID* 16 *18S ribosomal RNA gene, partial sequence* AY601707.1	99	
S65	1.82	*Neocallimastix frontalis strain NGL*25 *18S ribosomal RNA gene, partial sequence* HQ585898.1	99	*Neocallimastigomycota* (1.82%)
S71, S68, S39	5.45	*Basidiobolus ranarum strain NRRL* 34594 *18S ribosomal RNA, partial sequence* NG_017184.1	99	*Entomophthoromycotina* (5.45%)
S79	1.82	*Mortierella wolfii gene for large subunit ribosomal RNA, partial sequence, strain: IFM* 52980 AB154776.1	99	*Mucoromycotina* (9.09%)
S57, S1, S52, S49	7.27	*Endogone pisiformis strain DAOM* 233144 *18S ribosomal RNA, partial sequence* NG_017181.1	99	

d. 河夹村大坝2月份共生体细菌群落系统发育。从河夹村大坝2月份共生体16S rDNA克隆库中随机挑选95个克隆子做菌液PCR，产物经1%琼脂糖凝胶电泳，紫外灯下检测。选取带有目的条带的95个克隆子进行测序，对获得的35个双向序列，以Chromas软件进行序列拼接及载体去除。35个克隆转化子的16S rDNA序列的BLAST结果见表4-12。主要类群为*β-proteobacteria*（51.4%）、*Bacteroidetes*（40.0%）和*ε-proteobacteria*（8.6%），与1月份相比有所变化，但均以*β-proteobacteria*类群为主。河夹村大坝处2月份（2011年）共生体细菌系统发育树见图4-76。

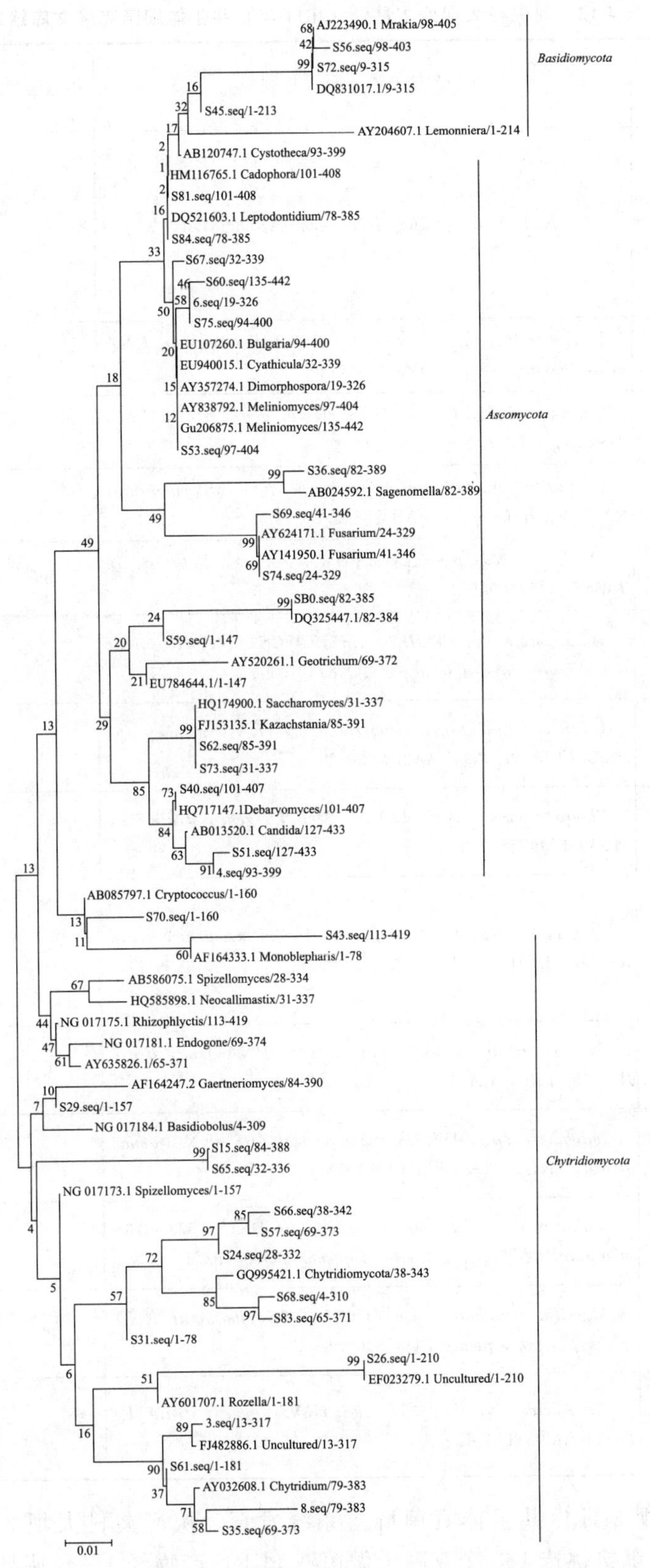

图 4-75 河夹村大坝处 1 月份（2010 年）共生体真菌系统发育树

表 4-12 河夹村大坝处 2 月份（2011 年）共生体细菌克隆文库结果

克隆子	OTU/%	最相似菌及 GenBank 序列号	相似性/%	类群/%
W6，W18，W39，W44，W58，W83，W95，W80，W24	25.7	*Flavobacterium sp. 16S rRNA gene* AJ009687.1	99	*Bacteroidetes*（40.0%）
W46	2.86	*Flectobacillus lacus strain CL-GP79 16S ribosomal RNA gene，partial sequence* DQ112352.1	98	
W48，W52	5.72	*Flavobacterium frigoris 16S rRNA gene，strain LMG* 21922 AJ557887.1	99	
W20	2.86	*Paludibacter propionicigenes gene for 16S ribosomal RNA，partial sequence* AB078842.2	99	
W43	2.86	*Arcicella roseapartial 16S rRNA gene，type strain TW5T* AM948969.1	99	
W13	2.86	*Acidovorax delafieldii strain PCWCS4 16S ribosomal RNA gene，partial sequence* GQ284437.1	99	*β-proteobacteria*（51.4%）
W73，W90	5.72	*Undibacterium pigrum partial 16S rRNA gene，type strain CCUG 49009T* AM397630.1	99	
W21，W56，W34	8.58	*Rhodoferax sp. Asd M2A1 16S rRNA gene，strain Asd M2A1* FM955857.1	99	
W15，W55，W94，W96，W35，W79，W86，W70	22.9	*Albidiferax sp. R-37567 partial 16S rRNA gene，strain R-3756* FR691423.17	99	
W40	2.86	*Curvibacter sp. R-36930 partial 16S rRNA gene，strain R-36930* FR691424.1	99	
W42	2.86	*Iodobacter sp. 01WB03.2-33 partial 16S rRNA gene，strain 01WB03.2-33* FM161451.1	99	
W91	2.86	*Polaromonas hydrogenivorans strain DSM 17735 16S ribosomal RNA gene，partial sequence* DQ094183.1	99	
W69	2.86	*Massilia timonae strain HNL19 16S ribosomal RNA gene，partial sequence* EU373360.1	99	
W5，W38，W53	8.58	*Arcobacter sp. R-28314 16S rRNA gene，strain R-*28314 AM084114.1	98	*ε-proteobacteria*（8.6%）

e. 河夹村大坝 2 月份共生体真菌群落系统发育。从河夹村大坝 2 月份共生体 16S rDNA 克隆结果中随机挑选 133 个克隆子做菌液 PCR，产物经 1%琼脂糖凝胶电泳，紫外灯下检测。选取带有目的条带的 133 个克隆子进行测序，对获得的 104 个双向序列，以

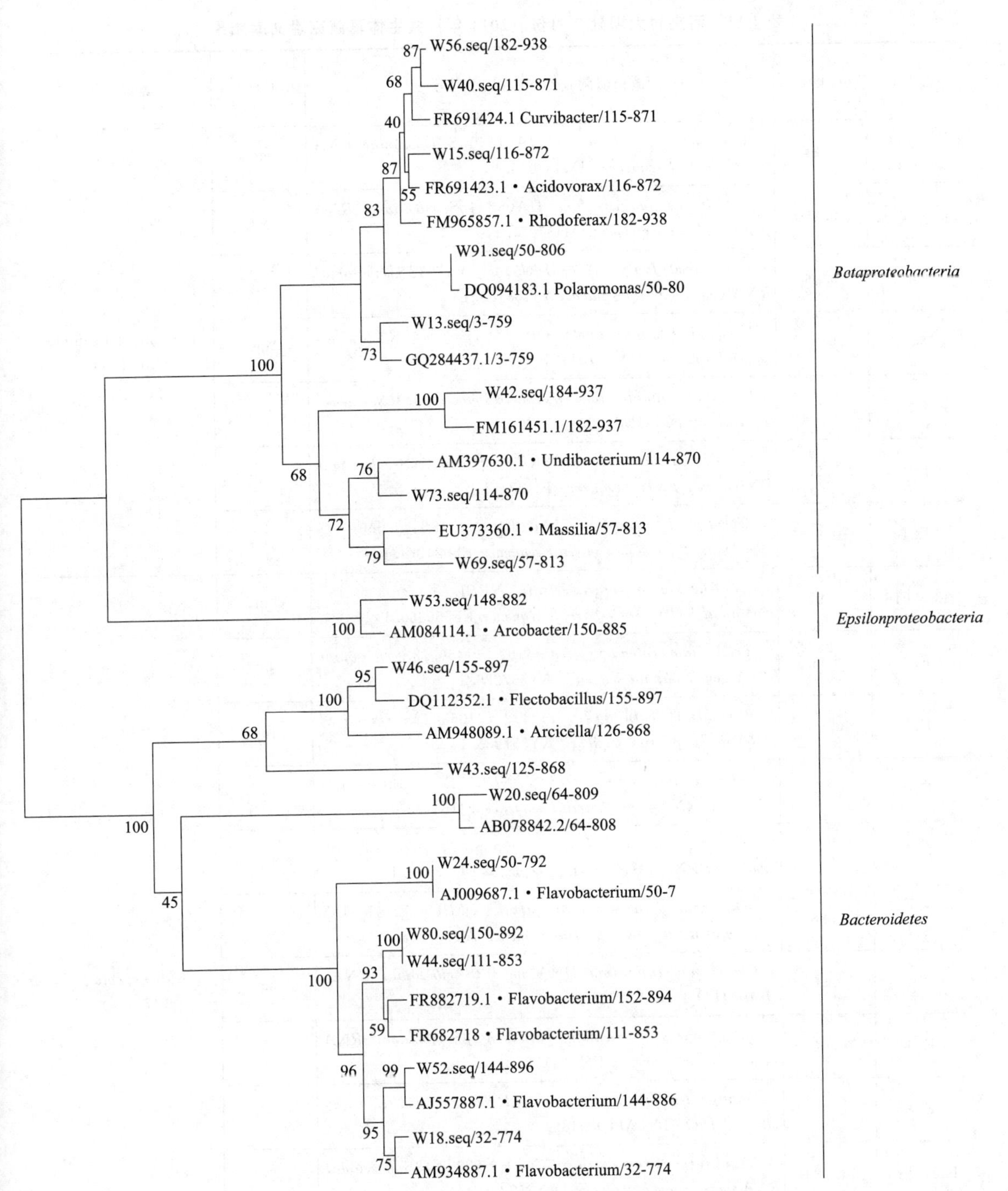

图 4-76　河夹村大坝处 2 月份（2011 年）共生体细菌系统发育树

Chromas 软件进行序列拼接及载体去除。104 个克隆转化子的 16S rDNA 序列的 BLAST 结果见表 4-13，主要类群为 *Ascomycota*（47.1%）、*Basidiomycota*（33.7%）及尚未鉴定的 Environmental samples（10.6%）。河夹村大坝处共生体 2 月份（2011 年）真菌系统发育树见图 4-77。

表 4-13 河夹村大坝处 2 月份（2011 年）共生体真菌克隆文库结果

克隆子	OTU/%	最相似菌及 GenBank 序列号	相似性/%	类群/%
E7，E56，E69，F10	3.84	*Uncultured fungus clone HA011 18S ribosomal RNA gene，partial sequence* HM487053.1	99	Environmental samples（10.6%）
E52	0.96	*Uncultured fungus clone HA052 18S ribosomal RNA gene，partial sequence* HM487051.1	99	
E61	0.96	*Uncultured fungus clone FRPA1 _ E12 18S ribosomal RNA gene，partial sequence* FJ483185.1	99	
E78，E3	1.92	*Uncultured fungus clone GA107 18S ribosomal RNA gene，partial sequence* HM487011.1	99	
E44	0.96	*Uncultured fungus clone GA128 18S ribosomal RNA gene，partial sequence* HM486995.1	100	
E97	0.96	*Uncultured fungus clone FRPA1 _ F07 18S ribosomal RNA gene，partial sequence* FJ483161.1	100	
E84	0.96	*Uncultured eukaryote clone Elev _ 18S _ 660 18S ribosomal RNA gene，partial sequence* EF024274.1	100	
E6，E16	1.92	*Issatchenkia orientalis strain NRRL Y* — 5396 *18S ribosomal RNA gene，partial sequence* EF550360.1	99	Ascomycota（47.1%）
E73	0.96	*Tricladium splendens strain* 162 — 1436 *18S ribosomal RNA gene，partial sequence* AY357286.1	98	
E27	0.96	*Tricladium patulum strain* 139 — 1063 *18S ribosomal RNA gene，partial sequence* AY357285.1	100	
E26	0.96	*Kazachstania exigua strain NRRL Y* — 12640 *18S ribosomal RNA gene，partial sequence* FJ153135.1	99	
E20	0.96	*Kazachstania sp. CFL* — 2008 *strain SY1S01 18S ribosomal RNA gene，partial sequence* FJ153103.1	99	
E55，E51，E31	2.88	*Dimorphospora foliicola strain UMB* 172.01 *18S ribosomal RNA gene，partial sequence* AY357274.1	99	
E1	0.96	*Geotrichum candidum DNA for 18S ribosomal RNA，strain IFO* 4599 AB000652.1	99	
E49	0.96	*Galactomyces geotrichum strain M3 18S ribosomal RNA gene，partial sequence* EU616671.1	99	
E87	0.96	*Hamigera striata gene for 18S rRNA，partial sequence，strain：IFO* 6106 AB003948.1	99	
F25，F14	1.92	*Anguillospora rosea strain CCM F*—08983 *18S ribosomal RNA gene，partial sequence* AY357265.1	99	
F17	0.96	*Crinula caliciiformis isolate AFTOL* — *ID* 272 *18S ribosomal RNA gene，partial sequence* AY544729.1	98	
E35	0.96	*Candida intermedia strainYA01a 18S ribosomal RNA gene，partial sequence* EF408189.1	98	
E68	0.96	*Candida glucosophila 18S rRNA gene，strain JCM* 9440，*partial sequence* AB013519.1	99	

续表

克隆子	OTU/%	最相似菌及GenBank序列号	相似性/%	类群/%
E13	0.96	*Candida fluviatilis 18S rRNA gene*, *strain JCM* 9552, *partial sequence* AB013521.	100	*Ascomycota* (47.1%)
E58, E47, F29	2.88	*Candida zeylanoides strain PSF*3 18*S ribosomal RNA gene*, *partial sequence* EU590665.1	100	
E70, E89, E80, E86, E42	4.81	*Candida austromarina* 18*S rRNA gene*, *strain JCM* 8894, *partial sequence* AB013560.1	100	
F2	0.96	*Candida ascalaphidarum strain NRRL Y*－27908 18*S ribosomal RNA gene*, *partial sequence* DQ655698.1	100	
E71, F11	1.92	*Candida albicans strain X*－*Xol*－1 18*S ribosomal RNA gene*, *partial sequence* EU562180.1	100	
E21	0.96	*Candida shehatae var. lignosa* 18*S rRNA gene*, *strain JCM* 9837, *partial sequence* AB013584.1	100	
E39	0.96	*Candida solani strain NRRL Y*－2224 18*S ribosomal RNA gene*, *partial sequence* EF550474.1	100	
E63, E74	1.92	*Candida parapsilosis strain A*005 18*S ribosomal RNA gene*, *partial sequence* GQ395609.1	100	
E34, F3	1.92	*Candida palmioleophila* 18*S rRNA gene*, *strain JCM* 5218, *partial sequence* AB013520.1	100	
E81, E98, F19, E40, F30	4.81	*Debaryomyces hansenii strain J*26 18*S ribosomal RNA gene*, *partial sequence* HQ717147.1	99	
E33, E100	1.92	*Lemonniera terrestris strain ccm*－*F*125 18*S ribosomal RNA gene*, *partial sequence* AY204607.1	99	
F18	0.96	*Meliniomyces variabilis strain shf*－3 18*S ribosomal RNA gene*, *partial sequence* GU206875.1	99	
E5	0.96	*Pyrenochaeta nobilis strain CBS* 407.7618*S ribosomal RNA gene*, *partial sequence* DQ898287.1	99	
E17, F15, E45, F32	3.84	*Saccharomyces cerevisiae strain HTY*06 18*S ribosomal RNA gene*, *partial sequence* HQ174900.1	99	
E60	0.96	*Septoria dysentericae strain CPC* 12328 18*S ribosomal RNA gene* GU214699.1	99	

续表

克隆子	OTU/%	最相似菌及GenBank序列号	相似性/%	类群/%
E25，E53，E54，E62，E82，E83，E88，E15，E59，E77，E92，E94，E2，E46，E66，F4，F7，F21，F22，F24，F26，E28，E50，F13，F28，F33	25	*Mrakia psychrophilia*，18S rRNA gene，strain Y18 AJ223490.1	100	
E79，E57	1.92	*Malassezia restricta strain CBS* 7877 18S *ribosomal RNA gene*，*partial sequence* EU192367.1	99	*Basidiomycota* (33.7%)
E85，E90，E48，F8	3.84	*Leucosporidium antarcticum strain PI*12 *UPM* 18S *ribosomal RNA gene*，*partial sequence* EU621372.1	98	
E67	0.96	*Rhodotorula bacarum partial* 18S *rRNA gene*，*type strain CBS*6526*T* AJ496257.1	95	
E64	0.96	*Trichosporon pullulans gene for small subunit rRNA*，*partial sequence* AB001766.2	98	
F20	0.96	*Wallemia sebi strain UPSC* 2502 18S *ribosomal RNA gene*，*partial sequence* AF548108.1	99	
E95，E9，E14	2.88	*Rozella allomycis* 18S *ribosomal RNA*，*partial sequence* NG_017174.1	93	*Chytridiomycota* (3.85%)
E8	0.96	*Rhodotorulamucilaginosa strain ZM*－1 18S *ribosomal RNA gene*，*partial sequence* GQ433375.1	98	
E72，E29	1.92	*Endogone pisiformis strain DAOM* 233144 18S *ribosomal RNA*，*partial sequence* NG_017181.1	99	*Mucoromycotina* (1.92%)
E38	0.96	*Amoebidium parasiticum* 18S *rRNA gene*，*strain* ATCC 32708 Y19155.1	97	*Ichthyosporea* (0.96%)
E11，E75	1.92	*Rhogostoma sp.* 1966/2 18S *small subunit ribosomal RNA gene*，*partial sequence* HQ121436.1	97	*Cercozoa* 丝足虫类 (1.92%)

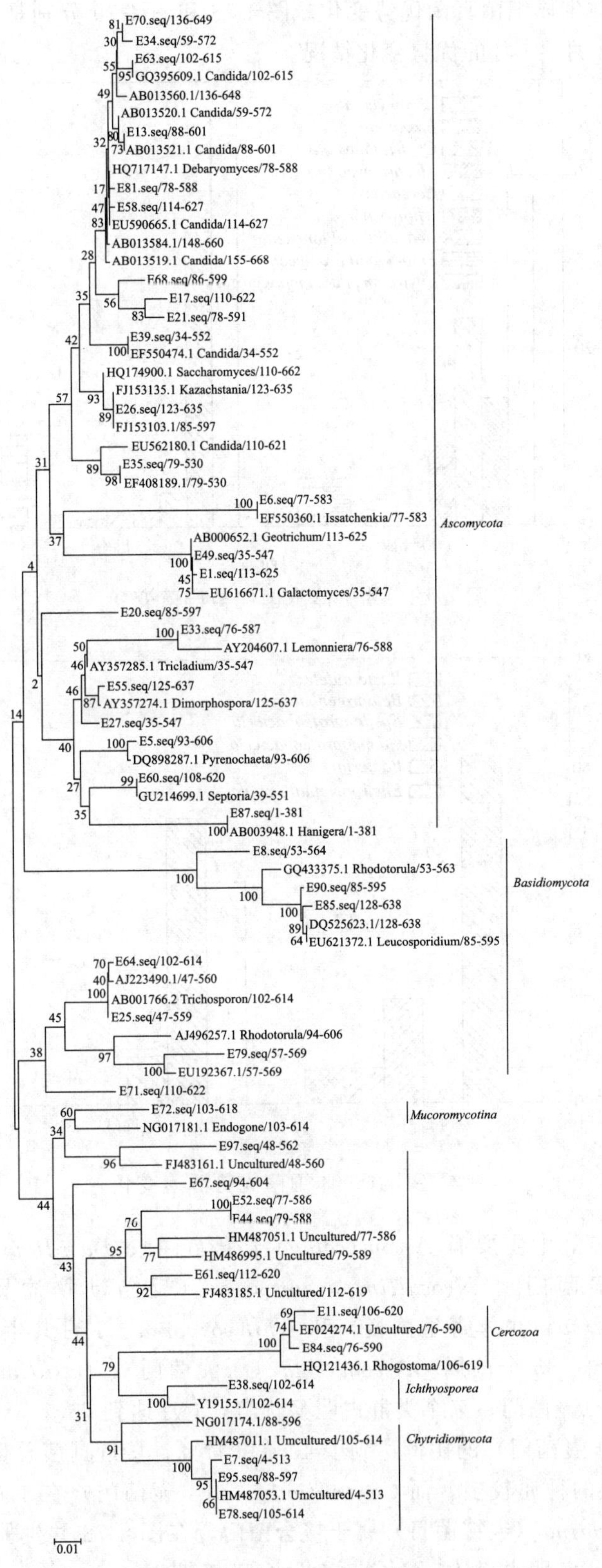

图 4-77　河夹村大坝处共生体 2 月份（2011 年）真菌系统发育树

f. 河夹村大坝共生体细菌真菌优势变化。图 4-78 和图 4-79 分别是河夹村大坝处共生体真菌、细菌群落在 1 月、2 月的优势变化情况。

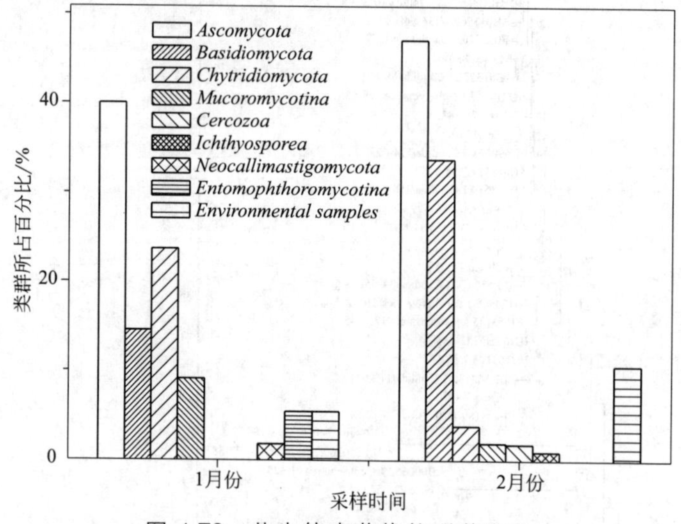

图 4-78　共生体真菌优势群落变化

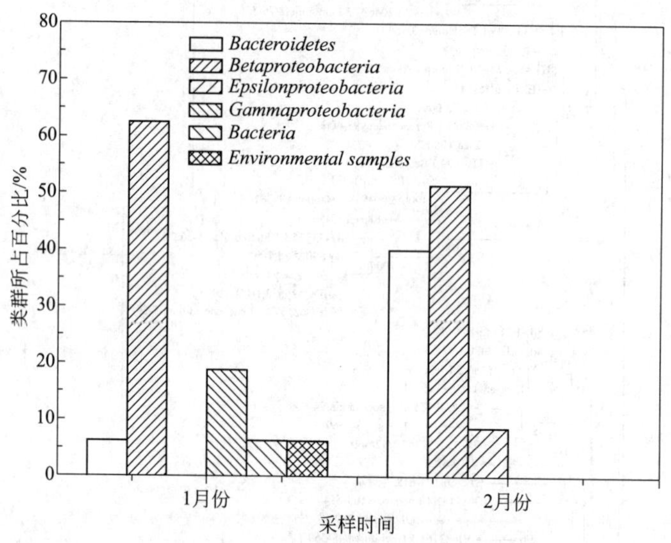

图 4-79　共生体细菌优势群落变化

在共生体真菌群落中主要有 *Ascomycota*（子囊菌门）、*Basidiomycota*（担子菌门）、*Chytridiomycota*（壶菌门）、*Neocallimastigomycota*（反刍动物瘤胃内的厌氧真菌）、*Entomophthoromycotina*（虫体寄生菌科）和 *Ichthyosporea*。1 月共生体样品共 5 个门 39 个菌属，2 月共 6 个门 35 个菌属。*Ascomycota*（子囊菌门）、*Basidiomycota*（担子菌门）和 *Chytridiomycota*（壶菌门）三个类群占明显优势，1 月达到 78.1%，2 月达到 84.64%，其中 *Ascomycota*（子囊菌门）的比例达到了 40%和 47%，接近真菌总量的一半，可见共生体中属于寄生和腐生的种属较多。而 *Chytridiomycota*（壶菌门）在 1 月、2 月间则有了下降趋势。*Mucoromycotina*（毛霉菌目）属于接合菌门，在图 4-78 共生体中也占有一定比例并呈逐渐下降趋势。表明共生体在水栉霉生长旺盛期时，*Ascomycota*（子囊菌门）和 *Basidiomycota*（担子菌门）的种属也随之增加。两个月的样品之间略有不同。

图4-79是共生体细菌群落分析，2月主要类群为*β-proteobacteria*（*β*-变形菌，51.4%）、*Bacteroidetes*（拟杆菌，40.0%）、*ε-proteobacteria*（*ε*-变形菌，8.58%），与1月主要类群为*β-proteobacteria*（51.4%）、*γ-proteobacteria*（18.9%）、*Bacteroidetes*（6.26%）相比有所变化，*Bacteroidetes* 和 *proteobacteria* 在共生体内部起到绝对作用。具体来看1月 *Bacteroidetes* 和*β-proteobacteria* 占优势，2月 *β-proteobacteria* 优势更大，*γ-proteobacteria* 的优势稍逊于前者。一般来说 *β-proteobacteria* 包括 *chemolithotrophic* 类（即氨氧化类，如亚硝化单胞菌），因此 *β-proteobacteria* 在固氮作用方面是重要角色之一。

（3）水栉霉爆发期发生地附近底泥微生物群落特性研究

在水栉霉发生地6#河夹村大坝断面左、中、右设置三个采样点，编号为6#左、6#中、6#右；大坝上游大约100m 5#设置左、中、右三个采样点，编号为5#左、5#中、5#右；在河夹村大坝上游约2km处设置一个采样断面，设置左、中、右三个采样点，编号为3-2#左、3-2#中、3-2#右。

①水栉霉发生地附近底泥真菌群落特性

a. 纯化培养结果。表4-14为2009年3月河夹村大坝附近底泥样真菌菌落数量统计表，在河夹村大坝6#左岸分离出真菌菌落4种，右岸分离出真菌2种；河夹村大坝上游100m 5#左、中、右岸底泥中分别分离出真菌6种、6种、7种；河夹村大坝上游2km 3-2#左、中、右岸底泥中分别分离出真菌3种、5种、8种。水栉霉爆发时期发生地河夹村大坝6#底泥中的真菌数量相对较少，共计6种，少于其上100m 5#的15种和其上2km 3-2#断面的16种，河夹村大坝左岸的底泥中真菌菌群数量较为均匀，主要真菌编号为F2（初步鉴定为塔宾曲霉），F4（初步鉴定为曲霉属），F9（初步鉴定为半知菌纲丛梗孢目）和F28，其中占优势的是F9。

表4-14 河夹村大坝及其附近水域底泥样真菌菌落数量统计表

断面	样品编号	菌种数量	菌种名称及菌落数量/（cfu/g）
河夹村大坝	6#左	4	n1f3（F2）：1×10^2/n1f4（F4）：1×10^2/n1f5（F9）：1×10^2/n1f1（F9）：1×10^2/n1f2（F28）：1×10^2
	6#右	2	n3f2（F2）：1×10^2/n3f3（F18）：1×10^2
河夹村大坝上游100m	5#左	6	n4f6（F1）：1×10^2/n4f3（F2）：1×10^2/n4f5（F4）：1×10^2/n4f4（F14）：1×10^2/n4f2（F18）：1×10^3/n4f1（F9）：1×10^3
	5#中	6	n5f4（F2）：1×10^2/n5f3（F3）：1×10^2/n5f2（F6）：1×10^2/n5f1（F19）：1×10^4/n5f5（F35）：1×10^6/n5f6（F34）：1×10^3
	5#右	7	n6f3（F1）：1×10^2/n6f7（F1）：1×10^2/n6f10（F2）：1×10^3/n6f11（F2）：1×10^4/n6f8（F7）：1×10^3/n6f4（F7）：1×10^2/n6f2（F13）：1×10^2/n6f9（F15）：1×10^3/n6f1（F25）：1×10^2/n6f5（F36）：$\times10^2$
河夹村大坝上游2km	3-2#左	3	n7f4（F3）：1×10^2/n7f3（F3）：1×10^2/n7f2（F21）：1×10^3/n7f1（F7）：1×10^3
	3-2#中	5	n8f7（F3）：1×10^4/n8f2（F3）：1×10^3/n8f3（F3）：1×10^3/n8f1（F4）：1×10^3/n8f5（F6）：1×10^2/n8f4（F16）：1×10^3/n8f6（F30）：1×10^2
	3-2#右	8	n9f10（F1）：1×10^4/n9f9（F2）：1×10^3/n9f2（F4）：1×10^2/n9f6（F7）：1×10^2/n9f3（F9）：1×10^2/n9f5（F9）：1×10^2/n9f4（F12）：1×10^2/n9f1（F26）：1×10^5/n9f8（F29）：1×10^4/n9f7（F1）：1×10^2

b. 18S rDNA 克隆文库 DNA 测序与系统发育分析。在构建的真菌 18S rDNA 克隆文库中，挑选 61 个获得正确长度的外源片段（1.5 kb）的转化子进行测序，序列的 BLAST 结果表明，61 个克隆子共有 28 种不同序列，将序列相同的克隆子定义为一个操作分类单元(operational taxonomic unit，OTU)，即共有 28 种 OTU，每种序列的代表克隆子与 GenBank 数据库中已知真菌的 18S rDNA 序列的相似性最高为 99%，最低为 90%。在测定的 61 个克隆子中属于 *Chytridiomycota* 类群的占 45.90%，*Dikarya Basidiomycota* 类群占 18.03%，*Dikarya Ascomycota* 类群占 16.39%，其余 *Neocallimastigomycota*、*Fungi incertae sedis*、*Blastocladiomycota*、*Metazoa* 和 *Rhizaria* 等类群分别占 6.56%、4.92%、3.28%、3.28%和 1.64%。

② 水栉霉发生地附近底泥细菌群落特性

a. 纯化培养结果。表 4-15 为 2009 年 3 月河夹村大坝及其附近底泥样品细菌菌落数量统计表，在河夹村大坝 6# 底泥菌落数量为 2.93×10^5，与河夹村大坝上游 300m 4# 样品、河夹村大坝上游 100m 5# 样品底泥中的菌落数量 2.12×10^5、2.32×10^5 相比，数量相对较多，河夹村大坝底泥中的菌落主要由球菌、杆菌和弧菌组成，菌落数量分别为 1.25×10^5、1.14×10^5 和 0.54×10^5。

表 4-15　2009 年 3 月河夹村大坝及其附近底泥样品细菌菌落数量统计表　　单位：cfu/g

样品	菌落数量	球菌	杆菌	弧菌
河夹村大坝上游 300m 4# 底泥	2.32×10^5	1.21×10^5	0.98×10^5	0.13×10^5
河夹村大坝上游 100m 5# 底泥	2.12×10^5	1.02×10^5	0.96×10^5	0.14×10^5
河夹村大坝 6# 底泥	2.93×10^5	1.25×10^5	1.14×10^5	0.54×10^5

b. 细菌 16 DNA 测序与分析。在“缩缢”态水栉霉出现的 1 月份，从构建的河夹村大坝 1 月份细菌克隆文库中，随机挑选带有目的条带的 61 个克隆子进行测序，对获得的 48 个双向序列在 Blast 上比对，得到了 *Proteobacteria*（变形菌类群）、*Chloroflexi*（绿弯菌类群）、*Bacteroidetes*（拟杆菌类群）、*Gemmatimonadetes*（芽单胞菌类群）、*Actinobacteria*（放线菌类群）、*Planctomycetes*（浮霉菌类群）、*Nitrospirae*（硝化螺旋菌类群）、*Acidobacteria*（酸杆菌类群）和 *Spirochaetes*（螺旋体类群）共 9 个类群、23 个菌属。*Proteobacteria* 类群占 42.55%，其中 *β-Proteobacteria*、*γ-Proteobacteria* 和 *δ-Proteobacteria* 分别占 19.15%、12.77% 和 10.64%，其次类群优势顺序依次为 *Bacteroidetes* 类群占 19.15%，*Acidobacteria* 类群占 17.02%，*Planctomycetes* 类群占 6.38%，*Chloroflexi* 类群占 2.13%，*Nitrospirae* 类群占 2.13%，*Gemmatimonadetes* 类群占 2.13%，*Actinobacteria* 类群占 2.13%，*Spirochaetes* 类群占 2.13%，还有占 4.26%的序列未找到其在 GenBank 中的分类学位置。测得的序列和已知序列比对后的相似性最高达到 100%，最低为 93%，均有较大的相似性。其中 *Proteobacteria* 类群为沉积物中的优势菌群，占沉积物中微生物总数的 32.8%。*β-Proteobacteria* 类群中的假单胞菌，*Bacteroidetes* 类群中的黄杆菌、嗜纤维菌都是在沉积物中占有较大优势的优势菌属。

③水栉霉发生地附近底泥放线菌群落特性　表 4-16 为海浪河河夹村附近底泥样品放线菌群落统计表，河夹村大坝 6# 左、右分别为 1 种和 4 种，但数量相对较少；河夹村大坝上游 100m 5# 左、中、右种类分别 1 种、3 种、5 种，河夹村大坝上游 2km 3-2# 左、中、右种类分别为 4 种、3 种、3 种，相对较多。菌落数量最多的是河夹村大坝上游 2km，水栉霉发

生地河夹村大坝数量相对较少。

表 4-16　河夹村大坝附近水域底泥样品放线菌群落统计表　　单位：cfu/g

样品	菌落数量（cfu 数）（泥样×10）	主要放线菌种类				
		金色类圆状凸起	白色凸起	暗红色	浅黄色菌落	粉红色菌落
$6^{\#}$左	1	0	0	0	1	
$6^{\#}$右	18	3	9	1	5	0
$5^{\#}$左	1	0	1	0	0	0
$5^{\#}$中	13	0	4	4	5	0
$5^{\#}$右	45	3	4	4	32	2
$3\text{-}2^{\#}$左	99	4	14	14	67	
$3\text{-}2^{\#}$中	78	0	17	6	55	
$3\text{-}2^{\#}$右	44	6	7	5	26	

（4）水柖霉爆发期发生地附近水域中微生物群落结构

①水柖霉发生地附近水域中真菌种类　表 4-17 为水柖霉发生地河夹村大坝附近水域真菌菌落数量统计结果。

表 4-17　水柖霉发生地河夹村大坝附近水域真菌菌落数量统计表

样品编号	菌种数量	菌种名称及菌落数量/（cfu/mL）
$6^{\#}$左	1	s1f1（F32）：1×10^{4}
$6^{\#}$中	2	s2f1（F19）：7×10^{6}/s2f2（F33）：1×10^{3}
$6^{\#}$右	1	s3f1（F8）：1×10^{4}
$5^{\#}$左	2	s4f1（F8）：1×10^{2}/s4f2（F24）：1×10^{3}
$5^{\#}$中	2	s5f1（F19）：1×10^{5}/s5f3（F20）：2×10^{6}/s5f2（F20）
$5^{\#}$右	4	s6f2（F10）：1×10^{5}/s6f1（F20）：1×10^{7}/s6f4（F23）：2×10^{3}/s6f3（F27）：1×10^{5}
$3\text{-}2^{\#}$左	1	s7f1（F20）：1×10^{2}
$3\text{-}2^{\#}$右	0	
$1^{\#}$海浪河大桥	3	s10f4（F2）：1×10^{5}/s10f3（F2）：1×10^{4}/s10f2（F8）：1×10^{3}/s10f1（F11）：1×10^{6}

由表 4-17 可见，采用纯化分离方法，在水柖霉发生地河夹村大坝 $6^{\#}$左岸水体中真菌种类为 1 种，$6^{\#}$河夹村大坝断面中间采样点水体中真菌种类为 2 种，$6^{\#}$河夹村大坝断面右岸采样点水体中真菌种类为 1 种。与其上河夹村大坝上 100m $5^{\#}$采样点相比，真菌数量由 8 种减少为 4 种，与 $1^{\#}$海浪河大桥 4 种数量相同。

②水柖霉发生地附近水域中细菌种类　表 4-18 为河夹村大坝附近污染水域细菌群落统计表。

表 4-18 河夹村大坝附近污染水域细菌群落统计表

样品编号	菌落数量/（cfu/mL）
河夹村大坝 6# 左水样	170
河夹村大坝 6# 中水样	120
河夹村大坝 6# 右水样	460
河夹村大坝上游 100m 5# 左水样	230
河夹村大坝上游 100m 5# 中水样	730
河夹村大坝上游 100m 5# 右水样	310
河夹村大坝上游 2000m 3# 左水样	670
河夹村大坝上游 2000m 3# 右水样	940
海浪河大桥 1#	10

如表 4-18 所示，在水栉霉发生地河夹村大坝 6# 左岸水样中细菌菌落数量为 170cfu/mL，河夹村大坝 6# 中间水样菌落数量为 120cfu/mL，河夹村大坝 6# 右岸水样菌落数量为 460cfu/mL，表明在水栉霉生长较多的发生地左岸，细菌菌落数量相对较少。在河夹村大坝上游 100m 和 2km 采样点，水样中的菌落数量相对较多，也侧面反映出这两个采样点污染较重。与上游断面 1# 海浪河大桥断面 10cfu/mL 菌落数量相比，河夹村大坝附近水域细菌菌落数量较多，表现出曾经受过污染。

③水栉霉发生地附近水域中放线菌种类　当水栉霉孳生时，河夹村大坝附近水域中放线菌群纯化分离结果如表 4-19 所示（2009 年 3 月采样结果）。

表 4-19 河夹村大坝附近水域共生体放线菌群落统计表　　单位：cfu/mL

样品	菌落数量（cfu 数）（水样×10^3）	主要放线菌种类				
		金色类圆状凸起	白色凸起	暗红色	浅黄色菌落	粉红色菌落
6# 左	65	6	26	2	31	
6# 中	13	1	7	0	5	
6# 右	8	0	5	0	3	
5# 左	9	0	6	0	3	
5# 中	63	3	21	5	34	
5# 右	1	0	1	0	0	
3-2# 左	22	2	12	1	7	
3-2# 右	73	6	37	3	27	
1#	1	0	0	0	1	

水栉霉共生放线菌种类河夹村大坝 6# 左岸有 4 大类，河夹村大坝 6# 中采样点有 3 大类，河夹村大坝 6# 右岸有 2 大类，但从数量上来说，河夹村大坝左岸最多，菌落数量为 65×10^3cfu/mL，这与河夹村大坝左岸水栉霉共生体量最多相一致。与其上 100m 5# 采样点有 7 种相比，种类有所增加。

(5) 水栉霉爆发期发生地浮游动植物类群结构

① 水栉霉爆发期发生地浮游植物类群

a. 浮游植物种类组成。牡丹江海浪河 2010 年 1 月 18 日 6# 河夹村大坝浮游植物共鉴定出藻类 58 种，其种类组成如图 4-80 所示，其中硅藻门种类最多，有 45 种，占 77.59%；其次为绿藻门和蓝藻门，分别为 5 种和 4 种，分别占 8.6%和 6.9%，甲藻门均只有 1 种，仅占 1.7%。同时以 1# 海浪河大桥作为参照点，如图 4-81 所示，1# 海浪河大桥 2010 年 1 月共鉴定出藻类 28 种，其中硅藻门最多，为 24 种，占 85.71%；甲藻门 2 种，占 7.14%；蓝藻门和金藻门各有 1 种，均占 3.57%。

2010 年 1 月 18 日 6# 河夹村大坝浮游植物共鉴定出藻类 58 种，比 1# 海浪河大桥少 8 种，但其硅藻门种类 45 种比 1# 海浪河大桥的 28 种多了 17 种，甲藻门只有 1 种，比 1# 海浪河大桥少 1 种，同时河夹村大坝与海浪河大桥相比出现了绿藻门和蓝藻门。

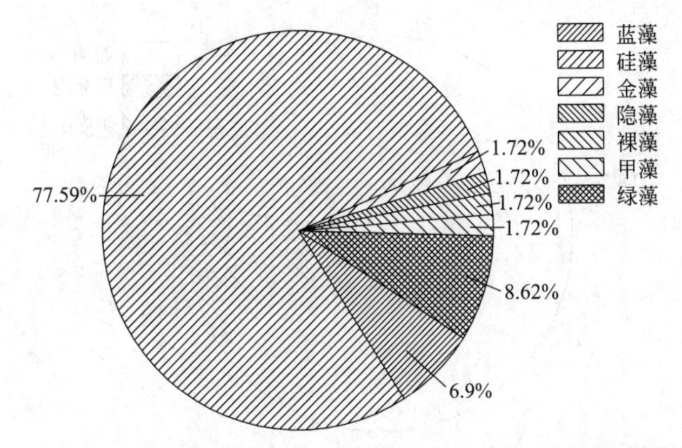

图 4-80 水栉霉爆发期 6# 河夹村大坝 1 月份浮游植物种类

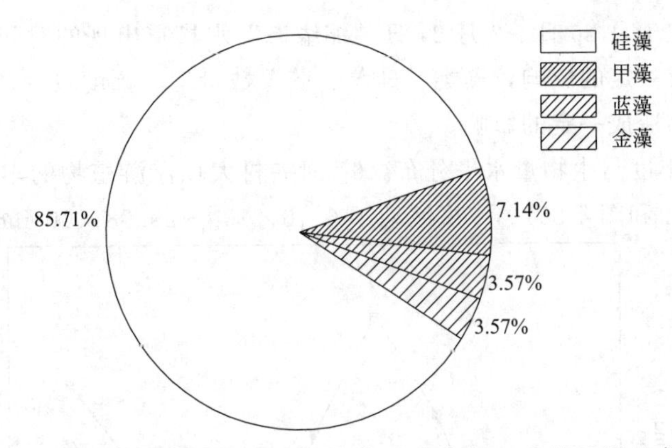

图 4-81 水栉霉爆发期参照点 1# 海浪河大桥 1 月份浮游植物种类

牡丹江海浪河 2010 年 2 月 24 日 6# 河夹村大坝断面浮游植物共鉴定出藻类 18 种，其中硅藻门种类最多，有 15 种，占 83.33%；其次蓝藻门，为 2 种，甲藻门 1 种，仅占 5.56%，如图 4-82 所示。其参照点 1# 海浪河大桥 2 月共鉴定出藻类 17 种，其中硅藻门最多，为 15 种，占 88.24%；金藻门和甲藻门各 1 种，均占 5.88%，如图 4-83 所示。6# 河夹村大坝断面与 1# 海浪河大桥对比，差别不是太大，但 6# 河夹村大坝断面没有蓝藻门，同时出现了金藻门。侧面表明 6# 河夹村大坝断面水栉霉出现对浮游植物种类会造成一定的影响。

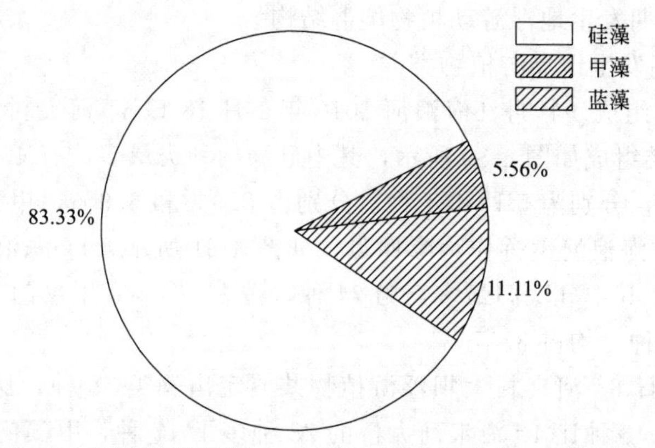

图 4-82　水柠霉爆发期 2 月份 6# 河夹村大坝浮游植物种类

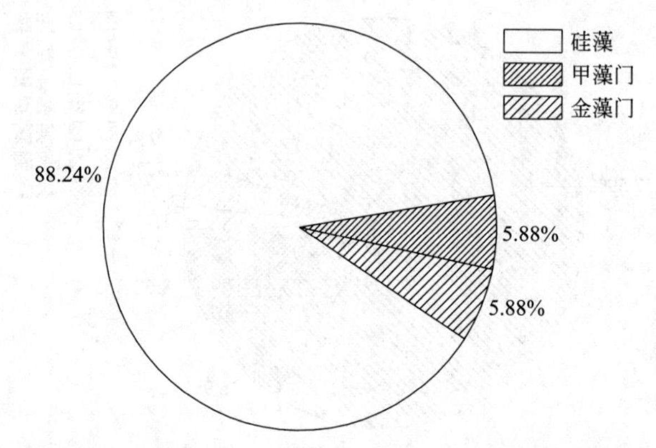

图 4-83　参照点 1# 海浪河大桥 2 月份浮游植物种类

上述结果表明在 1 月 26 日～2 月 24 日“缩缢态”水柠霉出现的时间段，其对浮游植物的种类及数量会造成一定的影响，藻类、硅藻、蓝藻数量均大幅度减少，侧面反映出水柠霉的爆发会对浮游植物造成一定的影响。

b. 浮游植物的丰度与生物量水平分布。6# 河夹村大坝浮游植物的丰度和生物量在各季节存在差异（图 4-84 和图 4-85）。丰度波动于 6.16×10^5～29.58×10^5 ind. /L 之间，最高为

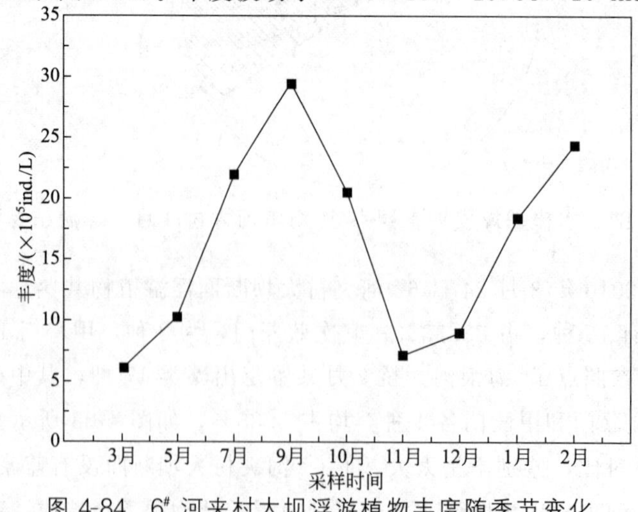

图 4-84　6# 河夹村大坝浮游植物丰度随季节变化

9 月，为 29.58×10^5ind./L；次高为 2 月，为 24.48×10^5ind./L；最低为 3 月，为 6.16×10^5ind./L。生物量全年在 0.69～7.56mg/L 之间，以 9 月最高，为 7.56mg/L；其次是 7 月，为 7.23mg/L；最低为 12 月，为 0.69mg/L。在“缩缢态”水栉霉出现的 1 月和 2 月，浮游植物的生物量相对大幅度减少，但浮游植物的丰度变化不大。表明水栉霉的爆发会对浮游植物的数量造成一定的影响。

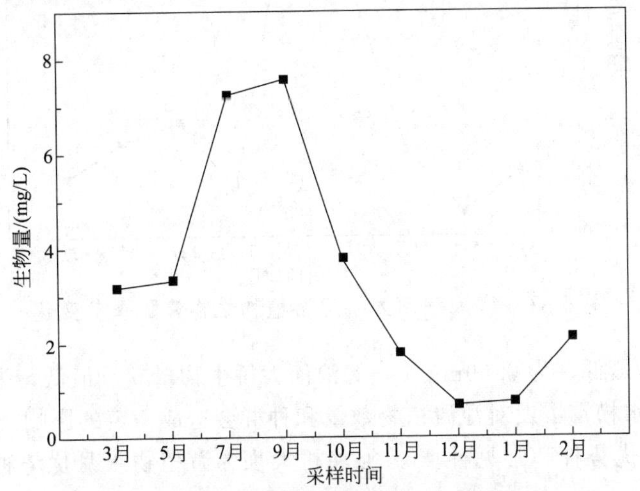

图 4-85　6# 河夹村大坝浮游植物生物量随季节变化

参照点 1# 海浪河大桥浮游植物的丰度和生物量各季节存在差异（图 4-86 和图 4-87）。丰度波动于 2.78×10^5～31.08×10^5 ind./L 之间，最高为 10 月份，为 31.08×10^5 ind./L；次高为 9 月份，为 19.44×10^5 ind./L；最低为 3 月份，为 2.78×10^5 ind./L。生物量全年为 0.74～9.87mg/L。以 10 月份最高，为 9.87mg/L；其次是 9 月份，为 7.18mg/L；最低为 5 月份，为 0.74mg/L。

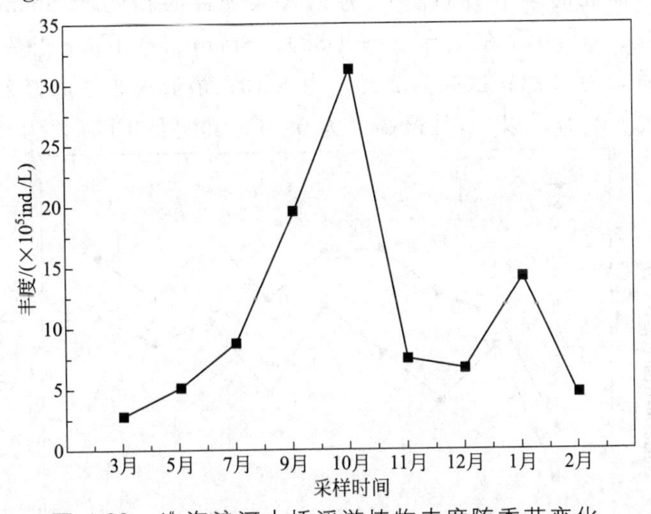

图 4-86　1# 海浪河大桥浮游植物丰度随季节变化

6# 河夹村大坝断面与参照点 1# 海浪河大桥相比，6# 河夹村大坝断面的浮游植物最高丰度和最高生物量出现在 9 月，1# 海浪河大桥出现在 10 月；最低丰度出现的月份两采样点均为 3 月，但河夹村大坝丰度为 6.16×10^5ind./L，高于海浪河的 2.78×10^5ind./L；河夹

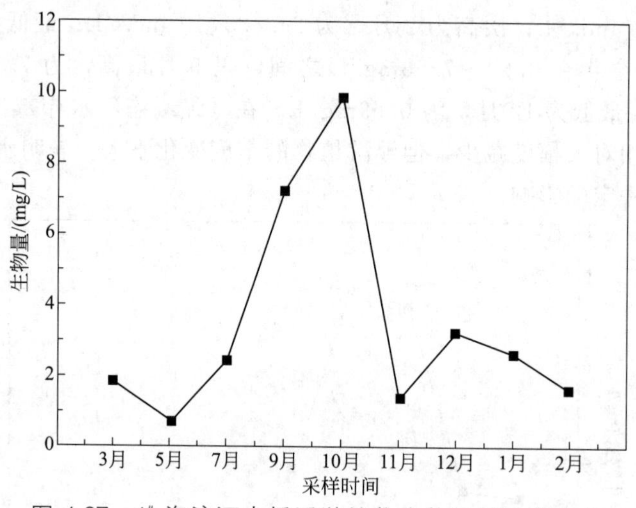

图 4-87　1[#] 海浪河大桥浮游植物生物量随季节变化

村大坝 12 月生物量最低，为 0.69mg/L，海浪河大桥生物量 5 月最低，为 0.74mg/L。上述结果也侧面反映出水栉霉爆发对浮游植物数量和种群会造成一定的影响。

c. 浮游植物的优势种和常见种。6[#] 河夹村大坝浮游植物 1 月优势种为 *Fragilaria sp*.（脆杆藻）和 *Navicula exigua*（短小舟形藻），常见种包括：*Navicula radiosa*（放射舟形藻），*N. pupula*（瞳孔舟形藻），*N. graciloides*（线形舟形藻）。

海浪河大桥 1 月优势种除 *Fragilaria sp*. 和 *Navicula exigua* 外，还有 *Cybella ventricosa*（偏肿桥弯藻）、*A. linearis*（线形曲壳藻）、*Phormidium aerugineo-coeruleum*（阿氏席藻）和 *P. sp*.（多甲藻）。河夹村大坝浮游植物优势种类相对较少，侧面反映出水栉霉爆发对浮游植物群落种类有一定影响。

d. 浮游植物多样性的季节分布。6[#] 河夹村大坝浮游植物的 Shannon-Wiener 指数和 Pielou 均匀度指数在各季节存在差异（图 4-88）。Shannon-Wiener 指数 H' 波动于 2.17～4.21，最高为 10 月，为 4.21；次高为 2 月，为 4.10；最低为 3 月，为 2.17。Pielou 均匀度指数 J 全年在 0.43～0.97，以 12 月最高，为 0.97；其次是 10 月，为 0.92；最低为 3 月，

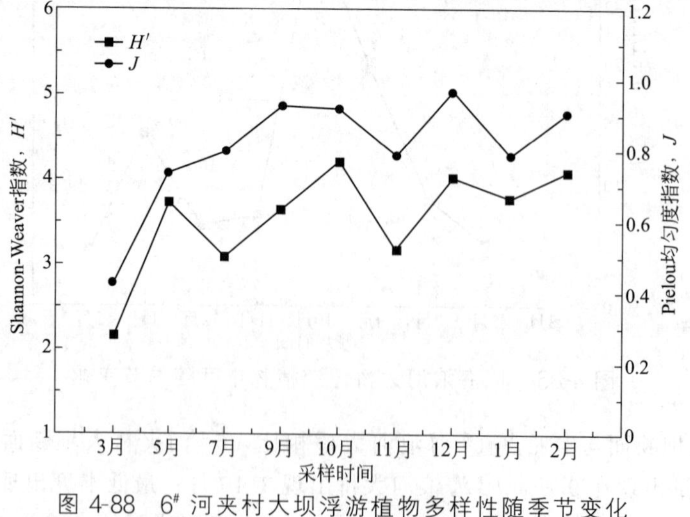

图 4-88　6[#] 河夹村大坝浮游植物多样性随季节变化

为0.43。表明在“缩缢态”水栉霉出现的1月和2月，浮游植物多样性变化不大。

1# 海浪河大桥浮游植物的Shannon-Weaver指数和Pielou均匀度指数在各季节存在差异（图4-89）。Shannon-Weaver指数 H' 数波动于3.13～4.4，最高为10月的4.4；次高为2月的4.23；最低为1月的3.13，不同于河夹村大坝的最低为3月的2.17。Pielou均匀度指数 J 全年在0.65～0.94；以7月与12月最高为0.94；其次是11月的0.93；最低为3月的0.65。

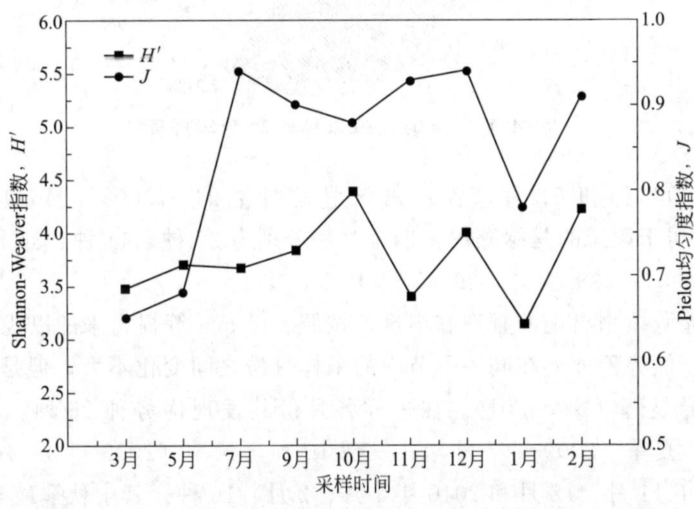

图4-89 参照点1# 海浪河大桥浮游植物多样性随季节变化

② 水栉霉爆发期发生地浮游动物类群 2009年3月6# 河夹村大坝左岸共鉴定出浮游动物6种，其中原生动物2属3种，占浮游动物总种数的8.57%；轮虫3属3种，占8.57%。牡丹江海浪河2010年1月6# 河夹村大坝未发现浮游动物，2010年2月6# 河夹村大坝浮游动物共鉴定出8种，其中原生动物种类最多，有5种，其次为轮虫3种。2010年2月6# 河夹村大坝浮游动物丰度为2.32ind./L，生物量为0.061mg/L。优势种为尖削叶轮虫，常见种为砂壳虫种和表壳虫种。

③ 海浪河流域浮游动植物类群结构

a. 浮游植物的群落结构特征 牡丹江市海浪河1#～10# 的10个样点共鉴定出浮游植物208种（含变种和变型），隶属8门10纲22目33科73属。其中蓝藻门1纲3目5科10属；硅藻门2纲5目8科26属；绿藻门2纲9目15科32属；其余的黄藻门、隐藻门、甲藻门、裸藻门、金藻门均为1纲1目1科1属；浮游植物种类数为：蓝藻（*Cya.*）15种，约占总数的7.21%；硅藻（*Bac.*）97种，约占总数的46.63%；黄藻（*Xan.*）8种，约占总数的3.85%；绿藻（*Chl.*）77种，约占总数的37.02%；隐藻（*Pyr.*）2种，约占总数的0.96%；裸藻（*Eug.*）6种，约占总数的2.88%；甲藻2种，约占总数的0.96%；金藻（*Chr.*）1种，约占总数的0.48%（图4-90）。

浮游植物种类在2009年5月、7月、9月、10月、11月、12月和2010年1月、2月波动明显，尤其是分别代表春、夏、秋、冬季四季的2009年5月、7月、9月和11月更替明显，种数分别为100种、113种、114种和91种，各自占全年总种数的48.07%、54.32%、54.81%和43.75%。在春、夏、秋、冬四季各自包含月份之间的种类及数量非常相近，故以2009年5月、7月、9月和11月为例。在这四个月份中，均以硅藻门种类数最多，分别

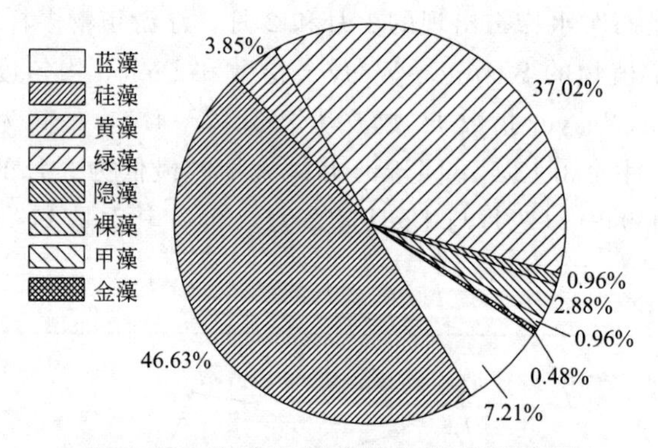

图 4-90　海浪河浮游植物种类组成图

为 57 种、53 种、62 种和 61 种，各自占该月总种数的 57.00%、46.90%、54.38%和 67.03%；种类数居于第二的是绿藻门，四个月份分别为 27 种、44 种、34 种和 34 种，各自占该月总数的 27.00%、38.94%、29.82%和 37.36%。

根据各季节浮游植物出现的频率和丰度，按照 Lampitt 等提出来的以优势度 $y>0.02$ 为界来确定优势种。优势种种类在同一季节内的采样月份之间变化不大，但是四个季节之间变化较大，季节差异显著（$p=0.01$）。在采样各月份共发现优势种 25 种。春季（2009 年 5 月）共发现 8 种，夏季（2009 年 7 月）共发现 10 种，秋季（2009 年 9、10 月）共发现 17 种，冬季（2009 年 11 月、12 月和 2010 年 1 月、2 月）16 种。其中秋季最多，次高为冬季，其后是夏季，最低是春季。各季节优势种均以硅藻为主。按照出现频率>65%确定为常见种，海浪河 9 个采样月份浮游植物的常见种有 6 门共 36 种，以硅藻门最多，30 种，蓝藻门 2 种，隐藻门、绿藻门、甲藻门、裸藻门各 1 种。

在调查期间，海浪河浮游植物多样性指数的变化见图 4-91。海浪河浮游植物多样性指数中的 Shannon-Wiener 指数（H'）全年在 2.17～4.77，以 2009 年 10 月最高，平均值为 4.32，2009 年 11 月最低，平均值为 3.14。Margalef 指数（d）全年在 1.54～5.56，最高值出现在 2009 年 10 月，各个点的平均值为 4.58；最低值出现在 2009 年 3 月，各个点的平均

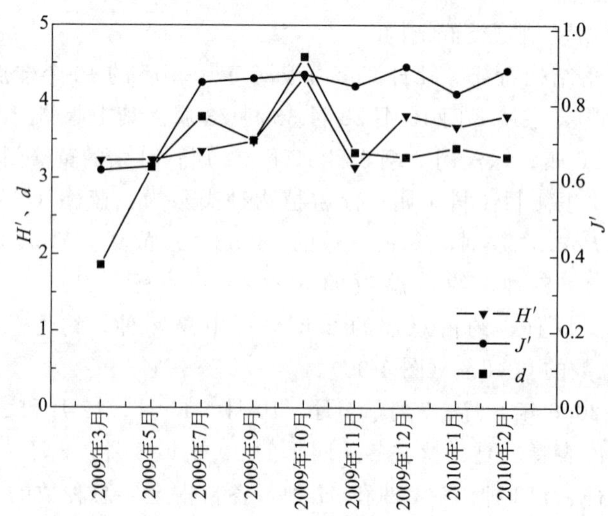

图 4-91　海浪河浮游植物多样性指数 H'、J'、d 均值的月份变化

值为1.86。Pielou均匀度指数（J'）全年在0.43～0.97，最低值出现在2009年3月，各个点的平均值为0.62；最高值出现在2009年12月，为0.97，并且各个点的平均值也最高，为0.87。从多样性、均匀度和丰富度的空间分布来看，多样性、丰富度和均匀度总体表现为1#海浪河大桥最高，2#英雄桥和3#斗银河口上游100m最低。从不同月份各个指数的变化趋势上看，同一季节内的月份变化不明显，而在季节之间变化显著。Shannon-Wiener指数（H'）的变化趋势和Pielou均匀度指数（J'）的变化基本一致，前者是秋季>夏季>春季>冬季，后者是秋>夏季>冬季>春季，Margalef指数（d）则是夏季>秋季>冬季>春季。

b. 浮游动物的群落结构特征。2009年3月至2010年2月调查期间，在采集的9个月的所有样品中共鉴定出浮游动物35种，其中原生动物13属16种，占浮游动物总种数的45.71%；轮虫8属14种，占40%，枝角类2属2种，占5.72%；桡足类1属3种，占8.57%（图4-92）。

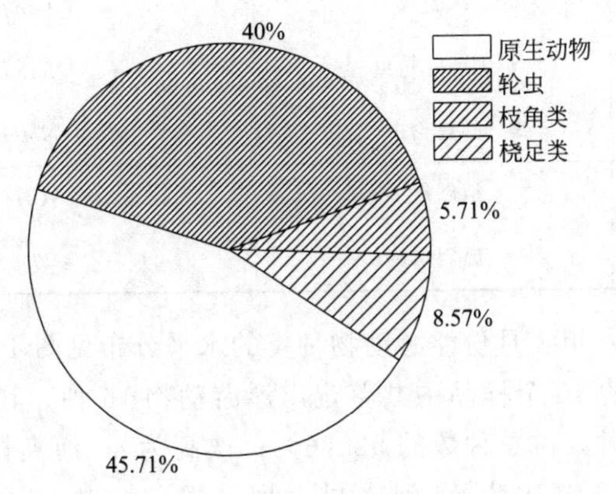

图4-92 牡丹江市海浪河浮游动物种类组成

牡丹江市海浪河2010年1月浮游动物种类及其水平分布见图4-93、表4-20。在海浪河2010年1月10个样点所采集的10个样品中共鉴定出浮游动物10种，其中6#河夹村大坝采

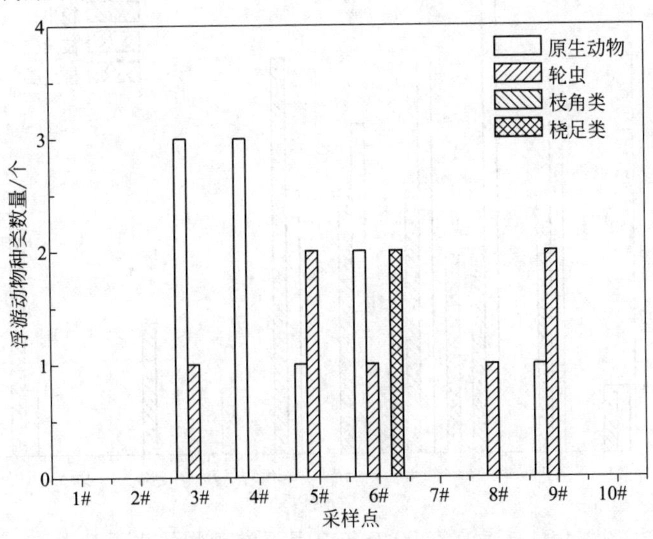

图4-93 海浪河2010年1月浮游动物的水平分布

样点种类最多，为 5 种，占总种数的 40%，次高为 9# 海浪河口内、5# 河夹村大坝上游 100m、4# 河夹村大坝上游 300m 均为 3 种，占总种数的 30%，10# 海浪河入口牡丹江下游 2km、7# 海南大桥、2# 英雄桥、1# 海浪河大桥采样点没有发现浮游动物种类。

表 4-20　牡丹江市海浪河 2010 年 1 月份浮游动物种类

种类		拉丁名
原生动物	砂壳虫	*Difflugia sp.*
	草履虫	*Paramecium sp.*
	尾草履虫	*Paramecium caudatum*
	钟虫	*Vorticella sp.*
	累枝虫属	*Epistylis sp.*
轮虫	水轮虫	*Epiphanes sp.*
	尖削叶轮虫	*Notholca acuminata*
	晶囊轮虫	*Notholca acuminata*
桡足类	拟剑水蚤	*Ceriodaphnia sp.*
	温剑水蚤	*Thermocyclops sp.*

牡丹江市海浪河 2010 年 2 月份浮游动物种类的水平分布见图 4-94 和表 4-21。在海浪河 2 月份 10 个样点所采集的 10 个样品中共鉴定出浮游动物 16 种，其中 3# 斗银河口上 100m 采样点种类最多，为 13 种，占总种数的 92.86%；次高为 4# 河夹村大坝上游 300m，为 11 种，占总种数的 68.75%；其次为 6# 河夹村大坝采样点，为 10 种，占总种数的 62.5%；9# 海浪河口内采样点没有发现浮游动物种类。

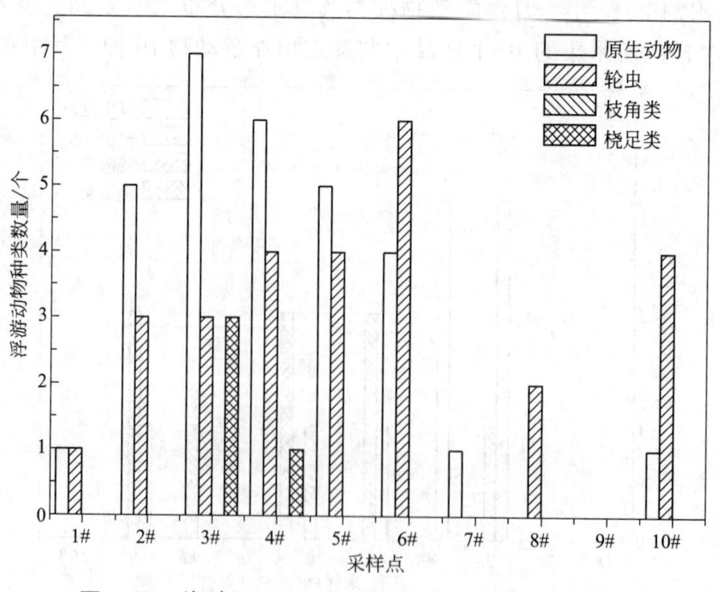

图 4-94　海浪河 2010 年 2 月浮游动物的水平分布

表 4-21　牡丹江市海浪河 2010 年 2 月份浮游动物种类

种类		拉丁名
原生动物	表壳虫	*Arcella sp.*
	砂壳虫	*Difflugia sp.*
	网足虫目	*Gromiide sp.*
	草履虫	*Paramecium sp.*
	尾草履虫	*Paramecium caudatum*
	钟虫	*Vorticella sp.*
	累枝虫属	*Epistylis sp.*
	结节壳吸管虫	*Acineta. tuberos*
轮虫	萼花臂尾轮虫	*Brachionus calyciflorus*
	曲腿龟甲轮虫	*Keratella valga*
	水轮虫	*Epiphanes sp.*
	尖削叶轮虫	*Notholca acuminata*
	晶囊轮虫	*Asplanchna sp.*
	囊足轮虫	*Asplanchnopus sp.*
桡足类	温剑水蚤	*Thermocyclops sp.*
	小剑水蚤	*Microcyclops sp.*

根据各季节浮游动物出现的频率和丰度，按照 Lampitt 等提出来的以优势度 $y>0.02$ 为界来确定优势种。海浪河的浮游动物种类比较单一，优势种相对较少而且集中，优势种类共 13 种。并且，2009 年 3 月没有发现优势种。全年主要的优势种为草履虫、钟虫、砂壳虫、累枝虫、水轮虫、尖削叶轮虫、萼花臂尾轮虫、切割咽壳虫、晶囊轮虫、囊足轮虫、尖削叶轮虫，象鼻蚤、小剑水蚤。优势度最高点为 2009 年 9 月的小剑水蚤，为 0.48；次高为 2009 年 10 月，为 0.35。从各月份优势种的污染等级来看，海浪河整条河流全年基本处于中度污染状态，另外，在 5 月和 7 月中轮虫卵占据了一定的地位，可能导致海浪河将来轮虫的种群暴发。优势种的变化受季节影响较明显，夏秋两季优势种类较春冬两季少。

按照出现频率>65%确定为常见种，海浪河浮游动物的常见种见表 4-22。其中轮虫 2 种，分别为晶囊轮虫和囊足轮虫；桡足类 1 种，为小剑水蚤；枝角类 1 种，为象鼻蚤。

表 4-22　海浪河浮游动物常见种

种类		拉丁名
轮虫	晶囊轮虫	*Notholca sp.*
	囊足轮虫	*Asplanchnopus sp.*
桡足类	小剑水蚤	*Microcyclops sp.*
枝角类	象鼻蚤	*Bosmina sp.*
轮虫卵	—	—
无节幼体	—	—

4.4 水栉霉对水环境影响评估研究

水栉霉的大面积爆发会影响牡丹江市西水源地的取水水质安全，针对这一影响河流水环境的问题，研究水栉霉对水环境水质的影响、水栉霉对河流其他微生物生长的影响，最终评估水栉霉对水环境的影响具有重要意义。

4.4.1 水栉霉对水质的影响

为研究水栉霉高发期间水栉霉发生地有机物的污染情况，采集了水栉霉生长期和非生长期的表层水和沉积物进行了有机物分析。主要分析了表层水中挥发性有机物和半挥发性有机物。目前水样的前处理方法常用的是液-液萃取和固相萃取，本课题用固相萃取前处理水样，用气相色谱-质谱联用仪（GC-MS）分别对 2009 年 5 月、7 月、8 月、9 月、11 月、12 月和 2010 年 1 月、2 月河夹村大坝及牡丹江水源地的水样中半挥发性有机物做了定性分析。

4.4.1.1 分析方法质量保障体系

固相萃取 用棕色玻璃瓶盛放 3L 0.45μm 玻璃纤维素滤膜过滤后的水样，并加入 21mL 甲醇（7mL/L）混匀。①活化 SPE 柱：针对萃取装置上的 3 个 C18 SPE 小柱，分别加入 6mL 的二氯甲烷、甲醇和超纯水，平衡 5min 后开阀让溶液自然流下，避免 SPE 柱流干进入气泡。②样品富集：在 SPE 柱中加入满管的超纯水，再用大体积采样器连接水样和 SPE 柱，在真空下富集水样，流速为 5mL/min，并避免柱子流干进入气泡。富集结束后，继续抽真空，氮吹走 SPE 柱内的水珠。③洗脱 SPE 柱：在 SPE 柱内依次分别加入 5mL 二氯甲烷、二氯甲烷/正己烷混合液（体积比为 1∶1）和正己烷，平衡 5min 后打开阀让溶液自然流下，每种洗脱液重复操作 3 次。将所有洗脱液混合，加入足量经过 400℃ 烘 6h 冷却后的无水硫酸钠干燥脱水；用玻璃棉堵住漏斗口，加入 2cm 高的无水硫酸钠，将脱水后的洗脱液倒入此漏斗，用旋转蒸发瓶收集流出液。在 35℃ 的水浴中进行旋转蒸发，样品浓缩至 1～2mL，转移至 K-D 管中。然后将 K-D 管固定在氮吹仪上，在 30℃ 的水浴中氮吹，当体积小于 0.5mL，管壁有残留物时，用 1～2mL 二氯甲烷润洗管壁，继续氮吹，当体积至 0.2mL 时，加入 10μL 浓度为 400mg/L 的内标，用正己烷定容到 1mL，将样品转移到 2mL 样品瓶中。用自动进样器进样 1μL，用气相色谱-质谱仪（GC-MS）按色谱和质谱条件进行分析。

空白分析 水样空白分析时，取 3L 超纯水用于固相萃取前处理，没有检出 SVOC。

加标回收率 考虑到水样中 SVOC 的含量范围，以及操作的可行性，在超纯水中加入了 SVOC 标准物质混合样进行空白加标实验。加标实验中，先将购买的 SVOC 标准物质混合样用甲醇稀释到 2mg/L，1L 超纯水中加入 1mL 此稀释液，标准物质混合样浓度为 2μg/L，共做了 5 个空白加标样品。

用 SPE 前处理方法的空白加标分析结果见表 4-23。用 SPE 前处理方法分析得到的各 SVOC 的加标回收率在 31.53%～124.41%，该分析方法能够满足分析水中痕量 SVOC 的要求。

相对标准偏差 对水样的加标样品平行处理 5 次，计算水样处理方法的相对标准偏差，结果见表 4-23，SPE 法的相对标准偏差分别为 0.91%～14.46%，满足试验要求。

表 4-23　SPE 法水样空白加标分析结果

化合物名称	平均回收率/%	相对标准偏差/%
1,3-二氯苯	56.75	1.58
1,2-二氯苯	56.03	1.52
六氯乙烷	60.53	3.55
异佛尔酮	98.70	4.76
2,4-二氯苯酚	45.81	1.35
1,2,4-三氯苯	78.33	3.23
萘	83.86	0.91
六氯丁二烯	74.78	5.97
4-氯-3-甲基苯酚	39.24	2.41
2-甲基萘	86.45	2.46
六氯环戊二烯	124.41	8.79
2,4,6-三氯苯酚	43.93	3.37
偶氮苯	103.89	6.31
4-溴联苯醚	100.17	5.83
六氯苯	85.74	5.85
五氯苯酚	37.70	13.34
菲	91.43	4.18
蒽	89.25	3.94
咔唑	82.82	4.06
邻苯二甲酸二丁酯	96.55	5.26
荧蒽	74.22	14.46
芘	72.68	13.33
邻苯二甲酸丁苯酯	107.91	12.17
䓛	47.16	3.21
酞酸双（2-乙基己基）酯	31.53	3.89
苯并［*b*］荧蒽	70.32	2.53
苯并［*a*］芘	36.28	2.35

4.4.1.2　挥发性有机物（VOC）在水栉霉高发段表层水中的时空分布

用吹扫捕集-GC-MS 分析方法分析海浪河水栉霉发生地河夹村大坝断面和该断面下游 10km 即牡丹江市西水源地的挥发性有机物（VOC）。选取水栉霉生长期前一个月（2009 年 12 月）、水栉霉幼年期（2010 年 1 月）、水栉霉成熟期（2010 年 2 月）、水栉霉消失后的第二个月（2010 年 4 月），此时整个流域冰雪开始融化，这 4 个时期采集水样，用于 VOC 的检测，被检查的 60 种挥发性有机物部分被检出，其检出值见表 4-24 和表 4-25。

表 4-24　6[#]河夹村大坝 VOC

化合物名称	浓度/（ng/L）			
	2009 年 12 月	2010 年 1 月	2010 年 2 月	2010 年 4 月
三氯一氟甲烷	28.98	0	0	0
2，2-二氯丙烷	0	0	0	6.26
苯	0	2675.16	0	0
1，2-二氯乙烷	39.31	0	0	12.29
三氯乙烯	0	0	21.97	0
一溴二氯甲烷	13.55	0	0	0
二溴甲烷	0	5.54	0	0
顺式-1，3-二氯丙烯	0	3.54	2.94	0
甲苯	43.19	128.91	52.17	0
反式-1，3-二氯丙烯	0	3.96	5.21	0
1，3-二氯丙烷	0	0	0	4.49
二溴氯甲烷	0	11.92	1.48	2.27
1，2-二溴乙烷	0	0	0	6.65
乙苯	0	0	1.73	28.45
邻二甲苯/间二甲苯	0	6.93	9.5	0
对二甲苯	0	3.91	0	0
苯乙烯	0	3.06	0	0
异丙苯	0	0	3.4	0
溴仿	0	11.63	0	0
正-丙基苯	0	3.47	3.43	0
1，2，3-三氯丙烷	0	0	0	4.28
2-氯甲苯	0	2.98	0	0
4-氯甲苯	0	4.45	4.53	0.19
叔丁基苯	4.16	0	0	0
1，2，4-三甲苯	0.02	0	2.05	0
1，3-二氯苯	0	0	3.69	0
1，4-二氯苯	0	0	3.56	0
正丁基苯	0	0.85	0	0
1，2-二氯苯	0	0	2.67	0
1，2-溴-3-三氯丙烷	0	0	0	36.11
1，2，4-三氯苯	3.05	0	0	0
六氯丁二烯	4.13	0	0	5.29

续表

化合物名称	浓度/（ng/L）			
	2009 年 12 月	2010 年 1 月	2010 年 2 月	2010 年 4 月
萘	405.91	0	0	0
1，2，3-三氯苯	0.57	0	0	0
ΣVOC	542.87	2866.31	118.33	106.28

从表 4-24 可以看出，对于水栉霉的生长地河夹村大坝，4 个采样时期河水中检出的 VOC 分别有 10 种、14 种、14 种、10 种。ΣVOC 浓度最高的时期为水栉霉幼年期，达到 2866.3ng/L，其次浓度高的时期为 2009 年 12 月，达到 542.9ng/L，另外两个时期的 ΣVOC 浓度相近。ΣVOC 在河夹村大坝的浓度并没有随着水栉霉生长期的变化成有规律的变化，且在水栉霉为优势种群的 2 月 ΣVOC 比 1 月还低，说明水栉霉的生长与河流中存在的 ΣVOC 没有明显关系。

表 4-25　10# 牡丹江市西水源地 VOC

化合物名称	浓度/（ng/L）			
	2009 年 12 月	2010 年 1 月	2010 年 2 月	2010 年 4 月
溴甲烷	0	6.16	19.48	12.29
三氯一氟甲烷	0	0	0	76.18
1,1-二氯乙烯	0	0	0	314.78
1,1-二氯乙烷	0	0	5.01	0
2,2-二氯丙烷	0	0	0	25.4
苯	0	360.01	0	13.64
1,2-二氯乙烷	3.28	23.39	0.26	0
顺式-1,3-二氯丙烯	0	4.4	0	0
甲苯	48.26	30.43	2.8	193.34
反式-1,3-二氯丙烯	0	3.37	8.06	0
四氯乙烯	6.78	0	0	0
1,3-二氯丙烷	4.75	0	0	0
二溴氯甲烷	0	0	12.91	10.35
1,2-二溴乙烷	4.32	0	0	0
乙苯	0	1.01	0	23.96
邻二甲苯/间二甲苯	1.2	1.73	0.86	0
对二甲苯	0	1.26	0	0
苯乙烯	0	0	0	5.06
1,1,2,2-四氯乙烷	6.7	5.27	0	2.84
1，2，3-三氯丙烷	0	0	0	8.84

续表

化合物名称	浓度/（ng/L）			
	2009 年 12 月	2010 年 1 月	2010 年 2 月	2010 年 4 月
溴苯	0	0	7.17	1.76
1,3,5-三甲苯	0	0	0	0.81
4-氯甲苯	0	7.47	1.98	0
1,2,4-三甲苯	4.39	0	0	9.77
异丁基苯	0	0	3.57	0
间-异丙基甲苯	0	2.34	0	23.9
正丁基苯	2.04	0	0	0
六氯丁二烯	0	1.17	10.83	2.05
萘	1020.03	0	9.86	979.21
ΣVOC	1101.75	448.01	82.79	1704.18

从表 4-25 可以看出，作为水栉霉生长地河夹村大坝下游对照断面的牡丹江市西水源地，在 2009 年 12 月、2010 年 1 月、2010 年 2 月和 2010 年 4 月采集的水样中检出的 VOC 分别有 10 种、13 种、12 种、17 种。2009 年 12 月和 2010 年 4 月 ΣVOC 的浓度较高，为 1100～1710ng/L，其次浓度高的是 2010 年 1 月，为 448.01ng/L，浓度最低时期在 2010 年 2 月，为 82.79ng/L。出现这个结果可能是由于牡丹江市水源地断面在 12 月开始冰冻，随着冰冻时间变长，冰面下水中的挥发性有机物逐渐被微生物分解掉，由于没有空气中挥发性有机物的补给，使它越来越少。而到了次年的 4 月，冰融化了，各种污染都随水流进入河流中，再加上空气中挥发性有机物与水中挥发性有机物的频繁交换使得水中的挥发性有机物浓度达到了冰封前期的水平，即与前一年 12 月的挥发性有机物浓度相近。

河夹村大坝和牡丹江市西水源地各个时期 ΣVOC 的比较见图 4-95。2010 年 1 月和 2 月，河夹村大坝 ΣVOC 比牡丹江市西水源地 ΣVOC 高。2009 年 12 月和 2010 年 4 月，牡丹江市

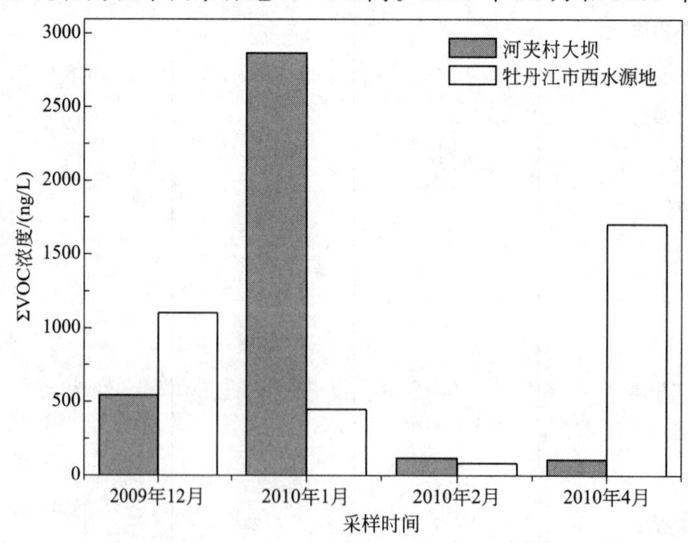

图 4-95　河夹村大坝和牡丹江市西水源地断面地 ΣVOC 浓度随时间变化

西水源地 ΣVOC 高于河夹村大坝 ΣVOC。2010 年 1 月和 2 月河夹村大坝 ΣVOC 比牡丹江市西水源地 ΣVOC 高，原因是河夹村大坝在冰封期时没有冰封，使得空气中挥发性有机物能随时进入河水，致使河夹大坝在 2010 年 1 月和 2 月能有较高的 ΣVOC。河夹村大坝中 ΣVOC 的浓度没有随着水栉霉的生长呈规律性的变化。

河夹村大坝和牡丹江市西水源地两个断面检出的所有 VOC 值均未超过《地表水环境质量标准》(GB 3838—2002) 中规定的集中式生活饮用水地表水源地特定项目标准限值，表明在水栉霉高发期，未造成 VOC 的污染。

4.4.1.3 半挥发性有机物 (SVOC) 在水栉霉高发段表层水中的时空分布特性

(1) 河夹村大坝断面表层水中半挥发性有机物污染水平

为了研究水栉霉高发时海浪河高发段的水质状况，研究了 SVOC 在水栉霉发生地河夹村大坝断面上下断面的时空分布特性，采集了 2009 年 9 月～2011 年 2 月不同断面的表层水进行 42 种 SVOC 的定量分析。

每年的 1 月 26 日～2 月 24 日，水栉霉在海浪河河夹村大坝断面左具有明显“缩缢态”，因此采集此时河夹村大坝断面左的表层水进行 SVOC 的测定，SVOC 浓度如图 4-96 所示。

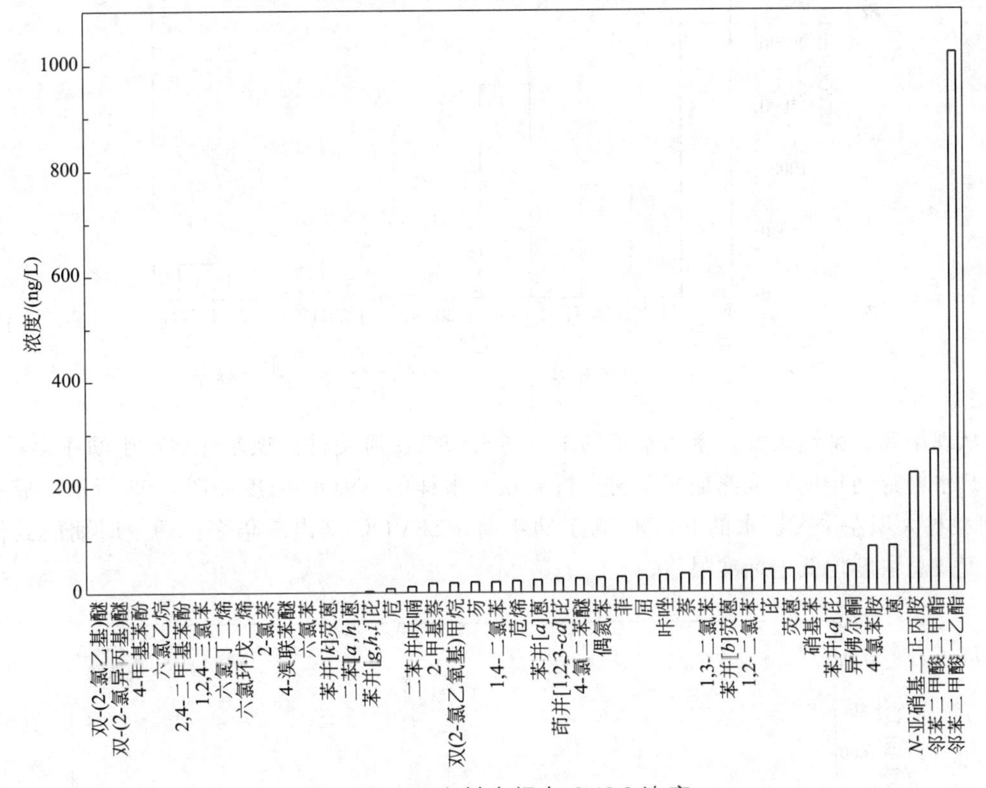

图 4-96 河夹村大坝左 SVOC 浓度

双-(2-氯乙基) 醚等 13 种物质未检出，苯并 [g, h, i] 芘等 24 种浓度低于 50ng/L，在 50～100ng/L 的物质有 2 种。N-亚硝基二正丙胺、邻苯二甲酸二甲酯和邻苯二甲酸二乙酯分别为 123.5ng/L、266.3ng/L 和 1020.6ng/L。我国《生活饮用水卫生标准》(GB 5749—2006) 规定 1，4-二氯苯不得超过 300000ng/L，1，2-二氯苯不得超过 1000000ng/L，硝基苯不得超过 17000ng/L，邻苯二甲酸二乙酯不得超过 300000ng/L，六氯苯不得超过

1000ng/L，苯并［a］芘不得高于10ng/L，多环芳烃总量不得超过2000ng/L，多氯联苯总量不得超过500ng/L。水栉霉发生地河夹村大坝左检测出苯并［a］芘46.8ng/L，超出标准限制3.6倍，其他物质及总量均低于标准限值。现场调研发现在河夹大坝左岸汇入来自岸上50m左右一个垃圾填埋厂排放的污水，这可能是导致苯并［a］芘较高的原因。

（2）河夹村大坝表层水中SVOC随时间分布

6#河夹村大坝表层水中ΣSVOC随时间的变化如图4-97所示，其2009年11月，2010年1月、2月、12月，2011年1月和2月的值分别为33625.1ng/L、8959.9ng/L、17019.9ng/L、274.7ng/L、534.1ng/L、2849.2ng/L。从图4-97上可知6#河夹村大坝ΣSVOC浓度随时间的变化规律：ΣSVOC的浓度在水栉霉非生长期（2009年11月）高于生长期（2010年1月、2010年2月、2011年1月和2011年2月），2010年高于2011年，1月高于2月。

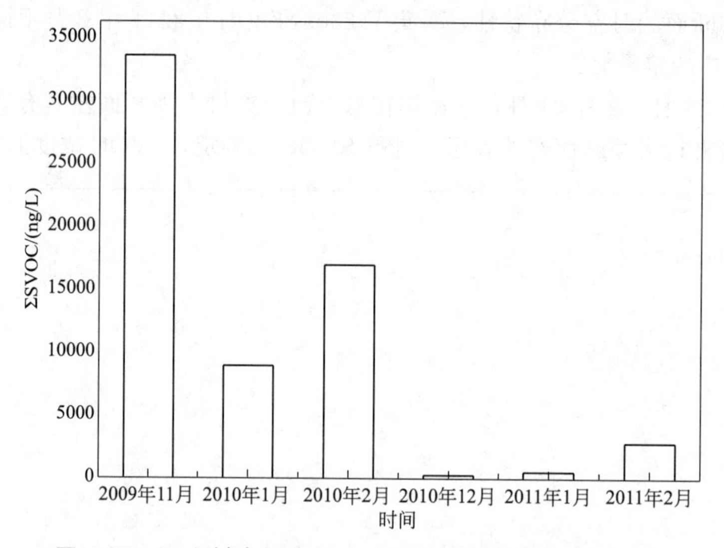

图4-97　河夹村大坝表层水中ΣSVOC浓度随时间分布

从现场和显微镜观察，得知每年的1月初水栉霉在河夹村大坝左开始产生幼体，2月份成熟。水栉霉幼年期和成熟期所采河夹村大坝左水样的SVOC浓度如图4-98所示，成熟期6#河夹村大坝左岸表层水的SVOC高于幼年期，ΣSVOC高出5倍多。两个时期的其他物质浓度及总浓度均低于标准限值。

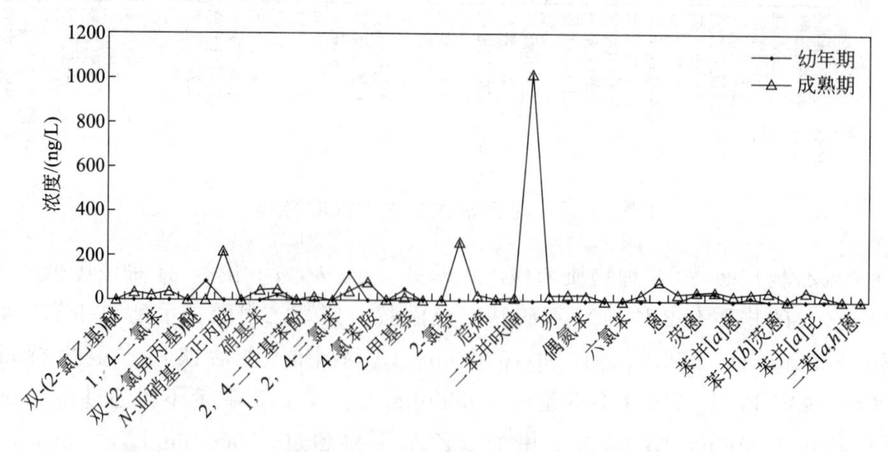

图4-98　水栉霉幼年期和成熟期河夹村大坝左SVOC比较

2011年1月和2月的河夹村大坝的常规污染指标如表4-26所示，大部分指标1月份的值高于2月份，这两个月份的指标都要高于全年平均值（见表4-27），说明1月和2月是河夹村大坝水质较差的月份。这两个月的SVOC与常规污染指标相比较，发现SVOC的浓度变化规律和常规污染指标的浓度变化规律不一致。在水棉霉生长的1月和2月SVOC随着时间的增加浓度增大，而常规指标COD、TOC、氨氮随时间的增加浓度降低。

表4-26　2011年1月和2月海浪河各监测断面常规污染指标

单位：mg/L，pH除外

编号	断面名称	1月				2月			
		pH	COD	TOC	氨氮	pH	COD	TOC	氨氮
1	海浪河大桥	7.23	21.97	5.45	0.02	7.23	46.43	2.95	0.03
3	斗银河口上100m	7.12	42.93	15.77	0.56	7.12	61.92	8.36	0.71
4	河夹村大坝上游300m	6.80	38.70	5.06	0.39	6.73	34.38	3.14	0.05
5	河夹村大坝上游100m	6.88	31.03	4.97	0.29	6.88	30.94	4.10	0.09
6	河夹村大坝	6.82	39.03	6.94	1.23	6.86	36.1	3.93	0.07
7	海南大桥	6.98	11.60	5.47	0.08	6.99	25.77	3.05	0.07
8	海浪河入口牡丹江上游2km	6.68	20.73	12.34	3.41	6.68	36.10	14.09	0.08
9	海浪河口内	6.84	26.33	5.40	0.04	6.94	46.43	8.04	0.06
10	牡丹江市西水源地	6.96	20.07	8.20	0.05	6.96	60.35	27.37	0.06

表4-27　2009年水相中常规污染指标　　单位：mg/L，pH除外

编号	断面名称	pH	COD	TOC	氨氮	总磷
1	海浪河大桥	7.07	23.95	5.70	1.48	0.05
2	英雄桥	7.42	37.62	6.28	1.84	0.03
3	斗银河口上100m	7.27	67.47	16.01	5.84	0.49
4	河夹村大坝上游300m	7.07	24.12	4.75	1.10	0.02
5	河夹村大坝上游100m	7.20	20.39	5.08	1.01	0.02
6	河夹村大坝	7.2	18.09	5.07	1.09	0.02
7	海南大桥	7.25	22.18	6.85	1.42	0.03
8	海浪河入口牡丹江上游2km	7.46	31.00	5.56	1.03	0.07
9	海浪河口内	7.28	30.67	4.77	1.47	0.03
10	牡丹江市西水源地	7.30	32.76	5.94	0.98	0.06

（3）SVOC在水棉霉高发段的空间分布特性

海浪河各个断面ΣSVOC在2009年11月～2011年2月时间和空间的变化情况见表4-28。

表 4-28 2009 年 11 月～2011 年 2 月各断面 ΣSVOC 浓度变化

采样时间	ΣSVOC/（ng/L）		
	海浪河大桥	河夹村大坝	牡丹江市西水源地
2009 年 11 月	—	33625.07	1135.33
2009 年 12 月	—	—	288.84
2010 年 1 月	—	8959.91	1413.96
2010 年 2 月	—	17019.88	26123.55
2010 年 12 月	94.17	274.68	176.75
2011 年 1 月	423.29	534.13	221.28
2011 年 2 月	2219.19	2849.24	2013.90

由表 4-28 可见，各个断面 ΣSVOC 随沿程的变化平缓，先增高后降低，河夹村大坝的值最高，变化范围为 274.68～33625.07ng/L。水栉霉非生长期（2010 年 12 月）和生长期（2011 年 1 月和 2 月）的河水中 ΣSVOC 的沿程变化规律相同，2009—2011 年冰封期，海浪河三个重要断面河水中的 ΣSVOC 随时间的增加而增加。其中水栉霉生长时期的 2011 年 1 月和 2 月 ΣPAHs 的变化情况如图 4-99 所示，河夹村大坝的含量最高，其次是河夹村大坝上游对照断面海浪河大桥，浓度最低的是河夹村大坝下游对照断面牡丹江市西市水源地。2011 年 1 月和 2 月的 ΣPAHs 沿程的变化趋势相同。也侧面反映出河夹村大坝断面 ΣSVOC 的增加，并不是由水栉霉孳生引起的。

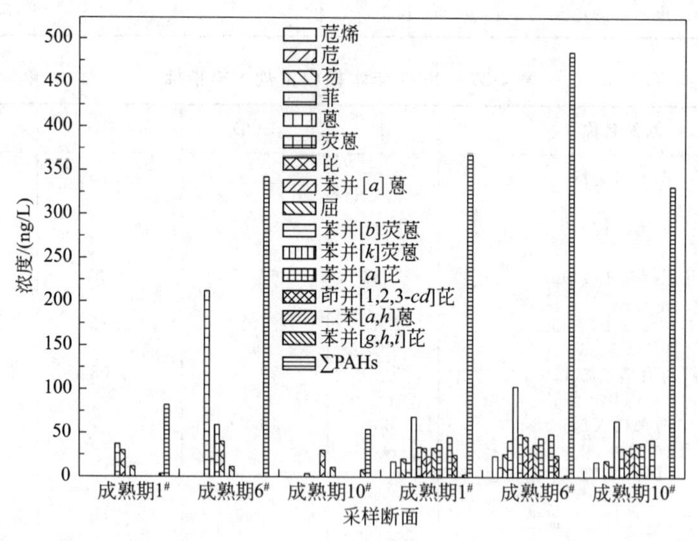

图 4-99 水栉霉生长期的 2011 年 1 月和 2 月 ΣPAHs 的变化情况

（4）与常规水质指标相关性分析

① 表层水 ΣSVOC 和 TOC 相关性　三个重要断面，即海浪河大桥、河夹村大坝和牡丹江市西水源地各个时期表层水的 ΣSVOC 与 TOC 的相关性见图 4-100，从图上可以看出 ΣSVOC 和 TOC 相关系数很小，即 ΣSVOC 的变化与 TOC 没有关系。

② 表层水 ΣSVOC 与 COD 相关性　三个重要断面，即海浪河大桥、河夹村大坝和牡丹江市西水源地各个时期表层水的 ΣSVOC 与 COD 的相关性见图 4-101，从图上可以看出

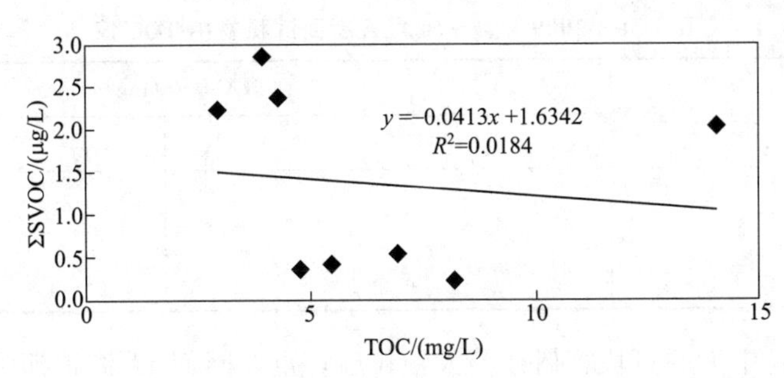

图 4-100　三个重要断面表层水 ΣSVOC 与 TOC 关系

ΣSVOC 与 COD 的相关系数很小，即 ΣSVOC 的变化与 COD 没有关系。

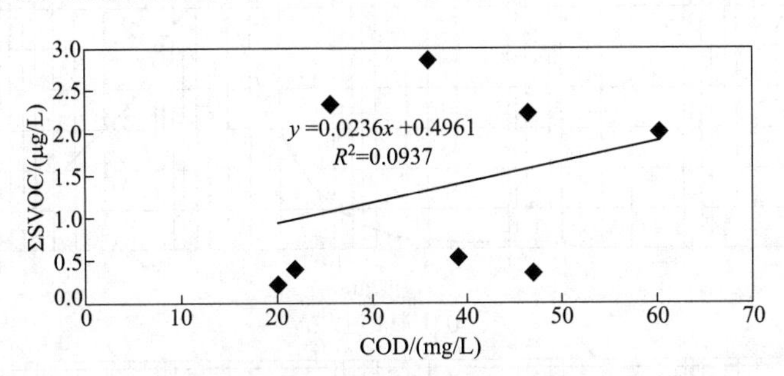

图 4-101　三个重要断面表层水 ΣSVOC 与 COD 关系

4.4.1.4　PAHs 在海浪河重要断面表层沉积物中时空分布特性

（1）海浪河重要断面表层沉积物性状

为了充分研究海浪河重要断面表层沉积物中 PAHs 的分布特性，对沉积物的 TOC、性状和粒径进行了研究。

① 沉积物基本性状　如表 4-29 所示，海浪河 1# 海浪河大桥断面、6# 河夹村大坝断面和 10# 牡丹江市西水源地断面三个重要断面的沉积物主要为砂质泥和淤泥。1# 海浪河大桥断面沉积物为黄色砂质泥，6# 河夹村大坝断面沉积物为黑色淤泥，10# 牡丹江市西水源地断面沉积物为黄黑色砂质淤泥。

表 4-29　海浪河基本特征

断面	河床特征	冬季冰封特点	沉积物特征
1#	平衡态	向冰封过渡	黄色砂质泥（夹小卵石）
6#	冲刷态	向冰封过渡	黑色淤泥
10#	平衡态	冰封	黄黑色砂质淤泥

②沉积物 TOC　将采集回来的沉积物进行冷冻干燥，过 100 目筛后测定其 TOC，结果见表 4-30。

2009 年 8 月 1# 海浪河大桥、6# 河夹村大坝和 10# 牡丹江市西水源地断面沉积物中 TOC 值分别为 0.17mg/g、0.17mg/g、0.32mg/g。2009 年 10 月 1# 海浪河大桥和 6# 河夹村大坝断面沉积物中 TOC 值分别为 0.31mg/g 和 23.68mg/g。总体沿程 TOC 值呈增大的趋势。

表 4-30　2009 年 8～10 月各断面沉积物中 TOC 值

断面	TOC 值/（mg/g）	
	2009 年 8 月	2009 年 10 月
1#	0.17	0.31
6#	0.17	23.68
10#	0.32	—

剔除表层沉积物中大的石块、树枝等大颗粒后，重要断面 1# 海浪河大桥、6# 河夹村大坝和 10# 牡丹江市西水源地表层沉积物粒径分布如图 4-102，粒径组成见表 4-31。

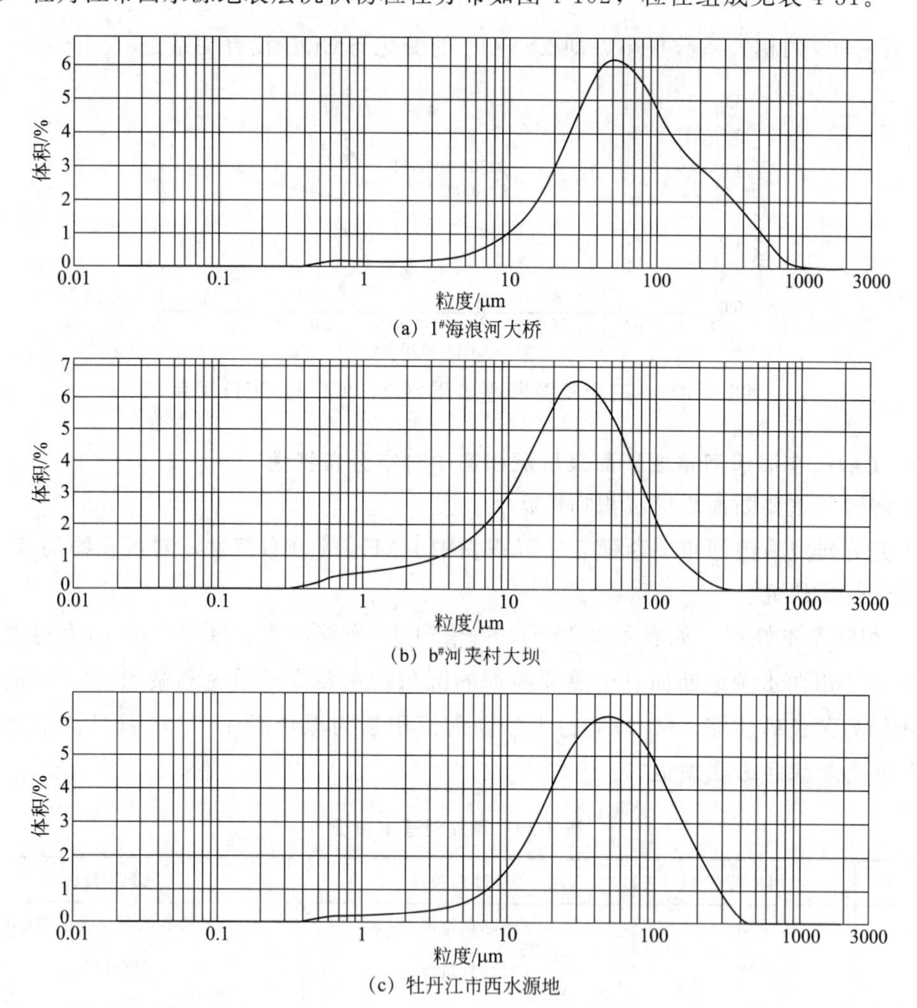

图 4-102　海浪河重要断面表层沉积物粒径分布特征

表 4-31　海浪河重要断面表层沉积物粒径组成

断面	粒径组成/%			
	＜10μm	10～200μm	200～450μm	＞450μm
1#	5.31	79.95	17.26	2.79
6#	19.47	80.09	0.44	0
10#	8.95	86.35	4.7	0

从图 4-102 和表 4-31 可以看出，1# 海浪河大桥、6# 河夹村大坝和 10# 牡丹江市西水源地断面的粒径组成不同，1# 海浪河大桥主要粒径范围为 16～260μm，中粒径为 60μm；6# 河夹村大坝主要粒径范围为 5～80μm，中粒径为 26μm；10# 牡丹江市西水源地主要粒径范围为 11～149μm，中粒径 46μm。但 3 个断面主要粒径均集中在 10～200μm，占到总粒径的 79.95%～86.35%，1# 海浪河大桥和 6# 河夹村大坝断面该粒径所占比例较为接近。6# 河夹村大坝<10μm 粒径占到 19.47%，并且其中粒径最小为 26μm，较小的粒径有利于有机物吸附。

(2) 沉积物 PAHs 浓度水平

采集 2009 年 8 月、9 月、10 月、12 月三个重要断面（1# 海浪河大桥断面、6# 河夹村大坝断面和 10# 牡丹江市西水源地断面）表层沉积物，各个断面 ΣPAHs 浓度变化范围及平均值见表 4-32。

表 4-32　海浪河各断面沉积物中 ΣPAHs 浓度

断面	采样次数	采样月份	ΣPAHs 范围/（ng/g）	ΣPAHs 平均值/（ng/g）
1#	3	2009 年 8 月、9 月、10 月	806.4～4301.3	2551.1
6#	4	2009 年 8 月、9 月、10 月、12 月	539.2～900.4	746.7
10#	2	2009 年 8 月、10 月	780.2～1523.0	1151.6

从表 4-32 可以看出，从 1# 海浪河大桥断面到与牡丹江水相汇后的 10# 牡丹江市西水源地断面，三个重要断面表层沉积物中 ΣPAHs 浓度范围为 539.2～4301.3ng/g，1# 海浪河大桥、6# 河夹村大坝和 10# 牡丹江市西水源地 ΣPAHs 平均值分别为 255.1ng/g、746.7ng/g 和 1151.6ng/g。与国内外一些水体表层沉积物中 PAHs 浓度相比较（见表 4-33），检测到的海浪河三个重要断面表层沉积物中 PAHs 的污染程度与国内外水体中表层沉积物污染程度相差不大，比黄河及近海、辽河、华盛顿海岸线、松花江干流的污染要重，比珠江的污染要轻。

表 4-33　国内外部分水体表层沉积物中 PAHs 的浓度水平

研究区域	ΣPAHs 范围值/（ng/g）	ΣPAHs 平均值/（ng/g）
黄河口及近海	371～650	—
渤海和黄河	877～5730	—
珠江	1434～10811	—
长江武汉段	26.1～7135.9	—
太湖梅梁湾水源地	1207.2～4753.7	2561.5
珠江口	255.9～16670.3	321
胶州湾	82～4567	—
辽河	27.5～198.3	86.8
圣地亚哥湾，美国	80～20000	3000
华盛顿海岸带，美国	29～460	200
地中海	180～3200	1300

续表

研究区域	ΣPAHs 范围值/（ng/g）	ΣPAHs 平均值/（ng/g）
马努考湾，新西兰	16～53000	82.4
东京湾，日本	230～6000	—
松花江干流	50.1～606.9	219.3

三个重要断面表层沉积物中美国EPA优先控制的16种PAHs检出率及浓度见表4-34。可以看出，海浪河上述三个断面表层沉积物中16种PAHs均被检出，其中苯并［*b*］荧蒽、苯并［*a*］芘、茚并［1，2，3-*cd*］芘、二苯并［*a*，*h*］蒽、苯并［*g*，*h*，*i*］苝检出率分别为96.8%、96.8%、74.2%、51.6%、83.9%，其他11种PAHs的检出率均为100%。比较16种PAHs在海浪河检出的浓度，其中荧蒽浓度最高，平均值为144.4ng/g，其次为芘、菲、苯并［*a*］芘、苯并［*b*］荧蒽，平均值分别为140.9ng/g、138.0ng/g、105.0ng/g、104.6ng/g。其他PAHs的浓度平均值均在100ng/g以下。

表4-34　海浪河断面表层沉积物PAHs检出率及浓度分布

编号	PAHs	检出率/%	浓度范围/（ng/g）	浓度平均值/（ng/g）
1	萘	100	19.2～314.5	79.6
2	苊烯	100	11.8～113.2	36.0
3	苊	100	6.9～86.9	20.41
4	芴	100	11.3～119.4	39.22
5	菲	100	33.7～476.5	138.0
6	蒽	100	6.23～129.4	38.9
7	荧蒽	100	25.9～685.8	144.4
8	芘	100	22.2～728.8	140.9
9	苯并［*a*］蒽	100	14.3～255.7	76.5
10	屈	100	18.0～307.0	79.2
11	苯并［*b*］荧蒽	96.8	N.D～434.0	104.6
12	苯并［*k*］荧蒽	100	18.3～290.0	79.5
13	苯并［*a*］芘	96.8	N.D～434.0	105.0
14	茚并［1，2，3-*cd*］芘	74.2	N.D～466.3	66.7
15	二苯并［*a*，*h*］蒽	51.6	N.D～580.8	64.8
16	苯并［*g*，*h*，*i*］苝	83.9	N.D～415.9	69.3

（3）沉积物PAHs时空分布

为了得到海浪河水栉霉高发段表层沉积物中ΣPAHs的分布情况，在平水期和丰水期采集了海浪河大桥、河夹村大坝和牡丹江市西水源地的表层沉积物，其ΣPAHs的随季节的变化如图4-103所示。

由图4-103可见，1# 海浪河大桥断面作为水栉霉发生地6# 河夹村大坝的对照断面，ΣPAHs浓度最高为2551.1ng/g，这可能是由于1# 海浪河大桥断面附近村庄较多，焚烧秸秆等污染了空气，空气中颗粒物沉积到河流中带来的影响，以及生活垃圾堆放在河岸边也带

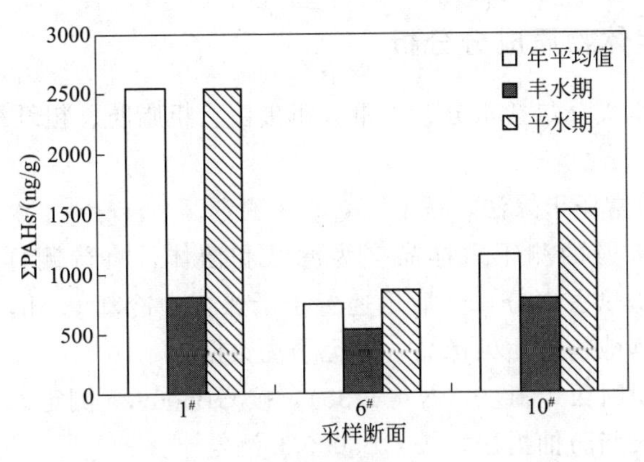

图 4-103 三个重要断面 ΣPAHs 季节变化

来了 PAHs，在其附近也发现了自来水厂部分散排污水的排入。

水栉霉的生长地 6# 河夹村大坝断面表层沉积物中 ΣPAHs 年平均值在所有检测断面中值最低，为 746.7ng/g。到下游 10# 牡丹江市西水源地断面时，ΣPAHs 年平均值升高到 1151.6ng/g，但浓度低于 1# 海浪河大桥断面的沉积物中 ΣPAHs 年平均值。

综上所述得到层沉积物中的 ΣPAHs 在三个重要断面的时空分布特性为：上游 1# 海浪河大桥 ΣPAHs 年平均值最高为 2551.1ng/g；到 6# 河夹村大坝降为 746.7ng/g；到下游 10# 牡丹江市西水源地时 ΣPAHs 年平均值升高到 1151.6ng/g。1# 海浪河大桥、6# 河夹村大坝和 10# 牡丹江市西水源地表层沉积物中 ΣPAHs 的浓度在丰水期分别为 806.4ng/g、539.2ng/g、780.2ng/g，平水期分别为 2545.5ng/g、854.4ng/g、1523.0ng/g，三个断面平水期的 ΣPAHs 高于丰水期，且高于年平均值，而丰水期的 ΣPAHs 低于年平均值。

（4）ΣPAHs 分布影响因素研究

为了研究沉积物中 ΣPAHs 分布与 TOC 的关系，研究了海浪河三个重要断面表层沉积物 ΣPAHs 与 TOC 的相关性（见图 4-104）。

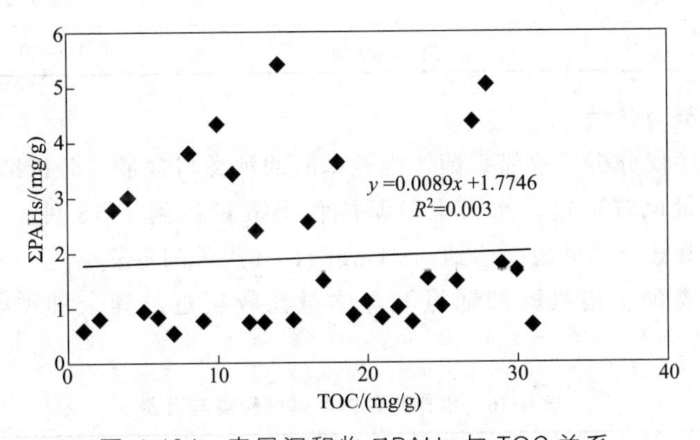

图 4-104 表层沉积物 ΣPAHs 与 TOC 关系

由图 4-104 可知，表层沉积物 ΣPAHs 与 TOC 相关系数很小，说明 TOC 与 ΣPAHs 之间没有相关关系，TOC 不能反映 ΣPAHs 的污染程度。同时，我们对二者的相关性进行了 Pearson 检验，结果显示，二者之间并不具备显著性的相关关系（$p=0.333$，$N=31$）。

4.4.2 水栉霉共生体物质成分分析

水栉霉粗营养物质成分包括水分、干重、粗蛋白、粗脂肪、粗纤维和总糖等，其每种成分的分析方法如下。

水分：采用105℃常压干燥法，按GB5009.3测定。

干重：本实验所涉及的测干重样品多为滤纸和菌体，将待测样品放入鼓风干燥箱以105℃恒温保持3h以上烘去水分，然后迅速置于干燥器中冷却0.5h，用电子天平称重，称重时注意迅速和避免其他物质污染样品，以免干扰数据。

粗蛋白：采用微量凯氏定氮法（$N\times4.38$），按GB5009.5测定。

粗脂肪：采用索氏脂肪抽提法，按GB5009.6测定。

粗纤维：按GB5009.10测定。

总糖：包括待测总糖溶液的制备、蒽酮试剂的配制、葡萄糖标准溶液的配制，最后测出总糖溶液的浓度。

（1）水栉霉粗营养物质成分

通过常规方法分析水栉霉菌体内营养物质成分，结果如表4-35所示，可以看出，水栉霉菌体内含有很高的糖类物质，其次是粗纤维。糖类物质多表明其具有耐比较低温度的能力。

表4-35 水栉霉菌体粗营养成分含量

粗成分	在干重中的质量/(mg/g)
粗蛋白	93.3
粗纤维	263.1
粗脂肪	175.6
糖类	427.3
粗灰分	40.7
合计	1000.0

（2）氨基酸种类与含量

利用氨基酸测序仪分析了水栉霉菌体内氨基酸的种类与含量，分析结果表明，水栉霉菌体氨基酸组成和含量比较丰富。水栉霉氨基酸种类数量达到了18种。氨基酸总量达到了15.67mg/g，其中丙氨酸含量最高达到2.21mg/g，其次天门冬氨酸1.66mg/g，丝氨酸、谷氨酸、甘氨酸、亮氨酸、精氨酸和脯氨酸等含量比较接近，其余种类氨基酸含量均小于1.0mg/g（表4-36）。

表4-36 水栉霉菌体氨基酸种类与含量

氨基酸名称	氨基酸含量/(mg/g)
天门冬氨酸	1.66
苏氨酸	0.93
丝氨酸	1.35

续表

氨基酸名称	氨基酸含量/(mg/g)
谷氨酸	1.31
甘氨酸	1.19
丙氨酸	2.21
半胱氨酸	0.07
缬氨酸	0.90
甲硫氨酸	0.18
异亮氨酸	0.83
亮氨酸	1.34
酪氨酸	0.36
苯丙氨酸	0.51
氨基丁酸	0.00
赖氨酸	0.51
组氨酸	0.16
精氨酸	1.05
脯氨酸	1.11
总和	15.67

(3) 微量元素

本研究采用 ICP-MS 法测定了水栉霉干菌中 Be、Mg、Cr、Mn、Fe、Ni、Cu、Zn、Cd、Sb、Ba、Ti、Pb 等 13 种微量元素含量。测量结果说明，水栉霉菌体内 Mg 元素含量最高，达到 354μg/g，其次是 Fe（114μg/g）和 Zn（9.41μg/g），其余微量元素含量都比较低，元素 Be 未检测出（表 4-37）。

表 4-37 水栉霉菌体微量元素含量测量值 单位：μg/g

微量元素种类	水栉霉干菌中微量元素含量			
	样品 1	样品 2	样品 3	平均值
Be	N.D	N.D	N.D	N.D
Mg	371.00	345.00	346.00	354.00
Cr	2.14	2.05	1.90	2.03
Mn	5.03	4.53	4.71	4.76
Fe	117.00	112.00	113.00	114.00
Ni	0.82	0.69	0.57	0.69
Cu	0.99	0.82	0.66	0.83
Zn	10.59	9.00	8.65	9.41

续表

微量元素种类	水栉霉干菌中微量元素含量			
	样品 1	样品 2	样品 3	平均值
Cd	0.02	0.01	0.01	0.01
Sb	0.03	0.03	0.02	0.03
Ba	1.50	1.22	1.05	1.26
Ti	0.00	0.00	0.00	0.00
Pb	0.25	0.22	0.20	0.22

水栉霉物质成分分析结果显示，水栉霉菌体内糖类物质含量最高达到 427.3mg/g，从侧面说明其具有耐低温能力。水栉霉菌体内氨基酸有 19 种，其中丙氨酸含量最高，达到 2.21mg/g，水栉霉菌体内微量元素中，Mg 元素含量最高，达到 354μg/g，其次是 Fe 114μg/g 和 Zn 9.41μg/g，侧面也反映出水栉霉对河流水质影响较小。

4.4.3 水栉霉对河流沉积物中微生物分布的影响

底泥微生物群落结构变化和外界环境密不可分，水体中营养物质和外部环境条件等因素决定了环境微生物群落结构的变化。在水栉霉发生地河夹村大坝水体中真菌、细菌和放线菌的数量高于对照断面海浪河大桥。

利用分子生物学手段变性梯度凝胶电泳（DGGE）研究了河夹村大坝左岸水栉霉爆发期 10 月至次年 2 月底泥中对应的微生物群落变化，并与其他月份进行了对比。

（1）DGGE 研究水栉霉孳生期与非孳生期沉积物的微生物变化

DGGE 条件如下：变性梯度胶中聚丙烯酰胺浓度为 8%，变性梯度为 40%～60%，电泳温度 60℃，电压 80V，电泳时间 16h，凝胶采用 SYBR Green 1 染色 30min。用去离子水冲洗后，在紫外灯下检测。将条带切胶回收后送测序公司测序。DGGE 谱图用软件 Quantity one 4.3.1 分析，分析结果见图 4-105。

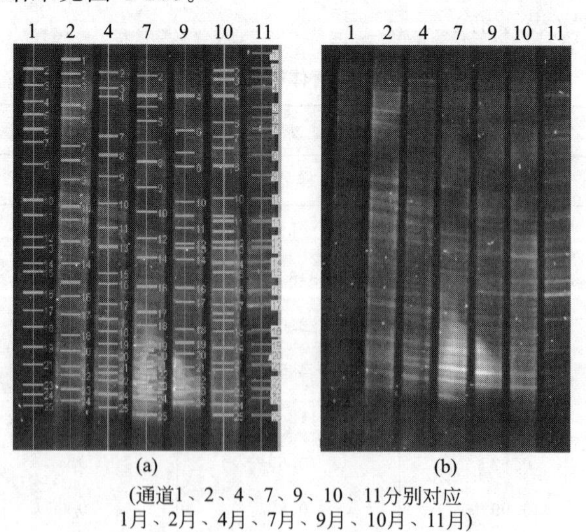

（通道1、2、4、7、9、10、11分别对应
1月、2月、4月、7月、9月、10月、11月）

图 4-105 河夹村大坝 7 个月采样样品 DGGE 谱图

对7个月样品的扩增产物进行的DGGE分析［图4-105（b）］表明，可以分离出数目、位置各不相同的电泳条带，从而可知不同沉积样品中微生物群落结构的差异和微生物多样性。根据DGGE能分离长度相同而序列不同的DNA原理，每一个条带大致与群落中的一个优势菌群相对应，条带的多少可以反映出群落的多样性，条带信号强弱可以反映相对的数量。因此可以确定不同沉积样品所含有的微生物数量关系，得出微生物多样性的信息。

不同月份样品呈现不同的图谱，分离出的条带数目各异，并且各个条带的信号强度不等。若条带较粗，对应其在DGGE胶上的密度大；条带较细，则密度小，可对各样品的微生物多样性及均匀分布程度进行直观了解。由图4-105（a）可知，各泳道都含有数目及迁移率各异的条带，标有7的条带数量相对较多，而1和11的条带明显较少。随季节变化，条带数目在冬季减少夏季增多，表现出微生物群落的变化趋势。10号条带在2月份明显较其他月份同样位置的条带清晰，7月份的22号、24号、25号条带也是明显较其他条带清晰，同样还有11月份的17号和18号，表明这些条带所代表的群落或OTU都是该月份的优势群落。进行切胶回收，经PCR扩增后测序得到的结果与克隆文库相吻合。

根据DGGE图谱中同一迁移距离上条带的有无，将图谱数字化处理，应用Quantity one 4.3.1软件中的upmaga方法和similarity Matrix方法进行聚类分析。群落图谱分析应用DGGE技术解析细菌群落的结构。用软件中的戴斯系数表示DGGE图谱中各条带菌群的相似度，数值越大表明相似程度越高，结果见表4-38。

表4-38 Dice Coefficient相似性指数（戴斯系数，Cs）

月份	1	2	4	7	9	10	11
1	100.0						
2	60.8	100.0					
4	61.9	54.1	100.0				
7	53.7	61.0	56.8	100.0			
9	57.2	60.5	49.9	59.5	100.0		
10	68.3	47.2	60.3	54.5	56.3	100.0	
11	76.9	65.1	66.0	63.9	56.8	66.9	100.0

由表4-38可知，1月的沉积物微生物样品与11月相似程度最高，达76.9%，而与其他月份的相似程度随季节而变化，春秋季缓慢升高，夏季达到最低。并且与下图4-106和图4-107的结果相一致。揭示了微生物群落随季节变化而过渡的特性。图4-106和图4-107是用非加权算术平均法（the unweighted pair group method with arithmetic averages，UPGA-MA）对样品进行聚类分析所得。这两幅图显示：7个样品可归为两大类。两类之间的相似性为54%，而两类内部的相似性为60%～63%。且两类内部Cs值高于类群间的Cs值。从图4-106和图4-107可见，1月和11月样品中优势微生物群落结构较为相近，图谱相似性达到76.9%。1月样品和2月样品未排列在一个类群中，相似性仅为60.8%，说明菌群结构已经发生了复杂的变化。其次2月与4月样品细菌微生物群落结构变化也较大，相似性为54.1%，而水栉霉成熟态出现并占优势也在2月份，可见水栉霉爆发期对河流沉积物中微生物群落结构造成了巨大影响。但与10月、11月、1月份相比，相似性从高到低顺序依次为

11月、1月和10月。

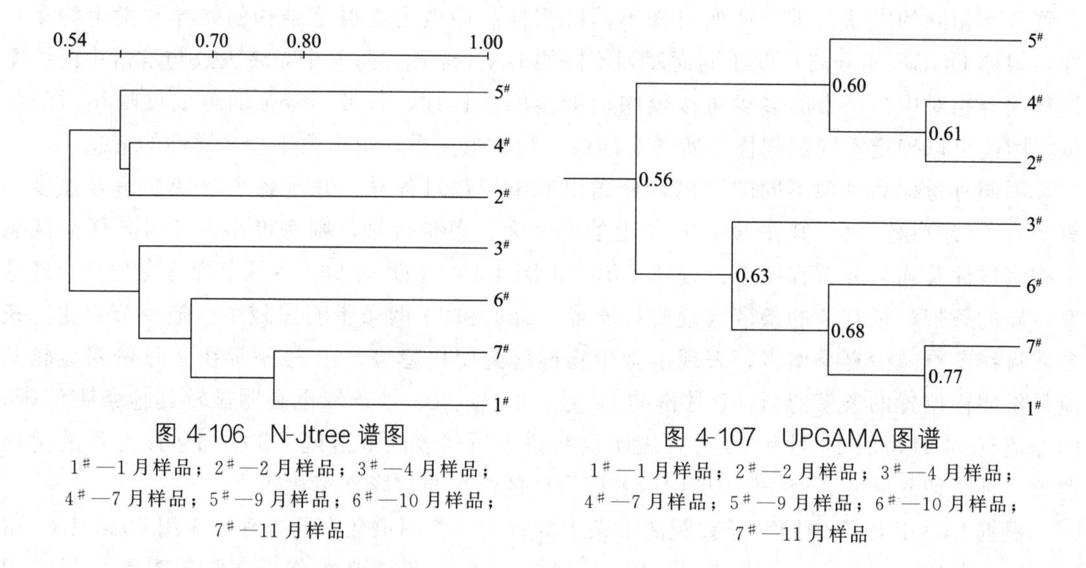

图 4-106 N-Jtree 谱图

1#—1月样品；2#—2月样品；3#—4月样品；4#—7月样品；5#—9月样品；6#—10月样品；7#—11月样品

图 4-107 UPGAMA 图谱

1#—1月样品；2#—2月样品；3#—4月样品；4#—7月样品；5#—9月样品；6#—10月样品；7#—11月样品

(2) 克隆文库研究水栉霉孳生期与非孳生期沉积物微生物变化

① 1月份的沉积物细菌群落系统发育　从1月份沉积物16S rDNA克隆结果中随机挑选75个克隆子做菌液PCR，产物经1%琼脂糖凝胶电泳，紫外灯下检测。选取带有目的条带的61个克隆子进行测序，对获得的61个双向序列，以Chromas软件进行序列拼接及载体去除。61个克隆转化子的16S rDNA序列的BLAST结果见表4-39。

表4-39　河夹村大坝1月份（2010年）沉积物细菌克隆文库结果

克隆子	OTU/%	最大相似菌及GenBank序列号	相似性/%	类群
J21	1.64	*Leptospirillum ferriphilum* AF356829.1　GI：18448195	98	*Nitrospirae* 硝化螺旋菌门 (1.64%)
J23，J4	3.28	*Cytophaga fermentans* AB517712.1　GI：308036254	98	*Bacteroidetes* 拟杆菌门 (14.75%)
J44	1.64	*Cytophaga* GQ420904.1　GI：257071923	98	
J37	1.64	*Bacteroidetes* AB286302.1　GI：118917839	100	
J51	1.64	*Uncultured Bacteroidales* GU472718.1　GI：290564085	98	
J24，J56	3.28	*Flavobacterium* GQ477164.1　GI：259013080	97	
J63 J9	3.28	*Cytophagales* FJ517047.1　GI：219693524	98	

续表

克隆子	OTU/%	最大相似菌及 GenBank 序列号	相似性/%	类群
J68，J69	3.28	*Uncultured Acidobacteria* DQ676398.1 GI：110813966	100	*Acidobacteria* 酸杆菌门 (13.11%)
J26	1.64	*Acidobacteria* HM062395.1	100	
J52，J64	3.28	*Uncultured Acidobacterium* FJ484528.1	98	
J66	1.64	*Acidobacteria* AB252946.1	95	
J57，J71	3.28	*Geothrix* GQ421124.1	97	
J48	1.64	*Uncultured bacterium* AB186820.1	99	Environmental samples 环境样品 (26.23%)
J1	1.64	*Uncultured bacterium* AB288605.1	100	
J2	1.64	*Uncultured bacterium* DQ833484.1	100	
J15	1.64	*Uncultured bacterium* FJ849504.1	99	
J16	1.64	*Uncultured bacterium* AB286270.1	100	
J28	1.64	*Uncultured bacterium* AJ831748.1	100	
J30	1.64	*Uncultured bacterium* AB161265.1	100	
J31	1.64	*Uncultured bacterium* EU644164.1	100	
J33	1.64	*Uncultured bacterium* EF492915.1	98	
J42	1.64	Uncultured bacterium EF516029.1	99	
J43	1.64	*Uncultured bacterium* GQ860049.1	100	
J45	1.64	*Uncultured bacterium* HM243798.1	100	
J47	1.64	*Uncultured bacterium* AF142973.1	100	
J65	1.64	*Uncultured bacterium* AB288605.1	98	
J35	1.64	*Uncultured iron-reducing bacterium* GQ420965.1	100	
J41	1.64	*Uncultured bacterium* DQ137993.1	98	

续表

克隆子	OTU/%	最大相似菌及 GenBank 序列号	相似性/%	类群
J49	1.64	*beta proteobacterium* AB286279.1	99	*β-proteobacteria* β-变形菌 (14.75%)
J25	1.64	*beta proteobacterium* EU127356.1	100	
J50	1.64	*Thauera sp. R*-24450 AM231040.1	100	
J19	1.64	*Dechloromonas hortensis* AY277621.1	98	
J22	1.64	*Variovorax ginsengisoli* AB245358.1	98	
J27	1.64	*Dechloromonas denitrificans* AJ318917.1	100	
J40	1.64	*Comamonadaceae* EU266806.1	99	
J59	1.64	*Burkholderiaceae* GQ366666.1	94	
J75	1.64	*Rhodocyclales* EF562114.1	93	
J11	1.64	*Planctomycetales bacteriumEllin*7244 AY673410.1	100	*Planctomycetes* 浮霉菌门 (4.92%)
J36，J53	3.28	*Planctomycete* FJ484518.1	100	
J7	1.64	*Gammaproteobacterium* AM935016.1	100	*γ-proteobacterium* γ-变形菌 (9.84%)
J6，J8，J12，J58	6.56	*Pseudomonas putida* HQ166061.1	100	
J13	1.64	*Serratia symbiotica* GU394001.1	100	
J14	1.64	*Actinobacterium* EU266847.1	99	*Actinobacteria* 放线菌门 (1.64%)
J17	1.64	*Geobacter sp.* GQ420999.1	98	*δ-proteobacteria* δ-变形菌 (8.20%)
J34	1.64	*Myxococcales* HM030661.1	98	
J18	1.64	*sulphate reducing bacterium* AJ300510.1	99	
J39	1.64	*delta proteobacterium* FJ516992.1	99	
J20	1.64	*Syntrophus gentianae* NR_029295.1	100	

续表

克隆子	OTU/%	最大相似菌及 GenBank 序列号	相似性/%	类群
J32	1.64	*Chloroflex* AY903677.1	100	*Chloroflexi* 绿弯菌门（1.64%）
J38	1.64	*Gemmatimonas* GU047669.1	98	*Gemmatimonadetes* 芽单胞菌门 （1.64%）
J61	1.64	*Spirochaeta* AY910852.1	98	*Spirochaetes* 螺旋体门 （1.64%）

② 1 月份的沉积物真菌群落系统发育　从 1 月份沉积物 18S rDNA 克隆结果中随机挑选 100 个克隆子做菌液 PCR，产物经 1%琼脂糖凝胶电泳，紫外灯下检测。选取带有目的条带的 85 个克隆子进行测序，对获得的 65 个双向序列，以 Chromas 软件进行序列拼接及载体去除。65 个克隆转化子的 18S rDNA 序列的 BLAST 结果见表 4-40。河夹村大坝沉积物 1 月份（2010 年）真菌系统发育树见图 4-108。

表 4-40　河夹村大坝 1 月份（2010 年）沉积物真菌克隆文库结果

克隆子	OTU/%	最相似菌及 GenBank 序列号	相似性/%	类群
A8，A82，A22，A24，A32，A59，A33	10.8	*Uncultured fungus clone HA*011 18*S ribosomal RNA gene*，*partial sequence* HM487053.1	100	Environmental samples 环境样品 （53.71%）
A52，A77，A64	4.6	*Uncultured fungus clone HA*001 18*S ribosomal RNA gene*，*partial sequence* HM487046.1	100	
A9，A10，A16，A23，A28，A29，A35，A37，A45，A46，A47，A49，A50，A54，A57，A62，A85，A69，A42	29.2	*Uncultured fungus clone FRPA*5 _ *H*05 18*S ribosomal RNA gene*，*partial sequence* FJ482886.1	99	
A20	1.54	*Uncultured fungus clone FRPA*5 _ *H*09 18*S ribosomal RNA gene*，*partial sequence* FJ482889.1	99	
A30，A63	3.1	*Uncultured fungus clone GA*087 18*S ribosomal RNA gene*，*partial sequence* HM487008.1	99	
A31	1.54	*Uncultured fungus clone X*4*A*10*a*1 18*S ribosomal RNA gene*，*partial sequence* EU708423.1	99	
A65	1.54	*Uncultured fungus clone G*913*P*35*RO*22.*T*0 18*S ribosomal RNA gene*，*partial sequence* EU175832.1	99	
A17	1.54	*Uncultured eukaryote clone Elev* _ 18*S* _ 4291 18*S ribosomal RNA gene*，*partial sequence* EF024996.1	99	

续表

克隆子	OTU/%	最相似菌及 GenBank 序列号	相似性/%	类群
A80，A19	3.1	*Mrakia frigida gene for 18S rRNA，partial sequence* AB032665.1	99	*Basidiomycota* 担子菌门 (4.62%)
A84	1.54	*Abortiporus biennis strain TFRI* 274 *18S ribosomal RNA gene，partial sequence* EU232235.1	99	
A5	1.54	*Paecilomyces sp.* 080834 *18S ribosomal RNA gene，partial sequence* DQ401104.1	98	*Ascomycota* 子囊菌门 (12.32%)
A78，A53	3.1	*Dimorphospora foliicola strain UMB* 172.01 *18S ribosomal RNA gene，partial sequence* AY357274.1	98	
A39	1.54	*Teratosphaeria secundaria strain CPC* 504 *18S small subunit ribosomal RNA gene，complete sequence* GU214612.1	99	
A55	1.54	*Phaeoacremonium fuscum strain STE-U* 6366 *18S small subunit ribosomal RNA gene，partial sequence* EU128059.1	99	*Ascomycota* 子囊菌门 (12.32%)
A56	1.54	*Geotrichum carabidarum strain Y-*27727 (*type*) *18S ribosomal RNA gene，partial sequence* AY520162.1	99	
A34	1.54	*Geotrichum candidum DNA for 18S ribosomal RNA，strain IFO* 4599 AB000652.1	99	
A75	1.54	*Geotrichum cucujoidarum strain Y-*27731 (*type*) *18S ribosomal RNA gene，partial sequence* AY520175.1	98	
A13	1.54	*Catenomyces sp. JEL342 isolate AFTOL-ID* 47 *18S ribosomal RNA gene，partial sequence* AY635830.1	99	*Blastocladiomycota* 芽枝霉门 (1.54%)
A11，A3，A79，A51	6.15	*Rozella allomycis18S ribosomal RNA，partial sequence* NG_017174.1	100	*Chytridiomycota* 壶菌门 (18.47%)
A14	1.54	*Spizellomycete sp. JEL371 isolate AFTOL-ID* 2005 *18S small subunit ribosomal RNA gene，partial sequence* DQ536490.1	100	
A18	1.54	*Spizellomyces sp. NBRC* 105423 *genefor 18S ribosomal RNA，partial sequence* AB586075.1	97	
A36，A43	3.1	*Rhizophlyctis harderi strain JEL171 18S ribosomal RNA gene，partial sequence* AF164272.2	96	
A58	1.54	*Rhizophydium sp. JEL317 isolate AFTOL-ID* 35 *18S ribosomal RNA gene，partial sequence* AY635821.1	99	
A12，A71	3.1	*Lagenoeca sp. antarctica 18S ribosomal RNA gene，partial sequence* DQ995807.1	100	
A1	1.54	*Diaphanoeca grandis 18S ribosomal RNA gene，partial sequence* AF084234.1	100	
A70，A44，A72	4.62	*Compsopogon hookeri partial 18S rRNA gene，strain SAG* 37.94 AJ880416.1	98	*Rhodophyta* 红藻门 (4.62%)
A48，A25	3.1	*Rhogostoma schuessleri strain CCAP* 1966/1 *18S small subunit ribosomal RNA gene*，partial sequence HQ121430.1	99	*Cercozoa* 丝足虫类 (3.08%)
A40	1.54	*Basidiobolus ranarum strain NRRL* 34594 *18S ribosomal RNA，partial sequence* NG_017184.1	97	*Zygomycetes* 接合菌门 (1.54%)

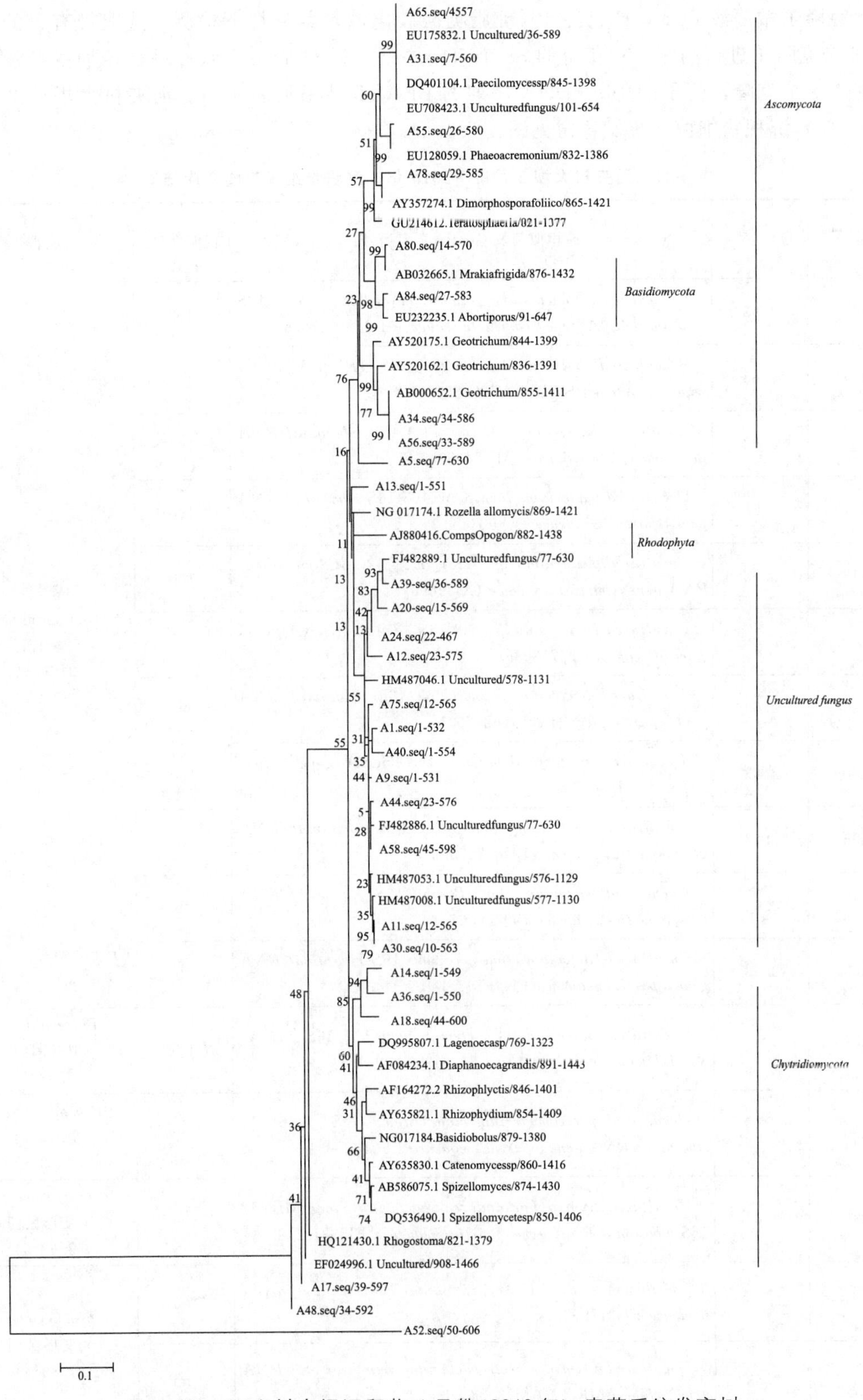

图 4-108　河夹村大坝沉积物 1 月份（2010 年）真菌系统发育树

③ 2 月份的沉积物细菌群落系统发育　从 2 月份沉积物 16S rDNA 克隆结果中随机挑选 70 个克隆子做菌液 PCR，产物经 1% 琼脂糖凝胶电泳，紫外灯下检测。选取带有目的条带的 66 个克隆子进行测序，对获得的 38 个双向序列，以 Chromas 软件进行序列拼接及载体去除。38 个克隆转化子的 16S rDNA 序列的 BLAST 结果见表 4-41。河夹村大坝处 2 月份（2011 年）沉积物细菌系统发育树见图 4-109。

表 4-41　河夹村大坝 2 月份（2010 年）沉积物细菌克隆文库结果

克隆子	OTU/%	最相似菌及 GenBank 序列号	相似性/%	类群
x16	2.63	*Uncultured bacterium clone HWB*2224-2-73 16*S ribosomal RNA gene*, *complete sequence* HM243876.1	100	Environmental samples 环境样品（31.59%）
x14	2.63	*Uncultured bacterium gene for* 16*S rRNA*, *partial sequence*, *clone*: SWB26 AB294337.1	100	
x6	2.63	*Uncultured bacterium UASB _ TL*9 16*S ribosomal RNA gene*, *complete sequence* AF254389.1	100	
x27	2.63	*Uncultured bacterium clone pLW*-103 16*S ribosomal RNA gene*, *partial sequence* DQ067009.1	100	
x18	2.63	*Uncultured bacterium clone AK*1*DE*1 _ 02C 16*S ribosomal RNA gene*, *partial sequence* GQ396962.1	100	
x29，x64	5，26	*Uncultured bacterium clone* 88 16*S ribosomal RNA gene*, *partial sequence* FJ713035.1	99	
x20	2.63	*Uncultured bacterium clone* C063 16*S ribosomal RNA gene*, *partial sequence* FJ468379.1	98	
x50	2.63	*Uncultured bacterium partial* 16*S rRNA gene*, *clone SHA*-79 AJ306775.1	100	
x56	2.63	*Uncultured bacterium clone dc*14 16*S ribosomal RNA gene*, *partial sequence* EU875575.1	97	
x59	2.63	*Uncultured bacterium clone BG.b*9 16*S ribosomal RNA gene*, *partial sequence* DQ228367.1	99	
x65	2.63	*Uncultured bacterium clone p*7*c*20*ok* 16*S ribosomal RNA gene*, *partial sequence* FJ478792.1	99	
x51	2.63	*Uncultured Bacteroidetes bacterium gene for* 16*S rRNA*, *partial sequence*, *clone*: *Soil*-33 AB286299.1	96	*Bacteroidetes* 拟杆菌门（2.63%）
x26	2.63	*Uncultured proteobacterium clone Elev* _ 16*S* _ 486 16*S ribosomal RNA gene*, *partial sequence* EF019296.1	100	*Proteobacteria* 变形菌门（2.63%）
x36	2.63	*Uncultured Syntrophorhabdaceae bacterium clone MBT*13 16*S ribosomal RNA gene*, *partial sequence* FJ538126.1	100	*δ-proteobacte*ria δ-变形菌门（2.63%）
x44，x66	5，26	*Pseudomonas sp*. *A*19 16*S ribosomal RNA gene*, *partial sequence* EU372964.1	100	*γ-proteobacteria* γ-变形菌门（7.89%）
x53	2.63	*Uncultured Gamma proteobacterium partial* 16*S rRNA gene*, *clone AMFH*7 AM935282.1	100	

续表

克隆子	OTU/%	最相似菌及 GenBank 序列号	相似性/%	类群
x21	2.63	*Candidatus Nitrotoga arctica clone* 6680 16*S ribosomal RNA gene*, *partial sequence* DQ839562.1	100	*β-proteobacteria* β-变形菌门 (26.33%)
x62	2.63	*Aquabacterium sp. P*-113 *partial* 16*S rRNA gene*, *strain P*-113 AM412133.1	100	
x31	2.63	*Rhodoferax antarcticus strain ANT.BR* 16*S ribosomal RNA gene*, *partial sequence* GU233447.1	100	
x7, x43	5, 26	*Sulfuricella denitrificans gene for* 16*S rRNA*, *partial sequence* AB506456.1	99	
x60	2.63	*Uncultured Comamonadaceae bacterium clone SOC*1 3*G* 16*S ribosomal RNA gene*, *partial sequence* DQ628929.1	99	
x46	2.63	*Uncultured beta proteobacterium clone UCT N*123 16*S ribosomal RNA gene*, *partial sequence* AY064177.1	99	
x58	2.63	*Uncultured beta proteobacterium clone MVS*-36 16*S ribosomal RNA gene*, *partial sequence* DQ676285.1	99	
x47	2.63	*Uncultured Betaproteobacteria bacterium* 16*S rRNA gene from clone QEDQ*2*BD*07 CU923210.1	100	
x67	2.63	*Uncultured Betaproteobacteria bacterium* 16*S rRNA gene from clone QEDS*3*DG*02 CU921251.1	97	
x34	2.63	*Uncultured planctomycete clone* 4*OLII* _ 18 16*S ribosomal RNA gene*, *partial sequence* GQ342356.1	99	*Planctomycetes* 浮霉菌门 (5.26%)
x63	2.63	*Uncultured Planctomycetes bacterium* 16*S rRNA gene from clone QEDQ*3*CE*08 CU923200.1	100	
x37	2.63	*Uncultured Chlorobi bacterium clone Dover*15 16*S ribosomal RNA gene*, *partial sequence* AY499768.1	99	*Chlorobi* 绿菌门 (2.63%)
x42	2.63	*Uncultured Acidobacteria bacterium clone Amb* _ 16*S* _ 1638 16*Sribosomal RNA gene*, *partial sequence* EF019064.1	99	*Acidobacteria* 酸杆菌门 (5.26%)
x48	2.63	*Uncultured Acidobacteria bacterium clone KBS* _ *T*1 _ *R*5 _ 149261 _ *a*9 16*S ribosomal RNA gene*, *partial sequence* HM062277.1	99	
x45	2.63	*Uncultured Chloroflexi bacterium* 16*S rRNA*, *partial sequence*, *clone*: *CH*-31 AB293396.1	99	*Chloroflexi* 绿弯菌门 (7.89%)
x52	2.63	*Uncultured Chloroflexi bacterium clone* 2.38 16*S ribosomal RNA gene*, *partial sequence* GQ183255.1	99	
x54	2.63	*Uncultured Chloroflexi bacterium clone HT*06*Ba*12 *small subunit ribosomal RNA gene*, *partial sequence* EU016438.1	100	
x49, x55	5.26	*Anaerovorax sp. enrichment culture clone D*2*CL* _ *Bac* _ 16*S* _ *Clone*16 16*S ribosomal RNA gene*, *partial sequence* EU498382.1	99	*Firmicutes* 厚壁菌门 (5.26%)

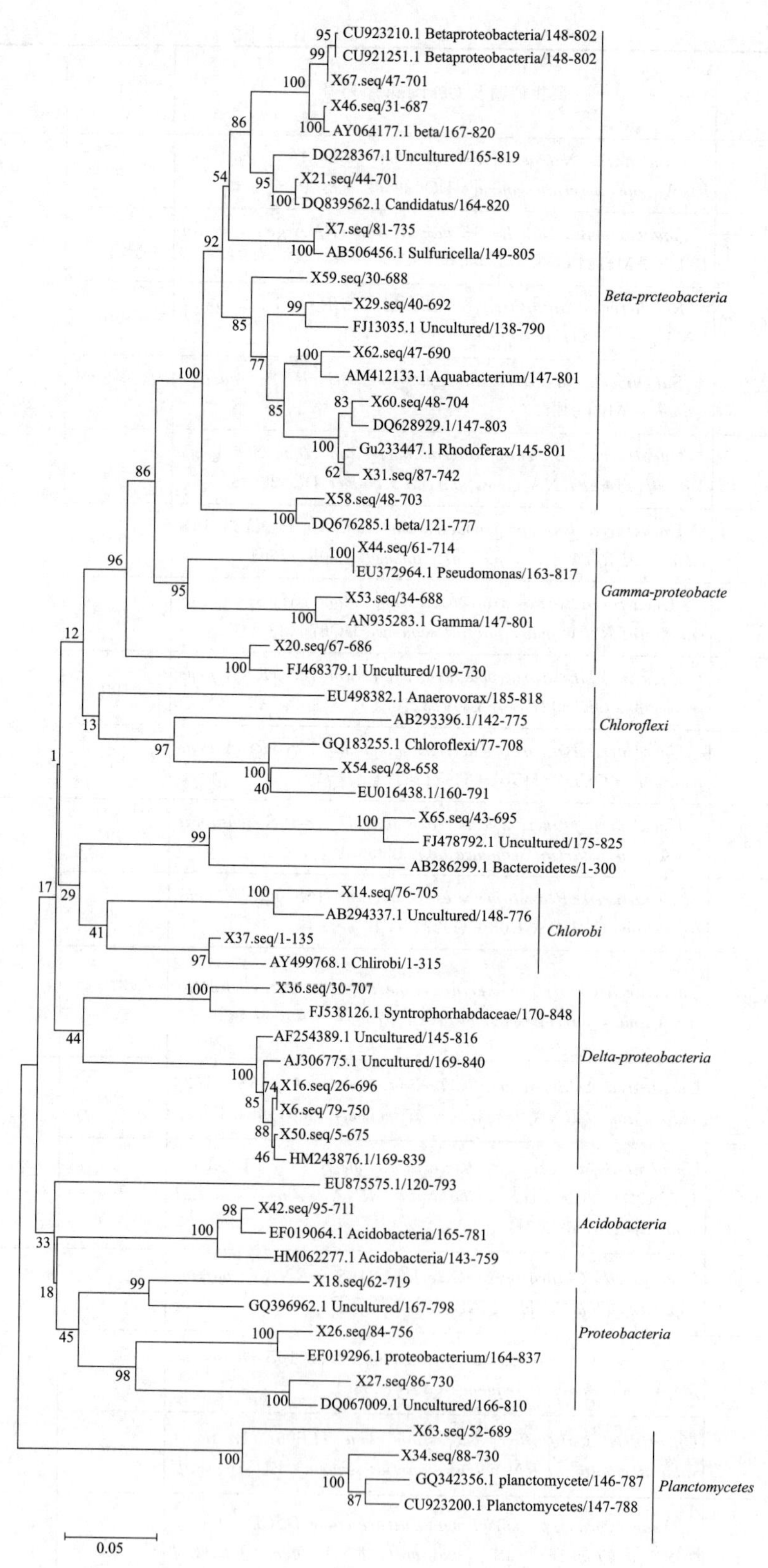

图 4-109 河夹村大坝处 2 月份(2011 年)沉积物细菌系统发育树

④ 2月份的沉积物真菌群落系统发育　从2月份沉积物18S rDNA克隆结果中随机挑选80个克隆子做菌液PCR，产物经1%琼脂糖凝胶电泳，紫外灯下检测。选取带有目的条带的72个克隆子进行测序，对获得的33个双向序列，以Chromas软件进行序列拼接及载体去除。33个克隆转化子的18S rDNA序列的BLAST结果见表4-42。河夹村大坝处2月份（2011年）沉积物真菌系统发育树见图4-110。

表4-42　河夹村大坝处2月份（2011年）沉积物真菌克隆文库结果

克隆子	OTU/%	最相似菌及GenBank序列号	相似性/%	类群
z24，z26，z27，z28，z47，z50，z55，z61，z66，z72	30.3	*Uncultured fungus clone FRPA5 _ H05 18S ribosomal RNA gene，partial sequence* FJ482886.1	100	Environmental samples 环境样品（60.61%）
z29，z45，z58，z62，z71	15.1	*Uncultured fungus clone HA011 18S ribosomal RNA gene，partial sequence* HM487053.1	99	
z32	3.03	*Uncultured fungus clone GA072 18S ribosomal RNA gene，partial sequence* HM486975.1	99	
z12	3.03	*Uncultured fungus clone PFA12AU2004 18S ribosomal RNA gene，partial sequence* DQ244011.1	100	
z34	3.03	*Uncultured fungus clone FRPA1 _ E12 18S ribosomalRNA gene，partial sequence* FJ483185.1	100	
z30，z44	6.06	*Uncultured eukaryote clone Elev _ 18S _ 660 18S ribosomal RNA gene，partial sequence* EF024274.1	100	
z7	3.03	*Uncultured Chytridiomycota clone T1P1AeC08 18S ribosomal RNA gene，partial sequence* GQ995417.1	100	*Chytridiomycota* 壶菌门（18.18%）
z33，z53，z70	9.09	*Uncultured Chytridiomycota clone T5P1AeH09 18S ribosomal RNA gene，partial sequence* GQ995421.1	100	
z54	3.03	*Uncultured Chytridiomycota clone T2P1AeH03 18S ribosomal RNA gene，partial sequence* GQ995309.1	98	
z39	3.03	*Nowakowskiella sp. JEL127 isolate AFTOL-ID 146 18S ribosomal RNA gene，partial sequence* AY635835.1	100	
z10	3.03	*Dimorphospora foliicola strain UMB 172.01 18S ribosomal RNA gene，partial sequence* AY357274.1	100	*Ascomycota* 子囊菌门（18.18%）
z31	3.03	*Trichocoma paradoxa isolate CBS 788.83 small subunit ribosomal RNA gene，partial sequence* FJ358354.1	100	
z35	3.03	*Bulgaria inquinans isolate 208 18S small subunit ribosomal RNA gene，partial sequence* EU107260.1	98	
z57	3.03	*Phialosimplex sp. NIOCC 1 18S ribosomal RNA gene，partial sequence* HQ188293.1	99	
z68	3.03	*Hyaloscypha vitreola isolate M236 18S small subunit ribosomal RNA gene，partial sequence* EU940080.1	98	
z41	3.03	*Candida zeylanoides strain PSF3 18S ribosomal RNA gene，partial sequence* EU590665.1	100	

续表

克隆子	OTU/%	最相似菌及 GenBank 序列号	相似性/%	类群
z36	3.03	*Lagenoeca sp. antarctica 18S ribosomal RNA gene, partial sequence* DQ995807.1	99	*Choanoflagellida* 领鞭毛目 (3.03%)

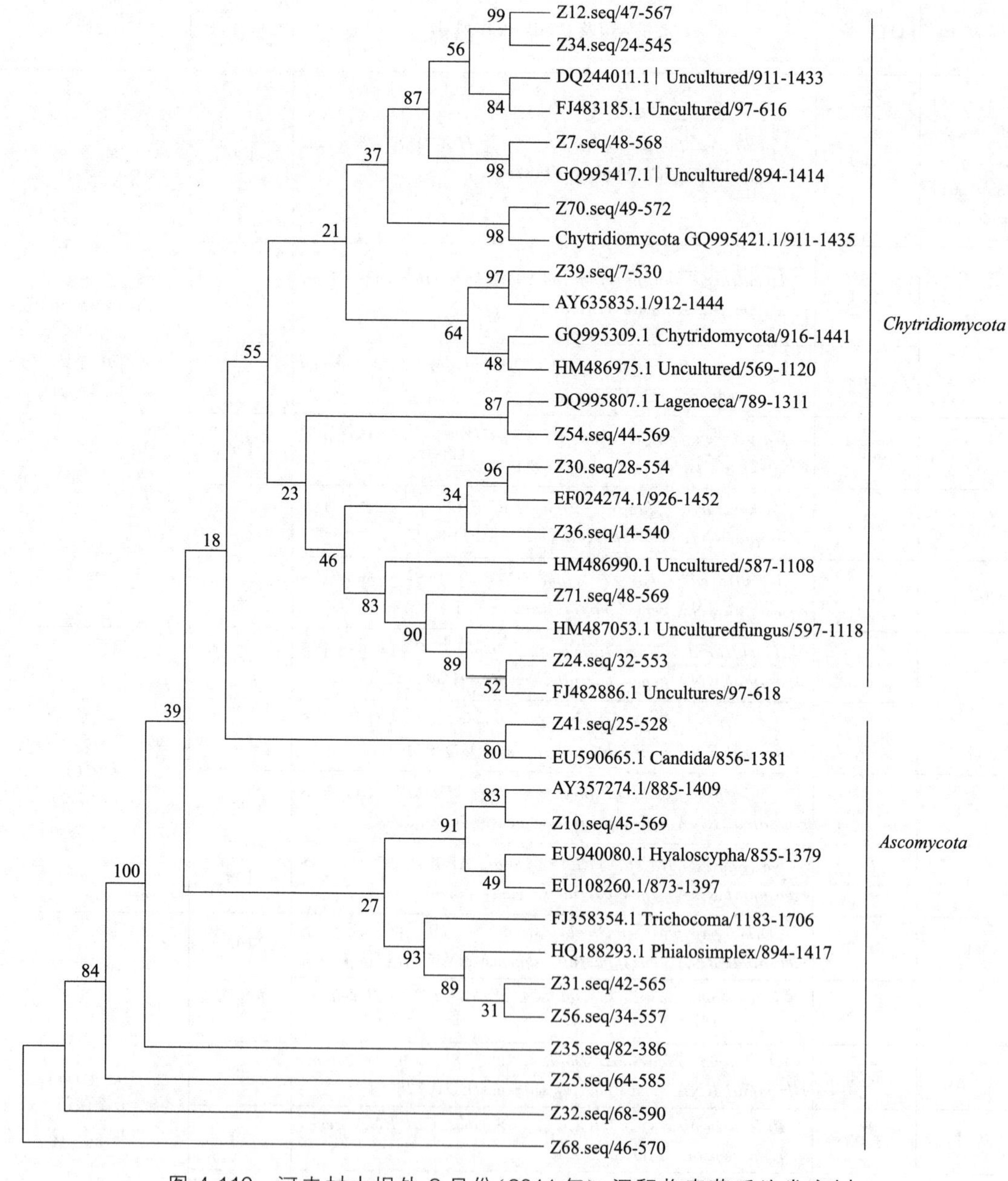

图 4-110 河夹村大坝处 2 月份(2011 年) 沉积物真菌系统发育树

⑤ 4 月份的沉积物细菌群落系统发育　从 4 月份沉积物 16S rDNA 克隆结果中随机挑选 85 个克隆子做菌液 PCR，产物经 1%琼脂糖凝胶电泳，紫外灯下检测。选取带有目的条带

的79个克隆子进行测序，对获得的54个双向序列，以Chromas软件进行序列拼接及载体去除。54个克隆转化子的16S rDNA序列的BLAST结果见表4-43。河夹村大坝4月份(2010年)沉积物细菌系统发育树见图4-111。

表4-43　河夹村大坝4月份（2010年）沉积物细菌克隆文库结果

克隆子	OTU/%	最相似菌及GenBank序列号	相似性/%	类群
H2	1.85	*Uncultured bacterium clone pLW*-57 *16S ribosomal RNA gene*, *partial sequence* DQ066986.1	100	Environmental samples 环境样品（29.63%）
H16	1.85	*Uncultured bacterium clone Eb*89 *16S ribosomal RNA gene*, *partial sequence* EF063617.1	100	
H25	1.85	*Uncultured bacterium partial* 16*S rRNA gene*, *clone SHA*-107 AJ306739.1	100	
H70	1.85	*Uncultured bacterium clone JH-WHS*47 *16S ribosomal RNA gene*, *partial sequence* EF492972.1	100	
H58	1.85	*Uncultured bacterium clone IS*-66 *16S ribosomal RNA gene*, *partial sequence* GQ339162.1	100	
H74	1.85	*Uncultured bacterium clone LD _ Ba _ Top _ B*6 *16S ribosomal RNA gene*, *partial sequence* EU644268.1	99	
H32	1.85	*Uncultured bacterium clone LD _ Ba _ Top _ B*4 *16S ribosomal RNA gene*, *partial sequence* EU644236.1	98	
H61	1.85	*Uncultured bacterium gene for* 16*S ribosomal RNA*, *partial sequence*, *clone*: *R*1-32 AB280296.1	99	
H77	1.85	*Uncultured bacterium clone FFCH*2479 *16S ribosomal RNA gene*, *partial sequence* EU134545.1	100	
H23, H48	3.70	*Uncultured bacterium clone LD _ RB _* 72 *16S ribosomal RNA gene*, *partial sequence* EU644166.1	98	
H37	1.85	*uncultured bacterium SHA*-18 *16S rRNA gene* AJ249099.1	98	
H42	1.85	*Uncultured bacterium gene for* 16*S rRNA*, *partial sequence*, *clone*: *RB*522 AB240225.1	97	
H22	1.85	*Uncultured bacterium clone GP _* 1*aaa*03*g*02 *16S ribosomal RNA gene*, *partial sequence* EU473339.1	99	
H79, H36	3.70	*uncultured bacterium clone BotBa*31 *16S ribosomal RNA gene*, *partial sequence* EF999395.1	99	
H5	1.85	*Desulfobulbus elongatus strain FP* 16*S ribosomal RNA*, *partial sequence* NR _ 029305.1	99	*δ-proteobacteria* δ-变形菌门（11.1%）
H33	1.85	*Geobacter bremensis strain Dfr*1 *16S ribosomal RNA*, *partial sequence* NR _ 026076.1	100	
H9	1.85	*Syntrophus gentianae strain HQgoe*1 *16S ribosomal RNA*, *partial sequence* NR _ 029295.1	100	
H45	1.85	*Syntrophobacter wolinii strain DB 16S ribosomal RNA*, *partial sequence* NR _ 028020.1	100	
H24	1.85	*Geobacter pickeringii strain G*13 *16S ribosomal RNA gene*, *partial sequence* DQ145535.1	99	
H65	1.85	*Uncultured Desulfobulbus sp. clone EB*25 *16S ribosomal RNA gene*, *partial* sequence DQ831532.1	99	

续表

克隆子	OTU/%	最相似菌及 GenBank 序列号	相似性/%	类群
H17	1.85	*Uncultured Planctomycetaceae bacterium partial* 16*S rRNA gene*, *clone AMPF*6 AM935123.1	100	*Planctomycetes* 浮霉菌门 (7.41%)
H19	1.85	*Uncultured planctomycete partial* 16*S rRNA gene*, *clone Csp*0314 AM774209.1	99	
H73	1.85	*Uncultured Planctomycetes bacterium* 16*S rRNA gene from clone QEDN*9*AD*09 CU925446.1	100	
H62	1.85	*Uncultured planctomycete clone EB*1047 16*S ribosomal RNA gene*, *partial sequence* AY395366.1	100	
H30	1.85	*Uncultured Chloroflexi bacterium* 16*S rRNA gene from clone QEDS*3*AF*05 CU921294.1	100	*Chloroflexi* 绿弯菌门 (3.70%)
H67	1.85	*Uncultured Chloroflexi bacterium* 16*S rRNA gene from clone QEEB*3*CC*07 CU918066.1	100	
H43	1.85	*Uncultured Acidobacteria bacterium clone KBS* _ *T*1 _ *R*5 _ 149261 _ *a*9 16*S ribosomal RNA gene*, *partial* sequence HM062277.1	99	*Acidobacteria* 酸杆菌门 (14.8%)
H71	1.85	*Uncultured Acidobacteria bacterium* 16*S rRNA gene from clone QEDS*2*DC*02 CU921472.1	98	
H63, H10, H78, H47, H11	9.26	*Uncultured Acidobacteria bacterium clone AKYG*1769 16*S ribosomal RNA gene*, *partial sequence* AY921986.1	100	
H6	1.85	*Uncultured Acidobacterium sp. clone S*-140 16*S ribosomal RNA gene*, *partial sequence* HQ132416.1	99	
H44	1.85	*Uncultured Bacteroidetes bacterium clone Z*273*MB*66 16*S ribosomal RNA gene*, *partial sequence* FJ484700.1	99	*Bacteroidetes* 拟杆菌门 (13.0%)
H69	1.85	*Flavobacterium johnsoniae strain FjRt*09 16*S ribosomal RNA gene*, *partial sequence* GU461280.1	100	
H34	1.85	*Flavobacterium xanthum* 16*SrRNA gene*, *strain R*-9010 AJ601392.1	96	
H8, H28	3.70	*Flavobacterium xinjiangense strain AS* 1.2749 16*S ribosomal RNA*, *partial sequence* NR _ 025201.1	96	
H40	1.85	*Sphingobacterium sp. P*-17 *partial* 16*S rRNA gene*, *strain P*-17 AM411963.1	100	
H14	1.85	*Uncultured Cytophagales bacterium clone TDNP* _ *USbc*97 _ 180 _ 1 _ 43 16*S ribosomal RNA gene*, *partial sequence* FJ516910.1	99	

续表

克隆子	OTU/%	最相似菌及 GenBank 序列号	相似性/%	类群
H39	1.85	*Uncultured proteobacterium clone Elev _ 16S _ 1324 16S ribosomal RNA gene, partial sequence* EF019945.1	99	*Proteobacterium* 变形菌门 (1.85%)
H68	1.85	*Uncultured beta proteobacterium clone CYC _ 17 16S ribosomal RNA gene, partial sequence* EF562577.1	99	*β-proteobacterium* β-变形菌门 (7.40%)
H35	1.85	*Variovorax sp. WDL1 16S ribosomal RNA gene, partial sequence* AF538929.1	100	
H7	1.85	*Polaromonas jejuensis strain JS12-13 16S ribosomal RNA gene, partial sequence* EU030285.1	100	
H46	1.85	*Polaromonas sp. GM1 16S ribosomal RNA gene, partial sequence* EU106605.1	99	
H21	1.85	*Roseomonas lacus strain R3053 16S ribosomal RNA gene, partial sequence* HM032843.1	99	*α-proteobacteria* α-变形菌门 (3.70%)
H24	1.85	*Uncultured Alphaproteobacteria bacterium 16S rRNA gene from clone QEDN2AG10* CU926574.1	99	
H1	1.85	*Uncultured Gemmatimonadetes bacterium clone 80488 16S ribosomal RNA gene*, partial sequence AY921714.1	99	*Gemmatimonadetes* 芽单胞菌门 (1.85%)
H13	1.85	*Thermacetogenium phaeum strain PB 16S ribosomal RNA, partial sequence* NR _ 024688.1	99	*Firmicutes* 厚壁菌门 (1.85%)
H15	1.85	*Arthrobacter scleromae strain R3043 16S ribosomal RNA gene, partial sequence* HM032841.1	99	*Actinobacteria* 放线菌门 (1.85%)
H29	1.85	*Uncultured Chlorobi bacterium clone 1OL9 16S ribosomal RNA gene, partial sequence* GQ342332.1	99	*Chlorobi* 绿菌门 (1.85%)

⑥ 4 月份的沉积物真菌群落系统发育　从 4 月份沉积物 18S rDNA 克隆结果中随机挑选 90 个克隆子做菌液 PCR，产物经 1%琼脂糖凝胶电泳，紫外灯下检测。选取带有目的条带的 72 个克隆子进行测序，对获得的 27 个双向序列，以 Chromas 软件进行序列拼接及载体去除。27 个克隆转化子的 18S rDNA 序列的 BLAST 结果见表 4-44。河夹村大坝 4 月份（2010 年）沉积物真菌系统发育树见图 4-112。

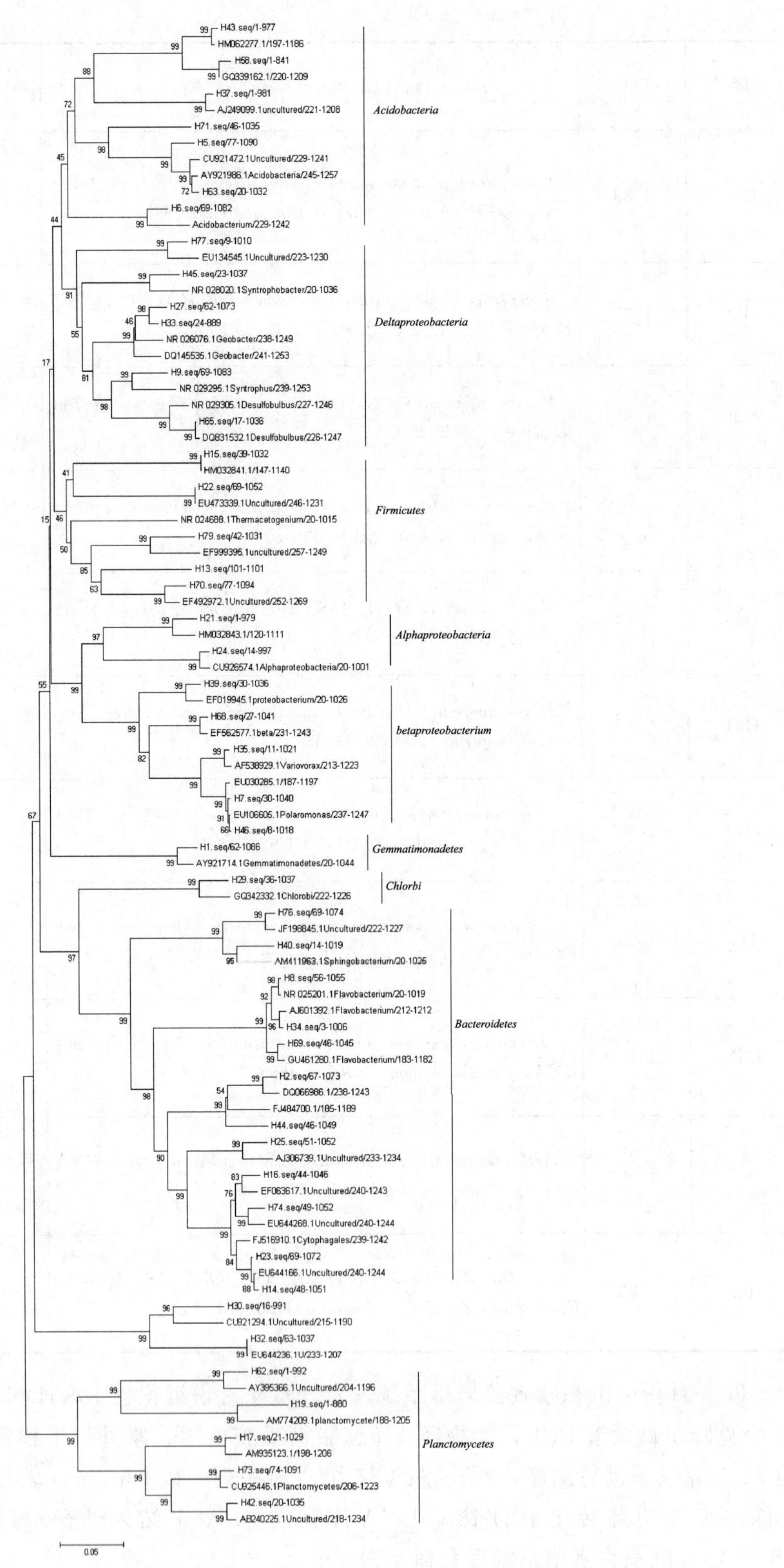

图 4-111　河夹村大坝 4 月份(2010 年) 沉积物细菌系统发育树

表 4-44 河夹村大坝 4 月份（2010 年）沉积物真菌克隆文库结果

克隆子	OTU/%	最相似菌及 GenBank 序列号	相似性/%	类群
B3	3.70	*Trichosporon porosum strain ATCC MYA*-4673 18*S ribosomal RNA gene*，*partial sequence* HQ005762.1	99	*Basidiomycota* 担子菌门（18.52%）
B53	3.70	*Leucosporidium antarcticum strain PI*12 *UPM* 18*S ribosomal RNA gene*，*partial sequence* EU621372.1	99	
B55	3.70	*Mrakia frigida AFTOL-ID* 1818 18*S small subunit ribosomal RNA gene*，*partial sequence* DQ831017.1	99	
B58，B78	7.40	*Bullera unica strain HAW-OCF*2 18*S ribosomal RNA gene*，*partial sequence* AY887945.1	99	
B10	3.70	*Salpingoeca urceolata* 18*S ribosomal RNA gene*，*partial sequence* EU011931.1	99	*Choanoflagellida* 领鞭毛目（3.70%）
B11	3.70	*Catenomyces sp. JEL*342 *isolate AFTOL-ID* 47 18*S ribosomal RNA gene*，*partial sequence* AY635830.1	98	*Blastocladiomycota*（3.70%）
B13	3.70	*Candida drimydis* 18*S rRNA gene*，*strain JCM* 9587，*partial sequence* AB013563.1	99	*Ascomycota* 子囊菌门（33.34%）
B19	3.70	*Uncultured ascomycete clone K*34*TMOFeSH*1*sc* 18*S ribosomal RNA gene*，*partial sequence* EU154408.1	100	
B22	3.70	*Xeromyces bisporus isolate CBS* 236.71 *small subunit ribosomal RNA gene*，*partial sequence* FJ358355.1	99	
B24	3.70	*Aspergillus terreus strain x*12-94 18*S ribosomal RNA gene*，*partial sequence* HQ234232.1	99	
B30	3.70	*Geomyces destructans isolate MmyotGER*-1 18*S ribosomal RNA gene*，*partial sequence* GU999983.1	99	
B54	3.70	*Acremonium strictum strain DS*1*bioAY*4*a* 18*S ribosomal RNA gene*，*partial sequence* HM216184.1	99	*Ascomycota* 子囊菌门（33.4%）
B59	3.70	*Candida chiropterorum* 18*S rRNA gene*，*strain JCM* 9597，*partial sequence* AB013591	98	
B70	3.70	*Zygoascus hellenicus strain CBS* 5839 18*S ribosomal RNA gene*，*partial sequence* GU597328.1	99	
B85	3.70	*Acremonium strictum strain DS*1*bioAY*4*a* 18*S ribosomal RNA gene*，*partial sequence* HM216184.1	97	
B44，B51，B60	11.1	*Uncultured fungus clone FRPA*5 _ *H*05 18*S ribosomal RNA gene*，*partial sequence* FJ482886.1	98	Environmental samples 环境样品（33.34%）
B52	3.70	*Uncultured fungus clone G*913*P*35*RP*24.*T*0 18*S ribosomal RNA gene*，*partial sequence* EU175853.1	99	
B63，B71，B79	11.1	*Uncultured fungus clone HA*011 18*S ribosomal RNA gene*，*partial sequence* HM487053.1	99	
B84	3.70	*Uncultured fungus clone G*912*P*35*FF*22.*T*0 18*S ribosomal RNA gene*，*partial sequence* EU173398.1	99	
B86	3.70	*Uncultured fungus clone G*912*P*35*FA*11.*T*0 18*S ribosomal RNA gene*，*partial sequence* EU173241.1	99	

续表

克隆子	OTU/%	最相似菌及 GenBank 序列号	相似性/%	类群
B67	3.70	*Endogone pisiformis strain DAOM 233144 18S ribosomal RNA, partial sequence* NG_017181.1	99	*Zygomycetes* 接合菌门 (3.70%)
B82	3.70	*Chytriomyces poculatus isolate JEL374 18S ribosomal RNA gene, partial sequence* EF443135.1	99	*Chytridiomycota* 壶菌门 (3.70%)

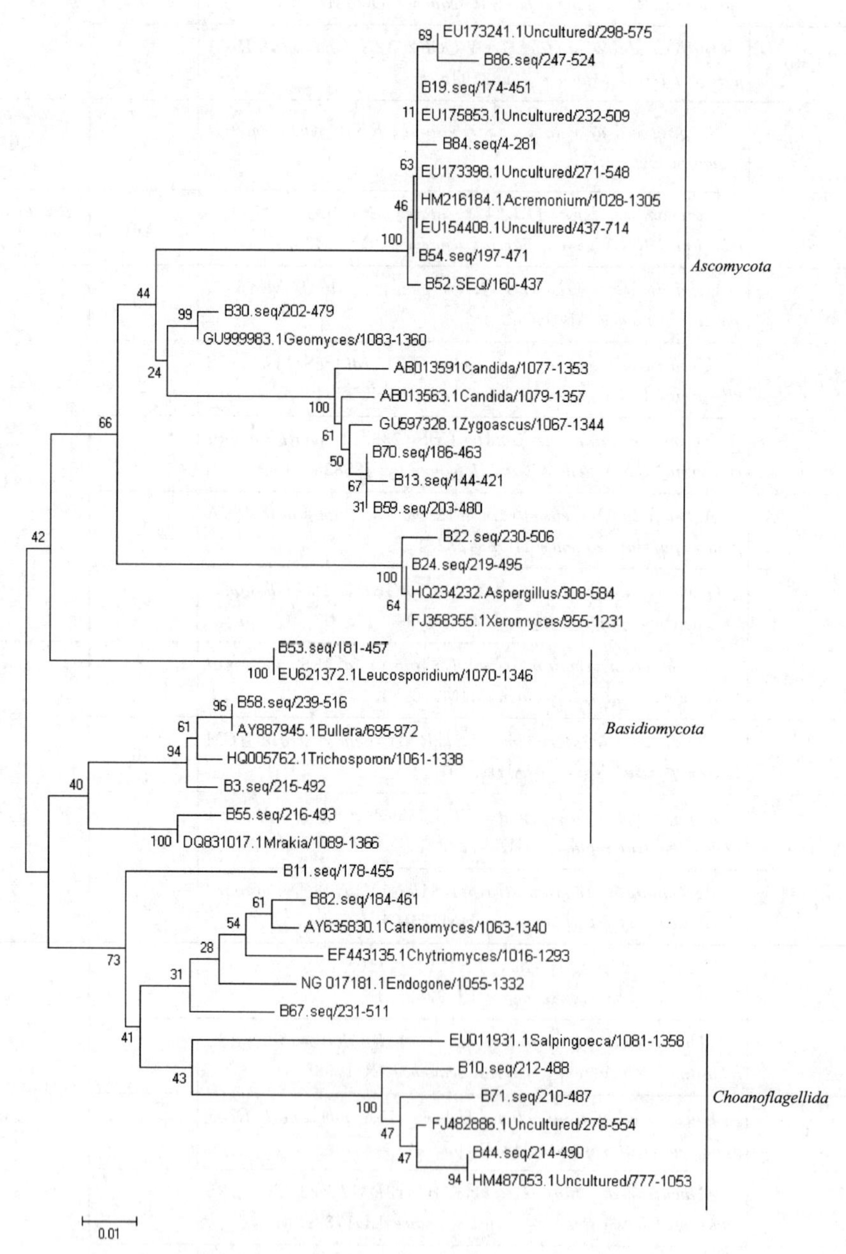

图 4-112 河夹村大坝 4 月份(2010 年) 沉积物真菌系统发育树

⑦ 水栉霉孳生对沉积物微生物影响分析　水栉霉爆发阶段爆发地 6# 河夹村大坝处的河流微生物环境发生了较大变化，种群的优势变化明显。以 1# 海浪河大桥 4 月样品作为上游对照点，与 6# 河夹村大坝 1 月、2 月、4 月样品微生物群落进行比较，如图 4-113 和图 4-114 所示。

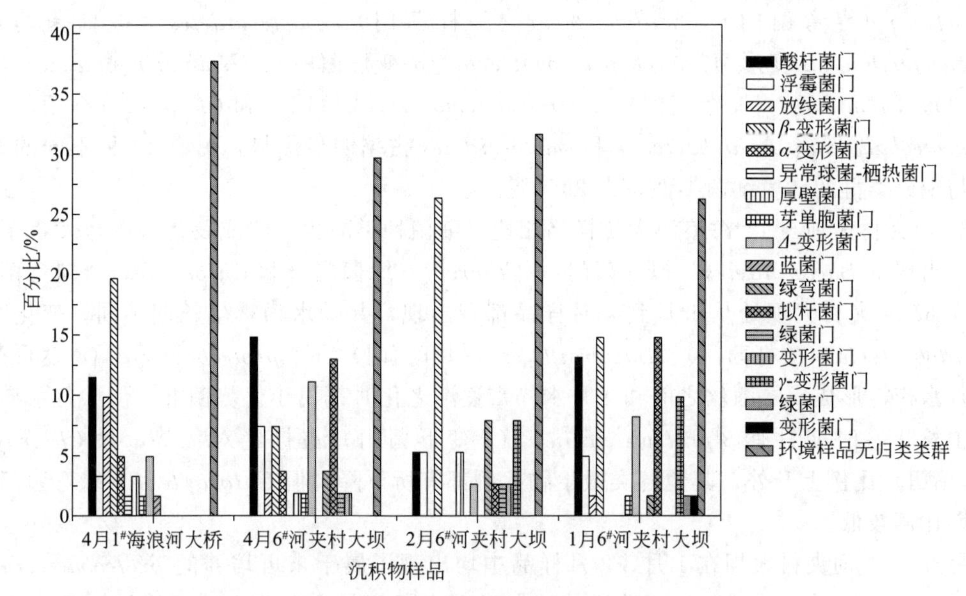

图 4-113　不同沉积物细菌优势群落变化

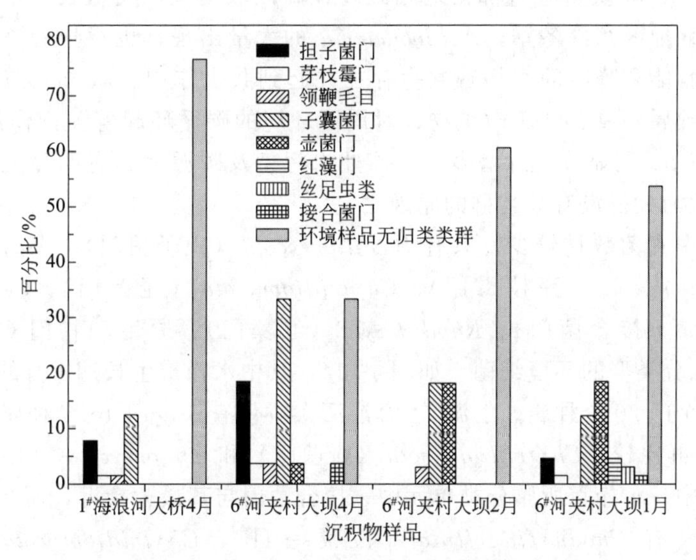

图 4-114　不同沉积物真菌优势群落变化

由图 4-113 可知，水栉霉爆发地上游 1# 海浪河大桥断面与水栉霉爆发地 6# 河夹村大坝断面沉积物中的细菌群落组成相似，但也略有所不同。4 月 1# 海浪河大桥断面处共有 36 种 OTU（Operational taxonomic unit）序列分别属于 *Acidobacteria*（酸杆菌门）、*Planctomycetes*（浮霉菌门）、*Actinobacteria*（放线菌门），*β-proteobacteria*（β-变形菌门），*α-proteobacteria*（α-变形菌门）、*Deinococcus-Thermus*（异常球菌-栖热菌门）、*Firmicutes*（厚壁菌门）、*Gemmatimonadetes*

(芽单胞菌门)、*δ-proteobacteria*(δ-变形菌门)和*Cyanobacteria*(蓝藻门),其中*β-proteobacteria*(β-变形菌门)的菌属种类最多,占19.67%;另有21种不同的OTU序列与没有分类群的环境细菌类似,占37.7%。4月6#河夹村大坝的沉积物样品有33种不同的OTU序列分别分布于*δ-proteobacteria*(δ-变形菌门)、*Planctomycetes*(浮霉菌门)、*Chloroflexi*(绿弯菌门)、*Acidobacteria*(酸杆菌门)、*Bacteroidetes*(拟杆菌门)、*β-proteobacterium*(β-变形菌门)、*α-proteobacteria*(α-变形菌门)、*Gemmatimonadetes*(芽单胞菌门)、*Firmicutes*(厚壁菌门)、*Actinobacteria*(放线菌门)和*Chlorobi*(绿菌门),其中*δ-proteobacteria*、*Acidobacteria*和*Bacteroidetes*占据明显优势,另有14种不同的OTU序列与未分类群的环境细菌类似,占29.6%。

6#河夹村大坝与1#海浪河大桥样品相比,细菌种类减少,组成及优势菌也发生了较大变化,出现了*Bacteroidetes*(拟杆菌门)、*Chlorobi*(绿菌门)和*Chloroflexi*(绿弯菌门),并且在6#河夹村大坝处从1月到4月样品都有出现,并随水棉霉生长期不同,变化明显。如*Acidobacteria*(酸杆菌门)、*Bacteroidetes*(拟杆菌门)和*δ-proteobacteria*(δ-变形菌门)在1月水棉霉形成成熟菌丝之前和4月水棉霉逐渐老化时都属于优势菌群,但2月水棉霉成熟态生长旺盛时期只有*β-proteobacterium*(β-变形菌门)占据绝对优势,除*Chloroflexi*(绿弯菌门)比例上升外,其他各类微生物比例都有所下降,但*Chloroflexi*(绿弯菌门)其他时期比例较低。

另外,6#河夹村大坝在1月、2月样品中均出现了属于未可培养的*proteobacterium*类群及*Acidobacteria*(酸杆菌门)类群,其中很大一部分与来自北极冰层区域沉积物样品序列相似。*Acidobacteria*类群一直都在地底温度较高区域出现,类型较为丰富,而本次采样时间都集中于东北地区寒冷冬季,*Acidobacteria*的大量出现,也意味着该类群中可能有嗜冷性菌种存在,且能和嗜冷的水棉霉共生存在并起到共生作用。*Bacteroidetes*(拟杆菌门)种群在环境中多数属好氧、厌氧微生物,对周围环境的碳循环起着关键作用。6#河夹村大坝处的*Bacteroidetes*明显较上游增多,与该处水污染及碳源增加有明显关系,这也是上游无污染的1#海浪河大桥没有该类群的原因之一。

沉积物样品中真菌数量较少。只有*Basidiomycota*(担子菌门)、*Ascomycota*(子囊菌门)、*Blastocladiomycota*(芽枝霉门)、*Chytridiomycota*(壶菌门)、*Cercozoa*(丝足虫类)、*Zygomycetes*(接合菌门)、*Rhodophyta*(红藻门)、原生动物门*Choanoflagellida*(领鞭毛目)和未分类群的环境细菌。如图4-114,其中水棉霉生长期1月的真菌类群最为丰富,共包含了7个门20个种属。上游1#海浪河大桥仅有3个门15个种属,与河夹村大坝(4月)的真菌类群比较,*Chytridiomycota*(壶菌门)和*Zygomycetes*(接合菌门)未出现在海浪河的样品中。水棉霉所属分类单元中,接合菌门与其最为接近,而2月水棉霉成熟态期间,数据中只有*Choanoflagellida*(领鞭毛目)、*Chytridiomycota*(壶菌门)和*Ascomycota*(子囊菌门),没有*Zygomycetes*(接合菌门)。在水棉霉生长期和成熟期占据优势的是*Chytridiomycota*(壶菌门)。而且从图4-114中可知1、2月份*Chytridiomycota*(壶菌门)优势明显,但4月份比例下降了15%,1月份*Chytridiomycota*(壶菌门)类群比较复杂,含有6个已知种属的OTU单元,2月的*Chytridiomycota*(壶菌门)类群相比较只有一个已知种属的OTU单元,其他3个都是未培养的*Chytridiomycota*(壶菌门)种属。1月份样本里还发现了*Rhodophyta*(红藻门)类群,该类群主要分布在海洋,淡水中分布较少,盐度高的地区有较明显分布。可能跟冰封期岸边垃圾渗滤液对河流造成的污染有关。

表 4-45为生物多样性指数汇总情况。从表 4-45 中多样性分析结果可看出，1～4 月$6^{\#}$河夹村大坝处沉积物细菌的 H'（香依-威纳指数）在 2.79～3.76 递增，4 月份的数据最高，但低于$1^{\#}$海浪河沉积物（4 月）的 3.99。$6^{\#}$河夹村大坝处沉积物均匀度 J'平均值为 2.14，范围 1.63～2.34；多样性 simpson 指数为 0.87～0.98，但与$1^{\#}$海浪河大桥 4 月份比其均匀度值和 simpson 指数仍然稍低。只有 Margalef 指数高于对照点$1^{\#}$海浪河大桥，在相关的多样性指数分析中 Margalef 指数多用于稀疏种的敏感指数，因此$6^{\#}$河夹村大坝采样点高于$1^{\#}$海浪河大桥采样点。

表 4-45　生物多样性指数汇总

细菌多样性指标	河夹村大坝沉积物			海浪河大桥沉积物	河夹村大坝共生体	
	1 月	2 月	4 月	4 月	1 月	2 月
C	52%	72%	48.7%	66%	68.8%	60%
H'	2.79	3.49	3.76	3.99	2.23	2.04
J'	1.63	2.44	2.34	2.61	1.66	1.3
simpson 指数	0.977	0.868	0.973	0.982	0.932	0.962
Margalef 指数	12.17	7.14	10.0	8.01	6.06	9.25
真菌多样性指标	河夹村大坝沉积物			海浪河大桥沉积物	河夹村大坝共生体	
	1 月	2 月	4 月	4 月	1 月	2 月
C	66.2%	84%	73.7%	72%	79.1%	56%
H'	2.62	2.41	3.00	2.59	3.48	2.99
J'	1.81	2.01	2.27	1.78	3.02	1.80
simpson 指数	0.85	0.75	0.94	0.728	0.85	0.89
Margalef 指数	6.23	4.29	6.06	6.49	3.66	9.69

从表 4-45 中的沉积物真菌多样性指数可看出，在真菌分布及多样性方面上游$1^{\#}$海浪河大桥 4 月样品比$6^{\#}$河夹村大坝 4 月样品多样性低，根据 1 月、2 月的优势菌群 *Chytridiomycota*（壶菌门）多数腐生的特点，可以看出$6^{\#}$河夹村大坝附近的有机质碳源及氮源增多，并在冰封期存在上升趋势，至 4 月份明显下降。*Ascomycota*（子囊菌门）比例在$6^{\#}$河夹村大坝样品中则处于上升趋势，该类群多与蓝藻绿藻共生，或寄生于低等浮游植物和高等植物。

4.5　化学法控制水栉霉关键技术

水栉霉大量生长繁殖给水体带来诸多不利影响，主要表现在以下几个方面。①对水质的不利影响：a. 水栉霉致臭，影响水的整体感官；b. 降低水体透明度，消耗水体 DO。②影响水体的利用：a. 造成给水滤池堵塞，使滤池运行周期缩短，反冲水量增加；b. 造成混凝剂和消毒剂大大增加，使得制水成本提高，增加水中消毒副产物含量，降低饮水安全性。③对水生生态的影响：水栉霉的大量生长繁殖，在一定程度上也会扰乱水体的正常生态平衡。

控制水体中有害微生物生长和繁殖的方法大致分为三类：物理法、化学法和生物法。生物法中采取大型生物控制水中有机污染物，从营养环节控制微生物，应该是微生物控制的首选方法，但是生物法的应用需要预防引起新的生态灾难。物理法主要包括拦截、打捞、引水冲污、疏浚底泥、超声波、紫外线等，虽然效果显著、无污染，但工作量大、周期长、经济成本较高。化学法与其他方法相比具有速度快、效果明显等特点，但容易造成二次污染和化学残留，如果方法得当，药剂投加量不是很大，在一定程度上还是适用的。

高锰酸钾、二氧化氯、硫酸铜和生石灰是常用的化学法中控制微生物的药剂。

高锰酸钾自20世纪60年代初期就被用于控制水中微生物的生长。近年来，又被广泛用于控制饮用水中的微量有机污染物，控制水中的致突变物质及用作氧化助凝等，并获得了良好效果。目前高锰酸钾已经在国内外得到比较广泛的应用，被认为是一种比较安全的净水药剂，但高锰酸钾具有较重的色度，投加后容易使水的色度增加。

二氧化氯作为一种强氧化剂，消毒能力仅次于臭氧，高于氯。二氧化氯是广谱型消毒剂，对水中的病原微生物包括病毒、真菌、致病菌以及肉毒杆菌均有很高的灭活效果，有剩余消毒能力，不会产生抗药性，且适用于较宽的pH值范围，不产生三氯甲烷、卤代烃等有害物质。

如果使用硫酸铜，当铜离子进入细胞体内后，会发生诸如氧化引入甲醛等变化，这些变化会破坏叶绿体等胞内物质，直接影响微生物的光合作用、呼吸作用和酶的活性，并控制微生物的生长。硫酸铜对微生物具有很强的灭活性能，但缺点是过量硫酸铜亦会对水体内的其他生物体（浮游生物等）产生毒害作用。

生石灰的作用机理有三：一是用生石灰投入可以产生水化热，放出大量的热和氢氧化钙，可以破坏细菌的酶系统，切断其营养源，使其消亡；二是细菌在水体中生长、繁殖，游离二氧化碳是不可缺少的，用生石灰可以减少水中游离二氧化碳，从而控制细菌的繁殖；三是生石灰水解后成为氢氧化钙，随水流流动铺在河床底部，可将河床底部营养物质和没有清除掉的菌落覆盖住一部分，切断其营养源和破坏其酶系统。另外，石灰对水体还有澄清作用。

目前国内外对水栉霉的研究仅仅停留在形态、生理生化特征等的初步研究上，对于该类真菌的控制方法还处在空白状态，为此本研究以东北某河流中因有机污染物诱生的水栉霉为对象，探索了该类真菌的控制方法。通过在实验室进行烧杯试验，摸索、筛选控制水栉霉生长的化学药剂种类、投药量及使用条件，采用高锰酸钾、二氧化氯、硫酸铜和生石灰4种常用化学药剂对水栉霉共生体进行控制试验研究，同时也对投加化学药剂前后水栉霉共生体水溶液的水质、4种化学药剂的经济性进行了研究。

4.5.1 化学药剂对水栉霉共生体的影响

（1）对水栉霉共生体水溶液物理状态的影响

投加化学药剂前后各烧杯中水栉霉共生体水溶液变化情况如表4-46所示。

表4-46 投加化学药剂前后各烧杯中水栉霉共生体水溶液变化情况

药剂种类	浓度/（mg/L）	各水样加入化学药剂1d后的现象描述
原水	0	水栉霉共生体都沉积在烧杯底部
高锰酸钾	0.5	水栉霉共生体大都沉积在烧杯底部
	1.0	底部的水栉霉共生体变得有些松散，有些开始絮凝
	1.5	水体已变得清澈，水中开始悬浮一定的水栉霉共生体
	2.0	水体有些发黄，可能是高锰酸钾过量导致色度升高，水体表面悬浮较多的水栉霉共生体

续表

药剂种类	浓度/（mg/L）	各水样加入化学药剂1d后的现象描述
二氧化氯	0.5	水栉霉共生体大都沉积在烧杯底部，水体中已开始悬浮少量水栉霉共生体
	1.0	水体较之前变得清澈，水体中水栉霉共生体悬浮物增多
	1.5	水体较之前变得清澈，水体中水栉霉共生体悬浮物较之前增多
	2.0	水体变得更清澈，水体表面水栉霉共生体悬浮物较多
硫酸铜	0.5	水栉霉共生体大都沉积在烧杯底部，水体中已开始悬浮少量水栉霉共生体
	1.0	水体中水栉霉共生体悬浮物增多
	1.5	水体中水栉霉共生体悬浮物较之前增多
	2.0	水体表面悬浮大量水栉霉共生体，且水体颜色发绿，可能是水体中铜离子含量过高所致
生石灰	10	水体比原水变得清澈
	20	水体较之前变得清澈，水体中悬浮少量的水栉霉共生体
	30	水体较之前变得清澈，水体中悬浮稍多量的水栉霉共生体，烧杯底部水栉霉共生体被白色物质（生石灰水解后生成的氢氧化钙）覆盖
	40	水体更加清澈，水栉霉共生体几乎全部沉积在烧杯底部，被白色物质（生石灰水解后生成的氢氧化钙）覆盖

（2）对水栉霉共生体水溶液SS的影响

投加化学药剂前后各烧杯中水栉霉共生体水溶液固体悬浮物变化情况如图4-115所示。当高锰酸钾、二氧化氯投加量低于0.5mg/L，硫酸铜投加量低于1.0mg/L，生石灰投加量低于10mg/L时，水体中SS呈下降趋势，但随着药剂投加量进一步增加，SS呈逐渐增加趋

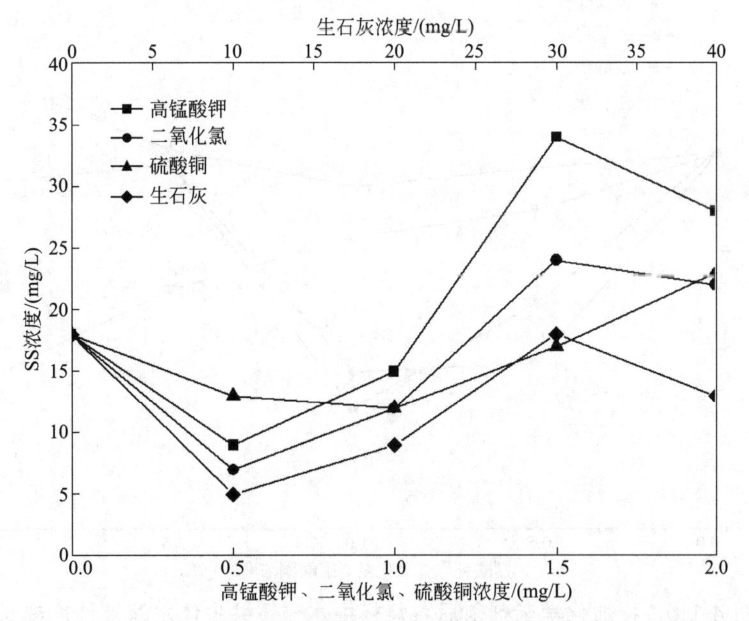

图4-115 投加化学药剂前后各烧杯中水栉霉共生体水溶液SS变化

势，当四者投加量分别达到 1.5mg/L、1.5mg/L、2.0mg/L 和 30mg/L 时，水中 SS 均达到最大值 34mg/L、24mg/L、23mg/L 和 18mg/L。这是因为水栉霉共生体被杀灭得越多，悬浮在水体中或水面上的水栉霉共生体越多，导致水溶液中 SS 也随之升高。当高锰酸钾、二氧化氯投加量继续增大到 2.0mg/L 时，水体中 SS 相比投加量为 1.5mg/L 时略有降低，分别达到 28mg/L 和 22mg/L，但仍高于原水溶液的 18mg/L。投加生石灰的烧杯中 SS 则比原水溶液要低，当投加量为 10～40mg/L 时，投加后 SS 为 5～18mg/L，可能是由于生石灰的净水功能所致，其胶体性凝集了水中的有机质、细菌和碎屑等，且生石灰水解生成的氢氧化钙附着在烧杯底部，覆盖在水栉霉共生体之上。

（3）对水栉霉共生体水溶液浊度变化的影响

投加化学药剂前后各烧杯中水栉霉共生体水溶液浊度变化情况如图 4-116 所示。当高锰酸钾、二氧化氯、硫酸铜投加量低于 1.0mg/L 时，水体浊度呈下降趋势，当投加量为 1.0mg/L 时，浊度分别低至 2.6NTU、3.4NTU 和 7.4NTU，低于原水浊度 8.1NTU，这可能与高锰酸钾、二氧化氯的强氧化性及硫酸铜的净水作用相关，使得水体变得比原水清澈；但随着药剂投加量进一步增加，水栉霉共生体被杀灭之后慢慢悬浮在水体或水面上时，水体开始变得浑浊，浊度呈逐渐增加趋势。高锰酸钾投加量增至 2.0mg/L 时，水体浊度增至 10.5NTU，高于原水的 8.1NTU，可能是水体中锰含量过高导致水体色度升高，从而增大了水体浊度；硫酸铜投加量在 0.5～1.5mg/L 时，水体浊度基本上没有什么变化，但当硫酸铜投加量增至 2.0mg/L 时，水体浊度增至 9.8NTU，也高于原水，可能是水体中铜离子含量过高所致。投加生石灰时，随药剂投加量的增加，浊度整体呈下降趋势，整体上水质都比较清澈，药剂投加量为 10mg/L、20mg/L、30mg/L 和 40mg/L 时，水体浊度依次为 6.9NTU、6.3NTU、5.2NTU 和 3.3NTU，呈递减趋势。

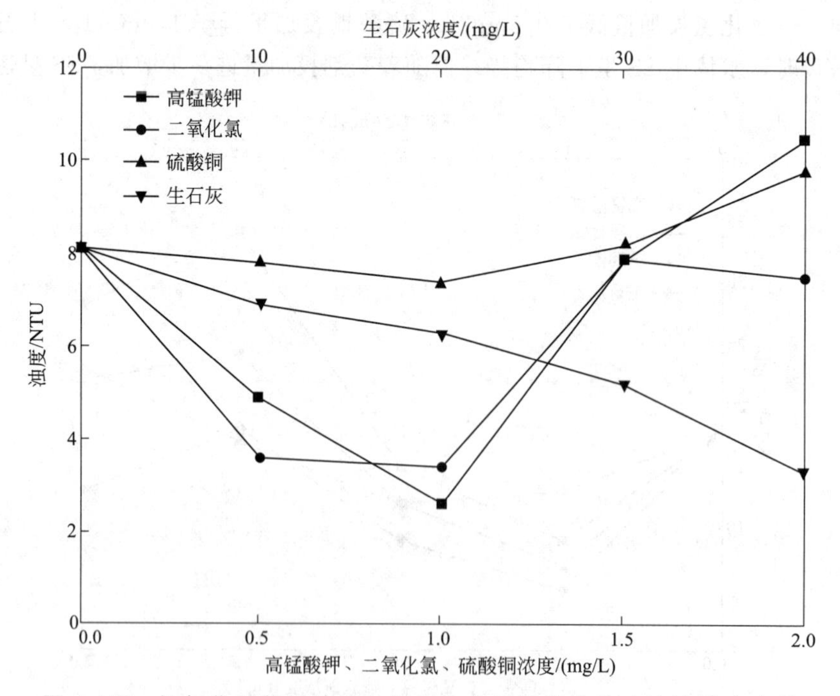

图 4-116 投加化学药剂前后各烧杯中水栉霉共生体水溶液浊度变化

（4）对水栉霉共生体水溶液 COD 的影响

投加化学药剂前后各烧杯中水栉霉共生体水溶液 COD 变化情况如图 4-117 所示。对高锰酸钾、二氧化氯和硫酸铜 3 种化学药剂来说，药剂投加量为 0.5mg/L 时，COD 分别为 132.5mg/L、119.3mg/L 和 129.8mg/L；投加量为 0.5～1.0mg/L 时，水体 COD 稍有增加，但仍低于投加前原水的 COD 135mg/L，这与投加的化学药剂对水体中有机污染物具有氧化控制作用相关。但随着这三种化学药剂投加量继续增大，水溶液中 COD 浓度逐步升高，投加量达到 2.0mg/L 时 COD 分别增至 155.9mg/L、153.1mg/L 和 167.8mg/L，均高于原水的 COD 浓度 135mg/L，可能是这 3 种化学药剂作用于水栉霉共生体后，部分水栉霉共生体死亡或活性降低，水栉霉共生体中释放有机物所致。生石灰投加量为 10mg/L、20mg/L、30mg/L 和 40mg/L 时，COD 分别达到 256.5mg/L、245.1mg/L、214.8mg/L 和 269.1mg/L，全部高于原水的 135mg/L，可能是生石灰对水栉霉共生体活体的破坏性较强，致使水栉霉共生体中富集的有机物释放于水体。

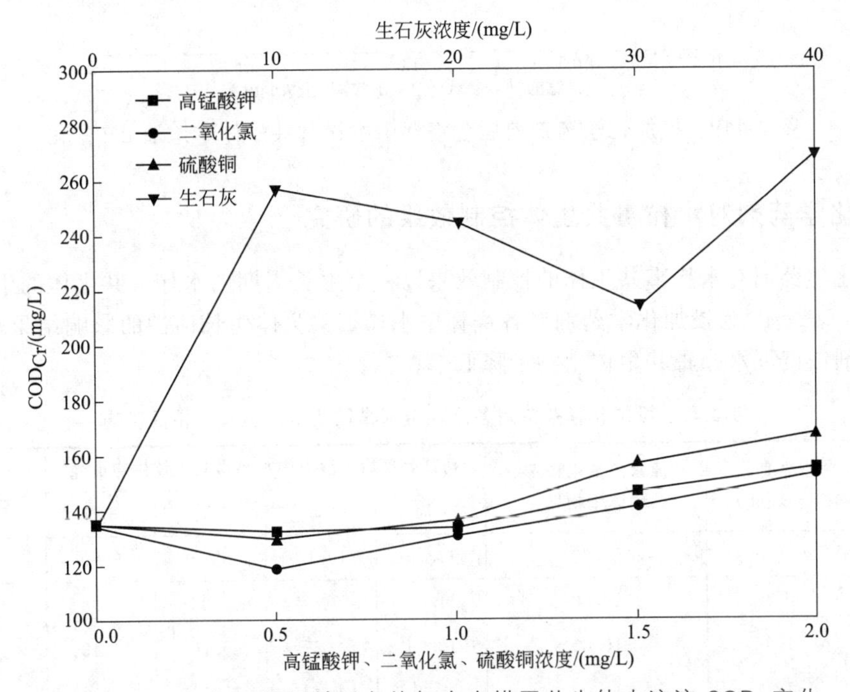

图 4-117 投加化学药剂前后各烧杯中水栉霉共生体水溶液 COD_{Cr} 变化

（5）对水栉霉共生体水溶液 pH 的影响

投加化学药剂前后各烧杯中水栉霉共生体水溶液 pH 变化情况如图 4-118 所示。投加高锰酸钾、二氧化氯后，水溶液的 pH 基本上没什么变化，pH 大多与原水溶液一样，维持在 6.08 左右；投加硫酸铜，pH 逐渐降低，在投加量为 0.5mg/L、1.0mg/L、1.5mg/L、2.0mg/L 时，投加后 pH 分别降至 5.73、5.59、5.44、5.46，可能是硫酸铜本身为弱酸性盐所致；加入生石灰的烧杯中，随着生石灰投加量的增加，水溶液的 pH 逐渐升高，在投加量为 10mg/L、20mg/L、30mg/L、40mg/L 时，投加后 pH 分别升至 7.10、8.30、9.25、9.92，呈递增趋势。

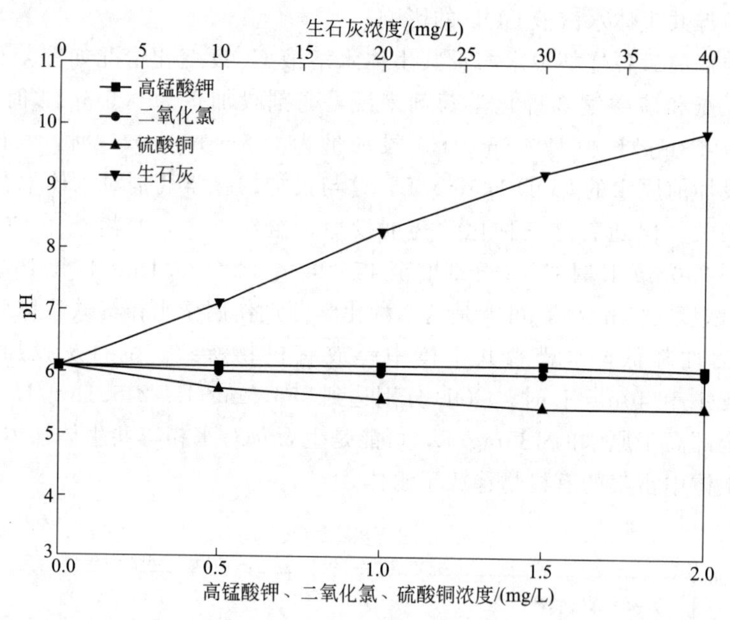

图 4-118 投加化学药剂前后各烧杯中水栉霉共生体水溶液 pH 变化

4.5.2 化学药剂对水栉霉共生体控制效果的研究

各种化学药剂对水栉霉共生体的控制效果以一个生长周期内水栉霉共生体的生物量降低率来衡量。表 4-47 为投加化学药剂对各烧杯中水栉霉共生体生长活性的影响结果，图 4-119 为不同药剂浓度下水栉霉共生体生物量降低率。

表 4-47 投加化学药剂对各烧杯中水栉霉共生体生长活性的影响

药剂种类	浓度/(mg/L)	原水溶液水栉霉共生体生物量/g	药剂处理后水溶液中水栉霉共生体生物量/g				生物量降低率/%
			2 周	4 周	6 周	8 周	
原水	0	10.00	11.39	10.14	10.10	9.80	2.0
高锰酸钾	0.5	10.00	11.02	6.57	6.32	5.08	49.2
	1.0	10.00	10.29	6.57	5.76	4.42	55.7
	1.5	10.00	9.99	6.47	3.66	3.20	68.0
	2.0	10.00	10.68	6.54	4.26	3.99	60.1
二氧化氯	0.5	10.00	11.18	6.71	6.66	5.15	48.5
	1.0	10.00	10.36	6.66	5.73	4.89	51.1
	1.5	10.00	10.11	5.96	5.08	3.69	63.1
	2.0	10.00	10.93	6.33	5.57	4.25	57.5
硫酸铜	0.5	10.00	9.66	7.32	6.45	4.96	50.4
	1.0	10.00	9.62	7.25	6.23	4.74	52.6
	1.5	10.00	10.13	6.93	6.01	4.69	53.1
	2.0	10.00	9.88	5.90	4.85	3.30	67.0

续表

药剂种类	浓度/(mg/L)	原水溶液水栉霉共生体生物量/g	药剂处理后水溶液中水栉霉共生体生物量/g				生物量降低率/%
			2周	4周	6周	8周	
生石灰	10	10.00	7.57	5.97	3.78	3.30	67.0
	20	10.00	7.08	4.56	3.65	2.96	70.4
	30	10.00	6.17	4.39	3.60	2.90	71.0
	40	10.00	5.96	4.44	3.19	2.32	76.8

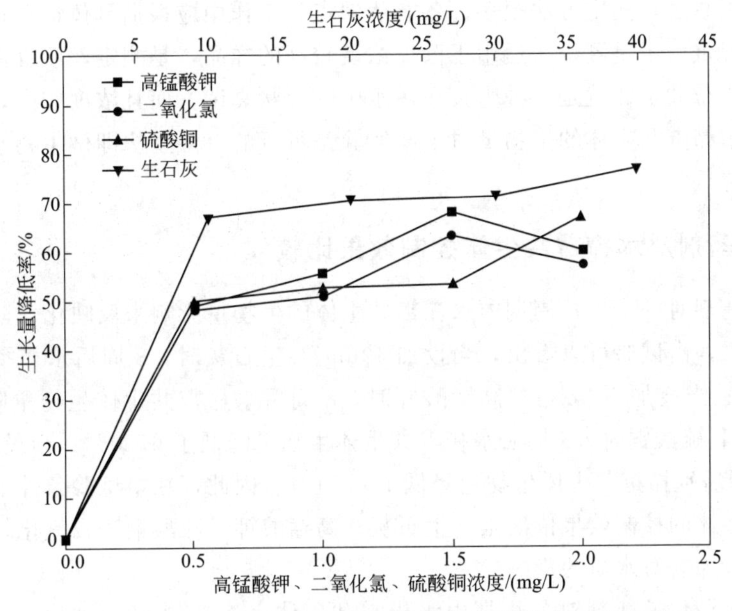

图 4-119 不同药剂浓度下水栉霉共生体生物量降低率

测定生物量时，每次均能观察到各个烧杯中水体表面都会漂浮少量水栉霉共生体，镜检观察是已经死亡的水栉霉共生体。从图 4-119 可以看出，空白烧杯中水栉霉共生体生物量不稳定，略微有所减少，在 8 周的实验周期内，2 周时间后其生物量从最初的 10.00g 增加到 11.39g，之后 6 周生物量逐渐减少，分别为 10.14g、10.10g 和 9.80g，这是由水栉霉共生体自然增长和消减过程所致。

由表 4-47 和图 4-119 可见，在 8 周的实验周期内，投加各种化学药剂的烧杯中水栉霉共生体生物量都大大减少，其中水栉霉共生体随着生石灰投加量的增大，其生物量降低率也逐渐增大，在投加量为 10mg/L、20mg/L、30mg/L 和 40mg/L 时，8 周后生物量分别降低至 3.30g、2.96g、2.90g 和 2.32g，可以看出当生石灰投加量为 40mg/L 时生物量达到最小值 2.32g，此时水栉霉共生体生物量降低率最大，为 76.8%；水栉霉共生体降低率随高锰酸钾、二氧化氯、硫酸铜投加量的增大而增大，当三者投加量分别为 1.5mg/L、1.5mg/L 和 2.0mg/L 时生物量降低率达到最大值，分别为 68.0%、63.1%和 67.0%；但当高锰酸钾、二氧化氯投加量高于 1.5mg/L，继续增加至 2.0mg/L 时，生物量降低率都有所降低，分别为 60.1%和 57.5%；当硫酸铜投加量为 0.5～1.5mg/L 时，水栉霉共生体生物量降低率增加的幅度不大，从 50.4%增加到 53.1%。从图 4-119 可以看出，生石灰对水栉霉共生体的生长活性影响最大，当生石灰投加量为 40mg/L 时，其生物量降低率达到最大值 76.8%；其次为高锰酸钾，当高锰酸钾投加量为 1.5mg/L 时，其生物量降低率达到最大值 68.0%；之后是硫酸铜，当硫酸铜投加量为 2.0mg/L 时，其生物量降低率达到最大值 67.0%；最后是二氧化氯，当二氧化氯投加量为 1.5mg/L 时，其生物量降低率达到最大值 63.1%。

微生物细胞体积很小，单个个体的生长极难测定，因此在实际工作中常常代以测量微生物群体的增加量，即群体生长量。群体生长表现为细胞数目的增加或生物量的增加。测定细胞数目的方法有显微镜直接计数法、平板菌落计数法、光电比浊法等。测量生物量的方法有细胞湿重、干重的测定，细胞某种成分如氮的含量测定、RNA 和 DNA 含量的测定，代谢产物的测定等。总之，测定方法很多，各有优缺点，工作中应根据具体情况加以选择。

其中细胞湿重、干重测量法适用于菌体浓度较高的样品，是测定丝状真菌生物量的一种常用方法。水栉霉共生体就是一种生长在污水中的丝状真菌，而且浓度较高，所以采用细胞湿重法来测定水栉霉共生体的生物量对于本实验是可行的。湿重法即微生物水溶液经离心后对湿菌体进行称重。

4.5.3 各种药剂对水栉霉共生体控制效果比较

通过化学药剂对一个生长周期内水栉霉共生体的生物量影响来反映化学药剂对水栉霉共生体的控制效果，由试验可以看出，当投加 40mg/L 生石灰时，8 周后水栉霉共生体生物量降低了 76.8%；当投加 1.5mg/L 高锰酸钾时，8 周后水栉霉共生体生物量降低了 68.0%；当投加 2.0mg/L 硫酸铜时，8 周后水栉霉共生体生物量降低了 67.0%；当投加 1.5mg/L 二氧化氯时，8 周后水栉霉共生体生物量降低了 63.1%。因此，在本试验条件下，四种化学药剂对水栉霉共生体的控制效果依次是：生石灰＞高锰酸钾＞硫酸铜＞二氧化氯。

（1）药剂投加后对水质的影响

通过比较 4 种化学药剂对各烧杯中水栉霉共生体水溶液的 SS、浊度、COD、pH 的影响，可以看出，生石灰对水栉霉共生体水溶液中 SS、浊度的控制效果是最好的，但其投加后对水溶液中 COD、pH 的影响也是明显的，造成了水溶液 COD、pH 严重升高，投加量为 40mg/L 时，COD、pH 分别达到 269.1mg/L 和 9.92，一定程度上改变了水溶液的性质，相比较而言，投加生石灰对水体的危害性更大一些；对硫酸铜来说，投加后水溶液中 SS、浊度均有所降低，对 COD、pH 的影响也不太大，投加量为 2.0mg/L 时，COD、pH 分别为 167.8mg/L 和 5.76，但考虑到其在微生物体内的富集作用以及致毒机理，建议在较短时间内应急使用或将水栉霉共生体人工收置后集中处置用；对高锰酸钾、二氧化氯来说，二者都是强氧化性物质，二氧化氯对水溶液中 SS、浊度的控制效果相比高锰酸钾要好些，且其对水溶液中 COD 的影响也是最小的，几乎无变化，对水溶液中 pH 的影响，二者几乎相当。

因此，从安全性方面考虑，4 种化学药剂在应急投加时优劣程度依次为二氧化氯＞高锰酸钾＞硫酸铜＞生石灰，收集后岸上处置时，优劣程度依次为生石灰＞高锰酸钾＞硫酸铜＞二氧化氯。

（2）经济性比较

化学药剂控制水栉霉共生体的成本与所采用的化学药剂及其投加方式有关。对 4 种化学药剂的药剂费用进行了估计和比较。计算结果如表 4-48 所示。

表 4-48　药剂费用计算表

药剂种类	单价/（元/kg）	投加量/（mg/L）	药剂费用/（元/m^3 水）	备注
$KMnO_4$（99.3%）	35.00	1.5	0.052	目前市场价
$CuSO_4$（96%）	35.60	2.0	0.074	目前市场价
ClO_2	50.00	1.5	0.075	目前市场价
生石灰	25.20	40	1.008	目前市场价

从表 4-48 可以看出，4 种化学药剂的约剂费用从低到高排列依次为：高锰酸钾＜硫酸铜＜二氧化氯＜生石灰。

由 4.5.1～4.5.3 节得出，4 种化学药剂应急投加时从优到劣的排序为：二氧化氯＞高锰酸钾＞硫酸铜＞生石灰；收集后岸上处置时，优劣程度从优到劣的排序为：高锰酸钾＞二氧化氯＞硫酸铜＞生石灰。

4.6　水柄霉控制技术选择分析

水柄霉属于水生真菌，是水体中微生物的一种，目前针对水体中微生物的控制方法主要有物理方法、化学方法和生物方法。其中物理方法主要包括人工打捞、拦截等措施。此外随着技术的发展，目前还出现了超声波、电解等方法来杀灭微生物。化学方法主要通过化学抑制法或强氧化性来抑制某些微生物的正常生理活动，同时破坏其细胞壁、细胞膜及细胞内含物而使其灭活甚至解体，从而使其在水体中去除；生物处理方法是利用微生物的天敌及其产生的生长抑制剂来抑制微生物的生长，主要包括利用病原菌（细菌、真菌）、病毒以及微生物之间相互抑制等机理或者发展滤食性鱼类等方法控制水体中微生物的大量繁殖，但生物方法也有难于有效快速控制的缺点。

物理方法表现效果最为明显，它直接去除水中的微生物，不会产生二次污染。但是由于需要昂贵的费用且需要大量的人力物力，操作比较困难，因此该方法目前局限于小面积水体或大范围内的局部水域污染；化学方法由于发展较早，技术较为成熟，目前化学方法在控制水体中的微生物时应用最为广泛，特别是在控制藻类生长过程中应用较多。生物处理技术目前还处于研究阶段，实际应用中还会面临连续流反应器中微生物的固定等诸多问题，但是具有成本低、功能强、效用持久、无二次污染等优点，可能是未来用于解决水体微生物污染等问题的最经济实用的方法。

本课题于 2009 年 10 月份在海浪河流域水柄霉主要发生地河夹村大坝附近采集大量水柄霉样品带回实验室，采用常用的生石灰、硫酸铜、高锰酸钾、二氧化氯 4 种化学药剂对水柄霉样品进行处理，结果表明：化学药剂可以明显抑制水柄霉的生长，但是由于药剂本身对河流水生生态有一定的影响，同时在抑制水柄霉生长的同时造成大量菌丝体死亡，死亡后的菌丝体腐败变质，散发出一股臭味，对水质会产生一定的影响；因此在水柄霉爆发时，化学药剂投加可以和物理打捞方法相结合，避免大量水柄霉影响下游水厂处理构筑物，同时也避免了大量水柄霉死亡后在水体中腐烂变质，进一步恶化水质。水柄霉爆发时首先进行筛网拦截，当水柄霉自然漂浮时进行收集打捞，对收集打捞上岸的水柄霉优先进行资源化利用，如进行堆肥或者饲料化利用，同时也可进行化学药剂的有效处置，药剂从优到劣的排序为：高锰酸钾＞二氧化氯＞硫酸铜＞生石灰，有效处置后可进行简易填埋；当情况紧急时，也可现场应急投加药剂，药剂从优到劣的排序为：二氧化氯＞高锰酸钾＞硫酸铜＞生石灰。

4.7 水栉霉控制对策

综上所述，防止水栉霉在海浪河流域的再次大规模爆发的重点在预防。结合国内外水栉霉的形态、生理特征等的初步研究成果，以及本课题的研究成果，针对水栉霉的生长特性及生长规律，主要提出以下几点措施：

① 要防止海浪河流域水栉霉再次大规模爆发，切断污染源是关键。首先要从污染源上进行减排，斗银河水质保障及河夹村大坝附近垃圾填埋场附近污水沟的治理是重点；在斗银河水质保障上，最佳预防方案是污水实现三级处理；同时加强海浪河流域环境管理，建立流域水环境监控体系，实时掌握水质变化情况，特别是冰封期水质状况，能够及时有效地预防水栉霉的发生。

②水栉霉属于嗜冷真菌，但是在0～20℃范围内都可以生长，在较高温度条件下水栉霉的生长容易受到其他微生物的干扰，不能形成优势种群，不存在大规模爆发的风险；当温度较低时，其他微生物的生长受到抑制，水栉霉容易大规模繁殖，所以水栉霉的防治关键时期为每年的12月份至次年2月份。

③ 通过水栉霉生长特性研究，适宜的有机物和有机氮浓度是促使水栉霉生长的关键因素，所以控制水栉霉的生长应该从水质入手，切实保障海浪河水质不受污染，特别是含有碳、氮等的有机物含量保持在较低的水平。

④ 通过对河流内源有机物污染分析可以看出，河夹村大坝历史遗留挖沙坑中沉积物有机质丰富，部分碳、氮等有机物通过释放作用可以进入水体，导致水体中有机质含量升高，为水栉霉的繁殖提供营养成分。因此对河夹村大坝挖沙坑中的沉积物要进行底泥疏浚。

⑤ 增加水流速度，可以降低水栉霉在河床底部的附着的机会，从而可以减少水栉霉的共生体（球衣菌）的生长，针对海浪河河夹村大坝作为水栉霉的唯一发生地，该断面流速较小，必要的时候可以对大坝进行拆除，防止水栉霉在河夹村大坝附近出现堆积。

⑥ 水栉霉爆发时首先进行筛网拦截，当水栉霉自然漂浮时进行收集打捞，对收集打捞上岸的水栉霉优先进行资源化利用，如进行堆肥或者饲料化利用，也可利用东北的自然天气条件，收集到岸上处置，在低温冷冻条件下将水栉霉进行细胞体的破坏，同时也可进行化学药剂的有效处置，药剂从优到劣的排序为：高锰酸钾＞二氧化氯＞硫酸铜＞生石灰，有效处置后可进行简易填埋。

4.8 本章小结

本章重点进行了水栉霉在牡丹江流域的分布及发生机制、水栉霉生长条件及群落特性、水栉霉对水环境影响评估研究和水栉霉控制关键技术及对策研究，为预防水栉霉大面积爆发、保障牡丹江水质安全提供了基础技术支撑。具体结论如下：

① 水栉霉在牡丹江流域的分布及发生机制的研究结果表明，2008—2011年度，水栉霉主要发生在海浪河河夹村大坝200m以内的范围，污染源的有效削减是控制水栉霉的有力措施，2011年随污染源减排缩至10m范围内。缩缢态水栉霉出现时间为1月26日至2月24日，约1个月，是防治的重点时段；尤其是1月26日至2月3日是其占优势的时段，也是

其大面积爆发的重点监控时段。河夹村大坝水栉霉发生主要是由斗银河来水中的污染物、河夹村附近散排的垃圾填埋厂污水、附近居民冬日垃圾的堆积、大坝附近沉积底泥中的有机污染物造成，同时0℃左右的水温、12.4～14.1mg/L 的 DO、较大的流速等是其爆发的关键影响因素。同时水栉霉发生地的水深低于0.51m。

② 水栉霉生长条件及群落特性的研究结果表明，C对水栉霉影响最大，N、P对其影响较小。糖、蛋白胨、乙酸有利于水栉霉的生长。水栉霉污染团由水栉霉等6～8种真菌、3类细菌、8种浮游动物、56种浮游植物等组成；细菌主要由 *β-proteobacteria*（β-变形菌）、*Bacteroidetes*（拟杆菌）、*γ-proteobacteria*（γ-变形菌）、*ε-proteobacteria*（ε-变形菌）等类群组成，1月份 *β-proteobacteria*（51.4%）和 *γ-proteobacteria*（18.9%）占优势；2月份 *β-proteobacteria*（51.4%）和 *Bacteroidetes*（40.0%）占优势；真菌主要是 *Ascomycota*（子囊菌门），*Basidiomycota*（担子菌门），*Chytridiomycota*（壶菌门）三个类群占据明显优势，1月份达到78.1%，2月份达到84.64%，揭示了水栉霉形态变化，解析了水栉霉爆发期发生地底泥及水域的微生物群落特性。

③ 水栉霉高发期未造成VOC和SVOC的污染，在水栉霉成熟期的2月，水栉霉发生地河夹村大坝左侧检测出42种SVOC，但其总量均低于标准限值，表明在水栉霉生长期未造成SVOC的污染。水栉霉物质成分分析结果显示，水栉霉菌体主要由糖类（427.3mg/g）、氨基酸（19种）和微量元素等组成，侧面反映出水栉霉对河流水质影响较小。水栉霉高发期对河流沉积物中其他微生物影响较大，高发期与非生长期微生物比相似性为54%，同时细菌和真菌多样性减少。

④ 研究了二氧化氯、高锰酸钾、硫酸铜、生石灰4种化学药剂对打捞上岸的水栉霉共生体生物量的影响，结果表明生石灰对水栉霉共生体生物量的影响最大，控制效果也最好，当生石灰投加量为40mg/L时，其生物量降低率达到75.8%；其次为高锰酸钾，投加量为1.5mg/L时，其生物量降低率达到58.0%；之后是硫酸铜，投加量为2.0mg/L时，其生物量降低率达到57.0%；最后是二氧化氯，投加量为1.5mg/L时，其生物量降低率达到53.1%。从水质安全性及药剂经济性等方面综合考虑，水栉霉收集后岸上处置时4种化学药剂从优到劣排序为：高锰酸钾＞二氧化氯＞硫酸铜＞生石灰。

⑤ 在对水栉霉的控制对策上，首先要从污染源上进行减排，斗银河水质保障及河夹村大坝附近垃圾填埋厂附近污水沟的治理是重点。需切实保障海浪河水质不受污染，特别是含有C、N等的有机物含量保持在较低的水平，必要时可对河夹村大坝上的沙坑内底泥进行疏浚，对大坝进行拆除。

⑥ 水栉霉爆发时首先进行筛网拦截，当水栉霉自然漂浮时进行收集打捞，对收集打捞上岸的水栉霉优先进行资源化利用，如进行堆肥或者饲料化利用，也可利用东北的自然天气条件，收集后岸上放置，在低温冷冻条件下，水栉霉细胞体被破坏，同时也可进行化学药剂的有效处置，药剂从优到劣的排序为：高锰酸钾＞二氧化氯＞硫酸铜＞生石灰，有效处置后可进行简易填埋。

参考文献

[1] BUTCHER R. W. Contributions to our knowledge of the ecology of sewagefungus [J]. Transactions of the British Mycological Society，1932，17 (1-2)：112-124.

[2] CURTISEJ C，CURDS C R. Sewage fungus in rivers in the United Kingdom：the slime community and its constituent

organisms [J]. Water Research Pergamon Press，1971，5 (12)：1147-1159.
[3] ELDERJ F，HORNE A J. Copper cycles and $CuSO_4$ algicidal capacity in two California lakes [J]. Environmental Management，1978，2 (l)，17-30.
[4] HAWKINS P R，GRIFFITHS D J. Copper as an algicide in a tropical reservoir [J]. Water Resources，1987，21 (4)：475-480.
[5] GIOVANNONI S J，MULLINS T D，FIELD K G. Microbial diversity in oceanic systems：rRNA approaches to the study of unculturable microbes [M]. Molecular Ecology of Aquatic Microbes，Berlin：Springer-Verlag，1995.
[6] GULLEDGE J，HRYWNAY，CAVANAUGHC，et al. Effects of long term nitrogen fertilization on the up take kinetics of atmospheric methane in temperate forest soils [J]. FEMS Microbiology Ecology，2004，49 (3)：389-40.
[7] HENDRY G S，JANHURST S，HORSNELL G. Some effects of pulp and paper wastewater on microbiological water quality of ariver [J]. Water Resources，1982，16 (7)：1291-1295.
[8] KIRK P M，CANNON P F，MINTER D W，et al. Ainsworth & Bisby's dictionary of the fungi [M]. 10th ed. Wallingford：CABI，2008.
[9] Ministry of Technology. Water Pollution Research 1967 [R]. H. M. S. O.，London，1968.
[10] WEBB L J. An investigation into the occurrence of sewage fungus in rivers containing papermill effluents-I review of previous research [J]. Water Resources，1985，19 (8)：947-954.
[11] NORRIS T B，WRAITH J M，CASTENHOLZ R W，et al. Soil microbial community structure across a thermal gradient following a geothermal heating event [J]. Applied and Environmental Microbiology，2002，68 (12)：6300-6309.
[12] NUTTALL P M. The effects of refuse-tip liquor upon stream biology [J]. Environmental Pollution，1973，4 (3)：215-222.
[13] RALPH EMERSONR R，WESTON W H. Aqualinderella fermentans Gen. et Sp. Nov.，a phycomycete adapted to stagnant waters. I. morphology and occurrence in nature [J]. American Journal of Botany，1967，54 (6)：702-719.
[14] RIETHMÜLLER A，GRÜNDEL A，LANGER E. The seasonal occurrence of the sewage fungus Leptomitus lacteus (Roth) C. Agardh in stagnant and running waters of different water chemistry of Hesse and Thuringia，Germany [J]. Acta hydrochimica et hydrobiologica，2006，34 (1-2)：58-66.
[15] SCHADE AL. The nutrition ofLeptomitus [J]. American Journal of Botany，1940，27 (6)：376-384.
[16] SUGAWARA T，HAMASAKI K，TODA T，et al. Response of natural phytoplankton assemblages to solar ultraviolet radiation (UV-B) in the coastal water，Japan [J]. Hydrobialogia，2003，493 (1/3)：17-26.
[17] TIEGS E，DÖRRIES W. Kann Leptomitus lacteus aus anorganischen Stickstoffverbindungen seinen Stickstoffbedarf decken [J]. Kl. Mitt. Mitgl. Vereins Wasser Versorg，1926，2：105-108.
[18] VALLINS. Einfluss der Abwässer der Holzindustrie auf den Vorfluter [J]. Verhandlungen der Internationalen Vereinigung für Theoretische und Angewandte Limnologie，. 1958，13：463-473.
[19] WEBB LJ. An investigation into the occurrence of sewage fungus in rivers containing papermill effluents [J]. IV. Growth in experimental channels dosed with effluents and pure compounds，Water Research，1985，19 (8)：969-974.
[20] WEBSTER E A，MURPHY A J，CHUDEK J A，et al. Metabolism-independent binding of toxic metals by Ulva lactuca：cadium bind to oxgen-containing group，as determined by NMR [J]. Biometals，1997，10 (2)：105-117.
[21] 陈兴，刘智，刘虹等. 牡丹江海浪河水栉霉总量调查与分析 [J]. 环境科学与管理，2006，31 (7)：61-63.
[22] 国家环境保护总局. HJ/T 91-2002，地表水和污水监测技术规范 [S]. 北京：中国环境科学出版社，2003.
[23] 国家环境保护总局，国家质量监督检验检疫总局. GB 3838—2002，地表水环境质量标准 [S]. 北京：中国环境科学出版社，2002.
[24] 何淑英，徐亚同，胡宗泰等. 湖泊富营养化的产生机理及治理技术研究进展 [J]. 上海化工，2008，33 (2)：1-5.
[25] 李星，杨艳玲，刘锐平等. 高锰酸钾净水的氧化副产物研究 [J]. 环境科学学报，2004，24 (1)：56-59.
[26] [美] C. J. 阿历索保罗，C. W. 明斯. 真菌学业概论 [M]. 余永年，宋大康译. 北京：农业出版社，1983.
[27] 黄君礼. 新型水处理剂：二氧化氯技术及其应用 [M]. 北京：化学工业出版社，2002.
[28] 孙慧聪，刘英，孙乃武. 谈水栉霉的防治措施 [J]. 水利天地，2008，16 (2)：45-46.
[29] 万金保，曾海燕，朱邦辉. 主成分分析法在乐安河水质评价中的应用 [J]. 中国给水排水，2009，25 (16)：104-108.

[30] 王家玲，李顺鹏，黄正. 环境微生物学 [M]. 2版. 北京：高等教育出版社，2004.
[31] 王宁. 利用二氧化氯进行原水预处理的初探 [J]. 河北能源职业技术学院学报，2007，7（2）：66-67.
[32] 王晓鹏. 河流水质综合评价之主成分分析法 [J]. 数理统计与管理，2000，31（3）：49-52.
[33] 杨开，李春森，莫孝翠等. 高锰酸钾氧化法控制地表水中的锰 [J]. 中国给水排水，2003，19（8）：61-62.
[34] 苑宝玲，李云琴. 环境工程微生物学实验 [M]. 北京：化学工业出版社，2006.
[35] 战培荣，卢晏生. 松花江哈尔滨段冰封期制糖废水污染区微生物调查及水质评价初报 [J]. 环境科学，1989，10（4）：27-30.
[36] 战培荣，马国军，陈惠等. 松花江（哈尔滨段）冰封期制糖废水污染区微生物组成及其变化 [J]. 水产学杂志，1994，7（1）：58-67.
[37] 赵玉华，薛飞，傅金祥等. 化学氧化法除藻的试验 [J]. 沈阳建筑大学学报（自然科学版），2006，22（5）：829-832.
[38] 周晏敏，张文韬. 嫩江齐齐哈尔段水节霉（Leptomitus lacteus Agardh）成因研究 [J]. 环境科学，1992，14（2）：85-89.

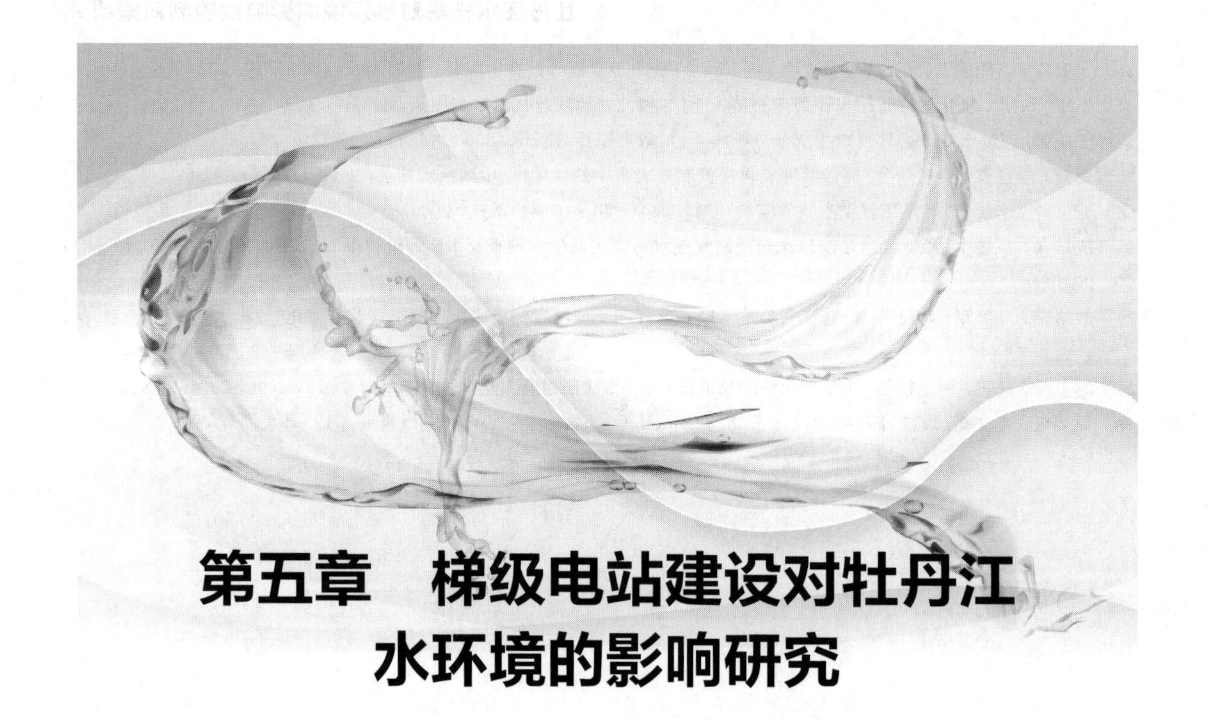

第五章　梯级电站建设对牡丹江水环境的影响研究

5.1　研究进展

梯级水电建设为北方中小河流通常采用的水能开发利用形式，这种水电开发方式在开发河流、获取经济效益的同时亦对河流的水环境和水生生态造成巨大的正面或负面影响，因此开展梯级电站的水环境和水生生态效应的研究即成为了实现北方河流水质保障以及水环境和水生生态保护的必然要求。而这一问题涉及环境水力学、流体力学、环境化学、水生生态学等诸多学科，研究难度相对较大。国内外很多学者就此问题展开了系统的研究，获得了丰富的成果。主要涵盖了深水库水温模型研究、水质模型研究和生态环境需水量研究等三方面。

（1）大型深水库水温模型研究

湖沼学理论认为，季节性的水体分层是深水湖泊中诸多化学、生物过程的最直接的控制因素，水库与湖泊在很多方面拥有相似之处。根据我国相关技术导则、指南及国内外水温影响的研究成果，分层型水库水温评价方法主要包括经验法（估算方法）和数学模拟方法（垂向一维水温模型、垂向二维水温模型和垂向三维水温模型）。

经验法一般根据实测资料综合得出，方法简单实用，易于掌握，能快速判断和初步分析水库的垂向水温分层结构，但由于没有考虑水库流动、当地气象条件、风力掺混等因素对水温结构的影响，结果与实际差异相对较大。

垂向一维水温模型最早是在20世纪60年代末，由美国水资源工程公司（WRE，Inc.）的Orlob和Selna及麻省理工学院（MIT）的Huber和Harleman分别提出的，即WRE模型和MIT模型。70年代中期和后期，美国的一些研究者还提出了另一类一维温度模型——混合层模型（总能量模型）。垂向一维水温模型综合考虑了水库入流、出流、风速引起的掺混及水面热交换对水库水温分层结构的影响，但忽略了各变量（流速、温度）在水平方向上的变化；因此，对于库区较长、纵向变化明显的水库，垂向一维水温模型的计算结果与实测值偏差较大。此外，垂向一维水温模型忽略了动量在纵向和垂向上的输运变化过程，其流速与实际流速分布差异较大，应用于有大流量出入的水库也会引起较大的误差。另外需要说明的是，一维模型的计算结果对于垂向紊动扩散系数非常敏感，而垂向紊动扩散系数的计算公式尚不具备一般通用性，因此垂向一维水温模型主要适用于纵向尺度较小且流动较缓的湖泊或湖泊型水库的水温预测。

垂向二维水温模型中，开发最早且应用最为成熟的为美国陆军工程师团水道实验站（WES）开发的立面二维水动力学和水质模型——CE-QUAL-W2。该模型假定水库横向均匀，只在纵向和深度方向上存在温度（浓度）梯度。近年来，由于解决我国西部大型深水库水温影响研究的需要，国内一些研究者开发了宽度平均二维模型，它考虑了宽度沿纵向的变化，更接近于西部大型深水库的实际几何条件，适用范围更广。国内外大量的研究资料表明，二维模型能较好地模拟浮力流在纵垂向断面上的流动及温度分层结构和特征。由于计算稳定性好，模型中需率定的参数少，二维模型具有良好的工程实用性。大型深水库和一些关键性工程的水温模拟可采用二维模型。但二维模型在垂向扩散系数的处理上仍具有相当大的经验性，通用性有待进一步提高。

严格地说，所有的水温问题均为三维问题，特别是在水库大坝附近区域，由于发电引水以及泄洪洞泄洪的影响，坝前附近水流具有明显的三维特征，在此区域可考虑采用三维水温模型进行模拟。但是大体积水体中的浮力流问题在模型收敛性、计算速度和计算稳定性等方面还存在诸多困难和问题。目前应用三维水温模型进行全库水温预测尚不多见。

针对数学模型中参数选择的不确定性所带来的误差，《水电水利建设项目河道生态用水、低温水和过鱼设施环境影响评价技术指南（试行）》特别指出："对于水库垂向水温和下泄水温数值计算，不论采用垂向一维模型、垂向二维模型，还是三维模型，都要对模型水动力学计算参数和水温计算参数进行率定和验证，符合一定精度要求后，方可用于预测模拟计算"。

当前对于流域梯级水电开发的水温影响评价的研究较少，通常采用纵向一维水温模型，该模型只考虑了水温沿河长方向的变化，不能反映大型深水库水温的垂向变化，也难以准确预测下泄水流水温的变化，需要进一步研究梯级流域水电开发水温预测模型，评价流域梯级开发的水温影响。

（2）水质模型研究

水质模型是研究梯级水电开发的水环境和水生生态效应的有力工具，近年来，国内外关于水质数学模型的研究取得了很大进展，目前较成熟的河道模型包括 Streeter-Phelps 模型、QUAL2E 和 QUAL2K 综合水质模型、美国水道实验站的 CE-QUAL-RIV1 模型及国际水协会（IWA）发布的河流水质 1 号模型 RWQM1 等。水库水质模型，尽管没有河道水质模型那么丰富，但也有不少成功范例，如美国陆军工程兵团水道实验站的 SELECT 模型可以预测已知密度分布的水库取水时的垂向影响范围与分布，以及给定流量时的水质分布；另外还有垂向一维水质模型 CE-QUAL-R1、美国陆军工程兵团水道实验站开发的二维横向平均水动力学和水质模型 CE-QUAL-W2 以及可用于一维、二维和三维地表水中污染物运移和转化的通用模型 WASP6。除上述比较成熟的水质模型之外，国内外不少专家还结合不同河流、水库的水质预测需要，建立了适应不同条件的水质模型。这些研究都在不同程度上丰富和发展了河流、水库水环境影响评价方法。然而，这些模型主要适用于河流、单个水库的水质预测，对于梯级水库水质变化的累积效应还需要进行深入、细致的研究。

(3) 生态环境需水量研究

生态环境需水量这一概念的提出，是水资源开发模式转变的产物，人类对水资源的利用已经从需求主导型过渡到以水定需、量水而行、人水和谐的持续开发利用阶段。人类利用水资源，强调经济、社会和环境效益的对立统一，强调不因水资源的利用而削弱水资源系统本身的平衡或减少水资源的承载力。既强调经济用水，也强调生态和环境用水。国外生态环境需水量方面的研究开展得较早，20 世纪 40 年代美国鱼类和野生动物保护协会就开始对河道内的流量进行研究，并于 1971 年出台了确定自然和景观河流基本流量的方法，但直到 20 世纪 90 年代，生态环境需水量才成为全球关注的热点。在我国，生态环境需水的研究尚处于起步阶段，对生态环境需水的概念、内涵与外延等没有统一的定义，计算方法也多以定性分析和宏观定量相结合为主。

综合已有的研究成果，生态环境需水量是指针对具体的生态系统，在保持目标要求的水生生物栖息地、稀释和自净、维持河岸带生态系统稳定、保持水体景观美化等功能的前提下，以水文循环、水量平衡、水力学理论等技术为基础所计算出来的，在一定范围内存在和变化的，构成生态系统的各项需水量的广义叠加。原国家环境保护总局环境工程评估中心颁布的《水电水利建设项目河道生态用水、低温水和过鱼设施环境影响评价技术指南（试行）》（环评函［2006］4 号）推荐了一些常用的方法。其中，关于维持河道内水生生态系统稳定所需水量的计算方法常用的有水文学法、水力学法、组合法、生境模拟法、综合法等；关于河道外生态环境需水量的计算方法，主要包括直接计算法与间接计算法；关于河流最小稀释净化水量的计算方法有 7Q10 法、稳态水质模型法、环境功能设定法等。原国家环境保护总局办公厅《关于印发水电水利建设项目水环境与水生生态保护技术政策研讨会会议纪要的函》（环办函［2006］11 号）推荐，维持水生生态系统稳定所需最小水量一般不应小于河道控制断面多年平均流量的 10%（当多年平均流量大于 $80m^3/s$ 时按 5%取用），在生态系统有更多更高需要时应加大流量。但不同地区、不同规模、不同类型河流、同一河流不同河段的生态用水要求差异较大，应针对具体情况采取合适的计算方法予以确定，并根据生态系统不同月份、不同季节对流量的要求，给出年内下泄流量过程线。

5.2 镜泊湖水库水温模型的构建及模拟

镜泊湖是牡丹江中游江段的龙头电站，根据镜泊湖的实际对其水质进行分析，并开发适合于镜泊湖的水温数学模型，对于研究电站水温结构及水质状况对下游河道的水环境和水生生态安全的影响具有重要意义。

5.2.1 镜泊湖水质变化趋势

本节在广泛的文献调研基础上，结合已经取得的镜泊湖水温、水质的监测资料，分析了镜泊湖的基本水质特点和富营养化情况。根据 20 世纪 80 年代以来的水质监测资料，得到镜泊湖水质在这段时间内的变化趋势，结果如图 5-1 所示。

由图 5-1 可见，自 20 世纪 80 年代以来，镜泊湖的水质变化规律不尽相同。在 90 年代，由于旅游业、休养疗养业、养殖业等快速但不合理的发展，镜泊湖水环境不堪重负，水质恶化加剧，水质下降速度加快；进入 21 世纪后，随着公众和相关管理部门对水环境问题的重

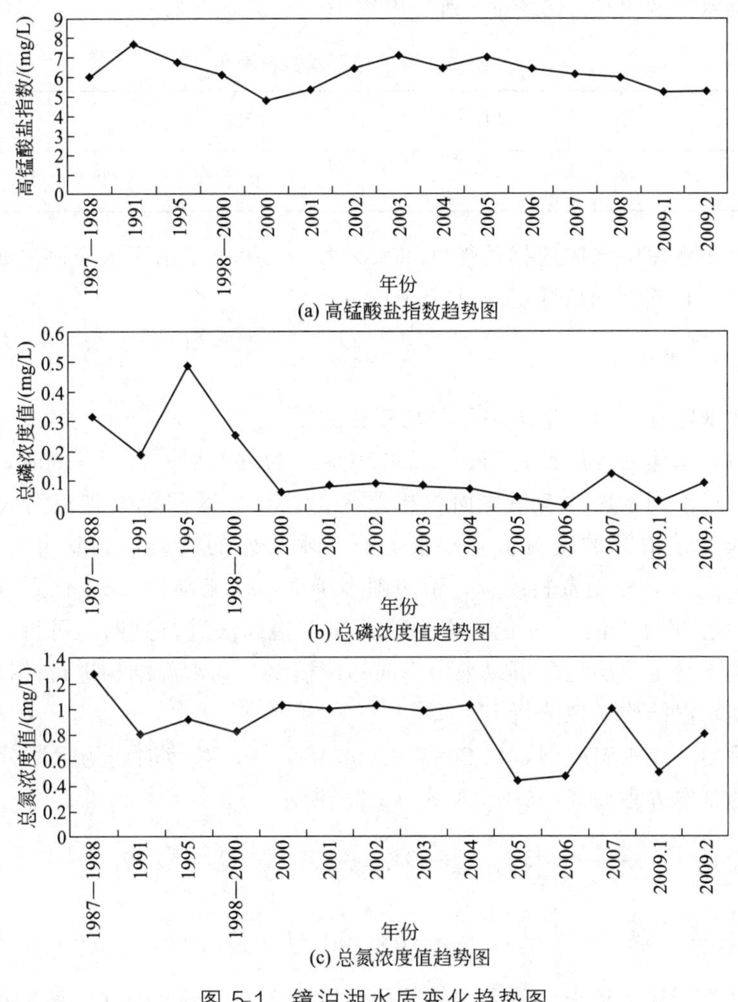

(a) 高锰酸盐指数趋势图

(b) 总磷浓度值趋势图

(c) 总氮浓度值趋势图

图 5-1 镜泊湖水质变化趋势图

视以及一些必要措施的实施，水体恶化的速度和趋势得到了一定程度的遏制。具体到图 5-1 中，虽然高锰酸盐指数、总磷以及总氮浓度值总体呈逐渐下降的趋势，但是，这三个指标的浓度依旧较高，镜泊湖的水质状况仍需要密切关注。

5.2.2 镜泊湖水温模型的构建及模拟

湖泊和湖泊型水库热分层现象是其水动力状况的重要特征之一，大多数水体都有热分层现象，只是强弱程度不同。水温分层将造成水体中诸多水质参数的变化。镜泊湖位于牡丹江城市江段上游，水温、水质状况对下游牡丹江段势必造成一定的影响。为研究镜泊湖水电开发对下游江段水环境及水生生态的影响，本节在初步分析镜泊湖特征的基础上，建立了适用于镜泊湖的垂向一维水温模型，并利用该模型对镜泊湖的水温结构进行了分析。

（1）镜泊湖基本特征与水温模型选择

镜泊湖水库是由第四纪火山喷发的岩浆阻塞河道形成的天然湖泊，其基本资料如表 5-1 所示。1939 年在湖出口处修筑了堤坝，建成了镜泊湖电站。水库长 35km，宽 0.5～4.5km，最大水深 50m，最大库容 15.25 亿立方米。据松辽委雨水情公众服务网的数据，2009 年 10

月 1 日，镜泊湖水库的水位 346.8m，对应库容 10.59 亿立方米。

表 5-1　镜泊湖基本资料表

流域	纬度	经度	湖底高程/m
牡丹江	43.9°	128.9°	310°

日本学者基于水库中水体的扰动强度和水深大小，提出了用库水交换次数来估计水体分层强弱的判别方法，其判别指标定义见式（5-1）：

$$\alpha = \frac{Q}{V} \tag{5-1}$$

式中，V 为水库总库容；Q 为多年平均年径流量。

当 $\alpha<10$ 时，水体为分层型；当 $10\leqslant\alpha<20$ 时，为过渡型；当 $\alpha>20$ 时，为混合型。鉴于石头水文站与镜泊湖水库两者集水面积相差仅 17.8%，区间无大支流汇入，可采用石头水文站的流量作为镜泊湖的出流流量。根据石头水文站的资料，2008 年，其年径流量为 23.4 亿立方米，另外，根据资料统计，镜泊湖多年平均径流量为 29.1 亿立方米，二者数值相近。镜泊湖库容约为 9 亿～16 亿立方米，根据 α 指标法进行判断，可得 α 为 1.8～3.2，所以，镜泊湖属于稳定分层型，可以采用垂向一维模型对其水温结构进行模拟分析。

（2）镜泊湖水温结构模拟分析

本节采用垂向一维水温模型，以 2005—2006 年为例，对镜泊湖的水温分布特征进行计算分析，模型的基本方程如式（5-2）和式（5-3）所示。

$$\frac{\partial V_j}{\partial t} = Q_{v,\,j-1} - Q_{v,\,j} + Q_{i,\,j} - Q_{o,\,j} + Q_a \tag{5-2}$$

$$\frac{\partial H_j}{\partial t} = (h_i - h_o + h_{sz})_j - (h_{v,\,j-1} - h_{v,\,j}) - (h_{d,\,j-1} - h_{d,\,j}) \tag{5-3}$$

式中，V_j 为第 j 层的体积，除表层外其他各层的 $\partial V_j / \partial t=0$；$Q_a$ 为表面降雨及蒸发的净值，除表层外其他各层 $Q_a=0$；$Q_{v,j}$ 及 $Q_{v,j-1}$ 为第 j 层及第 $j-1$ 层的垂向流量；$Q_{i,j}$ 及 $Q_{o,j}$ 分别为第 j 层水平方向的进、出流流量；$h_j=C_p\rho V_j T_j$ 为第 j 单元的热量；$h_i=C_p\rho Q_i T_i$ 和 $h_o=C_p\rho Q_o T_o$ 分别为单位时间水平向进、出流所含热量；h_{sz} 为单位时间内该单元所获得的太阳短波辐射热量；$h_{v,j}$ 和 $h_{v,j-1}$ 分别为第 j 和 j－1 层的垂向移流热量；$h_{d,j}$ 和 $h_{d,j-1}$ 分别为第 j 和 j－1 层的垂向离散热量。

湖泊水库的水温预测需要气象资料，出、入流资料等，还需要确定消光系数、尘埃衰减系数等各项参数。其中，云层覆盖率、干球温度、露点温度、气压、日平均风速等气象资料通过中国国家气象信息中心获得。根据上述资料，模型计算所得镜泊湖水温结构如图 5-2 所示。

由图 5-2 可见，镜泊湖水温变化的规律可以归纳为：①均温层水温随时间变化先增大后减小，在 8 月份达到最大，均温层厚度不断增大；②斜温层在春夏之交开始发展，7 月和 8 月份斜温层厚度最大，这两个月份也是垂向水温分层较为明显的月份；③深水层水温也有一个先增大后减小的过程，9 月份到最大，其原因是夏季过后随着气温的下降，表层水温下降，垂向混合导致深水层水温开始下降；④均温层和深水层水温差异先增大后减小，在 8 月份达到最大。

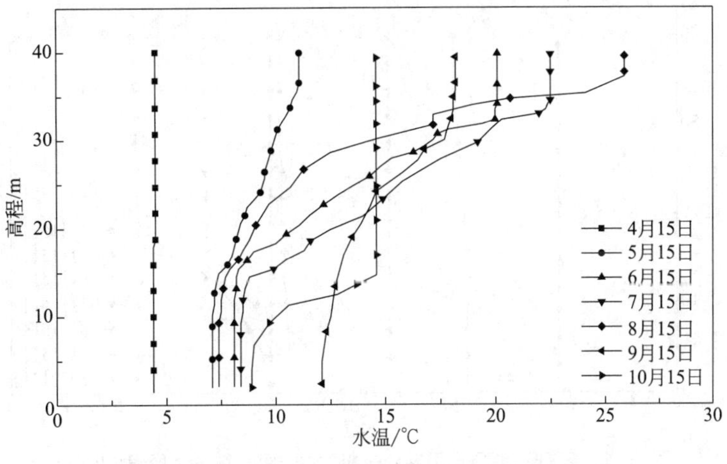

图 5-2　2005—2006 年镜泊湖水温模拟结果

为了更好地研究在不同气象条件、水文条件下镜泊湖的水温特性，掌握其垂向水温分布规律，设定若干种不同的工况，通过改变输入条件，可模拟出不同情境下镜泊湖的水温分布。

① 湖面风速　湖面风速随气候变化具有随机性，湖泊表面风速是影响湖泊水体紊动能的重要因素。湖面风力减弱，水体的紊动能减小，垂向掺混降低；因此，均温层减小，斜温层起始点升高，湖表面和湖底温差增大。图 5-3 是输入风速为测量风速一半时，镜泊湖水温模拟的结果。从图中可以看出，当风速减半，深水层的水温变化很小，因为此时的垂向掺混已经基本影响不到深水层。

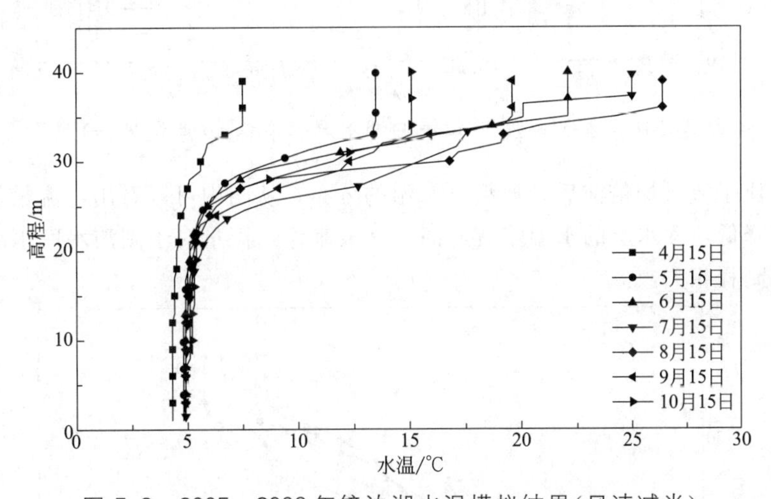

图 5-3　2005—2006 年镜泊湖水温模拟结果(风速减半)

湖面风力增强，水体的紊动能增大，垂向掺混增强；因此，均温层增大，斜温层起始点降低，湖表面和湖底温差减小。图 5-4 是输入风速为测量风速两倍时，镜泊湖水温模拟结果。从图中可以看出，当风速加倍，7 月份和 8 月份斜温层仍较为明显，其他月份斜温层不明显。

② 入库出库流量　随着径流条件的变化，镜泊湖流量也随之大幅度调整。入湖出湖流量对于镜泊湖水温分布有一定影响，但相对较小。随着流量增加，水体混合更加均匀，垂向温度梯度减小，更趋于均匀。图 5-5 是入湖出湖流量加倍后，水温的模拟结果。

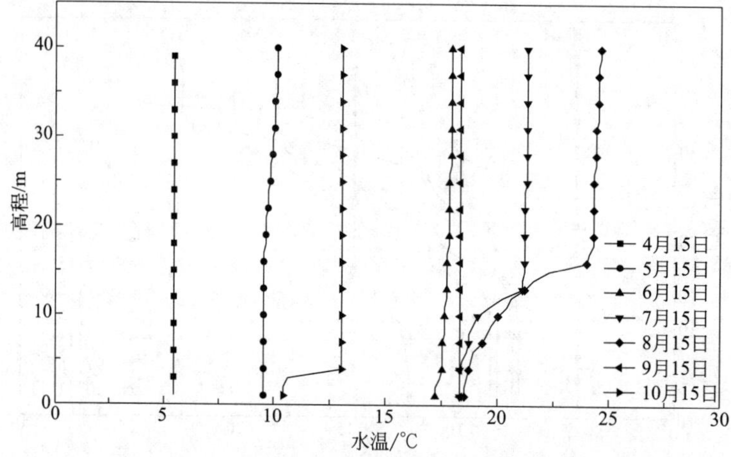

图 5-4　2005—2006 年镜泊湖水温模拟结果(风速加倍)

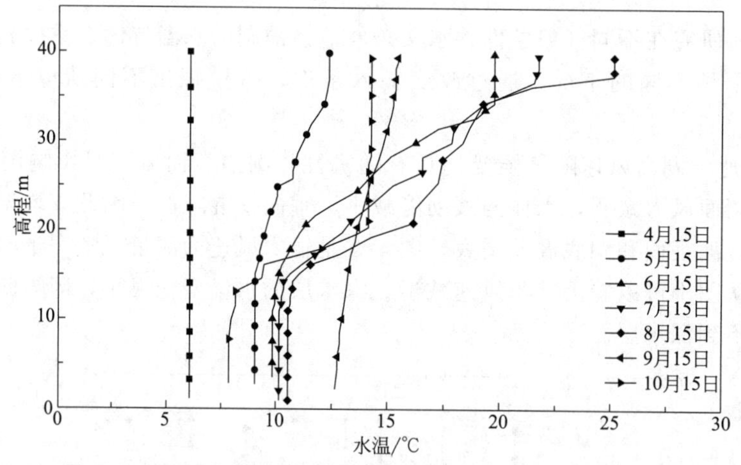

图 5-5　2005—2006 年镜泊湖水温模拟结果(流量加倍)

图 5-6 对比了流量加倍前后，典型日水温的分布，从图中可以看出，流量加倍后，均温层的水温略有降低，深水层的水温略有升高。一般来说，流量对于湖泊水库水温分布的影响还与取水口的高程相关。

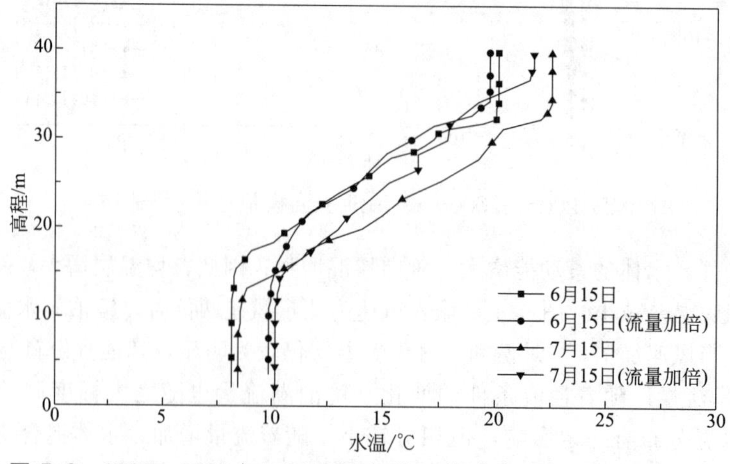

图 5-6　2005—2006 年不同流量条件下镜泊湖水温模拟结果对比

5.3 牡丹江干流水流水质模型的建立和模拟预测

牡丹江是牡丹江市工农业生产及生活用水的主要水源之一。近些年来，随着工业的发展，牡丹江的水质安全受到了较大的挑战。在详细分析牡丹江城市江段的水流及水环境特征的基础上，建立纵向一维水流-水质模型，对牡丹江城市江段的流量、流速、*COD* 指标和氨氮指标的沿程变化规律进行研究，研究结果有助于进一步明晰牡丹江城市江段的水质现状。

由于牡丹江的枯水季节正处于冰封状态，冰封河道的水流特征和污染物输移扩散特性较明渠条件有较为明显的不同。因此，在模型建立过程中，特别研究了冰盖对河流水体阻力的影响，分析了冰封河道纵向离散系数的计算，从而使得建立的水流-水质模型能更为准确地反映牡丹江城市江段的水动力和水环境特点。

5.3.1 一维河网水流-水质模型

河网水流一般采用一维圣维南方程组进行描述。在明渠河流中，连续方程和动量方程如式（5-4）和式（5-5）所示：

$$\frac{\partial A}{\partial t}+\frac{\partial Q}{\partial x}-q=0 \tag{5-4}$$

$$\frac{\partial Q}{\partial t}+\frac{\partial}{\partial x}\left(\frac{Q^2}{A}\right)+gA\frac{\partial z}{\partial x}+gAS_f=0 \tag{5-5}$$

式中，A 为过水面积；Q 为流量；q 为单位河长侧向入流量；Z 为水位；g 为重力加速度，取值为 9.81m/s^2；S_f 为摩阻坡度。

在冰封河流中，由于冰盖的影响，动量方程的形式有所变化，如式（5-6）所示：

$$\rho\frac{\partial Q}{\partial t}+\rho\frac{\partial}{\partial x}(QU)+\rho gA\frac{\partial H_e}{\partial x}+(\chi_i\tau_i+\chi_b\tau_b)=0 \tag{5-6}$$

式中，χ_i 和 χ_b 分别为冰盖和河床的湿周；τ_i 和 τ_b 分别为冰盖和河床的剪切力；$H_e=z_d+h+h_i$，z_d 为河床高程；h 为水深；h_i 为冰盖的等效厚度，可表达为 $\rho_i H_i/\rho$，H_i 为冰盖的厚度。

当河道形成河网时，在汊点处需要补充连接条件，一般考虑流量平衡和能量的连续变化：

$$\Sigma Q=\Sigma Q_i-\Sigma Q_o=0 \tag{5-7}$$

$$Z_i=Z_o \tag{5-8}$$

式中，ΣQ 为流入汊点的总流量，Q_i、Q_o 分别为汊点某一分支河道流入或流出汊点的流量；Z_i、Z_o 分别为流入或流出汊点的某一分支河道与汊点连接断面的水位。

水流控制方程采用高精度的 Pressimann 隐式差分格式离散，并利用 Newton-Raphson 方法求解离散形成的非线性方程组。

污染物运动控制方程为如（5-9）所示：

$$\frac{\partial}{\partial t}(AC)+\frac{\partial (QC)}{\partial x}=\frac{\partial}{\partial x}\left(AD_L\frac{\partial C}{\partial x}\right)+qC_0+S_C \tag{5-9}$$

式中，C 为污染物浓度；C_0 为汇入污染物浓度；D_L 为纵向离散系数；S_C 为水质控制方程中的源（汇）项（水质控制方程采用 Pressimann-Holly 格式求解，该格式可以达到四阶精度）。

5.3.2 模拟江段及参数选取

一般来说，牡丹江城市江段上游起自海浪河汇流口断面，下游终至柴河大桥断面。但为了考虑上游排污对牡丹江城市江段水质的影响，本节选取的模拟研究范围的上边界向上游延伸到宁安市西阁断面，下边界则选取水质考核断面——柴河大桥断面。模拟江段形状、水质监测断面以及排污口分布如图 5-7 所示。

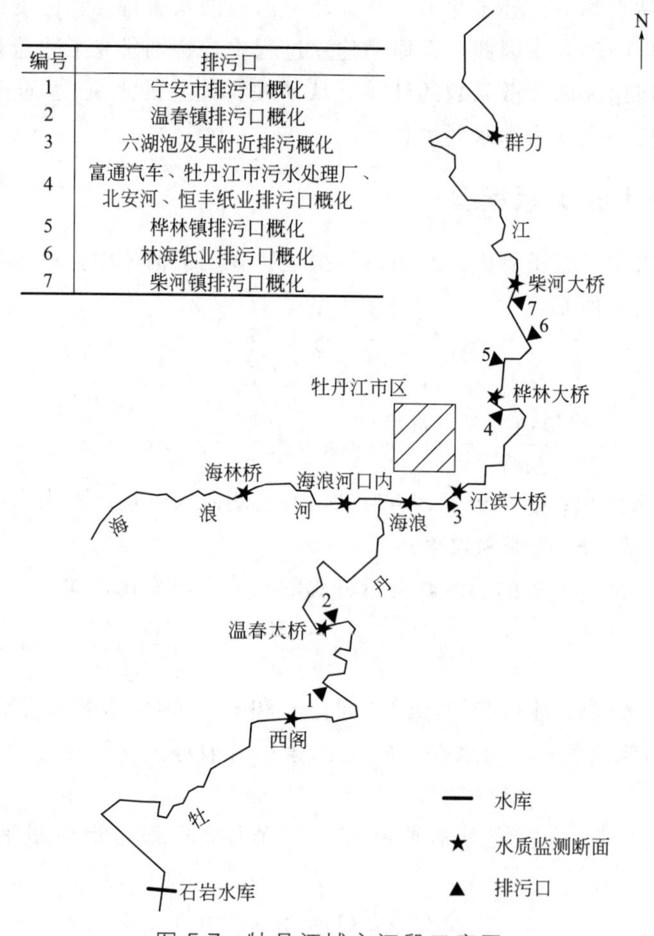

图 5-7 牡丹江城市江段示意图

河道水下地形是影响河道水流及水质指标沿程分布的重要因素之一，也是一维河流水流-水质模型计算的基础条件之一，为此，委托牡丹江水务局对西阁断面至柴河大桥断面之间的牡丹江水下地形进行了测量，其中方法、精度等按照《水道观测规范》(SL 257—2000)的要求执行。根据实测结果可知，牡丹江的地形断面多数为抛物线形的断面，在个别较宽的断面上存在一定的浅滩。所测量江段河床的底高程随纵向距离的变化如图 5-8 所示，从图中可以看出，河床变化的总体趋势从上游到下游逐渐降低，河床平均纵坡为 0.0004。牡丹江城市江段相邻断面起伏较大，变化极为不规律，深潭和浅滩交替。这样复杂的地形对数值模拟提出了较为严峻的挑战，要求数值格式具有较高的计算精度和稳定性。

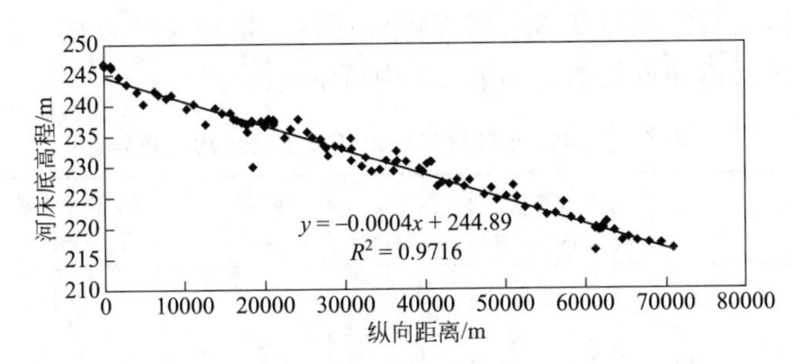

图 5-8　河床底高程随纵向距离的变化规律

糙率是体现阻力作用的重要参数。对于牡丹江城市江段，由于其枯水期气温较低，河流会封冻，因此，在分析该江段水流及水质变化规律时，除需分析河床的糙率外，在枯水期内还需考虑冰盖糙率的影响。

对于河床糙率而言，由于牡丹江城市江段的宽深比达到了 100 以上，因此流量变化对水深的影响较小，因而可以认为河床糙率在不同的水期内为定值，而根据牡丹江城市江段的河道特征及糙率的定义，河床的糙率选取 0.035。

冰盖糙率只存在于枯水期内。在枯水期内，由于水量比较平稳，封冻方式应为平封；根据前苏联学者尼兹科夫斯基的研究，选择封初、稳封和封末时平封糙率的平均值 0.01 作为牡丹江城市江段枯水期冰盖糙率的计算取值。枯水期的综合糙率值取 0.043。

纵向离散系数的取值跟断面的流速分布形式有关，而不同水期的断面流速分布差异较大，因此纵向离散系数的取值亦根据水期的不同分别选取：在丰水期和平水期，河流为明渠流动，水体只受河床糙率的影响，纵向离散系数根据明渠流的经验公式选取即可，约为 $4.0m^2/s$；而在枯水期，由于河流的封冻，使得流速分布形式发生了较大的改变，因此纵向离散系数的选取需考虑冰盖的影响。

5.3.3　降解系数的调研和率定

根据水环境特性分析，牡丹江城区江段的主要污染物是 COD 和氨氮。因此，需要对这两个水质参数进行模拟预测。降解系数是估算这些污染物在牡丹江中沿程变化规律的重要参数之一，但对于牡丹江 COD 和氨氮降解系数的研究成果较少。本节在通过文献调研的基础上，通过水质模型，反推牡丹江城市江段不同水期的 COD 和氨氮降解系数。

牡丹江环境保护研究所在所进行的牡丹江水环境容量测算工作的成果报告中选取 COD 降解系数为 $0.12d^{-1}$；吉林大学的硕士论文《牡丹江地表水环境容量测算及未来发展趋势的研究》中 COD 和氨氮的降解系数均取 $0.12d^{-1}$；哈尔滨工业大学的硕士论文《松花江哈尔滨江段水环境容量计算对比研究》中 COD 降解系数取 $0.06d^{-1}$，氨氮取 $0.05d^{-1}$；中国环境科学研究院在《流域水污染总量控制技术与示范》中辽河中氨氮和 COD 的降解系数分别取 $0.1d^{-1}$ 和 $0.05d^{-1}$。一般认为，降解系数与气温及冰盖的影响有较大的关系，而牡丹江城市江段的气象水文条件随季节的变化显著，因此本节拟通过实测资料分水期反推获得 COD 和氨氮的降解系数。

根据多方面资料的比较分析，确定利用 2009 年的相关资料对降解系数进行率定。牡丹江城市江段是牡丹江市重要的排污通道，大量的工业污染、市政排污直接或间接地排放到了牡丹江中，对牡丹江城市江段污染物的输移扩散规律产生了重要的影响。因此为保证降解系数率定的准确性，需要核定牡丹江市的城市排污资料。根据统计数据，核算了 2009 年度牡丹江市主要的工业排污口和排污量，如表 5-2 中所示。

表 5-2　2009 年牡丹江城市江段主要排污口资料

排污口名称	污水量 /(10^4m^3/a)	COD / (t/a)	氨氮 / (t/a)	COD 平均浓度/ (mg/L)	氨氮平均浓度/ (mg/L)
宁安市排污口概化	556.65	2472.9	298.24	444.25	53.58
温春镇排污口概化	245.31	717.57	93.95	292.52	38.3
六湖泡	480	203.28	70.7	42.35	14.73
富通汽车排污口	5.3	5.68	0.79	107.17	14.9
牡丹江市污水处理厂	3714.6	2219.41	331.21	59.75	8.92
恒丰纸业排污口	471.4	718.7	99.84	152.46	21.18
桦林镇排污口概化	210.26	121.53	35.15	57.8	16.72
海林市柴河林海纸业有限公司排污口	123	1729.38	18.45	1406	15
柴河镇生活排污口	23.51	141.06	16.46	600	70

（1）枯水期

枯水期降解系数的率定采用 2009 年 2 月的实测资料（西阁断面流量 21.34m^3/s，高锰酸盐指数浓度 5.08mg/L，氨氮浓度 0.278mg/L；海浪河流量 10.67m^3/s，高锰酸盐指数浓度 3.69mg/L，氨氮浓度 1.89mg/L）进行，通过试算，COD 的降解系数选取 0.01d^{-1}，氨氮的降解系数选取 0.05d^{-1}时，一维水流-水质模型取得较好的模拟效果。这里需要指出的是，河流有机污染采用 Mn 法测量，而排污口的有机污染采用 Cr 法测量，在模拟计算中，高锰酸盐指数和 COD 的换算系数取为 3.5。

（2）平水期

一般来说，平水期包括 5 月份和 10 月份。考虑到 5 月份冰雪融化，将部分面源代入河流，难以统计，平水期降解系数的率定选取 2009 年 10 月的实测资料（西阁断面流量 51.80m^3/s，高锰酸盐指数浓度 5.41mg/L，氨氮浓度 0.241mg/L；海浪河流量 25.90m^3/s，高锰酸盐指数浓度 5.41mg/L，氨氮浓度 0.672mg/L）进行，通过试算，COD 的降解系数选取 0.03d^{-1}，氨氮的降解系数选取 0.20d^{-1}时，一维水流-水质模型取得较好的模拟效果。

（3）丰水期

根据牡丹江城市江段污染源特征分析，在丰水期内，由于降水导致的地表径流将大量的非点源污染冲刷进了牡丹江中，对牡丹江的水质产生了较大的影响。但由于条件所限，难以获得比较可靠的非点源污染的统计资料，因此亦不能利用实测资料来率定降解系数。根据研究，影响丰水期降解系数最大的因素为水温。降解系数随水温的变化可以用 Arrhenius 公式表示，即：

$$K_t = K_{20}\theta^{T-20} \tag{5-10}$$

式中，θ 为温度系数，取值为 1.03～1.1，季民等通过对纳污海水中 COD 生化降解过程的模拟试验进行研究认为取 1.055 较为合适；K_t 和 K_{20} 分别为待求的降解系数和 20℃的降解系数；T 为水温，℃。

根据温度取值和枯水期、平水期降解系数的率定结果推算得到，丰水期 COD 的降解系数为 0.05d^{-1}，氨氮的降解系数为 0.4d^{-1}。

综上所述，牡丹江城市江段不同水期污染物的降解系数如表5-3所示。

表5-3 不同水期污染物降解系数

水期	水质因子	降解系数/d^{-1}
枯水期	COD	0.01
	NH_3-N	0.05
平水期	COD	0.03
	NH_3-N	0.20
丰水期	COD	0.05
	NH_3-N	0.40

5.3.4 城市江段水质模拟预测

在2010年断面水质实测资料以及点源排污核算的基础上，利用所率定的降解系数，对COD和氨氮沿江的变化趋势进行了预测分析。其中，流量是根据1999—2009年连续11年的实测流量推算得到，具体数值见表5-4。

表5-4 西阁断面牡丹江干流不同水期不同保证率的流量

水期	保证率	流量/(m^3/s)
枯水期	90%	19.70
	75%	21.35
平水期	90%	47.00
	75%	57.92
丰水期	90%	62.85
	75%	69.30

(1) 枯水期的水质模拟

根据2010年的实测资料，枯水期COD的背景浓度选用15.768mg/L，氨氮的背景浓度选用0.273mg/L；海浪河中COD的背景浓度选用16.758mg/L，氨氮的背景浓度选用0.768mg/L。分别计算流量保证率为90%和75%条件下COD和氨氮的沿江变化规律。计算结果表明，海浪河水质的好坏对城区江段的水质影响较大。另外，不论是COD还是氨氮，北安河均是牡丹江干流最大的污染源，直接影响柴河大桥断面水质的好坏。在75%保证率条件下，柴河大桥断面的浓度和90%保证率条件相比有所下降。这是因为，在75%保证率条件下，河道水量有所增加，稀释能力增强，同样的排放负荷导致的污染程度较轻，因此河道水量是保障柴河大桥断面水质的重要因素之一。

(2) 平水期的水质模拟

根据2010年的实测资料，平水期COD的背景浓度选用20.07mg/L，氨氮的背景浓度选用0.347mg/L；海浪河中COD的背景浓度选用22.194mg/L，氨氮的背景浓度选用0.741mg/L。分别计算流量保证率为90%和75%条件下COD和氨氮的沿江变化规律。结果表明，和枯水期的水质相比，平水期的背景水质明显恶化，西阁断面高锰酸盐指数浓度由4.38mg/L上升到5.58mg/L，氨氮浓度由0.263mg/L上升到0.346mg/L，考虑到西阁断面上游城镇较少，点源污染不严重，应该是冰雪融化带来的面源污染所致。由于受到背景污染的影响，柴河大桥断面的高锰酸盐指数的浓度也是呈现平水期大于枯水期的格局。对于氨氮，平水期海浪河来流的浓度较低，城区江段的水质也是平水期相对较好。

与枯水期相同，北安河仍是最大的污染源。在75%保证率条件下，河道水量有所增加，稀释能力增强，同样的排放负荷导致的污染程度较轻。值得注意的是，尽管平水期不同保证率的水量差别较枯水期大，但柴河大桥断面高锰酸盐指数的改善幅度却较枯水期小，因此水质的改善效果不仅和河道水量相关，还和河道水量的相对变化幅度相关。

(3) 丰水期的水质模拟

根据2010年的实测资料，丰水期COD的背景浓度选用15.696mg/L，氨氮的背景浓度选用0.327mg/L；海浪河中COD的背景浓度选用16.992mg/L，氨氮的背景浓度选用0.4025mg/L。分别计算流量保证率为90%和75%条件下COD和氨氮的沿江变化规律。需要指出的是，在丰水期的污染负荷中，非点源污染将占有较大的比重，由于受时间和人力物力的限制，牡丹江的非点源研究尚未展开，缺乏系统的数据，本节仅根据点源污染负荷进行模拟，作为下一步研究的参考，至于丰水期的水质状况，需要补充非点源污染数据后，进行更为深入的研究。

与枯水期、平水期的水质相比，西阁断面高锰酸盐指数浓度和枯水期相当，但优于平水期；而氨氮的浓度则介于枯水期和平水期之间。对比模拟结果和实测数据可以发现，模拟结果和实测数据吻合较差，并且一般低于实测值，这是水质模拟中没有考虑非点源污染所致。

由于丰水期海浪河流量较大，北安河的污染不再是影响牡丹江干流水质的最主要因素，从模拟结果来看，海浪河的影响要大于北安河的影响，从实测数据来看，面源成为丰水期水质变化的最大影响因素。

5.4 水电建设对水环境和水生生态的影响

牡丹江是黑龙江省重要的水电开发基地，从上游到下游布置着若干个大小不同的水电站。不同的电站对城区江段水质的影响方式和影响程度均有所不同。

5.4.1 干流梯级电站概况

牡丹江流域水能资源丰富，总蕴藏量为113万千瓦，仅牡丹江干流的总落差即达1007m，是黑龙江省水电开发的重要基地。近些年来，随着社会的发展和能源需求的进一步加大，牡丹江的梯级开发稳步推进，仅在中游江段就形成了上起镜泊湖新、老电厂，下至莲花湖电站的包括渤海电站、石岩电站等在内的梯级电站群，此外，三间房电站目前也已经开工建设。这些梯级电站群的具体分布如图5-9中所示。

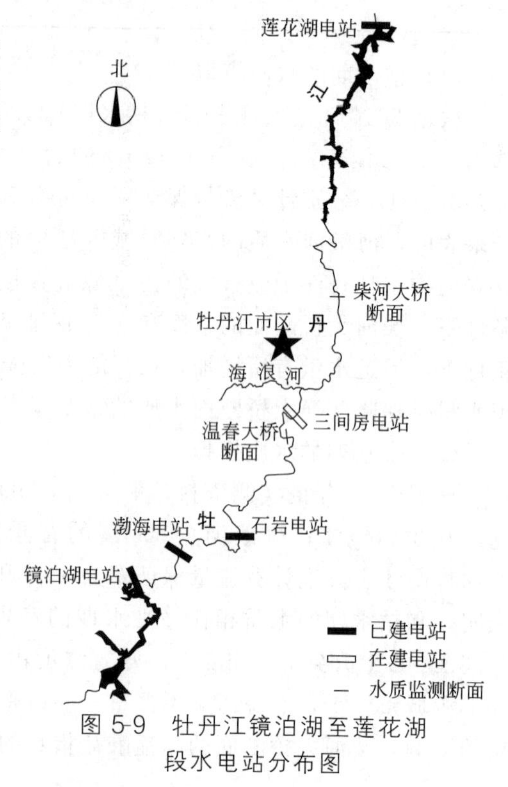

图5-9 牡丹江镜泊湖至莲花湖段水电站分布图

(1) 镜泊湖电站

镜泊湖电站位于牡丹江市上游200km处，

为牡丹江中游江段的龙头电站，以发电为主，兼顾防洪、供水、旅游等功能。该电站主要分老厂和新厂两部分。老厂建于1942年，装机容量为2×18000 kW，新厂完成于1978年，装机容量为4×15000 kW，因此镜泊湖电厂总装机容量为96000 kW。由于镜泊湖电站不断扩建改建，镜泊湖水库的特征参数也在不断变化，目前该库的控制流域面积为11820km^2，多年平均入库流量为30.9亿立方米，设计多年平均发电量为3.2亿度，水库水量利用系数达73%；水库死水位为341.00m，对应的死库容为6.81亿立方米，正常蓄水位为353.50m，相应库容为16.25亿立方米，因此，发电兴利库容为9.44亿立方米；正常高水位为353.50m，设计百年一遇洪水水位为354.65m，千年校核洪水水位为355.00m，历史上出现的最高洪水水位为354.43m（1960年8月26日），详细的水位库容曲线见表5-5和图5-10所示。

表5-5　镜泊湖水位库容关系表

水位/m	库容/亿立方米	水位/m	库容/亿立方米	水位/m	库容/亿立方米
340	6.4	346	9.36	352	14.47
341	6.81	347	10.01	353	15.63
342	7.23	348	10.74	353.5	16.25
343	7.7	349	11.54	354	16.9
344	8.2	350	12.43	354.5	17.56
345	8.76	351	13.39	355	18.24

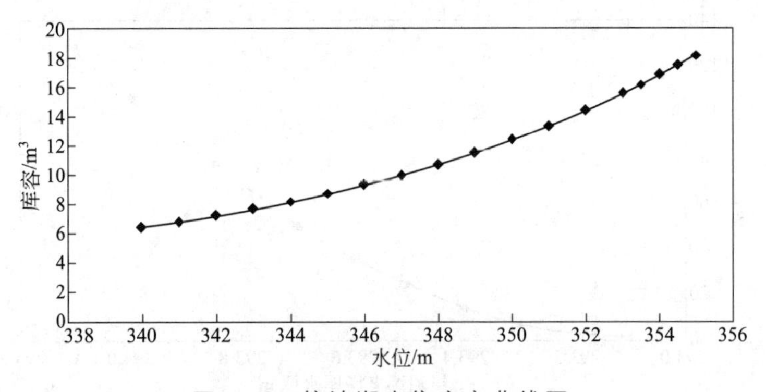

图5-10　镜泊湖水位库容曲线图

镜泊湖水库的溢流方式为坝顶溢流式，其坝顶高程即为正常蓄水位，坝上水位与溢流量的关系如表5-6和图5-11所示。从图和表可以看出，只有坝前水位超过353.5m时，才开始出现坝顶溢流，溢流量和水位近似成平方关系。

表5-6　镜泊湖坝上水位与溢流量关系表

坝前水位/m	溢流量/（m^3/s）	坝前水位/m	溢流量/（m^3/s）
353.5	0	354.1	1210
353.6	87	354.2	1590
353.7	229	354.3	2000

续表

坝前水位/m	溢流量/（m^3/s）	坝前水位/m	溢流量/（m^3/s）
353.8	405	354.4	2480
353.9	616	354.5	3010
354	882		

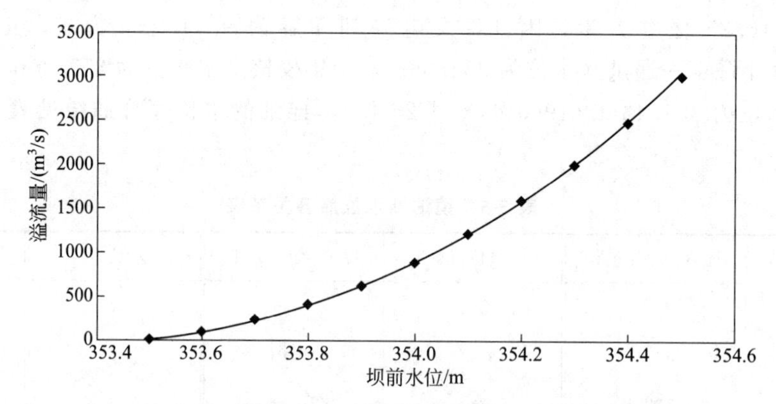

图 5-11 镜泊湖坝前水位与溢流量关系曲线

镜泊湖电厂老站和新站的位置和水轮机设计净水头（老站的设计净水头为 53m，新站的设计净水头为 46.5m）并不相同，因此老站和新站的尾水位-流量曲线亦并不相同，分别如图 5-12 和图 5-13 所示。

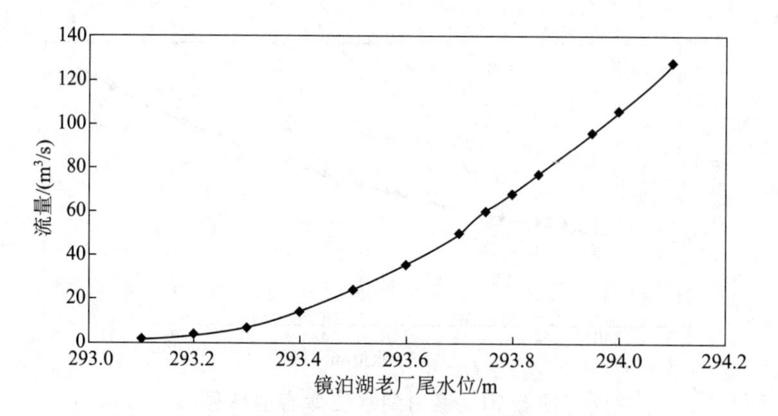

图 5-12 镜泊湖老厂尾水位与下游流量关系曲线

（2）渤海电站

渤海电站为日调节水电站，位于镜泊湖电站下游 20km 处，在石岩电站上游，是宁安市牡丹江干流上的一座无压渠道引水式水电站。拦江坝为浆砌石溢洪坝，长 320m。电站总装机容量为 3200 kW，设计年发电量为 2.4×10^7kW·h，设计水头为 7.5m，最高水头为 8.2m，最低水头为 6.0m，设计流量为 $56m^3/s$，最小流量为 $14.8m^3/s$。

渤海电站自 1979 年投入使用以来发电量一直保持在（2～2.4）$\times10^7$kW·h 之间，年利用小时数较高，为 6250～7500h，因此其流量过程较为连续，对河道水文过程的影响较小，不过由于装机容量有限，该电站每年弃水的天数仍不少于 100d，最大弃水流量亦达到了 $110m^3/s$。

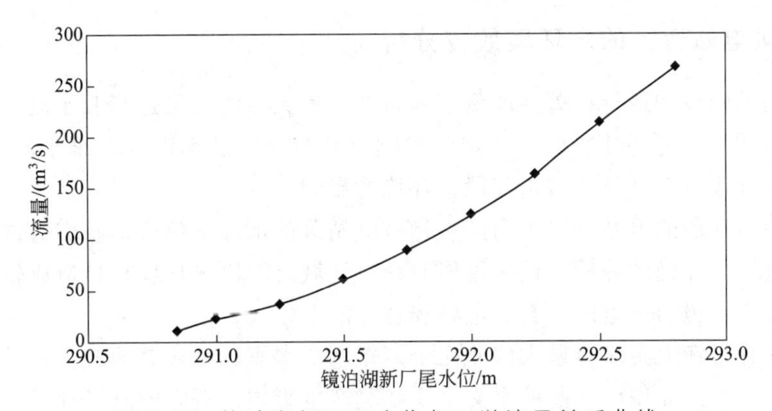

图 5-13 镜泊湖新厂尾水位与下游流量关系曲线

（3）石岩电站

石岩电站位于渤海电站下游，其下游距牡丹江水文站约 30 多千米，该电站可控制的流域面积为 1400km^2，上游年平均径流量为 10^{4}m^3，为日调节电站。

石岩电站厂房为坝后地面式厂房，装机高程为 259.84m，设计水头为 6.2m，总装机量为 7300kW，共 12 台机组，设计年发电量为 3500 万千瓦时，实际年均发电量为 2450 万千瓦时。根据石岩电站的装机情况，假设水轮机效率为 1，则可以计算得到石岩电站的满负荷工作流量为 120.14m^3/s，设计平均每天的发电时间大约为 13h，而实际平均每天的发电时间仅 9h 左右。

由于石岩电站装机量较小，且来流量年际变化及季节变化较大，过流流量变化较大。据实际考察，在来流量较小时石岩电站一般为白天蓄水，晚上发电。图 5-14 所示为石岩电站断流情况。

图 5-14 石岩电站断流情况

（4）莲花湖电站

莲花湖电站是流域梯级电站的第二级大型的水电站，也是牡丹江流域上最大的水库，1998 年投入使用，该电站以发电为主，兼顾防洪。电站设计洪水水位（P=0.2%）为 220.58m，相应库容为 32.9 亿立方米；水库正常蓄水位为 218.0m，相应库容为 29.5 亿立方米，死水位为 203.0m，相应库容为 14.6 亿立方米，水库多年平均来水量为 226m^3/s，库容系数为 0.23，为不完全多年调节水库。电站有 4 台机组，总装机容量为 550 MW，设计年发电量为 7.97 亿千瓦时，是黑龙江省网的主力调峰、调频电厂。

由于黑龙江省电网供电的不稳定性，使得莲花湖电站的运行亦呈现不确定的状态，尤其在枯水期来水量较少的前提下，不同的电网需求可能导致库水位的明显变化，据 2004 年和 2005 年的实际运行资料显示，其枯水期的库水位相差达 3m 以上，这种水位的明显变化可能对上、下游的水文水质状况产生较大的影响。根据走访当地居民，莲花湖水库蓄水将使柴河大桥断面水位上升 1m 左右。

5.4.2 已建电站运行的水环境效应分析

梯级电站的建设和运行显著地改变了牡丹江河道天然的流量过程和水质变化规律，对牡丹江城市江段的水环境特性造成了一定的影响，本节利用已率定的一维水流-水质模型探讨梯级电站建设和运行对牡丹江城市江段水环境的影响。

牡丹江中游江段的电站较多，为解析梯级电站群的水环境效应，我们对该江段上电站的位置及特性进行了详细的分析，认为可能对牡丹江城市江段水环境特性造成较大影响的电站主要有以下几个：镜泊湖电站、石岩电站和莲花湖电站。

镜泊湖是牡丹江上游库容最大的非完全多年调节水库，可显著地改变牡丹江天然径流的流量和过程，对牡丹江城市江段的水文水质状况产生影响；石岩电站是牡丹江城市江段上游距离最近的一个电站，其下泄流量过程可对牡丹江城市江段产生直接的影响；莲花湖电站位于牡丹江城市江段的下游，与牡丹江城市江段直接衔接，因此莲花湖电站的运行及莲花湖水位的变化亦对牡丹江城市江段的水文条件产生影响，从而改变牡丹江城市江段的水环境特性。

以上三个电站的共同作用集中反映了梯级电站的建设和运行对牡丹江城市江段水环境特性的影响。为更加清晰地分析电站及梯级电站群的水环境效应，选取温春大桥断面和柴河大桥断面作为水质代表断面进行研究，代表断面的位置如图 5-9 中所示。

（1）镜泊湖电站的水文及水环境效应分析

镜泊湖电站是牡丹江的两大水电站之一，也是牡丹江中游江段的龙头电站，其对应的镜泊湖水库库容较大，为不完全多年调节型的水库，因此其对径流过程的改变亦较大，其中，对河道流量最明显的影响莫过于削减了洪水期的洪峰流量，提高了枯水期的最小流量，而流量的变化无疑会对河道的水质特征产生重要的影响。为此，本节设计了多种流量工况探讨镜泊湖电站的水环境效应，计算结果如图 5-15 和图 5-16 所示。

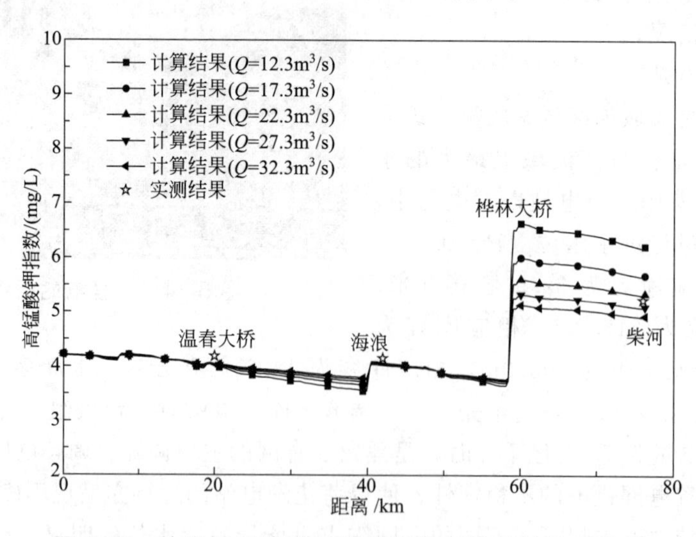

图 5-15 牡丹江干流高锰酸盐指数与流量的关系曲线

根据图 5-15 可知，镜泊湖不同的下泄流量对牡丹江干流污染指标有较大的影响，尤其是北安河口以下的牡丹江段，下泄流量的增大对水质的改善作用非常明显。图 5-16 亦清晰地呈现了柴河大桥断面污染指标随镜泊湖下泄流量的增大的变化趋势，证明了流量增大对下

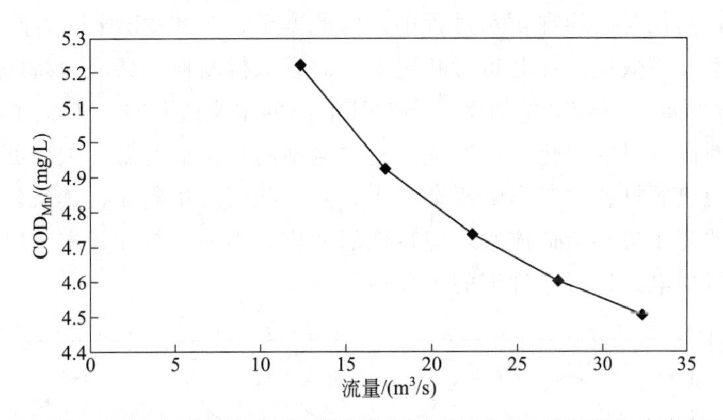

图 5-16 柴河大桥断面高锰酸盐指数与牡丹江干流量的响应关系

游河道水质的改善作用。不过由于牡丹江水量有限，电站并不能全时段满负荷运行，梯级电站群不同的运行方式使得流量过程和水质特性变化异常复杂。

(2) 石岩电站的水文及水环境效应分析

石岩电站为牡丹江市上游距离最近的水电站，其对牡丹江城市江段水环境特性的影响也最为直接，这里首先分析石岩电站单独运行对牡丹江城市江段水环境特性的影响。

石头水文站位于镜泊湖的下游，其水文过程是经过镜泊湖调节后的水文过程。为了剥离镜泊湖对水文过程的影响，本节采用镜泊湖的来流过程来近似表示牡丹江中游江段干流的天然来流过程，如图 5-17 所示。从图中可知，最大月平均流量出现在 8 月份，最大时达到 249.70m^3/s，而最小的月平均流量出现 1 月份，仅为 2.84m^3/s，月平均流量丰枯季节变化非常明显。

根据天然流量过程可知，在丰水期内石岩电站可以满负荷发电，因此其对下游水文过程无过大影响，而在枯水期内由于来流量较小，不能满足满负荷运行的流量要求，因此不同的运行状况将对下游产生不同的影响。而由于资料有限，无法获得枯水期内石岩电站确切的运行状况。根据实地考察，石岩电站为日内间歇性的运行方式，即白天停机蓄水，晚上在用电高峰期放水发电。不失一般性，认为石岩电站在发电时为满负荷发电（预留 2 台备用机组）。根据装机参数，发电流量取为 100m^3/s，而在蓄水期间大坝等挡水建筑物的渗流量按照 1m^3/s 计算。

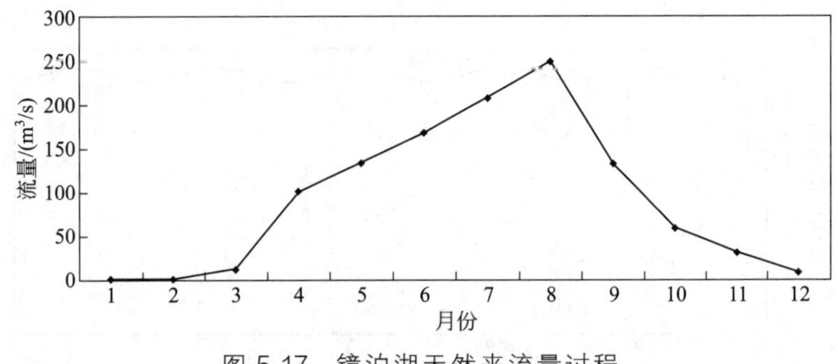

图 5-17 镜泊湖天然来流量过程

本节以 12 月的天然平均来流过程为例探讨石岩电站的水环境效应。石岩电站 12 月的平均天然来流量仅为 8.88m^3/s，根据推定的石岩电站的发电方式可知，石岩电站的发电时间为2个小时左右，其他时间均在蓄水过程中。因此本节以发电2h探讨天然流量条件下石岩电站单独运行的水环境效应。在此运行状况下，温春大桥断面和柴河大桥断面的流量过程如图5-18和图5-19所示。石岩电站的运行会对其下游的水文过程产生较大的影响，对比温春大桥和柴河大桥断面流量的变化可以发现，石岩电站的日调节对温春大桥断面的流量变化影响较大，而随着距离的推移，其影响逐渐减小，到了柴河大桥断面，其流量变化基本保持为恒定。水文条件的变化势必会造成水环境特性的变化，不失一般性，本节以高锰酸盐指数和氨氮为例探讨在石岩电站运行条件下的水环境特性。

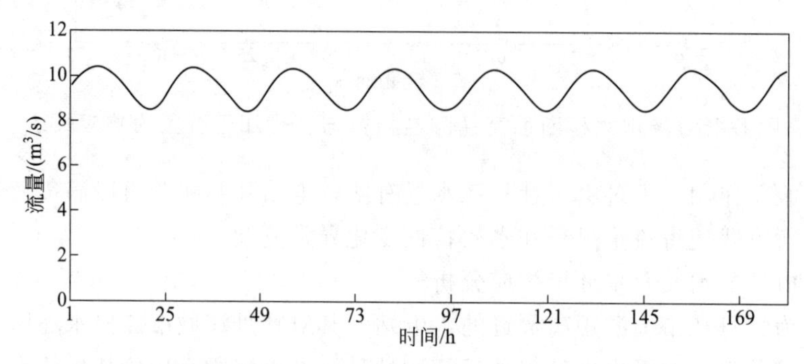

图5-18 温春大桥断面流量随时间的变化过程

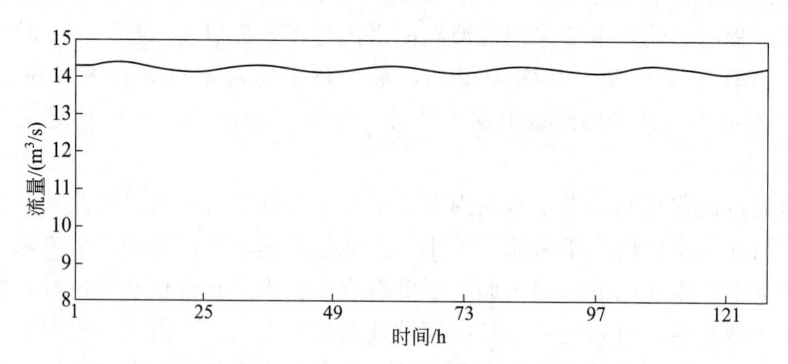

图5-19 柴河大桥断面流量随时间的变化过程

分别计算天然状态下、石岩电站运行条件下的水环境特性，结果如图5-20和图5-21所示。

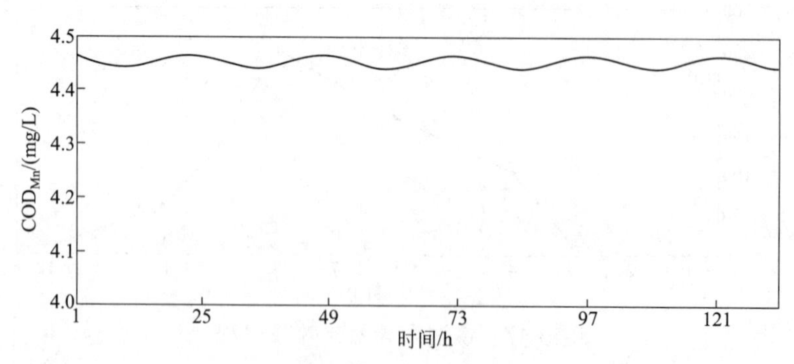

图5-20 石岩电站对高锰酸盐指数的影响分析(温春大桥断面)

由图5-20和图5-21可见，石岩电站间歇式的运行方式使得其下游河道高锰酸盐指数和

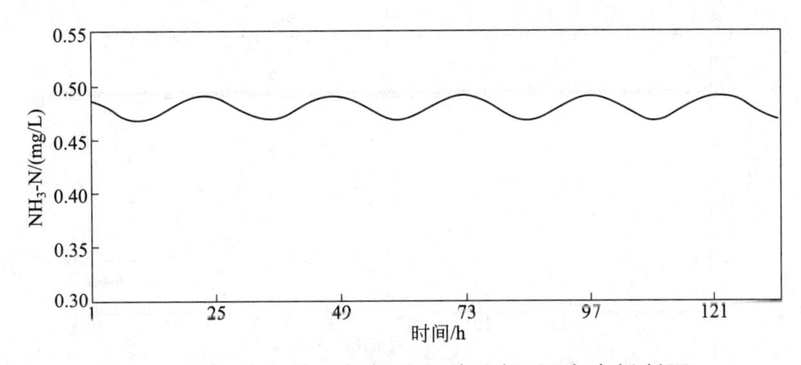

图 5-21 石岩电站对氨氮的影响分析(温春大桥断面)

氨氮的浓度呈现周期性的波动变化。对于温春大桥断面，高锰酸盐指数的平均值为4.52mg/L，而其最大值为4.55mg/L，可见随着流量的波动，河流水质也在发生变化。

定义最大值和平均值的比值为流量变化的放大效应，放大的倍数与距离电站的远近成负相关关系，具体如图 5-22 所示。从图中可见，到达柴河大桥断面后，流量波动趋缓，而水质的变化也基本恒定。需要注意的是，正在建设的三间房电站距牡丹江市区仅 14km，其日调节将会对城市江段的水质产生较大影响，而且城区段的污染源较多，水量变化的影响将更为明显。

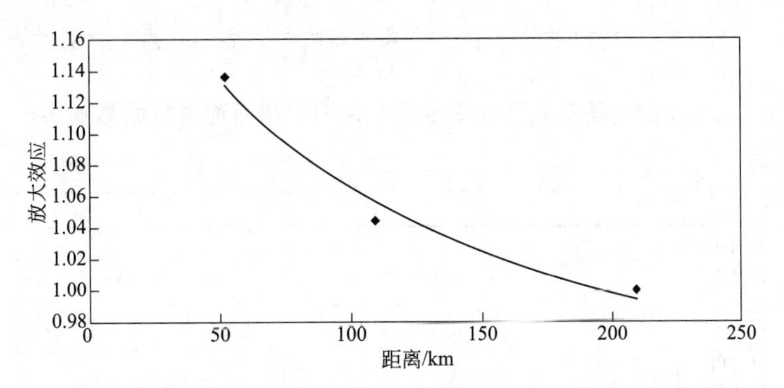

图 5-22 石岩电站运行对高锰酸盐指数峰值的放大效应

(3) 莲花湖电站的回水效应

莲花湖电站位于牡丹江城市江段的下游，其尾水与牡丹江城市江段的代表断面柴河大桥断面相衔接，该电站在运行时水位的变化亦会引起柴河大桥水位的变化，从而对牡丹江城市江段的水环境特征造成一定的影响。

为研究莲花湖电站的回水效应，经过实地考察和大量的文献调研，确认在枯水期时莲花湖水位的波动基本维持在 1m 左右，但年际间的差异可能较大，差值有时甚至达到 3m 以上。因此，本节将回水波动水位分别确定为 2m、2.5m 和 3m 三种工况进行研究。不同水位条件下，柴河大桥断面、温春大桥断面高锰酸盐指数、氨氮浓度的变化如图 5-23～图 5-26 所示。

通过比较图 5-23～图 5-26 的计算结果可知，莲花湖的水位变化对上游牡丹江干流的水质状况影响较小且影响范围非常有限。

(4) 镜泊湖电站和石岩电站联合运行的水环境效应

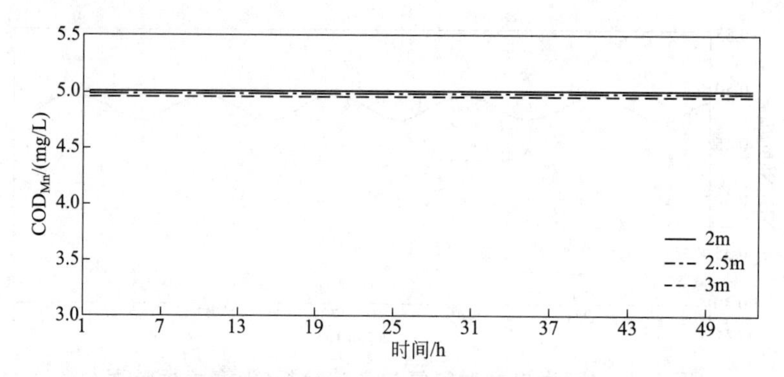

图 5-23 莲花湖不同库水位对柴河大桥断面高锰酸盐指数的影响

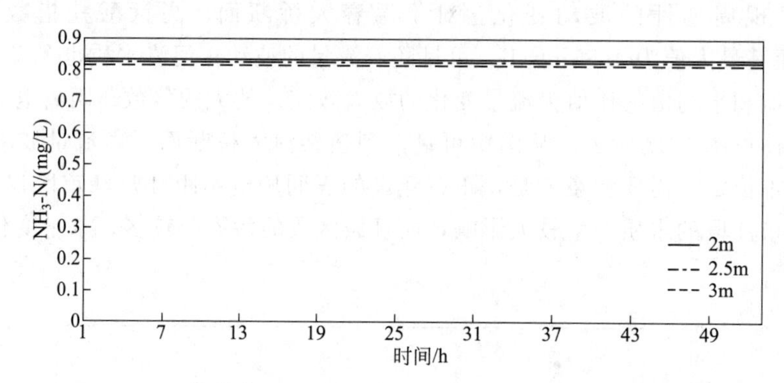

图 5-24 莲花湖不同库水位对柴河大桥断面氨氮的影响

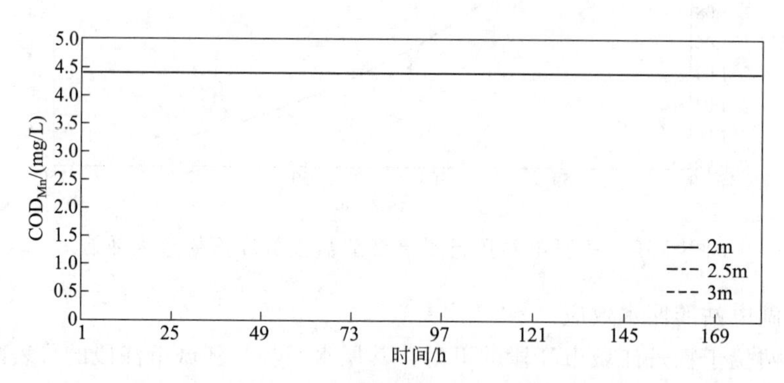

图 5-25 莲花湖不同库水位对温春大桥断面高锰酸盐指数的影响

镜泊湖电站位于石岩电站上游，该电站库容较大，具有较好的调节性能，通过测算，该电站为非完全多年调节水库，通过该电站的调节使得天然的流量过程发生了变化，如图 5-27 所示，其中最显著的变化是提高了枯水期的流量，从天然状态的平均 7.75m^3/s 提高到了 22.70m^3/s。

镜泊湖电站对流量的调节改变了天然流量在年内的分配，减少了丰水期的弃水，抬高了枯水期的流量，不仅使得镜泊湖电站的发电时长和发电效益有所增加，在一定程度上也增加了下游石岩电站枯水期的发电时长，提高了发电收益。同时由于它们的共同影响，石岩电站下游乃至牡丹江城市江段的水环境特征发生了变化。

以 2005 年实际情况为例，镜泊湖电站在枯水期的平均发电量约为 727 万千瓦时，平均

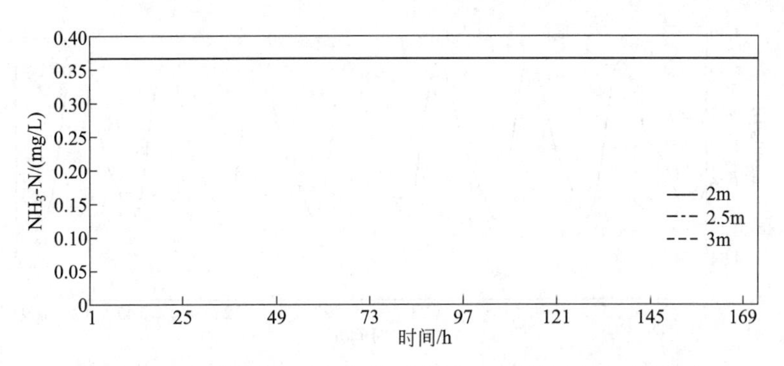

图 5-26　莲花湖不同库水位对温春大桥断面氨氮的影响

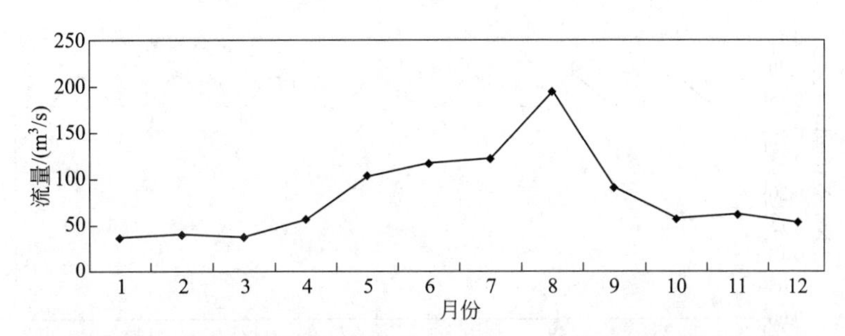

图 5-27　经过镜泊湖调节后的牡丹江干流月平均流量过程

库水位为 345.5m，平均尾水位为 292.8m，工作水头为 52.7m，可以估算出下泄的平均流量大约为 19.55m^3/s。对于石岩电站而言，该流量并不能实现满负荷运行，仍必须实施日内间歇性的发电。据计算，其每天能满负荷（10 台机组发电，2 台备用）条件下工作约 5 个小时，其余时间为蓄水时段，依然取大坝等挡水建筑物的渗流量为 1m^3/s，可以得到在该情况下牡丹江干流温春大桥断面和柴河大桥断面的水文及水环境特性状况如图 5-28～图 5-33 所示。

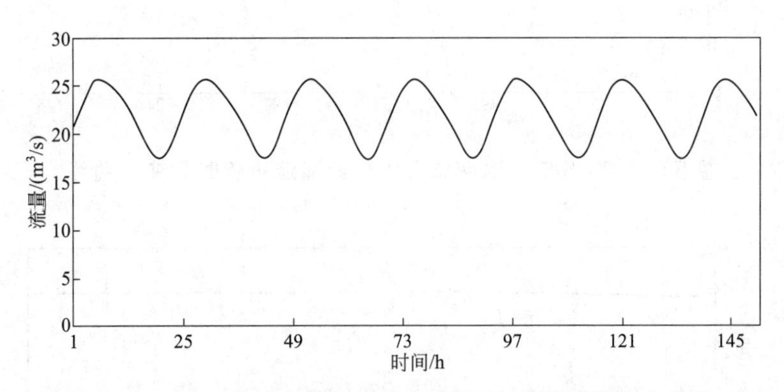

图 5-28　2005 年枯水期温春大桥断面流量随时间变化曲线

由图 5-28～图 5-33 计算结果可知，在镜泊湖电站和石岩电站的共同影响下，温春大桥断面和柴河大桥断面的水文及水环境特征发生了周期性波动，对牡丹江城市江段水环境安全造成了一定威胁。而事实上，牡丹江各年流量并不相同，尤其是枯水期的流量，在以镜泊湖为龙头电站的各级梯级电站的调节下其变化幅度较大。为全面地认识梯级电站群运行对牡丹

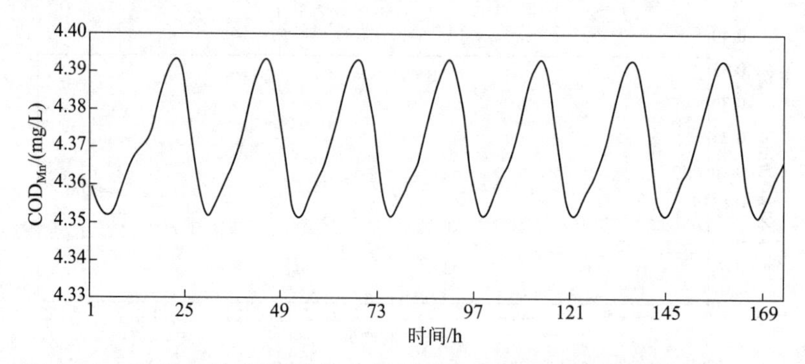

图 5-29　2005 年枯水期温春大桥断面高锰酸盐指数随时间变化曲线

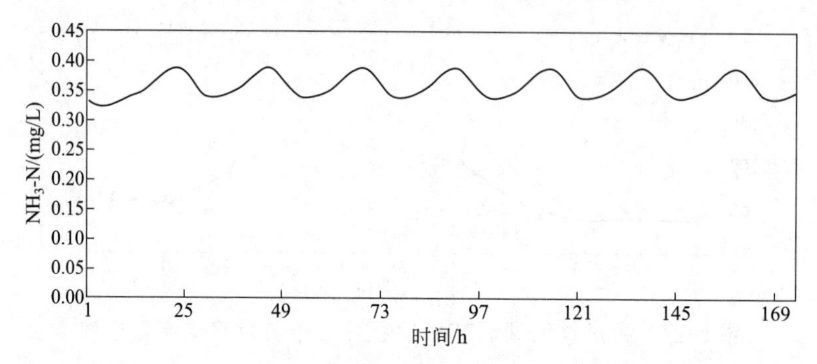

图 5-30　2005 年枯水期温春大桥断面氨氮随时间变化曲线

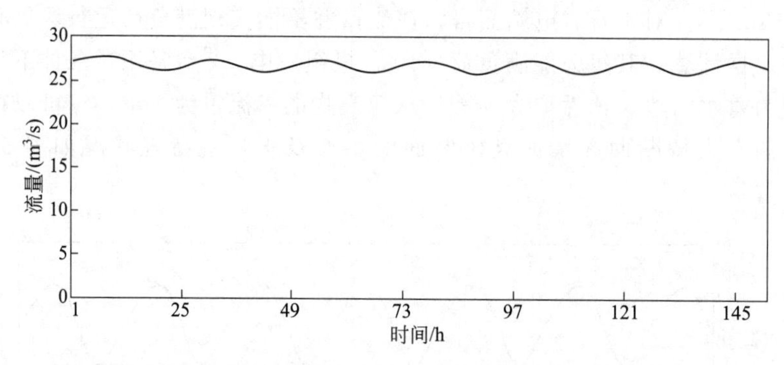

图 5-31　2005 年枯水期柴河大桥断面流量随时间变化曲线

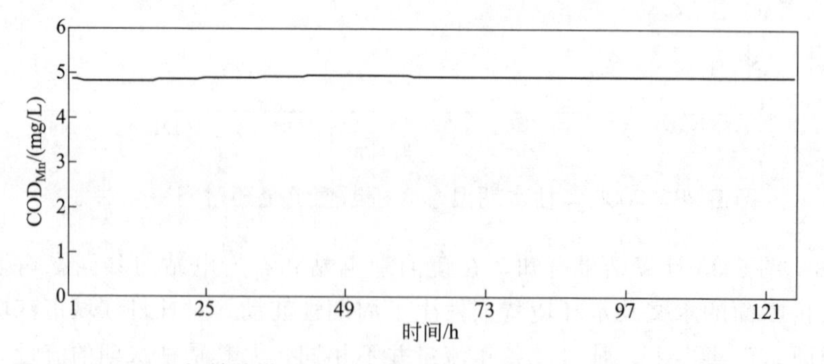

图 5-32　2005 年枯水期柴河大桥断面高锰酸盐指数随时间变化曲线

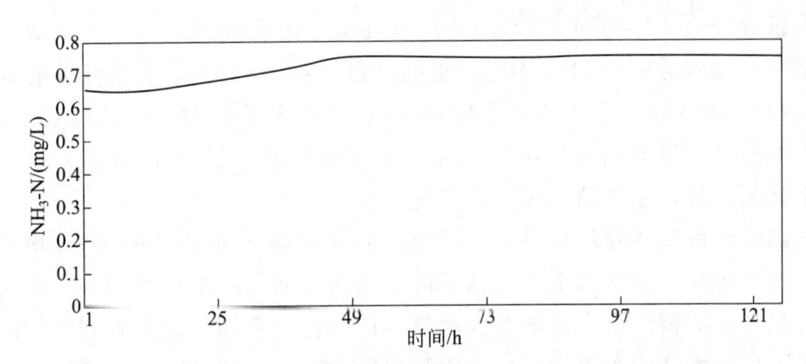

图 5-33 2005 年枯水期柴河大桥断面氨氮随时间变化曲线

江城市江段水环境的影响，以有效地保护和合理地开发牡丹江，需要研究在不同来流量条件下梯级电站的水环境效应。

枯水期流量的变化使得石岩电站在枯水期的发电时间有所不同。本节在研究时分别选取石岩电站发电 2h 蓄水 22h、发电 6h 蓄水 18h 和发电 12h 蓄水 12h 三种工况，以高锰酸盐指数为例研究梯级电站运行对牡丹江城市江段水环境特性的影响。

图 5-34 反映的是温春大桥断面在不同来流条件下经镜泊湖电站和石岩电站共同作用下的水质变化规律。

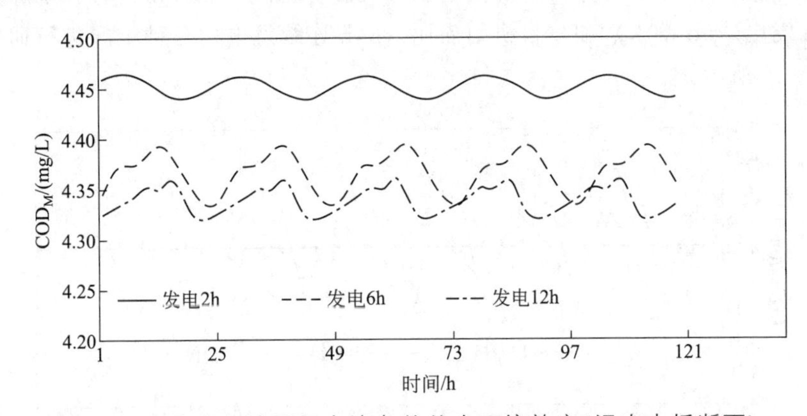

图 5-34 石岩电站不同来流条件的水环境效应(温春大桥断面)

通过该图 5-34 的计算结果可知：无论上游下泄流量多大，只要石岩电站为日内间歇性的发电运行方式，石岩电站下游一定范围内的水质浓度就会呈现一定的波动。此外，图 5-34 显示，在上游水质边界条件一定的前提下，温春大桥断面的污染物指标值有随着来流量的增加而减小的趋势。

(5) 石岩电站运行模式分析

石岩电站 1968 年 9 月由宁安县平安公社（现为乡）自筹资金兴修水轮泵站（称平安泵站），因资金和人力不足而停工，1974 年由县接管，改建成水电站。设计水头 5m，流量 72.5m^3/s，装机 13 台，每台 200kW，总装机容量 2600kW。1976 年年底建成投产发电，1977 年又经当时主管部门省电力工业局批准，进行了电站的第二期工程建设，设计水头 6.2m，流量 107m^3/s，增装 2 台 2500kW 的立式水轮发电机组，1980 年年底建成投产，实行大机（后增）小机联网运行。电站由拦江坝、泄洪闸、进水闸、厂房等建筑物组成。拦江坝为浆砌石溢流坝，长 123m，高 10.6m；坝上交通桥宽 4.64m、长 162m。发电厂房与拦江坝并列在一条直线上，厂房面积1184m^2。小机机组因质量差，运行中事故多，再加上边缘机组尾水堵塞，效率低，1982年进行了更新，将3台200kW的水轮机组报废。1985年装机12台，总容量7000kW，设计多年平均发电量3858万千瓦时。电站建设总投资1233万元。目前石岩电站平均每天的发电时间约为9h，年实际发电量2450万千瓦时，按照上网电价0.24元/千瓦时计算，年产值约为588万元。

从石岩电站的建设及改建历史可知，该电站的建设很不规范，较少考虑电站运行后对水环境及水生生态的影响。而事实上，电站不同的运行方式对下游的影响是非常大的，尤其在枯水期河道水量不足的情况下，影响尤为明显，前文已对不同来流下石岩电站的水环境效应进行了详细的分析，本节侧重研究枯水期内石岩电站不同运行模式的水环境效应，以期获得兼顾水环境和水生生态的电站运行模式。

为分析的方便，石岩电站的上游来流量选取1999—2009年11年间枯水期的平均流量40m^3/s，污染指标选择高锰酸盐指数。

① 机组运行数量的影响　由调研可知，石岩电站安装有机组12台，在不同的来流条件下可以根据需求启用不同数量的机组，从而最大程度减少弃水，提高经济收益。当然不同的机组运行数量亦会对下游河道的水环境和水生生态产生影响，为此，本节设计了几种机组运行模式探讨机组运行数量的水环境效应。

根据枯水期的月平均来流量，分别设定10台机组全部启用（9h发电15h蓄水）、5台机组启用（19h发电，5h蓄水）和4台机组启用（24h连续发电）三种工况进行研究。模拟计算结果如图5-35所示。

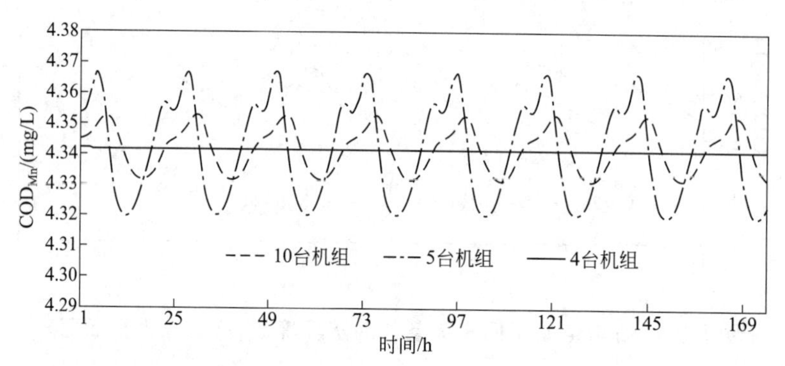

图5-35　机组运行台数对水环境的影响(温春大桥断面)

由图5-35可见，在一定的来流条件下，机组运行数量对水环境的影响较大，机组运行数量越多，单位时间内从电站下泄的流量会越大，因此会引起水质指标的大幅度波动；而随着机组运行数量的减少，电站运行引起的水质指标波动的幅度亦会减小。因此，考虑到下游水质的稳定性，机组运行的台数应适当减少，而要在最大程度上保证机组运行的时间；若要削减突发性污染的瞬时影响，可以增多机组运行的台数，这样可以在一定程度上减小瞬时污染指标的浓度。

② 蓄水期下泄流量的影响　由于枯水期时上游来流量的限制，石岩电站并不能连续长时间发电，而须采用日内间歇性的发电方式，即发电和蓄水交替进行。发电时，下泄流量较大，基本能保证下游河道的生态环境需水量；而在蓄水时，下泄流量较小，常常会对生态系统造成较大的威胁，因此蓄水期下泄流量的大小对下游河道水环境和水生生态的安全有着非

常重要的意义。

下面在枯水期平均流量 $40m^3/s$ 的前提下探讨蓄水期下泄流量分别为 $1m^3/s$（10 台机组发电 10h）、$2.5m^3/s$（10 台机组发电 9h）、$6.7m^3/s$（10 台机组发电 8h）和 $10.9m^3/s$（10 台机组发电 7h）时温春大桥断面高锰酸盐指数随时间的变化规律，结果如图 5-36 所示。

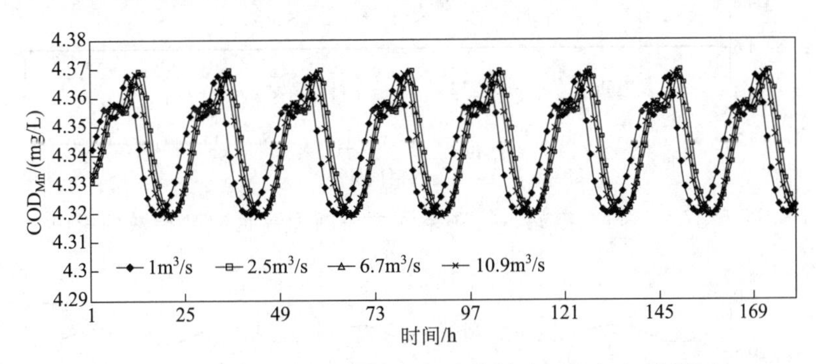

图 5-36　蓄水期下泄流量的水环境效应(温春大桥断面)

由图 5-36 可见，不同的蓄水期下泄流量引起了温春大桥断面高锰酸盐指数波动相位的轻微变化，但对温春大桥水质指标峰谷值影响较小，分析原因主要是因为温春大桥断面距离石岩水库已经达 30km 以上，耗散作用使得石岩电站下泄流量的峰谷变化特征渐趋模糊，无法传递较长的距离。

5.4.3　三间房电站对城区水质的影响

三间房电站拟建设在牡丹江干流，上游距镜泊湖电站 100km，距石岩电站 46.7km，下游距牡丹江市区 14km，电站为径流河床式电站，整个枢纽由厂房和泄洪闸构成，厂房布置在右岸，厂房左侧是 7 孔泄洪闸。总装机容量 12 MW，单机容量 3 MW，设计水头 5.90m，正常蓄水位 241.00m，水库总库容为 $2.143\times10^7m^3$。电站采用灯泡贯流式机组，选用 4 台 GZSR1-WP-275 型水轮机，单机过流量 $60.3m^3/s$，选用 4 台 SFWG3000-32/2960 型发电机组。三间房电站 2010 年 9 月开工，目前正在建设过程中。

按照 1999—2010 年牡丹江水文站水量统计，从 12 月到次年 3 月的月平均流量为 $51.6m^3/s$、$33.2m^3/s$、$34.9m^3/s$、$42.2m^3/s$，考虑到海浪河的汇入，1～3 月份三间房的来流量应小于 $40m^3/s$。而三间房的单机过流量为 $60.3m^3/s$，则水库的水量仅能维持 12d 左右（按照总库容计算），因此三间房电站难免出现断流现象，对下游水生生态环境造成影响。

三间房电站距离牡丹江市区更近，而市区的污染负荷更大，其建成以后将对牡丹江城市江段的水环境特性造成更大的影响。因此，本节在设计资料的基础上探讨了三间房电站的水环境效应，尤其是枯水期的水环境效应。为保证发电效益，三间房电站在枯水期亦采用日内间歇性的发电方式，发电时过流总流量为 $60.3m^3/s$，而停机蓄水时挡水建筑物的泄流量为 $1m^3/s$。

由于不同的时间段内流量并不相同，为比较不同来流量条件下三间房电站的水环境效应，需设计多种工况进行比较分析。根据牡丹江站 1999—2009 年的水文资料，可以推知三间房电站 12 月到 3 月的月平均流量在 20～$35m^3/s$ 之间。鉴于此，本节设计了发电 6h（合上游来流量为 $15.5m^3/s$）、发电 12h（合上游来流量为 $29.95m^3/s$）、持续发电（合上游来流量为 $58.9m^3/s$）3 种工况进行比较分析，结果如图 5-37 和图 5-38 所示。

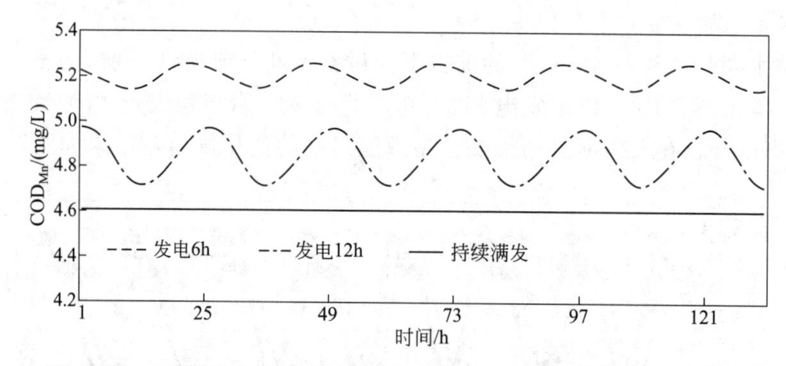

图 5-37　三间房电站运行对柴河大桥断面高锰酸盐指数的影响

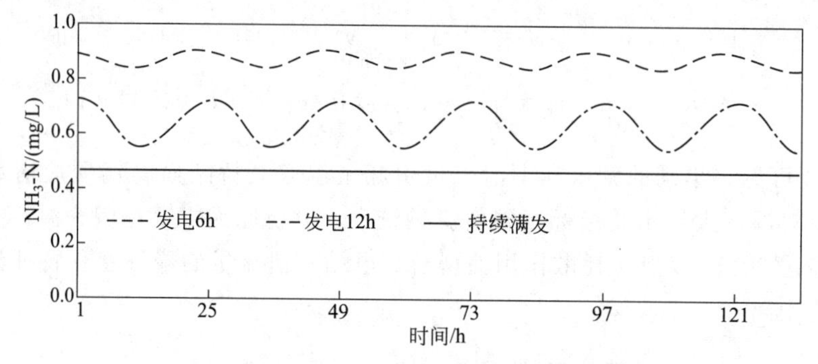

图 5-38　三间房电站运行对柴河大桥断面氨氮指数的影响

由图 5-37 和图 5-38 可见，随着上游来流量的增加，发电时长增加，高锰酸盐指数和氨氮指标总体呈下降的趋势，利于水质改善，这与图 5-15 所得到的结论一致。

此外，由于日内间歇性的发电方式使得柴河大桥断面的水质指标亦呈现随时间波动的特征，而波动的幅度与发电的时长有关。在设计的三种工况中，氨氮波动的最大值和最小值之差的最大时达到 0.2mg/L，可见，三间房电站建成以后其对牡丹江城市江段的影响将非常显著，而且该影响将会远远大于石岩电站的影响，因此需加强对三间房电站的管理。另外，比较高锰酸盐指数和氨氮的变化，可以看到水量的变化对氨氮的影响更为显著，主要是因为城区江段氨氮的污染相对更为严重，需要加强对氨氮负荷的监控。

5.5　城市江段生态环境需水量分析

随着社会经济发展，水资源短缺和生态环境压力越来越严重，国内外普遍认识到必须保证水体的生态环境用水，促进人与自然的和谐共处，维护社会可持续发展。国外生态环境需水量方面的研究开展得较早，20 世纪 40 年代美国鱼类和野生动物保护协会就开始对河道内的流量进行研究，并于 1971 年出台了确定自然和景观河流基本流量的方法，但直到 20 世纪 90 年代以来，生态环境需水量才成为全球关注的热点，国内外开展了大量确定水体生态环境用水量的研究和实践，尽管如此，对生态环境需水的概念、内涵与外延尚没有一个统一的严格定义。

在美国，环境用水是指服务于鱼类和野生动物、娱乐及其他美学价值类的水资源需求。主要包括四个方面：①自然和景观河流的基本流量；②河道内用水，用于航运、娱乐、鱼类和野生动物以及景观等美学价值等的用水；③湿地用水，主要指湿地保护区的需水；④海湾和三角洲的流量，为保持和控制海湾和三角洲的环境所需水量。在我国，1990年的《中国水利百科全书》将环境用水量定义为："改善水质、协调生态和美化环境等的用水"。具体说，"改善水质"即对于河流，应保证枯水期的最小流量，使其得到一定的污径比，以改善水质；"协调生态"即根据不同鱼类区系、鱼类组成及生理习性来考虑维持鱼类生态环境用水；"美化环境"即对于旅游区的水库、湖泊和河流，应考虑旅游景观和通航要求，保持一定的湖面和水深。对于生态需水量，目前尚未有得到公认的定义，崔树彬认为，生态需水量是指维持生态系统的生物群落和栖息环境的动态稳定的需水量，不但和生态系统的生物群体结构有关，还与气候、土壤、地质等因素有关。

然而，对于一个生态系统而言，生态和环境是相辅相成的，以上定义着重于单独的"生态需水"和"环境需水"，忽视了生态和环境的不可分割性和概念上的重叠，单独讨论生态需水或环境需水都是不恰当的，需要结合起来讨论。由中国工程院组织的43位院士和近300位院外专家参加完成的《21世纪中国可持续发展水资源战略研究》认为，生态环境需水量，广义上说，可被认为是维持全球生物地理生态系统水分平衡所需的用水量，包括水热平衡、水沙平衡、水盐平衡及其他。狭义地讲，可以看作是维护生态环境不进一步恶化并有所改善所需要的水资源总量，包括为保护和恢复内陆河流下游天然植被及生态环境的用水量，水土保持及其范围之外的林草植被建设用水量，维持河流水沙平衡及湿地和水域等生态环境的基流、回补区域地下水的水量等方面。广义的生态环境需水概念对研究不同尺度的水资源系统和考虑各种系统的功能及其相应的物质运动较为适用，而狭义的生态环境需水定义对水资源供需矛盾突出和生态环境相对脆弱的干旱、半干旱地区以及季节性干旱的半湿润区的系统分析相对适合。以上对生态环境需水量的界定不但综合考虑了环境和生态，而且还从广义和狭义两方面解释了生态环境需水量的具体概念，而这一概念具有很强的功能指向性。

河流生态环境需水量是维护河流生态环境的天然结构与功能所需的水量，包括河道内生态环境需水量和河道外生态环境需水量，主要包含：①河流系统中天然和人工植被耗水量，包括水源涵养林、水土保持措施及天然植被和绿洲防护林带的耗水量；②维持水生生物栖息地所需要的水量；③维持河口地区生态平衡所需水量；④维持河流系统水沙平衡的输沙入海水量；⑤维持河流系统水盐平衡的入海水量；⑥保持河道系统一定的稀释净化能力的水量；⑦保持水体调节气候、美化景观等功能所损耗的蒸发量；⑧维持合理地下水位所必需的入渗补给水量等。河流生态需水量不是上述各分项的简单相加，而应根据它们之间的相互关系来分析确定。如对于大多数河流而言，在基本生态环境需水量和输沙水量得到保证的前提下，河流系统同样也能完成排盐的功能，同时也能供一部分的水生生物栖息地所需要的水量；又如，河流系统的水面蒸发还可以供植物的生长需要。

5.5.1 生态环境需水量计算方法

河流生态环境需水量的各个组成部分可能在一定的水量范围内相互涵盖，即在一定水量范围内其他功能被同时部分地或全部地满足。因此，河流生态环境需水量的确定需要在综合考虑河流各种功能的基础上遵循如下几个原则，以使结果更为科学：①河流生态环境用水应该按照功能性需求原则确定满足河流各项功能目标的具体需水；②在主要生态与环境功能所确定的各项需水量中部分类型具有兼容性，计算时应认真区分，以免重复计算；③河川径流是一年四季不断变化的，因而河流生态环境需水量的计算必须按照分时段考虑原则对年内不同时段（如洪水期、汛期、非汛期、全年时段等）分别加以讨论；④河流生态环境需水量在不同河段也会有很大差别，因此需要按照分河段考虑原则进行考察；⑤在不同的时段或河段，河流各项功能的重要程度有所不同，应该按照主功能优先原则确保河流系统功能主要目标的实现；⑥对具有兼容性的各项生态环境需水量，分别计算各项需水量之后，以最大值作为最终的需水量。

国内外已开展了大量确定河流生态环境用水量的研究和实践，目前主要的方法可概括为以下几类。

（1）水文学法

该法又称作标准设定法或快速评价法，是根据简单的水文指标对河流流量进行设定，例如平均流量的百分率或者天然流量频率曲线上的保证率，代表方法有 Tennant 法、Texas 法等。Tennant 法是以预先确定的年平均流量百分数作为河流推荐流量，应用较为普及。Tennant 在分析美国 11 条河流的断面数据后，发现河宽、水速和深度在流量小于年平均流量的 10%时增加幅度较大，当流量大于年平均流量 10%时，这些水力参数的增长幅度下降，于是提出将年平均流量的 10%作为水生生物生长低限，年平均流量的 30%作为水生生物的满意流量。该法具有简单快速的特点，较适合于确定大河流的流量，但缺点是没有考虑到流量的季节变化，没有区分干旱年、湿润年和标准年的差异，没有考虑河流形状。Texas 法进一步考虑了季节变化因素，它将 50%保证率下月流量的特定百分率作为最小流量。该法是根据各月的流量频率曲线进行计算，其中特定百分率是以研究区典型植物以及鱼类的水量需求设定的。由于 Texas 河流都属于暖水性河流，所以该法更适合于流量变化主要受融雪影响的河流，其他类型河流应用 Texas 法需要对标准做进一步研究。

水文学方法因为简单方便，目前依然是国内外应用最为广泛的方法之一，通常用在规划阶段生物学资料不够丰富的河流中。

（2）水力学法

水力学方法是根据河道水力参数（如宽度、深度、流速和湿周等）确定河流所需流量，所需水力参数可以实测获得，也可以采用曼宁公式计算获得，代表方法有湿周法、R2Cross 法等。湿周法是依据湿周和流量的变化关系确定河流流量，具体过程是首先根据现场调查资料绘制湿周流量关系图，然后确定关系曲线中湿周随流量增加所表现出的增长变化点，最后根据该变化点确定河流推荐流量。不同河流的湿周-流量曲线的变化点不尽相同，有些变化点在最大可利用湿周的 80%之处，有些变化点对应平均流量的 50%，以 Tennant 曾研究河流为例进行验证，发现平均流量的 10%相当于最大湿周的 50%，平均流量的 30%接近于最大湿周。R2Cross 方法认为河流流量的主要生态功能是维持河流栖息地，尤其是浅滩栖息地，其采用河流宽度、平均水深、平均流速以及湿周率等指标来评估河流栖息地的保护水平，从而确定河流目标流量。R2Cross 法是以曼宁公式为基础，根据一个河流断面的实测资料，确定相关参数，并将其代表整条河流。该法比水文学方法相对复杂，而且用一个河道断面水力参数代表整条河流，容易产生误差。

水力学法的优点是只需要进行简单的现场测量，不需要详细的物种生境关系数据，数据容易获得。其缺点是体现不出季节变化因素，通常不能用于确定季节性河流的流量。国内部分河流目前还采用水力学方法，该类方法最早出现在北美，在国外也主要应用在北美，目前已逐渐被淘汰，取而代之的是在水力学方法上发展起来的生境模拟法。

（3）生境模拟法

生境模拟法是对水力学方法的进一步发展，最早出现在北美，目前也主要在北美得到广泛应用。它是根据指示物种所需的水力条件确定河流流量，目的是为水生生物提供一个适宜的物理生境。该类方法中比较有代表性的当属20世纪70年代末由美国科罗拉多州渔业和野生动物保护组织（USFWS）研制开发的IFIM法。该法包括一系列能够在Windows环境下操作的水力学和栖息地模型，这些模型模拟流速变化和栖息地类型的关系，通过水力学数据和生物学信息的结合，决定适合于一定流量的主要的水生生物及栖息地。通常，IFIM法保证的是鱼类或无脊椎动物的环境用水，近几年，该法经过改进也可用来保证河流其他生态功能的环境用水。继IFIM法之后，又出现了CASIMIR法等，该类方法采用的水力学模型越来越复杂，需要的生物栖息地资料也越来越详细。

因为生境方法可定量化，并且是基于生物原则，所以目前被部分学者和管理者认为是最可信的评价方法。

（4）整体分析法

南非的BBM法大概是最早出现的整体分析法，也是目前世界上应用最广泛的整体分析法。基于BBM法，后来又出现了其他一些整体分析法，如DRIFT法、综合BBM和DRIFT的方法等。澳大利亚是除南非外另一个应用整体分析法较多的国家，早期以不同专家的判断为主要依据，后来又开发出一些比较综合性的方法，其中最有名的是FLOWRESM法。无论是发达国家还是发展中国家，环境流量法的开发和应用越来越依赖于多学科理论。

我国目前应用非常广泛的功能设定法也是一种整体分析法。根据河流系统生态环境需水量的定义，分析河流的各项功能，对实现各河流功能所需水量进行计算，将计算结果按照拟定的原则综合考虑，最后得出相应的生态环境需水量。河道生态需水量包括维持河流生态系统的生态基流、河流入渗生态需水量、河流水面蒸发生态需水量等，即：

$$Q_{eco}=Q_p+Q_s+Q_e \tag{5-11}$$

式中，Q_p、Q_s和Q_e分别表示河道生态基流、入渗和水面蒸发需水量。

环境需水量Q_{env}包括污染物自净需水量、维持河流水沙平衡需水量、河流入海保证水量、地下水超采回补需水量等，即：

$$Q_{env}=Q_d+Q_t+Q_f+Q_g+Q_s+Q_e \tag{5-12}$$

式中，Q_d、Q_t、Q_f和Q_g分别表示污染物自净需水量、维持河流水沙平衡需水量、河流入海保证水量、地下水超采回补需水量。

河流入渗和水面蒸发需水量是和生态需水量重复计算的部分。

（5）组合法和其他方法

上述四类方法是目前国内外应用最为广泛的生态环境需水量计算方法。如果组合上述几种方法共同确定河流的生态环境需水量，通常被称为组合法。另外还有一些不太常用的方法，比如利用多元回归，或者神经网络等计算生态环境需水量的方法。对目前常用的计算方法的比较见表5-7。

由于功能设定法依据性强、计算结果明确，而且在国内应用比较广泛，本节选用该方法对牡丹江城市江段河道内生态环境需水量进行计算。

表 5-7　不同河道生态环境需水量计算方法比较

方法	评价方式	适用条件	优点	不足
水文学法	水文指标	任何河流	计算简便，不需要现场测量	不适用于污染严重的河流
水力学法	水力参数	稳定性河流	简单的现场测量	无法体现季节性
生境模拟法	生境适宜性曲线	动物、微生物存在	理论依据充分	需要大量人力物力、操作复杂
功能设定法	河流功能	任何河流	按照功能对河流细分，计算结果更加科学	计算较为复杂

5.5.2　城市江段生态需水特征

根据牡丹江市环境监测站的资料，牡丹江流域受气候及地形的影响，降水量略大于水面蒸发量，二者近似平衡，故维持河流水面蒸发所需的生态需水量 Q_e 可以不作考虑。同时，牡丹江流域地下水开采量小，维持河道渗漏所需的生态需水量 Q_s 和地下水超采回补需水量 Q_g 也可以忽略不计。作为松花江一级支流，牡丹江不直接入海，不需要考虑海水倒灌等，入海保证水量 Q_f 不用考虑。牡丹江泥沙观测资料仅限于悬移质，推移和跃移质没有观测资料，资料表明牡丹江流域多年平均输沙量476万吨（含上游境外来沙）。输沙主要集中在汛期，约占年输沙总量的80%。牡丹江流域的含沙量不大，因此一般不必考虑输沙需水量。

综上所述，根据以往研究成果，牡丹江干流生态环境需水量主要需要考虑生态基流和污染物自净需水量。河流基本的生态环境需水量主要用以维持水生生物的正常生长，对于常年性河流而言，维持河流的基本生态环境功能不破坏，就是要求年内各时段的河川径流量都维持在一定的水平上，不出现诸如断流等可能导致河流生态环境功能破坏的现象。河流水质被污染，将使河流的生态环境功能遭受直接的破坏，因此河道内必须留有一定的水量来维持水体的自净功能，保证河流水质达标。

5.5.3　生态基流的计算

牡丹江生态资料较少，对于生态基流，采用水文学方法，原国家环境保护总局办公厅《关于印发水电水利建设项目水环境与水生生态保护技术政策研讨会会议纪要的函》（环办函［2006］11号）推荐，维持水生生态系统稳定所需最小水量一般不应小于河道控制断面多年平均流量的10%（当多年平均流量大于80m³/s时按5%取用），在生态系统有更多更高需要时应加大流量。但不同地区、不同规模、不同类型河流，同一河流不同河段的生态用水要求差异较大，应针对具体情况采取合适的计算方法予以确定，并根据生态系统不同月份、不同季节对流量的要求，给出年内下泄流量过程线。

为了反映不同水期的生态用水需求，取1999—2009年11年期间内，牡丹江水文站的逐月平均流量的最枯值作为城市江段对应月份的生态基流（见表5-8和图5-39）。同时采用11年期间平均流量的10%作为校验值，即当计算所得生态基流小于校验值时，取校验值为最终的生态基流值。

表 5-8　牡丹江水文站 1999—2009 年的各月平均流量

年份	平均流量/（m³/s）											
	1月	2月	3月	4月	5月	6月	7月	8月	9月	10月	11月	12月
1999	30.8	59.0	46.5	173.5	229.2	180.5	92.3	99.8	54.4	41.5	28.6	29.8
2000	19.9	20.5	26.7	56.4	136.0	127.4	184.6	302.9	422.4	177.5	70.3	77.9
2001	38.1	33.4	40.5	143.8	209.3	163.8	329.7	501.2	91.9	76.7	61.9	58.3
2002	38.6	40.0	49.9	108.2	186.0	210.9	341.2	980.9	224.2	86.5	74.3	52.3
2003	37.8	31.4	46.2	87.1	88.0	93.7	177.3	213.6	94.2	82.3	62.6	50.2
2004	36.3	40.8	58.2	144.3	246.0	154.0	181.1	232.2	97.3	70.4	91.2	35.1
2005	27.5	29.4	39.7	140.6	364.3	276.7	420.5	437.1	187.7	91.8	74.8	45.1
2006	35.4	30.9	36.6	72.0	113.1	275.4	158.8	290.4	94.4	66.4	72.5	57.8
2007	32.2	34.3	42.4	150.0	300.9	189.6	101.2	144.3	143.9	64.6	59.3	55.7
2008	35.1	32.1	41.7	52.3	127.8	197.6	241.5	303.4	99.2	70.8	96.0	59.5
2009	33.4	32.0	35.8	112.4	137.7	174.8	351.6	275.1	112.3	77.7	45.8	45.5

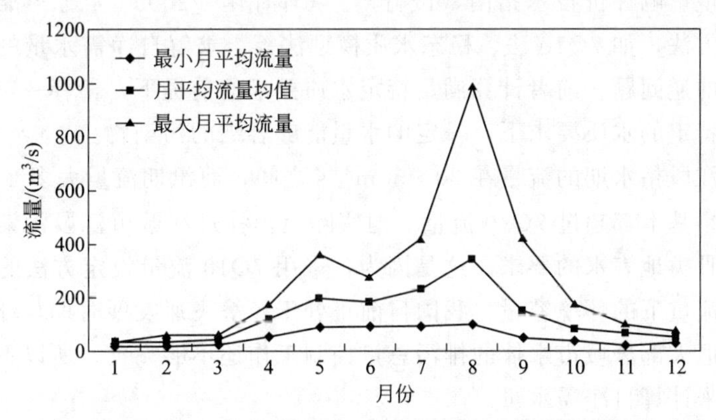

图 5-39　牡丹江水文站 1999—2009 年逐月平均流量统计

由表 5-8 和图 5-39 可以计算牡丹江水文站的生态基流，计算结果如表 5-9 所示，由表 5-9 可见，牡丹江城市江段的逐月最枯平均流量，均大于多年平均流量的 10%，所以取前者为牡丹江城市江段的生态基流，如图 5-40 所示。

表 5-9　牡丹江水文站生态基流计算　　单位：m³/s

月份	1	2	3	4	5	6	7	8	9	10	11	12
最枯值	19.9	20.5	26.7	52.3	88.0	93.7	92.3	99.8	54.4	41.5	28.6	29.8
平均值	33.2	34.9	42.2	112.8	194.4	185.8	234.5	343.7	147.4	82.4	67.0	51.6
最大值	38.6	59.0	58.2	173.5	364.3	276.7	420.5	980.9	422.4	177.5	96.0	77.9
校验值	12.7	12.7	12.7	12.7	12.7	12.7	12.7	12.7	12.7	12.7	12.7	12.7

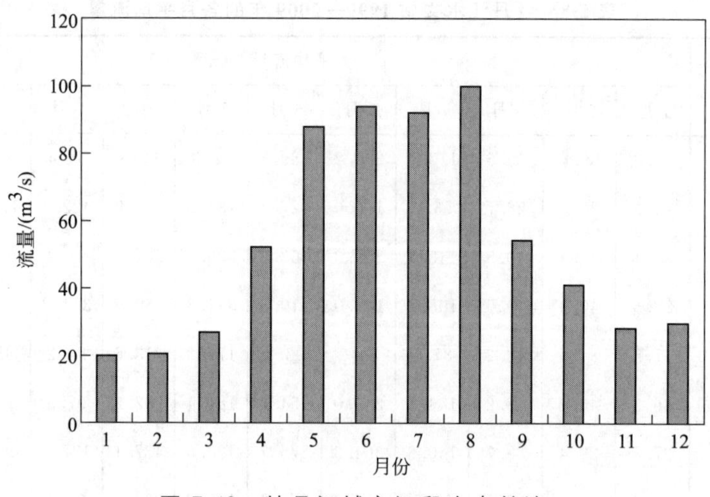

图 5-40 牡丹江城市江段生态基流

5.5.4 自净需水量的计算

原国家环境保护总局环境工程评估中心颁布的《水电水利建设项目河道生态用水、低温水和过鱼设施环境影响评价技术指南（试行）》（环评函［2006］4 号）推荐了一些常用的自净需水量计算方法，如 7Q10 法、稳态水质模型法等。求解自净需水量的过程，可以看作求解水环境容量的逆问题。前者计算满足特定水质要求的前提下，稀释一定量污染物需要的水量；后者计算特定的水质要求下，一定的水量能够容纳的污染物。

牡丹江城市江段枯水期的流量在 30～50m^3/s 之间，而汛期流量大多 200m^3/s 以上，甚至达到 400m^3/s，基本都超过 7Q10 流量。但实际上，牡丹江城市江段污染比较严重，水质达不到功能区划Ⅲ类地表水的要求。这是因为，采用 7Q10 流量设定方法的前提是，水体的纳污量不超过该流量下的环境容量。我国目前正处于经济飞速发展时期，环保工作虽然取得了长足的进步，但大部分城市水体的排污总量控制工作还不够完善，所以不能简单沿袭发达国家采用的方法来计算自净需水量。

本节采用前文建立的一维水流-水质数值模型，对牡丹江城市江段的自净需水量进行计算。计算区域为西阁断面至柴河大桥断面江段，以柴河大桥断面为控制断面，以 COD 和氨氮作为控制性污染指标。设定多种工况，计算上游来水满足水环境功能区划，即满足地表水Ⅱ类标准时，在 2009 年的排污情况下，使柴河大桥断面亦能满足水环境功能区划，即地表水Ⅲ类标准所需的水量，取该水量为牡丹江城市江段的自净需水量。计算过程中河道摩阻系数、离散系数、污染物降解系数等取值方法，都与本章前面的内容一致。设计的工况如表 5-10 所示，其中极端枯水取 11 年间的最枯月平均流量，计算所得柴河大桥断面的水质结果如表 5-11 所示。由表 5-11 中的结果，绘制柴河大桥断面污染物浓度随流量变化的关系曲线如图 5-41 所示。

为了使柴河大桥断面的水质达到区划要求，COD 和氨氮浓度应分别不大于 20.0mg/L 和 1.0mg/L，由图 5-41 中的结果可见，当上游断面满足水环境功能区划时，在 2009 年的排污情况下，COD 浓度是影响自净需水量的主要因素，由图 5-41 内插可得自净需水量约为 28.0m^3/s。

表 5-10 自净需水量计算工况

设计工况	Q/（m³/s）
丰水 75%保证率流量	103.95
丰水期 90%保证率流量	94.27
平水期 75%保证率流量	86.89
平水期 90%保证率流量	70.50
枯水期 75%保证率流量	32.03
枯水期 90%保证率流量	29.55
极端枯水	19.9

表 5-11 2009 年排污负荷下柴河大桥断面计算结果

工况	Q/（m³/s）	氨氮/（mg/L）	高锰酸盐指数/（mg/L）
丰水期 75%保证率流量	103.95	0.474	16.349
丰水期 90%保证率流量	94.27	0.488	16.456
平水期 75%保证率流量	86.89	0.502	16.537
平水期 90%保证率流量	70.50	0.508	16.979
枯水期 75%保证率流量	32.03	0.622	19.433
枯水期 90%保证率流量	29.55	0.634	19.862
极端枯水	19.9	0.697	22.205

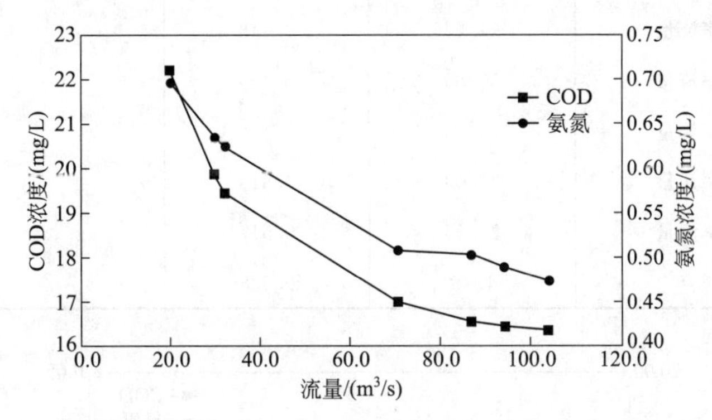

图 5-41 2009 年排污负荷下柴河大桥断面污染物浓度-流量关系曲线

5.5.5 牡丹江城市江段生态环境需水量

目前比较广泛的认识是，河道生态环境需水量取生态需水量和环境需水量中的较大值，即：

$$Q_{ee} = \max(Q_{eco}, Q_{env}) \tag{5-13}$$

式中，Q_{ee}、Q_{eco}和Q_{env}分别指生态环境需水量、生态需水量和环境需水量。

根据前文的计算，可以得到牡丹江城市江段逐月的生态环境需水量，即城市江段的生态需水过程（见图 5-42）。

由图 5-42 可见，牡丹江城市江段生态环境需水量呈现明显的季节特征，除枯水期外，

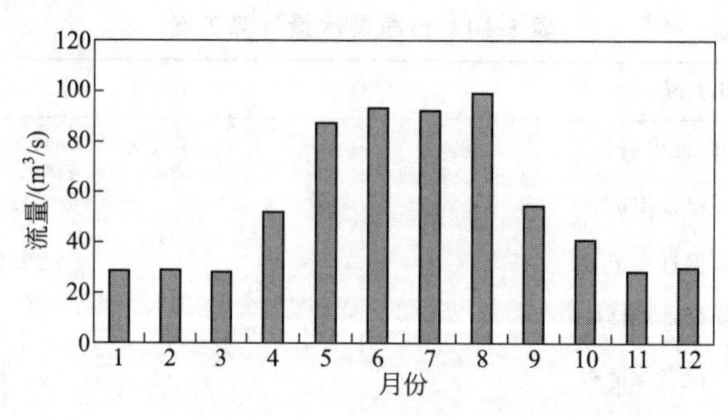

图 5-42　牡丹江城市江段生态环境需水过程

城市江段的自净需水量都小于生态基流，说明保证牡丹江城市江段生态环境需水量的关键在于保证污染物自净用水。由于生态基流值根据最枯月平均流量确定，可见除枯水期外，城市江段的流量基本能够满足生态环境要求。但是，该生态环境需水量计算过程中，假设上游来水满足水环境功能区划要求，该条件目前并不满足，需要按照控制单元的原则加强城市江段上游的污染物减排工作。另外，还需要进一步调查牡丹江流域的生物生境，细化和完善生态需水量的计算。

在上述计算基础上，依据 2010 年的排污数据，对自净需水量进行计算，结果如表 5-12 和图 5-43 所示。

表 5-12　2010 年排污负荷下柴河大桥断面计算结果

工况	Q/（m^3/s）	氨氮/（mg/L）	高锰酸盐指数/（mg/L）
丰水期 75％保证率流量	103.95	0.437	15.174
丰水期 90％保证率流量	94.27	0.448	15.198
平水期 75％保证率流量	86.89	0.453	15.219
平水期 90％保证率流量	70.50	0.456	15.279
枯水期 75％保证率流量	32.03	0.513	15.653
枯水期 90％保证率流量	29.55	0.517	15.711
极端枯水	19.9	0.538	16.035

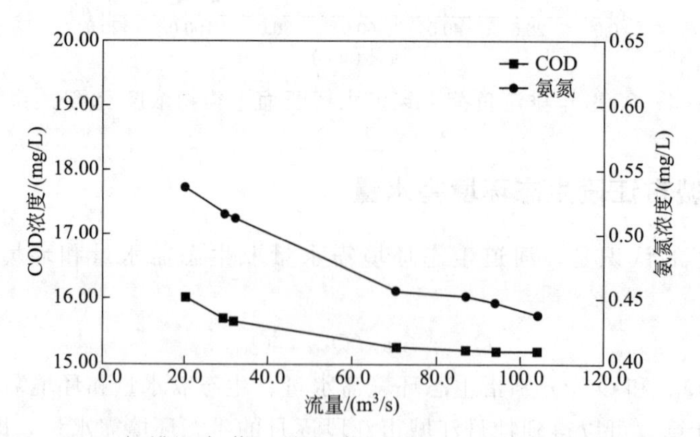

图 5-43　2010 年排污负荷下柴河大桥断面污染物浓度-流量关系曲线

由表 5-12 和图 5-43 可见，在 2010 年的排污负荷下，自净需水量在任何水期都小于生态基流值，说明污染物减排能够显著提高生态环境需水量保证率。

5.6 本章小结

梯级电站在带来丰厚社会和经济效应的同时，也对水环境产生诸多的负面影响。本章以牡丹江干流梯级电站的水环境效应为目标，建立了水质模拟分析的水温和水质模型，模拟预测了镜泊湖的水温变化和城区江段的水质状况；在归纳总结水电站运行特性的基础上，利用水质模型模拟分析了电站运行对水质的影响；最后对城区江段的生态蓄水量进行计算分析。具体工作和结论如下：

① 建立了适合镜泊湖水库的垂向一维水温模型，垂向扩散系数的计算中考虑了水面风速和出入流的影响。通过对镜泊湖水温分布模拟，发现镜泊湖一般会在 7 月份和 8 月份出现稳定分层，底层水温受风速和入库水量的影响。

② 建立了城区江段的纵向一维水流水质模型，考虑了冰盖对糙率、纵向离散的影响。利用试算法对牡丹江 COD 和氨氮的降解系数进行了率定，建议 COD 降解系数丰水期、平水期、枯水期分别取 $0.05d^{-1}$、$0.03d^{-1}$、$0.01d^{-1}$；氨氮分别取 $0.40d^{-1}$、$0.20d^{-1}$、$0.05d^{-1}$。

③ 通过数值模拟，系统分析了水电站运行对城区江段的影响：a. 镜泊湖的年调节可以增加枯水期水量，水量增加能有效改善水质，这种改善在枯水期最为显著，应保证枯水期的流量；b. 莲花湖水库水位的变化对柴河断面的水质影响较小；c. 石岩电站流量的日变化过程对柴河断面水质影响不大，但对温春断面影响较大；d. 镜泊湖和石岩电站的联合条件使得流量日变化的影响度随来流流量的变化而变化，流量越小影响越大。需要指出的是，三间房电站建成后日调节可能对城区水质产生较大影响，需要引起相关部门注意。

④ 总结了国内外生态环境需水量的计算方法，得到了适合牡丹江流域的生态需水量计算方法，分别通过水文方法和数值模拟方法得到了城区江段的生态需水量和环境需水量，进而计算得到牡丹江城市江段各个月份生态环境需水量。

参考文献

[1] 马欢，李亚强. 松花江哈尔滨江段水环境容量计算对比研究 [J]. 哈尔滨商业大学学报（自然科学版），2007，23（4）：415-418.

[2] 韩言柱，翟素军，孙洪涛. 由河流流速、COD浓度估计河流COD衰减系数的经验模型 [J]. 中国环境监测，1998，14（5）：40-42.

[3] 刘忠熳. 松花江哈尔滨市江段地表水环境容量测算及总量控制研究 [D]. 长春：吉林大学环境与资源学院，2006.

[4] Islam A，Raghuwanshi N S，Singh R，et al. Comparison of gradually varied flow computation algorithms for open-channel network [J]. J. Irrig. Drain. Eng.，2005，131（5）：457-465.

[5] Nguyen Q K，Kawano H. Simultaneous solution for flood routing in channel networks [J]. J. Hyd. Eng.，1995，121（10）：744-750.

[6] 张二骏，张东生，李挺. 河网非恒定流三级联合算法 [J]. 华东水利学院学报，1982，（1）：1-13.

[7] 吴寿红. 河网非恒定流四级解算法 [J]. 水利学报，1985，8：42-50.

[8] 侯玉，卓建民，郑国权. 河网非恒定流汊点分组解法 [J]. 水科学进展，1999，10（1）：48-52.

[9] 吕满英，江洧，詹杰民. 河网节点水流连接条件处理方法研究 [J]. 人民黄河，2007，29（3）：31-32.

[10] ZHU D J，CHEN Y C，WANG Z Y. A novel method for gradually varied subcritical flow simulation in general channel

networks [C]. 33rd IAHR Congress: A, Vancouver, Canada, 2009: 6327-6335.
[11] 陈永灿，王智勇，朱德军等. 一维河网非恒定渐变流计算的汊点水位迭代法及其应用 [J]. 水力发电学报，2010，29 (4)：140-147.
[12] Environmental Laboratory. CE-QUAL-RIV1: A dynamic, one-dimensional (longitudinal) water quality model for streams: user' s manual, instruction report EL-95-2 [R]. Vicksburg, MS: U. S. Army Engineer Waterways Experiment Station, 1995.
[13] 谢作涛，张小峰，谈广鸣. Holly-Preissmann格式的改进 [J]. 水利水运工程学报，2002，1：12-17.
[14] 李炜. 环境水力学进展 [M]. 武汉：武汉水利电力大学出版社，1999.
[15] JAMES A. An introduction to water quality modeling [M]. 2nd ed. John Wiley &Sons Ltd. 1993.
[16] ORLOB G T. Mathematical modeling of water quality: streams, lakes and reservoirs [M], IIASA, John Wiley &Sons Ltd. 1983.
[17] IMBERGER J, et al. Dynamics of reservoir of medium size [J]. J. of the Hyd. Div.: ASCE, 1978, 5 (104): 725-743.
[18] HUBER W C, HARLEMAN D R F. Temperature prediction in stratified reservoirs [J]. J. Hyd. Div.: ASCE, 1972, 4 (98): 645-666.
[19] HARLEMAN D R F. Hydrothermal analysis of lakes and reservoirs [J]. J. of the Hyd. Div.: ASCE, 1982, 3 (108): 301-325.
[20] 安艺周一，白砂孝夫. 水库流态的模拟分析 [M]. 大型水利工程环境影响译文集，长江水源保护局，1981.
[21] STEFAN H G, FORD D E. Temperature dynamics in dimictic lakes [J]. J. of the Hyd. Div.: ASCE, 1975, 1 (101): 97-114.
[22] FORD D E, STEFAN H G. Thermal prediction using integral energy model [J]. J. of the Hyd. Div.: ASCE, 1980, 1 (106): 39-5.
[23] SALENCON M J, THEBAULT J M. Simulation model of a mesotrophic reservoir (Lac de Pareloup, France): MELODIA, an ecosystem reservoir management model [J]. Ecological modelling, 1996, 84 (1-3): 163-187.
[24] 中华人民共和国水电部标准. SDJ 214—83 水利水电工程水文计算规范 [S]. 北京：水利电力出版社，1985.
[25] 范乐年，柳新之. 湖泊、水库和冷却池水温预报通用模型 [C]. 水利水电科学研究论文集：第17集，冷却水. 北京：水电出版社，1984.
[26] 薛联芳. 东江水库水温结构变化预测 [J]. 中南水电：增刊·东江水库环评专辑，1986.
[27] 陈永灿，张宝旭，李玉樑. 密云水库垂向水温模型研究 [J]. 水利学报，1991，(9)：14-20.
[28] 江春波，张庆海，高忠信. 河道立面二维非恒定水温及污染物分布预报模型 [J]. 水利学报，2000，(9)：20-24.
[29] 慕妍. 牡丹江市地表水环境容量测算及其未来发展趋势的研究 [D]. 长春：吉林大学环境与资源学院，2009.
[30] 赵明华. 牡丹江流域水库群优化调度研究 [D]. 西安：西安理工大学，2008.
[31] 李丽娟，郑红星. 海滦河流域河流系统生态环境需水量计算 [J]. 海河水利，2003，(1)：16-8.
[32] 王西琴，刘昌明，杨志峰. 河道最小环境需水量确定方法及其应用研究 [J]. 环境科学学报，2001，21 (5)：544-552.
[33] 王西琴，刘昌明，杨志峰. 生态及环境需水量研究进展与前瞻 [J]. 水科学进展，2002，13 (4)：508-509.
[34] 桑连海，陈西庆，黄薇. 河流环境流量法研究进展 [J]. 水科学进展，2006，17 (5)：754-760.
[35] 杨志峰，刘静玲，孙涛等. 流域生态需水规律 [M]. 北京：科学出版社，2005.
[36] 王西琴. 河流生态需水理论、方法与应用 [M]. 北京：中国水利水电出版社，2007.
[37] 宋进喜，李怀恩. 渭河生态环境需水量研究 [M]. 北京：中国水利水电出版社，2004.
[38] 郝伏勤，黄锦辉，李群. 黄河干流生态环境需水研究 [M]. 郑州：黄河水利出版社，2005.
[39] DYSONM, BERGKAMP G, SCANLON J. Flow: The essentials of environmental flows [M]. 张国芳，孙凤，孙扬波等译. 郑州：黄河水利出版社，2006.
[40] 倪晋仁，崔树彬，李天宏等. 论河流生态环境需水 [J]. 水科学报，2002，9：14-20.
[41] 钱正英，张光斗. 中国可持续发展水资源战略研究综合报告及各专题报告 [M]. 北京：中国水利水电出版社，2001.
[42] 崔树彬. 关于生态环境需水量若干问题的探讨 [J]. 中国水利，2001，(8)：71-75.
[43] 杨志峰，张远. 河道生态环境需水研究方法比较 [J]. 水动力学研究与进展：A辑，2003，18 (03)：294-301.
[44] 车蓉，吕明明. 牡丹江流域生态环境需水量 [J]. 黑龙江科技信息，2009，(11)：145.
[45] THARME R E. A global perspective on environmental flow assessment: Emerging trends in the development and

application of environmental flow methodologies for rivers [J]. River Research and Applications, 2003, 19 (5-6): 397-441.

[46] WANG X Q, Zhang Y, JAMES C. Approaches to Providing and Managing Environmental Flows in China [J]. Water Resources Development, 2009, 25 (2): 283-300.

[47] GIPPEL C J, BOND R N, JAMES C, WANG X Q. An Asset-based, Holistic, Environmental Flows Assessment Approach [J]. Water Resources Development, 2009, 25 (2): 301-330.

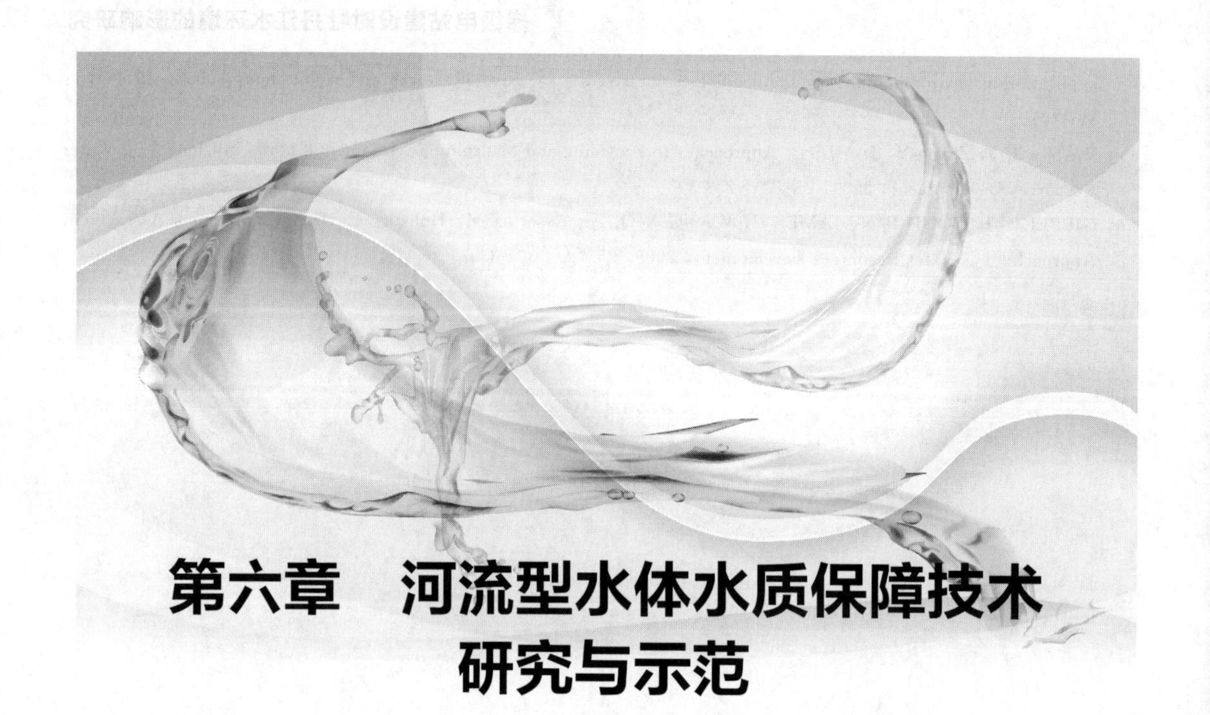

第六章　河流型水体水质保障技术研究与示范

——北安河生境修复关键技术研究与示范

6.1　河流型水体水质保障技术研究进展

河流是重要的自然资源和环境载体，在为城市提供了优良发展条件的同时，也首当其冲地受到人类活动的强烈干扰，在我国，由于工业结构不合理以及粗放式的发展模式，大多数河流已经受到污染，其中主要的点污染源是工业废水，占到水污染负荷的50%以上，农田大量的使用化肥、农药以及畜禽养殖过程中产生的粪便随着地表径流进入河流水体使面源污染的情况也不断恶化。

河流型受污染水体水质改善的措施是围绕减污—控源—截留—疏导—修复这一顺序来展开的。截污是从根本上解决河湖污染的关键，只有污染源从源头上得到控制，才能真正使水质状况得到改善。故此有关部门应加大管理力度，在科学管理的基础上提高河湖治理的技术水平。截污可以减少进入水体的污染物数量。因此，需逐步搬迁流域重污染源的工厂，减少工业污染源，对于重污染的工业污水进行厂内处理，循环再利用，减少并控制生活污水和工业污水直接向河流湖泊排放的排放量，使点源污染得到截流；同时大力推行生态农业，控制农药、化肥污染，使面源污染减量化，使污染物从根源上得以控制，为污染水体最终得到净化和恢复提供保证。

6.1.1　物理技术及措施

（1）底泥疏浚

底泥疏浚是治理污染河流及湖泊污染源的重要措施。长期严重污染的水体其底泥可能沉积有大量的污染物，当外源污染源完全被截断时，水体底泥即内源污染源就会向水体释放污染物，因此，底泥是天然水体的一个重要内污染源。底泥疏浚的主要目的是去除底泥所含的重金属等污染物，减少底泥向水体释放的污染物，使河流及湖泊的容量增大。日本曾清除全国河湖中约5000万立方米的淤泥，其中东京市内的隅田川清除河床污泥400万立方米，再加上环境调水等措施，使水质迅速恢复。莫斯科河也是这样，先引水冲污，然后挖除800万立方米底泥，最后再铺上细沙和碎石，彻底改变了莫斯科河的污染状况。

由于不同河流遭受污染的类型、时间和程度不同，污染底泥的厚度、密度、污染物浓度的垂直分布差别很大，因此，在挖除底泥前，应当合理确定挖泥量和挖泥深度。此外，河流底泥中通常还生长有一些水生动植物，底泥疏浚对其生态系统有一定的影响。一般不宜将底泥全部挖除或挖得太深，否则可能破坏水生生态系统。

(2) 生态引水

生态引水治理污染河流的原理是采用引水和调水，主要是利用大量较清洁的水使原来污染河流中的污染物通过稀释、扩散和迁移得到快速转移，从而使内河黑臭面貌得到快速改善；另一方面，由于一般所引水水质较好，溶解氧较高，且引水后内河水呈流动状态，可使内河水体保持较高的溶解氧水平和自净能力，从而促进水体中污染物和底部沉积物的生物氧化作用，减少表层底泥的还原性物质和营养盐的释放。但引水并不适用所有城市河流，它需要有一定的具有清洁水质的水量可供利用。对于感潮河流，可利用海水的潮汐作用，通过一定的水工构筑物调节水量和水位，对于有较大流量的江河流经城市时，可利用自然高差或外加动力如水泵将水引入城市河道冲污，对于无海水和大的江河水可供利用时，也可考虑利用城市污水处理出水，此法可能动力消耗较大，但对部分北方城市可能非常适用。生态引水工程最大的优点是治理成效快，对河流的影响主要有四个方面：①将大量污染物在较短时间内输送下游，减少了原有河段的污染物总量，降低了污染物浓度；②使河流从缺氧状态转变为好氧状态，提高了河流的自净能力；③使河流死水区、非主流区的重污染河水得到置换；④加大水流流速，可能冲起一部分沉积物，使已经沉淀的污染物重新进入水体。具体实施中，环境调水既可以用同一水系上游的水也可以引入其他水系的水。但该方法主要是将污染物转移而非降解，会对流域的下游造成污染，所以，在实施引水冲污或换水稀释前应进行理论计算预测，确保调水效果和承纳污染的流域下游水体（如大型河流或近海）有足够大的环境容量。

(3) 曝气充氧

河道曝气充氧的原理是根据河流受到污染后缺氧的特点，人工向水体中充入空气或氧气，加速水体复氧过程，以提高水体的溶氧水平，恢复和增强水体中好氧微生物的活力，使水体中的污染物得以净化，从而改善河流的水质。充氧原理是利用水体中氧饱和浓度与实际溶氧浓度存在的浓度差，形成氧转移的推动力。河道曝气充氧技术在国内外应用已非常成熟，河道曝气方式一般采用固定式充氧站和移动式充氧平台两种形式。固定式充氧站即是在河道污染段的河岸上设置鼓风机房或液氧站，通过管道将空气或氧气引入河道水体中，达到河道增氧的目的。移动式曝气船即是通过载有供氧装置的船只在污染河道中的灵活运行，达到向污染水体中供氧的目的。1989年美国为了改善Hamewood运河的水质，减轻其对Chesapeake海湾的影响，在Hamewood运河口安装了曝气设备，结果表明，水体底层溶解氧显著增加，河道生物量也变得丰富起来。在韩国的釜山港湾应用过河道人工曝气技术，运行效果显著，彻底消除了水体黑臭现象，有效地削减了污染负荷，并有助于河道生态系统的恢复。我国在1990年8～9月北京亚运会期间，有关部门在清河的一段中放置了8台马力11.025 kW的曝气设备，结果表明，河水的溶解氧的含量0从上升至6mg/L，水体BOD_5去除率达到60%，河流臭味基本得到消除。2001年11月1日一艘安装有英国BOC气体公司的PSA制氧设备和Vitox充氧系统的曝气复氧船成功地在苏州河举行了下水试航仪式，制氧能力$150m^3/h$，制氧纯度93%以上。这标志着曝气复氧技术在我国河流治理中进入到一个新的阶段。

6.1.2 化学技术及措施

化学方法包括混凝沉淀、加入除藻剂、加入铁盐促进磷的沉淀、加入石灰脱氮等方法。利用化学方法治理富营养化和黑臭水体需大量投加化学药剂，因此其成本也较为昂贵，同时，所加入的化学药剂在治理时也容易引起二次污染，对水体的整个生态环境也会有一定的影响。此外，化学法用于富营养化水体的治理通常不具有可持续性。因此，如果采用化学法的同时没有其他适宜的辅助措施，水体很快便又会出现富营养化问题。但是，化学法具有操作简单、见效快等优点，因此，通常仅作为一种应急方案来解决突发的问题。

河流底泥中的重金属在一定条件下会以离子态或结合态进入水体，如果能将重金属结合在底泥中，抑制重金属的释放，则可降低其对河流生态系统的影响。调高pH是将重金属结合在底泥中的主要化学方法。在较高pH环境下，重金属形成硅酸盐、碳酸盐、氢氧化物等难溶性沉淀物。加入碱性物质将底泥的pH控制在7～8。可以抑制重金属以溶解态进入水体。常用的碱性物质有石灰、硅酸钙炉渣、钢渣等，施用量的多少，视底泥中重金属的种类、含量以及pH的高低而定，但施用量不应太多，以免对水生生态系统产生不良影响。

6.1.3 生物-生态技术及措施

生物-生态修复是指利用培育的植物或培养、接种的微生物的生命活动对水体中污染物进行转移、转化及降解，从而使水体得到净化的技术。主要包括水生植被修复、生物膜修复以及微生物菌剂修复等措施。

(1) 微生物强化技术

微生物强化净化河流中污染物的降解主要依靠微生物的降解作用，当河流污染严重而又缺乏有效的微生物作用时，人为提供合适的环境条件（如曝气充氧）、投加微生物菌剂和生物酶制剂等以促进微生物降解有机污染物，是目前微生物强化净化的主要技术方法。该方法适用于相对比较封闭、外污染源较少的河道水质修复。

微生物强化净化的主要优点是能迅速提高污染水体中的微生物浓度，可望在短期内提高污染物的生物降解速率，其生物反应条件温和，具有良好的生态安全性。相对其他措施来讲，其费用较低、操作简单、过程稳定、效果良好。一般在投加15～20d后，微生物大量繁殖，水体水质明显改善。用于河流微生物强化的微生物应符合以下条件：①不含病原菌等有害微生物；②不对其他生物产生危害；③能适应河流的环境特点。微生物强化技术的主要缺点是高效微生物的选育需要较长的时间，净化效果持续时间短，易受低温影响等。1992年美国Moulin Vert水渠使用美国一家公司开发的Clear-Flo系列菌剂3个月，NH_3-N从0.02mg/L降为0.00mg/L，COD_{Cr}降低了84%，BOD_5降低了74%，无毒性检出。2000年3月～2001年4月在重庆桃花溪使用CBS微生物菌剂技术净化河水，结果显示，BOD_5、

TN、TP的去除率分别为83.1%～86.6%、53.0%～68.2%、74.3%～80.9%，净化效果十分明显。

(2) 水生植物修复

水生植物主要是从以下三个方面来达到净化水质的目的。

① 物理作用　主要是指植物根系对颗粒态氮、磷的吸附、截留和促进沉降等作用。漂浮植物发达的根系与水体接触面积很大，能形成一道密集的过滤层。当水流经过时，不溶性胶体会被根系吸附或截留，与此同时，黏附于根系的细菌在进入内源呼吸阶段后会发生凝聚，把悬浮性的有机物和新陈代谢产物沉降下来。

② 微生物作用　植物发达的根系不但为微生物的附着、栖生、繁殖提供了场所，而且还能分泌一些有机物促进微生物的代谢。一方面，微生物能将污水中的有机态氮、磷和非溶解性氮、磷降解成溶解性小分子，继续被植物体吸收利用；另一方面，由于在水生高等植物根系存在富氧与缺氧区，为微生物脱氮过程提供了良好的微环境条件；一部分氨氮和硝态氮直接通过硝化-反硝化过程得以去除。因此，尽管微生物起着直接作用，但植物的生理代谢活动也是不可缺少的。

③ 吸收作用　氮、磷是藻类等浮游生物生长的最主要限制因子，水体中氮、磷的含量直接决定了藻类的繁殖速率；同样植物也可以直接吸收氮、磷，同化为自身的结构组成物质，但是与藻类相比，氮、磷在植物体内的储存更加稳定，较容易通过人工收获将其固定的氮、磷带出水体。水生高等植物的特点有：生长快，能够大量吸收水体中的营养物质，为水中营养物质提供了输出的渠道；提高水体溶解氧，为其他物种提供或改善生存条件；提高透明度，改善水体的景观效应；对藻类具有克制效应，可以抑制藻类的生长，起到改善水质的作用。

水生植物一般通过促进湖泊河流水体中含磷物质的沉降和抑制表层沉积物的再悬浮而起到促进磷沉积的作用，进而降低了水体中磷的含量；将湖泊河流水体中的氮传输到底泥中，促使其进入地球化学循环的功能，这对于降低湖泊河流水体中的氮磷含量、防止湖泊富营养化和河流黑臭具有积极意义。水生植物还和浮游植物（主要指各类藻类）竞争营养物质和光能，前者个体大、生长周期长、吸取和储存营养物质的能力强，它的存在可以抑制浮游植物的生长。因此，通过恢复水生植物，可以增加系统的生物多样性，提高了系统抗干扰能力，使水生生态系统结构更加稳定。

水生植物修复技术与传统的物理化学技术相比具有以下优点：①工程造价和运行成本低，水生植物修复可以在现场进行，可较大程度减少工程建设费及运输费；②管理简单便捷；③水生植物可以改善河道和周边环境的生态景观；④水生植物在得到有效控制的情况下，对环境影响较小，形成二次污染的情况较少。但水生植物修复技术仍存在其局限性：①修复周期长，见效慢，受季节气候变化的影响较大；②水生植物修复湖泊水体的能力受到湖泊污染情况的影响，同时还受到水生植物自身生长过程和本身特性的影响；③如果不能有效地控制水生植物的生长，某些繁殖能力极强的水生植物将会成为优势物种，抑制其他生物的生长，降低物种多样性，破坏水生生态系统；④如果水生植物大面积覆盖水面，将会降低光线穿透水体的能力，影响水底植物的生长，同时降低水体的含氧量；⑤水生植物死亡后如果得不到及时打捞，水生植物死亡腐烂分解过程中将释放氮、磷等污染物质，导致湖泊水体的二次污染；⑥当湖泊水体中污染物和营养盐浓度降低后，由于水生植物生长所需的氮、磷营养元素的减少，其生长将受到限制，从而降低其修复的能力；⑦水生植物打捞后如果得不到很好的后续处理或综合利用，其腐烂分解，将会发黑发臭，孳养蚊蝇，同时还可能造成其他水体的污染。

(3) 生态浮岛修复

生态浮岛修复是以水生植物为主体，运用无土栽培技术原理，以高分子材料等为载体和基质，应用物种间共生关系和充分利用水体空间生态位和营养生态位的原则，建立高效的人工生态系统，以削减水体中的污染负荷。其最大的优点就是可直接利用河道水面面积，较适合我国大多数城市河流无滩涂空间利用的特点。

生态浮岛一方面利用表面积很大的植物根系在水中形成浓密的网，吸附水体中大量的悬浮物，并逐渐在植物根系表面形成生物膜，膜中微生物吞噬和代谢水中的污染物，使其成为植物的营养物质，通过光合作用转化为植物细胞，促进其生长，最后通过收割浮岛植物和捕获鱼虾减少水中营养盐。另一方面，遮挡阳光抑制藻类的光合作用，减少浮游植物生长量，通过接触沉淀作用促使浮游植物沉降，有效防止“水华”发生，提高水体的透明度，其作用相对于前者更为明显，同时浮岛上的植物可供鸟类栖息，下部植物根系形成鱼类和水生昆虫生息环境。生态浮床有净化水质、消减风浪、美化水面景观、提供水生生物栖息空间及进行环境教育等多种功能。在福州市白马支河（547m）运用生态浮床修复技术进行治理，在河道内安装面积达2352m^{2}的浮岛，浮岛上栽培的植物有近40种，还栖息着多种昆虫、两栖类和鸟类等动物，该实验河道每天排入的污水约5000t，进水水质BOD_5为80～120mg/L，经处理后的BOD_5小于11mg/L，昔日的恶臭已基本消失。生态浮岛的优点：①浮岛浮体可大可小，形状变化多样，易于制作和搬运；②跟人工湿地相比，植物更容易栽培；③无需专人管理，只需定期清理，大大减少人工和设备的投资，降低了维护保养费和设备的运行费用等。广泛地应用过程中也存在一些问题：①受季节影响较大，夏季水温较高，适宜水生植物生长，浮岛植物对氮、磷的吸收较好，其生物量较大，相反，冬季水温较低吸收量少，效果不明显；②易产生二次污染，浮岛种植的植物若不及时收割以及浮床载体在水体中浸没时间长易老化均会对水体产生二次污染；③由于浮床阻挡阳光会影响局部水环境的生物链，对生物生境造成潜在危害；④浮床上易积累外界沉降物，再加上植物生长茂盛，增加重量，浮床会慢慢下沉；⑤安装耗时长，造价成本变化大，有时成本过高。

(4) 生物膜原位净化技术

生物膜净化是指以天然材料如卵石、合成材料如纤维为载体，为微生物提供附着基质，在载体表面形成表面积较大生物膜，强化对污染物的降解作用。生物膜法的作用原理是水体中基质向生物膜表面扩散进入膜内部，与膜内微生物分泌的酵素与催化剂发生生化反应并将其代谢终产物排出膜外，从而达到降解污染物的目的。生物膜降解污染物质的具体过程主要分为四个阶段：①污染物质向生物膜表面扩散；②污染物质在生物膜内部扩散；③与微生物分泌的酵素和催化剂发生化学反应；④代谢生成物排出生物膜。生物膜由于固着在滤料或载体上，因此，能在其中生长世代时间较长的细菌和较高级的微生物，如硝化细菌的繁殖速度要比一般的假单细胞菌慢一倍，这就使生物膜法在去除有机物的同时具有脱氮除磷的作用，尤其是对受有机物及氨氮污染的河流有明显的净化效果。另外，在生物膜上还可能大量出现丝状菌、轮虫、线虫等，从而使生物膜净化能力大大增强。生物膜法具有较高的处理效率，它的有机负荷较高，接触停留时间短，减少占地面积，节省投资。此外，运行管理时没有污泥膨胀和污泥回流问题，而且能够耐受冲击负荷。日本在河流治理中大量使用了生物膜法，目前已建成并使用的设施超过150座。在江户川的河滩下建设古崎净化场，利用鹅卵石接触法对支流坂川污染水质进行净化，通过接触沉淀、氧化分解等作用可快速去除水中的污染物，其中试验 BOD_5 的去除率达到 75%，经过古崎净化场后，坂川的污染减少为原来的 30%～40%。2001 年高光智等对直接利用沟渠处理河水的工艺、效率、抗冲刷能力进行了技术和理论研究，实验沟渠为矩形明渠，宽 5m，长 76m，深 6m，流量 $6900m^3/d$，底板生物膜厚度 0.5～1.0mm，实验结果表明，COD_{Cr}去除率可达到 80%以上，相当于一般的二级处理效果。

综合国内外的具体工程实例可以看出，生物膜技术在中小河流净化方面具有净化效果好、便于管理等优点，在我国中小河流污染的综合整治中具有广阔的应用前景。

6.1.4 组合修复技术

单一的物理、化学方法和生物方法都有其优势和局限性。污染河流治理是一项复杂的系统工程，需要根据水体污染的来源、成分、治理与修复的要求等进行工艺的筛选和优化组合，目前各种组合修复工艺已经在诸多的治水实践中得到成功应用。

在苏州河支流——绥宁河的治理中，通过曝气复氧、投加高效微生物菌剂及生物促生液、放养水生植物等技术的组合应用，使得河水消除了黑臭，水体 COD 平均下降 50%以上，溶解氧平均升高 2mg/L 左右，水体透明度平均增加 10cm 以上，表层底泥开始氧化。河道分区监测结果证实了单一工程措施的治理效果不及组合技术。

6.2 北安河水环境问题解析

6.2.1 水体调查与评价

通过对 2007 年北安河水质进行取样调查，对北安河进行了水体常规 27 项指标的测定，测定结果显示，北安河水体严重超标，属于劣Ⅴ类。根据研究目标，以及所在区域现有的环境资料，在北安河布设了 20 个监测点位，进行了一个完整水文年的监测，测定了 pH、总氮、氨氮、总磷、COD、BOD、挥发酚、阴离子表面活性剂等指标。通过调查研究的开展，得出北安河每个水期的水质情况。

① 丰水期　北安河丰水期的水质为劣Ⅴ类，主要超标指标是 COD、氨氮，超标倍数分别为 4.2 倍和 15.4 倍。

② 平水期　北安河平水期的水质为劣Ⅴ类，主要超标指标是 COD、氨氮，超标倍数分别为 5.9 倍和 17.5 倍。

③ 枯水期　北安河枯水期的水质为劣Ⅴ类，主要超标指标是 COD、氨氮，超标倍数分别为 10.1 倍和 20.2 倍。

6.2.2 北安河存在的环境问题

牡丹江市的北安河接纳整个牡丹江市铁路以北区域的城市污水，日排入污水 9 万吨左右，是穿过城区的天然河流，天然径流量 $0.45m^3/s$。北安河由长约 3km 的金龙溪、4km 的银龙溪和暗溪青龙溪汇合而成，三溪汇合后北安河长 7.5km，流域面积 $109.2km^2$。三溪汇合后自西南向东北穿过牡丹江市，最终汇入牡丹江，由于大量未经处理的工业废水和生活污水的排入，北安河及其支流金龙溪、银龙溪和青龙溪已成为垃圾淤积河、废水污染河、防汛的危险河和影响周边环境的臭水河。

牡丹江市主要污染行业为造纸及纸制品业、电力热水的生产与供应业和化学原料及化学制品制造业。2005 年牡丹江市排入牡丹江的工业废水中 COD 的量为 14757t，占松花江流域工业废水中 COD 排放量的 12.7%。重点工业企业有哈尔滨啤酒（牡丹江镜泊）有限公司，废水排放量为 1944t/d，COD 排放量为 422t/a；牡丹江东北高新化工有限责任公司，废水排放量为 904t/d，COD 排放量为 245t/a；海林市柴河林海纸业有限公司，废水排放量为 1771t/d，COD 排放量为 234t/a；牡丹江市自来水公司，废水排放量为 12000t/d，COD 排放量为 157.15t/a 等。牡丹江市铁路以北区域多数企业排水进入北安河，其他直排或间接排入牡丹江，目前多数企业均安装了污水处理设施，能够达标排放。

综上，北安河是牡丹江市的主要排污受纳水体，是造成牡丹江污染和水质安全受到威胁的重要原因；同时，近年来牡丹江流量减少是加剧污染的另一原因。

北安河的污染特征：①有机污染严重，北安河从源头到出境处，全段水质呈有机污染类型，各断面主要污染物为高锰酸盐指数、生化需氧量、氨氮，水域的取水使用功能受到严重威胁。有机污染主要来源于生活污染、面源污染和工业污染。②受冰封和面源污染影响，枯水期和丰水期水质较差。北安河属中温带大陆性季风气候，冬季河流冰封期长达 5 个月。在河流冰封期间由于有机污染物降解作用缓慢，延长了有机污染物在河水中的滞留和向下游迁移的时间，冬季河流的自净能力下降，使有机污染物有更大范围的污染和较强的污染强度；各种污染削减措施由于气温较低，存在削减能力下降的问题；而且河流冰封时往往是枯水期，河流流量较小，因此水质较差。

北安河的水质直接影响牡丹江市下游国控柴河大桥断面的水质，2000—2007 年牡丹江柴河断面的监测数据及高锰酸盐指数和氨氮水质评价结果表明，高锰酸盐指数在 94%的时段内超标，而且丰水期 100%超标；枯水期水质最差。以高锰酸盐指数评价，枯水期和丰水期水质较差。

6.3 生境修复关键技术研发

通过对河流的底泥取样分析，确定北安河污染的现状及原因，提出适用于北安河的底泥疏浚技术，形成底泥余水处理系统，并对底泥进行资源化应用，利用形成的关键技术进行示范工程的建设。

6.3.1 底泥疏浚及处置关键技术

（1）采样点的选取

考虑到不同季节河流流量的具体情况，在上游、中游和下游确定各个采样点的具体位置。按照丰水期的实际情况，综合考虑河道底泥的不均匀性，各采样点的代表性及采样的可实施性，此次采样所选择的三个采样点如图 6-1～图 6-4 所示。

图 6-1 北安河上游采泥处

两溪汇合口处下游 30m：两岸为棚户

区，生活垃圾较多，此取样点代表河流上游和所有工业截污排污口之前的底泥特性。

北安桥下游50m：此处为牡丹江市比较繁华的地段，两岸为居民区和商业区，存在着各种大量的生活垃圾和商业垃圾，污染严重。此取样点代表河流中游的底泥特性。

图6-2 北安河中游采泥处

图6-3 北安河下游采泥处

北安河与牡丹江汇口上游100m：两岸有少量平房和一些工厂，垃圾的种类较多，主要有生活垃圾、商业垃圾和各工厂排放的工业垃圾。此取样点代表河流下游和所有工业截污排污口之后的底泥特性。

采样点在北安河流域的分布见图6-4。此次采样选择的三个采样点完全满足之前的采样要求，达到代表城区内河流上中下游所有工业截污排污口前和工业截污排污口后底泥特性的目标。

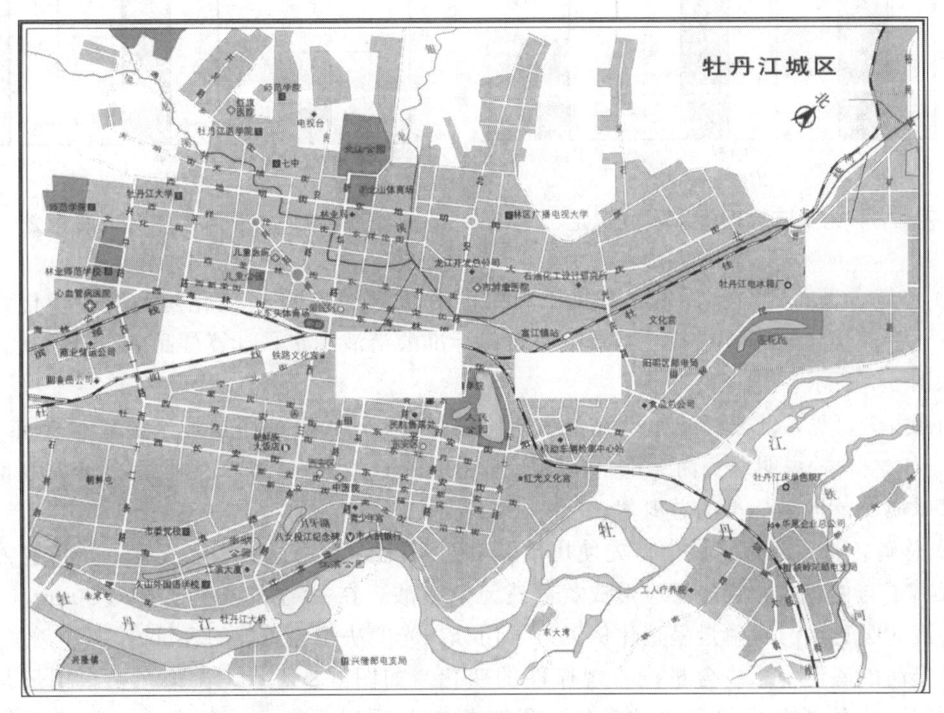

图6-4 采样点分布图

（2）底泥性质分析

在枯水期（2009.4）和丰水期（2009.7）分别对底泥进行了多次采样，并进一步对底泥的性质进行系统的分析。

① 含水率的测定　水分含量测定（真空烘箱法）按 GB/T 7575 进行，分别测定鲜样含水量和风干样含水量，结果如图 6-5 所示。由图 6-5 可见，丰水期和枯水期底泥的含水率均为 70%左右，而且在河流的不同流段其含水率的数值相差也不大，说明底泥的含水率是相对稳定的，与河流的流段和季节并没有显著的关系。

② 有机质的测定　首先在加热条件下，使有机肥料中的有机碳氧化，用定量的重铬酸钾-硫酸溶液进行滴定，多余的重铬酸钾用硫酸亚铁溶液去除，同时以二氧化硅为添加物作空白实验。根据氧化前后氧化剂消耗量的差值，计算有机碳含量，并乘以系数 1.724，即为有机质含量。测定结果见图 6-6。由图 6-6 可见，北安河上游有机质含量较低，在枯水期和丰水期均为 9%左右；北安河中游的有机质含量较高，为 29%左右，这是由于中游是集中的生活区和商业区，含有大量的生活垃圾和商业垃圾；北安河下游的有机质含量略低于中游，为 25%左右，下游的有机质含量较高，除了受到中游的影响外，下游沿岸工厂排放的废水对有机质含量具有重要的影响。

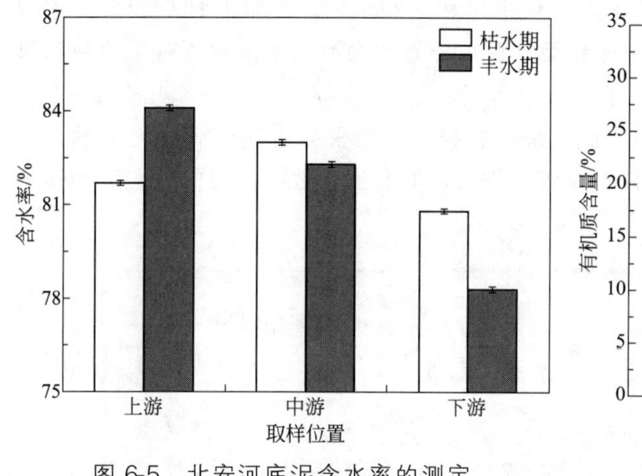

图 6-5　北安河底泥含水率的测定

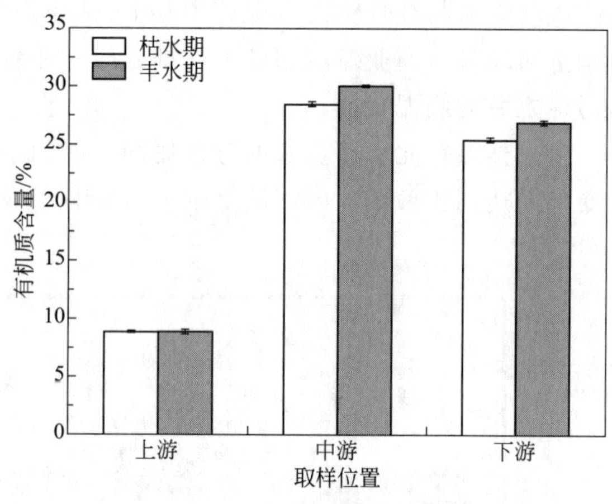

图 6-6　北安河底泥有机质含量

③ 总氮含量的测定　首先将有机肥料中的有机氮经硫酸-过氧化氢消煮，转化为氨态氮，碱化后蒸馏出来的氨用硼酸溶液吸收，以标准酸溶液滴定，计算样品中全氮含量，实验结果如图 6-7 所示。

由图 6-7 可见，北安河丰水期和枯水期的总氮含量均很高，而且其含量基本相同，均为 2900mg/L 左右，说明北安河无论是在枯水期还是在丰水期，其总氮含量都是非常高的，远大于其水质功能区划标准的总氮值。

④ 总磷含量的测定　试样首先使用硫酸和过氧化氢消煮，在一定酸度下，待测液中的磷酸根离子与偏钒酸和钼酸反应形成黄色三元杂多酸。在一定浓度范围（1～20mg/L）内，黄色溶液的吸光度与含磷量呈正比例关系，用分光光度法测定总磷的含量。

北安河的底泥中总磷含量没有规律性的变化，如图 6-8 所示。无论在枯水期还是丰水期，北安河的总磷含量都是比较高的，说明其底泥受到非常严重的污染，必须进行底泥疏浚。

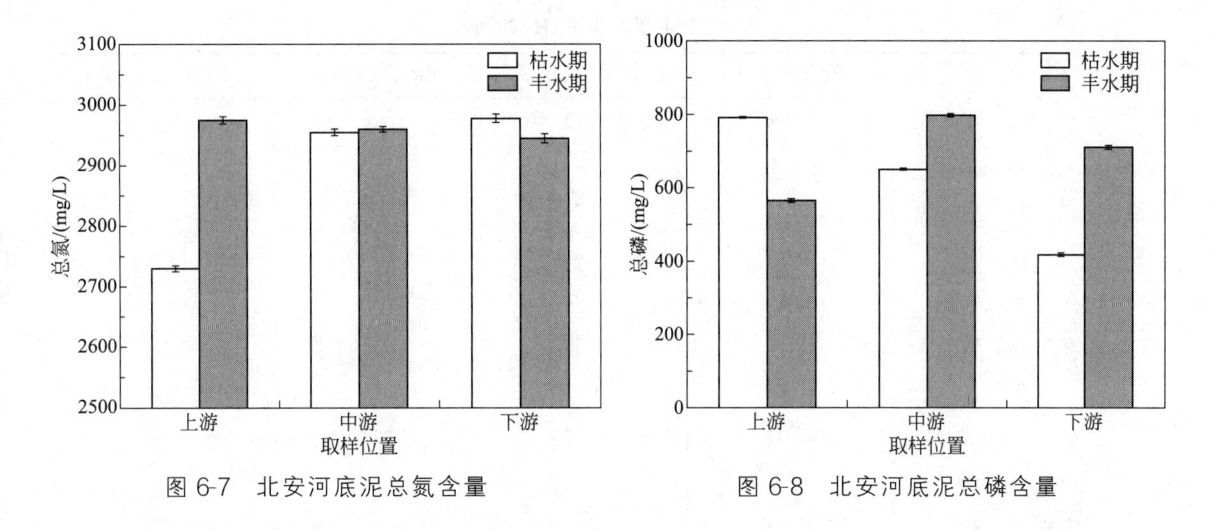

图 6-7　北安河底泥总氮含量

图 6-8　北安河底泥总磷含量

⑤ 有机污染物的测定　利用气质联用测定了水体和底泥中的有机物，并着重分析了多环芳烃（PAHs）和多氯联苯（PCBs）类物质。PAHs 是全球性有机污染物，在世界各地各种环境介质（空气、水体、土壤、沉积物、食品、生物体等）中都存在 PAHs。PAHs 是指一类含有两个或两个以上苯环以线状、角状或簇状连接在一起的化合物，具有熔沸点较高，具有疏水性，蒸气压小，辛醇-水分配系数高的特点。随着苯环数量的增加，其脂溶性越强，水溶性越小，在环境中存在时间越长，遗传毒性越高，其致癌性随着苯环数的增加而增强。PAHs 在环境中虽是微量的，但分布广，人们通过大气、水、食品、吸烟等摄取，是人类癌症的重要起因。目前国内外的各种环境介质都普遍受到了 PAHs 污染；PAHs 已被各国列为优先控制的环境污染物，其污染问题已引起了世界各国环境科学家的极大重视。

通过对典型位置进行底泥采样，开展多环芳烃类物质的监测，结果如表 6-1 所示。相关的评价方法采用了生物有效作用，其中 ERL 表示生物影响范围低值（ng/g），ERM 表示生物影响范围均值（ng/g），NA 表示没有最低安全标准值，ND 表示未检出。北安河底泥相关的检测结果如表 6-2 所示。

表 6-1　北安河底泥的 PAHs 的污染结果

PAHs 单位	上游/（ng/g）	中游/（ng/g）	下游/（ng/g）	ERL/（ng/g）	ERM/（ng/g）
苊烯	24	5	2	15	500
苊	22	30	4	44	540
芴	0	0	0	19	540
菲	422	520	127	240	1500
蒽	77	105	20	75	1100
苯并［*a*］蒽	190	215	22	555	2500
䓛	227	245	30	374	2700
苯并［*b*］荧蒽	224	242	24	374	NA
苯并［*k*］荧蒽	75	77	5	374	NA
苯并［*a*］芘	122	127	10	430	1500

表 6-2　上覆水中 PAHs 的指标

PAHs 单位	上游/（ng/g）	中游/（ng/g）	ERL/（ng/g）	ERM/（ng/g）
苊烯	0.004	0.12	15	500
苊	0.043	3	44	540
芴	0.072	0.75	19	540
菲	0.147	2.45	240	1500
蒽	0.151	0.5	75	1100
苯并［*a*］蒽	0.04	0.55	555	2500
䓛	0.027	0.42	374	2700
苯并［*b*］荧蒽	0.017	0.07	374	NA
苯并［*k*］荧蒽	0.005	0.55	374	NA
苯并［*a*］芘	0.011	0.54	430	1500
茚［1，2，3-*cd*］芘	ND	ND	374	NA
二苯并［*a*，*h*］蒽	ND	0.01	374	NA
苯并［*g*，*h*，*i*］芘	ND	0.01	430	1500

由表 6-1 和表 6-2 可见，苊烯、菲和蒽威胁较大，但都属于生物影响范围低值，尤其是中游的浓度较高。由于 PAHs 的低水溶性、高亲脂性和高辛醇-水分配系数，它们在水中溶解度很小，因此会强烈地分配到非水相中，并吸附于颗粒物上，因此沉积物是 PAHs 的主要环境归宿。水中多环芳烃的含量远远小于在底泥中的含量，同时在生物影响范围低值以下的物质很多，表明上覆水中的环境影响较低，也证明多环芳烃大多以结合态赋存于颗粒上。

根据 Long 等（1995）的研究结果，环境中 PAHs 含量若低于生物影响范围低值 ERL（4022ng/g、生态风险＜10％），对生物的毒副作用不明显；PAHs 的含量若高于生物影响范围均值 ERM（44792ng/g、生态风险＞50％），对生物会产生毒副作用；此外，Long 等的研究结果还指出，苯并［*b*］荧蒽、苯并［*k*］荧蒽、茚并［1，2，3-*cd*］芘和苯并［*g*，*h*，*i*］芘没有最低安全值，也就是说：这几种多环芳烃只要在环境中存在就会对生物有毒副作用，从结果中可以看出苯并［*b*］荧蒽与苯并［*k*］荧蒽在北安河底泥中被检出，因此存在对生物的毒副作用。

由检测结果可知，2～3 环的 PAHs 占 50％，7～5 环的 PAHs 占 50％，目前广泛应用的判别 PAHs 来源的指示物有用来作为分子标志物指数的菲/蒽比值和荧蒽/芘比值。菲和蒽互为同分异构体，由于它们的理化性质、在环境中的行为不同，而使二者的比值可以作为判断 PAHs 来源的信息。菲较蒽具有更高的热力学稳定性，菲/蒽比值高（＞10）表明 PAHs 来源于石油污染，菲/蒽比值低（＜10）表明 PAHs 来源于燃烧。在北安河底泥的数据中，菲/蒽比值均小于 10，表明北安河的 PAHs 来源于燃烧源，由于荧蒽未被检出，所以荧蒽/芘比值不能作为评价指标。上覆水中上游的菲/蒽比值为 1，中游为 5，均小于 10，表明北安河的 PAHs 为燃烧源，与底泥中的影响类似。

多氯联苯（PCBs）是联苯上的氢被氯取代后生成物的总称。一般以 4 氯或 5 氯化合物为最多，若 10 个氢皆被置换则可形成 210 种化合物。多氯联苯被广泛用作电器绝缘材料和塑料增塑剂等，是一种稳定性极高的合成化学物质。自 20 世纪 20 年代末开始生产和大量使用以来，污染范围已极为广泛。该类污染物在环境中不易分解，一般极难溶于水，但易溶于有机溶剂和脂肪，其进入生物体内相当稳定，所以一旦侵入肌体就不易排泄，而易聚集于脂肪组织、肝和脑中，引起皮肤和肝脏损坏。一些国家把毒性较强的 PCBs 单体专门列出，作为其毒性研究的参照，德国和荷兰在环境法中规定，以 PCBs 中 7 个对环境影响极为重要的化合物（PCB27、PCB52、PCB101、PCB117、PCB137、PCB153、PCB170）作为 PCBs 环境污染的指示物。根据 PCBs 毒性强弱，可以将 PCBs 分为普通 PCBs 和共平面 PCBs，普通 PCBs 通常不会表现出强的毒性，而共平面 PCBs 被称为类二噁英物质，其生态毒性不可忽略。

从毒性机制来看，不同的 PCBs 同族体的毒性机制不同，有的通过芳香烃受体（AHR）依赖机制介导；有的通过与其他受体结合作用，与 AHR 无关；而有的既可通过 AHR 依赖机制，也可通过其他机制起作用。多数 PCBs 主要表现为对混合功能酶的诱导作用，根据诱导作用类型可将 PCBs 同族体分为 5 种类型，其毒性强弱依次为：3-甲基胆蒽型（3-MetyPe）、3-甲基胆蒽及巴比妥型（混合诱导型）、巴比妥诱导型、弱巴比妥诱导型及可疑巴比妥型。

表 6-3 为 7 种危害较大的 PCBs 在底泥中的检测结果，由结果可以看出中游的 PCBs 检出最为显著，考虑到中游毗邻生活区，有可能是生活污染的部分源进入了水体进而沉积。

表 6-3　北安河底泥中的 PCBs

PCBs	上游/（ng/g）	中游/（ng/g）	下游/（ng/g）
PCB27	4.52	ND	ND
PCB52	ND	15.14	ND
PCB101	ND	5.72	ND
PCB77	ND	2.07	ND
PCB137	1.794	ND	ND
PCB125	ND	5.44	ND
PCB155	2.7	5.75	ND
PCB159	ND	ND	7.12

中国目前对沉积物的质量标准并未涉及 PCBs 指标，但国外对沉积物的环境风险作了大量研究，已颁布了一些沉积物的风险质量标准，基本都是以生物有效性或生物积累为基础的。Di Toro 等在 1991 年使用平衡分配法对非离子性有机化合物的沉积物质量标准进行研究，但方法繁琐，涉及分配系数、有机碳、孔隙水和水体，没有大量的工作很难得到结论。Long 等根据北美海岸和河口沉积物的大量数据，于 1995 年提出海洋和河口湾底泥中污染物的风险评价值，确定了风险评价的低值 ERL（生物毒性效应概率＜10%）和风险评价中值 ERM（生物毒性效应概率＞50%）。该方法收集了不同地区、不同条件的海洋沉积物样品，结合生物实验和野外观察结果，得出的标准简明易懂。此研究结果已被美国 EPA 采用，作为美国的国家标准。

在这个标准中，沉积物 PCBs 总量的 ERL 值为 22.7ng/g，ERM 值为 170ng/g。MacDonald D. D. 等通过对不同评估方法的比较，以一致性为基础，将 PCBs 的毒性含量分为3个界线，即临界效应含量（TEC）、中等效应含量（MEC）和极端效应含量（EEC）。如果含量<TEC，沉积物基本无毒性；在TEC与MEC之间，沉积物偶尔出现毒性；在MEC与EEC之间，毒性的风险大于50%；如果含量>EEC，可以认为沉积物是有毒性的。对淡水生态系统的沉积物而言，3个界线的值分别为35ng/g、340ng/g和1500ng/g。北安河沉积物中测定的7种PCBs总量分别为9.214ng/g、35.24ng/g、7.12ng/g，最高为35.24ng/g，根据分析属于偶尔出现毒性。

表6-4为水样中PCBs的测量结果。由水样中可以看出，上覆水中的PCBs含量很低，远小于环境的风险，因此可以认定上覆水中的PCBs对环境影响较低。

表6-4　水样PCBs测量结果

PCBs	上游/（ng/g）	中游/（ng/g）
PCB27	ND	ND
PCB52	ND	ND
PCB101	ND	ND
PCB77	0.011	0.175
PCB137	ND	0.000
PCB125	ND	ND
PCB155	ND	0.013
PCB159	ND	ND

⑥ 重金属含量的测定　表6-5为各种重金属的总含量，各金属的存在形式及含量有待进一步的研究确定。

表6-5　北安河底泥重金属含量的测定

单位：mg/kg

取样位置	Cr		Cd		Cu		Zn		Pb		Fe	
	枯水期	丰水期	枯水期	丰水期	枯水期	丰水期	枯水期	丰水期	枯水期	丰水期	枯水期	丰水期
上游	7	47	0	2	72	77	92	159	45	593	9727	10515
中游	17	45	0.15	3	210	114	170	237	53	37	10775	7975
下游	30	52	0.3	2	320	20	215	107	70	409	9752	11270

⑦ 各种不同形态重金属的测定　各个不同状态重金属含量的测定结果如表6-6～表6-9所示。

表6-6　北安河底泥不同形态重金属Pb含量的测定

序号	可交换态	碳酸盐结合态	铁（锰）氧化物结合态	有机态结合态	残渣态
1	ND	ND	ND	1%	99%
2	ND	ND	ND	5%	94%
3	ND	ND	ND	27.2%	71.7%
4	ND	ND	ND	40.9%	59.1%

续表

序号	可交换态	碳酸盐结合态	铁（锰）氧化物结合态	有机态结合态	残渣态
5	ND	ND	ND	25.5%	73.5%
6	ND	ND	ND	5.5%	94.5%

表 6-7　北安河底泥不同形态重金属 Cd 含量的测定

序号	可交换态	碳酸盐结合态	铁（锰）氧化物结合态	有机态结合态	残渣态
1	ND	19%	ND	ND	71%
2	ND	15.7%	ND	ND	73.3%
3	ND	17.9%	ND	ND	71.1%
4	ND	ND	ND	ND	100%
5	ND	14.3%	ND	ND	75.7%
6	ND	15.5%	ND	ND	74.3%

表 6-8　北安河底泥不同形态重金属 Cu 含量的测定

序号	可交换态	碳酸盐结合态	铁（锰）氧化物结合态	有机态结合态	残渣态
1	ND	ND	ND	19.5%	70.5%
2	ND	ND	ND	17.7%	71.3%
3	ND	ND	ND	4.3%	95%
4	ND	ND	ND	7.9%	92.1%
5	ND	ND	ND	4.7%	95.2%
6	ND	ND	ND	2.2%	97.7%

表 6-9　北安河底泥不同形态重金属 Fe 含量的测定

序号	可交换态	碳酸盐结合态	铁（锰）氧化物结合态	有机态结合态	残渣态
1	ND	0.3%	0.1%	5%	93.5%
2	ND	0.3%	0.1%	19%	70.5%
3	ND	0.5%	0.1%	5.5%	93.7%
4	ND	0.3%	ND	5.2%	94.5%
5	ND	0.3%	ND	5.7%	93.9%
6	ND	0.2%	ND	5.7%	94.1%

通过对 Pb、Cd、Cu、Fe 四种含量超标的重金属形态含量的测定可知，它们均以有机结合态和残渣态为主要的存在形式，这两种形态重金属的总含量均大于总量的 70%，由此可见，北安河的底泥含量虽然超标，但是均处于比较稳定的状态，不易发生转移，有利于进行相应的资源化利用。

⑧ 重金属污染的评价　将北安河枯水期和丰水期上中下游 3 个取样点点位重金属含量分析结果与底泥质量标准（SQGs）（详见第 2 章表 2-8 和表 2-9）进行比较，可以得到图 6-9，从而可以确定超标的重金属种类。

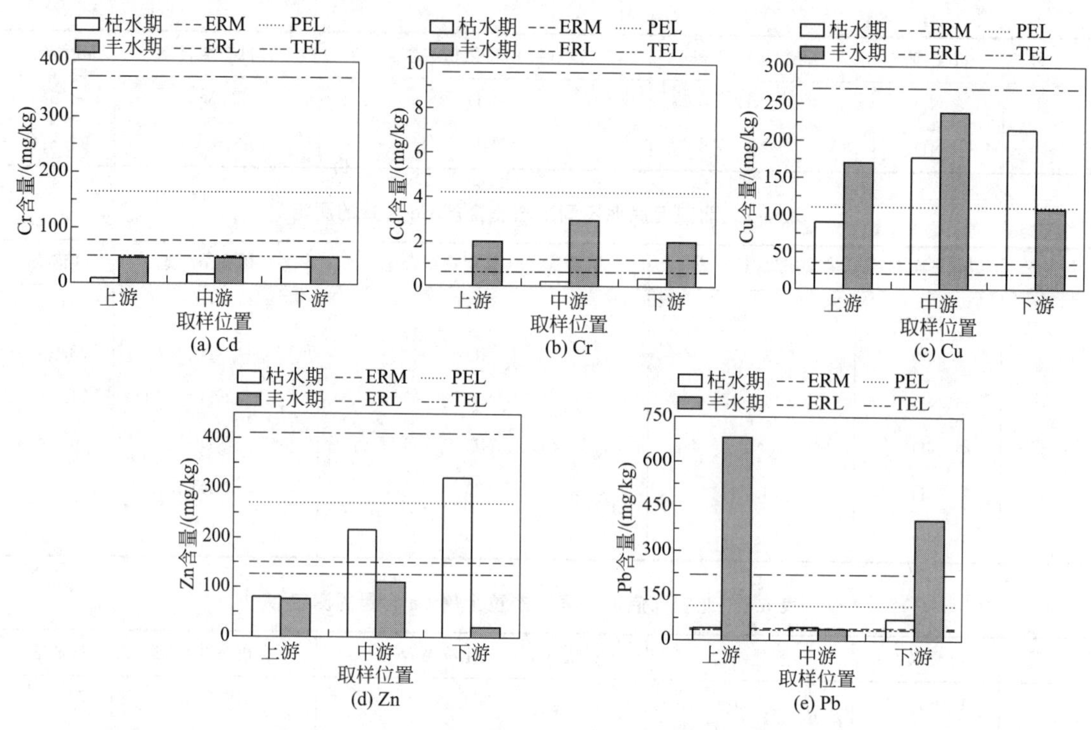

图 6-9 SQGs对北安河底泥中五种重金属的分析

从图 6-9 分析可知，除了铜元素外，北安河重金属含量基本上遵循枯水期小于丰水期的规律，同时枯水期的 Cu 元素和丰水期的 Pb 元素严重超标，其中枯水期中游的 Cu 元素超过了 PEL 值，下游的 Cu 元素则超过了 ERM 值，均处于比较严重的污染状态；丰水期上游和下游的 Pb 元素均超过了 ERM 值，处于严重的污染状态。其中 Zn 元素和 Cd 元素则处于中等的危害水平，基本上没有超过 PEL 值和 ERM 值，Cr 元素则完全处于 TEL 值以下。北安河河流底泥中同一种重金属的含量在空间分布上没有明显规律，并且同一采样点不同重金属的含量也相差很大。其原因可能是由于北安河中下游有多座化工企业，多年来污水的排放使得底泥中重金属含量有一定程度的累积，同时由于北安河作为牡丹江市的防洪河道，丰水期时流量极大，对河道的底泥进行强烈的冲刷，使得河道深层底泥被水流卷起，同时底泥中积累的重金属元素被再次释放。通过 SQGs 综合评价方法分析，北安河底泥重金属元素污染的排序为：Pb＞Cu＞Zn＞Cd＞Cr。

同时在常规检测中发现，北安河底泥中的 Fe 元素严重超标，平均值达到了 9000mg/kg（如图 6-10 所示），通过查阅相关的地质和水文资料，发现北安河附近存在着大量品质低的贫铁矿，多年的累积导致北安河底泥中的 Fe 元素含量丰富，Fe 元素并非有毒重金属元素，但是因为其含量还不具备可开采性，需要在今后的研究中探讨合适的处理或应用方式。

由前文内容可知，与 SQGs 方法相比，地积累指数法数据具有较高的可比性，可用于研究底泥中重金属污染的评价，在欧洲被广泛地应用于进行底泥中重金属污染的评价。

运用第 2 章中式（2-1）和表 2-10，采用地累积指数法评价枯水期和丰水期北安河上中下游 3 个取样点重金属含量，参比值的选择是计算 I_{geo} 值的关键，不同的参比体系会使计算结果产生较大的偏差。采用全国土壤环境背景值调查成果中松嫩平原的重金属背景值，各金属的背景值分别如下：Cr＝42.45mg/kg，Cd＝0.073mg/kg，Pb＝20.23mg/kg，Zn＝

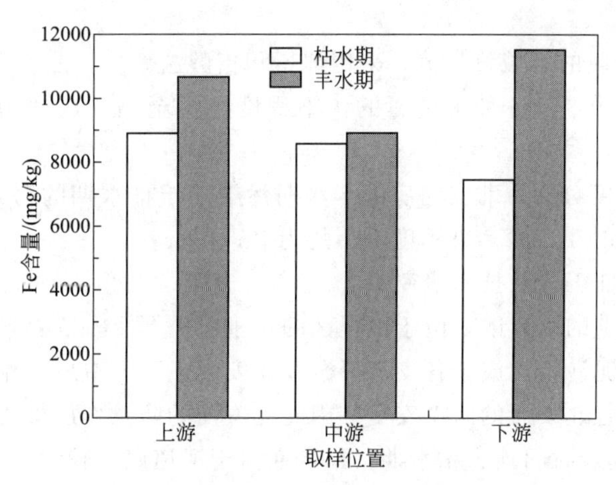

图 6-10 北安河底泥中 Fe 元素含量图

52.05mg/kg，Cu=17.77mg/kg，结果如表 6-10 所示。

表 6-10 底泥的地累积指数及相应污染级别

元素	Cr		Cd		Cu		Zn		Pb	
	Ⅰ	Ⅱ	Ⅰ	Ⅱ	Ⅰ	Ⅱ	Ⅰ	Ⅱ	Ⅰ	Ⅱ
上游	−3	−0.41	0	4.19	1.52	1.55	0.24	1.11	0.57	4.52
中游	−1.9	−0.47	0.45	4.77	2.97	2.09	1.21	1.5	0.71	0.32
下游	−1.1	−0.30	1.45	4.20	3.5	−0.4	1.45	0.45	1.21	3.75
全国土壤环境背景值	42.45mg/kg		0.073mg/kg		17.77mg/kg		52.05mg/kg		20.23mg/kg	

注：Ⅰ为枯水期，Ⅱ为丰水期。

由表 6-10 可见，丰水期上中下游的 Cd 元素、上游和下游的 Pb 元素，枯水期下游的 Cu 元素 I_{geo} 值超过了 3，处于重污染状态；其中丰水期的 Cd 元素和丰水期上游的 Pb 元素 I_{geo} 超过了 4，处于极重污染状态；Cu 元素 I_{geo} 值基本处于 1～3 之间，处于中等污染水平；Zn 元素 I_{geo} 值在 0～2 之间，处于轻微污染水平；Cr 元素所有点位 I_{geo} 值小于 0，处于未污染状态。由此可以看出北安河底泥重金属污染水平的排序为：Pb＞Cd＞Cu＞Zn＞Cr，基本可以认定没有 Zn 和 Cr 污染。

通过 SQGs 评价分析的北安河底泥污染程度依次为 Pb＞Cu＞Zn＞Cd＞Cr，而根据地累积指数法评价的排序为 Pb＞Cd＞Cu＞Zn＞Cr，两种方法中最大差异出现在对元素 Cd 的评价。SQGs 虽然能评价底泥污染程度，说明负面生物效应发生概率，但是这种评价方法忽视了各区域污染物的背景值。由于特殊地质地貌的影响，即使在没有任何外源污染的条件下，一些河流底泥中重金属含量都有可能高于其他污染河流，因此也解释了为什么 SQGs 未能筛选出 Cd 的危害。地累积指数法考虑了各区域重金属背景值的不同，侧重于重金属含量与背景值的对比评价，主要反映外源重金属的富集程度，这是对 SQGs 评价方法的进一步补充及合理化，两者可相互参考与借鉴。综合两种评价方法得出的结果，可确定 Pb 为污染最严重的元素，其次为 Cu 和 Cd，而影响较弱的为 Zn 和 Cr。

由上面的分析得出的主要结论为：

a. 根据 SQGs 评价分析，北安河底泥中 Pb 元素和 Cu 元素的污染比较严重，其他各元素则处于中度污染和轻微污染之间，各种重金属的污染程度由强至弱的次序为：Pb＞Cu＞

Zn＞Cd＞Cr。

b. 结合各种重金属的区域背景值，采用地累积指数法评价，北安河底泥中 Pb、Cd、Cu 金属元素的污染比较严重，各种重金属的污染程度由强至弱的次序为：Pb＞Cd＞Cu＞Zn＞Cr。

c. 从综合污染程度分析，北安河底泥丰水期污染强于枯水期的污染，Pb 为污染最严重的元素，其次为 Cu 和 Cd，而污染程度较小的为 Zn 和 Cr。

（3）底泥疏浚最佳工艺及技术研究

北安河为北部山洪的承泄区，由于山丘区的水土流失严重，一遇暴雨，就可能造成山洪暴发，同时携带大量泥沙，流淤于各支流下游及北安河，不但造成“跑水、跑土、跑肥”的危害，而且严重影响着北安河的防洪安全。因此北安河的防洪作用极为重要。北安河丰水期大部分在 5～7 月，其余时间均为枯水期。枯水期由于河道底宽较大，流量小，水流流速缓，干渠内水流蜿蜒曲折，很不规则，极易形成淤积。

北安河两岸大量生产和生活污水排入河道，加上岸边及沟道的垃圾，严重地减少了河道的泄洪通力，因此牡丹江市在其开展的“三溪一河”整治规划中，对相应的清淤有如下的规划。

① 金龙溪　从谢家桥（桩号 0＋000）至银龙溪汇合处（桩号 5＋154），长 5.154km，清淤厚度为 0.5m，平均宽度为 10m，清淤量 3.09 万立方米。

② 银龙溪　从八达沟与四道沟的汇口处（桩号 3＋550）至北安河与金龙溪的汇口处（桩号 7＋000），长 3.45km，清淤厚度为 0.7m，平均宽度为 20m，清淤量 4.7 万立方米。

③ 北安河：从金龙溪和银龙溪汇合口（桩号 7＋000）至牡丹江汇入口（桩号 14＋340），长 7.34km，清淤厚度为 0.5m，宽度为 20～32m，清淤量 12.50 万立方米。

在上述牡丹江水利局的疏浚方案中，总体上采用水利疏浚的方法，将河道中的底泥分段全部清除，并未考虑环保疏浚中相关的底泥特性的分析、底泥疏浚厚度的要求及底泥疏浚后水体生态环境的修复；同时，疏浚后的底泥直接运输到填埋厂填埋，并未进行资源化的利用。

由于水利疏浚考虑的是确保北安河的防汛能力，同时将淤积的污染物完全去除，达到北安河底部原本的沙层，从现阶段已经完成的银龙溪示范段来看，底泥疏浚的目标已经完成。对疏浚后底泥中氮磷含量及未经过疏浚的底泥中氮磷含量进行测定，结果如表 6-11 所示。结果表明，经过疏浚的银龙溪氮磷含量比未经过疏浚的值要低一半左右，但是仍然超标，这主要是由于本次测量的时间是疏浚完成后的一段时间，疏浚地点又出现了底泥淤积现象，另外银龙溪也受到排污水体的威胁，因此不仅应该考虑底泥疏浚时应将底泥清理彻底，更重要的是在截污方面要做好工作，此外要管理日常生活垃圾的排放，对于枯水期淤积的底泥还要建立日常维护和清理的机制。

表 6-11　北安河疏浚前后氮磷含量对比　单位：mg/L

项目	金龙溪	银龙溪	汇合口	北安河中游	北安河下游
总氮	1399	1572	1054	4775	2949
总磷	1024	797	759	2132	1754

丰水期由于水流冲击性较强，底泥的厚度不超过0.2m，底下就是砂土层，而在枯水期，其淤积的厚度在0.5m左右，综合各种因素的影响，北安河的疏浚只能采取枯水期机械清淤的方法，而挖沟机的工作性质决定不可能再挖到更浅的底泥，因此水利疏浚作为北安河底泥疏浚的首选。底泥疏浚对北安河的底栖生物会产生一定的影响，但是由于北安河具有行洪的重要作用，因此对其河底的植物有严格的要求，基于以上原因暂不考虑底栖生物的问题。截污工程完成后，采用水量调度、缓冲带建设等多种途径实现北安河水体生境的修复。针对底泥清淤现场出现的底泥再次淤积问题，开发了岸边移动式污泥清淤及余水处理一体化设备，相关的简图如图6-11所示。

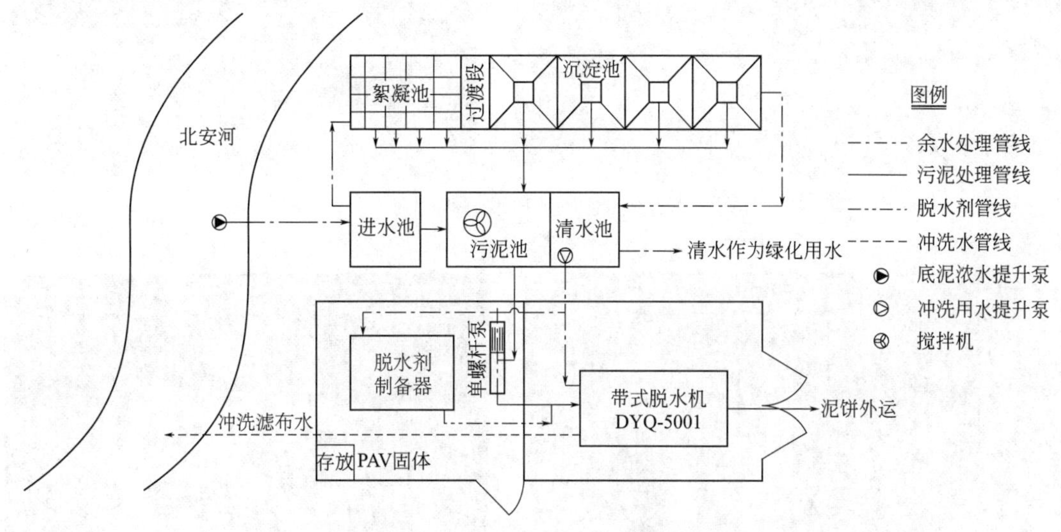

图6-11 岸边底泥综合处理系统

对底泥疏浚后的底泥和余水进行综合整治，从而实现除砂、余水处理、污泥脱水等多重功能。综合整治主要由图6-11所示的复合工艺实现，首先将疏浚的泥水置于集水池中，在此处实现沙水的分离，沙子可以外运作为建材处理，余水输送至混凝沉淀池，通过外加混凝剂，将余水中的SS去除，再经过后续的沉淀池，实现泥水的分离，所得清水可以回补至河水或外排；污泥则通过污泥管线输送至污泥脱水机实现污泥的脱水，最终脱水污泥外运并资源化应用。

图6-12～图6-14为设备及流程图。

流程图说明：①各池、箱的放空管直接用软管接入河道；②该工艺可以连续运行，也可以间断运行；③工艺处理水量为$20m^3/h$。

原水经淹没式污水潜水泵提升至进水箱，经过初次沉淀5min后去除其中的大颗粒杂质，之后由管道提升泵送入安装在进水管上的混合器中，同时絮凝剂（如聚合氯化铝，PAC）药液也由计量泵送入混合器的侧向开口中，并在混合器内完成混合过程，混合之后的水进入网格反应池的第一个竖井。

待处理水在流经反应池的整个过程中（约15min），颗粒杂质在絮凝剂的作用下逐渐聚合、长大，形成具有一定尺度的矾花颗粒，待处理水变成混合液。混合液经过斜板沉淀段首端的配水花墙，均匀配送至沉淀段，并在斜板的辅助沉淀作用下完成泥水分离过程，澄清后的上清液由沉淀段尾端的出水堰集出，并重力流入清水箱中，再由清水箱流出试验系统。

图 6-12 整套设备照片

图 6-13 系统部分全貌及脱泥机

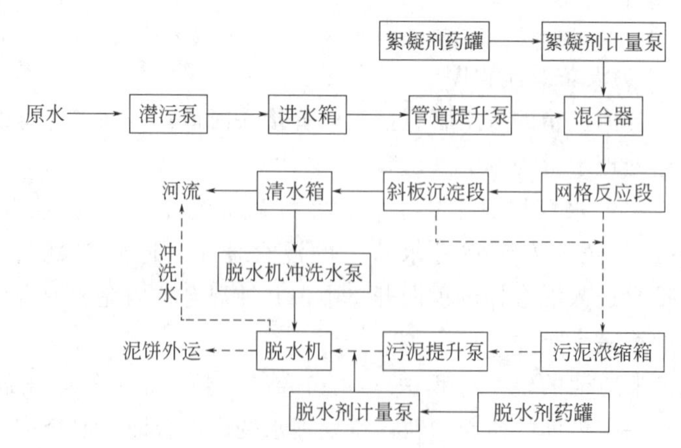

图 6-14 污泥及余水处理流程图

反应与沉淀过程中所产生的污泥由排泥管输送至污泥浓缩池进行初步重力浓缩，浓缩时间约1min左右。浓缩后的污泥由污泥提升泵送入污泥浓缩脱水一体机，同时计量泵将污泥脱水剂（如聚丙烯酰胺，PAM）送入脱水机首端的混合筒内，污泥在脱水剂的作用下，在混合筒内完成絮凝，之后再进行离心浓缩和压滤脱水，泥饼可用小车外运。

上述设备的主要特点是在沉淀池中能够实现泥水的分离，目前采用的是斜板沉淀单元，以实验室设备（图6-15～图6-17）为基础研究开发，该设备具有分离效果好、装置简单方便、拆卸清洗简单、占地面积更小等特点，并且能取得良好经济效益。

结合斜板沉淀实验还开展了余水絮凝的实验，通过筛选不同种类的絮凝剂，确定 $FeCl_3$（250mg/L）与PAM的配比为15∶1时絮凝效果好，且沉降速度快，在15min内即可沉淀完全。该技术在示范工程现场运行时，根据实际情况会略有差异。

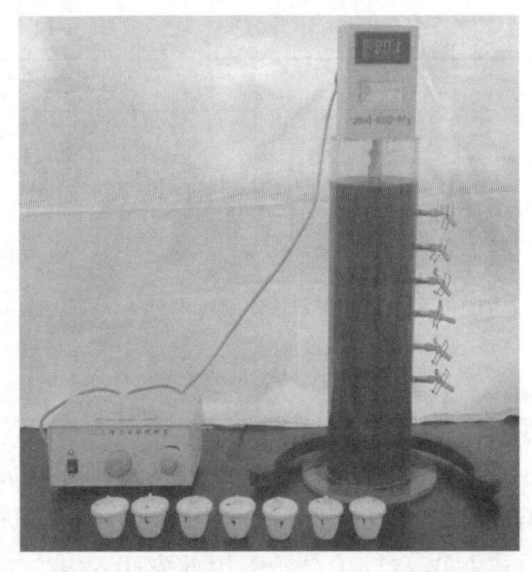

图6-15　实验室的沉降实验装置图

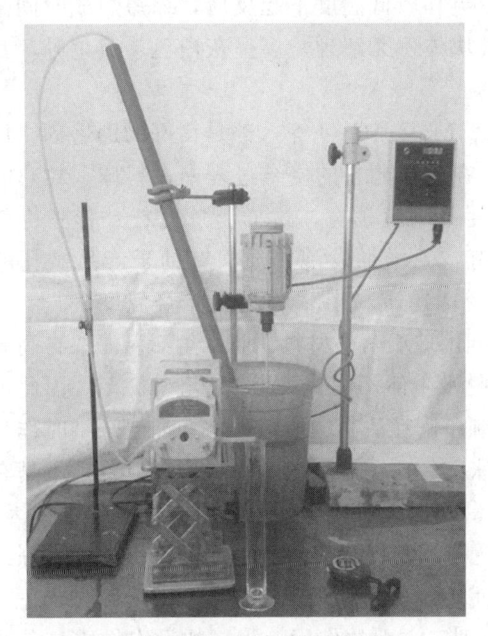

图6-16　SS去除实验装置图

图6-17　斜板沉淀实验图

（4）疏浚底泥资源化应用

北安河疏浚后的底泥，可从废物转化为资源，根据底泥的理化性质，可用来制备填筑物、土壤改良剂或建筑材料等多种材料。通过对北安河底泥化学成分的分析发现，它的主要化学成分与黏土的成分非常类似，也就是说底泥的基本化学成分满足制陶的化学成分要求。因此，通过添加合适的添加剂，若能利用底泥替代黏土制备水处理用的陶粒滤料，不仅可为底泥资源化应用找到合理解决的方法，从而解决底泥二次污染的问题，而且可以变废为宝，产生一定的经济效益，走出一条可持续发展的新路。

通过对一般陶粒原料化学成分和用生活污泥作为原料所测定的生物质燃料灰分化学成分的对比可见，生物质燃料的灰分化学成分基本符合一般陶粒原料化学成分要求，如表 6-12 所示。

表 6-12　北安河底泥成分测定表　　单位：%

化学成分	一般陶粒原料化学成分要求	北安河底泥的主要化学成分
SiO_2	47～70	55.7
Al_2O_3	15～25	17.5
Fe_2O_3	3～12	4.75
$CaO+MgO$	1～12	1.52
K_2O+Na_2O	2.5～7	4.53
烧失量	—	7.3

底泥原料中的主要化学成分，在底泥陶粒滤料的烧成中起着非常重要的作用。其中石英类成分，可以减少黏土的分散度，使其膨胀性能降低。Al_2O_3在高温烧成中会和Fe_2O_3反应生成CO_2和铁尖晶石，因此它也是成气成分之一。原料中Al_2O_3含量低，则原料可塑性差，强度降低，因此原料中Al_2O_3含量高才能烧出优质陶粒产品。方解石类在分解前起硬化作用，分解后起熔剂作用，会和原料中的黏土及石英在较低温度下起反应，缩短烧成时间。石灰石是石灰岩的俗称，为方解石微晶或潜晶聚集块体，无解理，多呈灰白色、黄色等，其作用与方解石同。

碱金属和碱土金属类主要包括K_2O、Na_2O、MgO、CaO 等，都是良好的助熔剂，可以使料球（粒）的焙烧范围变宽，便于烧成控制。在陶粒滤料的烧结过程中，料球（粒）的焙烧范围越宽，有气体生成而又不容易逸出的温度范围就越宽，这样料球（粒）膨胀得就越好。原料中的有机物在烧结过程中的作用主要有：①增加发泡物质，有助于产品微孔的形成，降低产品的容重，增加比表面积；②扩大原料的膨胀范围；③降低焙烧温度。

实验中选择的添加剂有脱水生活污泥和黏结剂水玻璃两种材料。脱水生活污泥取自高碑店污水处理厂污泥脱水车间。根据实验测定，所取脱水生活污泥烧失率高达 52.07%，因此可以利用其有机物的烧失特性，将其作为添加剂掺入制备陶粒滤料的原料中，在高温烧结时作为发泡剂。但由于脱水污泥的元素成分含量大多在烧胀陶粒所需原料化学成分含量以外，不具有烧胀性能，因此必须辅以含硅、铝等物料，添加适量外加剂，使复配生料具有烧胀性能。因此，采用河道底泥为主要原料，而将生活污泥作为发泡剂，这样就克服了生活污泥中硅铝成分的缺乏，又增加了底泥原料中的有机成分，二者联合使用，达到对两者资源化利用的目的。

脱水污泥添加在原料中可以在烧结过程中起到三方面的作用：①增加发泡物质，有助于产品中微孔的形成，降低产品松散容重，增加比表面积；②扩大原料的膨胀范围，有助于发泡和孔隙的形成；③作为部分燃料，降低焙烧温度，节约能源。为了有助于成型和烧成，选用水玻璃作为黏结剂。水玻璃俗名泡沫碱、泡花碱，是一种透明的玻璃状熔合物，系碱金属硅酸盐所组成。水玻璃具有很好的黏结性和胶凝性，与空气中的CO_2相作用可逐渐分解成Na_2CO_3和SiO_2而硬化。

根据原料的不同力学性能，陶粒生产过程中的成型工艺可以分为塑化法、干法、泥浆法或粉磨成球法、成球盘法等。实验采用粉磨成球法成型，主要工序为：原料、破碎、烘干、磨成粉状、加入添加剂、混合、加水湿化和制成原料球。原料预先磨细可以更完全地破坏物料的天然结构，均化原料的成分，并把掺入的附加剂混合均匀，这样就可以保证烧制出最优质的和最均匀的陶粒滤料。

各原料按试验方案要求配方，称量好混合于容器中，加水搅拌，然后手动反复揉捏，制成直径10mm左右的生料球。由于模拟实验在实验室进行，底泥陶粒料球(粒)的烧成采用电阻炉，电阻炉配有自动温控装置，以控制炉膛内温度的变化。采用正交试验确定试验的影响因素个数及内容，试验的影响因素有：生活污泥的含量（A）、黏结剂含量（B）、烧成温度（C）、烧成时间（D）、预热温度（E）。

确定试验的考核指标为陶粒比表面积、松散容重。由于比表面积是陶粒滤料的一个非常重要的性能参数，而松散容重又是陶粒的一个重要指标，因此，正交试验中采用比表面积和松散容重为底泥陶粒滤料的考核指标。试验的两个考核指标互相矛盾，即松散容重越小时，试验效果越好，而比表面积越大时，试验效果越好。作为正交试验结果的考核指标，综合指数越大，试验效果越好。因此定义：综合指数＝比表面积/松散容重×1000。

通过相关的资料查阅和前期探索性实验，可以确定烧制陶粒的主要温度范围为1000～1200℃，烧成时间为10～30min，预热温度为300～500℃，根据上述各参数的范围进行正交试验，见表6-13。

表6-13　底泥制陶的因素和水平表

水平	单位	1	2	3	4
生活污泥	%	0	5	10	20
黏结剂	%	0	5	10	20
预热温度	℃	350	400	450	500
烧成温度	℃	1050	1100	1150	1200
烧成时间	min	10	15	20	25

通过第一次正交实验和前期的相关探索性实验发现，无论原料配方如何，烧成温度低于1100℃，烧成时间少于15min，均无法烧制成空隙均匀的陶粒（图6-18）；而烧成温度达到1200℃以上，陶粒发生表面熔化现象（图6-19）。因此，根据第一次正交实验的结果拟进行第二次正交试验。

图6-18　烧成温度低于1100℃

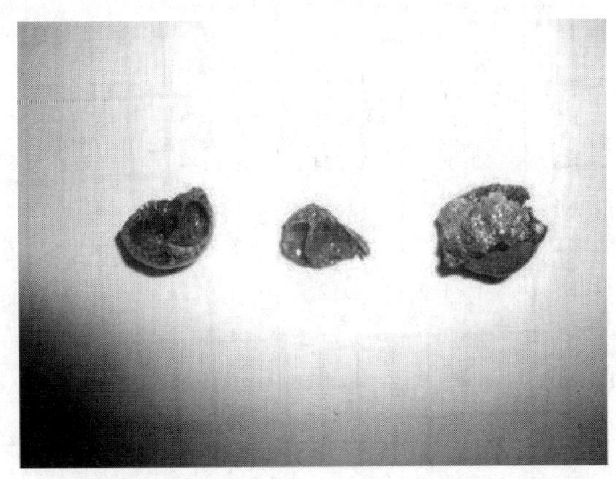

图6-19　烧成温度高于1200℃

为了确定最佳的原料配方和实验条件，进行了调整之后的第二次正交实验（表 6-14），正交实验结果见表 6-15。

表 6-14　第二次正交实验因素表

水平	单位	1	2	3	4
生活污泥	%	0	5	10	15
黏结剂	%	0	5	10	15
预热温度	℃	350	400	450	500
烧成温度	℃	1120	1140	1150	1170
烧成时间	min	15	17	20	23

表 6-15　第二次正交实验结果

因素	A	B	C	D	E	考核指标		综合指数
	生活污泥/%	黏结剂/%	预热温度/℃	烧成温度/℃	烧成时间/min	松散容重/（kg/m³）	比表面积/（m²/g）	比表面积/松散容重×1000
1	1	1	1	1	1	720.12	2.53	3.552159
2	1	2	2	2	2	575.45	2.91	4.245375
3	1	3	3	3	3	545.27	2.77	4.447751
4	1	4	4	4	4	507.23	2.02	3.321112
5	2	1	2	3	4	542.11	2.79	4.500775
5	2	2	1	4	3	741.02	3.13	4.223907
7	2	3	4	1	2	592.77	1.97	2.75705
7	2	4	3	2	1	554.43	2.12	3.755002
9	3	1	3	4	2	779.09	2.55	3.357299
10	3	2	4	3	1	551.27	3.42	5.171777
11	3	3	1	2	4	549.55	2.55	3.941129
12	3	4	2	1	3	555.21	1.95	3.523749
13	4	1	4	2	3	555.43	3.07	4.573947
14	4	2	3	1	4	510.25	3.55	5.971057
15	4	3	2	4	1	515.2	2.45	3.9977
15	4	4	1	3	2	573.09	2.39	4.097753
K1	15.57	15.19	15.92	15.01	15.57	K1+K2+K3+K4=55.77		
K2	15.34	15.52	15.27	15.52	14.53			
K3	15.00	15.24	17.54	17.22	15.77			
K4	17.75	14.53	15.04	14.79	17.74			
k1	3.92	4.05	3.97	4.00	4.15			
k2	3.74	4.12	4.07	4.12	3.53			
k3	4.00	3.71	4.39	4.55	4.22			
k4	4.59	3.55	4.01	3.72	4.44			
R	0.75	0.45	0.41	0.74	0.71			

由表 6-15 可见，①以松散容重和比表面积为考核指标时，最佳的试验条件为 A4B2C3D3E4；②五个因素对产品考核指标的影响顺序为生活污泥＞烧成温度＞烧成时间＞

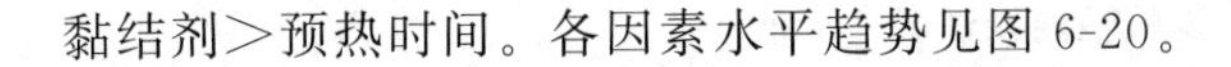
黏结剂＞预热时间。各因素水平趋势见图 6-20。

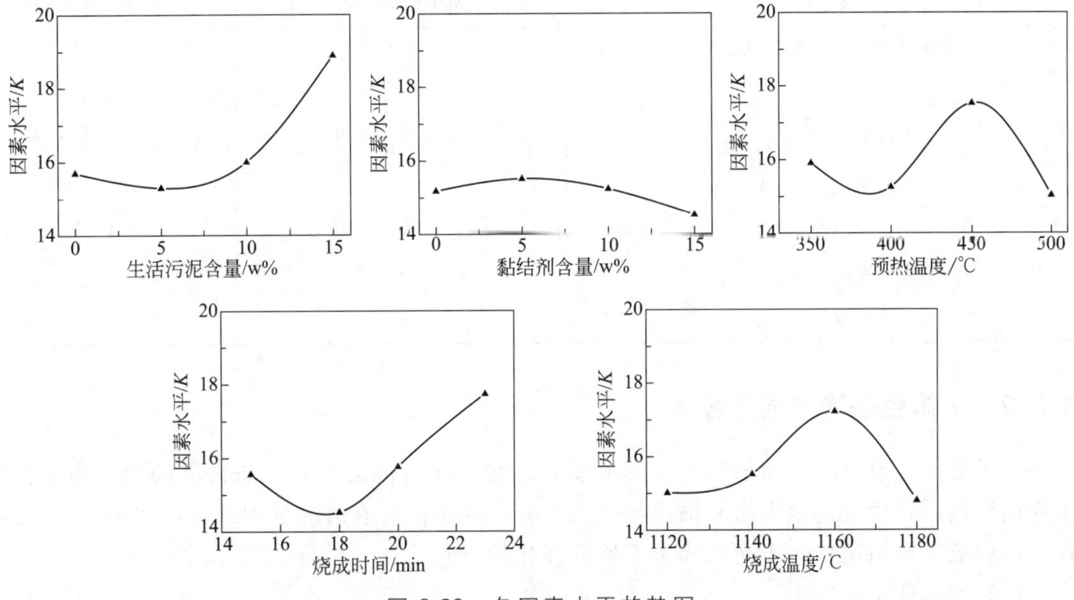

图 6-20 各因素水平趋势图

生活污泥的有机质含量很高，在整个制陶的实验中起着很重要的发泡作用，其含量可以影响整个实验的过程；烧成温度和烧成时间是整个工艺的核心，达不到相应的烧成温度和烧成时间，则陶粒无法成型；而黏结剂含量主要是在预处理过程中起成型和调整原料比例的作用；预热时间则具有生料球烘干后进一步除去结合水的作用，因此，黏结剂含量和预热温度在实验中起相对次要的作用。

通过方差分析可以看出，试验中所涉及的五个因素（生活污泥含量、黏结剂添加量、预热时间、烧成温度和烧成时间）均对试验结果有显著影响。其中生活污泥的添加量以及烧成温度和烧成时间的影响特别显著，如表 6-16 所示。

表 6-16 样品正交实验方差分析表

方差来源	平方和	自由度	均方	F 值
因素 A	4.4523	3	1.7572	234.7532
因素 B	2.3207	3	0.7539	97.5475
因素 C	1.7257	3	0.5927	75.2153
因素 D	5.2147	3	2.2357	312.7755
因素 E	4.9075	3	2.0979	307.9775

根据试验确定的最佳条件，即底泥样品的最佳试验条件为河道底泥：生活污泥：黏结剂＝100：15：5，预热温度 450℃，烧成温度 1150℃，烧成时间 23min，进行陶粒的制备，并对相关的性质进行测试，所得的结果与行业标准对比，结果如表 6-17 所示。通过表中对比可见，目前用北安河底泥、高碑店脱水污泥和水玻璃为原料制备的陶粒完全符合建设部颁布的相关行业标准，可以作为底泥资源化利用的一种方法。

表 6-17 陶粒性能测试表

项　目	底泥制备陶粒	指标
破碎率与磨损率之和，C_b/%	4.7	≤5
含泥量，C_s/%	0.55	≤1
盐酸可溶率，C_{ha}/%	1.2	≤2
比表面积，S_w/（cm^2/g）	2.95	≥0.5×10^4
吸水率/%	3	≤10
堆积密度/（kg/m^3）	520	510～700
筒压强度/MPa	≥5	≥3

6.3.2 水体生态修复强化技术

为了进一步改善北安河的水质，对疏浚后的北安河进行疏浚后生态修复的研究与示范，主要措施包括：固定化微生物的筛选与扩大培养，水生植物群落的合理配置，并辅以曝气进行水体增氧等措施进行北安河水体生态修复强化的措施。

（1）固定化微生物

自然水体中溶解氧、pH、水流负荷等波动较大，可影响生物生活的微环境，限制固定化微生物系统的高效运行。生物填料作为微生物载体，直接与系统生物量大小和功能菌群有效富集相关，从而影响微生物处理效率与运行稳定性，因此填料载体的选择具有非常重要的意义。

① 微生物的筛选及扩大培养　针对河道清淤后的河流水质污染特征，首先进行微生物菌种的筛选和扩大培养。通过对河流土著微生物种类和污染状况的调查，最终选取了具有高效硝化作用的细菌进行扩大培养。

选用的硝化细菌为亚硝化细菌与硝化细菌的混合菌液，其扩大培养系统如图 6-21 所示，其中营养池中每升水中含 2g $(NH_4)_2SO_4$，1g K_2HPO_4，1g $NaHCO_3$，2g NaCl，0.5g $MgSO_4$，1mL 微量元素。调节恒温扩大培养池的 pH 值为 7.7～7.2，温度为 25～30℃，并加入 20mL 高效硝化菌种，连续运行。

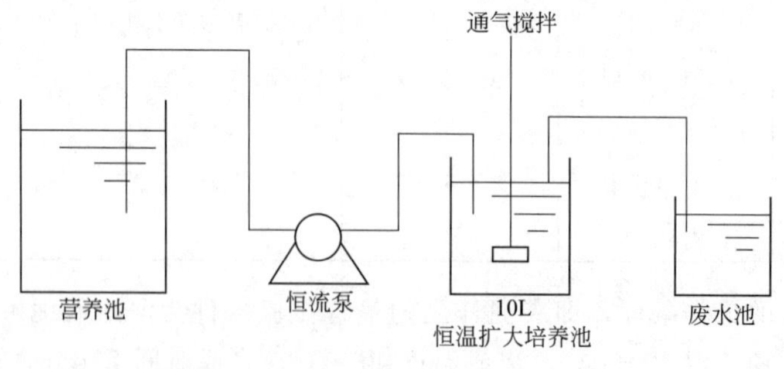

图 6-21　硝化细菌扩大培养系统图

为了确定高效硝化细菌扩大培养后的最佳负荷，对恒温扩大培养池的进水量和氨氮的容积负荷分别进行了研究，实验结果如图 6-22 所示。

由图 6-22 可见，随着氨氮容积负荷的增加，氨氮去除率从 99.7%下降到了 91.2%；其

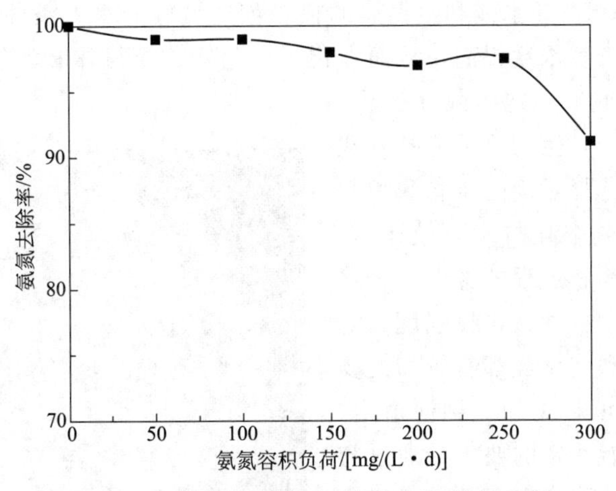

图 6-22 氨氮去除率与氨氮容积的关系图

中当氨氮的容积负荷小于 250mg/（L・d）时，氨氮的去除率高于 97%；但当负荷升高到 300mg/（L・d）时，去除率就降到了 91.2%。根据硝化细菌硝化能力的实验结果分析，氨氮负荷在 250mg/（L・d）左右时，氨氮的出水质量浓度较低，利用率较高，对硝化细菌的富集较为有利。

保持恒温扩大培养池的氨氮负荷在 250mg/（L・d）左右，pH 值为 7.7～7.2，温度在 27℃左右，DO 浓度为 2～3mg/L，连续扩大培养 7 周，采用 MPN 计数法对未富集及富集后的亚硝化细菌与硝化细菌进行计数，从而观察 7 周扩大培养的效果。实验结果见表 6-18 和表 6-19。

表 6-18 亚硝化细菌的扩大培养

样品	样品稀释度						
	10^{-4}	10^{-5}	10^{-6}	10^{-7}	10^{-8}	10^{-9}	10^{-10}
未富集	4	4	4	4	3	2	0
富集 7 周后	4	4	4	4	4	3	3
空白	0	0	0	0	0	0	0

表 6-19 硝化细菌的扩大培养

样品	样品稀释度						
	10^{-4}	10^{-5}	10^{-6}	10^{-7}	10^{-8}	10^{-9}	10^{-10}
未富集	4	4	4	3	2	2	0
富集 7 周后	4	4	4	4	2	3	1
空白	0	0	0	0	0	0	0

利用 MPN 计数法对表 6-18 和表 6-19 的数据进行处理，经过 7 周的富集培养亚硝化细菌由 2×10^{8} cfu/mL 扩大到了 3×10^{9} cfu/mL，扩大了 15 倍；硝化细菌则由 3.5×10^{7} cfu/mL 扩大到了 2×10^{8} cfu/mL，扩大了 5.7 倍。

② 微生物填料载体的优化　在固定化微生物强化技术中，填料的选择是十分重要的，填料的作用主要有以下四方面：a. 容纳附着微生物，作为微生物生长的载体，为其提供栖

息和繁殖的稳定环境；b. 为水体和生物体的接触创造良好的水力条件；c. 对气泡起重复切割作用，使水中的溶解氧浓度提高，从而强化了微生物、有机体和溶解氧三者之间的传质；d. 填料对水中的悬浮物有一定的截留作用。

生物膜填料的选择是生物膜反应技术成功与否的关键一步，选择正确的生物膜填料可以使曝气复氧微生物强化技术高效运行，否则可能导致整个生物膜过程的失败。合格的生物膜填料对水力学特性、机械强度、稳定性、生物膜附着性和密度等都有较高的要求，另外由于生物膜填料需加入到河道中，所以对其集中固定性有一定的要求。通过初步筛选，在实验中，选取了以下几种填料进行系统的研究。

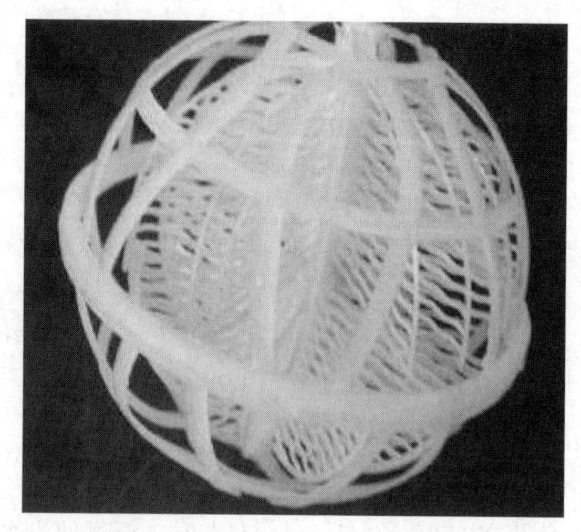

图 6-23 瓜片式球形填料示意图

a. 瓜片式球形填料（图 6-23）：该填料系列由聚丙烯材料注塑而成，分内外双层球体，外部为中空鱼网状球体，内部为旋转瓜片式球体，其规格见表 6-20。

表 6-20 瓜片式球形填料规格参数

填料直径/mm	质量（kg/m^3）	空隙率/%	比表面/（m^2/m^3）	内芯
150	22.7	>97	370	瓜片式

瓜片式填料的主要特点有：饱满，硬度大，不发脆，不断裂，外壳表面有拉膜，内芯为螺纹毛刺，比表面积较大，可以有效切割气泡，提高氧的利用率，挂膜快且数量多，处理效果好，是处理污水理想的新型悬浮填料。

b. 蛇皮丝式球形填料（图 6-24）：蛇皮丝式球形填料是用塑料注造两个半圆形的鱼网状球形，中心放置塑料编织丝，其规格见表 6-21。

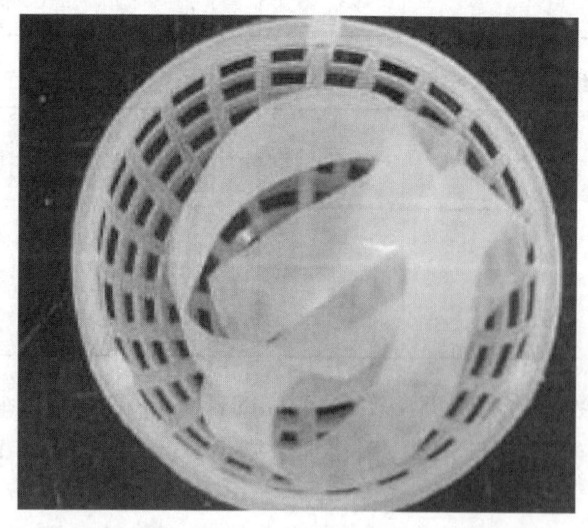

图 6-24 蛇皮丝式球形填料示意图

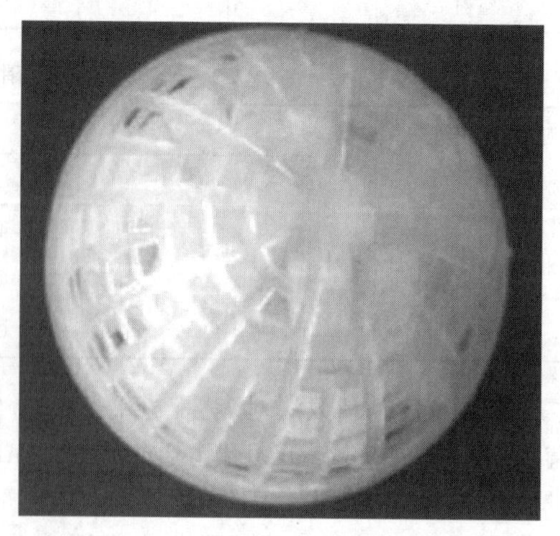

图 6-25 海绵球形填料示意图

表 6-21　蛇皮丝式球形填料规格参数

填料直径/mm	质量/（kg/m³）	空隙率/%	比表面/（m²/m³）	内芯
70	22	>97	700	蛇皮丝

蛇皮丝式球形填料的主要特点：内部填入一团塑料丝或塑料条，使得比表面积大，挂膜快且多，使污水的处理效果好。

c. 海绵球形填料（图 6-25）：海绵球形填料是用塑料注造两个半圆形的鱼网状球形，中心放置小块海绵，其规格见表 6-22。

表 6-22　海绵式球形填料规格参数

填料直径/mm	质量/（kg/m³）	空隙率/%	比表面/（m²/m³）	内芯
70	24	>97	700	海绵块

海绵球形填料的主要特点有：具有生物膜载体的作用，同时兼有截留悬浮物的作用。具有生物附着力强、比表面积大、孔隙率高、亲水性能强等优点，最突出的优点是对生物的附着能力远高于其他填料。

在实验开始前，先进行填料挂膜，在反应器中分别设置瓜片式球形填料、蛇皮丝式球形填料、海绵式球形填料，然后加入大量活性污泥，连续曝气，两周后取出三种填料，分别测定其质量，并观察微生物相，结果见表 6-23。

表 6-23　填料挂膜情况表

指标	瓜片式球形填料	蛇皮丝球形填料	海绵式球形填料
挂膜质量	5.77kg/m³	2.4kg/m³	70kg/m³
钟虫	++	+	++++
轮虫	+	+	++++
线虫	+		++

注：1. 挂膜质量为生物膜湿重。
2. +表示一般，++表示较多，+++表示多，++++表示很多。

由表 6-23 可见，海绵填料上的生物膜质量远远高于其他两种填料的生物膜质量，这是因为海绵本身有很强的吸附作用，可以把活性污泥牢牢吸附，另外活性污泥除了在表面上附着外，还可进入到海绵本身的空隙中，进而在很大程度上增加了其生物附着量。蛇皮丝表面较为光滑，很难附着生长的生物膜，因此蛇皮丝可以作为水生植物生长繁殖的载体，但不适合作生物膜填料。因此在后续实验中，只研究瓜片式球形填料和海绵式球形填料挂膜后的去除效果。

不同填料对河水的净化效果见图 6-26～图 6-30。

由图 6-26～图 6-30 可见，与瓜片式球形填料相比，海绵式球形填料的生物附着量更大，对河水的净化效果较好，其中 COD 和氨氮的去除率可达 50%，总氮去除率可达 30%左右，总磷去除率达到 20%左右。实验中还对填料的结构进行了优化，在工程中可将球形填料用绳子或铁丝穿连起来（图 6-31～图 6-34），以便于填料的集中固定。

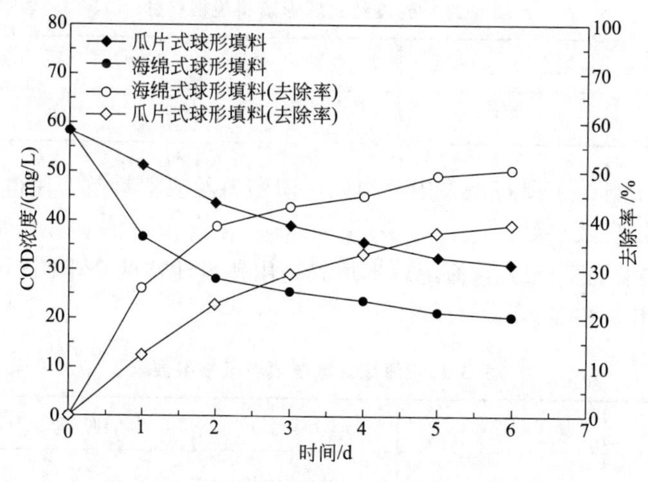

图 6-26 不同填料 COD 去除率变化曲线

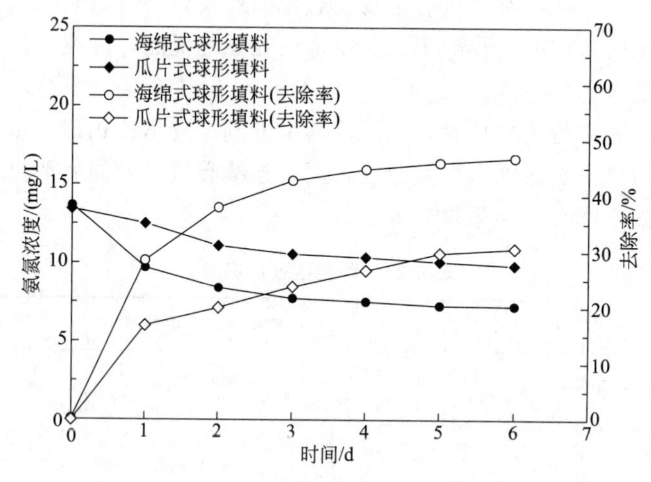

图 6-27 不同填料氨氮去除率变化曲线

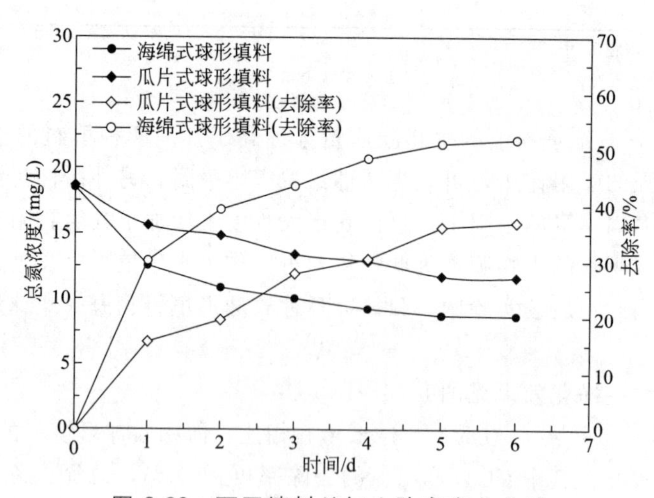

图 6-28 不同填料总氮去除率变化曲线

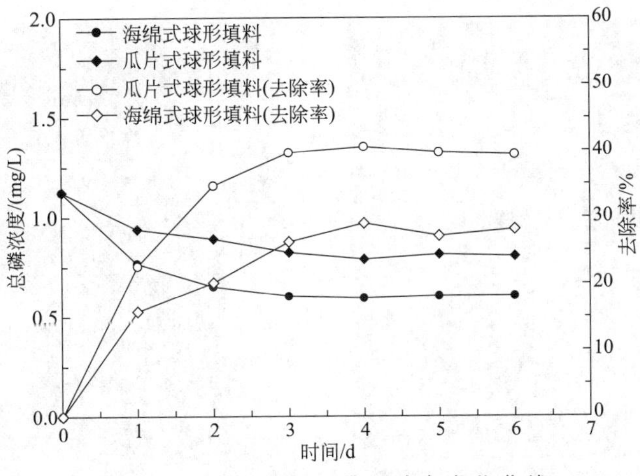

图 6-29 不同填料总磷去除率变化曲线

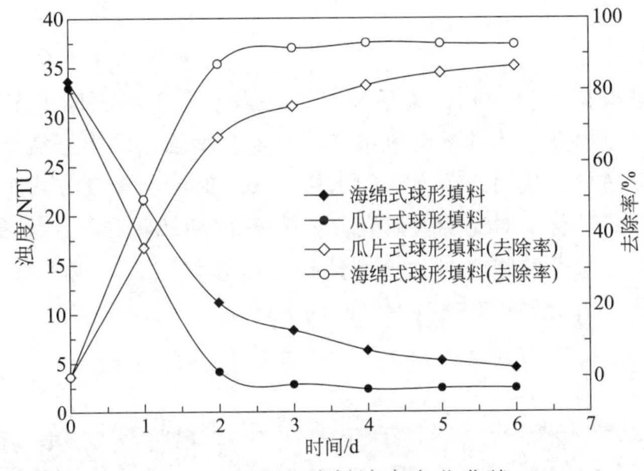

图 6-30 不同填料浊度变化曲线

图 6-31 海绵式球形填料的集中优化示意图

图 6-32 反应器运行示意图

图 6-33　海绵式球形填料挂膜示意图

图 6-34　水体透明度情况示意图

(2) 曝气方式的优化

河道曝气技术是根据河流受到污染后缺氧的特点，人工向水体中充入空气（或氧气），加速水体复氧过程，以提高水体的溶解氧水平，恢复和增强水体中好氧微生物的活力，使水体中的污染物质得以净化，从而改善河流的水质。曝气时间与曝气方式对水体净化的影响非常大，因此对曝气方式进行了对比实验研究。如图 6-35 所示，在 3 个有效体积为 200L 的玻璃缸中加入清河河水，每天的曝气时间分别选择为连续曝气 3h、曝气 1.5h 停 0.5h 间歇曝气 3.5h 和曝气 1h 停 1h 间歇曝气 5h（曝气时间 3h、停 2h)。

图 6-35　曝气的反应器图

溶解氧在河水自净过程中起着非常重要的作用。当水体中大量污染物过度地消耗水体中的溶解氧，水体中的溶解氧逐渐下降，甚至消耗殆尽。水体中溶解氧含量大幅降低时，出现缺氧或无氧状态，直接威胁到好氧生物的生存。另外，水体中溶解氧不足，导致厌氧细菌繁殖，进行厌氧分解反应，产生黑臭厌氧产物甲烷、硫化氢等气体，致使水体黑臭难闻，影响水体感官。水体溶解氧含量对填料上生物膜充分发挥生物降解作用、维持生物池的正常运行有很大的作用，同时又与氧的传递、扩散以及液体的混合密切相连。通过对不同曝气量条件下填料对水质改善的效果进行比较，确定填料区水体较为合适的曝气量。

① 曝气量的优化　将所取水样分别放入 3 个相同的反应器中，均加入挂好膜的填料，

将曝气量调节在低档、中档和高档。曝气 72h，每隔 12h 测定高锰酸盐指数、氨氮、总氮、总磷。实验结果见图 6-36。

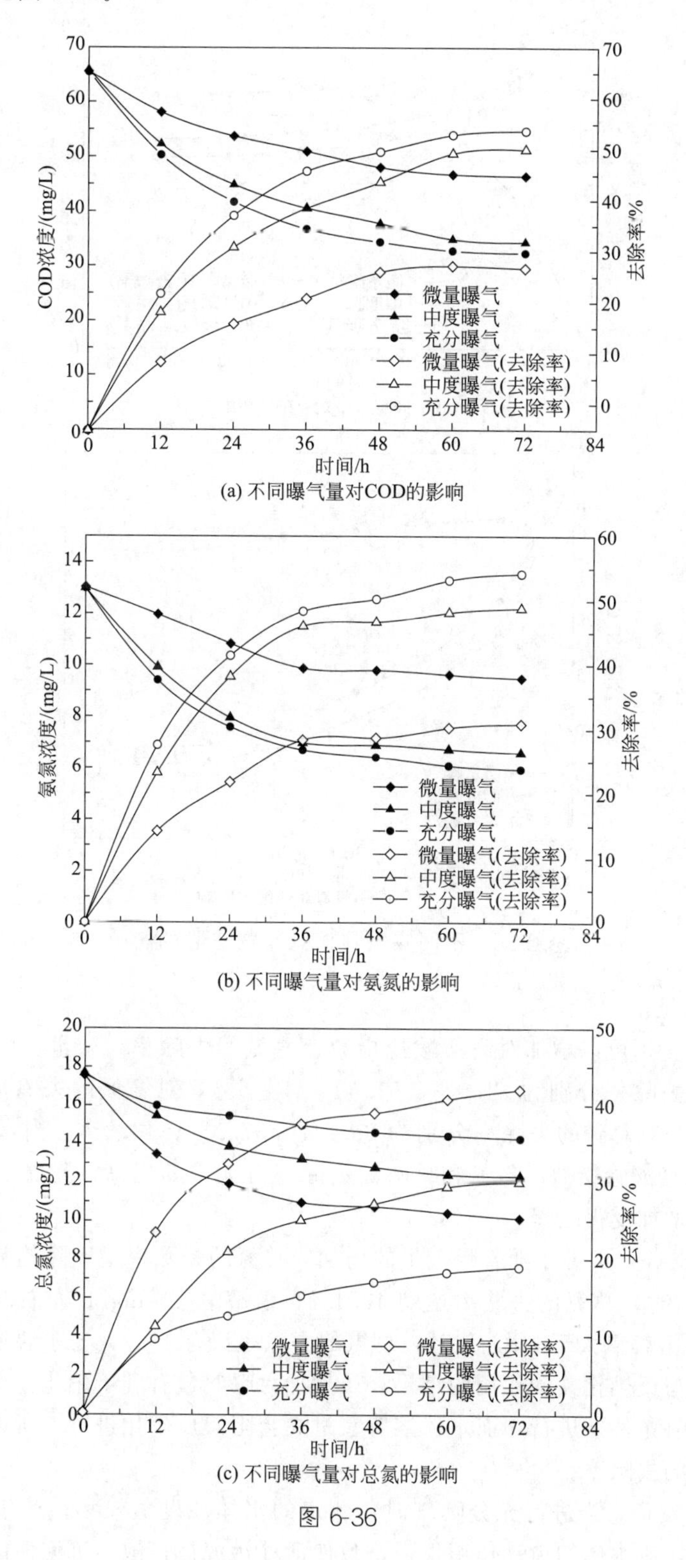

(a) 不同曝气量对COD的影响

(b) 不同曝气量对氨氮的影响

(c) 不同曝气量对总氮的影响

图 6-36

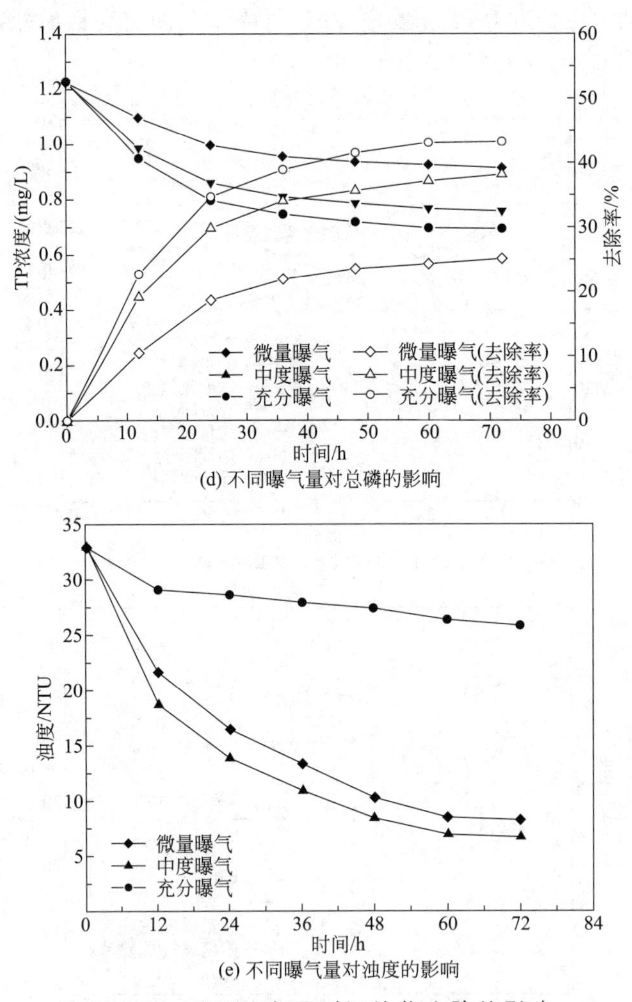

(d) 不同曝气量对总磷的影响

(e) 不同曝气量对浊度的影响

图 6-36　不同曝气量对污染物去除的影响

由图 6-36 可见：

a. 增加曝气量，可以增加对高锰酸盐指数、氨氮的去除率。微量、中度、充分曝气对高锰酸盐指数的去除率分别为 31.5％、51.4％、54.5％，对氨氮的去除率分别为 31.1％、49.2％、54.3％，对总磷的去除率分别为 25.2％、37.2％、43.3％。当水体溶解氧增加到 4mg/L 时，对高锰酸盐指数、氨氮和总磷的去除率有大幅的提高，随着溶解氧浓度进一步升高，去除率的增加变得缓慢。

b. 由图 6-36（c）可见，随着曝气量的增加，总氮的去除率呈下降趋势。当水体中溶解氧在 2mg/L 左右时，总氮的去除率达到 42.1％；溶解氧在 4mg/L 左右时，总氮的去除率为 30.2％；而当溶解氧大于 5mg/L 时，总氮的去除率仅有 19.2％。主要原因为：水体中总氮的去除是硝化与反硝化共同作用的结果，虽然加大曝气量有利于硝化作用的进行，但反硝化作用需要在缺氧条件下进行，而水体溶解氧过高会阻碍反硝化进行，所以加大曝气量反而会降低水体总氮的去除率。

c. 在试验中发现，当进行充分曝气时，测定的水体浊度值较大。产生此现象的原因可能是曝气量过大，对水体的搅动作用很强，致使活性污泥被打散，沉淀性能很差。在工程实践中，特别是对于较浅的河道，也要防止曝气时对水体的过分搅动，以免引起底泥悬浮，加重对水体的污染。

溶解氧浓度的降低，在实际工程中就意味着减少供气量，在动力消耗上节省了运行费用。当溶解氧超过一定值后，再提高充氧量对高锰酸盐指数、氨氮和总磷的去除率的影响很小，这一结果具有很重要的实际意义。本试验条件下最佳的曝气强度是中度曝气，并将水体的溶解氧浓度保持在 4mg/L 左右。

②曝气方式的优化　将所取水样分别放入 2 个相同的反应器中，加入挂膜后的填料，将增氧泵调节到中档。其中一个采取连续曝气的方式，另一个采取间歇曝气的方式，曝气 1h，静止 2h，交替进行。曝气 72h 之后，每隔 12h 测定高锰酸盐指数、氨氮、总氮、总磷值，实验结果见图 6-37～图 6-40。

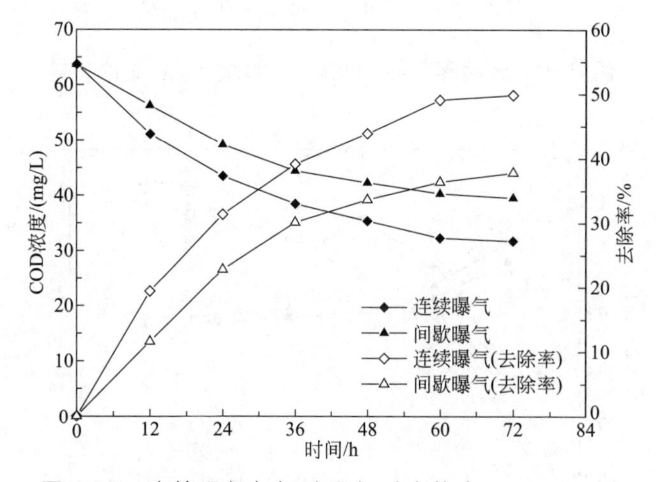

图 6-37　连续曝气与间歇曝气对水体中 COD 的影响

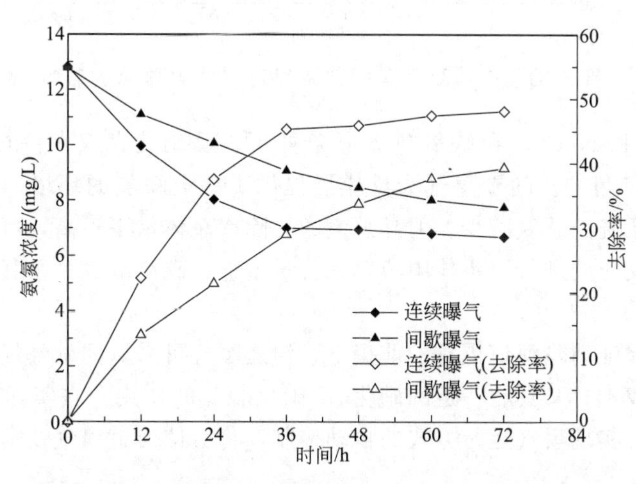

图 6-38　连续曝气与间歇曝气对水体中氨氮的影响

由图 6-37～图 6-40 可见，对于高锰酸盐指数、氨氮和总磷的去除率，连续曝气略高于间歇曝气，分别高出 12.2%、7.9%和 2.5%。间歇曝气对于总氮的去除率高于连续曝气 7.1%。这主要是生物脱氮的作用，即有机氮和氨氮在微生物的作用下被转化为 N_2 和 N_xO 气，包括硝化和反硝化两个过程。在有氧的条件下，亚硝酸菌和硝酸菌共同作用，将

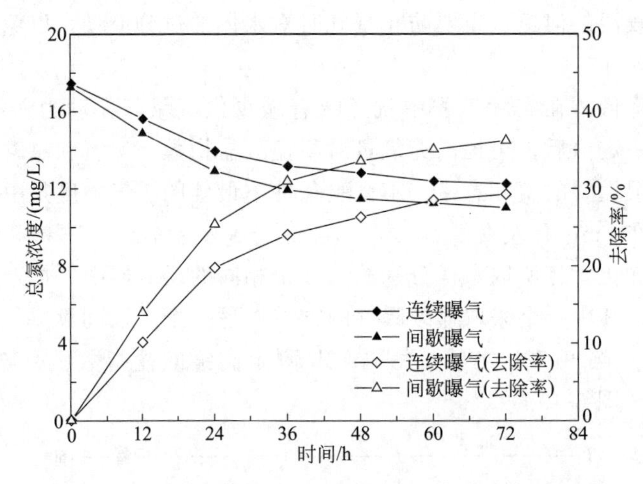

图 6-39 连续曝气与间歇曝气对水体中总氮的影响

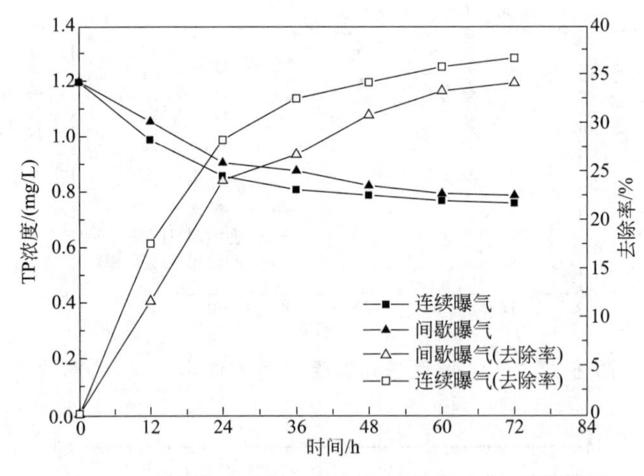

图 6-40 连续曝气与间歇曝气对水体中总磷的影响

NH_4^+转化为NO_2^-和NO_3^-；在缺氧或无氧条件下，反硝化菌又将NO_2^-和NO_3^-转化为N_2，从而达到脱氮的目的。间歇曝气为反应器提供了一个缺氧的环境，NO_2^-和NO_3^-发生反硝化反应，致使系统的总氮减少。但是总氮的去除率总体水平不高，可能是污泥中的反硝化菌不丰富。随着反应的进行，水体中溶解氧含量增加，碳源减少，不利于反硝化进行，总氮去除率提高缓慢。

综上所述，在保证消除河道黑臭的前提下，河道曝气可采取间歇曝气的运行方式，既减少能耗、节省运行成本，又具有一定的硝化-反硝化脱氮的作用。在实际运行中如果能根据水体中溶解氧水平，实现曝气运行方式的自动控制，将会使河道曝气技术具有更广阔的应用前景。

实验结果表明，进行间歇曝气有利于降低水中的COD、氨氮、总氮和总磷各项指标，这是因为在相同的耗电量下，间歇曝气可以使水中的DO水平保持在5～7mg/L的时间增长。而集中曝气3h虽然可以保证在曝气阶段DO浓度较高，但持续性较差，所以在工程中推荐间歇均匀曝气，这样可以在损耗相同电量的条件下，更有效地维持水中DO浓度，优化COD，提高氨氮、总氮和总磷的去除效果。

（3）水生植物的恢复

大型水生植物通过光合作用将光能转化为有机能，并向周围的环境释放氧气，在水生生态系统中处于初级生产者的地位，能够发挥多种生态功能，如：短期储存 N、P、K 等水体中的植物营养物质，净化水体中的污染物，抑制低等藻类的生长和促进水中其他水生生物的代谢。与藻类相比，大型水生植物的特点是更易于人工操纵，即可通过人工收获将其固定的氮、磷带出水体。这些特点是利用大型水生植物进行污水处理，特别是针对湖泊富营养化治理的理论基础。

大型水生植物是一个生态学范畴上的类群，是不同类群植物通过长期适应水环境而形成的趋同性适应类型。该类群也是河流栖息地中重要的结构组成部分，其独特的空间结构可降低水的流速与水动力扰动作用，稳定沉积物，为底栖生物提供良好的栖息地，并可通过光合作用将光能转化为有机能，向水体释放氧气，促进生物地球化学循环，达到净化水体的目的。

大型水生植物同河流体系之间的物理过程主要表现为水生植物对矿质元素的吸附、过滤、淀积作用。因大型水生植物一般具有发达的根系而形成较大的接触面积，当水流经过时，不溶性胶体、附着于根系的细菌（部分凝集的菌胶体）会被根系黏附或吸附而沉积，从而导致水生植物群落区沉积物中含磷量较高，而减少沉积物中磷向上覆水的释放，达到对水体的净化作用。大型水生植物可通过自身输导组织将氧通过根部呼吸作用释放到沉积物中，影响沉积物的化学特性，一定条件下使沉积物中的 pH 降低，Eh 升高，可溶性金属含量升高，有利于植物对矿质元素的吸收利用，减少沉积物矿质元素向上覆水释放而提高水体的质量，大型水生植物对湖泊生态修复的化学过程是十分重要的，这些过程是促进湖泊生物地球化学循环的基础，也是评价湖泊水体健康与否的重要指标。大型水生植物在光合作用的过程中，通过离子交换吸附以及自身的分泌物对一些矿质元素起到螯合沉积的作用（如 Zn），同时也影响根际周围 pH，提高 Eh，进而影响湖泊水体中矿质元素的活性，从而促进河流生态系统的生物地球化学循环，对河流生态修复起到重要作用。大型水生植物生长可有效增加空间生态位，增加河流生态系统的生物多样性，进而提高大型水生植物之间的协同性，有效地促进水体中矿质元素的生物地球化学循环。

植物对污染物的去除具有非常重要的作用，不同植物适宜于不同环境并具有不同功能，如表 6-24 所示。通过对植物特性和北安河的水体环境进行综合分析，对适宜的植物种类进行筛选并进行恢复其生长的示范工程建设。

表 6-24　大型水生植物去污对比

类型	污染物去除机制	使用较多的种类	研究和应用情况
漂浮植物系统	植物的吸收、微生物的代谢	凤眼莲、浮萍、大漂、水花生、满江红	设计简单，工艺优化的研究较少，应用受限
挺水植物系统	植物的吸收、微生物的代谢	芦苇、香蒲、灯心草	研究应用最多，工艺设计已渐成熟
沉水植物系统	对氮、磷的短期储存，控制富营养化表现形式	水体原有种类	操作和实施难度较大，研究和应用较少

结合北方地区的气候特点，以土著群落为主体，适当引进经济价值高的水生植物，达到保障北方寒冷地区水体环境的目标为原则，水生植物筛选原则如下：

① 适应性原则，所选物种对北安河具有较好的适应能力。

② 本土性原则，优先考虑采用北安河原有的植物物种。

③ 强去污能力原则，优先考虑北安河超标倍数大的污染物进行去除原则。

④ 可操作性原则，所选物种繁殖、竞争力较强，栽培容易，具有管理、收获方便，并且具有一定经济价值等特点。

通过对各种不同类型水生植物的生长适应性和应用情况的综合比较，确定在北安河进行挺水植物的恢复生长，主要挺水植物的对比情况如下。

香蒲具有良好的水深及风浪适应性，沿岸种植的香蒲在约1.5m水深处仍能成活，其地上部分的柔性使其适应风浪冲击，对重污染负荷具有很强耐受性。香蒲在土壤环境中分蘖发展迅速，并且一年中分蘖的时间较长。其植株可收获编制草帘等物品，具有一定的经济价值，且管理、收获方便，是良好的挺水植物。香蒲不适应于陆地生长，在正常水位线以上即生长不良。

芦苇不适应深水及风浪环境和大水深环境，即使个别采用大苗种植成活，其生长和分蘖能力远不如浅水区。芦苇的硬质杆茎也使其不适应风浪冲击。但是芦苇对浅水土壤环境适应性强，分蘖生长迅速，种植一年即可从每平方米4株发展到50株，株高可达3m，从农历春分至中秋一直分蘖不断。相对香蒲等其他挺水植物，其竞争性强，并且对重污染负荷具有很强的耐受性，具有一定的经济价值，管理、收获方便，其植株可收获编制草帘、制作工艺品、畜牧养殖等，也是造纸的好材料，是非常良好的挺水植物。

大型水生植物可以直接从水层和底泥中吸收氮、磷，并同化为自身的结构组成物质（蛋白质和核酸等），同化的速率与生长速度、水体营养物水平呈正相关，并且在合适的环境中，它往往以营养繁殖的方式快速积累生物量，而氮、磷是植物大量需要的营养物质，所以对这些物质的固定能力也就非常高。由表6-25的数据可知，芦苇相对比其他常见的挺水植物，对污染物的去除效果更好。

表6-25 挺水植物的氮、磷含量和生长率对照表

植物种类	存储量/（$t/hm^2$①）	生长率 /［t/（hm^2·a）］	组织的氮含量 /（g/kg 干重）	组织的磷含量 /（g/kg 干重）
香蒲	4.3～22.5	7～51	5～24	0.5～4.0
芦苇	5.0～35.0	10～50	17～21	2.0～3.0
灯心草	22	53	15	2.0

① $1hm^2=10000m^2$，下同。

6.3.3 生态缓冲带生境条件的改善

首先对北安河原有的自然植被现状、性质和人工恢复植被进行对照调查，以掌握其生态现状，探寻植被恢复的途径及关键技术方案，从而确定北安河生态恢复工程的优化组合方案。

根据修复河道的生态特征不同，具体包括河岸坡度、水文条件、土壤特性及河段周围环境特征，可以分别采用不同的植物护坡技术，全系列生态护坡、土壤生物工程以及复合式生物稳定技术，并将这3种技术有机组合，形成多种生态护坡方案。由于北安河为泄洪河道，防洪要求较高，所以将河岸护坡建设为混凝护坡。混凝护坡虽然在保持岸坡的结构稳定性、防止水土流失以及防洪等方面起到了一定的作用，但是在不同程度上对景观、环境和生态均产生了不良的影响，造成水体与陆地环境恶化，所以在此基础上，进行了生态河岸的构建。

北安河的土著生态群落以地锦、水芹、羊蹄、苍耳、青蒿为主要的物种，其中生物量分别为140g/m^2，1110g/m^2，1775g/m^2，1295g/m^2，2975g/m^2。在以前的建设中，北安河以硬质护坡为主，并没有进行生态恢复的研究，所以水生植被基本被完全破坏，护坡的只有一些杂草，而且分布极其不均匀，亟须通过人为生态措施的恢复重建其生态系统。根据北安河的现状，复合式生物稳定技术是一种比较理想的边坡生态修复技术。复合式生物稳定技术是生物工程护岸技术与传统工程技术相结合的复合式生态护坡技术。这种生态护坡技术强调活性植物与工程措施相结合，采用水泥桩砌石块的传统护岸技术，以达到在复杂地形条件下的固坡作用，附以活柴笼捆插和活枝扦插土壤生物工程技术。其技术核心是植生基质材料，依靠锚杆、植生基质、复合材料网和植被的共同作用，达到对坡面进行修复和防护的目的，见图6-41。

图6-41　生态缓冲带剖面图

植物的生态护坡以保护和创造生物良好的生存环境和自然景观为前提，在具有一定强度、安全性和耐久性的同时，充分考虑了生态效果，把受人类干扰和破坏的河道修复成为水体与土体、水体与生物相互涵养，适合生物生长的近自然河道。植物群落生长和建群过程中加固和稳定边坡，可以有效控制水土流失和实现生态修复。植物的生态护坡工程在自我修复的过程中，不断强化两方面的生态功能：一是维持河岸的结构稳定性，稳固河岸以确保河岸物理生境的完整性；二是提高河岸的生态稳定性，使整个河流生态系统健康发展。鉴于北安河的实际污染状况，植物护坡对于北安河生态环境的修复具有非常重要的意义。

生态护坡可由一系列的植物包括沉水植物、浮叶植物、挺水植物、湿生植物（乔、灌、草）等一系列护坡植物，形成多层次生态防护，兼顾生态功能和景观功能。坡面常水位以上种植耐湿性强、固土能力强的草本、灌木及乔木，共同构成生态护坡系统，既能有效控制土壤侵蚀，又能美化河岸景观。

护坡植物选择的原则为：

① 通过乔、灌、草人工合理配置与生态系统自我恢复相结合的方式，初期通过人为措施进行生态系统植被的恢复，经过数年自然演替后，可发育成自然植被类型。

② 在物种选择上，柳树作为生态护岸首选的先锋物种，具有良好的易活性和耐受性。在种植方式上优选柳树截干种植技术，成活率高，生长迅速，可快速形成植被，在短期内发挥生态工程防护作用，且可提供更为多样的植被护坡模式。

鉴于北安河的实际情况，在硬质护坡的上部种植垂柳，下面种植地锦，该技术适用于水利问题和生态问题比较突出的坡岸。

6.4 示范工程建设

6.4.1 底泥疏浚示范工程

示范工程段选取了具有污染代表性的区域，并结合了当地市政工程规划和银龙溪的实际情况，选取银龙溪 1.4km 长的憋水坝处作为示范工程段，进行底泥疏浚后的生态修复示范工程（图 6-42）。配合牡丹江市政府进行工程护坡建设和银龙溪的底泥疏浚工程，以及水利坝的建设（图 6-43 和图 6-44）。对疏浚后底泥进行陶粒的资源化利用研究，可以解决底泥二次污染的问题，产生一定的经济效益，走一条可持续发展的道路。

图 6-42 疏浚过程图

图 6-43　底泥疏浚前的北安河

图 6-44　底泥疏浚后的北安河

6.4.2　水体生态强化示范工程

在 3km 的河道内投加 $50m^3$ 的生物填料，从而达到净化水质的效果。将依据实验研究确定的最佳固定化填料投放到河流，同时投放具有活性的生物，用以分解底泥中的有害物质。固定化微生物填料投放到银龙溪后，水体水质的 BOD 和氨氮的超标倍数分别降低 0.5 和 0.4，对水体的水质起到良好的强化净化效果，见图 6-45 和图 6-46。

图 6-45　投放固定化微生物填料过程图

图 6-46　投放微生物固定化微生物填料后的银龙溪

在银龙溪种植大量的护坡植物、沉水植物和挺水植物，通过植物的作用，利用植物根系和根系的微生物系统吸收降解氮磷等污染物，在光合作用的同时能够释放氧气，构成一个模拟自然水体自净的生态环境，有利于进一步去除污染物，提升整体工程的质量，进而实现水环境质量的持续改善，见图 6-47 和图 6-48。

图 6-47 建设生态缓冲带前的北安河

图 6-48 北安河岸边的生态缓冲带

6.4.3 生态缓冲带生境改善示范工程

生态缓冲带生境改善示范工程效果见图 6-49～图 6-52。

图 6-49 生态护坡建设前的北安河

图 6-50 生态护坡建设后的北安河

图 6-51 护栏建设前的北安河

图 6-52 护栏建设后的北安河

6.5 示范工程效果

示范工程建设前，北安河是一个城市纳污河，周围的垃圾及污水未经过任何处理就排入了北安河，北安河的水体环境很差。示范工程建设后，COD 消减率为 68%，氨氮消减率为 53%，挥发酚消减率为 97%，BOD 消减率为 48%。北安河生境修复示范工程的实施以及“十一五”规划课题的开展，为国控柴河大桥断面平均水质达到Ⅳ类标准提供了支持，实现了“十一五”牡丹江流域水质目标。示范工程效果见图 6-53 和图 6-54。

通过对北安河底泥特性进行综合分析，选择水利疏浚作为技术方案，水利疏浚可以将淤积的污染物完全去除，达到北安河底部原本的沙层，并保留北安河水利功能。疏浚后底泥的氮磷的测定结果表明，疏浚后对污染物的消减率达到 50%左右。对于现场可能出现的淤积情况可以采用岸边移动式污泥清淤及余水处理一体化设备，该设备具有分离效果好、装置简单方便、拆卸清洗简单、占地面积更小等特点，可以取得良好经济效益。北安河底泥的主要化学成分与黏土的成分非常类似，因此选用北安河底泥、高碑店脱水污泥和水玻璃为原料制备的陶粒完全符合建设部颁布的相关行业标准，可以作为底泥资源化利用的一种方法。

图 6-53　整治前的北安河图

图 6-54　整治后的北安河图

为了保持北安河底泥疏浚后的水质稳定，需要进行疏浚后水体水质生态强化技术的研究与示范，主要措施包括：固定化微生物，筛选水生植物并进行植物群落的合理配置，并辅以曝气进行水体增氧等措施进行北安河水体生态修复强化。合格的生物膜填料对水力学特性、机械强度、稳定性、生物膜附着性和密度等都有较高的要求，在工程中将球形填料用绳子穿连起来，便于填料的集中固定。大型水生植物可以直接从水层和底泥中吸收氮、磷，并同化为自身的结构组成物质（蛋白质和核酸等），同化的速率与生长速度、水体营养物水平呈正相关，并且在合适的环境中，它往往以营养繁殖方式快速积累生物量，而氮、磷是植物大量需要的营养物质，所以对这些物质的固定能力也就非常强。芦苇相对比其他常见的挺水植物，对污染物的去除效果更好，并且具有较强的污染物去除率。

通过对北安河的情况进行调查发现，复合式生物稳定技术是一种比较理想的边坡生态修复技术，该技术为生物工程护岸技术与传统工程技术相结合的复合式生态护坡技术，强调活性植物与工程措施相结合，采用水泥桩砌石块的传统护岸技术，以达到在复杂地形条件下的固坡作用。生态护坡可由一系列的植物包括沉水植物、浮叶植物、挺水植物、湿生植物（乔、灌、草）等护坡植物组成，从而形成多层次生态防护，兼顾生态功能和景观功能。坡面常水位以上种植耐湿性强、固土能力强的草本、灌木及乔木，共同构成生态护坡系统，既能有效控制土壤侵蚀，又能美化河岸景观。通过典型河段示范工程的建设，在径流条件下，乔、灌、草对总磷的去除效果较明显，并且对 SS 都有明显的降低作用，平均的降低幅度达 36%。

6.6　本章小结

通过对牡丹江流域水体环境的总体分析得知，北安河是牡丹江市的主要排污受纳水体，是牡丹江污染和水质安全受到威胁的重要原因，并且北安河的水质直接影响牡丹江市下游国控柴河大桥断面的水质。因此，通过构建北安河综合整治集成技术体系，削减了进入牡丹江的污染物，并建立了相应的示范工程，使用了底泥疏浚、固定化微生物、生态修复工艺结合的示范工程方案，并对疏浚后的底泥资源化利用做了积极的探索。示范工程建成后，北安河的水体环境得到了非常显著的改善。为牡丹江污染物减排及水质改善提供了技术支撑，并进一步保障了松花江水质安全。

参考文献

[1] 许振成，杨晓云，温勇. 北江中上游底泥重金属污染及其潜在生态危害评价［J］. 环境科学，2009，30（11）：3263-3268.

[2] 滕彦国，庹先国，倪师军. 应用地质累积指数评价沉积物中重金属污染［J］. 环境科学与技术，2002，25（2）：5-10.

[3] Wang S R，Jin X C，Zhao H C，et al. Effect of organic matter on the sorption of dissolved organic and inorganic phosphorus in lake sediments［J］. Colloids and Surfaces A：Physicochemical and Engineering Aspects，2007，297（1-3）：154-162.

[4] MacDonald DD，Ingersoll C G，Berger T A. Development and evaluation of consensus-based sediment quality guidelines freshwater ecosystems［J］. Arch Environ Contam. Toxi-col.，2000，39：20-31.

[5] Burton Jr G A. Sediment quality criteria in use around the world［J］. Limnology，2002，3：65-75.

[6] Müller G. Index of geoaccumulation in sediments of the Rhine River［J］. Geo Journal，1969，2：108-118.

[7] Long E R，McDonald DD. Recommended uses of empirically derived，sediment quality guidelines for marine and estuarine ecosystems［J］. Hum. Ecol. Risk Assess，1998，4：1019-1039.

[8] Murphy，T P，Lawson A，Kumagai M，Babin J. Review of emerging issue in sediment treatment［J］. Aquatic Ecosystem Healthy and Management，1999，（2）：419-434.

[9] Woitke P，Wellmitz J，Helm D，et al. Analysis and assessment of heavy metal pollution in suspended solids and sediments of the river Danube［J］. Chemosphere，2003，51（8）：633-642.

[10] 张凤英，阎百兴，朱立禄. 松花江沉积物重金属形态赋存特征研究［J］. 农业环境科学学报，2010，29（1）：163-167.

[11] 曹承进，陈振楼，王军等. 城市黑臭河道底泥生态疏浚技术进展［J］. 华东师范大学学报（自然科学版），2011，1：32-42.

[12] 钟继承，范成新. 底泥疏浚效果及环境效应研究进展［J］. 湖泊科学，2007，19（1）：1-10.

[13] 梁启斌，邓志华，崔亚伟. 环保疏浚底泥资源化利用研究进展［J］. 中国资源综合利用，2010，28（12）：23-26.

[14] 承勇，奚旦立. 河道底泥陶粒对生活污水中 NH_3-N 的深度处理试验研究［J］. 东华大学学报（自然科学版），2004，29（5）：100-103.

[15] Clausen J C，Guillard K，Sigmund C M，et al. Water quality changes from riparian buffer restoration in Connecticut［J］. Journal of Environmental Quality，2000，29（6）：1751-1761.

[16] 蔡靖，李小平，陈小华. 河道生态护坡对地表径流的污染控制［J］. 环境科学学报，2008，28（7）：1326-1334.

[17] 黄廷林，王堃，李娜等. 原位投菌技术修复微污染水源水的中试研究［J］. 环境工程学报，2012（7）：2256-2260.

[18] 魏巍. 微污染水源扬水曝气强化原位生物脱氮特性与试验研究［D］. 西安：西安建筑科技大学，2011.

[19] 陈谊，孙宝盛，孙井梅等. 投菌法处理微污染河水的试验研究［J］. 水处理技术，2009，35（2）：35-38.

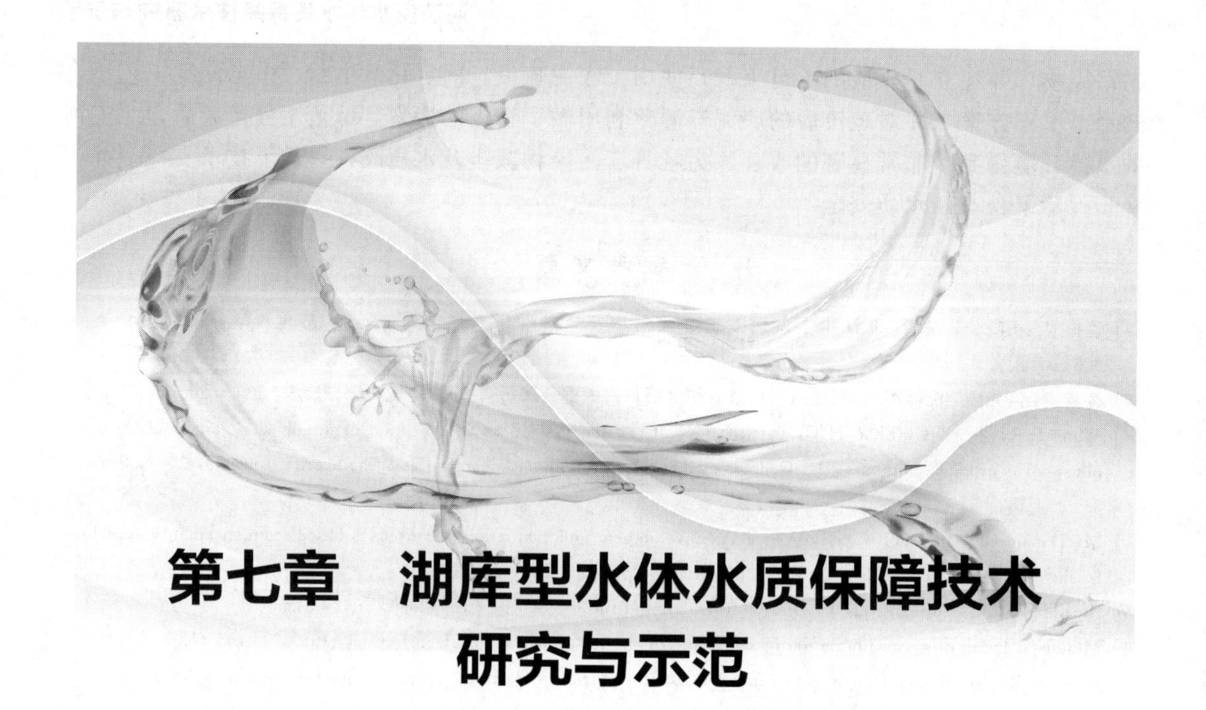

第七章　湖库型水体水质保障技术研究与示范

——南湖水系引水工程运行与水质保障耦合

7.1　湖库型水体水质保障技术研究进展

当前，湖库型受污染水体的修复技术主要有截污、减污和除污技术。截污主要为了控制外源性污染，从而为控制内源性污染创造了有利条件。减污技术是指底泥疏浚技术、水动力循环技术和一些化学修复技术，但这些在某种程度上只能作为辅助性的措施，治标不治本。而生物-生态修复技术尽管存在一定局限性，但由于具有投资少、对环境影响小、永久性消除污染物等其他技术无法比拟的优点，因而发展空间广阔。各种修复技术都有自身优点和缺点，依靠单一技术处理受污染水体往往效果不佳。虽然我国景观水体污染情况不同，但是根据具体条件扬长避短，采取以生物-生态为核心多种技术的优化组合方法将成为今后景观水体污染治理的一个较好发展方向。

7.1.1　水质保障治理技术

（1）外源控制

对于工业废水和生活污水这样的点源，应排入城市污水处理系统，严禁排入景观水体；对初期雨水应适当进行简单处理后再排入水体；严格控制公园水体周围化肥农药使用量和使用时间；定期对水面漂浮的树枝败叶及杂物进行清理；严格监管，使人们养成不乱丢垃圾的好习惯。控制外源性污染是水体功能恢复的前提。世界上一些发达国家进行城市河道治理的经验表明，要发挥城市河道的生态功能，控制废污水直接排放入河是减轻河流污染的根本措施。英国泰晤士河就是成功的典例：20 世纪 50 年代末，泰晤士河的含氧量等于零，除了少数鳝鱼幸存外，其他鱼类几乎绝迹；污黑的河水臭气熏天，令人不堪忍受；河水污染还引起霍乱病的流行。英国政府于1964年对泰晤士河进行全面治理，经过40年的治理，现在的泰晤士河河水清澈，鱼儿穿梭，成为了伦敦的一道风景线。

（2）底泥疏浚

底泥是天然水体中一个重要内污染源，有大量污染物沉积其中，如重金属离子，氮、磷营养盐，某些难降解有毒有害物质等。在一定条件下，这些污染物会从底泥中释放出来，重新进入水体，造成二次污染。如杭州西湖的底泥淤积问题比较突出，其中富含营养物质。1978—1988年相关部门持续进行小范围疏浚，在一定程度上减少了西湖内负荷，而对于小水域的景观水体则应根据具体情况因地制宜。由于底泥厚度、密度和污染物浓度分布差别很大，故在施工前，应确定挖泥量和挖泥深度。需要特别注意的是，底泥清除后，会对水底生态系统造成一定破坏，必须对底部生态系统进行修复，包括水生植物修复、微生物修复、水生动物修复等。然而，在底泥疏浚过程中，由于底泥泛起和搅拌，会导致孔隙水中的磷及其他污染物质重新进入水体，再加上水体和风的作用将释放的污染物扩散进入表层水体可引起藻类疯长，产生富营养化现象，还存在疏浚对生物种群可能产生的影响及疏浚后底泥的处置问题，同时，底泥疏浚只有在有效控制外源的基础上才能发挥更大的作用。

国内外底泥疏浚后控制污染的效果良好。太湖五里湖，TN平均浓度下降63%，接近Ⅴ类水质标准；TP平均浓度下降61%，接近Ⅲ类水质标准；氨氮平均浓度下降77%，已达Ⅲ类水质标准。长春南湖，TN平均浓度下降44%，接近Ⅲ类水质标准；TP平均浓度下降41%，接近Ⅴ类水质标准。杭州西湖TN平均浓度下降13%，接近Ⅲ类水质标准；TP平均浓度下降31%，接近Ⅴ类水质标准。滇池草海，底泥中营养盐下降44%，重金属下降20%～46%。瑞典的Trummen湖，TP削减90%，并维持该状态18年。美国New Bedfold港，疏浚有效地消除了沉积物PAHs和重金属释放。

（3）生态修复

生物修复是一项投资少、效益高、发展潜力大的新兴技术。从1989年美国阿拉斯加原油溢油事故治理开始，生物修复只有几十年历史。它是一种利用特定生物特别是微生物对水体污染物的吸收、转化或降解，达到减少或消除水体污染，恢复水体生态功能的生物措施。由于自然生物修复是完全依靠自然的修复过程，这对多数生态遭到破坏的受污染水体来说，是远远不够的，必须采用人工的生物修复技术，主要有原位生物修复技术和异位生物修复技术。对于受污染的公园、湖泡水体来说，适宜于采用原位生物修复技术。

① 水生植物的修复　水生植物和藻类是湖泊生态系统的两大初级生产者。水生植物与藻类竞争营养、光照和生态位，具有较大的竞争优势，还能分泌出某些未知的物质，直接干扰藻类的生长。水生植物的修复对富营养化水体来说具有极其重大的意义，它具有低投资、低能耗、有助于重建和恢复良好水生生态系统等优点，正日益受到人们的关注。

② 水生植物净化作用　表现在两个方面：植物的根、茎和叶吸收污染物质；根、茎、叶表面附着的微生物转化污染物质。水生植物可分为挺水植物、浮水植物和沉水植物等。不同种类的水生植物，其净化功能也存在差异。挺水植物吸收水体中污染物的部位主要是根，能从底泥中吸收营养元素，降低底泥中营养物含量，并且可通过水流阻尼作用，使悬浮物沉降，还有与其共生的生物群落共同净化水质的作用。挺水植物有很强的适应性和抗逆性，生产快，产量高，并能带来一定经济效益。常见的挺水植物有香蒲、茭白、芦苇、水葱等。需要注意的是，由于挺水植物生长较快，应对其定时收割，防止其死亡后沉积于水底，造成二

次污染。浮水植物吸收污染物的主要部位是根和茎，叶处于次要位置。大多数浮水植物为喜温植物，夏季生长迅速，耐污性强，对水质有很好的净化作用，也有一定的经济价值，但扩展能力较强易泛滥。常见的种类有凤眼莲、浮萍、睡莲等。沉水植物完全沉没于水中，部分根扎于水底，部分根悬浮于水中，其根茎叶对水体污染物都能发挥较好的吸收作用，而且四季常绿，是净化水体较为理想的水生植物。其种类繁多，但一般指淡水植物，常见的有金鱼藻、苦草、伊乐藻、眼子菜等。吴振斌等人利用富营养浅水湖泊——武汉东湖中建立的大型实验围隔系统，对沉水植物的水质净化作用进行现场实验，结果表明重建后的沉水植物可显著改善水质。

(4) 引水工程技术

国外早在20世纪就已经开始了通过改变水库调度方式来恢复流域生态与环境的尝试。例如美国在科罗拉多河利用格伦水库进行人造洪峰改变河道形态，在田纳西河进行包括满足生态和环境要求的水库群调度策略的研究和实践，俄罗斯在伏尔加河和德涅斯特河改变水库调度，进行鱼类和生态、环境保护等。在国内，2005年12月，由中国水科院、美国自然遗产研究所和全球水伙伴（中国）共同组织召开了“通过改进水库调度以修复河流下游生态系统研讨会”，旨在探讨通过改进水库调度和水利设施管理以修复河流下游生态系统和改善人类生活的可行性。水利部汪恕诚部长在全国水利厅局长会议指出，要做好水利工作中的生态与环境保护工作，建立有利于生态保护的调度运行方式，充分发挥水利工程保护生态的作用，在2006年1月的水利部科学技术委员会全体会议上他再次指出要研究生态调度问题。我国在利用水库调度改善和恢复河流生态与环境方面也开始有所起步。然而，对如何进行水量调控，保障水质目标，还基本处于空白状态。

7.1.2 生态缓冲带治理技术

(1) 岸边带生态重建

岸边带是水-陆之间的过渡和缓冲地带，是湖泡生态系统的重要组成部分。岸边带对拦截径流中的固体颗粒、吸收营养盐、减少入河污染负荷有重要作用。受北方气候季节性波动的影响，岸边带生态系统的变化非常剧烈，因此，研究湖泡岸边带生态修复对生态环境保护具有重要意义。

生态混凝土是能够适应动植物生长，对调节生态平衡、美化环境景观、实现人类与自然的协调具有积极作用的混凝土材料，是与自然融合的，对自然环境和生态平衡具有积极保护作用的材料。生态河堤把河堤由过去的混凝土人工建筑改造成为水体和土体、水体和植物或生物相互涵养，适合生物生长的仿自然状态的护坡。修建生态河堤，恢复河岸水边植物群落与河畔林，已成为国际上河堤建设发展的总趋势。生态河堤具有适合生物生存和繁衍、增强水体自净能力、调节水量与滞洪补枯等优点。以人为本的生态河堤的构建越来越受到世界各国的青睐。

岸边路面生态混凝土技术：选用透水性混凝土材料修路面。透水性道路能够使雨水迅速地渗入地表，还原成地下水，使地下水资源得到及时补充，保持土壤湿度，改善城市地表植物和土壤微生物的生存条件。

(2) 生态护坡技术

选用绿化混凝土材料修堤岸，绿化混凝土能够适应绿色植物生长，以适应本地环境的某营养水平阶段下的植物群落结构。为恢复生物群落结构模块，适当引入景观美化好的、适应能力强及生态效益好的物种，配置多种、多层、高效、稳定的生态型人工植物群落，对拦截径流中的固体颗粒、吸收营养盐、减少入河污染负荷有重要作用；同时绿化混凝土外表面对各种微生物的吸附，通过生物层的作用产生间接净化水质的功能，将其制成浮体结构或浮岛设置在湖泡内净化水质，使草类、藻类生长更加繁茂，通过定期采割，利用生物循环过程消耗污水的富营养成分，从而保护生态环境。

7.2 南湖水系水环境问题解析

牡丹江市南湖水系是牡丹江江水改道而形成，由牛角湖、青年湖、三角湖、月牙湖、南湖和6个泡组成（即1～6号泡），牛角湖总用地3.02万平方米，水面面积2.24万平方米，亲水步道774m；青年湖总用地0.8万平方米，水面面积0.34万平方米，滚水坝长28m，亲水步道长290m；三角湖总用地1.15万平方米，水面面积0.64万平方米，亲水步道411m；月牙湖总用地7.35万平方米，水面面积5.52万平方米，亲水步道1120m；南湖总用地13.4万平方米，水面面积6.5万平方米，亲水步道1306m；6号泡水面面积1.46万平方米，无亲水步道。南湖水系总水域面积23.6万平方米，是牡丹江市南部区域雨水调节池。目前，南湖水系的主要来源是自来水厂的反冲水，反冲水通过沉淀池，经过西十二道街的暗渠进入7号泡，再经过暗渠到达南湖水系的6号泡。上述湖泡分别由管道和暗渠连接，最终由牛角湖入提升泵站，排入牡丹江。但湖泡多年来未清淤，截污工程没有到位，南湖水系成为生活污水的纳污湖，每天接纳生活污水5000t左右，导致南湖水系污染严重，春夏秋三季气味难闻，城市居住环境遭到了严重破坏，是牡丹江市江段第二大污染源。

7.2.1 南湖水系水体调查与评价

通过对2008年南湖水系水质分析，优化了南湖水系的监测指标，对南湖水系进行了常规28项指标的测定，测定结果显示，南湖水系总氮、氨氮、总磷、COD、BOD超标严重，属于劣Ⅴ类，有些湖泡阴离子表面活性剂和挥发酚属劣Ⅴ类。根据实际情况，以及其所在区域现有环境资料状况，在南湖水系6个湖泡和7号泡共14个监测点位进行监测，进行了一个完整水文年的监测，测定了pH、总氮、氨氮、总磷、COD、BOD、挥发酚、阴离子表面活性剂等指标。对一个完整水文年的南湖水系水质进行分析，获得南湖水系每个水期的水质情况。

南湖水系丰水期水质类别为劣Ⅴ类，主要超标指标是TN，NH_3-N、TP（5号泡Ⅳ类）、COD（3号和5号泡为Ⅳ类）、BOD（3号和5号泡为Ⅳ类），超标倍数分别为2.8～8.5倍、0.69～6.8倍、0.95～6.5倍、0.2～0.9倍、0.25～1.09倍，其中，7号泡的以上指标都最高；自来水厂、4号和3号泡阴离子表面活性剂为劣Ⅴ类，超标倍数为0.1～0.2倍，其他湖泡为Ⅳ类；7号、4号和6号湖泡挥发酚为Ⅴ类，其他湖泡为Ⅲ类。

南湖水系平水期水质类别为劣Ⅴ类，主要超标指标是TN、NH_3-N、TP、COD、BOD，超标倍数分别为3.75～15倍、1.8～15.4倍、0.75～15.5倍、0.26～9.82倍、0.38～10.1倍，其中，7号泡的以上指标都最高；5号泡阴离子表面活性剂为Ⅳ类，其他湖泡为劣Ⅴ类，超标倍数为0.05～1.56倍，4号泡含量最高；5号泡挥发酚为Ⅳ类，其他湖泡为Ⅴ类，7号泡挥发酚含量最高。

南湖水系枯水期水质类别为劣Ⅴ类，主要超标指标是TN、NH_3-N、TP、COD、BOD，超标倍数分别为3.37～10.49倍、1.88～8.63倍、1.55～7.7倍、0.1～1.27倍、0.5～2.1

倍；7 号泡阴离子表面活性剂为Ⅰ类，6 号和 5 号湖泡为Ⅳ类，4 号泡以下为劣Ⅴ类，超标倍数为 1.93～4.53 倍；7 号、6 号和 5 号泡挥发酚为Ⅳ类，4 号泡以下为Ⅴ类。

(1) 总氮

南湖水系各水期总氮含量如图 7-1 所示。枯水期，7 号泡、6 号泡和 5 号泡总氮含量最低；丰水期，1～5 号泡总氮含量最低；三个水期中，平水期时总氮平均值最高。

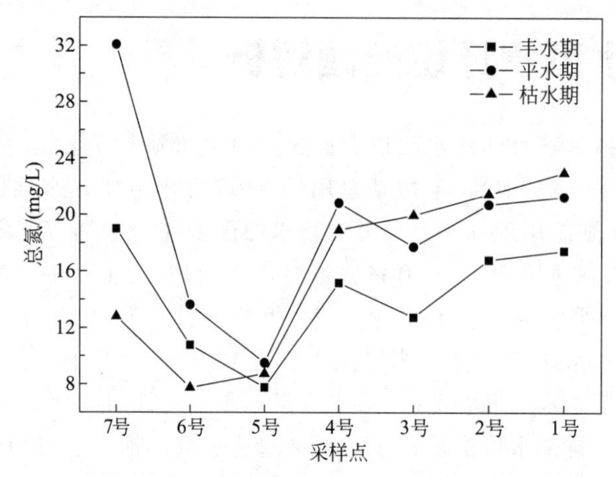

图 7-1　7 号泡及南湖水系不同水期总氮含量变化图

(2) 氨氮

南湖水系各水期氨氮含量如图 7-2 所示。氨氮含量的变化趋势和总氮基本相同，5 号泡丰水期时氨氮含量最低。6 号泡和 5 号泡在不同水期的氨氮含量都是最低的，而 4 号泡氨氮含量显著升高，原因可能是 4 号泡有污染源进入，枯水期时 7 号泡的氨氮含量最低。

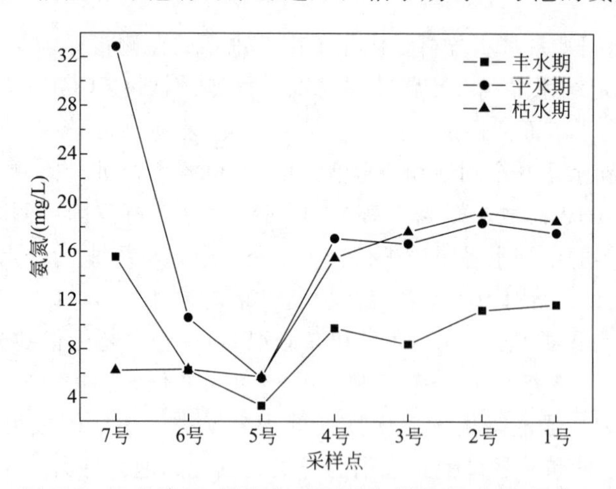

图 7-2　7 号泡及南湖水系不同水期氨氮含量变化图

(3) 总磷

南湖水系各水期总磷含量如图 7-3 所示。南湖水系总磷含量丰水期和平水期时，6 号泡和 5 号泡总磷含量显著降低，4 号泡总磷含量显著升高；枯水期时 7 号泡总磷含量最低，6 号泡总磷含量最高，其他各湖泡总磷含量相差不大。

(4) COD

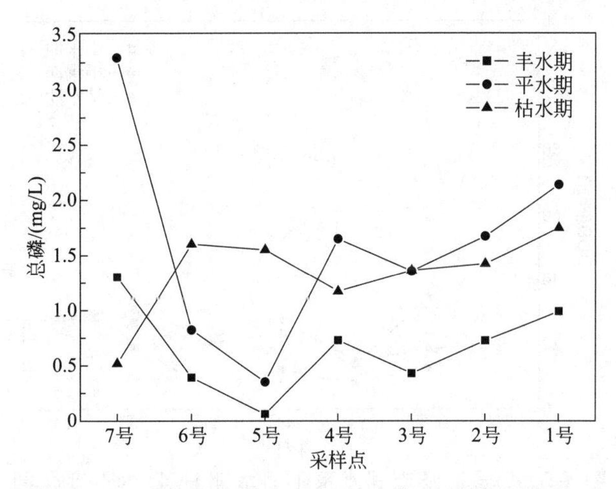

图 7-3　7 号泡及南湖水系不同水期总磷含量变化图

南湖水系湖泡各水期 COD 含量如图 7-4 所示。平水期时，水厂出口 COD 最高，经过 6 号泡和 5 号泡显著下降，1～4 号泡 COD 接近。所有水期 COD 到 4 号泡后都略有升高，枯水期最为明显，原因可能是 4 号泡有污染源进入。

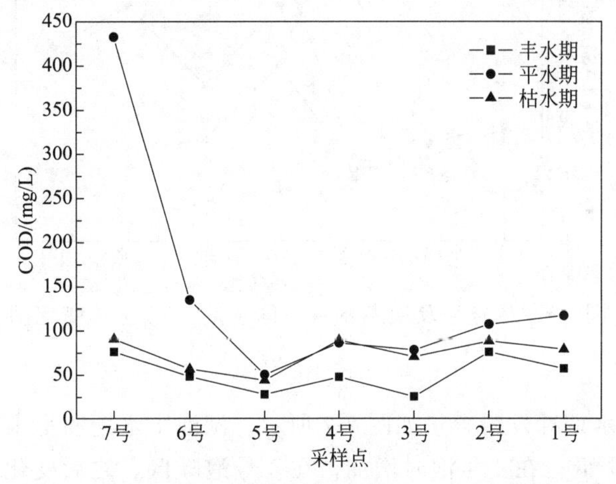

图 7-4　7 号泡及南湖水系不同水期 COD 含量变化图

（5）BOD

南湖水系湖泡各水期 BOD 含量如图 7-5 所示。

由图 7-5 可见，BOD 含量在平水期时最高，所有水期经过 6 号泡和 5 号泡后显著下降，到 4 号泡后略有升高，以后趋于平缓。枯水期时自来水厂反冲洗水的 BOD 含量低于丰水期和平水期。湖泡各水期水质 BOD 含量变化趋势和 COD 基本相同，表明南湖水系的水质各水期有机物含量变化基本相同。

（6）阴离子表面活性剂（LAS）

南湖水系所有水期的 LAS 含量如图 7-6 所示。湖泡水质丰水期和平水期 LAS 含量在 6 号泡和 5 号泡时降低，到 4 号泡时 LAS 含量显著升高，原因可能是 4 号泡有污染源进入。丰水期时 LAS 含量经过 4 号泡后逐渐降低，平水期和枯水期时 LAS 含量在 4 号泡以后变化不大，表明 LAS 含量可能与湖泡水量变化有关。

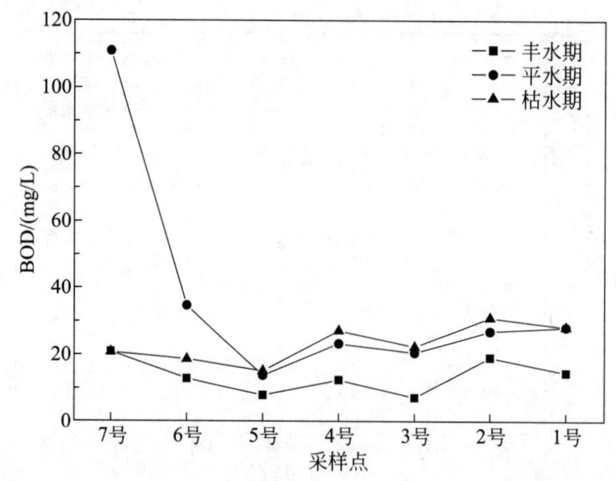

图 7-5 7号泡及南湖水系不同水期 BOD 含量变化图

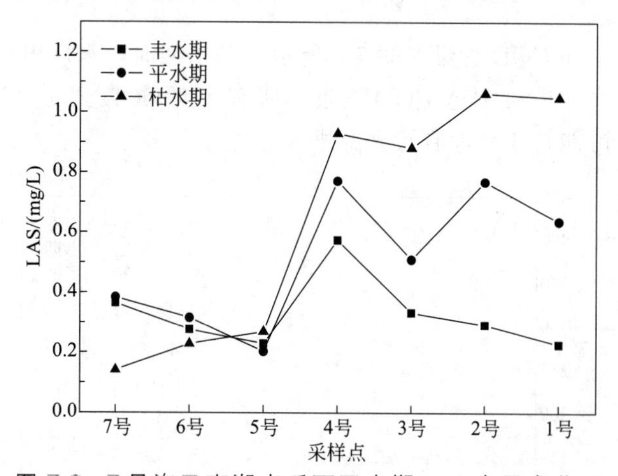

图 7-6 7号泡及南湖水系不同水期 LAS 含量变化图

（7）挥发酚

南湖水系湖泡各水期挥发酚含量如图 7-7 所示。湖泡丰水期和平水期水中挥发酚含量在 6 号泡和 5 号泡显著降低，在 4 号泡时增加，在 3 号泡降低，之后变化不大；枯水期时，自来水厂反冲洗水挥发酚的含量最低，在 4 号泡时显著升高，经过 2 号泡又降低。

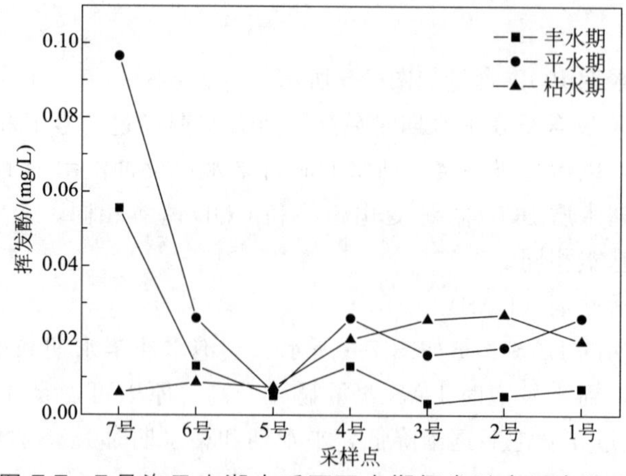

图 7-7 7号泡及南湖水系不同水期挥发酚含量变化图

7.2.2 南湖水系各湖泡水质分析

（1）7号泡

如图7-8，总氮、氨氮、BOD、LAS、挥发酚、总磷六项指标都是平水期>丰水期>枯水期，COD含量是平水期>枯水期>丰水期；总氮、氨氮、BOD、总磷、COD各水期及年平均值都属于劣Ⅴ类；挥发酚枯水期时属于Ⅳ类，丰水期、平水期及年平均值都属于Ⅴ类；LAS丰水期和平水期属于劣Ⅴ类，枯水期属于Ⅰ类，年平均值属于Ⅳ类。

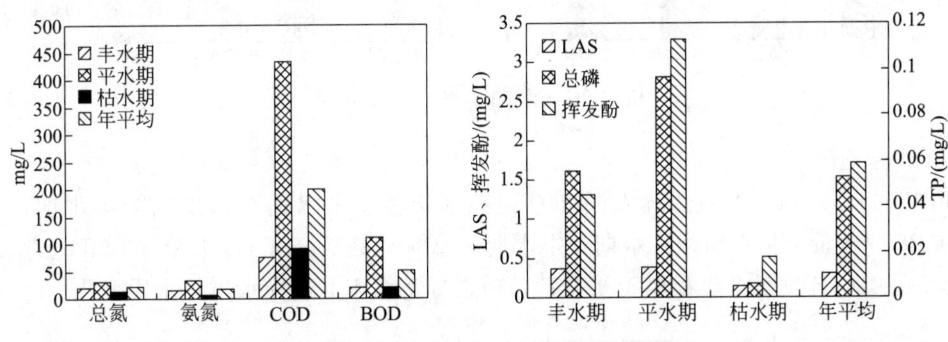

图7-8 南湖水系7号泡水质

（2）6号泡

如图7-9，总氮、LAS、挥发酚三项指标都是平水期>丰水期>枯水期，氨氮、COD、BOD含量是平水期>枯水期>丰水期，总磷含量是枯水期>平水期>丰水期；总氮、氨氮、BOD、COD各水期及年平均值都属于劣Ⅴ类；总磷丰水期属于Ⅴ类，平水期、枯水期和年均值都属于劣Ⅴ类；挥发酚枯水期时属于Ⅳ类，丰水期、平水期及年平均值都属于Ⅴ类，LAS平水期属于劣Ⅴ类，丰水期、枯水期和年平均值属于Ⅳ类。各项指标都低于7号泡水质。

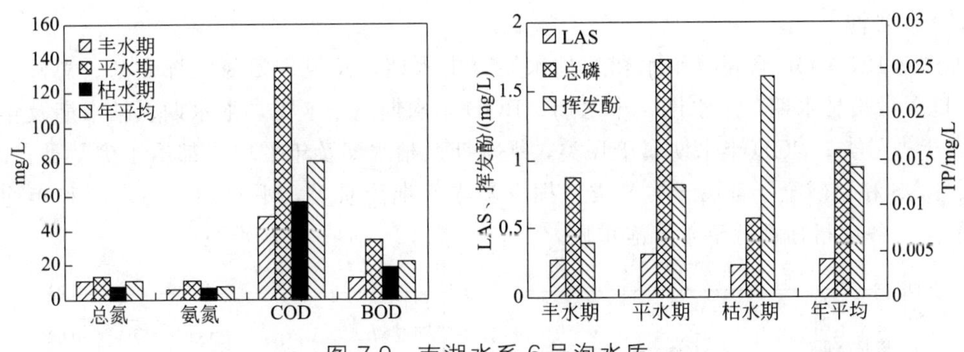

图7-9 南湖水系6号泡水质

（3）5号泡

如图7-10，总氮和COD两项指标是平水期>枯水期>丰水期，氨氮、挥发酚、总磷、BOD含量是枯水期>平水期>丰水期，LAS含量是枯水期>丰水期>平水期；挥发酚和LAS全年都属于Ⅳ类；总氮和氨氮全年都属于劣Ⅴ类；BOD丰水期属于Ⅴ类，平水期、枯水期及年平均值都属于劣Ⅴ类；COD丰水期属于Ⅳ类，平水期、枯水期及年平均值都属于劣Ⅴ类；总磷平水期和丰水期属于Ⅴ类，枯水期和年均值属于劣Ⅴ类；各项指标都低于6号泡水质。

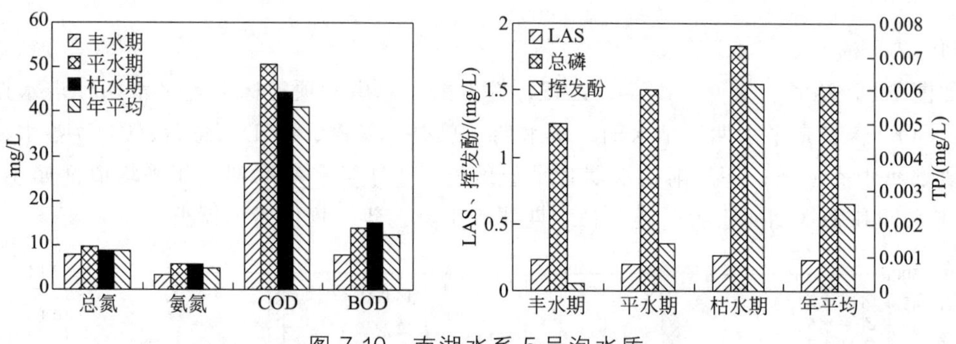

图 7-10　南湖水系 5 号泡水质

（4）4 号泡

如图 7-11，总氮、氨氮、挥发酚和总磷四项指标是平水期＞枯水期＞丰水期，COD、LAS 和 BOD 含量是枯水期＞平水期＞丰水期；总氮、氨氮、BOD、LAS、COD、总磷全年都属于劣Ⅴ类；挥发酚全年都属于Ⅴ类；各项指标都高于 5 号泡水质，水质恶化。

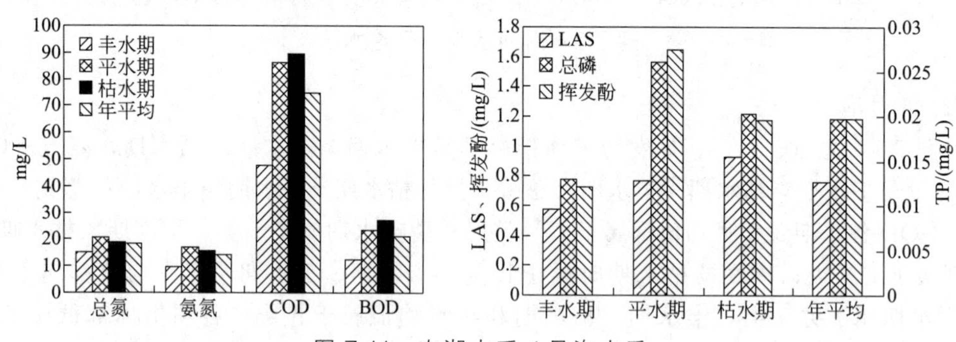

图 7-11　南湖水系 4 号泡水质

（5）3 号泡

如图 7-12，COD 含量是平水期＞枯水期＞丰水期，总氮、氨氮、挥发酚、总磷、LAS 和 BOD 含量是枯水期＞平水期＞丰水期；BOD 丰水期属于Ⅴ类，平水期、枯水期及年平均值都属于劣Ⅴ类；COD 丰水期属于Ⅳ类，平水期、枯水期及年平均值都属于劣Ⅴ类；总氮、氨氮、LAS 和总磷全年都属于劣Ⅴ类；挥发酚丰水期为Ⅲ类，平水期、枯水期和年均值都属于Ⅴ类；各项指标都低于 4 号泡水质。

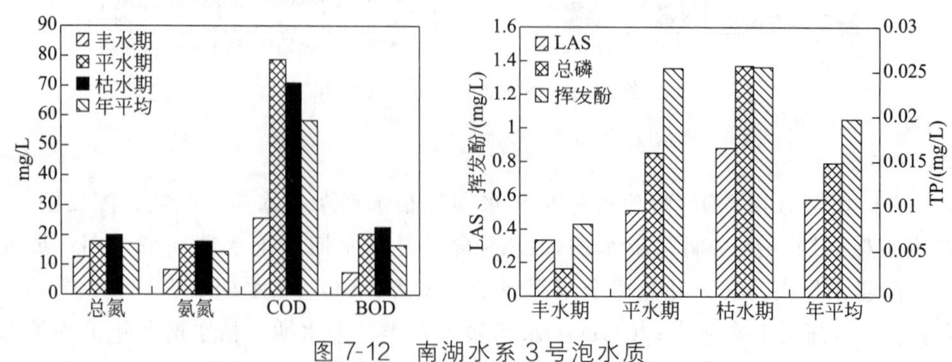

图 7-12　南湖水系 3 号泡水质

（6）2 号泡

如图 7-13，总氮、氨氮、挥发酚、LAS 和 BOD 五项指标是枯水期＞平水期＞丰水期，COD 和总磷含量是平水期＞枯水期＞丰水期；总氮、氨氮、总磷、COD 和 BOD 含量都属于劣Ⅴ类；挥发酚丰水期为Ⅲ类，平水期、枯水期和年均值都属于Ⅴ类；LAS 丰水期为Ⅳ类，平水期、枯水期及年平均值都属于劣Ⅴ类；各项指标都高于 3 号泡水质。

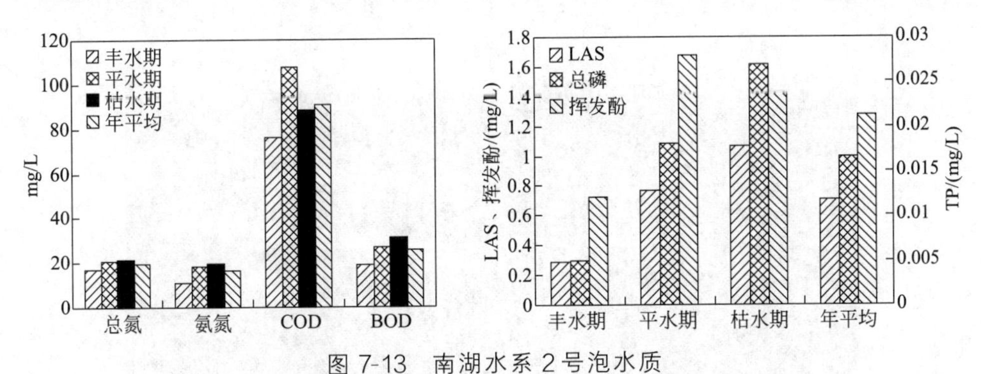

图 7-13　南湖水系 2 号泡水质

（7）1 号泡

如图 7-14，总氮、氨氮、LAS 和 BOD 四项指标是枯水期＞平水期＞丰水期，COD、挥发酚和总磷含量是平水期＞枯水期＞丰水期；总氮、氨氮、总磷、COD 和 BOD 含量都属于劣Ⅴ类；挥发酚丰水期为Ⅳ类，平水期、枯水期和年均值都属于Ⅴ类；LAS 丰水期为Ⅳ类，平水期、枯水期及年平均值都属于劣Ⅴ类；总氮、总磷和挥发酚都高于 2 号泡，其他指标低于 2 号泡水质。

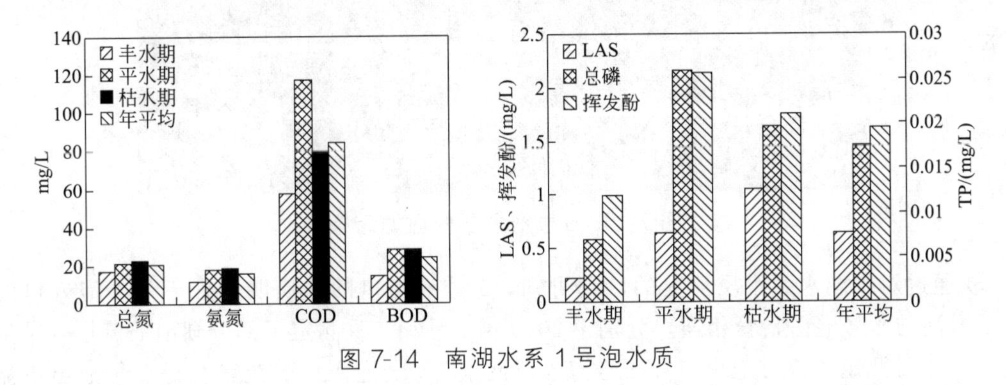

图 7-14　南湖水系 1 号泡水质

7.2.3　南湖水系存在的环境问题

在资料搜集、现场调研以及水质指标的测定基础上，进行了数据整理分析，结果表明，南湖水系为劣Ⅴ类水质，依据《地表水环境质量标准》（GB 3838—2002）Ⅳ类水质标准，主要超标指标为总氮、氨氮、总磷、COD、BOD、阴离子表面活性剂。每个湖泡存在不同的环境问题。

① 调研中发现，自来水厂反冲水的沉淀池和 7 号泡均有排污口，不定期排污，这可能是导致 7 号泡为劣Ⅴ类水体的主要原因，主要污染指标为总氮、总磷、氨氮、BOD、COD。

② 6号泡沿岸为农民的塑料大棚和棚户区，农民塑料大棚施用的化学肥料、农药随着地表径流直接流入6号泡，棚户区的很多厕所建在6号泡沿岸，同时，两岸还存在大量的垃圾无人管，包括废旧塑料、废旧电池和生活垃圾等，见图7-15，生活垃圾随意堆放随着地表径流进入6号泡，构成了6号泡主要的面源污染。

图7-15　6号泡主要的面源污染

③ 通过对南湖水系水质情况的监测可知，5号泡出口的水质明显好于4号泡入口的水质。5号泡与4号泡由暗管相连，分别于2010年1月和3月测定了部分湖泡的流量（结果见表7-1），1月测定了5号泡出口和4号泡入口流量，4号泡入口的流量约是5号泡出口流量的2倍；3月测定时由于初春干旱，5号泡出口水位已降至原有枯草之下，无法测定流量，考虑湖面并未融化，蒸发量可以忽略，同时选择3号入口做对照，选择了5号泡入口、4号泡入口、3号泡入口进行测定，结果显示3号泡与4号泡水量基本平衡，4号泡流量约是5号泡流量的2倍，由此可见，5号泡与4号泡的暗渠之间应该是有生活污水汇入。

表7-1　南湖水系部分湖泡流量测定结果

流量/（m^3/h）	3号入口	4号入口	5号入口	5号出口
2010年1月	—	571.75	—	294.2
2010年3月	474.7609	475.9093	223.3847	—

④ 5号泡、4号泡、3号泡、2号泡、1号泡也普遍存在着随处乱扔垃圾的现象。平水期

和丰水期时，4 号泡和 1 号泡湖面均漂浮着一层浮油，这可能与 4 号泡和 1 号泡均有加油站有关，此外，1 号泡的入口和出口也堆积了大量漂浮的生活垃圾，如图 7-16 所示。

图 7-16　1 号泡出口漂浮的生活垃圾

7.3　南湖水系生态重建与景观修复技术

城市景观水体用以修饰环境，给人以美感，维护生态平衡。南湖水系由于当初设计的局限性和后期的污染及水质管理措施等方面的问题，导致水质迅速恶化，景观效果大为降低，甚至影响了周围居民的正常生活。景观水体的水质维护主要是控制水体中 COD、BOD_5、TN、TP 等污染物的含量及藻类等的生长，使其不过度繁殖，保持水体的清澈、洁净，水处理的目的是为了保护整个水域的水质。针对初期雨水等地表径流是南湖水系截污和清淤后的主要污染来源问题，对南湖水系进行生态重建与景观修复技术研究。通过土著植物优选和净化工程的合理配置，充分利用湖泡的水流和空间条件，采用生态净化技术，实现南湖水系生态重建与景观修复，根据南湖水系的具体特点，结合南湖水系植物群落对污染物的去除效果，以及水生植物在改善水质过程中营养物质的动态变化规律，提供示范工程所用的植物种类和组成等，为示范工程积累经验。

在整个水生生态系统中，水生植物是坚实的基础，没有了水生植物，生物链就会变得相当脆弱。水生植物包括沉水植物、浮叶植物、漂浮植物、挺水植物、湿地植物等。它们为不同层次的生物提供了生活的空间，为不同的生物直接或间接地提供了食物，或直接间接地作为食物供给水生动物，延长了生物链，增强了生态系统的稳定性。

沉水植物整个植株都处于水中，根、茎、叶等都可以对水中的营养物质进行吸收，在营养竞争方面占据了极大的优势。沉水植物是整个水体主要的氧气来源，给其他生物提供了生存所需的氧气，同时也为水生生物提供了生存的空间，能够在此栖息、躲避敌害。沉水植物一旦形成相当高度和密度，其冠层能截取大部分太阳光能，形成较强的遮阴能力，对其冠层以下的浮游藻类发生强烈的光抑制效应，从而抑制浮游藻类生长。

挺水植物能吸收水、底泥中氮、磷等营养元素，通过竞争途径抑制同样吸收氮、磷等营养元素的藻类的繁殖。细菌、浮游动物、着生藻类能吸附在挺水植物的枝干上，形成庞大的生物群落，对水质的净化作用很强。水在流经挺水植物群落时，水中的悬浮物、高分子有机物由于植物的阻挡作用及植物表面微生物所分泌的黏液的凝聚作用而沉降，降低水的浑浊度。代表植物有芦苇、水葱、千屈菜、藨草、芦苇、荷花等，其中，芦苇在有冰封期的北方湿地、浅水湖泊等都很常见。

浮叶植物的茎秆，能为水中的细菌、浮游动物、着生藻类提供依附的场所，同时浮叶植物由于叶片漂浮于水面之上会影响阳光在水中的透射率，使得下层的水生植物得不到足够的阳光，而不能进行光合作用，同时减少了空气中氧气和水的接触面积，减少溶解氧在水中的含量，所以要控制浮叶植物在水面的分布的面积。例如：睡莲、红菱等。

漂浮植物对营养物质有很强的吸收能力，能够随着水流及水中营养物质的分布不同而漂移。如果环境条件适宜，湖面面积又过大时，对漂浮植物范围及数量都不能较好地控制易造成泛滥。代表植物有凤眼莲、水芙蓉等。

水生植物的筛选原则参见 6.3.3 中的相关内容。

根据以上原则，在广泛调查的基础上选择了漂浮植物水芙蓉、莲花竹，沉水植物轮叶黑藻、金鱼藻在实验室研究其对南湖水系水质的去除效果及轮叶黑藻、金鱼藻对不同水体氮、磷去除效果；现场模拟研究在南湖公园进行，选择了挺水植物芦苇、漂浮植物水芙蓉作为现场研究的水生植物，研究其对南湖公园水体主要污染物的去除效果；在实验室、现场研究及文献调研、专家咨询的基础上，选择漂浮植物水芙蓉和凤眼莲，挺水植物芦苇、荷花，浮叶植物睡莲，沉水植物菹草、轮叶黑藻、金鱼藻进行示范研究。

7.3.1 水体生态修复技术

7.3.1.1 生态重建的关键植物群落筛选

(1) 研究方法

在玻璃缸内进行南湖水系生态系统的模拟实验，采用 75L 玻璃缸（高 65cm，内径长 40cm、宽 40cm，初始水深 44cm，泥厚 15cm），为了防止空气中灰尘等污染物的进入，缸顶盖有一个 40.5cm×40.5cm 的玻璃盖子，保留 1cm×40cm 的空隙通气，为了让微型生态系统模拟装置既能接受阳光，又不被雨淋，整个装置的顶部覆有农用塑料薄膜，如图 7-17 所示。

图 7-17 实验室模拟装置图

本次试验自 2009 年 9 月 15 日开始，至 2009 年 10 月 15 日结束，共设计 7 组实验，每组实验平行重复3次。所处理对象是营养化程度较高的湖水及底泥，实验分组及所选用的植物见表7-2和图7-18。

表7-2 水生植物的净化效果实验分组

序号	处理方式	种植植物
1	5号泡湖水和底泥	轮叶黑藻
2	5号泡湖水和底泥	金鱼藻
3	5号泡湖水和底泥	水芙蓉
4	5号泡湖水和底泥	莲花竹
5	4号泡湖水和底泥	轮叶黑藻
6	4号泡湖水和底泥	水芙蓉
7	4号泡湖水和底泥	莲花竹

图7-18 实验所选用的水生植物

为了研究不同沉水植物、浮叶植物对水质的净化作用，分别于试验开始时和结束时对模拟水样进行了水质测定和采样分析，记录并实测了南湖水系的主要超标指标总氮、总磷、氨氮、生化需氧量等。

(2) 结果与分析

①不同植物对5号泡南湖公园湖水营养物质的去除效果见图7-19。

从图7-19可以看出，沉水植物轮叶黑藻对氨氮、BOD、总磷、总氮的去除效果都很好，去除率分别达8.71%、6.49%、11.79%、1.79%，浮水植物水芙蓉对各种营养物质的去除效果也很好，去除率分别达21.49%、3.7%，60%、12.71%。金鱼藻和莲花竹对氨氮、BOD、总磷都有一定的去除效果，去除率分别为13.97%、4.65%、35.83%和2.63%、7.14%、3.81%，但是对总氮没有去除效果。

②不同植物对4号泡湖水营养物质的去除效果见图7-20。

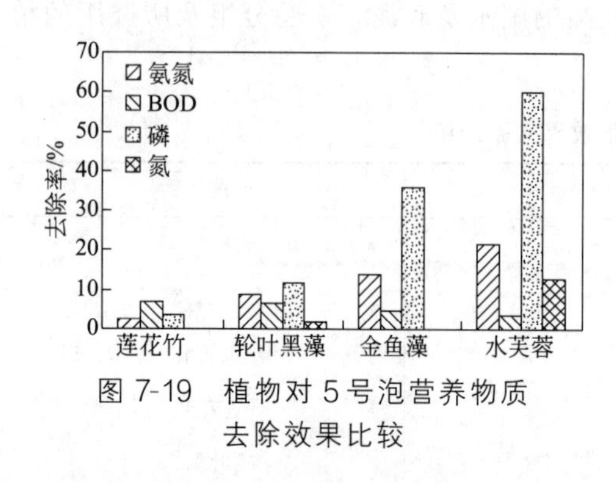

图 7-19 植物对 5 号泡营养物质去除效果比较

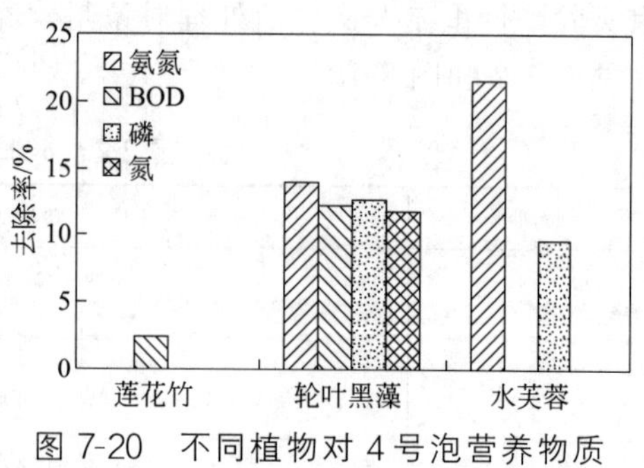

图 7-20 不同植物对 4 号泡营养物质去除效果比较

从图 7-20 可以看出，轮叶黑藻对 4 号泡湖水各营养指标的去除效果也较好，去除率分别为 13.96％、12.28％，12.63％，11.76％。对于营养物质较高的 4 号泡的湖水，莲花竹仅对 BOD 有去除效果，去除率为 2.44％，水芙蓉对氨氮和总磷有去除效果，去除率分别为 21.49％、9.64％。

7.3.1.2 生态重建植物群落去除营养物质效果研究

（1）研究方法

本实验选择轮叶黑藻为实验材料，采集于牡丹江市城市景观水体 5 号泡。分别用硝酸铵（NH_4NO_3）、磷酸二氢钾（KH_2PO_4）配置 15L 的各浓度梯度的培养液，即 TN 浓度不变（2mg/L），设 3 个 TP 浓度梯度（0.1mg/L，0.15mg/L，0.20mg/L），TP 浓度不变（0.1mg/L），设 3 个TN 浓度梯度（4mg/L，8mg/L，15mg/L），培养液置于玻璃缸中，同时放入备用的植物标本，每种植物分 3 份放养，以做平行实验。在实验室内培养，每日光照 6h，水温变化幅度为 10～16℃，培养时间为 80d。

（2）结果与分析

①水体中 TP 浓度的变化

a. TP 浓度变化规律。通过实验现象的观察可以发现，轮叶黑藻在各种营养盐浓度下均能很好的生长。图 7-21 为不同 TP 浓度下，水体 TP 浓度的动态比较。由图 7-21 可见，三种处理浓度下的 TP 均有不同程度的下降，20d 浓度就有明显的下降，30d 几乎达到了去除效果。由此可见，轮叶黑藻能够有效地去除污水中的磷。在实验后的第 20 天，不同梯度下的 TP 浓度平均值分别为 0.09mg/L，0.12mg/L，0.12mg/L，处理水体中 TP 的去除率依次为 8.33％、21.91％、37.83％，TP 浓度越高，轮叶黑藻的去除效率也越高，到了第 30 天，最大净化率达到了 100％；第 80 天时，0.1mg/L 和 0.2mg/L 浓度下 TP 浓度又有所上升（见图 7-22），结合对植物的形态观察，部分植物凋零增加了水体中 TP 的浓度，但是 0.15mg/L 浓度下的 TP 浓度则没有增加。

b. 不同浓度下，轮叶黑藻去除 TP 效果显著性分析。对水体中 TP 的浓度变化进行方差分析（表 7-3），可以看出不同浓度下，培养 30d、80d 时，三组实验总磷浓度都有显著性下降，而 TP 浓度为 0.2mg/L 的水体，20d 时，浓度就呈显著性下降，可见，TP 的浓度越高，轮叶黑藻对 TP 去除的效率越高。不同浓度下，培养 20d 与 30d 时，水体中 TP 浓度变化差异显著，而培养 30～80d 时，水体中 TP 浓度变化差异不显著，可见，轮叶黑藻生长到一定时期后，对水体的净化就不显著了。

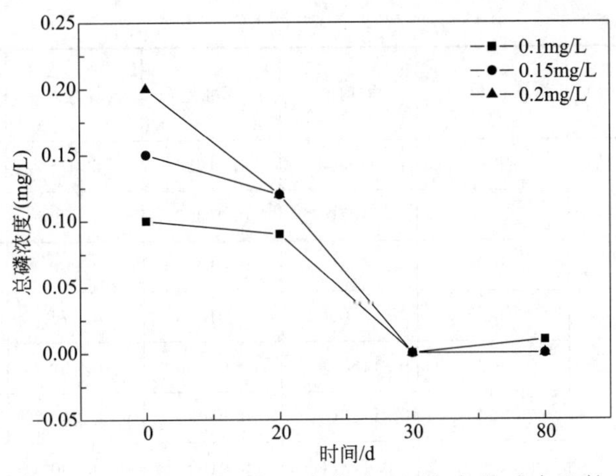

图 7-21 不同 TP 浓度下水体中 TP 浓度的动态比较

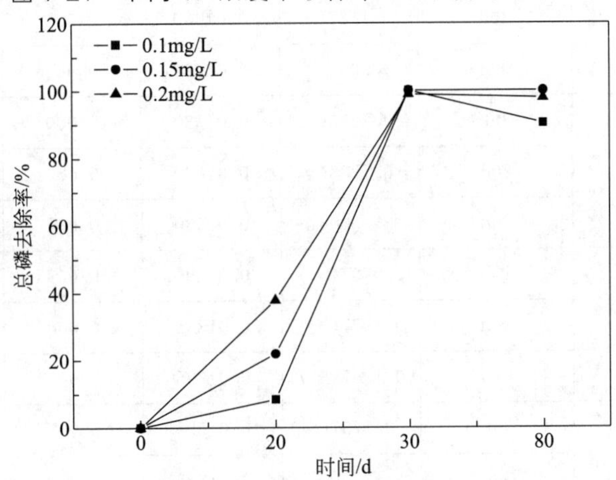

图 7-22 轮叶黑藻对不同 TP 浓度下水体中 TP 的去除率

表 7-3 TP 浓度变化差异性分析结果

TP	培养天数(*I*)	培养天数(*J*)	平均值	标准差	显著性水平	95%置信区间	
						上限	下限
0.1mg/L	0d	20d	0.0083	0.01930	0.971	−0.0535	0.0702
		30d	0.1037(*)	0.01930	0.003	0.0418	0.1655
		80d	0.0903(*)	0.01930	0.007	0.0285	0.1522
	20d	0d	−0.0083	0.01930	0.971	−0.0702	0.0535
		30d	0.0953(*)	0.01930	0.005	0.0335	0.1572
		80d	0.0820(*)	0.01930	0.012	0.0202	0.1438
	30d	0d	−0.1037(*)	0.01930	0.003	−0.1655	−0.0418
		20d	−0.0953(*)	0.01930	0.005	−0.1572	−0.0335
		80d	−0.0133	0.01930	0.898	−0.0752	0.0485
	80d	0d	−0.0903(*)	0.01930	0.007	−0.1522	−0.0285
		20d	−0.0820(*)	0.01930	0.012	−0.1438	−0.0202
		30d	0.0133	0.01930	0.898	−0.0485	0.0752

续表

TP	培养天数(*I*)	培养天数(*J*)	平均值	标准差	显著性水平	95%置信区间	
						上限	下限
0.15mg/L	0d	20d	0.0300	0.01030	0.075	−0.0030	0.0630
		30d	0.1487(*)	0.01030	0.000	0.1157	0.1817
		80d	0.1533(*)	0.01030	0.000	0.1203	0.1863
	20d	0d	−0.0300	0.01030	0.075	−0.0630	0.0030
		30d	0.1187(*)	0.01030	0.000	0.0857	0.1517
		80d	0.1233(*)	0.01030	0.000	0.0903	0.1563
	30d	0d	−0.1487(*)	0.01030	0.000	−0.1817	−0.1157
		20d	−0.1187(*)	0.01030	0.000	−0.1517	−0.0857
		80d	0.0047	0.01030	0.967	−0.0283	0.0377
	80d	0d	−0.1533(*)	0.01030	0.000	−0.1863	−0.1203
		20d	−0.1233(*)	0.01030	0.000	−0.1563	−0.0903
		30d	−0.0047	0.01030	0.967	−0.0377	0.0283
0.2mg/L	0d	20d	0.0757(*)	0.01395	0.003	0.0310	0.1203
		30d	0.1977(*)	0.01395	0.000	0.1530	0.2423
		80d	0.1957(*)	0.01395	0.000	0.1510	0.2403
	20d	0d	−0.0757(*)	0.01395	0.003	−0.1203	−0.0310
		30d	0.1220(*)	0.01395	0.000	0.0773	0.1667
		80d	0.1200(*)	0.01395	0.000	0.0753	0.1647
	30d	0d	−0.1977(*)	0.01395	0.000	−0.2423	−0.1530
		20d	−0.1220(*)	0.01395	0.000	−0.1667	−0.0773
		80d	−0.0020	0.01395	0.999	−0.0467	0.0427
	80d	0d	−0.1957(*)	0.01395	0.000	−0.2403	−0.1510
		20d	−0.1200(*)	0.01395	0.000	−0.1647	−0.0753
		30d	0.0020	0.01395	0.999	−0.0427	0.0467

注：* 表示 0.05 水平差异显著。

② 水体中 TN 浓度的变化

a. TN浓度变化规律。图 7-23 为不同 TN 浓度下，水体 TN 浓度的动态比较。从图 7-23 可以看出，总体来看，三种处理浓度下实验期间内 TN 浓度没有明显的规律。但是，培养 20d 时，不同处理浓度下，TN 浓度都有显著下降，TN 浓度平均值分别为 3.52mg/L，7.4mg/L，9.89mg/L，去除率依次为 11.92%、7.46%、34.09%，浓度越高，去除率越高；30d 时，只有处理浓度为 4mg/L 的水体中 TN 浓度还有下降，而到了 80d 时，所有浓度水体中 TN 浓度又呈上升趋势；80d 时，只有处理浓度为 15mg/L 的轮叶黑藻对水体中的

TN有去除效果，浓度为11.57mg/L，去除率为22.87%（见图7-24）。可见，轮叶黑藻在高浓度的TN胁迫下，生长状况急剧下降，随着时间的推移轮叶黑藻对水体中的TN构成二次污染，对TN的去除效果较好的时间为20～30d，适时收割是保证植物生长旺盛，保证去除营养元素的必要措施。

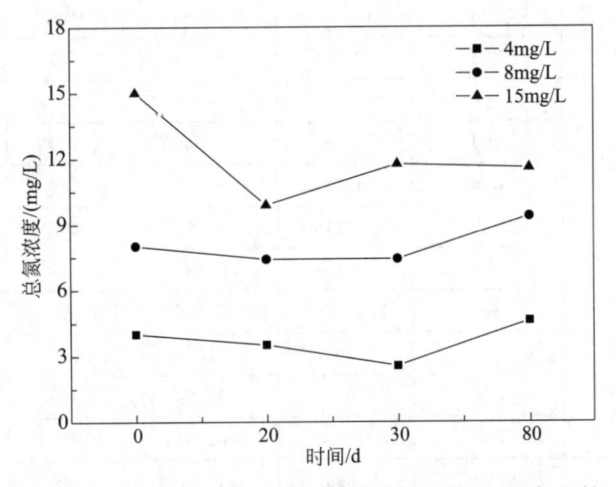

图7-23 不同TN浓度下水体中TN浓度的动态比较

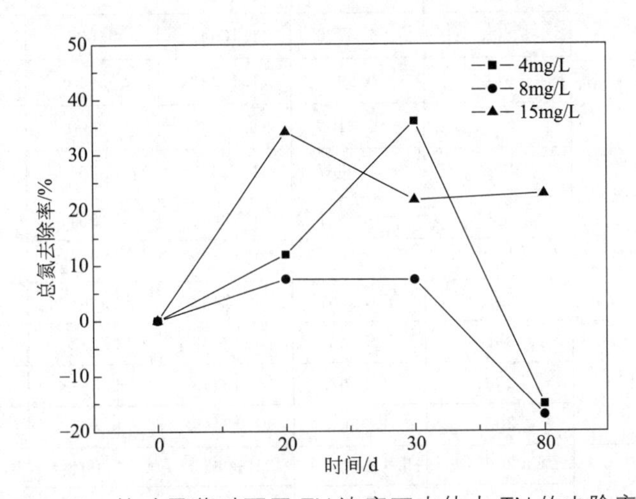

图7-24 轮叶黑藻对不同TN浓度下水体中TN的去除率

b. 不同浓度下，轮叶黑藻去除TN效果显著性分析。对培养期内，TN浓度变化进行方差分析，结果见表7-4。从表7-4可以看出，浓度为4mg/L时，TN浓度不但没有下降，反而在30d之后，出现显著的上升现象，可见，浓度为4mg/L时，轮叶黑藻对水体中的TN没有去除效果，反而使水体中TN的浓度显著增加。TN浓度为8mg/L时，水体中的TN浓度不呈显著性变化，可见，TN浓度为8mg/L时，轮叶黑藻对水体中TN浓度没有影响。TN浓度为15mg/L时，培养期内水体中的TN浓度呈显著性变化，但是20d之后，TN浓度无显著性变化。可见，TN浓度越高，轮叶黑藻吸收水体中TN的效果越好，浓度过低时，轮叶黑藻反而会向水体中释放TN，使水质变差。即使在高浓度下（15mg/L），随着时间推移轮叶黑藻对水体中的TN也会失去去除效果。

表 7-4 TN 浓度变化差异性分析结果

TN	培养天数(I)	培养天数(J)	平均值	标准差	显著性水平	95%置信区间	
						上限	下限
4mg/L	0d	20d	0.4767	0.53864	0.813	−1.2482	2.2016
		30d	1.4400	0.53864	0.105	−0.2849	3.1649
		80d	−0.6067	0.53864	0.685	−2.3316	1.1182
	20d	0d	−0.4767	0.53864	0.813	−2.2016	1.2482
		30d	0.9633	0.53864	0.344	−0.7616	2.6882
		80d	−1.0833	0.53864	0.260	−2.8082	0.6416
	30d	0d	−1.4400	0.53864	0.105	−3.1649	0.2849
		20d	−0.9633	0.53864	0.344	−2.6882	0.7616
		80d	−2.0467(*)	0.53864	0.022	−3.7716	−0.3218
	80d	0d	0.6067	0.53864	0.685	−1.1182	2.3316
		20d	1.0833	0.53864	0.260	−0.6416	2.8082
		30d	2.0467(*)	0.53864	0.022	0.3218	3.7716
8mg/L	0d	20d	0.5967	1.12448	0.949	−3.0043	4.1976
		30d	0.5867	1.12448	0.951	−3.0143	4.1876
		80d	−1.3700	1.12448	0.633	−4.9710	2.2310
	20d	0d	−0.5967	1.12448	0.949	−4.1976	3.0043
		30d	−0.0100	1.12448	1.000	−3.6110	3.5910
		80d	−1.9667	1.12448	0.361	−5.5676	1.6343
8mg/L	30d	0d	−0.5867	1.12448	0.951	−4.1876	3.0143
		20d	0.0100	1.12448	1.000	−3.5910	3.6110
		80d	−1.9567	1.12448	0.365	−5.5576	1.6443
	80d	0d	1.3700	1.12448	0.633	−2.2310	4.9710
		20d	1.9667	1.12448	0.361	−1.6343	5.5676
		30d	1.9567	1.12448	0.365	−1.6443	5.5576
15mg/L	0d	20d	5.1133(*)	1.00331	0.004	1.9004	8.3263
		30d	3.2633(*)	1.00331	0.047	0.0504	6.4763
		80d	3.4300(*)	1.00331	0.037	0.2171	6.6429
	20d	0d	−5.1133(*)	1.00331	0.004	−8.3263	−1.9004
		30d	−1.8500	1.00331	0.322	−5.0629	1.3629
		80d	−1.6833	1.00331	0.393	−4.8963	1.5296
	30d	0d	−3.2633(*)	1.00331	0.047	−6.4763	−0.0504
		20d	1.8500	1.00331	0.322	−1.3629	5.0629
		80d	0.1667	1.00331	0.998	−3.0463	3.3796
	80d	0d	−3.4300(*)	1.00331	0.037	−6.6429	−0.2171
		20d	1.6833	1.00331	0.393	−1.5296	4.8963
		30d	−0.1667	1.00331	0.998	−3.3796	3.0463

注：* 表示 0.05 水平差异显著。

7.3.1.3 生态重建的关键植物群落筛选及去除效果中试研究

南湖水系的5号泡的湖心岛附近建造了7个3m×3m的实验围隔群，围隔的上缘超出最高水位0.5m，底部深入底泥10cm左右，如图7-25所示。

围隔群水域湖盆比较平坦，夏秋季水深为1.5～2m，底泥在0.5m左右，比较松软、细腻，有机物含量高，呈黑色，有臭味。共进行3组实验，每组实验做2个平行实验。第一组：3号、4号为对照围隔，代表围隔外的湖水状况；第二组：1号、2号生长有水芙蓉；第三组：6号、7号生长有芦苇。监测总氮、总磷、氨氮、COD、BOD等指标，研究水生植物对水质的影响，实验结果如图7-26所示。

图7-25 中试模拟实验装置图

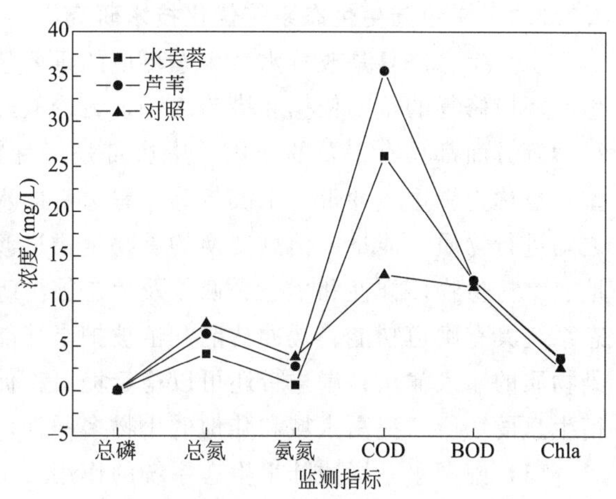

图7-26 生态重建植物对水质的影响

由图7-26可见，围隔中，水芙蓉和芦苇的总磷、总氮、氨氮浓度均低于对照组，水芙蓉和芦苇的平均值分别为0.0375mg/L、4.13mg/L、0.652mg/L和0.083mg/L、6.385mg/L、2.735mg/L，对照组浓度为0.107mg/L、7.525mg/L、3.81mg/L。但有水芙蓉和芦苇生长的围隔中，COD值明显高于对照组，BOD也略高于对照组。围隔会导致内部的水质发生变化，造成水华加剧，但总氮、总磷、氨氮指标下降。水华的加剧是由于围隔后水不再流动造成的，其结果是叶绿素a（Chla）、BOD、COD浓度增加。

综上，无论营养物质含量高低，轮叶黑藻对氨氮、BOD、总磷、总氮均有较好的去除效果。在营养物质相对较低的5号泡，水芙蓉对以上各项指标有一定的去除效果，但当营养物质较高时，就失去了去除BOD和总氮的效果，而莲花竹和金鱼藻在营养物质较低的水体中对总氮没有去除效果，莲花竹在营养物质较高时，还失去了去氨氮、去磷的效果。由此可见，在试验的物种中，可选择轮叶黑藻、水芙蓉作为生态修复的植物种类，金鱼藻也可作为生态修复的备选植物。

轮叶黑藻改善水质的动态变化规律实验研究了不同浓度梯度下轮叶黑藻对水体中氮、磷的去除效果，结果可以看出，在不同营养条件下，轮叶黑藻对TP均有较好的去除效果，水体中TN浓度达到一定程度后，轮叶黑藻对TN也有较好的去除效果。在一定的浓度范围内，水生植物的净化率随水体中氮、磷等物质含量的增加而增大。研究发现，TP浓度为0.1mg/L和0.15mg/L时，30d时TP浓度才呈显著性下降，当浓度达到0.2mg/L时，培养20d TP浓度就已呈显著性下降，且20d时的去除率也是最高的。轮叶黑藻去除水体中TN的研究结果也类似，水体中TN浓度低时，轮叶黑藻没有去除效果，甚至还向水体中释放氮元素，浓度为15mg/L时，才对水体中TN有显著的去除效果，所以轮叶黑藻适合于氮磷浓度较高的富营养化水体的治理，水生植物生长到一定时间后，去除效果就会下降甚至消失，实验中，不同浓度下，轮叶黑藻对TP的去除效果在30d以后不再显著，而且在0.1mg/L和0.2mg/L浓度下，TP浓度还略有升高；高浓度TN（15mg/L）下，20d之后，水体中TN浓度也无显著下降。因此，为保证水生植物对污染物的最大去除率和防治植物死亡后因腐烂造成二次污染，合理的收获策略以及如何使植物资源化利用仍需加强研究。

7.3.2 陆生生态系统优化集成技术

7.3.2.1 岸边陆生生态系统优化技术研究

水生生态修复是改善水生生态环境的重要技术措施，岸边带理论、方法和技术即是水生生态环境修复的重要依据和措施之一，无论从经济评估角度还是生态学、景观学，以及社会科学等方面都具有重要的作用。岸边带是一种特殊的保护缓冲带，属于水体岸边缓冲带类型，也称为岸边缓冲带、水滨带等。岸边带即水陆交错带，是陆地生态系统和水生生态系统之间进行物质、能量、信息交换的重要生物过渡带。岸边带在涵养水源、蓄洪防旱、促淤造地、维持生物多样性和生态平衡以及生态旅游等方面具有十分重要的作用。另外，岸边带生态系统具有廊道功能、缓冲功能和植被护岸功能，例如，岸边带的植被吸收可以控制水体污染物质的输入输出；岸边带还可以稳定堤岸，促进岸边的水土保持，为水生生物提供一个繁衍生息的场所，提高水域和陆地的生物多样性，使整个水陆系统保持良好的生态连续性。

（1）南湖水系岸边陆生生态系统的作用

岸边带由于其特殊的水陆交错带生态特性，在天然条件下，岸边茂盛的植被具有防止河岸侵蚀、截留地表径流中泥沙和污染组分、提供野生生物栖息地等生态功能。南湖水系作为北方景观水体，具有其独特的作用。

① 过滤径流，吸收养分，改善河流水质　岸边带可以过滤和捕获地表径流中的沉淀物质和动植物残骸。根据岸边带的宽度和复杂性，附着在上面50%～100%的沉淀和营养物质能够被吸收。宽阔、草木丛生的岸边带要比狭窄、仅有草皮覆盖的岸边带具有更强的效率。

岸边带能够同时捕获地下水以及地表水中的污染物质。因为许多的磷会与土壤颗粒结合，当地表径流通过岸边带，沉淀物经过过滤，80%～85%的磷能够被捕获，径流得到过滤。土壤中的化学和生物作用，特别是溪河流边上的森林，能够捕获氮磷和其他污染物质并将其转化成低害形式，担当转化器的角色。当营养物质和过多的水分被植物根系吸收并存储于树木中，这些岸边带这时还扮演沉淀器的角色。当然，那些来自农用肥料和动物排泄物的磷和营养物质，如果多于植物能够使用的量就会造成污染。

② 调节河流流量，降低洪、旱灾害概率　岸边带可以降低地表径流的流速，增加水流渗透进入土壤和补充地下水的供给。具有植被岸边带的堤岸与没有岸边带的相比，前者地下水能够在一个较长的时间内以较缓慢的流速进入河流，保持河流流量的相对稳定。

③ 保护堤岸，稳定河势　岸边带植被能够帮助稳固河堤和减少侵蚀。根系将堤坝土壤紧密结合起来，茎干通过自身对水浪、冰块和暴雨径流的抵制来保护河堤。岸边带同样可以通过吸收地表径流和降低流速来帮助减少水流对河床的冲刷。当植被覆盖被清除后，更多的地表径流流入河流中，致使在暴雨或是融雪时水位浪头增高。强烈的水流可以冲刷河床并干扰水生生物。

④为人类提供休闲、娱乐场所，提高邻近土地的利用价值　草木丛生的岸边带特殊的作

用还在于能在沿水地带构建出一片绿色的风景，与周围的景色结合出一种舞台层次感。同时还为人们提供了徒步旅行或是野营等户外活动的场所，充分满足人类与生俱来的亲水性。

(2) 南湖水系陆生生态系统对雨水的截留作用研究

在牡丹江南湖水系，通过公园和景观绿地的形式，乔木和灌木捕获污染物质的效果更佳，并可形成良好的生态景观和动植物栖息地。在提高水质和提供栖息地的作用上，乔木比其他植物更具有优势。乔木不容易被沉淀物质堵塞而窒息，并有大片的根系来抵制侵蚀；在泥沙去除方面，草地由于植被根系密度大可以降低流速和提供更大的面积来沉淀泥沙，同时草地可以为人类提供休闲、娱乐场所，所以牡丹江南湖水系岸边带采取垂柳和早熟禾结构。

选取垂柳和早熟禾作为湖泡岸边带现场实验植被，实验结果（图 7-27）是大气降水的 pH 降低 0.33，总磷削减 35.32%，COD 削减 6.01%；地表径流的 pH 降低 0.07，总磷削减 37.37%，总氮削减 52.77%，COD 削减 10.42%，由于城市面源污染，所以地表径流中营养物质增多，垂柳和早熟禾作为岸边带对大气降水和地表径流具有良好的净化效果。

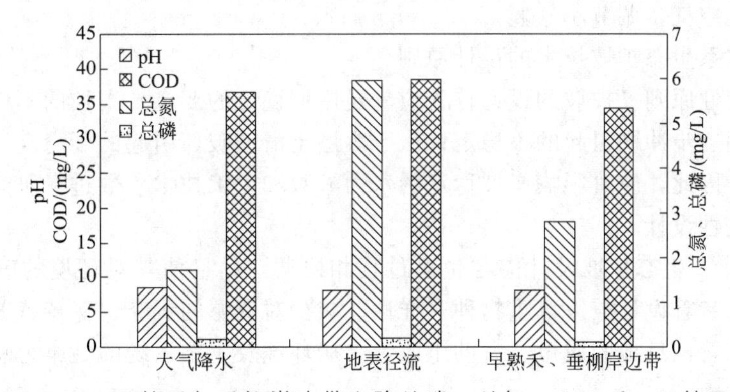

图 7-27 早熟禾与垂柳岸边带去除总磷、总氮、COD 和 pH 效果

7.3.2.2 生态护坡集成技术研究

河道护坡的护砌通常采用不透水的硬质性材料，当水体被封闭在河道中后，就切断了水体生态系统中各要素间物质、能量和信息交流，导致其生物多样性降低，自净能力下降，河流抗外部污染负荷冲击能力被削弱甚至失去，一旦污染物进入河道便会造成严重的污染。传统的河道护坡主要有浆砌或干砌块石护坡、现浇混凝土护坡、预制混凝土块体护坡等。这些护坡工程的造价均相对较高，且施工、维护工作难度较大。其最大的缺点还在于，它仅仅从满足河道岸坡稳定性和河道行洪排涝功能的角度出发进行设计施工，很少考虑对环境和生态的影响。但随着社会经济的发展和城市建设步伐的加快，城市河道建设不仅要使堤岸发挥出水利工程的功效，而且还要融入城市园林景观、生态环保、建筑艺术等多种内容。

生态护坡所涉及的范围很广泛，目前国内外对其还没有明确的定义。国外一般定义为：“用活的植物，单独用植物或者植物与土木工程措施和非生命的植物材料相结合，以减轻坡面的不稳定性和侵蚀”。生态护坡应是“既满足河道体系的防护标准，又利于河道系统恢复生态平衡”的系统工程。前一个要素是人对自然的要求，即人们为了社会经济的发展和安全改造自然；后一个要素反映了人们对自然的尊重，即改造自然但不破坏自然的平衡。二者结合体现了“人与自然和环境协调发展”理念。

生态护坡应具备以下要素：首先，它应是一个完整的生态系统，不仅包括植物，还应包括动物及微生物，系统内部之间以及系统与相邻系统（如河流生态系统、陆地生态系统等）间均发生着物质、能量和信息的交换，具有很强的动态性；其次，它应该是在保证边坡稳定和安全的基础上，以营造边坡的生物多样性为目标，在水体-土壤-生物之间，形成物质、信息和能量的循环体系，进行自组织和自我修复，使护坡不仅具有景观效果，还能修复受污染的河流水体，营造健康的城镇河流生态系统。生态护坡技术应是基于水土保持学、生态学、水利工程学和生物科学等学科的基本原理，利用植物及植物与工程材料相结合的方法，在边坡上构建具有生态功能的护坡系统，通过生态工程的自支撑、自组织与自我修复等功能，实现边坡的抗冲蚀、抗滑动和生态恢复，以达到减少水土流失、维持坡面植物生存环境、提高坡面动物和微生物栖息地的质量、营造健康的河流生态系统和改善人居环境等目的。

生态护坡有以下功能：①护坡功能，植被的深根有锚固作用，浅根有加筋作用；②防止水土流失，能降低坡体孔隙水压力、截留降雨、削弱溅蚀、控制土粒流失；③改善环境功能，植被能恢复被破坏的生态环境，降低噪声，减少光污染，保障行车安全，促进有机污染物的降解，净化空气，调节小气候。

（1）南湖水系生态护坡技术的设计原则

①水力稳定性原则　护坡的设计首先应满足岸坡稳定的要求。岸坡的不稳定性因素主要有：由于岸坡面逐步冲刷引起的不稳定；由于表层土滑动破坏引起的不稳定；由于深层滑动引起的不稳定。因此，应对影响岸坡稳定的水力参数和土工技术参数进行研究，从而实现对护坡的水力稳定性设计。

②生态原则　生态护坡设计应与生态过程相协调，尽量使其对环境的破坏影响达到最小。这种协调意味着设计应以尊重物种多样性、减少对资源的剥夺、保持营养和水循环、维持植物生境和动物栖息地的质量、有助于改善人居环境及生态系统的健康为总体原则。主要包含以下三个方面。

a. 当地原则。设计应因地制宜，在对当地自然环境充分了解的基础上，进行与当地自然环境相和谐的设计。包括：尊重传统文化和乡土知识；适应场所自然过程，设计时要将这些带有场所特征的自然因素考虑进去，从而维护场所的健康；根据当地实际情况，尽量使用当地材料、植物和建材，使生态护坡与当地自然条件相和谐。

b. 保护与节约自然资源原则。对于自然生态系统的物流和能流，生态设计强调的解决之道有 4 条：第一，保护不可再生资源，不是万不得已，不得使用；第二，尽可能减少能源、土地、水、生物资源的使用，提高使用效率；第三，利用原有材料（包括植被、土壤、砖石等）服务于新的功能，可以大大节约资源和能源的耗费；第四，尽量让护坡处于良性循环中，从而使资源可以再生。

c. 回归自然原则。自然生态系统为维持人类生存，需要提供各种条件和过程，这就是所谓的生态系统的服务。着重体现在三个方面：第一，自然界没有废物，每一个健康生态系统，都有完善的食物链和营养级，所以生态设计应使系统处于健康状态；第二，边缘效应，在两个或多个不同的生态系统边缘带，有更活跃的能流和物流，具有丰富的物种和更高的生产力，也是生物群落最丰富、生态效益最高的地段，河道岸坡作为水体生态与陆地生态之间的边缘带，在设计时应充分考虑其边缘效应；第三，生物多样性，保持有效数量的动植物种群，保护各种类型及多种演替阶段的生态系统，尊重各种生态过程及自然的干扰，包括自然火灾过程、旱雨季的交替规律以及洪水的季节性泛滥。

(2) 南湖水系生态护坡技术研究

在科学技术飞速发展的今天，新型材料和新技术必将作为河道护坡和护岸结构改造的主要源泉。在国内和国外相继出现了一批用于生态方面的材料和技术，如植被草、水力喷播植草技术、土工材料绿化网、植被型生态混凝土等。虽然它们起源时不一定用于河道护坡和护岸结构方面，但在河道护坡使用上可以借鉴和参考。通过对牡丹江自然环境和植被调查，选取三种适用于牡丹江南湖水系的生态护坡技术。

① 植物护坡　发达根系固土植物在水土保持方面有很好的效果，国内外对此研究也较多，采用发达根系植物进行护坡固土，既可以固土保沙，防止水土流失，又可以满足生态环境的需要还可以进行景观造景。植物护坡技术常用于河道岸坡及道路路坡的保护，国内很多河道治理及道路建设中都使用了这一技术，如在吉林省西部嫩江流域治理工程中，吉林省水土保持科学研究所许晓鸿、王跃邦、刘明义等人提出了以当地的牛毛草、早熟禾、翦股颖等8种草本植物为护坡植物，河柳等灌木为迎水坡脚防浪林的植物护坡技术。

固土植物可根据该地区的气候选择较为适宜的植物品种，一般考虑以下条件：a. 对土质要求不高，适应气候条件强，耐酸、耐碱、耐寒冷、耐高温、耐干旱等，生长能力强；b. 根系发达，茎干低矮、枝叶茂盛、生长快、绿期长，能够迅速覆盖地表；c. 生根性强，成活率高，并能够吸收深层水分和养分，有效固土；d. 价格低廉、管理粗放、无须养护、无病虫害，与杂草竞争性强。目前，我国植物护坡工程中，常用的植物可以分为冷季型和暖季型。冷季型的植物主要有：高羊茅、多年生黑麦草、细弱翦股颖、无芒雀麦、草地早熟禾白三叶、红三叶、百脉根等；暖季型的主要有：百慕大（狗牙根）、马尼拉、野牛草、假俭草等。种草应考虑混播。播种方法主要包括人工种植或移植法、草皮卷护坡法、水力喷播法等。近年来，一些发达国家，利用水力喷播的方法在常规方法难以施工的坡面上植草坪。水力喷播植草技术是指以水为载体，将经过技术处理的植物种子、木纤维、黏合剂、保水剂、复合肥等材料混合后，经过喷播机的搅拌，喷洒在需要种植草坪的地方，从而形成初级生态植被的绿化技术。与传统植草方法比，其优点有：a. 可全天候施工，速度快，工期短；b. 成坪快，减少养护费用；c. 不受土壤条件差、气象环境恶劣等影响。

城市河道用植物护坡也存在一些问题。护坡当年易被雨冲刷形成深沟，护坡效果差，影响景观。长期浸泡在水下、行洪流速超过3m/s的土堤迎水坡面和防洪重点地段（如河流弯道）不适宜植草护坡。

② 三维植被网护坡　三维植被网技术原先多用于山坡及高速公路路坡的保护，现在也开始被用于河道岸坡的防护。它主要利用活性植物并结合土工合成材料，在坡面构建一个具有自身生长能力的防护系统，通过植物的生长对边坡进行加固。根据岸坡地形地貌、土质和区域气候等特点，在岸坡表面覆盖一层土工合成材料并按一定的组合与间距种植多种植物，通过植物的生长达到根系加筋、茎叶防冲蚀的目的，可在坡面形成茂密的植被覆盖，在表土层形成盘根错节的根系，有效抑制暴雨径流对边坡的侵蚀，增加土体的抗剪强度，减小孔隙水压力和土体自重力，从而大幅度提高岸坡的稳定性和抗冲刷能力。土工网对减少岸坡土壤的水分蒸发，增加入渗量有较好的作用。三维植被网护坡技术综合了土工网和植物护坡的优点，起到了复合护坡的作用。边坡的植被覆盖率达到30%以上时，能承受小雨的冲刷，覆盖率达80%以上时能承受暴雨的冲刷。待植物生长茂盛时，能抵抗冲刷的径流流速达6m/s，为一般草皮的2倍多。同时，由于土工网材料为黑色的聚乙烯，具有吸热保温的作用，可促进种子发芽，有利于植物生长。

这种护坡形式虽然比单纯植物护坡抗雨水冲刷效果好，但还不能完全应用到堤防迎水坡面。改进之后的护坡，用混凝土、石笼等做成外框来增加坡面稳定性，但还是难以长时间抵御较大洪水侵蚀。

③ 植被型生态混凝土护坡　植被型生态混凝土是日本首先提出的，并在河道护坡方面进行了应用。近几年，我国也开始进行植被型生态混凝土的研究。北京在公路部门进行过类似的研究试验。吉林省水利实业公司使植被型生态混凝土构件化，并在实际工程中进行了应用。

植被型生态混凝土由多孔混凝土、保水材料、缓释肥料和表层土组成。多孔混凝土由粗骨料、水泥、适量的细掺和料组成，是植被型生态混凝土的骨架。保水材料以有机质保水剂为主，并掺入无机保水剂混合使用，为植物提供必需的水分。表层土铺设于多孔混凝土表面，形成植被发芽空间，减少土中水分蒸发，提供植被发芽初期的养分和防止草生长初期混凝土表面过热。很多植被草都能在植被型生态混凝土上很好生长，实验过程中，紫羊毛、无芒雀麦表现出优异的耐寒性能。

在城市河道护坡或护岸结构中可以利用生态混凝土预制块体进行铺设，或直接作为护坡结构，既实现了混凝土护坡，又能在坡上种植花草，美化环境，使硬化和绿化完美结合。植被型生态混凝土具有较好的抗冲刷性能，上面的覆草具有缓冲性能。由于草根的“锚固”作用，抗滑力增加，草生根后，草、土、混凝土形成一体，更提高了堤防边坡的稳定性，经实测，对边距 45cm 的六角形绿化混凝土孔构件，原质量 30kg，长草生根后拔起力达到 160kg。

多孔混凝土孔隙率高达 40%以上，表面等效孔径 2～3cm，孔隙自构件顶表面可蜿蜒通至地面，在堤防护坡工程中，受水位骤降的影响较小；在季节性寒冷地区，有利于排出和降低被保护土内含水量，减少冻害破坏。多孔混凝土具有较高透气性，在很大程度上保持了被保护土与空气间的湿、热交换能力。

植被型生态混凝土构件厚度与单块几何尺寸，可以按照《堤防工程设计规范》（GB 50286—2013）的有关规定计算。由于草根的“锚固”作用，将会使上述计算结果更加趋于安全。

7.3.2.3　南湖水系生态护坡对雨水的截留作用研究

牡丹江南湖水系 5 号泡由于坡度较小，所以采用天然植被护坡；1～4 号泡由于坡度大于 30°，易被雨冲刷形成深沟，所以采用早熟禾与六角形混凝土的植被型混凝土护坡，具有成本小、工程量小、环境景观协调性好、适应性好等优点。在坡面实验过程中，早熟禾表现出优异的耐寒性能，六角形混凝土具有更高的稳定性、透气性和表面积。

早熟禾是多年生草本，冷地型禾草，喜光，耐阴性也强，可耐 50%～70%郁闭度，耐旱性较强，在－20℃低温下能顺利越冬，－9℃下仍保持绿色，对土壤要求不严，耐瘠薄，具匍匐根茎，根茎主要分布在地面 20cm 以下土层中，能固结表土；植株低矮，耐践踏，因而也是一种优良的草坪和地被植物。

选取早熟禾与六角形混凝土的植被型混凝土护坡进行现场实验，实验结果（图 7-28）表明，大气降水的 pH 降低 1.07，变为中性水，总磷削减 22.82%，总氮削减 28.07%，COD 削减 18.03%，早熟禾植被型生态护坡对大气降水具有良好的净化效果。

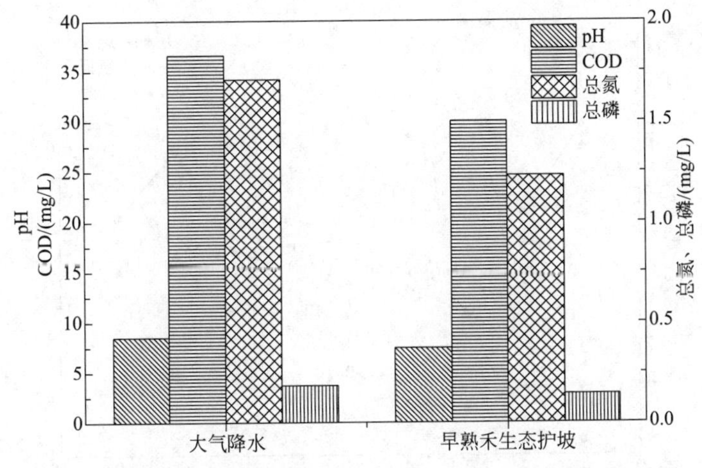

图 7-28 早熟禾生态护坡削减 COD、pH、总磷和总氮效果

7.4 南湖水系水资源管理技术研究

7.4.1 南湖水系水量与水质关系研究

在 5 号泡不同的水位条件下，分别设置 9 个、6 个监测点位。监测指标为总氮、氨氮、总磷和水深，监测频次是每月一次。5 号泡水质与水量关系研究结果见图 7-29 和图 7-30。

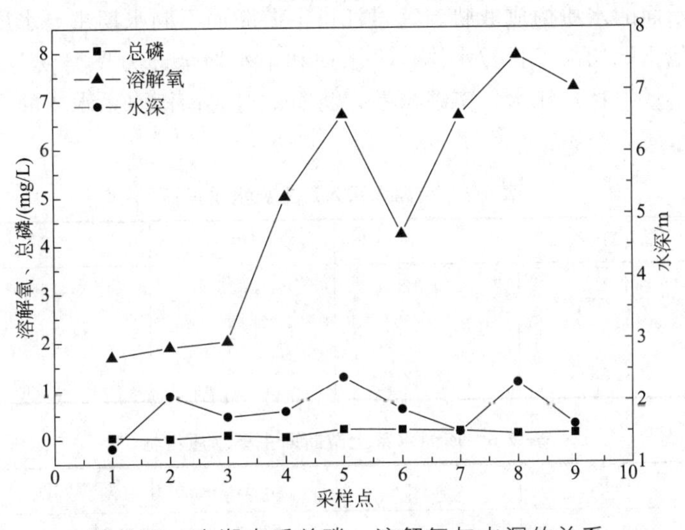

图 7-29 南湖水系总磷、溶解氧与水深的关系

由图 7-29 可见，溶解氧随水深的增加而升高，总磷随水深的增加而降低，说明水量对水质作用明显。

由图 7-30 可见，随着水深的变化，总氮、氨氮呈规律性变化，除了 1 号点位（1 号监测点位于居民区附近）受生活污水散排的影响，总氮、氨氮含量相对较高外，其他监测点位的总氮、氨氮含量都随着水深的增加而减少，说明水量对总氮、氨氮浓度的作用明显。

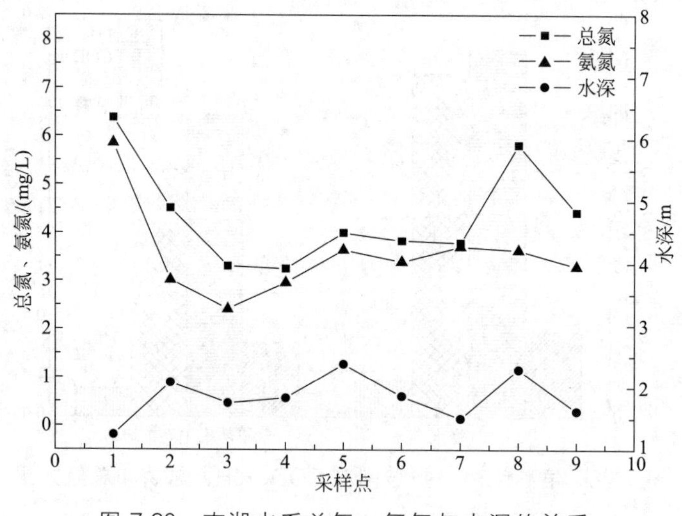

图 7-30 南湖水系总氮、氨氮与水深的关系

7.4.2 南湖水系水质水量调控技术研究

在采取水生植物净化的基础上，采用河流完全混合模式，预测南湖水系引江水量，达到减少调水的频次，优化调水频次并实现水体水质保障的目标。

(1) 可行性分析

根据2009—2010年南湖水系的水质监测结果，南湖水系入江水质为劣Ⅴ类（见表7-5），对国控柴河大桥断面的水质构成威胁。牡丹江市上游断面不同水期主要水质指标只有枯水期总磷属Ⅴ类，其他指标均高于Ⅳ类水体，平水期和丰水期全部为Ⅳ类以上水体（见表7-6），从牡丹江市上游适量引牡丹江水入南湖水系，将有效改善南湖水系水质的主要超标指标，保障南湖水系入江水质。

表 7-5 南湖水系入江主要水质指标 单位：mg/L

水期	TP	TN	NH_3-N	COD	BOD
枯水期	2.19	19.42	20.25	104.40	32.75
平水期	2.80	24.30	15.28	143.40	28.75
丰水期	0.88	13.52	13.88	40.30	12.03

表 7-6 南湖水系上游断面主要水质指标 单位：mg/L

水期	TP	TN	NH_3-N	COD	BOD
枯水期	0.14	0.89	0.73	9.62	<2
平水期	0.09	0.98	0.32	22.43	<2
丰水期	0.05	0.93	0.44	20.05	<2

(2) 南湖水系来水量分析

目前，南湖水系的主要来水为自来水反冲水和地表降水。根据调研资料，得出自来水厂不同水期水量排放情况（见表7-7）。根据牡丹江市1991—2005年月平均降水量，计算得出三个水期南湖水系每天平均收纳降水量，分析可知，南湖水系每天集水量只占自来水厂排水量的0.09%～0.6%（见表7-7）。因此，在计算不同水期引江水量时不考虑降水量对南湖水系水质的影响。

表7-7 南湖水系来水量分析

水期	南湖水系每天集水量/t	自来水厂水量/t	比例
枯水期	5.27	6000	0.09%
平水期	29.77	6000	0.50%
丰水期	54.22	9000	0.60%

（3）南湖水系不同水期引江水量的计算及引水方案

以Ⅳ类水体为目标，运用河流完全混合模式，计算可得不采取任何水质保障措施下，需引牡丹江水的量，见表7-8。

表7-8 无任何措施下，水期差异达标引水量

水期	引水量/（10^4t/d）				
	总磷	总氮	氨氮	COD	BOD
枯	—	17.70	14.70	2.19	2.68
平	255.79	26.31	6.99	8.99	2.28
丰	15.08	19.08	10.47	0.93	0.90

根据示范工程实施后，南湖水系主要污染指标的削减率，即总磷削减65%，总氮削减57.55%，氨氮削减75.85%，COD削减46.94%，BOD削减53.07%，结合牡丹江和南湖水系水质现状，得出不同水期需引牡丹江水量，见表7-9。

表7-9 采取水质保障措施，水期差异达标引水量

水期	引水量/（10^4t/d）				
	总磷	总氮	氨氮	COD	BOD
枯	—	6.66	2.66	0.75	0.94
平	83.37	10.17	1.11	3.65	0.75
丰	4.01	6.73	1.57	—	—

由表7-9可见，采用河流完全混合模式，在实施生态修复的基础上，根据不同水期的水质指标，预测南湖水系引江水量，可实行水期差异引水，优化调水频次并实现水体水质保障的目标，不同水期最适引水量详细说明如下：

① 枯水期　采用适当的水质保障措施（菹草）日均引牡丹江水6.66×10^4t可保障南湖水系总氮、氨氮、COD、BOD达到水质目标。

② 平水期　采用适当的水质保障措施（芦苇、睡莲、水芙蓉、凤眼莲、菹草）日均引牡丹江水83.37×10^4t可保障南湖水系总磷、总氮、氨氮、COD、BOD达到水质目标。

③ 丰水期　采用适当的水质保障措施（芦苇、睡莲、水芙蓉、凤眼莲、菹草）日均引牡丹江水6.73×10^4t可保障南湖水系总磷、总氮、氨氮达到水质目标，不需要引水就可以使COD、BOD达到水质目标。

综上所述，运行引水工程和采用生态修复技术可使南湖水系水质达标，而且，采用水生植物进行水质保障后，不仅可达到保障南湖水系水质的目标，还可有效减少引用江水量。

（4）南湖水系水量调控技术实验室模拟研究

在玻璃缸内进行模拟实验，实验历时2个月，即2010年5～7月。实验用牡丹江水与南湖水系水以不同比例混合，结合植物对水体的保障作用，研究不同量的牡丹江水进入南湖水系水体后，混合水体水质的变化情况，验证在种植水生植物的情况下，不同引水量对南湖水系水质的改善作用。为提出优化的南湖水系调水方式，以尽量少的调水频次保障南湖水系水质提供技术支撑。

① 实验设置　在最适引水量研究的基础上，以牡丹江江水与南湖公园、月牙泡水以不同比例混合，用金鱼藻、轮叶黑藻作为改善水质的水生植物，实验分组见表7-10，每组实验重复3次进行。

表7-10　引水工程运行的水质保障技术实验室模拟处理表

实验编号	植物名称	牡丹江江水：5号泡水	牡丹江江水：4号泡水
1	金鱼藻	1：10	—
2	金鱼藻	1：20	—
3	金鱼藻	1：40	—
4	金鱼藻	—	1：10
5	金鱼藻	—	1：20
6	金鱼藻	—	1：40
7	轮叶黑藻	1：10	—
8	轮叶黑藻	1：20	—
9	轮叶黑藻	1：40	—
10	轮叶黑藻	—	1：10
11	轮叶黑藻	—	1：20
12	轮叶黑藻	—	1：40
13	空白	1：10	—
14	空白	1：20	—
15	空白	1：40	—
16	空白	—	1：10
17	空白	—	1：20
18	空白	—	1：40

② 主要污染物指标分析

a. 不同江水、湖水水量配比下，氨氮变化。图7-31～图7-34为不同江水、湖水水量配比下的氨氮变化情况。由图可见，随着实验的进行，种植水生植物的水体，氨氮有不同程度的下降，对照组则呈不稳定状态（上升、稍有下降或几乎不变），总体的去除效果1：40＞1：20＞1：10。

b. 不同江水、湖水水量配比下，TN变化。随着实验的进行，由于种植了水生植物，TN都有不同程度的降低，对照组TN部分上升，总体的去除效果1：40＞1：20＞1：10

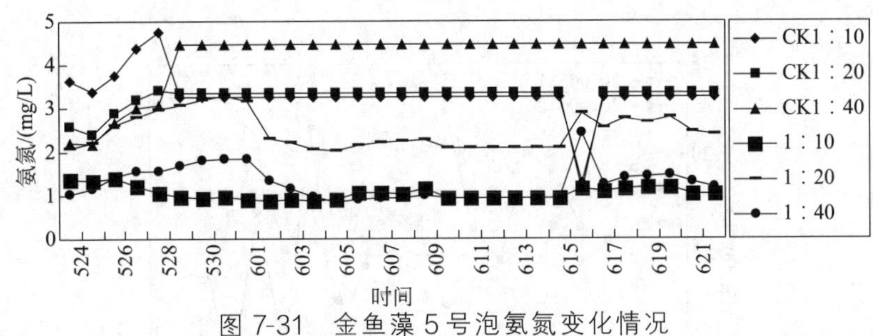

图 7-31 金鱼藻 5 号泡氨氮变化情况

注：CK 为空白对照，下同。

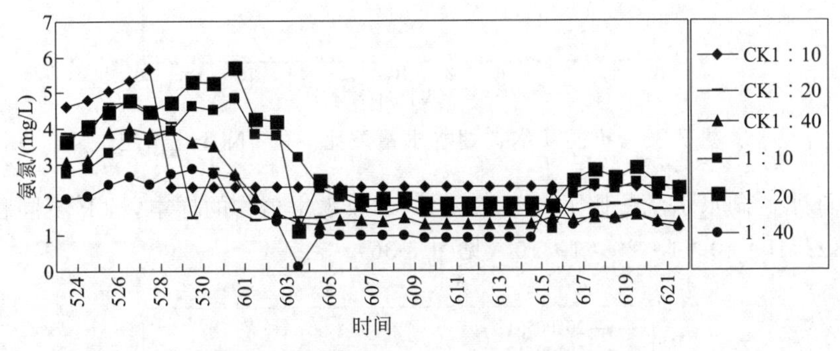

图 7-32 金鱼藻 4 号泡氨氮变化情况

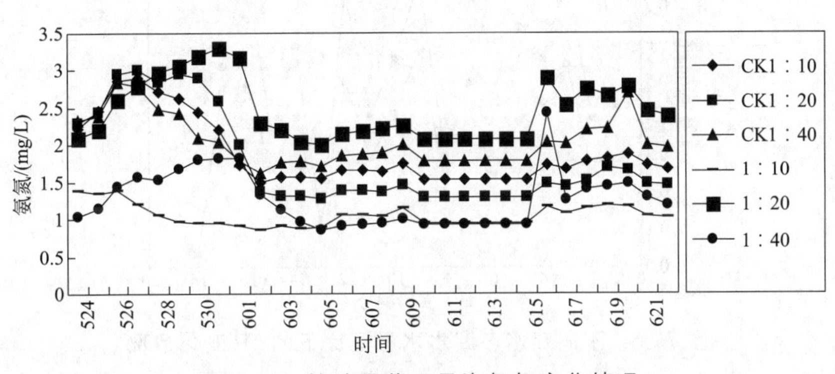

图 7-33 轮叶黑藻 5 号泡氨氮变化情况

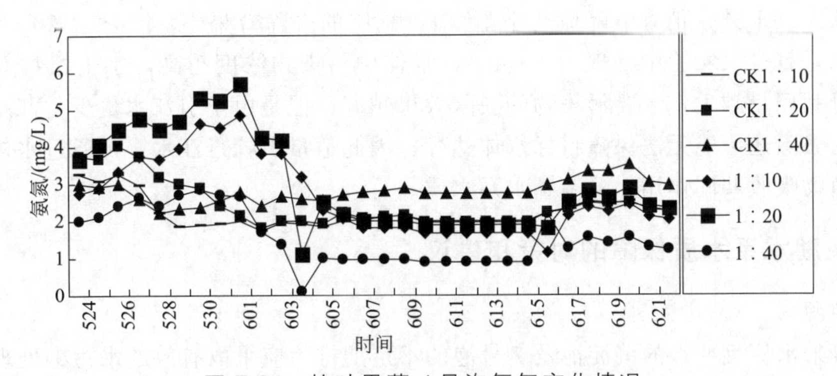

图 7-34 轮叶黑藻 4 号泡氨氮变化情况

（见图 7-35）。

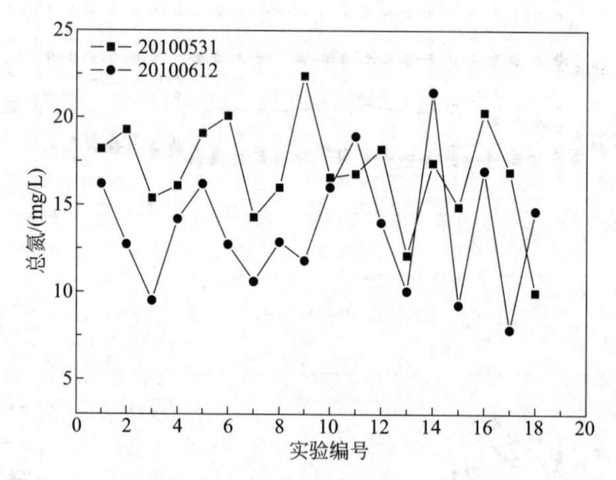

图 7-35　不同江水、湖水水量配比下的 TN 变化情况

c. 不同江水、湖水水量配比下，TP 变化。未放水生植物的样本，TP 不同程度的上升，总体的去除效果 1∶40＞1∶20＞1∶10（见图 7-36）。

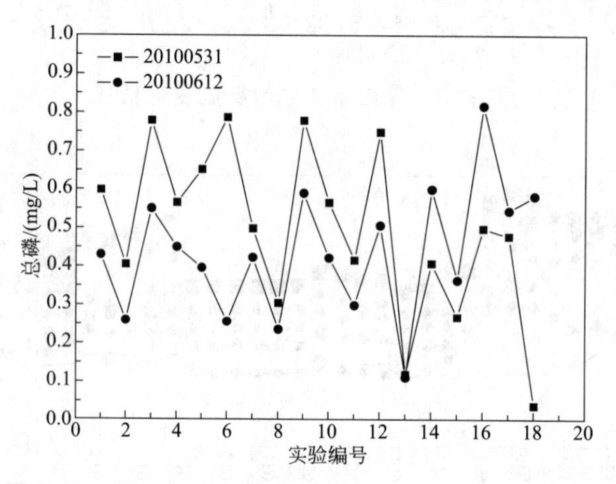

图 7-36　不同江水、湖水水量配比下的 TP 变化情况

综上，随着实验的进行，种植水生植物的水体主要污染物有不同程度的下降，对照组则呈不稳定状态（上升、稍有下降或几乎不变），总体的去除效果 1∶40＞1∶20＞1∶10。可见，引江水量越少（实验中处理为 1∶40），水体中污染物浓度越高，水生植物对水体中营养元素的可利用量越大，主要污染物的去除效果越好，但是由于引江水量少，江水的稀释和水生植物的去除还可能无法保障目标水体达标，因此适量引牡丹江水，可通过水体的稀释作用与水生植物吸收共同作用保障南湖水系水质。

7.4.3　南湖水系水质保障的对策和建议

（1）控源

对于自来水厂反冲水的沉淀池及 7 号泡的不定期排污应采取有效的水污染处理设施，达标后再排放。

针对 6 号泡沿岸的面源污染，一方面引导农业生产者科学地使用化肥、农药、农用薄膜和饲料添加剂，改进种植和养殖技术，实现农产品的优质、无害和农业生产废物的资源化，防止农业环境污染。另一方面，针对两岸存在的大量垃圾，有关部门应加快棚户区改造的进程，或者将6号泡的明渠改成暗渠，避免6号泡沿岸堆放的垃圾直接或通过地表径流对南湖水系构成污染。

组织检查5号泡和4号泡之间的暗排问题，将其接入城市管网，减轻生活污水对南湖水系4号泡以下的污染。

（2）运行引水工程与应用生态修复技术

研究表明，水质随着水的流动、水量的增加有明显的改善，适量引牡丹江水入南湖水系，将有效改善南湖水系的水质。同时，适当引入经济价值较高、有特殊用途、适应能力强及生态效益好的物种，配置多种、多层、高效、稳定的生态型人工植物群落，改善南湖水系水质作用明显，因此，可根据北方气候特点，不同水期配置相应的植物群落，既能达到改善水质的作用，又能起到美化景观的效果，构建湖泡亲水空间。

采用河流完全混合模式，在实施生态修复基础上，根据不同水期的水质指标，预测南湖水系引江水量，可实行水期差异引水，优化调水频次并实现水体水质保障的目标。

（3）环境管理

南湖水系的截污工程已基本完成，但是仍有生活污水散排入湖，同时，几乎所有湖泡都存在两岸堆放垃圾以及直接向湖体乱扔垃圾的现象，不仅影响南湖水系的景观效果，也可能通过地表径流引起水体污染，希望牡丹江市政府督促有关部门加强管理，避免清淤后湖泡再次污染的发生。

7.5 示范工程建设

结合当地市政工程规划和南湖水系的实际情况，南湖水系牛角泡（1号泡）、三角泡（3号泡）综合治理和截污工程已完成。在南湖公园（5号泡）现场模拟的基础上，选取具有污染代表性的青年湖（2号泡）、三角泡（3号泡）、月牙湖（4号泡）作为水体示范研究区域，进行生态重建与景观修复技术示范研究。

7.5.1 牛角泡、三角泡综合治理和截污工程

南湖水系截污管线已铺设2803m，牛角泡（1号泡）、三角泡（3号泡）清淤和护坡工程已完成，工程实施前后效果对比如图7-37～7-40所示。

图7-37 1号泡清淤过程中

图7-38 1号泡综合治理工程实施后

图 7-39　3 号泡清淤过程中

图 7-40　3 号泡综合治理工程实施后

7.5.2　生态重建与景观修复技术示范研究

南湖水系透明度低，水下光照不足，底质有机物过多，处于厌氧环境，水体属劣Ⅴ类水体，水中高锰酸盐指数、氨氮浓度过高，而且截污不完全，这些因素在种植沉水植物时都会面临，而且沉水植物对环境的敏感性也相对较高，因此恢复的难度大；而挺水植物和浮叶植物虽然也会遇到上述的问题，但其抗性强于沉水植物，而且生长到一定程度后，不再受透明度的影响，种植时也可以从岸边浅水区开始，逐步推进，所以恢复的难度要远小于沉水植物；漂浮植物除受风浪影响大外，其他因素影响不大，湿生植物一般分布在水陆交错带，可以在岸边种植，困难一般不大，所以浮叶、湿生和漂浮植物最易恢复。

南湖水系的 2 号泡多年未清淤且面积较小，适于示范研究的进行，3 号泡完成了底泥疏浚和截污工程，4 号泡存在暗排现象，分别代表了不同的前处置情况，有很典型的代表意义，因此，2010 年和 2011 年选取了 1、2、3、4 号泡开展水生植被重建工程，可以以较小的代价去尝试、研究、积累经验，从而为以后南湖水系的生态重建与景观修复工作提供借鉴。在实验室和现场模拟的基础上，根据北方的气候特点，结合示范研究时的条件，以及每个湖泡的特点，分别配置种植挺水植物荷花、浮叶植物睡莲、漂浮植物凤眼莲和水芙蓉，控制水体中 COD、BOD_5、TN、TP 等污染物的含量及藻类等的生长，使其不过度繁殖，这样既能起到净化水质的作用，又给人以美感，达到景观效果。

（1）牛角泡（1 号泡）

1 号泡 2.24 万平方米水域面积清淤、护坡改造绿化 5294m^2、绿地 469m^2、其他绿化 3825m^2、种植睡莲 1000m^2，见图 7-41 和图 7-42。

图 7-41　1 号泡生态重建与景观修复技术示范前

图 7-42　1 号泡生态重建与景观修复技术示范后

（2）青年湖（2号泡）

2号泡护坡改造绿化 920m^2、绿地 670m^2、其他绿化 1200m^2、种植睡莲 700m^2，见图 7-43 和图 7-44。

图 7-43　2号泡生态重建与景观修复技术示范前

图 7-44　2号泡生态重建与景观修复技术示范后

荷花在北方寒冷地区是常见的水生植物，其根茎可在有水的地方次年重新发芽，因此，在2号泡水流动的区域种植了荷花，以进行越冬实验，如图 7-45 所示，但由于种植后1周，受牡丹江流域上游洪水的影响，水量过大，植物全部死亡。

图 7-45　2号泡荷花种植初期

（3）三角泡（3号泡）

3号泡 6400m^2 水域面积清淤，护坡改造绿化 2353m^2，绿地 46.5m^2，其他绿化 2306.5m^2，种植凤眼莲、水芙蓉 1000m^2，种植睡莲 500m^2，见图 7-46 和图 7-47。

图 7-46　3号泡生态重建与景观修复技术示范前

图 7-47　3号泡生态重建与景观修复技术示范后

（4）月牙泡（4号泡）

4号泡护坡 8500m^2，种植凤眼莲、水芙蓉 600m^2，种植睡莲约 1000m^2，种植芦苇 600m^2，见图 7-48 和图 7-49。

（5）岸边带陆生生态系统优化

选取垂柳和旱熟禾作为湖泡岸边带现场实验植被，如图 7-50 所示。实验结果显示大气降水的 pH 降低 0.33，总磷削减 35.32%。说明垂柳和旱熟禾作为岸边带对大气降水的 pH

和总磷具有良好的净化效果。

图 7-48 4号泡生态重建与景观修复技术示范前

图 7-49 4号泡生态重建与景观修复技术示范后

图 7-50 南湖水系陆生生态系统

图 7-51 1号泡的早熟禾与生态混凝土砖

(6) 生态护坡技术

在1号泡选取早熟禾与生态混凝土砖作为湖泡护坡现场实验，如图7-51所示。结果显示，大气降水的pH降低1.07，变为中性水，总磷削减22.82%，总氮削减28.07%。可见，早熟禾植被型生态护坡对大气降水具有良好的净化效果。

7.5.3 越冬策略研究

结合北方寒冷地区景观水体的特点及水生植物生长生理特征，选择睡莲、荷花、芦苇作为越冬水体修复植物，针对南湖水系不同湖泡特点，进行越冬策略研究。

睡莲和荷花叶片浓绿，花色艳丽，耐寒性极强，在北方地区注意防冻就可以安全越冬，是很好的水生观赏植物。芦苇属多年水生或湿生的高大禾草，在黑龙江5～6月出苗，当年只进行营养生长，7～9月形成越冬芽，越冬芽于5～6月萌发，7～8月开花，8～9月成熟，其植株高大、地下有发达的匍匐根状茎。针对北方地域特点及南湖水系的水体特征、水流特征，在南湖水系水体生态修复示范研究的基础上，针对每个湖泡的特点，开展水体生态修复及越冬策略研究，详细说明如下：

① 荷花初期最适种植的水深为20～30cm，走茎范围在生长季可达10～20m。月牙湖（4号泡）岸边水体较浅，中间水体较深，于2011年5月在月牙湖适宜水深的区域种植荷花，通过走茎使其深入湖泡中央水深区域（冬季不冻至底区域），保证其安全越冬。

② 针对睡莲在水体较深时栽种初期成活率不高，而在较浅的水体却无法越冬问题，在三角泡（3 号泡）开展水体生态修复及越冬技术的研究。三角泡由于刚清淤结束，水深在 1.5～2m，睡莲成活后可安全越冬，但是睡莲栽种初期很难存活，因此，在温室深水培养睡莲至 1.3m 以上，于 2011 年 5 月移栽至湖泡内，达到保障成活率，又可越冬的目的。

③ 2010 年 7 月，在南湖水系青年湖（2 号泡）水体流速较快的河道上种植了睡莲，至 2011 年 5 月观察，有部分植物已经成活，但是由于刚种植结束时上游洪水水量过大该区域睡莲成活率不高。因此，在 2011 年 5 月补种睡莲，保障在雨季时睡莲已成活，可安全越冬。

④ 2009 年，牛角泡（1 号泡）进行了清淤工程，水深为 1.1～1.2m，睡莲成活后也可安全越冬，因此，在温室培养睡莲至茎 1m 左右后移栽至湖泡内，开展水体生态修复及越冬示范研究。

⑤ 水葫芦属漂浮植物，漂浮于水面生长，呈莲座状，下生须根，叶丛生其上，花大而美丽；夏季生长，不耐低温，不能自然越冬；速生高产生物量大，净化能力强。在南湖水系水体污染严重的区域 3 号泡和 4 号泡原氧化塘区域种植水葫芦可对南湖水系先进行净水，透明度提高后种植沉水植物，越冬后自然死亡，不会造成外来物种入侵，保障了南湖水系水生植物的恢复效果。

⑥ 菹草，多年生，具有很强的营养繁殖能力，产生大量具有繁殖能力的种子——芽孢，2010 年 9 月份播种到南湖公园水体透明度 50cm 以上水流动处，冬季越冬生长。

7.6 示范工程效果

示范工程实施后，南湖水系入江口水质为Ⅳ类水体标准，23.6 万平方米南湖水系水质得到改善。随着示范工程的实施，南湖水系水体水生生态也发生了变化。

7.6.1 示范工程实施对浮游植物组成的影响

对工程实施前后的浮游植物群落结构进行监测，监测周期为 2010 年 7～10 月，监测频次为每月 1 次，定性样品用 25＃浮游生物网采集，用甲醛固定。定量样品用聚乙烯瓶取 1.0L，并用 1.5%的碘液固定。在实验室沉淀 24h，浓缩为 30mL 保存进行镜检，采样点设置如表 7-11 所示。

表 7-11 浮游植物采集点位设置

编号	湖泡	采样位置
1		氧化塘入口
2	4 号泡	凤眼莲、水芙蓉丛中，即实验区
3	4 号泡	氧化塘外、闸门到睡莲中间
4	4 号泡	睡莲中，即睡莲实验区（台阶下）
5	3 号泡	入口侧，观景台处
6	3 号泡	凤眼莲、水芙蓉丛中，即实验区
7	3 号泡	实验区出口
8	2 号泡	入口
9	2 号泡	睡莲中
10	2 号泡	出口

将浓缩后的30mL定量样品摇匀后吸取0.1mL，置于0.1mL计数框内，在显微镜下按视野法计数，数量特别少时全片计数。每个样品计数2次，取其平均值，每次计数结果与平均值之差应在15%以内，否则增加计数次数。每升水样中浮游植物数量按照如下公式计算。

$$N=\frac{C}{F_s \times F_n} \times \frac{V}{U} \times P_n \tag{7-1}$$

式中，N 为1L水样中浮游植物的个体数，ind.；C 为计数框的面积，mm^2；F_s为每个视野的面积，mm^2；F_n为视野数；V 为每升水样浓缩后的体积，mL；U 为计数框的体积，mL；P_n为每个计数框计数到的浮游植物个数，ind.。

对浮游植物鉴定结果显示，浮游植物的种类数量分别为155种、200种、222种、158种，浮游植物群落组成情况见图7-52。

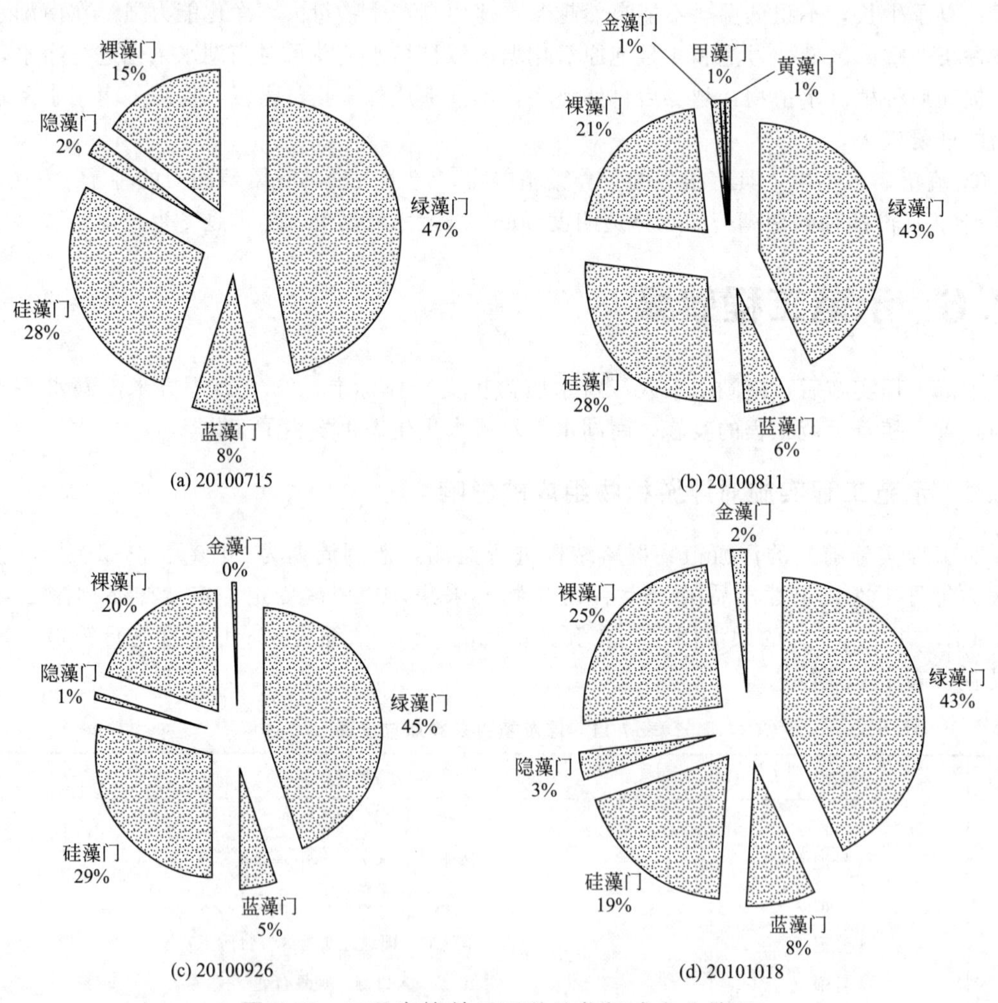

图7-52　工程实施前后浮游植物组成变化情况

从图7-52可以看出，水体生态修复前后，浮游植物的群落结构有很明显的变化。水体的浮游植物群落包括硅藻门、蓝藻门、绿藻门、裸藻门、隐藻门、金藻门、黄藻门和甲藻门。工程实施前后，水体以绿藻门种类最多、其次为硅藻门，再次为裸藻门。工程实施1个月后，随着种植的水生植物的生长，透明度上升，绿藻门种类由47%降至43%，蓝藻门的比例也略有下降，裸藻门种类有所上升，出现了相对清洁的门类，即金藻门和甲藻门；工程实施2个月后，硅藻门所占比例略有上升，蓝藻门略有降低；工程实施3个月后，随着秋季的到来，北方地区温度的降低，种植的水生植物开始凋零，硅藻门明显降低，裸藻门、隐藻门所占比例上升。可见，随着水生植物的生长，浮游植物种类数量上升，代表富营养化的种群比例有所下降，出现相对清洁的种类，无论从浮游植物种类数量，还是从群落结构组成来看，水生生态状况向好的方向发展。而随着北方秋季的到来，温度降低，水生植物凋零，浮游植物种类数量下降，富营养化的种群数量增多，水生生态状况略有恶化趋势。

7.6.2 示范工程实施对浮游植物多样性的影响

水体中，各种浮游植物的数量维持相对稳定的关系，若水体发生富营养化，得到充足营养物质的属种将大量繁殖。浮游植物数量增多，导致种类间对水体中的营养物质竞争，并分泌一些抑制其他生物生长的物质，从而造成水体中浮游植物生物量增加、种类减少和多样性降低。因此，常用多样性指数来反映不同环境下浮游植物个体分布和水体营养状况，作为判定水体营养状况的依据。采用Shannon-Weaver多样性指数（H'）进行多样性分析，计算公式见（7-2）。

Shannon-Weaver多样性指数（H'）（Shannon et al，1848）：

$$H' = -\sum_{i=1}^{s} P_i \log_2 P_i,\ H_{\max} = \log_2 S \tag{7-2}$$

式中，P_i为第i种个体数量在总个体数量中的比例，$P_i = N_i / N$；N_i为第i种在样品中的个体数量；N为样品中所有种个体总数；S为总种类数。

Shannon-Weaver指数在0～0.83为富营养化，0.83～3.30为中营养化，＞3.30为贫营养化，从Shannon-Weaver多样性指数可以看出南湖水系水体生态修复工程实施前水体都为中营养-贫营养状态，工程实施后水体都为贫营养，南湖水系水体浮游植物工程实施前后多样性变化明显（见图7-53），水生植物种植1～2个月后，所有监测点位的浮游植物多样性都有明显的上升，3个月后，多样性指数略有下降。

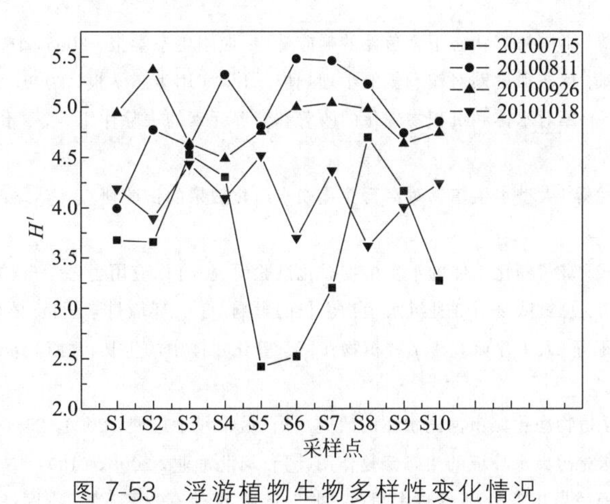

图7-53 浮游植物生物多样性变化情况

7.7 本章小结

① 无论营养物质高低，轮叶黑藻对氨氮、BOD、总磷、总氮均有较好的去除效果；可

选择轮叶黑藻、水芙蓉作为生态修复的植物种类，金鱼藻也可作为生态修复的备选植物。合理的收获策略是水生植物对污染物的最大去除率和防治植物死亡后因腐烂造成二次污染的保证。早熟禾与六角形混凝土的植被型混凝土护坡以及垂柳和早熟禾为主要群落的岸边带对大气降水和地表径流具有良好的净化效果。

② 运行引水工程和采用生态修复技术可使南湖水系水质达标，而且，采用水生植物进行水质保障后，不仅可达到保障南湖水系水质的目标，还可有效减少引用江水量。

③ 结合当地市政工程规划和南湖水系实际情况，完成南湖水系牛角泡（1号泡）、三角泡（3号泡）综合治理和截污工程，选取具有污染代表的青年湖（2号泡）、三角泡（3号泡）、月牙湖（4号泡）作为水体示范研究区域，进行生态重建与景观修复技术示范研究。示范工程实施后，南湖水系23.6万平方米水质得到了明显改善。

④ 提出了北方寒冷地区景观水体——南湖水系水质保障的对策和建议，形成的北方寒冷地区污染水体水生植被净化处理集成技术体系，可推广应用于松花江流域类似支流。

参考文献

[1] 曲格平. 中国环境问题及对策 [M]. 北京：环境科学出版社，1990.
[2] 谢雄飞，肖锦. 水体富营养化问题评述 [J]. 四川环境，2000，19 (2)：22-25.
[3] 李锦秀，廖文根. 富营养化综合防治调控指标探讨 [J]. 水资源保护，2002 (2)：4-5.
[4] 陈水勇，吴振明，俞伟波等. 水体富营养化的形成、危害和防治 [J]. 环境科学与技术，1999，(2)：11-15.
[5] 陆开宏，宴维金，苏尚安. 富营养化水体治理与修复的环境生态工程 [J]，环境科学学报，2002，22 (6)：732-737.
[6] 濮培民，王国祥，胡春花等. 底泥疏浚控制湖泊富营养化 [J]. 湖泊科学，2000，12 (3)：269-279.
[7] 刘书宇. 景观水体富营养化模拟与生态修复技术研究 [D]. 哈尔滨：哈尔滨工业大学，2007.
[8] 国家环境保护总局. 地表水环境质量标准 GB 3838—2002 [S]. 北京：中国标准出版社，2002.
[9] 国家环境保护部. 水生生物监测手册 [M]. 东南大学出版社，1993
[10] 国家环境保护总局. 水和废水监测分析方法 [M]. 第四版. 北京：中国环境科学出版社，2002.
[11] 王裙，顾宇飞，纪东成等. 富营养条件下不同形态氮对轮叶黑藻的生理影响 [J]. 环境科学研究，2006，19 (1)：71-74.
[12] 王裙，顾宇飞，朱增银等. 不同营养状态下金鱼藻的响应 [J]. 应用生态学报，2005，16 (2)：337-340.
[13] 焦立新，王圣瑞，金相灿. 穗花狐尾藻对铵态氮的生理响应 [J]. 应用生态学报，2009，20 (9)：2283-2288.
[14] 吴娟，吴振斌，成水平. 黑藻对水体和沉积物理化的改善和营养元素的去除作用 [J]. 水生生物学报，2009，33 (4)：589-595.
[15] 雷泽湘，谢贻发，徐德兰等. 大型水生植物对富营养化湖水净化效果的试验研究 [J]. 安徽农业科学，2006，34 (3)：553-554.
[16] 童昌华，杨肖娥，濮培民. 富营养化水体的水生植物净化试验研究 [J]. 应用生态学报，2004，15 (8)：1447-1450.
[17] 叶春，邹国燕，付子轼等. 总氮浓度对3种沉水植物生长的影响 [J]. 环境科学学报. 2007，27 (5)：739-746.
[18] 卢进登，陈红兵，赵丽娅等. 人工浮床栽培7种植物在富营养化水体中的生长特性研究 [J]. 环境污染治理技术与设备，2006，7 (7)：58-61.
[19] 黄廷林，王震. 运用漂浮植物净化城市河湖水体的研究 [J]. 城市科学进展，2006，25 (6)：62-67.
[20] 安鑫龙，李雪梅. 凤眼莲对污染水环境的生态修复作用 [J]. 河北渔业，2008，(10)：45-47.
[21] 马玉忠. 外来入侵物种经诱导化害为利 紫根水葫芦“吃”蓝藻 滇池有救了 [J]. 中国经济周刊，2009，(36)：52-54.
[22] 胡长伟，孙山东，李建龙等. 凤眼莲在城市重污染河道修复中的应用 [J]. 环境工程学报，2007，1 (12)：51-56.
[23] 张志勇，郑建初，刘海琴等. 凤眼莲对不同程度富营养化水体氮磷的去除贡献研究 [J]. 中国生态农业学报，2010，18 (1)：152-157.
[24] 张志勇，常志州，刘海琴等. 不同水力负荷下凤眼莲去除氮、磷效果研究 [J]. 生态与农村环境学报，2010，26 (2)：148-154.

[25] 何娜，张玉龙，孙占祥等. 水葫芦和大薸对垃圾渗滤液净化能力的研究 [J]. 沈阳农业大学学报，2012，43 (5)：550-554.
[26] 周雄飞，史巍，吴晶等. 不同投放密度的浮萍对水体氮磷去除效果的初步研究 [J]. 江西农业学报，2010，22 (11)：161-163.
[27] 杨质高. 云南专家培育出治污高手 巨紫根水葫芦最爱“吃”蓝藻 [N]. 云南科技报，2009-8-27.
[28] 王寿兵，阮晓峰，胡欢等. 不同观赏植物在城市河道污水中的生长试验 [J]. 中国环境科学，2007，27 (2)：204-207.
[29] 周晓红，王国祥，风冰冰等. 3 种景观植物对城市河道污染水体的净化效果 [J]. 环境科学，2009，22 (1)：108-113.
[30] 肖小雨，尹丽，龙婉婉等. 水生动植物联合作用净化不同富营养化景观水体研究 [J]，环境科学与管理，2014，39 (6)：18-23.
[31] 李磊，侯文华. 荷花和睡莲种植水对铜绿微囊藻生长的抑制作用研究 [J]. 环境科学，2007，28 (10)：2180-2186.
[32] 许桂芳. 4 种观赏植物对富营养化景观水体的净化效果 [J]. 中国农学通报，2010，26 (7)：229-302.
[33] 刘鹏，俞慧娜，张晓斌等. 几种水生观赏植物对城市污水的生理响应 [J]. 水土保持学报，2008，22 (4)：163-167.
[34] 陈友媛，崔香，董滨等. 3 种水培观赏植物净化模拟污水的试验研究 [J]. 水土保持学报，2011，25 (2)：253-257.
[35] 徐德福，徐建民，王华胜等. 湿地植物对富营养化水体中氮、磷吸收能力研究 [J]. 植物营养与肥料学报，2005，11 (5)：597-601.
[36] 刘春光，王春生，李贺等. 几种大型水生植物对富营养化水体中氮和磷的去除效果 [J]. 农业环境科学学报，2006，25 (增刊)：635-638.
[37] 田立民，王晓英. 芦苇和香蒲对富营养化水体的净化效果 [J]. 江苏农业科学，2010 (4)：409-411.
[38] 朱华兵，严少华，封克等. 水葫芦和香蒲对富营养化水体及其底泥养分的吸收 [J]. 江苏农业科学，2012，28 (2)：326-331.
[39] 徐德福，李映雪，方华等. 4 种湿地植物的生理性状对人工湿地床设计的影响 [J]. 农业环境科学学报，2009，28 (3)：587-591.
[40] 王彦红，韩芸，彭党聪. 城市雨水径流水质特性及分析 [J]. 环境工程，2006，26 (3)：84-86.
[41] 车伍，刘燕，李俊奇. 国内外城市雨水水质及污染控制 [J]. 给水排水，2007，29 (10)：38-42.
[42] 王东胜，朱瑶. 岸边缓冲带生态功能及其建设的理论 [J]. 水力学与水利信息进展，2007：471-476.
[43] 王庆成，于红丽，姚琴等. 河岸带对陆地水体氮素输入的截流转化作用 [J]. 应用生态学报，2007，18 (11)：2611-2617.
[44] 诸葛亦斯，刘德富. 生态岸堤缓冲带构建技术初探 [C]. 湖北省农村水电发展行业研讨会论文集，2005，42-48.
[45] 徐海波，宗瑞英. 谈城市河道生态护坡技术 [J]. 工程建设与设计，2005，(1)：57-60.
[46] 曹仲宏，徐泽. 现代城市河道生态护坡浅谈 [J]. 城市道桥与防洪，2011，(2)：64-67.
[47] 汪洋，周明耀，赵瑞龙等. 城镇河道生态护坡技术的研究现状与展望 [J]. 中国水土保持科学，2005，3 (1)：88-92.
[48] 王文野，王德成. 城市河道生态护坡技术的探讨 [J]. 吉林水利，2002，(11)：24-26.
[49] 张金池. 水土保持与防护林学 [M]. 北京：中国林业出版社，1996.
[50] 季永兴，刘水芹，张勇. 城市河道整治中生态型护坡结构探讨 [J]. 水土保持研究，2001，8 (4)：25-28.
[51] 居江. 河道生态护坡模式与示范应用 [J]. 水利科学研究，2003 (6)：28-29.
[52] 张宝森，荆学礼，何丽. 三维植被网技术的护坡机理及应用 [J]. 中国水土保持，2001 (3)：32-33.
[53] 周海波，梁庆东. 三维植被网草护坡效果研究 [J]. 广西交通科技，2003，28 (3)：72-75.
[54] 陈梅，邱郁敏. 河流护坡工程生态材料的应用 [J]. 广东水利水电，2005，(2)：18-20.

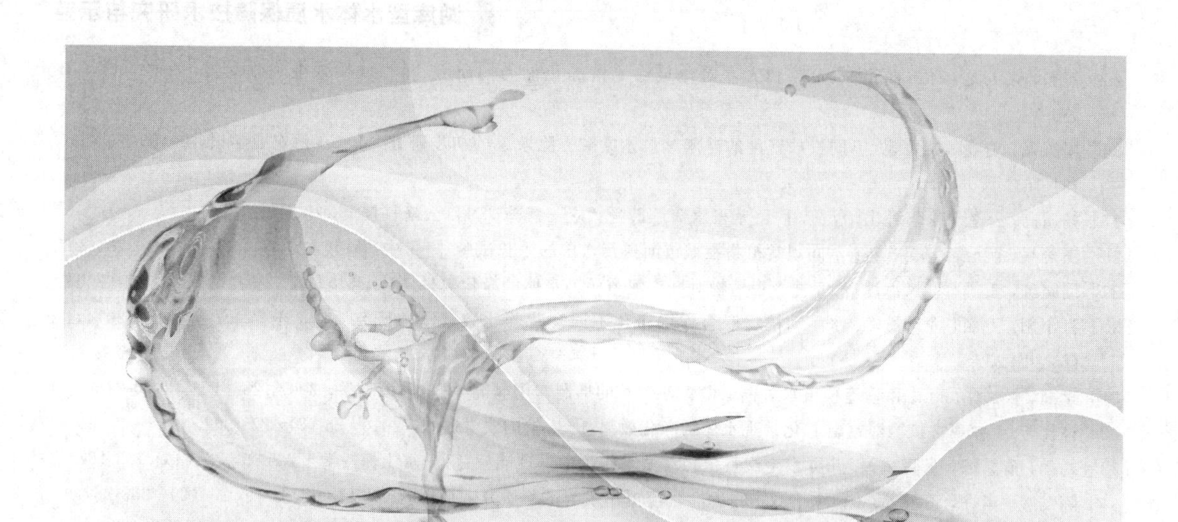

第八章 牡丹江水质保障综合技术方案及水环境总量分配

8.1 水质保障综合技术研究进展

河流水质保障，其实质在于对被破坏或被污染的水体进行污染削减和生态修复。所谓修复就是重建受损生态系统功能以及有关物理、化学和生物特征，即恢复生态系统的结构与功能，再现一个自然的、能自我调节的生态系统，使它与其所在的生态景观和城镇等建设形成一个完整的统一体。因此，河流的保护及综合整治涉及水质、水生生态系统的恢复与保护，流域沿岸的生产、生活以及美学、娱乐等功能的完善与提高等，单一的恢复目标并不能满足河流生态系统良性发育的要求。发达国家在河流利用与管理的历史进程中，对“河流”的认识在不断地深化，积累了许多成功的宝贵经验，也吸取了不少失败的教训，但多在城市河流方面，对中小城镇支流尤其是中小城镇支流水质保障的研究相对较少。

国外对河流的开发利用先后经历了三个不同的发展阶段，即开发利用初期及工业化时期、污染控制与水质恢复时期、综合管理与可持续利用时期。每个时期对河流概念的内涵和外延、河流的侧重功能、河流整治观念以及治河技术体系均有所不同，人类对河流的认识也在不断进步。总结不同阶段所采取的治河经验教训，发达国家转变了单纯以工程措施治理流域水污染的观念，确立了环境治理、生态修复、河流自然化、人文化、功能多样化的治河策略，即以生态学观点为指导，采取多学科综合整治的策略。

我国多数河流整治与水质保障可分为4个阶段，新中国成立前的原始利用和低级防御阶段、20世纪50～70年代的河流初级开发与治理阶段、80～90年代防洪除涝与工程治河阶段以及90年代末开始的环境保护和综合治理阶段。

我国传统的流域水质保障往往以污染源的控制为全部内容，而忽视了河岸生态环境的生态学功能和河流水体的自净作用，缺乏从河流乃至整个流域生态系统的角度进行综合治理的意识。国内许多河流的水质保障往往陷于“工程治河论”和“技术治河论”等被发达国家证明错误的理论中不能自拔。整治方案的设计往往侧重于利用人工措施治理工业废水和生活污水，而对利用河流水体的自净功能进行生态修复缺乏足够的重视。但近年来开始有所转变，国内河流的综合整治和水质保障也开始向污染源削减与生态修复相结合的方向转变。但我国与欧美日等发达国家在次级河流整治方面的技术水平和管理水平还存在一定的差距。

河流整治和水质保障的最终目的在于恢复河流生态系统的整体生态功能，而不是仅将重点放在污染源控制上，因此在管理决策过程中，除了传统的污染因子外，还需考虑河流的生态因素。基于这一思路，欧美日等发达国家将水生生态良好作为流域水环境管理的最终目标，提倡在河流管理中要注重河流生态系统的完整性，将流域及其组成作为一个整体来进行管理。

在综合整治水体污染和保障水质安全的实践中，城市生活污水和工业废水逐步得到控制，农业面源污染问题开始突出，人们逐渐认识和重视农业面源污染，意识到它是水质恶化的重要因子，并逐渐地更正了“工业造成环境污染，而农业是环境污染的受害者”的传统观点。由于农业活动的广泛性和普遍性，农业面源污染极易构成水体环境的安全隐患，已成为目前水质恶化的一大威胁。

因此，吸取国内外河流治理的经验教训，针对牡丹江的污染特征及其主要原因，结合河流水文状况、水力特征、河岸及当地生产生活规律等，以主要污染源削减控污为主，恢复河流水质为目标，采取工程治理、生态治理和管理协助的综合保障策略和思路，开发针对牡丹江的水质保障技术体系，以实现牡丹江的水质恢复和可持续利用。

在河流水质保障方面，一般采取工程措施、生态措施与管理措施相结合的综合治理方案。在河流水质保障技术方面，常用的关键技术包括景观水体水质改善技术、河道综合整治污染物阻控集成技术和河道清淤及底泥处置资源化技术。

8.1.1 景观水体水质改善技术

目前常见的国内外城市景观水体水质改善技术主要有物理修复、化学修复和生物-生态修复等方法。

8.1.1.1 物理修复

物理修复主要包括外源控制、底泥疏浚以及水动力循环技术。其中前两项技术与湖库型水体水质保障技术中采用的外源控制和底泥疏浚技术相同，详见7.1.1部分。

20世纪60年代后期，水体动力循环技术开始逐步用于水体富营氧化的控制和水体水质的改善。它可以通过泵、射流或者曝气实现。通过水体循环，可增加水中溶解氧，使污染物质氧化速度加快。水体循环一般用压缩空气向底部曝气，在对水体充氧的同时，实现水体的循环。由于采用泵或射流方法，成本较高，故一般选择人工曝气方法。

李开明等人在黑臭河道生态修复中比较研究了三种不同增氧方式，发现水车式增氧机优于射流式、叶轮式增氧机，具有投资少、安装维护方便、运行费用低等特点，但对于景观水体来说，还应考虑其景观效果和对水环境的影响。

水中的溶解氧主要来源于大气复氧和水生植物的光合作用，其中大气复氧是水体溶解氧的主要来源。大气复氧也可称为天然曝气。但是，如果单靠天然曝气作用，水体的自净过程将非常缓慢。人工曝气也可产生天然曝气的同样效果。当水体受到严重的有机污染，导致水体处于缺氧或厌氧状态时，如果在适当的位置向水体进行人工充氧，就可以避免出现缺氧或厌氧状态，使整个水体自净过程始终处于好氧状态。因此，可以采用人工曝气的方式向水体充氧，加速水体复氧过程，提高水体中好氧微生物的活力，以改善水质。

根据需曝气水体水质改善要求（消除黑臭、改善水质、恢复生态等）、水力条件（包括水深、流速、河道断面形状、周边环境条件等）、水体功能（航运功能、景观功能等）、污染源特征（长期污染负荷、冲击污染负荷等）的不同，人工曝气一般采用固定式充氧站和移动式充氧平台两种形式。常见的人工曝气技术有曝气船、深水充氧曝气、悬挂链曝气、射流振荡曝气、微气泡纯氧曝气等。

德国在 Saar 河、英国在 Thames 河口、澳大利亚在 Swan 河的治理中均采用曝气复氧船，取得了良好的效果。德国在 Emscher 河、Fulda 河、Teltow 河的治理中分别建立的曝气设施采用纯氧曝气形式，通过管道式布气扩散系统对河道进行人工充氧，有效地满足了水体的需氧要求。

张明旭等对苏州河进行的实验室人工曝气复氧研究和动力学分析结果表明，即使严重黑臭的水体，在有氧条件下曝气后臭味基本消除，水体颜色明显改观，COD_{Cr}、BOD_5 都有大幅度（30%～50%）降低。通过复氧，可以使天然水体逐步恢复自然的生态功能，最终达到消除黑臭污染的目的。上海浦东张家洪河道治理采用曝气船对河道进行曝气复氧，仅用了 45d 就基本上消除了张家洪河的黑臭，并在一年时间内保持了张家洪河的水质达到景观用水的目标，即符合国家地表水环境质量标准中Ⅴ类水体的标准。

8.1.1.2 化学修复

（1）杀藻技术

利用化学药品（如硫酸铜）来控制藻类是一种快速有效的传统除藻方法。1999 年昆明世博会期间，采用生化、微生物和化学的“综合抑藻法”在滇池草海进行了大面积开放性实验，藻类数量显著降低，处理效果很明显。但是化学除藻只能作为一种应急措施，并不能将氮、磷营养盐移出水体，不能从根本上解决水体的富营养化问题，而且不能长期使用，否则会造成化学药品的生物富集和生物放大，从而对整个生态系统产生负面影响，死亡藻类也会引起二次污染。然而，人工打捞对于小水域的公园水体不失为一种好办法，尽管人工打捞工作量大，但不会带来二次污染。

（2）沉淀钝化

水中的内源性磷对水体富营养化具有很重要的作用。磷的沉淀和钝化可以延缓内源性磷从底泥中的释放。常用药剂有 $CaCO_3$、$Al_2(SO_4)_3$、明矾等。沉淀技术发挥作用较快，但一般只作为临时措施使用，同时底泥中的磷释放，除与其存在形态有关外，还与许多环境因素有关。研究表明，升高温度、厌氧状态、酸性或碱性条件能促进底泥磷的释放。因此这种技术最大缺点是易受影响，一般控制在中性条件。

8.1.1.3 生物-生态修复

水生-生态修复技术主要包括水生植物的修复、水生动物的适当放养、微生物技术、微生物生态技术以及岸边带生态重建技术。其中，水生植物的修复和岸边带生态重建技术与湖库型水体水质保障技术中采用的技术相同，详见 7.1.2 部分。

（1）水生动物的适当放养

在水体中适当放养蚌类、鱼类、螺蛳等水生动物，延长食物链，提高生物净化效果。蚌能不断滤水，将水中悬浮的藻类及有机碎屑滤食、转化。螺蛳主要摄食固着藻类，并能分泌促絮凝物质，使水中的悬浮物质絮凝，作为其食物，使水变清。值得注意的是，红鲤不宜投放，因为它会摄食螺蛳，影响螺蛳对水质的净化功能。草鱼在水草发展未充分时不宜投放，以免破坏水生植被。可以在水体中适时投放鲫鱼、鲤鱼等杂食性鱼类和鲈鱼等肉食性鱼类，通过食物链的作用，调控底栖动物和其他鱼类数量的增长。还可在水面放养鸭子、鸳鸯等，既可调控水草和放养的水生动物数量的增长，又能丰富水面的景观。

（2）微生物技术

利用微生物的代谢作用在污染场所投加成品菌株或筛选驯化的现场菌株，迅速提高污染介质中的微生物浓度，在短期内提高污染物生物降解速率。其中投加的微生物可分为土著微生物、外来微生物和基因工程菌。目前较为成熟的投菌技术有两种：① CBS 技术是由美国公司开发研制的，是一种高科技生物修复技术，运用该技术可以唤醒水体中原有的有益微生物或激活被抑制的微生物，并使其大量繁殖，进而分解水中有机污染物，主要由光合菌、乳酸菌、放线菌、酵母菌等构成功能强大的菌团，利用向水体河道喷洒生物菌团使淤泥脱水，使水与淤泥分离，然后消除有机污染物，达到消化底泥，净化水体的目的；②EM 技术是日本琉球大学教授比嘉照夫先生于 20 世纪 80 年代开发成功的一项生物技术，为高效复合微生物菌群的总称，它由酵母菌、放线菌、乳酸菌、光合菌等多种有益微生物经特殊方法培养而成，在生长过程中，能迅速分解污水中有机物，同时依靠相互间共生繁殖及协同作用，代谢出抗氧化物质，生成稳定而复杂的生态系统，抑制有害微生物生长繁殖，激活水中具有净化功能的水生生物，通过这些生物的结合效应，达到净化与恢复水体的目的。但是，微生物技术也有一定的局限性，尤其是投加外来菌种可能造成与土著微生物间的生存竞争，从而影响受污水体中的水生生态系统的平衡。

（3）微生物生态技术

它主要是通过调节污染物场所微生物的生存状况（如物理、化学及生物学）提高土著微生物降解有机污染物的能力。与微生物技术相比，采用的制剂无毒且不含外来菌种，目前该技术已成为生物修复研究的一个发展方向。

① 投加微生物营养盐　研究表明，对受污染含水层中降解 DCA（二氯乙烷）的微生物投入营养物和 O_2，两周后 DCA 降解率为 95%。此外，生物促生剂是一种由矿物质有机酸酶维生素和营养物质混合而成的天然复合品，几乎不含活体微生物。它的投加，能刺激土著或环境中原有微生物迅速繁殖，创造一个能顺利完成自然降解的环境。唐玉斌等采用纯天然物质制成的生物激活剂 Bio OxidatorTM（BO）和 Nutra ComplexTM（NC）对上海植物园兰室和牡丹园湖水进行修复。结果表明，BO 和 NC 对水体 COD、BOD、TP、浊度等均有显著去除效果，并可显著提高水中 DO。

② 投加电子受体与共代谢基质　微生物氧化还原反应的电子受体主要分为三类：氧、有机物分解的中间产物和无机物。土壤中氧浓度有明显的垂直分布，存在着好氧带、缺氧带和厌氧带。好氧有利于大多数污染物的生物降解，氧是现场处理中的关键因素。在厌氧环境中，铁离子、硝酸根和硫酸根，都可作为有机物降解的电子受体。研究表明，微生物的共代谢对一些难降解污染物的降解起着重要的作用。因而，共代谢基质对生物修复有重要影响。据报道，一株洋葱假单胞菌（P. ccpacia G4）以甲苯作为生长基质时，可以对三氯乙烯共代谢降解。

③ 投加表面活性剂　生物的或合成的表面活性剂由于能够增强憎水性化合物的亲水性和生物可利用性，从而有助于提高环境中微生物的数量和有机污染物的降解速率。因为对污染物的生物降解主要是通过微生物酶的作用来进行的，但许多酶并不是胞外酶，污染物只有

同微生物细胞相接触，才能被微生物利用并降解。表面活性剂增加了污染物与微生物细胞接触的概率。

④ 生态护岸　护岸是水体和陆地的景观边界，是在特定时空尺度下，水、陆相对均质的景观之间所存在的异质景观。在自然条件下，护岸形态的分布通常表现为与水边平行的带状结构，其在生态的动态系统中具有多种功能，主要表现为：a. 通道和廊道作用，护岸是水陆生态系统或水陆景观单元内部及相互之间生态流流动的通道。b. 过滤和障碍作用，在水陆景观单元之间生态流的流动中，护岸犹如细胞膜，起着过滤作用。护岸的障碍作用主要体现在植物树冠降低空气中的悬浮土壤颗粒和有害物质，地表植物吸收和拦阻地表径流及其中的杂质，降低地表径流的速度，并沉积来自高地的侵蚀物，使吸附在沉积物上的 N、Ca、P 和 Mg 等被有效截留，护岸带的泥土、生物及植物根系等可降解、吸收和截留来自高地地下水中携带的大量营养物质和农药，有研究表明 16m 宽的河岸带可使硝酸盐浓度降低 50%，50m 宽的河岸带则能有效地截留来自农田的泥沙和养分。生态护岸坡面的多孔隙结构形成不同流速带和紊流区，有利于氧从空气中传入水中，增加溶解氧，帮助好氧微生物、鱼类等水生生物的生长，促进水体自净。c. 环境作用，护岸把水体、水畔植被连在了一起，具有自己特有的生物和环境特征，是水生、陆生、水陆共生等各种生态位物种的栖息地。洪水和干旱在时间和空间上的交替出现，为沿水岸带创造了许多丰富多彩的小环境，为大量的植物、无脊椎动物和脊椎动物提供了生存和繁衍的空间、场所。同时也是许多水生、陆生生物某个生活阶段的停留处。滇池、太湖也正在着手生态护岸工程建设。

⑤ 人工绿地系统　人工绿地系统是一种就地处理模式的污水处理生态技术，其核心部分是由土壤、填料、滤料混合组成填料床，并在床体表面种植处理性能好、耐污性好、适应能力强、根系发达且美观的水生植物，或根据周围景观要求统一设计绿草、鲜花等作物的生态模块。污水直接流经这样的生态模块内部，通过填料、填料床内部形成的微生物种群和植物三者的综合协调作用来实现对污水的高效净化。构成人工绿地的三个组分是植物、微生物和床体填料，这三个组分在水质净化过程中分别起着不同的关键性作用。绿地上的植物扎根于床体填料中，水从填料间流过，床体填料为绿地植物提供物理支持，而植物根系的生长又将增进或稳定填料床的透水性。并且，选择具有空心管状根茎、适合于绿地生长的植物，还有利于氧通过植物向填料内部的输送和传递，从而为床体内的微生物提供适宜的生长环境。总的来说，人工绿地对水质的净化作用可归结为：a. 悬浮固体被床体填料或植物根系截滤，或沉积到床体底部；b. 有机物质被植物根部或填料表面的微生物分解转化；c. 氨氮在适宜条件下可被硝化细菌转化为硝酸盐；d. 硝酸盐可以被反硝化细菌转化为氮气，释放到大气中，或直接被植物根系吸收；e. 磷被植物吸收或与填料床体内所含有的钙、铁、铝离子生成化合物沉淀，通过沉积或吸附于填料表面而被去除；f. 金属及有毒化学物质等可通过氧化、沉淀以及植物的吸收而被去除；病原体在不适宜的环境中逐渐死亡或被其他生物所摄取。另外，某些植物，如宽叶香蒲等，能分泌出抗生素物质而将水中的病原体灭活。

人工绿地系统内微生物的好氧氧源主要来自于植物的光合作用、根系输氧、土地的呼吸作用及水自流负压吸氧。系统耗能由太阳能、重力势能及生物能等供给，所以运行费用很低。通过人工绿地处理后的污水，COD、BOD_5、氨氮、磷等化合物的含量都能得到有效的去除。各种修复技术的优势与特点如表 8-1 所示。

表 8-1　不同修复技术的优势与特点

名称	分类	优点	缺点	存在问题
物理修复	外源控制 底泥疏浚 水动力循环技术	短期效果好	投资大，治标不治本	① 底泥疏浚较难确定挖泥量和挖泥深度； ② 曝气方式的选择与景观效应的协调
化学修复	杀藻技术 沉淀钝化	短期效果好	费用高，不宜长期使用，只是一种应急技术	① 难以确定化学药剂的适当投加量； ② 使用不当会引起二次污染
生物-生态修复	水生植物修复 微生物技术 微生物生态技术 人工绿地技术	① 费用少，人为管理控制少； ② 环境影响小，副作用少； ③ 能持续发挥和强化净化作用； ④ 与景观功能相结合，更加亲近自然	① 周期长，受自身水环境的制约； ② 净化效果受季节变化影响； ③ 微生物不能降解所有进入水环境的污染物	① 由于大多数水生植物冬季代谢活动减弱，如何保证低温下生物修复效果； ② 微生物技术易受低温影响，并且对原生态系统构成威胁； ③ 采用绿地技术需占用一定的土地资源，其净化效果受多种因素影响，如温度、pH、流态、水利负荷

当前，受污染水体的修复技术主要有截污、减污和除污技术。截污主要是为了控制外源性污染，进而为控制内源性污染创造有利条件。减污技术是指底泥疏浚技术、水动力循环技术和一些化学修复技术，但这些在某种程度上只能作为辅助性的措施，治标不治本。而生物-生态修复技术才是具有广阔发展空间的技术。尽管它存在一定局限性，却具有投资少，对环境影响小，永久性消除污染物等其他技术无法比拟的优点。由于景观水体是小水域系统，对于一些河流、湖泊的污染治理方法只能吸收借鉴。各种修复技术都有自身优点和缺点。依靠单一技术处理受污染水体，往往效果不佳。虽然我国各景观水体污染情况不同，但是根据具体条件，扬长避短，采取以生物-生态为核心的多种技术优化组合方法将成为今后景观水体污染治理的一个较好的发展方向。

8.1.2　河道综合整治污染物阻控集成技术

就河道控污而言，在点源和面源管理控源的基础上，对非点源污染物进行截留，能够有效阻止丰水期初期地表径流的面源污染。常用的污染物阻控技术主要有污染物阻隔生态缓冲带技术、生物-生态修复技术、河岸带生态恢复及生境改善技术。

(1) 污染物阻隔生态缓冲带技术

河岸生物缓冲带是指河水、陆地交界处的两边，直至河水影响消失为止的地带，是由河岸两边向岸坡爬升的树木（乔木）及其他植被组成的，能够防止或转移由坡地地表径流、废水排放、地下径流和深层地下水流所带来的养分、沉积物、有机质、杀虫剂及其他污染物进入河溪系统。缓冲带技术的应用实践在欧洲 15～16 世纪就已开始，19 世纪成型。20 世纪 30 年代在美国就有规范的缓冲带设计和应用，该技术是美国农业部国家自然资源保护司 (NRCS) 向美国公众推荐的土地利用保护方式。生物缓冲带不仅具有改善水质的作用，同时设计良好的生物缓冲带可以美化环境，给人类提供优美的滨水空间。针对农业面源污染防治，世界各国，尤其是美国，NRCS 于 1997 年 4 月发出自然资源保护缓冲带的建议，到 2002 年帮助全美修建了 320 万千米长的保护缓冲带。

缓冲带可以控制水土流失，有效过滤、吸收泥沙及化学污染、降低水温、保证水生生物生存、稳定岸坡。随着人类生态环境意识的发展，缓冲带的设计理念已从单纯的水土保持发展到在陆地生态系统中人工建立或恢复植被走廊，将自然灾害的影响或潜在的对环境质量的威胁加以缓冲，保证陆地生态系统的良性发展，提高和恢复生物多样性。应用过程中，缓冲带在面源污染控制上发挥了重要作用。坡地等高缓冲带相当于等高植物篱，在设计上强调对面源污染的控制，合理地设置缓冲带的位置是其有效拦截雨水径流、发挥作用的先决条件。在坡地长度允许情况下，可以沿等高线多设置几条缓冲带，以削减水流的能量和面源污染。

合理的植被配制是实现缓冲带有效控制径流和控制污染的关键，根据所在地的实际情况，进行乔、灌、草的合理搭配，既要考虑灌、草植物的阻沙、滤污作用，又要安排根系发达的乔、灌以有效保护岸坡稳定，滞水消能。植物选择时要重视本地品种的使用，兼顾经济品种，尽可能照顾缓冲带经营者的利益。植物缓冲带有效控制了农业用地对水资源的污染，保护了水源。把农场主作为建设植物缓冲带主体，通过处罚、补偿和奖励等措施在农田建立大面积的植物缓冲带，能够有效地减少农业肥料和农药对河流的污染。缓冲带有缓冲湿地、缓冲林带、缓冲草地三种类型。在三种类型中，对缓冲湿地的研究最多，湿地与流域面积之比越大，流域水质改善越强；同时湿地与河岸缓冲林结合能更有效地改善水质。人工湿地对面源污染也具有较好的面源阻隔能力。在人工湿地基础上，为提高负荷系统、减少占地面积及填料费用，又发展出了人工复合生态床等技术。

（2）生物-生态修复技术

受污染水体的生物-生态修复技术的原理是利用培育的生物或培养、接种的微生物的生命活动，对水中污染物进行转移、转化及降解，从而使水体得到恢复。目前所开发的水体生物-生态修复技术，实质上是按照仿生学的理论对自然界恢复能力与自净能力的强化。其中生态修复部分又分为水生植物系统和水生动物系统，应用较多的是水生植物系统。水生植物系统是以生态学原理为指导，将生态系统结构与功能应用于水质净化，利用生物间的相克作用修饰水质，利用食物链关系有效回收和利用资源取得水质净化、资源化和景观效果等结合效益。常用效果较好的植物品种有风车草、芦苇、香蒲等。水生动物系统是在水体内形成菌-藻类-浮游生物-鱼的生态系统。生物-生态水体修复技术，特别是塘-生态组合系统已成为国内外研究的热点。

（3）河岸带生态恢复及生境改善技术

河岸带具有滞纳颗粒物质，过滤来自高地和地表径流所带来的污染物的缓冲带功能，以及廊道和护岸功能。河岸带研究起步较晚，20 世纪 70 年代末，河岸带才被正式定义为河水陆地交界处的两边，直至河水影响消失为止的地带，也即为河岸缓冲带。80 年代中期，由于全球气候变化，生物多样性损失和可持续发展研究问题的提出，特别是湿地的损失、河流生物多样性减少以及农业面源污染问题使河岸带研究的重要性凸显。

廊道具有生境、传输通道、过滤和阻抑作用以及可作为能量、物质和生物（个体）的源或汇的作用。具有宽而浓密植被的河流廊道可控制来自景观基底的溶解物质，为两岸内部种提供足够的生境和通道，并能更好地减少来自周围景观的各种溶解物污染，保证水质；不间断的河岸植被廊道能维持诸如水温低、含氧高的水生条件，有利于某些鱼类生存；沿河两岸的植被顶盖，可以减缓洪水影响，并为水生食物链提供有机质，为鱼类和泛滥平原稀有种提供生境。河岸缓冲带去除面源污染的有效性受许多因素的影响，包括缓冲带的大小、尺度，带内植物的组成、土地利用情况，土壤类型、地貌、水文、微气候和其他农业生态系统的特性。

河岸植被覆盖的密度与类型对河岸侵蚀的防护作用影响较大，同时岸坡绿化的实施使河岸具有更强的涵水固土和生态净化功能，有利于改善入河水质，使整个河流生态更为稳定。

从20世纪70年代中期开始，已有学者对河岸带生态系统展开了研究，这期间的研究主要侧重于河岸带生态系统的基本理论和范畴。80年代中后期以来，由于湿地损失、生物多样性减少以及农业面源污染等问题的提出，河岸带研究在美国、日本等国家得到了进一步发展，关注的焦点开始转向对退化河岸带生态系统的恢复以及河岸植被缓冲带的管理。1997年Restoration Ecology杂志出版专刊，主题为美国西部河流的河岸带生态系统恢复，以期为未来更大范围内的河岸带生态系统恢复提供策略和方法上的指导。就目前的研究状况而言，国外学者对河岸带生态系统恢复的研究已取得一定进展，国内近年来也有一些研究关注退化河岸带生态系统的恢复和重建，但关于河岸带生态系统恢复的理论及实践研究均相对较为薄弱。

国外大量的河岸带退化生态系统的恢复和重建实验研究工作主要集中在通过利用恢复和重建后的湿地岸边植被，发挥河岸带生态系统的功能方面。国内曾在皖西潜山县境内将长江支流浅水河漫滩地作为恢复和重建退化河岸带部分功能的实验地，通过植被重建后的河滩地生态功能与荒滩地对比研究，重建后的生态效益明显。

河岸水生植物带对稳定河岸、提供野生动物栖息地、维持河流生态系统的完整性发挥重要作用。同时，有助于去除河水中的营养物质，减轻河流的面源污染，对改善河水水质、提高河流自净能力、在河道浅水处种植水生植物、恢复河岸植物带是一种重要的河流生态修复措施。在河岸带生态恢复中，常用的植物有美人蕉、香根草、植物芦苇、香蒲、菱草等。

8.1.3 河道清淤及底泥处置资源化技术

(1) 底泥疏浚及疏浚底泥处置资源化技术

随着城市工业和居民生活水平的提高，河流、渠道、管道、湖泊、水库以及近海等水域内汇入的污水量逐年增加，这些污水中携带有许多重金属、有机物、N、P等污染物，在一系列物理、化学、生物作用下，一部分污染物沉积到河湖底泥中，造成底泥污染。当采用传统的抛弃法对这些疏浚出来的污染底泥进行处理时，底泥中的重金属、营养盐将随着降雨的淋溶作用，通过地下水或者地表径流重新流入河湖形成二次污染。因此，底泥处理中对污染物质的控制越来越受到重视。常用底泥处理方法及技术主要有抛泥法、吹填法、处理利用法及填埋法。

① 抛泥法　抛泥法分为海洋抛泥和陆地抛泥。海洋抛泥是将疏浚泥运送到指定的海洋抛泥区内，倾倒于海中，这一方法曾在沿海城市使用。如我国的黄骅港、连云港、深圳港、天津新港等港口的建设和维护中产生的大量疏浚泥，大多采用在近海岸设置抛泥区进行海洋抛泥。随着对海洋环境保护的重视以及近海倾倒区的饱和，这一方法的使用逐渐受到遏制。如2001年由于香港九号货柜码头施工而产生的淤泥废弃问题，引起了绿色和平组织和当地渔民的抗议。因此只有清洁底泥或经过严格处理达标后的污染底泥可以作为填海土方或建筑填土。

陆地抛泥就是将疏浚出来的河湖底泥简单抛弃于沿河、沿湖的低洼地区（如鱼塘、荒地等区域），进行永久堆放或临时堆放后复耕。内陆河湖产生的疏浚淤泥多采用此方法。这种淤泥处理方法，可能占用了大量的土地资源，如无锡五里湖的水环境整治一期工程中，疏浚泥量达60万立方米，设置了3个堆场进行堆放，共占用土地达500亩[1]，并涉及拆迁和农业、渔业赔偿等问题，给工程带来了很大的难度；南水北调东线第一期工程的可行性研究报告提供的数据显示，第一期工程的土石方开挖达20335万立方米，土料暂存场临时占地面积为1594亩，弃土永久性占地达22009亩。除大量占用土地外，陆地抛泥法也可能引起二次污染的问题，因此，对疏浚底泥处置后的生态利用修复等资源化技术成为国内外研究的热点。

② 吹（堆）填法　吹（堆）填法是通过泥泵作用，从吸泥管吸取淤泥和水的混合物（泥浆），经过排泥管输送吹填陆域泥塘的一种施工方法。疏浚底泥作为填土材料使用，在许多土地资源紧张的沿海国家和地区已经得到了应用。如日本、新加坡众多海上人工岛和机场的建设中都大量使用了疏浚底泥进行吹填，再对地基进行加固的办法填海造地。在我国香港地区，仅1995年就填海造地6200hm^2，占香港总面积的5.7%，其填海的材料除了使用山石填土外，也大量采用疏浚泥作为填料。在深圳的填海工程中，也大量使用吹填淤泥作为造地材料。

由于淤泥含水率很高，要想开发利用吹填法形成的土地，仍需要花一定的代价对其进行地基加固处理。淤泥吹填以后，相当长的时间内形成的是泥沼状的泥塘，施工人员和机械难以进入施工。经过较长时间后表面干化形成硬壳层，可以进行插板并通过真空预压法或堆载预压进行排水。这些方法施工造价不菲，且排水固结时间长。如在南油“314”吹填造地中采用了堆载预压的方法，按间距1m布设塑料排水板，共打插塑料排水板34.6万根，上面堆载厚度15m，需填砂垫层3.7m，固结周期达9个月。因此疏浚泥吹填造地的方法，存在着施工周期长以及处理成本昂贵的缺点。

③ 处理利用法　河道底泥经过预处理后，如物理脱水、去除有毒物质、固化处理等，可用作农业覆土、垃圾堆场覆土、城市绿地用土、河堤路基填土以及烧制砖瓦、陶粒等。

处理利用法是指通过技术处理将疏浚底泥转化为土工材料、建筑材料进行再生利用的方法。这种处理方法既解决了疏浚底泥占地面积大、影响环境的问题，又解决了建设工程中（如路基填筑、岸堤加固等）用土紧张的问题。该方法是世界发达国家处理疏浚底泥常用的方法。如在日本，整个土建行业的废弃物利用率已经从1995年的58%提高到2000年的80%，淤泥等废弃土的利用率也达到了60%。常用的疏浚淤泥处理方法从原理上讲有物理处理方法、热处理方法和化学处理方法三种。物理方法是借助挤压作用将淤泥中过多的自由水分挤出，以改良淤泥的工程性质。热处理方法则是通过烧结或熔融的方法将疏浚底泥烧制成陶粒或砖瓦等建筑材料，加以使用。物理方法处理效率低，处理后仍需要经过二次处理才能满足工程用土材料的要求；热处理方法只能处理少量的疏浚泥，同样存在处理效率低的问题。化学方法是通过向疏浚底泥中添加固化材料混合后，借助固化材料与淤泥中水和黏土矿物的一系列物理化学反应从而改善疏浚底泥性质，使之成为优良土工材料。固化处理方法可以根据处理土的使用目的调整固化材料配方，处理效率高，技术比较成熟，在一些发达国家已经广泛应用于实际工程，但在我国还处于刚起步阶段。

④ 填埋　由于河道周围没有足够多空旷的场地作为底泥处理用地，或者底泥污染太严重不能作其他用途时，则须进行填埋处理。采用填埋处理时，必须对填埋场地进行地基防渗处理，以隔断堆置的污染底泥与地基土壤或地下水等周围环境的直接接触，防止

[1] 1亩=666.67m^2，下同。

二次污染。

(2) 河道水质强化净化技术

① 微生物菌剂强化河道净化　投加微生物菌剂主要有两类方式：一类是直接向污染河道水体投加经过培养筛选的一种或多种微生物菌种。另一类是向污染河道水体投加微生物促生剂（营养物质），促进“土著”微生物的生长。虽然生物处理法净化污水是目前最常用的城市污水与工业废水处理方法之一，但是在天然河道中运用投加微生物菌种的治理技术可能会产生一些副作用甚至更危险，因此，筛选一些对人体和环境安全无毒的土著菌种成为发展的方向。对于流动性好的水体，投放菌种对水质的改善作用不应抱有较高的期望，对于基本封闭的、小规模的水体可以进行尝试。而第二类投加微生物促生剂的生物修复技术则避免了直接投加微生物菌种所带来的环境安全性方面的问题，而且这种方法投资低、使用方便、效果好，比较适合中小污染河道治理。

② 河道曝气技术　河道曝气复氧可以增强河道的自净能力，改善水质，改善或恢复河道的生态环境。根据国外的河道曝气实践，河道曝气一般应用在以下两种情况：第一种是在污水截流管道和污水处理厂建成之前，为解决河道水体的有机污染问题而进行人工充氧；第二种是在已经经过治理的河道中设立人工曝气装置作为对付突发性河道污染（如暴雨溢流、企业突发事故排放等）的应急措施。

(3) 河道水体生物强化净化技术

河道水体生物强化净化技术主要有水生植物生态系统净水技术、人工生物膜技术和投菌技术。

① 水生植物生态系统净水技术　水生高等植物的特点有：a. 生长快，能够大量吸收水体中的营养物质，为水中营养物质提供了输出的渠道；b. 可提高水体溶解氧，为其他物种提供或改善生存条件；c. 提高透明度，改善水体的景观效应；d. 对藻类具有克制效应，可以抑制藻类生长，起到改善水质的作用；e. 还是水体生产力的主要物质基础，能为经济水生动物提供索饵育肥和生长繁衍的场所。20 世纪 70 年代以来，国内外学者对水生植物生态系统净水技术进行了广泛研究，目前研究热点之一是组建以不同生态类型水生高等植物为优势的人工复合生态系统。

湖泡水陆交错带植物配置：在岸坡种植土著草类等，可在水深较浅（一般在 0.5m 左右）的岸坡区种植土著挺水植物；在岸坡边浅水区水陆交错带种植土著挺水植物可形成沿河过滤带，对陆源营养物质起到截流作用，对地表径流流入河道中的水起过滤作用，阻拦并吸收、转化、积累输入的部分有机质及营养盐，再通过收割利用，移出水体，有利于水体自净。

② 人工生物膜技术　人工填充滤料及载体是生物膜的依附载体，因此能在其中生长世代时间较长的微生物，如硝化菌等，再加上生物膜上还生长大量丝状菌、轮虫、线虫等，使生物膜净化能力增强并具有脱氮除磷的效用，对受有机物污染及氨氮污染的河流有显著的净化效果。利用人工生物膜能强化水体的自净能力，进而达到恢复水体自净能力的程度。

③ 投菌技术　投菌技术是通过向污染水体直接投入外源的污染降解菌，唤醒或激活土著微生物，恢复其自净功能。同时外源菌具有强大的降解功能，能强化水体自净过程，通过他们的迅速增殖，强有力地抑制有害微生物的生长和活动，从而消除水域中有机污染物和水体富营养化。最常用的投菌技术有集中式生物系统（CBS）和固定化细菌技术等。

8.1.4 水质保障技术

随着国民经济快速发展和人民生活水平不断提高，一方面，供水水源的污染日益加剧，另一方面，人民群众对水质提出了更高的要求，水的安全问题日益受到政府和民众的高度关注。但是，从2005年以来一系列的水质污染突发事件都使政府和供水企业不得不对现有的水质保障体系进行更多的思考。建立健全与之相适应的供水水质安全保障与应急体系迫在眉睫，国务院于2006年1月8日发布了《国家突发公共事件总体应急预案》，将国家应急预案体系建设工作提到一个新的高度，并且要求各地各部门分别编制各专项应急预案和保障预案。在此形势下，水质保障应急体系建设已成为城市供水行业政府主管部门和城市供水企业的当务之急。加强水污染控制、保护水源安全是保障饮用水水质安全的基本对策和根本措施。我国正面临着水资源短缺，水环境污染日益严重的问题，这些问题已成为威胁水源水质安全和饮用水水质安全的根本原因。因此，我国在加大力度治理水环境污染的同时，也加强了保护水环境和水资源的宣传力度，以控制污染物的源头为主，以预防为主，以严格控制总量与达标排放为辅，并结合污染物的末端治理保护好饮用水源。

目前水质保障技术主要研究内容包括流域生态环境富营养化、污染源的治理技术、流域水质改善技术、流域多功能运行综合水资源优化配置、流域非传统水源补给。中远期还将进行城市雨水利用、利用海水改善淡水生态环境、水的梯次利用与低质用水系统的可行性及示范工程研究。

① 流域生态环境富营养化　通过对海河水质、底质及水生生物现状的调查，结合多年积累的水环境资料，对流域的生态环境现状进行评价，建立流域污染物收支平衡，对水体富营养化成因及污染来源进行解析，建立流域水质综合管理模型，对流域面临的主要环境问题进行分析，并对流域未来水质进行预测。

② 污染源的治理技术　包括市政管网清洁技术的研究与示范工程，排水口门、二级河道雨污水治理技术的研究，流域干流底泥污染物释放规律及清淤方案优化技术研究等。

③ 流域水质改善技术　主要技术包括潜流湿地水体修复技术、人工浮床改善河道水质技术、人工沉床改善河道水质技术、选择性投加菌种、曝气复氧技术等。通过这些技术的应用提高水体的自净能力，进而修复流域水生生态系统。

④ 流域多功能运行综合水资源优化配置　研究流域多功能运行综合水资源优化配置，对流域及城区河湖水面需水量及调度措施进行探讨，根据流域及中心城区的河湖水面休闲、景观、旅游、娱乐等功能运行的水量需求，并结合水质要求，进行调水方案探讨，包括汛后冲污方案优化等。针对地表水资源，包括引滦、引黄、引江及上游过境水量进行联合调节计算，并作出相应的调度方案优化及配置措施。

⑤ 流域非传统水源补给　研究流域非传统水源补给是指尝试利用城市水库调蓄的雨洪水、污水处理厂中水等水源，在通过技术手段对水质进行深化处理后，回用于景观河道，进而补充流域。

国外发达国家对本国的水体状况掌握得比较清楚，了解风险存在的因素和如何控制、削减风险。而我国对水体状况的了解和掌握程度不够全面和深入，缺乏一个比较系统全面的调查、分析和研究的机构。研究项目通常只是一个阶段性或者局部性的事情。只有合理地结合研究成果和日常管理，才能保证水质，保障水环境。保障水质的关键是如何把日常管理和科研技术有效地结合起来。科研技术不能脱离政府的日常管理，而日常管理也不能脱离科研技术的支持。只有更好地把握这两点，把这两点更好地结合在一起，才能真正切实地保障饮用水的安全。

8.2 水环境总量分配

8.2.1 牡丹江水流水质模型建立

一维水流-水质模型主要分为两部分：水流模型和水质模型。

(1) 水流模型

① 控制方程组　水流采用一维圣维南方程组描述。方程组中，连续方程和动量方程如式 (8-1) 和式 (8-2) 所示。

$$\frac{\partial A}{\partial t}+\frac{\partial Q}{\partial x}-q=0 \tag{8-1}$$

$$\frac{\partial Q}{\partial t}+\frac{\partial}{\partial x}\left(\frac{Q^2}{A}\right)+gA\frac{\partial Z}{\partial x}+gAS_f=0 \tag{8-2}$$

式中，A 为过水面积；Q 为流量；q 为单位河长侧向入流量；Z 为水位；g 为重力加速度，取值为 9.81m/s^2；S_f为摩阻坡度。

对于天然河流，水流模型中 S_f通常可以用曼宁公式 (8-3) 来表示。

$$S_f=\frac{Q^2n^2}{A^2R^{4/3}} \tag{8-3}$$

式中，R 为水力半径；n 为糙率系数。

当各河道首尾相连形成河网时，譬如海浪河流入牡丹江干流处，在汊点需要补充连接条件［见式 (8-4) 和式 (8-5)］。

$$\sum Q=\sum Q_i-\sum Q_o=0 \tag{8-4}$$

$$Z_i=Z_o \tag{8-5}$$

式中，ΣQ 为流入汊点的总流量；Q_i、Q_o分别为汊点某一分支河道流入或流出汊点的流量；Z_i、Z_o为流入或流出汊点的某一分支河道与汊点连接断面的水位。

上述水流控制方程将采用目前应用最广泛，被普遍认可的 Pressimann 隐式差分格式离散，并利用 Newton-Raphson 方法求解离散形成的非线性方程组。

②水流控制方程组数值离散　采用 Pressimann 隐式差分格式离散方程，并利用 Newton-Raphson 方法求解离散形成的非线性方程组，得到如下方程式 (8-6) 和方程式(8-7)。

$$a_{2j-1,1}\Delta Q_j+a_{2j-1,2}\Delta A_j+a_{2j-1,3}\Delta Q_{j+1}+a_{2j-1,4}\Delta A_{j+1}+RFC_j=0 \tag{8-6}$$

$$a_{2j,1}\Delta Q_j+a_{2j,2}\Delta A_j+a_{2j,3}\Delta Q_{j+1}+a_{2j,4}\Delta A_{j+1}+RFM_j=0 \tag{8-7}$$

式中，$a_{2j-1,1}=\partial FC_j/\partial Q_j$；$a_{2j-1,2}=\partial FC_j/\partial A_j$；$a_{2j-1,3}=\partial FC_j/\partial Q_{j+1}$；$a_{2j-1,4}=\partial FC_j/\partial A_{j+1}$；$a_{2j,1}=\partial FM_j/\partial Q_j$；$a_{2j,2}=\partial FM_j/\partial A_j$；$a_{2j,3}=\partial FM_j/\partial Q_{j+1}$；$a_{2j,4}=\partial FM_j/\partial A_{j+1}$;$FC$、$FM$ 分别为连续和动量方程；RFC、RFM 分别为其余量；D 为连续两个 Newton-Raphson 迭代步之间的变量增值。

同样，采用 Newton-Raphson 法求解式 (8-6) 和式 (8-7) 得式 (8-8) 和式 (8-9)。

$$\sum\Delta Q_i-\sum\Delta Q_o+f=0 \tag{8-8}$$

$$\Delta A_i/B_i-\Delta A_o/B_o+g=0 \tag{8-9}$$

式中，B 为渠道水面宽度；f 和 g 分别为式（8-6）和式（8-7）的左边项的余量。

汊点水位预测校正（JPWSPC）法利用非恒定渐变缓流的特点，实现了汊点处变量间的解耦，能有效地处理汊点处的回流效应，本研究采用该方法求解水流方程组。

（2）水质模型

① 控制方程组　污染物运动控制方程如式（8-10）所示。

$$\frac{\partial}{\partial t}(AC)+\frac{\partial (QC)}{\partial x}=\frac{\partial}{\partial x}\left(AD_L\frac{\partial C}{\partial x}\right)+qC_0+S_C \tag{8-10}$$

式中，C 为污染物浓度；C_0为汇污染物浓度；D_L表示纵向离散系数；S_C表示水质控制方程中的源（汇）项。

水质控制方程采用 Pressimann-Holly 格式求解，该格式可以达到四阶精度。

② 水质控制方程数值离散　为了便于数值模拟，将方程展开，变形为式（8-11）。

$$\frac{\partial C}{\partial t}+\overline{U}\frac{\partial C}{\partial x}=D_L\frac{\partial^2 C}{\partial x^2}+\frac{q(C_q-C)}{A}+\overline{S} \tag{8-11}$$

式中，$\overline{U}=U-[\partial D_L/\partial x+(D_L/A)\partial A/\partial x]$，$\overline{S}=S/A$。

本文采用分步法求解该方程，分别处理方程中的对流项、源（汇）项和纵向离散项。

对流项处理是问题的关键，本文采用改进 Holly-Pressimann 格式，该格式可以达到四阶精度，有利于模拟大梯度浓度场。

（3）参数选择

分别选取枯水期、平水期和丰水期的流量条件和牡丹江污染物实测资料，利用建立的一维水流水质模型对牡丹江西阁至柴河大桥全段的 COD、氨氮变化规律进行了模拟。

① 原始数据来源及说明　计算中使用到水文数据、地形数据，污染物排污核准数据、断面水质实测数据以及一些参考资料。水文数据和地形数据来源于牡丹江市水文局和水务局，其中水文数据起止时间为 1999 年 1 月至 2009 年 12 月，地形数据为西阁至柴河大桥段的实测数据；污染物排污核准数据和断面水质资料来源于实测数据，数据的起止时间为 2008 年 1 月至 2010 年 8 月。相关参数的率定采用上述资料中 2009 年的数据资料。

② 水期划分及说明　丰水期代表月份为 7 月、8 月、9 月，90%保证率下的流量为 94.27m^3/s，75%保证率下的流量为 103.95m^3/s；平水期代表月份为 5 月、6 月、10 月，90%保证率下的流量为 70.50m^3/s，75%保证率下的流量为 86.89m^3/s；枯水期代表月份为 12 月、1 月、2 月，枯水期采用保证率为 90%的连续 7d 平均流量 29.55m^3/s，75%保证率下的流量为 32.03m^3/s。

其中，2009 年全年各月的平均流量见表 8-2。

表 8-2　2009 年全年各月的平均流量

时间	流量/（m^3/s）
2009 年 1 月	33.44
2009 年 2 月	32.01
2009 年 3 月	35.82
2009 年 4 月	112.41

续表

时间	流量/（m^3/s）
2009 年 5 月	137.66
2009 年 6 月	174.78
2009 年 7 月	351.58
2009 年 8 月	275.10
2009 年 9 月	112.30
2009 年 10 月	77.70
2009 年 11 月	45.83
2009 年 12 月	45.54

③ 水质指标的选取　根据实际选取 COD 和氨氮。

④ 降解系数的率定　COD 的降解系数与多种因素有关，包括温度、水流结构等，因此，在不同的季节和不同的流量条件下，COD 的降解系数均不同。而当地的水文、气象资料显示，根据气温和上游来流量的多少，牡丹江全年可以明显地分为枯水期、平水期和丰水期，因此，对降解系数的取值也就分三个时期分别进行选取，同理氨氮的降解系数亦分枯水期、平水期和丰水期进行选取。

参考东北地区不同水期的相关研究成果，通过 2009 年排污数据和断面水质监测数据试算率定得到 COD、氨氮的降解系数选择见表 8-3。

表 8-3　COD、氨氮的降解系数

水期	COD 降解系数	氨氮降解系数
枯水期	0.01	0.05
平水期	0.03	0.20

⑤ 纵向离散系数　由于牡丹江的枯水期恰好处于冰封期，因此纵向离散系数的选择要考虑冰盖的影响。假设冰封期河床的糙率同敞流期河床的糙率相比变化不大，取 0.035，冰盖的糙率选择平封冰盖稳定时期的冰盖糙率，取 0.01，通过计算得到在枯水期纵向离散系数值；而在平水期和丰水期由于水流是明渠流动，因此根据经验公式选取即可。

⑥ 水温　牡丹江的枯水期处于冰封状态下，根据水的特点，此时水温应该在 0～4℃之间，但由于水深较浅，热量难以保持，因此在计算时选择 0℃；平水期主要是在 5 月份、10 月份左右，水温在计算时选择 17℃；丰水期主要是在 7～8 月份，水温在计算时选择 26℃。

（4）模型的率定验证

① 枯水期率定　枯水期降解系数的率定采用 2009 年 2 月的实测资料进行，COD 的模拟结果如图 8-1 和表 8-4 所示，氨氮模拟结果如图 8-2 和表 8-5 所示。这里需要指出的是，河流有机污染采用 Mn 法测量，而排污口的有机污染采用 Cr 法测量，在模拟计算中，高锰酸盐指数和 COD 的换算系数取为 3.5。

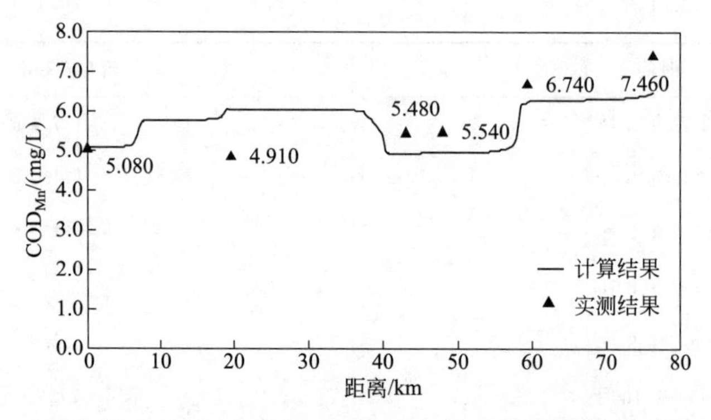

图 8-1 2009 年 2 月牡丹江西阁至柴河大桥段高锰酸盐指数变化规律

表 8-4 2009 年 2 月牡丹江高锰酸盐指数实测值和计算值对比表

断面名称	实测值/（mg/L）	计算值/（mg/L）	相对偏差
西阁	5.08	5.08	0.00%
温春大桥	4.91	6.06	23.42%
海浪	5.48	5.165	−5.75%
江滨大桥	5.54	5.185	−6.41%
桦林大桥	6.74	6.37	−5.49%
柴河大桥	7.46	7.12	−4.56%

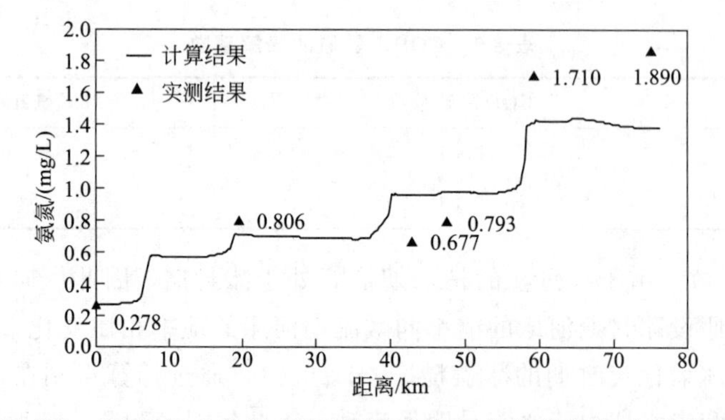

图 8-2 2009 年 2 月牡丹江西阁至柴河大桥段氨氮变化规律

表 8-5 2009 年 2 月牡丹江氨氮实测值和计算值对比表

断面名称	实测值/（mg/L）	计算值/（mg/L）	相对偏差
西阁	0.278	0.278	0.00%
温春大桥	0.806	0.7	−13.15%
海浪	0.677	0.996	47.12%
江滨大桥	0.793	1.026	29.38%
桦林大桥	1.71	1.406	−17.78%
柴河大桥	1.89	1.394	−26.24%

通过比较2009年2月高锰酸盐指数的计算结果和实测结果可以看出，除温春大桥断面外，其他断面的实测值和计算值的相对误差均控制在10%以内，模型能较好地模拟牡丹江宁安至柴河大桥段高锰酸盐指数的变化趋势。从模拟结果可以看出，从西阁断面到柴河大桥，高锰酸盐指数缓慢下降，但由于各个排污口的排污，高锰酸盐指数浓度出现陡增的现象。在海浪河排入断面，由于海浪河水质较牡丹江干流好，汇入后，高锰酸盐指数浓度有所降低。从模型的结果可以看出，所建立的水质模型能较好地复演牡丹江城区江段浓度的变化，在排污口附近浓度梯度较大的区域也可达到较高的精度。

比较2009年2月氨氮的计算结果和实测结果可以看出，和COD的模拟结果相比，氨氮的模拟结果略差。对比西阁断面（0.278mg/L）和柴河大桥断面（1.89mg/L）的浓度可以得到，模拟区间内氨氮的排放负荷占总负荷的比重较大，而排污口数量较多，其污染负荷变化较为剧烈，其数据的准确性将对模拟结果影响较大。不过，总体来说，模型能较好地模拟牡丹江宁安至柴河大桥段氨氮的变化趋势，且模型结果和实测结果误差在允许范围内。

② 平水期率定　降解系数的率定选取2009年10月的实测资料进行，COD的模拟结果如图8-3和表8-6所示，氨氮模拟结果如图8-4和表8-7所示。

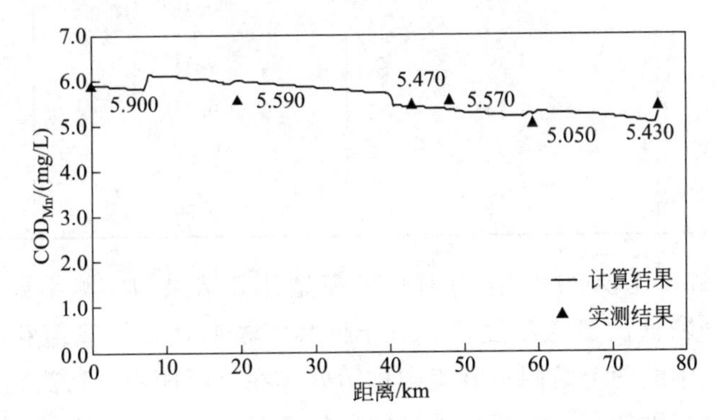

图8-3　2009年10月牡丹江宁安至柴河大桥段高锰酸盐指数变化规律

表8-6　2009年10月牡丹江高锰酸盐指数实测值和计算值对比表

断面名称	实测值/（mg/L）	计算值/（mg/L）	相对偏差
西阁	5.90	5.90	0.00%
温春大桥	5.59	6.00	7.33%
海浪	5.47	5.42	−0.91%
江滨大桥	5.57	5.35	−3.95%
桦林大桥	5.05	5.26	4.16%
柴河大桥	5.43	5.28	−2.76%

由图8-3和表8-6可见，模型计算得到的结果能很好地模拟COD沿江变化的规律，与实测值误差较小，相对偏差控制在了10%以内。所建立的一维水流-水质模型可以作为预测牡丹江COD变化规律的模型。通过各实测断面浓度值的比较，可以看到区间污染较少，也没有大量面源汇入，和前面的分析和工况的选取比较相符。

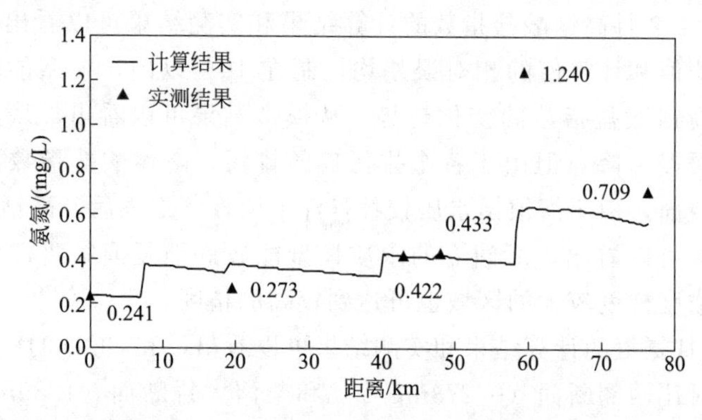

图 8-4　2009 年 10 月牡丹江宁安至柴河大桥段氨氮变化规律

表 8-7　2009 年 10 月牡丹江氨氮实测值和计算值对比表

断面名称	实测值/（mg/L）	计算值/（mg/L）	相对偏差
西阁	0.241	0.241	0.00%
温春大桥	0.273	0.384	40.66%
海浪	0.422	0.413	−2.13%
江滨大桥	0.433	0.418	−3.46%
桦林大桥	1.24	0.617	−50.24%
柴河大桥	0.613	0.565	−7.83%

由图 8-4 和表 8-7，比较 2009 年 10 月份的模型计算结果和实测结果可以看到，模型可以很好地模拟大部分断面的氨氮浓度，但对于桦林大桥断面，计算值和实测值相对偏差较大。这是因为在实际中断面上游附近有集中排污处，在该断面附近污染物并未实现全断面混合均匀，因此污染物浓度较高，而模型计算的前提条件是污染物在断面内能瞬时完成混合，因此计算浓度较低。但该原因导致的计算值和实测值相对偏差较大的情形并不能影响模型对污染物在全河段变化趋势的预测。

③ 丰水期降解系数的确定　牡丹江城市江段污染源特征分析的结果表明，丰水期的降水使得非点源污染对牡丹江的水质影响较大。在不能获得比较可靠的非点源污染统计资料的情况下，一些学者对降解系数的特点、温度取值及枯水期、平水期降解系数的率定结果进行了研究，总结出了一些规律，可以作为选取降解系数的依据。计算得到，丰水期 COD 的降解系数为 $0.05d^{-1}$，氨氮的降解系数为 $0.4d^{-1}$。

8.2.2　水环境总量及其分配优化方案

经调查研究评价可知，牡丹江流域西阁至柴河大桥 70km 江段是牡丹江市区、宁安市、海林市 3 个重要控制单元所在地，也是牡丹江流域水质较差的江段，需要重点研究。根据 2009—2010 年监督性监测、在线监测和环境统计数据，牡丹江流域各控制单元还有一些企业排放的废水不能稳定达标排放，这是造成牡丹江各控制断面水质不能达标的原因之一。

（1）总量控制因子

总量控制因子为 COD、氨氮。

（2）控制单元断面水质标准

根据功能区划，确定筛选出的控制单元断面的高锰酸盐指数、氨氮水质标准见表 8-8。

表 8-8 高锰酸盐指数、氨氮水质标准

控制单元名称	控制断面名称	高锰酸盐指数/（mg/L）	氨氮水质标准/（mg/L）
宁安	温春大桥	6	1.0
牡丹江市区	柴河大桥	6	1.0

（3）牡丹江流域西阁至柴河大桥江段沿江排污口

根据详细调查牡丹江流域西阁至柴河大桥江段共有 21 个排污口，为了便于预测，进行排污口概化，概化后为 16 个。2009 年各排污口排放的污水和主要污染物量见表 8-9。由于生活污水和部分工业企业生产废水不能达标排放，致使控制断面温春大桥和柴河大桥断面不能达到水质目标要求。

（4）牡丹江干流西阁至柴河大桥江段 COD、氨氮输入-响应模型

根据牡丹江干流西阁至柴河大桥江段河道地形测量、沿江排污口、各断面水质等数据建立了污染源与河流水质的输入-响应模型（详见 8.2.1），根据此模型预测沿江排污口变化与断面水质的响应情况。

（5）牡丹江流域西阁至柴河大桥江段沿江排污口削减预测

利用 COD、氨氮污染源与河流水质输入-响应模型，预测主要控制断面的水质达标情况。

① 江水流量的选取：分别在平水期、枯水期及河流流量保证率 75%、90%情况下。

② 污染源以达标排放为依据，排水量保持 2009 年的情况下，计算控制断面水质达标情况。达标排污设定情况见表 8-10。

③ 各种情况下水质预测结果如下。

a. 枯水期 90%流量保证率水流和水质的预测。

COD 的背景浓度选用（16.344+15.192）/2=15.768mg/L；氨氮的背景浓度选用（0.284+0.262）/2=0.273mg/L；海浪河中 COD 的背景浓度选用（16.632+16.884）/2=16.758mg/L；海浪河中氨氮的背景浓度选用（0.773+0.799）/2=0.786mg/L。

水质预测结果见图 8-5。

表 8-9 2009 年牡丹江流域西阁至柴河大桥沿江排污口排污情况

序号	排污口名称	地理坐标	污水量/(10^4m^3/a)			主要污染物含量/（t/a）		主要污染物平均浓度/（mg/L）	
			工业	生活	污水总量	COD	NH_3-N	COD	NH_3-N
宁安市									
1	宁安市排污口概化	N44.37085 E129.4799	173.4	383.25	556.65	2472.9	298.24	444.25	53.58
海林市									
2	长汀镇生活排污口	N44.51453 E128.8639	0	146	146	876	102.2	600.0	70.0
3	斗银河排污口	N44.5552 E129.402	8.88	539.12	548	235.64	107.96	43	19.7 (监测值)

续表

序号	排污口名称	地理坐标	污水量/($10^4 m^3/a$)			主要污染物含量/(t/a)		主要污染物平均浓度/(mg/L)	
			工业	生活	污水总量	COD	NH_3-N	COD	NH_3-N
4	海林市柴河林海纸业有限公司排污口	N44.74962 E129.6723	123	0	123	1729.38	18.45	1406.0	15.0
5	柴河镇生活排污口	N44.76475 E129.6757	0	292	292	1752	204.4	600.0	70.0
牡丹江市									
6	恒丰纸业排污口概化	N44.65083 E129.6514	416.65	54.75	471.4	718.7	99.84	152.46	21.18
7	牡丹江市污水处理厂排污口	N44.643 E129.6530361	202.35	3512.25	3714.60	2219.47	331.34	59.75	8.92
8	北安河	N44.63368 E129.6508	147.6	1450.656	1598.256	1734.11	303.03	108.5	18.96
9	温春镇排污口概化	N44.42322 E129.4823	86.53	158.78	245.31	717.57	93.95	292.52	38.30
10	桦林镇排污口概化	N44.68677 E129.6697	199.41	49.56	248.97	496.69	64.61	199.5	25.95
11	南湖水系	N44.57335 E129.6229	480.00	0	480.00	203.28	70.70	42.35	14.73
12	高信石油排污口	N44.59603611 E129.635475	2.54	0	2.54	8.13	0.33	320.08	12.99
13	大湾畜牧排污口	N44.57335833 E129.65635	6.00	0	6.00	47.04	20.88	784	348
14	富通汽车排污口	N44.61667 E129.6333	5.30	0	5.30	5.68	0.79	107.17	14.90
15	黑宝药业排污口	N44.58681111 E129.6163194	1.00	0	1.00	5.20	0.21	520	21
16	华电能源牡丹江第二发电厂排污口	N44.63928333 E129.65335	60.00	0	60.00	30.00	—	50.00	—

表 8-10 牡丹江流域西阁至柴河大桥沿江排污口达标排污设定情况

序号	排污口名称	地理坐标	污水量/($10^4 m^3/a$)			主要污染物含量/(t/a)		主要污染物平均浓度/(mg/L)	
			工业	生活	污水总量	COD	NH_3-N	COD	NH_3-N
宁安市									
1	宁安市排污口概化	N44.37085 E129.4799	173.4	383.25	556.65	333.99	83.50	60	15

续表

序号	排污口名称	地理坐标	污水量/($10^4 m^3/a$)			主要污染物含量/(t/a)		主要污染物平均浓度/(mg/L)	
			工业	生活	污水总量	COD	NH_3-N	COD	NH_3-N
海林市									
2	长汀镇生活排污口	N44.51453 E128.8639	0	146	146	87.6	21.9	60	15
3	斗银河排污口	N44.5552 E129.402	8.88	539.12	548	328.80	82.20	60	15
4	海林市柴河林海纸业有限公司排污口	N44.74962 E129.6723	123	0	123.00	98.4	9.84	80	8
5	柴河镇生活排污口	N44.76475 E129.6757	0	292	292	175.2	43.8	60	15
牡丹江市									
6	恒丰纸业排污口概化	N44.65083 E129.6514	416.65	54.75	471.4	471.4	58.63	100	12.44
7	牡丹江市污水处理厂排污口	N44.643 E129.6530361	202.35	3512.25	3714.60	2211.33	317.31	59.53	8.54
8	北安河	N44.63368 E129.6508	147.6	年径流量 1450.656	1598.256	479.48	23.97	30	1.5
9	温春镇排污口概化	N44.42322 E129.4823	86.53	158.78	245.31	245.31	36.80	100	15
10	桦林镇排污口概化	N44.68677 E129.6697	199.41	49.56	248.97	143.9	37.75	57.80	15
11	南湖水系	N44.57335 E129.6229	480.00	0	480.00	144	7.2	30	1.5
12	高信石油排污口	N44.59603611 E129.635475	2.54	0	2.54	1.524	0.33	60	12.99
13	大湾畜牧排污口	N44.57335833 E129.65635	6.00	0	6.00	24	4.8	400	80
14	富通汽车排污口	N44.61667 E129.6333	5.30	0	5.30	5.30	0.79	100	14.90
15	黑宝药业排污口	N44.58681111 E129.6163194	1.00	0	1.00	1.00	0.15	100	15
16	华电能源牡丹江第二发电厂排污口	N44.63928333 E129.65335	60.00	0	60.00	30.00	—	50.00	—

b. 枯水期75%流量保证率水流和水质的预测。COD的背景浓度选用（16.344＋15.192）/2＝15.768mg/L；氨氮的背景浓度选用（0.284＋0.262）/2＝0.273mg/L；海浪河中COD的背景浓度选用（16.632＋16.884）/2＝16.758mg/L；海浪河中氨氮的背景浓度选用（0.773＋0.799）/2＝0.786mg/L。

水质预测结果见图8-6。

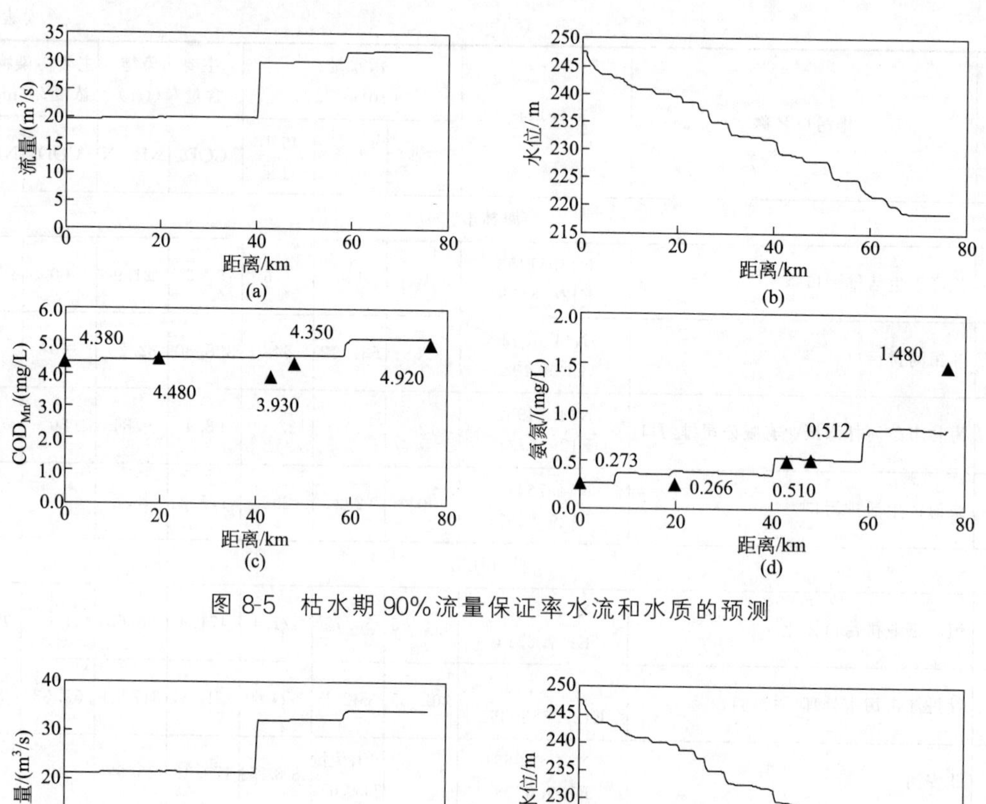

图 8-5 枯水期 90%流量保证率水流和水质的预测

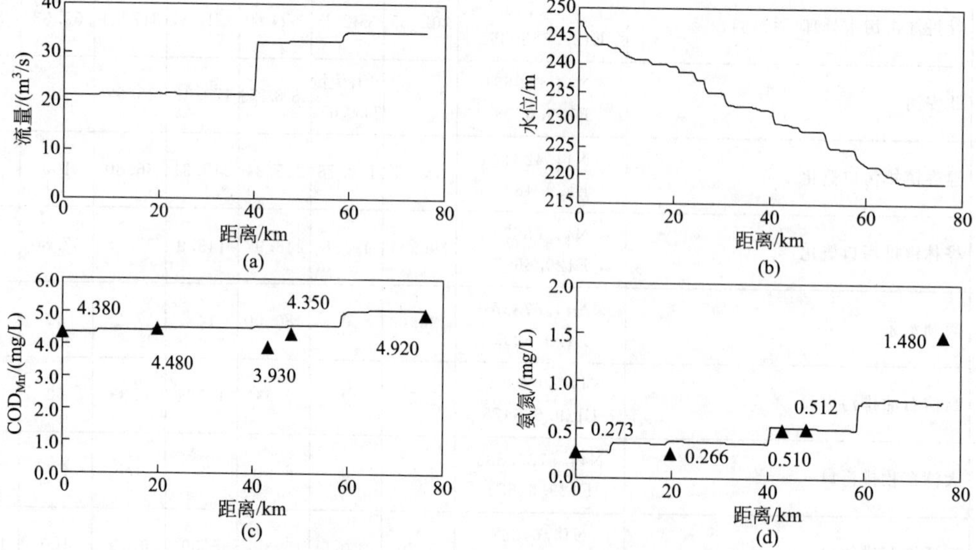

图 8-6 枯水期 75%流量保证率水流和水质的预测

c. 平水期 90%流量保证率水流和水质的预测。COD 的背景浓度选用（22.572＋17.568）/2＝20.07mg/L；氨氮的背景浓度选用（0.348＋0.346）/2＝0.347mg/L；海浪河中 COD 的背景浓度选用（26.388＋18）/2＝22.194mg/L；海浪河中氨氮的背景浓度选用（0.815＋0.667）/2＝0.741mg/L。

水质预测结果见图 8-7。

d. 平水期 75%流量保证率水流和水质的预测。COD 的背景浓度选用（22.572＋17.568）/2＝20.07mg/L；氨氮的背景浓度选用（0.348＋0.346）/2＝0.347mg/L；海浪河中 COD 的背景浓度选用（26.388＋18）/2＝22.194mg/L；海浪河中氨氮的背景浓度选用（0.815＋0.667）/2＝0.741mg/L。

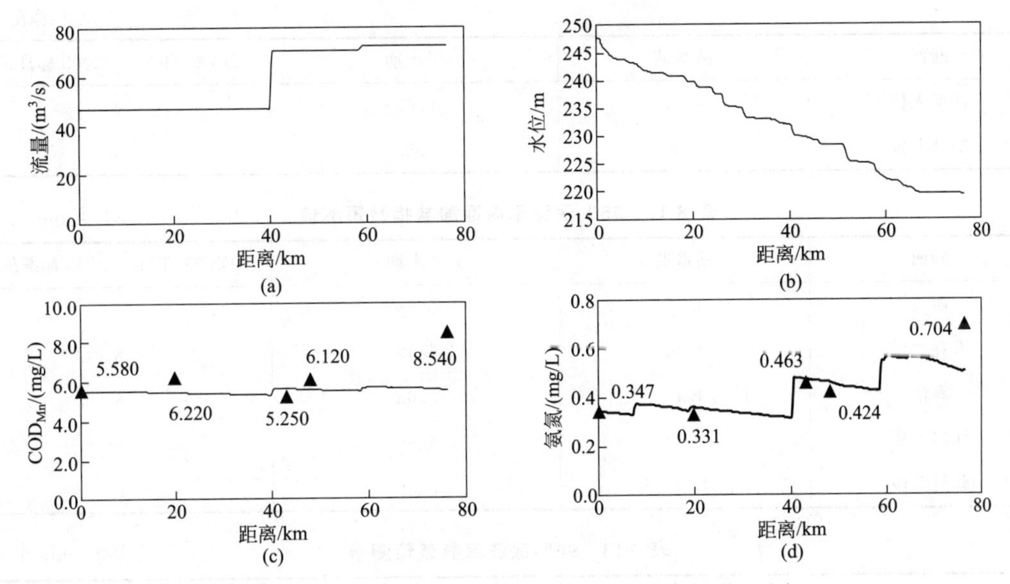

图 8-7 平水期 90%流量保证率水流和水质的预测

水质预测结果见图 8-8。

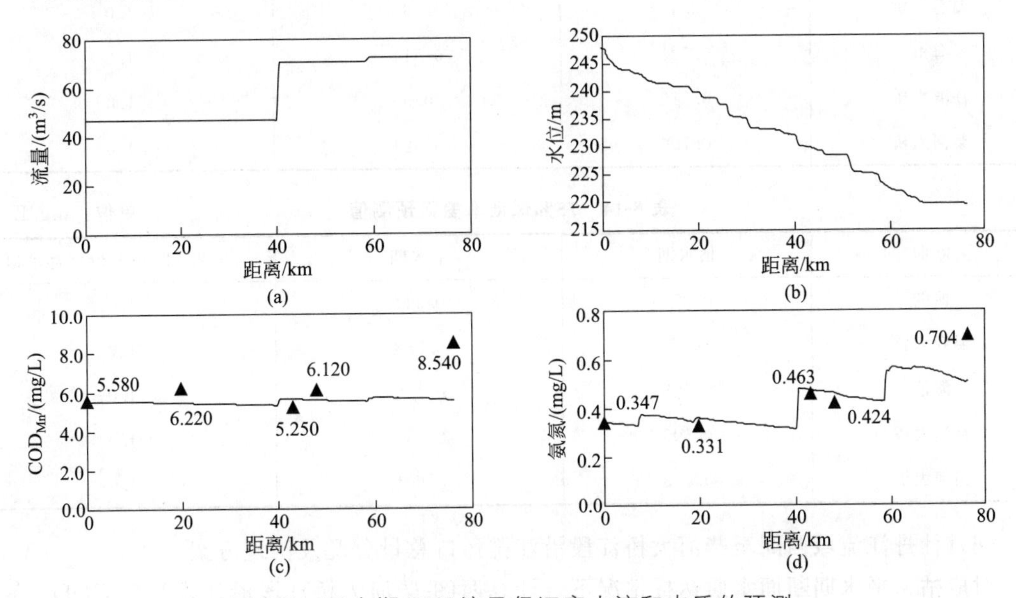

图 8-8 平水期 75%流量保证率水流和水质的预测

枯水期、平水期各控制断面预测结果见表 8-11～表 8-14。表中 5 个断面高锰酸盐指数、氨氮均能达到《黑龙江省地表水功能区标准》(DB 23/T740—2003) 要求。

表 8-11 90%保证率高锰酸盐指数预测值 单位：mg/L

断面	枯水期	平水期	DB 23/T 740—2003 标准值
西阁	4.38	5.58	6
温春大桥	4.47	5.49	6
海浪	4.49	5.65	6

续表

断面	枯水期	平水期	DB 23/T 740—2003 标准值
江滨大桥	4.48	5.62	6
柴河大桥	4.9	5.58	6

表 8-12　75%保证率高锰酸盐指数预测值　　单位：mg/L

断面	枯水期	平水期	DB 23/T740—2003 标准值
西阁	4.38	5.58	6
温春大桥	4.46	5.49	6
海浪	4.48	5.63	6
江滨大桥	4.48	5.60	6
柴河大桥	4.895	5.56	6

表 8-13　90%保证率氨氮预测值　　单位：mg/L

断面	枯水期	平水期	DB 23/T740—2003 标准值
西阁	0.273	0.347	1.0
温春大桥	0.4	0.365	1.0
海浪	0.521	0.514	1.0
江滨大桥	0.519	0.5	1.0
柴河大桥	0.796	0.524	1.0

表 8-14　75%保证率氨氮预测值　　单位：mg/L

断面	枯水期	平水期	DB 23/T740－2003 标准值
西阁	0.273	0.347	1.0
温春大桥	0.39	0.358	1.0
海浪	0.508	0.495	1.0
江滨大桥	0.508	0.482	1.0
柴河大桥	0.773	0.504	1.0

(6) 牡丹江流域西阁至柴河大桥江段沿江排污口总量分配及治理方案

对应枯、平水期断面水质达标情况下，计算西阁-柴河大桥江段沿江排污口 COD、氨氮削减总量及分配方案，得出优化治理方案，详见表 8-15 和表 8-16。从表中结果可知西阁至柴河大桥江段沿江排污口 COD、氨氮年削减总量分别为 8555.576 t 和 973.93 t。

(7) 污染治理方案可达性分析

污染物治理方案见表 8-15。

① 方案中不能稳定达标排放的企业，在企业增强环保责任、推行清洁生产、扩大废水处理能力和各部门严格加强监管的条件下，可实现废水稳定达标排放。

② 长汀镇污水处理工程（0.5×10^4 t/d)、桦林镇污水处理工程（0.5×10^4 t/d)、柴河镇污水处理工程（0.5×10^4 t/d）已列入松花江流域牡丹江市优先控制单元水污染防治“十二五”综合治污方案，在“十二五”能实现污水达标排放。

③ 北安河生境修复关键技术与示范工程的实施，可以实现北安河水质由现状劣Ⅴ类改善到Ⅳ类，实现对牡丹江干流的污染减排。

④ 南湖水系水质保障技术示范工程的实施，可以实现南湖水系水质由现状劣Ⅴ类改善到Ⅳ类，实现对牡丹江干流的污染减排。

⑤ 牡丹江市政府将加快牡丹江市污水处理厂二期及排水截污管网工程建设，处理牡丹江北岸老城区的生活污水和工业废水。已列入松花江流域牡丹江市优先控制单元水污染防治“十二五”综合治污方案，在2015年投入运行。

表8-15　枯、平水期断面水质达标情况下沿江排污口COD、氨氮消减总量及治理方案（西阁一柴河大桥）

序号	排污口名称	COD削减总量/（t/a）	氨氮削减总量/（t/a）	治理方案
1	宁安市污水处理厂排口概化	2138.91	214.74	宁安污水处理厂稳定达标运行；牡丹江市鑫鹏肉业有限责任公司、黑龙江省镜泊湖农业开发股份有限公司、倍丰农业生产资料集团宁安化工有限公司、宁安市益昕钢铁有限公司、宁安市光明物业有限公司废水稳定达标排放
2	长汀镇生活排污口	788.4	80.3	新建长汀镇污水处理工程（0.5×10^4t/d）
3	斗银河排污口	0	25.76	加强海林市污水处理厂氨氮处理效果，使其达标排放
4	海林市柴河林海纸业有限公司排污口	1630.98	8.61	加强海林市柴河林海纸业有限公司废水处理设施管理，使其稳定达标排放
5	柴河镇生活排污口	1576.8	160.6	新建柴河镇城镇污水处理工程（0.5×10^4t/d）
6	恒丰纸业排污口概化	247.3	41.21	南小屯生活污水纳入城市污水处理厂处理达标排放；大宇制纸股份有限公司扩大废水处理能力，使其稳定达标排放；加强牡丹江恒丰纸业有限责任公司废水处理设施管理，使其稳定达标排放
7	牡丹江市污水处理厂排污口	0	0	牡丹江市污水处理厂继续稳定达标排放
8	北安河	1254.63	279.06	牡丹江东北高新化工有限责任公司、牡丹江首控石油化工有限公司、牡丹江鸿利化工有限责任公司、中煤牡丹江焦化有限责任公司、牡丹江东北化工有限公司、牡丹江友博药业有限责任公司废水稳定达标排放；实施北安河生境修复关键技术与示范工程
9	温春镇排污口概化	472.26	57.15	加强温春镇生活污水处理工程处理效果；加强黑龙江省牡丹江新材料科技股份有限公司废水处理设施管理，使其稳定达标排放
10	桦林镇排污口概化	352.79	26.86	加强桦林佳通轮胎有限公司废水处理设施管理，使其稳定达标排放；新建桦林镇生活污水处理工程（0.5×10^4t/d）
11	南湖水系	59.28	63.5	木材厂污水达标排放；解决5号泡和4号泡之间的暗排，将其接入城市管网；实施南湖水系水质保障技术示范工程

续表

序号	排污口名称	COD削减总量/（t/a）	氨氮削减总量/（t/a）	治理方案
12	高信石油排污口	6.606	0	加强牡丹江高信石油添加剂有限责任公司废水稳定达标排放
13	大湾畜牧排污口	23.04	16.08	牡丹江市大湾畜牧有限责任公司要全部启动污水处理设施，使废水稳定达标排放
14	富通汽车排污口	0.38	0	加强牡丹江富通汽车空调有限公司废水处理设施管理，使其稳定达标排放
15	黑宝药业排污口	4.2	0.06	加强牡丹江黑宝药业股份有限公司废水处理设施管理，使其稳定达标排放
16	华电能源牡丹江第二发电厂排污口	0	0	华电能源牡丹江第二发电厂废水继续稳定达标排放
合计		8555.576	973.93	

表8-16　牡丹江西阁—柴河大桥枯、平水期断面水质达标时沿江排污口COD、氨氮总量分配

序号	排污口名称	COD总量/（t/a）	氨氮总量/（t/a）
1	宁安市污水处理厂排口概化	333.99	83.50
2	长汀镇生活排污口	87.6	21.9
3	斗银河排污口	328.80	82.20
4	海林市柴河林海纸业排污口	98.4	9.84
5	柴河镇生活排污口	175.2	43.8
6	恒丰纸业排污口概化	471.4	58.63
7	牡丹江市污水处理厂排污口	2211.33	317.31
8	北安河	479.48	23.97
9	温春镇排污口概化	245.31	36.80
10	桦林镇排污口概化	143.9	37.75
11	南湖水系	144	7.2
12	高信石油排污口	1.524	0.33
13	大湾畜牧排污口	24	4.8
14	富通汽车排污口	5.30	0.79
15	黑宝药业排污口	1.00	0.15
16	华电能源牡丹江第二发电厂排污口	30.00	—
合计		4781.234	728.97

8.3　牡丹江水质保障综合技术方案

8.3.1　牡丹江水质保障综合技术方案总体思路

① 以流域水质改善为核心目标，解决流域的特征水环境问题，达到水功能区划目标。

② 实施有区别的防治要求，即：未受污染或污染较轻的区域，其良好水质得到维持；污染严重的区域通过综合治理，改善其水质。

③ 以水污染物减排为手段，实施水污染综合防治战略。全面实施研发的北安河底泥疏浚及处置关键技术、疏浚后河道水体生态修复强化技术、南湖水系引水工程运行与水质保障耦合技术、水栉霉控制关键技术、梯级开发中生态需水量的计算方法和体系，最终构建牡丹江水质保障集成技术示范工程，形成松花江支流水质保障技术体系和管理体系。

④ 消除水源地水质安全隐患，全面提升饮用水水源地水质。

⑤ 提升流域水环境监管水平，建立风险防范机制，完善水环境监测和巩固执法监督体系。

⑥ 进一步提出需“十二五”研究的水质改善的技术难题：水环境优化产业结构调整、流域主要支流水质保障、畜禽养殖污染水体问题，面源污染问题、水环境安全预警体系研究等问题。

8.3.2 实施水栉霉防控措施，加强饮用水源地保护

实施水栉霉防控措施，确保消除水源地水质安全隐患。提高水源地监测和管理水平，完成每年一次的全指标分析。

（1）实施水栉霉防控措施

针对水栉霉的生长特性及生长规律进行的重点预防措施如下。

① 切断污染源以防止海浪河流域水栉霉再次大规模爆发；首先要从污染源上进行减排，斗银河水质保障及河夹村大坝附近污水沟污水的治理是重点；在斗银河水质保障上，污水实现三级处理是最佳预防方案；同时加强海浪河流域环境管理，建立流域水环境监控体系，实时掌握水质变化情况，特别是冰封期水质状况，及时有效地预防水栉霉的发生。

② 水栉霉在 0～20℃范围内都可以生长，由于在较高温度条件下水栉霉的生长容易受到其他微生物的干扰，不能形成优势种群，因此不存在大规模爆发的风险；而当温度较低时，其他微生物的生长受到抑制，水栉霉容易大规模繁殖，所以水栉霉的防治关键时期为每年的 12 月份至次年 2 月份。

③ 相关研究表明，促使水栉霉生长的关键因素是适宜的有机物和有机氮浓度，所以应该从水质入手控制水栉霉的生长，切实保障海浪河水质不受污染，特别是使含有碳、氮等的有机物含量保持在较低的水平。

④ 对河流内源有机物污染的分析结果表明，河夹村大坝历史遗留挖沙坑中沉积物有机质丰富，部分碳、氮等有机物通过释放作用可以进入水体，导致水体中有机质含量升高，为水栉霉的繁殖提供了营养成分。因此，必须对河夹村大坝挖沙坑中的沉积物进行底泥疏浚。

⑤ 提高水流速度以降低水栉霉在河床底部的附着，进而减少水栉霉共生体（球衣菌）的生长。海浪河河夹村大坝是水栉霉的唯一发生地，该断面流速较低，必要的时候可以对大坝进行拆除，防止水栉霉在河夹村大坝附近堆积。

⑥ 进行筛网拦截是水栉霉爆发初期采用的常规手段。当水栉霉自然漂浮时进行收集打捞，对收集打捞上岸的水栉霉优先进行资源化利用，如进行堆肥或者饲料化利用，同时也可进行化学药剂的有效处置，药剂从优到劣的排序为：高锰酸钾＞二氧化氯＞硫酸铜＞生石灰，有效处置后可进行简易填埋。

通过以上措施的实施，可以有效防止水栉霉在海浪河流域的再次大规模爆发，保障饮用

水安全。

（2）一级保护区

① 牡丹江市区饮用水源地一级保护区内两个沙坑需进行回填并安装防护装置。

② 宁安市饮用水源地一级保护区内河西村和红星村的部分居民需进行搬迁并异地安置。

③ 将牡丹江市区、宁安市、海林市3个饮用水源地一级保护区内的农田退耕还林，同时进行水源涵养林带建设。结合场地、土壤以及水文等特点，选择适宜区域条件的植物，区域内绿化苗木的选择以根系发达、适应性强、外观美观的树种为主。同时配置植物季相变化丰富、生长适应性强的灌木，并选择一定比例深根树种，以加强土壤固持能力。根据区域植被资源概况，主要选用的树种包括：乔木可选择旱柳、钻天杨、家榆、春榆、白桦、兴安落叶松、红皮云杉等；亚乔可选择丁香、山桃、山杏、山楂等；灌木可选择连翘、红端木等。配置采用乔、灌、草三层混交的配置方式，使其最大限度地消耗雨滴击溅造成侵蚀的能量，增加水分入渗，充分利用土壤不同层次的水分和养分，提高植被抵抗虫害的能力，加强生态系统的平衡性和稳定性。

（3）二级保护区

二级保护区内污染主要来自于各居民区生活、畜禽养殖污染。

① 牡丹江市区、宁安市、海林市3个饮用水源地二级保护区内的居民区优先建设生活污水排水收集管网，统一排入标准的化粪池，处理后再排入标准建设的湿地处理系统处理后达标排放。处理设施的建设和管理由当地村政府负责。

② 建设有防渗措施的公厕，在每个家庭建卫生厕所一座，粪便定期收集后运至保护区外处理。厕所直接建在化粪池上，化粪池防渗层采用砖加1.9mm厚的土工膜加水泥砂浆抹面的复合结构；对原有粪坑和厕所拆除并对其下层1m的污染土进行置换。

③ 各个居民区内设置垃圾收集间，由环卫部门定期运到保护区外处理。收集间底部采用土工膜加混凝土的防渗处理，防止渗滤液下渗；上部为铁皮房形式，防止雨水浸泡垃圾。

④ 对现有养殖户的牲畜圈进行卫生防护，圈舍底部做防渗处理，并防止雨水灌入。在牲畜圈旁建一座储粪池，用于收集、贮存牲畜粪便，定期施入农田。

8.3.3 南湖水系、北安河工程示范，北方地区水体保障技术推广

在针对牡丹江沿线各类型污染源采取的对应治理措施的基础上，应该充分认识到提升河道生态质量、恢复流域生态功能对于从根本上改善生态功用低下、水质恶化的重要作用。“十一五”期间，牡丹江市对北安河和南湖水系两大污染源进行了有针对性的示范工程建设，取得了良好的效果，可在牡丹江全流域以及松花江流域进行推广示范。

① 北安河生境修复关键技术与示范工程中控源、生态修复等措施的实施，可以实现北安河水质由现状劣Ⅴ类改善到Ⅳ类，实现对牡丹江干流的水质保障。

改善牡丹江水环境质量措施包括：推广北安河、南湖水系示范工程水质保障技术，实施牡丹江市区域水环境综合整治工程，包括兴隆河19km、东兴河10km、铁岭河20km、五林河10km、北小河9km、海浪河8km、爱河19km；清理河道淤泥、建设人工湿地处理系统，以支促干。

② 南湖水系水质保障技术示范工程中控源、引水工程与应用生态修复技术及环境管理等措施的综合作用，可以实现南湖水系水质由现状劣Ⅴ类改善到Ⅳ类，实现对牡丹江干流的水质保障。

滨江带植被缓冲带的构建：主要针对牡丹江流域农业面源污染贡献大、植被破坏严重的地区，约在滨江 90m 左右区域，结合现有土著植被类型，增加人工覆植密度和多样性。滨江带植被缓冲带的草林复合净化系统包括人工防护林灌带和人工强化草滤带以及湿生植物净化带三部分，其中人工防护林灌带以耐贫瘠的速生树种柳树为主，兼覆多年生经济作物胡枝子，构建方法采用直播、移苗和分殖（扦插、压条）三种方法相结合的方式；人工强化草滤带以当地优势的耐贫瘠、多年生草甸植被早熟禾、小叶樟、羊草为主，构建方法采用直播和草皮覆栽两种方法相结合的方式；湿生植物净化带以多年生高净化效能湿生植物芦苇和菖蒲为主，兼插景观观赏净化植被美人蕉，构建方式以营养繁殖体移栽方式为主。

8.3.4 合理规划梯级电站建设，保障牡丹江流域生态需水量

（1）确保枯水期流量

牡丹江冰封期水温低、流量小、生物化学反应慢、污染物降解速度慢、水体污染严重，冰封期的水环境问题是牡丹江的主要水环境问题之一。

河流径流量小是导致枯水期牡丹江水质较差的主要原因之一。河流径流量与 COD 和 NH_3-N 浓度的关系见图 8-9 和图 8-10。由图 8-9 和图 8-10 可见，柴河大桥断面 COD 和 NH_3-N 的浓度随着流量的增加而降低，说明流量大时水质较好；在枯水期，水量增加，水质改善效果尤为明显，因此增加枯水期的流量是改善水质的有效手段之一。牡丹江城市江段上游建有镜泊湖水库，属于年调节水库，利用该有利条件，保证牡丹江城区江段的流量，可以有效保证该江段的水质。从目前工况计算来看，枯水期流量达到 $30m^3/s$ 可以较好地保障城区水质。

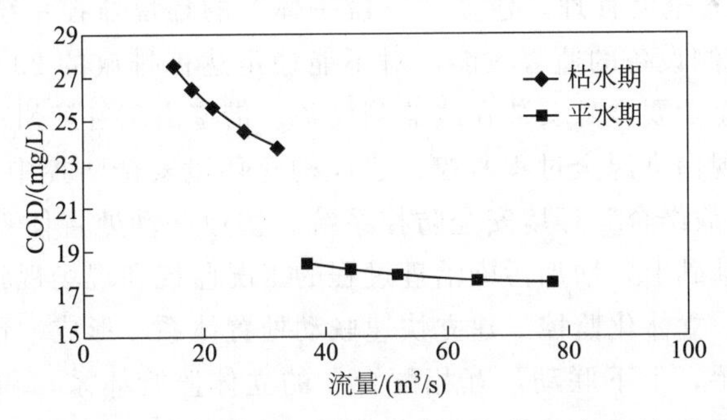

图 8-9 柴河大桥断面的 COD 浓度和流量关系

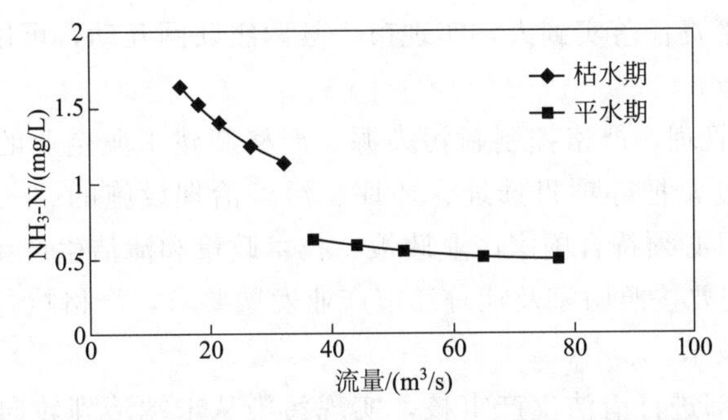

图 8-10 柴河大桥断面的氨氮浓度和流量关系

（2）调整产业结构，减少枯水期污染负荷

枯水期水温低，污染物降解速度慢，根据率定，枯水期 COD 的降解系数只有平水期的 1/3，枯水期 NH_3-N 的降解系数是平水期的 1/4，因此同样的污染负荷需要更长的时间进行降解。枯水期牡丹江的污染主要来自工业废水和生活废水等点源，因此在进行工业发展规划时，不仅要考虑污染排放量，尽可能实现清洁生产；对于季节性较强的产业，还要尽可能减少冬季的生产，对于排污量负荷较大的企业减少冬季的生产负荷，从而减少枯水期的污染负荷，改善枯水期的水环境状况。

8.3.5 加大工业源综合整治

① 严格执行浓度、总量双重达标。对牡丹江流域 29 家废水排放不能稳定达标的企业加强监督和管理，加大监察、监测频次，使其稳定双达标排放。

② 加强优先控制污染物、优先控制企业、优先关注断面的监督与管理。牡丹江流域优先控制污染物为邻苯二甲酸二丁酯、苯酚、苯胺。邻苯二甲酸二丁酯优先控制企业为牡丹江市红林化工有限责任公司、桦林佳通轮胎有限公司、牡丹江高信石油添加剂有限责任公司；优先关注断面为石岩、柴河大桥、三道、花脸沟。苯酚优先控制企业为牡丹江高信石油添加剂有限责任公司、黑龙江中奥毯业股份有限公司、牡丹江灵泰药业股份有限公司；优先关注断面为花脸沟。苯胺优先控制企业为牡丹江高信石油添加剂有限责任公司。

③ 提高工艺，减少排放。流域沿线各工业企业，特别是不能稳定达标排放的 29 家重点企业应通过改革生产工艺、提升设备工艺水平等措施，提高水利用率与废水重复利用率，减少排放。

④ 实施环境监控安全大管理，建立“三位一体”的环境监控系统。有效发挥牡丹江流域现有的 17 家在线监测设备的监督效能，对不能稳定达标排放的 29 家重点企业中 19 家未安装在线监测设备的企业要全部安装在线监测设备。借鉴山东省滨州市的经验，实施环境监控安全大管理。为实现污染源全过程监控，建议构建环境安全防控中心，建立“三位一体”的环境监控系统、“平战结合”环境安全防控系统、快速联动处置体系。监测监控系统在原有排污口在线监测的基础上，增加污染治理过程的工况监控和现场视频监控，实现对污染源和环境质量的全天候、立体化监控。建立快速联动处置体系，形成“预警—出警—消警”的工作流程和“横向联手，上下联动，互相配合”的立体监管体系，积极推动环境执法科学化。牡丹江市环保局要建立相关工作责任制，督导有关县区、单位的联动执法，制订“在线监控数据分析判读—数据报警—快速处置—情况报告—跟踪问效—责任追究”的工作程序，把重点排污企业的监管责任落实到人，实现市、县两级联网互动，可以实现重点企业和污水处理厂能稳定达标排放。

⑤ 加强建设项目管理，严格控制新污染源。严格新建工业企业的审批，严格执行建设项目环境管理各项制度，把好项目选址、环评、污染治理设施的“三同时”验收关。所有新、扩、改建工业项目必须符合国家产业政策、技术政策和清洁生产要求。

⑥“十二五”期间要按照国家及牡丹江市产业发展要求，严格执行行业准入，淘汰、关停落后工艺、设备及技术。

⑦ 重点企业要全部进行清洁生产审核，实现污染从末端治理转向全过程控制。依靠科技和先进的现代化管理体系，结合技术改造，采用新工艺、新技术，提高工业企业技术及现代企业管理水平，建立健全车间内、厂际间、行业间能量流和物质流的综合优化，做到增产

减污，节能降耗，实现产业升级，逐步解决结构性污染问题。

⑧ 结合牡丹江市“十二五”经济发展规划和牡丹江流域水环境要求，加快产业结构调整，优化经济发展模式，实现结构减排。

8.3.6 城镇生活污染源防控

① 加强已建成污水处理厂的运营与监管。对新建成的宁安市污水处理厂、林口县污水处理厂应全部安装进出水在线监测装置，提高污水处理设施的自动化控制水平，实现污水处理厂进出水的实时、动态、全面的监督与管理，保障污水处理厂的稳定达标。加快建立城镇污水处理系统效能评价指标体系，科学评估污水处理厂的运营状况。使运行的污水处理厂尽快实现“五化”，即建设标准化、管理规范化、再生水资源化、污泥无害化、运营市场化。

加强污水处理费征收管理。流域内所有城市、建设污水处理厂的县（市）必须制定污水处理收费政策，并按标准足额征收污水处理费。对于收费不到位的城市，当地政府应安排专项财政补贴资金确保污水处理和污泥处置设施正常运行。

② 加紧牡丹江市污水处理厂二期工程（10.0 万吨/天）、林口县污水处理厂二期工程（1.0 万吨/天）、海林市长汀镇污水处理工程（0.9 万吨/天）、桦林镇污水处理工程（0.9 万吨/天）、海林市柴河镇污水处理工程（0.9 万吨/天）、宁安市东京城污水处理工程（2.0 万吨/天）、宁安市渤海镇污水处理工程（2.0 万吨/天）及管网的建设工作，使其早日投入运行。

③ 首先在牡丹江市污水处理厂推进再生水利用试点，提升城市污水再生利用能力，减少新鲜水使用量，保护和节约水资源。

④ 沿河村、镇建立生态塘和人工湿地污水处理系统。由于生态塘和人工湿地污水处理系统属于“低投资、低运行费用、低维护技术”的“三低”工艺，耗能只是引水系统和反冲洗系统中所需的电能，其余过程完全不用动力，系统日常维护也比较简单，一般工作人员即可完成。在生活污水排放量较大、自然条件允许的村镇和饮用水源地保护区内的村镇要先开展将生活污水排入化粪池，再排入生态塘和人工湿地进行处理。

⑤ 建立健全村、镇生活垃圾清扫、收集、运输系统和保障机制，严禁生活垃圾沿河倾倒和堆放。积极推行垃圾分类收集，如厨余及剩余有机物垃圾为一类，其他垃圾由居民户内收集存放公共地，公共地垃圾统一收运，乡镇可联合处理收运的垃圾。将收集的有机垃圾与人畜禽粪便结合进行厌氧消化或堆肥处理，并建设一定数量的生活垃圾无害化处理场站。同时开展生活垃圾综合回收利用，回收可再生利用资源，提高废弃物综合利用率，减轻其对水环境的污染。

⑥ 政府应加大城镇水环境污染治理宏观调控力度，采取行政、法律、金融等手段，城镇水污染治理抓落实。一方面把城镇水污染防治列入当地政府目标考核，实行责任追究；另一方面建立有效的城镇水污染防治投资机制、运营机制和价格机制，拓宽资金投入渠道，引导治理资金投入。

8.3.7 面源污染防治

（1）开展畜禽粪便污染防治

103 家规模化畜禽养殖场实施清洁生产、污染治理、达标排放。重点实施牡丹江大湾集团畜禽养殖粪便综合利用工程、林口县兆福有限公司畜禽养殖污染防治工程、牡丹江市黑宝药业熊场污水处理综合利用工程、渤海镇建鑫牧业生猪粪便综合利用工程等。

在畜禽养殖废物的处理上采取有机肥生产、沼渣沼液综合利用相结合的治理方式，每一个养殖小区应建有干湿分离设施和三格式综合沼气化粪池。对于已经形成一定规模的规模化养殖场，应独立或多个养殖场联合设立畜禽养殖废物综合处理中心，采用上述的养殖废物循环经济处理模式，有效利用现有资源，变废为宝，彻底杜绝养殖废水、废物未经处理直接倾倒入临近水体中的严重污染问题。同时，环保部门应加大专项畜禽养殖污染整顿工作力度，重点对牡丹江沿线的规模化养殖场和散养户加大监督检查力度、频度，严格要求养殖场建有干湿分离设施和沼气化粪池，散养户应形成养殖小区，按照上述要求处理养殖废物。应用资源化技术，结合当地种植业规模和畜禽粪便的消纳能力，根据畜禽粪尿养分含量系数与地区耕地养分需求量，建立以养殖-种植为中心的生态链网，使农牧结合，畜禽污物资源化利用进入良性循环模式，畜禽污水达到零排放，保护生态环境。

(2) 农田退水污染治理

开展渤海镇灌溉退水治理工程、林口县小流域生态拦截沟示范工程、蛤蟆河河口人工湿地建设工程等。开展生态拦截示范工程建设，从过程阻截、末端治理的角度出发，通过实行灌排分离，改造现有排水渠，利用沟壁和沟渠中作物吸收利用径流中养分，形成植被过滤带，对农田损失的氮磷养分进行有效拦截，控制养分流失和再利用。

(3) 积极推广生态农业建设

调整农业产业结构，大力发展有机农业和生态农业等绿色产业；建设农业生态循环经济，建设生态农户，发展庭院经济；推广建设农村沼气池，将农村居民产生的生活废水、人粪便通过沼气池熟化、净化后还田还地，实现物质流、能量流的良性循环。

(4) 严格控制农药化肥施用量

要通过控制施用农药、化肥，有效改善土壤环境。削减农药用量，推广使用生物农药和高效低毒低残留农药，禁止使用难以降解和污染严重的剧毒高残留农药。在农作物病虫害防治上，坚持以生物防治为主，生物、化学农药防治相结合的手段，大力应用生物防治技术，积极引进和培育农作物病虫害天敌，达到防治效果。积极推广测土施肥、平衡施肥，大力推广使用有机肥、复混肥，有针对性地施用微肥。农田施肥要无机肥、有机肥相结合，避免过多单一施用无机肥造成的土壤和水体污染。切实推广平衡施肥，择土施肥。在有条件的地块推广实行稻鸭共生共长的新型栽培模式，每亩地投放不少于 20 只鸭雏，水稻乳熟期收鸭，使用酵素有机肥做底肥，并喷施叶面肥 3 次，育苗时使用酵素有机壮秧剂，每个地块不得出现非养鸭户。

(5) 开展沿河农村生活垃圾集中治理

严禁生活垃圾沿河倾倒和堆放，沿岸乡镇要采用填埋、堆肥等成熟的垃圾处理方式进行处理，开展生活垃圾综合回收利用，提高废弃物综合利用率，严格禁止生活垃圾直接倾倒污染水体。

8.3.8 进一步强化政府的监管职责

(1) 强化政府责任是流域污染防治的关键因素

政府主要负责人要研究部署治理任务，并检查治理工作进展。各级政府层层签订目标责任书，将规划项目、污水处理厂建设实施情况纳入政绩考核，对项目执行慢的地区进行通报批评和诫勉谈话。

（2）保障投入到位是流域污染防治的基础条件

牡丹江要争取国家、省、市各种渠道落实流域污染防治所需资金，加快流域治理力度。

（3）调整经济结构是流域污染防治的根本措施

加强对石油、化工等行业的宏观调控，强制淘汰造纸等污染严重企业和落后工艺、设备与产品。通过提高环境准入门槛，推进规划环评优化流域经济结构，控制高耗能、高污染行业的增长，停止审批向水体排放重金属和持久性有机物等有毒有害污染物的项目等手段，有效地促进水污染防治工作。

（4）加大执法力度是流域污染防治的重要保障

每年要不定期组织环保专项行动，严厉打击各类环境违法行为。开展流域超标排污企业执法检查、化冰期环境风险隐患排查与整治、小流域整治等一系列专项行动，大力提高流域内工业企业达标排放率。主动有效地开展环境应急工作，切实保障沿江人民群众饮水用水安全。

8.4 本章小结

本章首先从景观水体水质改善、河道综合整治、河道清淤、底泥处置等几个方面对国内外主要的水质保障技术进行了综述。其次对牡丹江水环境总量分配进行了较详细介绍，重点阐述了牡丹江水流水质模型的建立及模型率定的方法，给出了水环境总量及其分配优化方案，提出了污染治理方案，并进行了可达性分析。针对松花江重要支流——牡丹江水质普遍超标、水质安全受到威胁、水资源保障性差、环保基础设施薄弱等问题，在水环境总量及其分配优化方案研究成果的基础上，结合其他子课题（北安河生境修复关键技术研究与示范、南湖水系引水工程运行与水质保障耦合关键技术及示范、水栉霉控制关键技术及其对水环境影响研究、梯级电站建设对牡丹江水环境的影响研究）的成果，制订了牡丹江水质保障综合技术方案，建立了支流水质保障技术体系，为松花江支流水污染防治与水质保障提供了关键技术，并为保护松花江下游水质安全、松花江流域其他类似支流的水质安全提供了技术支持。

参考文献

[1] 范春英. 城市化进程中河流综合管理的理论及应用研究——以上海长宁为例 [D]. 南京：河海大学，2006.

[2] 付永川，杨海蓉. 对重庆市次级河流水污染综合整治的思考 [J]. 安徽农业科学，2007，35（18）：5535-5536.

[3] 李艳霞，王颖，张进伟等. 城市河道水体生态修复技术的探讨 [J]. 水利科技与经济，2006，12（11）：762-763.

[4] 吴芝瑛，虞左明，盛海燕等. 杭州西湖底泥疏浚工程的生态效应 [J]. 湖泊科学，2008，20（3）：277-284.

[5] 王栋. 生态疏浚对太湖五里湖湖区生态环境的影响 [J]. 湖泊科学，2005：17（3）：263-268.

[6] 仇丽娟. 原位生物生态组合技术改善景观水体水质研究 [D]. 扬州：扬州大学，2010.

[7] 李开明，刘军，刘斌等. 黑臭河道生物修复中 3 种不同增氧方式比较研究 [J]. 生态环境，2005，14（6）：816-821.

[8] 孙从军，张明旭. 河道曝气技术在河流污染治理中的应用 [J]. 环境保护，2001，（4）：12-14.

[9] 赵伟. 悬浮式生物膜法处理晋阳湖水试验研究 [D]. 太原：太原理工大学，2009.

[10] 李巍巍. 城市典型景观水体富营养化及其控制探讨 [D]. 天津：南开大学，2003.

[11] 丁玲. 沉水植物修复受污水体效能的研究 [D]. 苏州：苏州科技学院，2007.

[12] 吴振斌，任明迅，付贵萍等. 垂直流人工湿地水力学特点对污水净化效果的影响 [J]. 环境科学，2001，22：45-49.

[13] 彭玉丹，李杨，刘亭亭. 生态修复技术在水环境保护中的主要技术与方法 [J]. 科学与财富，2012，（11）：202.

[14] 张丽. 投加生物促生剂改善河道水质的试验研究 [D]. 苏州：苏州科技学院，2008.

[15] 唐玉斌，郝永胜，陆柱等. 景观水体的生物激活剂修复 [J]. 城市环境与城市生态，2003，(4)：37-39.
[16] 吉云秀，丁永生，丁德文. 滨海湿地的生物修复 [J]. 大连海事大学学报，2005，31 (3)：47-52.
[17] 王芳，高甲荣. 密云水库集水区河岸生物工程措施初探 [J]. 北京水务，2006，(2)：238-240.
[18] 胡小琴. 人工绿地处理景观水系统优化试验研究 [D]. 武汉：武汉理工大学，2007.
[19] 许志兰，廖日红，楼春华等. 城市河流面源污染控制技术 [J]. 北京水利，2005，(4)：26-28.
[20] 秦明周. 美国土地利用的生物环境保护工程措施—缓冲带 [J]. 水土保持学报，2001，15 (1)：119-121.
[21] 史志刚. 美国的水土保持与植物缓冲带技术 [J]. 江淮水利科技，2006，(6)：5-6.
[22] 宋亚星. 循环氧化塘工艺处理农村生活污水的设计研究 [D]. 青岛：青岛理工大学，2013.
[23] 张建春，彭补拙. 河岸带研究及其退化生态系统的恢复与重建 [J]. 生态学报，2003，23 (1)：56-63.
[24] 黄凯，郭怀成，刘永等. 河岸带生态系统退化机制及其恢复研究进展 [J]. 应用生态学报，2007，18 (6)：1373-1382.
[25] 张建春，彭补拙. 河岸带研究及其退化生态系统的恢复与重建 [J]. 生态学报，2003，23 (1)：56-63.
[26] 刘沅，朱伟. 底泥处理技术及其在深圳的应用 [J]. 广东水利水电，2012，(2)：6-9.
[27] 罗章仁. 香港填海造地及其影响分析 [J]. 地理学报，1997，(3)：220-227.
[28] 张春雷. 基于水分转化模型的淤泥固化机理研究 [D]. 南京：河海大学，2007.
[29] 黄轶昕，徐子恺，任志远等. 南水北调东线一期工程实施后水流水势变化对钉螺北移的影响 [J]. 中国血吸虫病防治杂志，2007，19 (2)：91-97.
[30] 恽文荣，崔健，陈玉荣. 河湖疏浚淤泥资源化研究现状与展望：湖泊保护与生态文明建设—第四届中国湖泊论坛论文集 [C]. 合肥：安徽科技出版社，2014.
[31] 李建望. 河道淤泥流动化处理及其稳定性研究 [D]. 苏州：苏州科技学院，2009.
[32] 孙从军，张明旭. 河道曝气技术在河流污染治理中的应用 [J]. 环境保护，2001，(4)：12-14.
[33] 徐灵峰. 微生物活动对市区景观湖泊的水质和底泥污染释放的影响 [D]. 杭州：浙江大学环境与资源学院，2010.
[34] 石成春. 有机污染物微生物共代谢降解及其动力学研究 [J]. 化学工程与装备，2010，(7)：164-167.
[35] 范昭平. 有机质对淤泥固化的影响机理及对策研究 [D]. 南京：河海大学，2004.

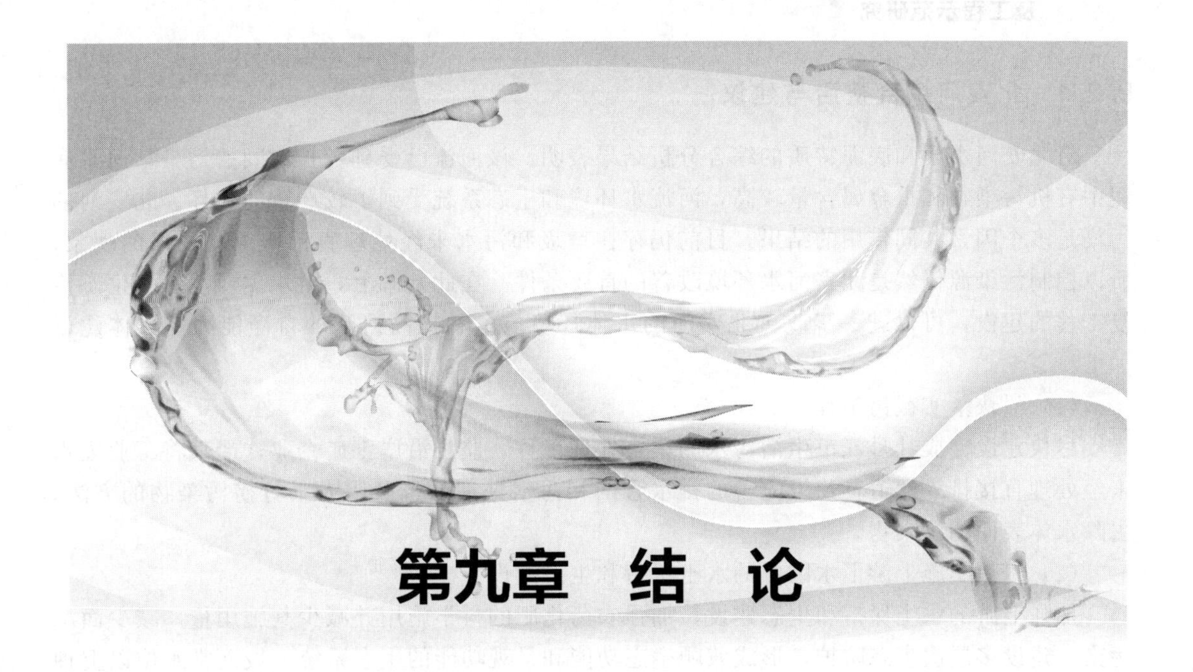

第九章 结 论

9.1 研究成果推广应用情况

本书对牡丹江流域水环境特征和污水排放特点进行了全面系统地梳理和总结，对流域水环境问题进行了较为详细的解析。在此基础上，结合流域规划项目的实施，展开了牡丹江水质保障综合技术研究与示范，使牡丹江流域水质得到明显改善，规划考核断面水质从Ⅴ类改善到Ⅳ类。

本书的研究成果已应用于《松花江流域牡丹江市优先控制单元水污染防治“十二五”综合治污方案》、《牡丹江市“十二五”环境保护规划》和《黑龙江省松花江流域水污染防治规划》（2011—2015年），体现了环境优化促进经济发展的理念，为相关管理部门控制污染物提供了科学依据。研发的水质改善、水污染防治、节能减排、支流水质改善方案等具有北方寒冷地区共性特点，可在北方寒冷地区推广应用。

9.2 存在问题及建议

课题在研究过程中紧密结合地方科技需求，充分考虑牡丹江的地域特点，开发了以适宜北方气候特点的生物类群为基础的生态修复技术、护坡技术、岸边带系统优化等集成技术，优选的水体评价指标尤其适用于北方寒冷地区水体，对切实解决地方水环境问题和完善北方寒冷地区水体监测体系发挥了重要作用。

课题实施过程中尤其重视水专项研究成果的地方应用，注重为解决牡丹江当地实际水环境问题献计献策。针对牡丹江流域存在的水环境问题，总结凝练课题实施过程中取得的成果和经验，以建议与对策方式提供给地方，为地方的水污染防治工作提供了很好的技术支撑，为“十二五”水专项更好地与地方合作奠定了良好的基础。

9.2.1 北安河综合整治与建议

对北安河水质和底泥特质的综合分析结果表明：该河流已受到较长时间的污染，河水底泥中有机污染物和重金属含量较高，河流水环境和生态系统受到了较严重的破坏。北安河的污染是多个因素共同作用的结果，目前仍存在垃圾和污水未经处理直接排入北安河的现象，所以控制污染源仍然是北安河水环境改善的首要条件。在此基础上，对水体环境进行生态修复工程的建设，可以进一步改善北安河的水体环境质量和提高河流的自净能力。具体建议如下：

(1) 尽快落实截污工程

尽快建设完成牡丹江市生活污水的集中处理工程，监督沿岸工矿企业，严禁将工业废水未经处理直接排入河道，建设完善的排水管网和污水处理站，采用人工打捞污染物的方法，去除水体表面的污染物。

(2) 尽快实施上游汇水区域的水土保持和生态建设

加强上游的水土保持和生态建设，加强农药化肥的科学施用并减少其施用量，减少面源污染。建设多层次生态防护，形成兼顾生态功能和景观功能的生态系统。坡面常水位以上种植耐湿性强、固土能力强的草本、灌木及乔木，共同构成生态护坡系统，既能有效控制土壤侵蚀，又能美化河岸景观。

(3) 加强环境知识的宣传和环境管理的力度

加强宣传，让河流生态修复意识深入人心，特别是在靠近居民生活的河段，要修建护栏，设立垃圾箱，健全垃圾收运系统，不仅给居民以散步休闲的场所，同时起到阻止向河流乱倒垃圾的行为，共创美好河流生态景观环境。进一步建立健全责任体系和检查考核制度，以人为本，建立公众参与激励机制和有效的公众参与程序，营造社会参与的良好氛围。河流生态恢复是一个长期的过程，需要对其长期监测和评价。

(4) 加强城市污水处理厂的深度处理，保障国控柴河断面水质达标

国家在“十二五”期间将氮氧化物和氨氮纳入了环境约束性指标，其中对氨氮的要求尤其体现了国家对水体富营养化问题的重视。牡丹江市已在北安河的入江口建有污水处理厂（一期，10 万吨/天），“十二五”期间将建成污水厂二期工程（10 万吨/天），主要针对北安河排污口的截污以及生活污水。但一期和二期均按一级 B 标准设计，两个污水厂排水口均与国控柴河大桥断面很近，仅为 10～11km，如何通过实时监控反馈、强化污水厂内脱氮除磷深度处理效果，也是改善牡丹江水体环境需要考虑的重要问题。

9.2.2 南湖水系水质保障对策与建议

(1) 控源

① 对于南湖水系主要来水处的不定期排污应采取有效的水污染处理设施，达标后再排放，进而有效保障南湖水系的水质。

② 针对 6 号泡沿岸的面源污染，一方面引导农业生产者科学地施用化肥、农药、农用薄膜和饲料添加剂，改进种植和养殖技术，实现农产品的优质、无害和农业生产废物的资源化，防止农业环境污染。另一方面，针对两岸存在的大量垃圾，有关部门应加快棚户区改造的进程，或者将 6 号泡的明渠改成暗渠，避免 6 号泡沿岸堆放的垃圾直接或通过地表径流对南湖水系构成污染。

③ 建议有关部门组织检查南湖公园（5号泡）和月牙泡（4号泡）之间的暗排问题，将其接入城市管网，减轻生活污水对南湖水系月牙泡（4号泡）以下的污染。

④ 拆除月牙泡（4号泡）、牛角泡（1号泡）加油站，避免灌油及周边设施清洗水对南湖水系的直接污染，以及防止储油罐发生爆炸或者泄漏事故直接进入水体，流入牡丹江，严重威胁牡丹江水质安全。

（2）运行引水工程与应用生态修复技术

根据不同水期的水质指标，实行不同水期差异引水，运行引水工程与应用生态修复技术，减少引用江水量同时保障南湖水系水质。

（3）环境管理

南湖水系的截污工程已基本完成，但是仍有生活污水散排入湖，同时，几乎所有湖泡都存在两岸堆放垃圾以及直接向湖体乱扔垃圾的现象，不仅影响南湖水系的景观效果，也可能通过地表径流污染水体，希望牡丹江市政府督促有关部门加强管理，避免清淤后湖泡再次发生污染。

9.2.3 水栉霉控制与建议

依据国内外相关文献和本课题研究成果，认为防治水栉霉的重点在预防，针对水栉霉的生长特性及生长规律，提出以下几点控制对策。

（1）要防止水栉霉大规模爆发，切断污染源是关键

首先要从污染源上进行减排。斗银河水质保障及河夹村大坝附近污水沟污水的治理是重点，在斗银河水质保障上，最佳预防方案是污水实现三级处理；同时加强海浪河流域环境管理，建立流域水环境监控体系，实时掌握水质变化情况，特别是冰封期水质状况，及时有效地预防水栉霉的发生。

（2）把握水栉霉的防治关键时期

水栉霉虽然属于嗜冷真菌，但其在0～20℃范围内都可以生长，在较高温度条件下水栉霉的生长容易受到其他微生物的干扰，不能形成优势种群，不存在大规模爆发的风险，当温度较低时，其他微生物的生长受到抑制，水栉霉则容易大规模繁殖，所以水栉霉的防治关键时期为每年的12月份至次年2月份。

（3）水栉霉防治的具体措施

① 通过水栉霉生长特性研究，适宜的有机物和有机氮浓度是促使水栉霉生长的关键因素，所以控制水栉霉的生长应该从水质入手，切实保障海浪河水质不受污染，特别是含有碳、氮等的有机物含量保持在较低的水平。

② 通过对河流内源有机物污染分析可以看出，河夹村大坝历史遗留挖沙坑中的沉积物有机质丰富，部分碳氮等有机物通过释放作用可以进入水体，导致水体中有机质含量升高，为水栉霉的繁殖提供了营养成分。因此对河夹村大坝挖沙坑中的沉积物要进行底泥疏浚。

③ 增加水流速度，可以降低水栉霉在河床底部附着的机会，从而可以减少水栉霉的共生体（球衣菌）的生长，针对海浪河河夹村大坝作为水栉霉的唯一发生地，该断面流速较小，必要的时候可以对大坝进行拆除，防止水栉霉在河夹村大坝附近出现堆积。

④ 水栉霉爆发时首先进行筛网拦截，当水栉霉自然漂浮时进行收集打捞，对收集打捞上岸的水栉霉优先进行资源化利用，如进行堆肥或者饲料化利用，也可利用东北的自然天气条件，进行收集岸上放置，在低温冷冻条件下将水栉霉进行细胞体的破坏，同时对收集上岸

的水栉霉也可进行化学药剂的有效处置，药剂从优到劣的排序为：高锰酸钾＞二氧化氯＞硫酸铜＞生石灰，有效处置后可进行简易填埋。

9.2.4 牡丹江石岩电站运行方式调整建议

（1）石岩电站运行存在的问题

石岩电站位于渤海电站下游，其下游距牡丹江水文站约 30 多千米，该电站可控制的流域面积为 $1400km^2$，上游年平均径流量为 $104m^3$，为日调节电站。石岩电站厂房为坝后地面式厂房，装机高程为 259.84m，设计水头为 6.2m，总装机量为 7300kW，共 12 台机组，设计年发电量为 3500 万千瓦时，实际年均发电量为 2450 万千瓦时。根据石岩电站的装机情况，假设水轮机效率为 1.0，则可以计算得到石岩电站的满负荷工作流量为 $120.14m^3/s$，设计平均每天的发电时间大约为 13h，而实际平均每天的发电时间仅 9h 左右。由于石岩电站装机量较小，且来流量年际变化及季节变化较大，因此其在多数时间内只做调峰使用，据实际考察，在来流量较小时石岩电站一般为白天蓄水，晚上发电。这种运行方式对河流生态环境造成较大的影响。

① 河流断流　石岩电站发电时需要较大流量，而径流式电站水库库容较小，在牡丹江来流流量较小时，会发生较大的流量波动，甚至丰水期刚过，即发生河流断流，对河流生态造成极大负面作用。

② 下游水质问题　由于电站流量的剧烈波动，将引起河道流量的变化，如果下游设置排污口，将造成污染物浓度的波动，对水质保障工作提出了更高的要求。石岩电站距离牡丹江较远，对牡丹江的污水排放影响不大；而宁安的污水量尚不大，影响不明显。但随着三间房电站的建设以及宁安市的发展，该问题仍需引起重视。

（2）石岩电站运行具体调整措施

针对径流式电站运行所造成的水环境问题，并结合石岩电站的具体情况，提出以下建议：

① 调整石岩电站的运行方式，杜绝牡丹江断流现象。具体方案考虑为：a. 石岩电站发电机组较多，每台机组的装机容量较小，可以通过发电机组实现流量的调节，需要根据牡丹江的来流流量确定石岩电站的发电方式，在枯水期减少发电机组；b. 石岩电站建在“文革”期间，技术比较落后，经济效益不高，按照发电量计算，每年效益约 500 万元，在允许的条件下可以考虑关停。

② 对于在建的三间房电站，要保障下游一定的生态流量。三间房电站也属于径流电站，存在和石岩电站类似的问题，在建设过程中，需要通过工程措施，保障一定的下泄流量，防止牡丹江断流，保障牡丹江一定的自净能力，防止城区水质的恶化。

③ 提高牡丹江城区的水质保障标准。由于电站的运行，牡丹江的流量日变化幅度较大，水体对污染物的自净能力也随之不断变化，需要在常规的基础上，提高牡丹江城区的水质保障标准，实现城区水质的全方位达标，保护牡丹江的旅游城市品牌。

9.2.5 牡丹江重点企业环境管理对策与建议

（1）存在问题

根据 2009—2010 年监督性监测、在线监测和环境统计数据，牡丹江流域各控制单元还有一些企业排放的废水不能稳定达标排放，这是造成牡丹江各控制断面水质不能达标的原因之一。

由牡丹江优先控制污染物源解析的分析监测结果可知，有些企业排放的优先控制污染物不能稳定达标排放，需要重点监控。

(2) 应对措施

① 加强牡丹江流域废水不能稳定达标排放企业的日常监督管理，使其稳定达标排放。

② 对牡丹江市红林化工有限责任公司、桦林佳通轮胎有限公司、牡丹江高信石油添加剂有限责任公司排放废水增加邻苯二甲酸二丁酯监测项目，监控这些企业的邻苯二甲酸二丁酯达标排放情况。

③ 对牡丹江高信石油添加剂有限责任公司、黑龙江中奥毯业股份有限公司、牡丹江灵泰药业股份有限公司排放废水增加苯酚监测项目，监控这些企业的苯酚达标排放情况。

④ 对牡丹江高信石油添加剂有限责任公司排放废水增加苯胺监测项目，监控这个企业的苯胺达标排放情况。